smart is sexy
Orbi.kr

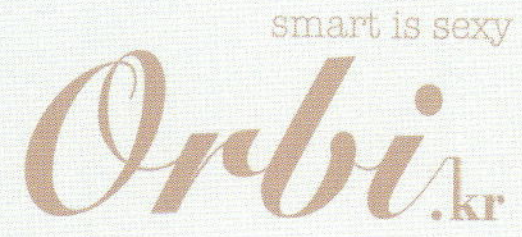

이제 **오르비**가
학원을 재발명합니다

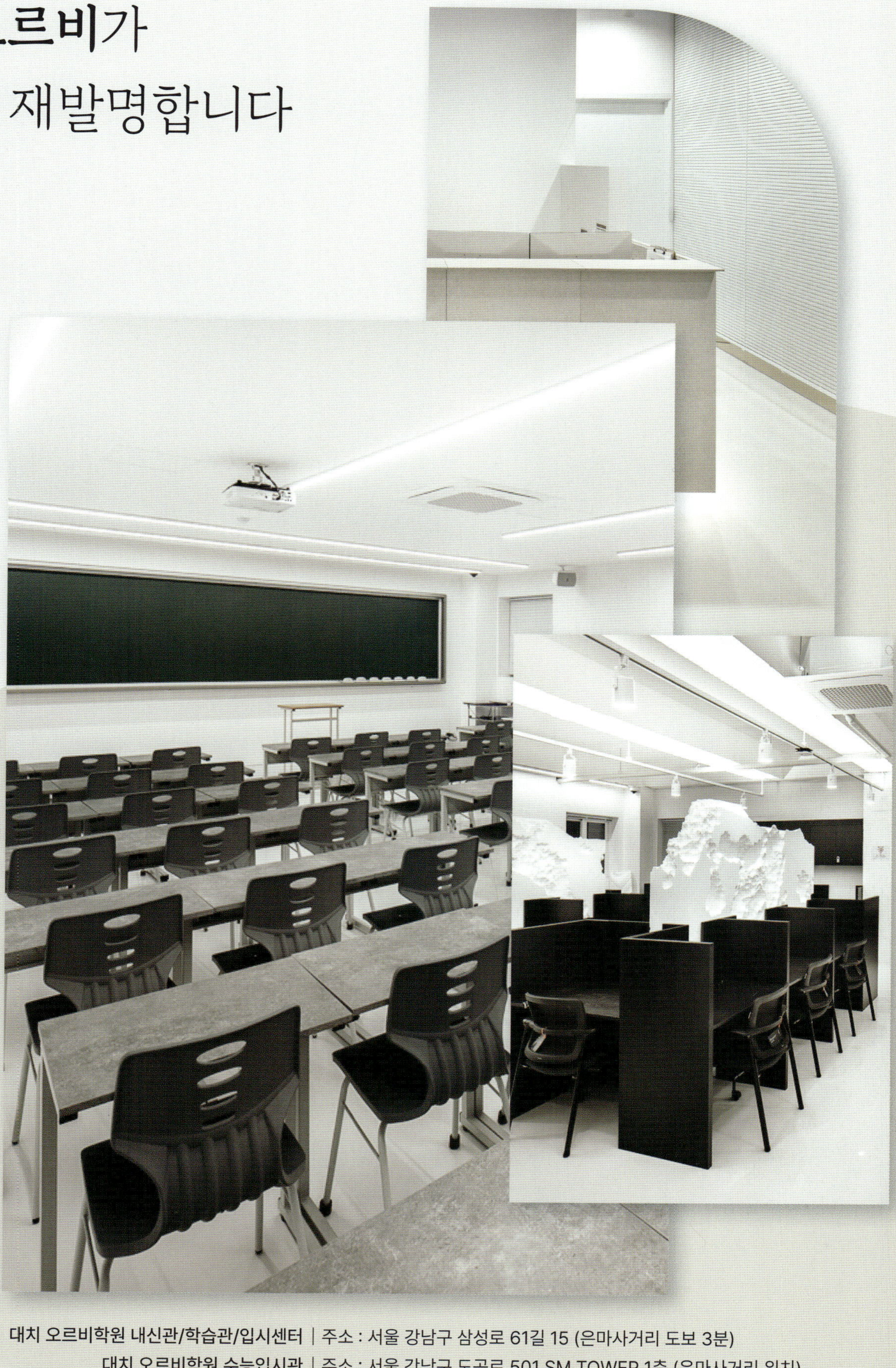

대치 오르비학원 내신관/학습관/입시센터 | 주소 : 서울 강남구 삼성로 61길 15 (은마사거리 도보 3분)
대치 오르비학원 수능입시관 | 주소 : 서울 강남구 도곡로 501 SM TOWER 1층 (은마사거리 위치)
| 대표전화 : 0507-1481-0368

오르비학원은

모든 시스템이 수험생 중심으로 더 강화됩니다.

모든 시설이 최고의 결과가 나올 수 있도록 설계됩니다.

집중을 위해 오르비학원이 수험생 옆으로 다가갑니다.

오르비학원과 시작하면

원하는 대학문이 가장 빠르게 열립니다.

출발의 습관은 수능날까지 계속됩니다.
형식적인 상담이나
관리하고 있다는 모습만 보이거나
학습에 전혀 도움이 되지 않는
보여주기식의 모든 것을 배척합니다.

쓸모없는 강좌와 할 수 없는 계획을 강요하거나
무모한 혹은 무리한 스케줄로
1년의 출발을 무의미하게 하지 않습니다.
형식은 모방해도 내용은 모방할 수 없습니다.

smart is sexy
Orbi.kr

개인의 능력을 극대화 시킬 모든 계획이 오르비학원에 있습니다.

Mechanica

물리학 1
개념편

Cluster

목차

PART **1**

개념편

Mechanica 물리학1

1. 위치와 시각

 **약속**

① 물체는 동그라미 또는 네모로 표기한다.

 **위치**

① 물체의 위치는 물체가 어디에 있는지를 의미한다. (위치는 '점'이다.)

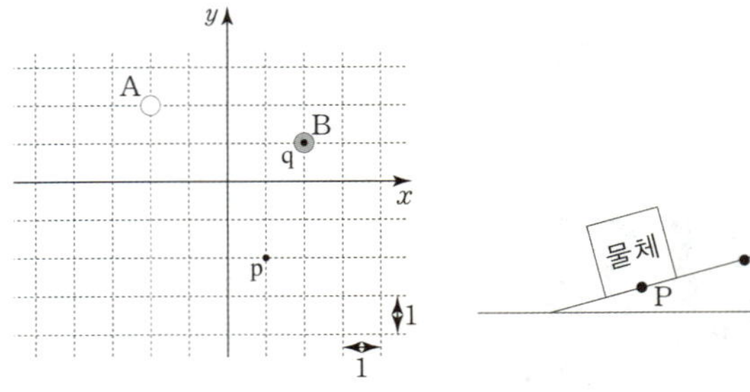

A와 B, 물체의 위치는 다음과 같이 표현한다.

> A는 x좌표: -2, y좌표: $+2$ 에 위치한다.
> B는 점 q에 위치한다.
> 물체는 점 P에 위치한다.

 **시각**

① 시각은 시간의 어떠한 시점이다.
　시각 표현의 예
1) 0초의 시각일 때 → 1) $t=0$
2) 1초의 시각일 때 → 2) $t=1$초

② 시간의 방향은 한 방향이다.
　물체의 ○ 운동을 나타내는 물리량은 '하나의 시각에서 하나의 값을 갖게 된다.'
　즉, 하나의 시각에서 두 개 이상의 위치, 속도, 속력, 가속도의 값은 존재하지 않는다.

　따라서 물체의 ○ 운동을 나타내는 물리량을 '시간에 따라 나타낼 수 있다.'
　=운동을 나타내는 물리량을 시간에 따른 함수로 나타낼 수 있다.
　→ 위치-시간, 속도-시간, 가속도-시간 그래프를 다룰 예정이다!

③ 약속
본 책에서는 다음과 같은 표현을 혼용해서 쓸 것이다.

> 시점: 시간 흐름 가운데 어느한 순간
> 시각: 시간의 어느 한 시점
> $$시각=시점$$
> 예) $t=3$초의 시각에서~ = $t=3$초인 시점에서~

○ **운동을 나타내는 물리량**
위치, 속도, 속력, 가속도가 있다.

○ **하나의 시각에서 물체는 하나의 위치에 존재하는 이유**
간단하게 생각해 보면 편하다. 아래 예시를 살펴 보자.

$t=1$초일 때 철수가 점 P에 있다.

그런데 $t=1$초일 때 철수가 점 P에 존재하면서 점 Q에 존재할 수 있을까? 당연히 없다.

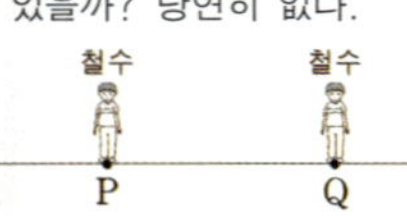

따라서 같은 시각에서 서로 다른 두 위치에 철수는 존재할 수 없으며, 하나의 시각에서 철수는 하나의 위치만 갖게 된다.

2. 변위, 이동 거리

 **정의**

① 물체의 변위는 '위치의 변화량'을 의미한다.

> 위치: 점
> 변위: 처음 위치와 나중 위치 사이의 길이 + 처음 위치에서 나중 위치를 가리키는 방향

② 물체의 이동 거리는 '물체가 이동한 거리'이다.

예를 들어 물체 A가 P에서 Q까지 그림 (가)와 같이 검은색 곡선 경로를 이동할 때,
(가)에서 A의 이동 거리는 (나)에서 빨간색으로 표시된 부분의 길이와 같고
(가)에서 A의 변위의 크기는 (나)에서 파란색으로 표시된 부분의 길이와 같다.
(가)에서 A의 변위의 방향은 P에서 Q를 잇는 방향이다.

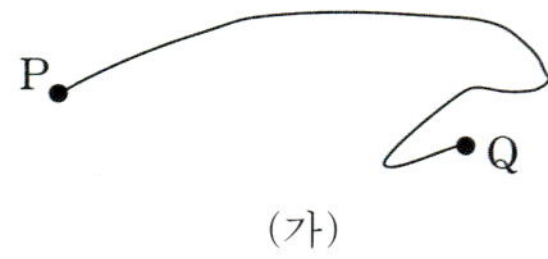

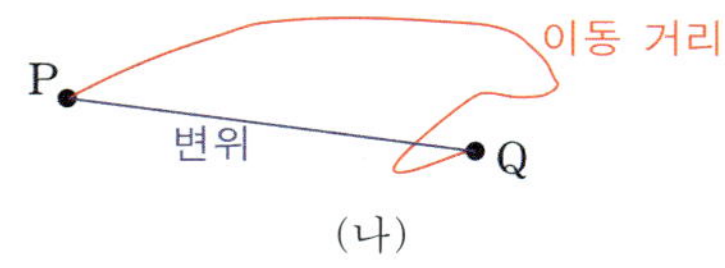

 **시각에 따른 물체의 위치**

① 물체의 위치는 시간에 따라 나타낼 수 있다.
다음 예시를 보자.
물체가 P에서 Q까지 이동하는 동안 점 a, b, c, d, e를 지난다.
$t=0$초일 때 물체의 위치는 P이고
$t=1$초일 때 물체의 위치는 a이고
$t=2$초일 때 물체의 위치는 b이고
$t=3$초일 때 물체의 위치는 c이고
$t=4$초일 때 물체의 위치는 d이고
$t=5$초일 때 물체의 위치는 e이고
$t=6$초일 때 물체의 위치는 Q이다.

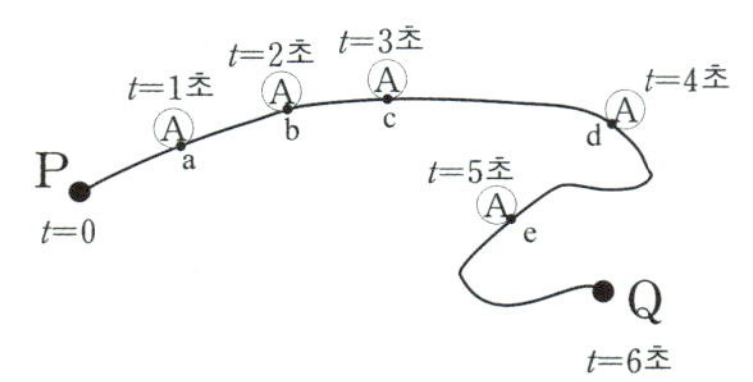

$t=3$초에서 $t=5$초까지 A의 이동 거리는
$t=3$초일 때 A의 위치가 c이고, $t=5$초일 때의 A의 위치가 e이므로
c에서 e까지 곡선의 길이이고

$t=3$초에서 $t=5$초까지 A의 변위의 크기는
$t=3$초일 때 A의 위치가 c이고, $t=5$초일 때의 A의 위치가 e이므로
c와 e를 이은 선분의 길이이다.

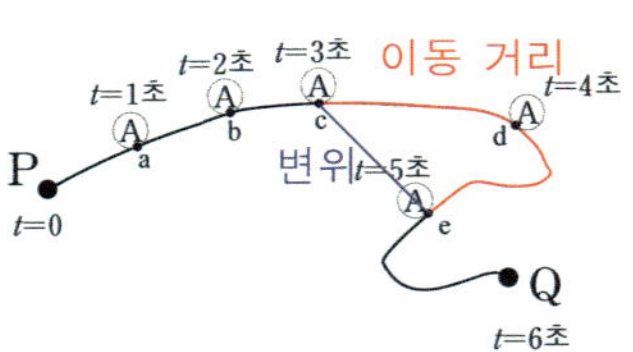

> **유의사항** **물리학1에서는**
>
> ○ 이동 거리를 구할 때 '곡선의 길이를 구해야 하나?'라고 생각할 수 있다. 물론 맞지만,
> 물리학1에서는 이 곡선의 길이를 실제적으로 계산하는 데는 무리가 있다.
> 하지만, 물리학1의 문제 중 이동 거리를 계산하는 문제의 경우는 물체의 이동이 모두
> 직선형이다.
> ○ 따라서 1차원 운동(일직선상에서의 운동)의 경우는 변위, 속도, 가속도의 방향을 표현할
> 때 **오른쪽, 왼쪽** 두 방향으로 서술이 가능하고, 이는 곧 양(+), 음(−)으로 표현이
> 가능하다.

○ 변위
물체 A, B가 각각 경로 1, 2를 따라 운동한다.
P에서 Q까지 거리와
P에서 R까지 거리는 같다.

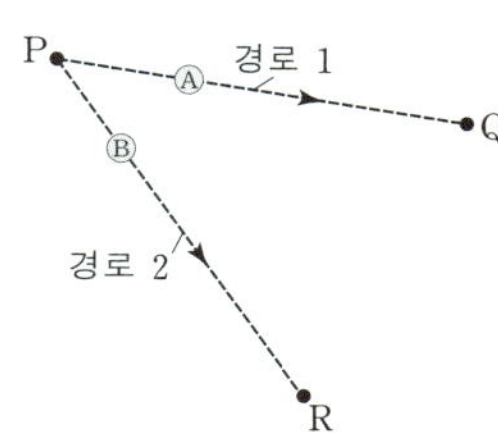

A가 P에서 Q까지 운동하는
동안 변위와

B가 P에서 R까지 운동하는
동안 변위는 다르다.

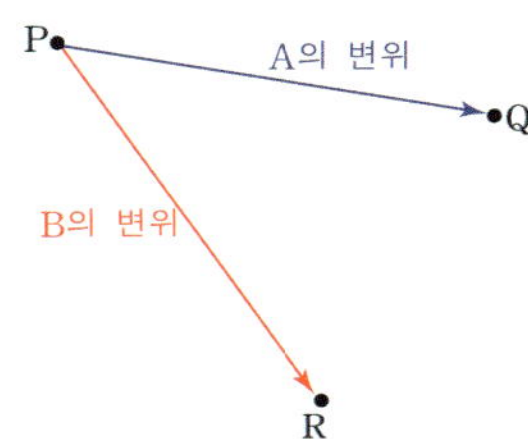

A의 변위는 파란색 화살표이고
B의 변위는 빨간색 화살표이다.

A와 B의 변위의 크기는 같지만,

A와 B의 변위의 방향은
A는 P→Q방향
B는 P→R 방향으로
다르므로

A와 B의 변위는 다르다.

 **예제 1**

그림과 같이 물체 A, B가 $t=0$일 때 점 P에서 동시에 출발하여 각각 경로 1과 2를 따라 운동하여 $t=100$초일 때 동시에 점 Q를 지난다. 경로 2는 P와 Q를 잇는 직선이다. 표는 경로 1과 2의 길이를 나타낸 것이다.

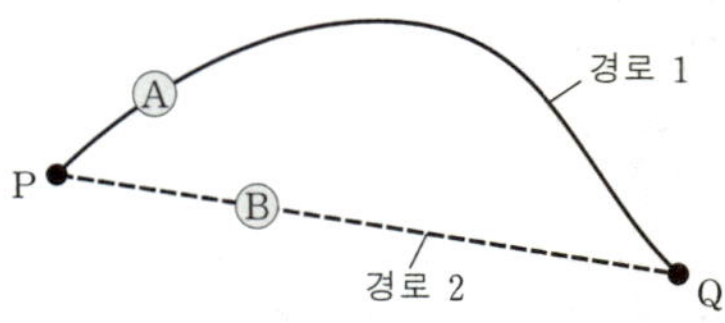

경로	길이
경로 1	150m
경로 2	100m

① $t=0$초에서 $t=100$초까지 물체 A의 변위와 물체의 이동 거리는?

변위의 크기 :

이동 거리 :

② $t=0$초에서 $t=100$초까지 물체 B의 변위와 물체의 이동 거리는?

변위의 크기 :

이동 거리 :

 **예제 2**

그림과 같이 $t=0$일 때 물체가 점 P에서 출발하여 $t=1$초일 때 점 Q를 지나 $t=2$초일 때 점 R까지 이동한 후 점 R에서 물체의 운동 방향을 바꾸어 $t=3$초일 때 점 Q로 이동한 모습을 나타낸 것이다. P→Q→R까지 이동하는 동안 운동 방향의 변화가 없고, R에서 Q로 이동하는 동안 운동 방향은 왼쪽 방향으로 일정하다. 오른쪽 방향을 양(+)으로 한다.

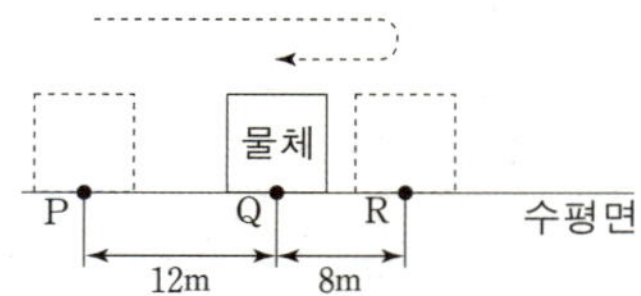

① $t=1$초에서 $t=3$초까지 물체의 변위와 물체의 이동 거리는?
변위 :
이동 거리 :

② $t=1$초에서 $t=2$초까지 물체의 변위와 물체의 이동 거리는?
변위 :
이동 거리 :

③ $t=0$에서부터 $t=3$초까지 물체의 변위와 물체의 이동 거리는?
변위 :
이동 거리 :

④ $t=2$에서부터 $t=3$초까지 물체의 변위는?
변위 :

 **해설**

①
○ A의 변위의 크기는 P에서 Q까지의 직선 거리인 100m이다.
○ A의 이동 거리는 A가 이동한 곡선 경로 1의 길이인 150m이다.

②
○ B의 변위의 크기는 P에서 Q까지의 직선 거리인 100m이다.
○ B의 이동 거리는 B가 이동한 직선 경로 2의 길이인 100m이다.

 **해설**

①
○ 변위:
　$t=1$초인 순간 물체의 위치는 점 Q이고,
　$t=3$초인 순간 물체의 위치는 점 Q으로
　위치 변화가 없다.
　따라서 변위는 0이다.

○ 이동 거리:
　$t=1$초인 순간부터 $t=2$인 순간까지 물체는 Q에서 R로 8m만큼 운동한 후
　점 R에서 점 Q로 8m만큼 이동해 돌아온다.
　따라서 이 동안 이동 거리는 16m이다.

②
○ 변위:
　$t=1$초인 순간 물체의 위치는 점 Q이고,
　$t=2$초인 순간 물체의 위치는 점 R으로
　위치 변화의 크기는 Q와 R사이의 거리인 8m이며, 방향은 Q→R방향으로 양(+)의 방향이다.
　따라서 변위는 +8m이다.

○ 이동 거리:
　$t=1$초인 순간부터 $t=2$초인 순간까지 물체는 Q에서 R로 8m만큼 운동한다.
　이 동안 운동 방향 변화가 없으므로 이동 거리와 변위는 같다.
　따라서 이동 거리는 8m이다.

③
○ 변위:
　$t=0$초인 순간 물체의 위치는 점 P이고,
　$t=3$초인 순간 물체의 위치는 점 Q으로
　위치 변화의 크기는 P와 Q사이의 거리인 12m이며, 방향은 P→Q방향으로 양(+)의 방향이다.
　따라서 변위는 +12m이다.

○ 이동 거리:
　$t=0$초인 순간부터 $t=2$초인 순간까지 물체는 P에서 R로 12m+8m=20m만큼 운동한다.
　그리고 $t=2$초부터 $t=3$초까지 R에서 Q로 8m만큼 되돌아온다.
　따라서 총 이동 거리는 다음과 같다.
　20m+8m=28m

④
○ 변위:
　$t=2$초인 순간 물체의 위치는 점 R이고,
　$t=3$초인 순간 물체의 위치는 점 Q으로
　위치 변화의 크기는 Q와 R사이의 거리인 8m이며, 방향은 R→Q방향으로 음(−)의 방향이다.
　따라서 변위는 −8m이다.

정답		
예제 1		
①		
이동 거리:		150m
변위의 크기:		100m
②		
이동 거리:		100m
변위의 크기:		100m
예제 2		
①		
변위:		0
이동 거리:		16m
②		
변위:		+8m
이동 거리:		8m
③		
변위:		+12m
이동 거리:		28m
④		
변위:		−8m

Mechanica 물리학1

3. 속도와 속력

 **정의와 분류**

① 정의

속도와 속력은 물체의 빠르기를 나타내는 물리량이다.

속력: 시간에 따른 이동 거리	(단위 시간당 이동 거리)
속도: 시간에 따른 변위	(단위 시간당 변위)

② 분류

속도와 속력은 각각 순간값과 평균값으로 나뉜다.

속력	평균 속력
	순간 속력
속도	평균 속도
	순간 속도

 **속도와 속력의 평균값과 순간값**

① 평균값

평균 속력과 평균 속도를 구하는 방법은 다음과 같다.

물체의 t_1에서 t_2까지 변위를 Δx, 이동 거리가 ΔL 이라면 ($t_2 > t_1$)

t_1에서 t_2까지 평균 속력과 평균 속도는 다음과 같이 구할 수 있다.

$$\text{평균 속력:} \quad \frac{\text{이동 거리}}{\text{이동 시간}} \ (\text{m/s}) = \frac{\Delta L}{t_2 - t_1} \ (\text{m/s})$$

$$\text{평균 속도:} \quad \frac{\text{변위}}{\text{이동 시간}} \ (\text{m/s}) = \frac{\Delta x}{t_2 - t_1} \ (\text{m/s})$$

앞선 예제 문제 1에서 A의 평균 속력과 평균 속도의 크기는 다음과 같다.

그림과 같이 물체 A, B가 $t=0$일 때 점 P에서 동시에 출발하여 각각 경로 1과 2를 따라 운동하여 $t=100$초일 때 동시에 점 Q를 지난다. 경로 2는 P와 Q를 잇는 직선이다. 표는 경로 1과 2의 길이를 나타낸 것이다.

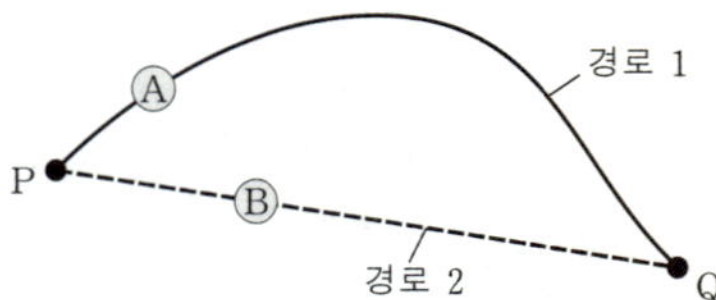

경로	길이
경로 1	150m
경로 2	100m

$$\text{A의 평균 속력은} \quad \frac{\text{이동 거리}}{\text{이동 시간}} = \frac{150\text{m}}{100\text{s} - 0\text{s}} = 1.5\text{m/s}$$

$$\text{A의 평균 속도의 크기는} \quad \frac{\text{변위의 크기}}{\text{이동 시간}} = \frac{100\text{m}}{100\text{s} - 0\text{s}} = 1\text{m/s}$$

중요!

우리가 흔히 이야기하는 $\dfrac{\text{이동 거리}}{\text{이동한 시간}}$ 과 $\dfrac{\text{변위}}{\text{이동한 시간}}$ 는 사실 평균값이다.

② 순간값

문제에서 순간 속력과 순간 속도를 구하거나 이들이 주어진 경우가 많다.
평가원에서 쓰이는 표현은 다음과 같이 해석해야 한다.

> $t=3$초일 때 속도는 5m/s이다.
> → $t=3$초일 때 순간 속도는 5m/s이다.

순간 속력과 순간 속도를 구하는 방법은 다음과 같다.

우선 평균 속력과 평균 속도를 이용하여 구해야한다.

$$\text{평균 속력}: \frac{\text{이동 거리}}{\text{이동한 시간}} \ (\text{m/s}) = \frac{\Delta L}{t_2 - t_1} \ (\text{m/s})$$

$$\text{평균 속도}: \frac{\text{변위}}{\text{이동한 시간}} \ (\text{m/s}) = \frac{\Delta x}{t_2 - t_1} \ (\text{m/s})$$

t_1일 때 순간 속도와 순간 속력은 ($t=t_1$일 때 속도, $t=t_1$일 때 속력)
평균 속도와 평균 속력에서 t_2가 t_1에 한없이 가까이 갈 때 값과 같다.
그때 x_2는 x_1에 한없이 가까이 간다.

$$\text{순간 속력}: = \lim_{t_2 \to t_1} \frac{\Delta L}{t_2 - t_1} \ (\text{m/s})$$

$$\text{순간 속도}: = \lim_{t_2 \to t_1} \frac{\Delta x}{t_2 - t_1} \ (\text{m/s})$$

→ 위치-시간 그래프에서의 순간 기울기

그런데, 물체의 순간 이동 거리(ΔL)과 순간 변위(Δx)의 크기가 같다.
분자의 값이 같으므로 다음과 같은 결론을 얻을 수 있다.

$$\text{순간 속력} = \text{순간 속도의 크기}$$

그렇다면, 순간 속도와 순간 속력은 항상 같을까? 그렇지 않다.

순간 이동 거리(ΔL)과 순간 변위(Δx)의 크기는 같다. 하지만
순간 이동 거리(ΔL)는 방향이 존재하지 않고,
순간 변위(Δx)는 방향이 존재한다.

극한?

순간 속도와 순간 속력을 구하는 방법은 극한을 이용해야 정확하게 구할 수 있다. 수능에서는 그 극한값을 계산하라고 하지는 않는다. 증명 과정과 이해과정에 있어서 필요한 부분이다.

몰라도 걱정하지 말자.

뒤에 그래프를 설명 후에 다시 이 부분을 짚어 보겠다.

모르겠다면 결론만 알고 넘어가자.

암기	
○ 순간 속력	= 순간 속도의 크기
○ 순간 속도	= 순간 속도의 크기 + 순간 속도의 방향

Mechanica 물리학1

 예제 3

예제 2의 상황에서

그림과 같이 $t=0$일 때 물체가 점 P에서 출발하여 $t=1$초일 때 점 Q를 지나 $t=2$초일 때 점 R까지 이동한 후 점 R에서 물체의 운동 방향을 바꾸어 $t=3$초일 때 점 Q로 이동한 모습을 나타낸 것이다. P→Q→R까지 이동하는 동안 운동 방향의 변화가 없고, R에서 Q로 이동하는 동안 운동 방향은 왼쪽 방향으로 일정하다.

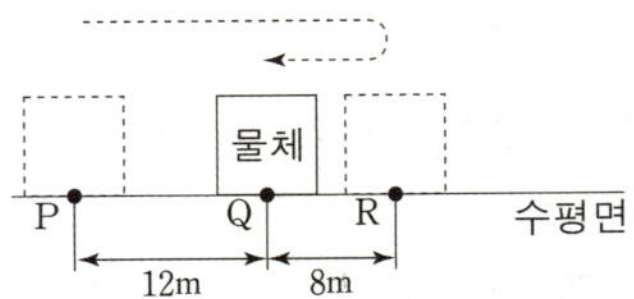

① $t=1$초에서 $t=3$초까지 물체의 평균 속력과 평균 속도의 크기는?

평균 속력   :

평균 속도의 크기   :

② $t=1$초일 때 물체의 속력이 1m/s일 때, $t=1$초일 때 물체의 속도는?

물체의 속도:

 **해설**

①
평균 속력:
평균 속력의 정의는 다음과 같다.

$$\text{평균 속력} = \frac{\text{이동 거리}}{\text{이동 시간}}$$

$t=1$초에서 $t=3$초까지 물체의 이동 거리는 16m 이고

이동 시간은 3초 − 1초 = 2초 이므로

$$\text{평균 속력} = \frac{16\text{m}}{2\,\text{s}} = 8\text{m/s}$$

평균 속도의 크기:
평균 속도의 정의는 다음과 같다.

$$\text{평균 속도} = \frac{\text{변위}}{\text{이동 시간}}$$

$t=1$초에서 $t=3$초까지 물체의 변위는 0m이므로

$$\text{평균 속도} = \frac{0}{2\,\text{s}} = 0$$

②
순간 속력은 순간 속도의 크기이다.
속도는 방향과 속도의 크기를 가지고 있는 물리량이다.
$t=1$초일 때 속도의 크기는 1m/s이고,
$t=1$초일 때 속도의 운동 방향은 P→Q→R 로 오른쪽 방향이다. 따라서

$t=1$초일 때, 물체의 속도는 오른쪽으로 1m/s이다.

4. 가속도

 정의

① 정의

가속도는 속도의 시간에 따른 변화량이다.

> 가속도: 시간에 따른 속도 변화량 (단위 시간당 속도 변화량)

말 그대로 속도의 변화량이다.

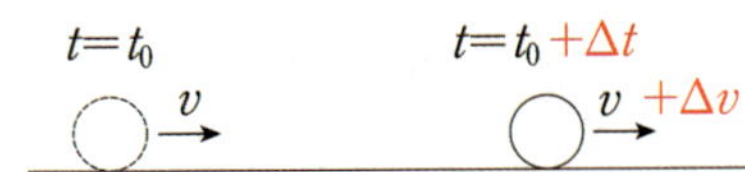

가속도 운동하는 물체가 아주 작은 시간 Δt 동안 Δv의 속도가 변했다.
가속도 (a)는 다음과 같이 정의된다.

$$a = \frac{\Delta v}{\Delta t}$$

물체의 속도 변화가 존재한다면, **가속도 운동한다**고 말한다.

② 분류

가속도는 각각 순간값과 평균값으로 나뉜다.

속도	평균 가속도
	순간 가속도

 **가속도의 평균값과 순간값**

평균 가속도는 수능에서 잘 쓰이지 않는다. 따라서 순간 가속도를 정의하기 위해 쓰이기 때문에 간략하게 설명하겠다.

① 평균 가속도의 정의

평균 가속도를 구하는 방법은 다음과 같다. t_2일 때 속도를 v_2, t_1일 때 속도를 v_1라 하면, $(t_2 > t_1)$ 1차원에서 평균 가속도는 다음과 같이 계산된다.

$$평균\ 가속도: \frac{속도\ 변화량(m/s)}{이동한\ 시간(s)} = \frac{v_2 - v_1}{t_2 - t_1}\ (m/s^2)$$

> 중요!
>
> 속도와 속력의 정의와 마찬가지로 가속도의 정의로 활용되는 $\dfrac{속도\ 변화량}{이동한\ 시간}$ 은 사실
>
> 평균값이다.

② 순간 가속도
순간 가속도의 표현은 다음과 같이 이야기한다.

> $t=3$초일 때 가속도의 크기는 5m/s^2이다.
> → $t=3$초일 때 순간 가속도의 크기는 5m/s^2이다.

순간 가속도를 구하는 방법은 다음과 같다.

우선 평균 가속도를 이용하여 구해야한다. t_1일 때 속도를 v_1, t_2일 때 속도를 v_2라 하면,

$$\text{평균 가속도}: \frac{\text{속도 변화량}}{\text{이동한 시간}} \ (\text{m/s}) = \frac{v_2-v_1}{t_2-t_1} \ (\text{m/s}^2)$$

t_1일 때 순간 가속도는 ($t=t_1$일 때 가속도)
평균 가속도에서 t_2가 t_1에 한없이 가까이 갈 때 값과 같다.
t_2가 t_1에 한 없이 가까이 갈 때 v_2는 v_1에 한 없이 가까이 간다.

$$\text{순간 가속도}: = \lim_{t_2 \to t_1} \frac{v_2-v_1}{t_2-t_1} \ (\text{m/s}^2)$$

→ 속도-시간 그래프에서의 순간 기울기

 **가속도의 방향과 속도 방향의 관계**

가속도 방향과 속도 방향이 **같다**면
물체의 속력은 **증가**한다.
예를 들면 오른쪽 방향을 양($+$)으로 두고
아래 그림처럼 물체의 속도가 $+v$이고, 가속도가 $+a$일 때 t의 시간 후 물체의 속도는 다음과 같다.

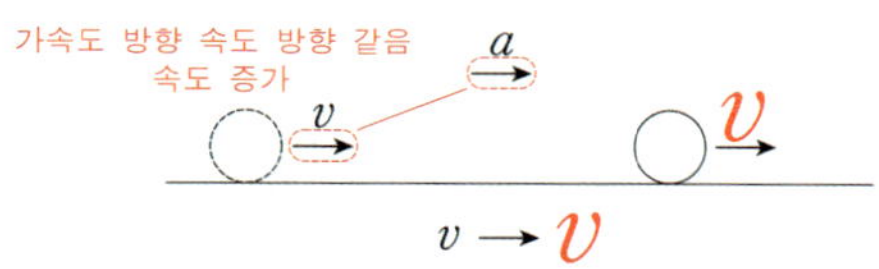

$$+v+(+a)\times t=+v+at \ (\text{속력 증가})$$

반대로
가속도 방향과 속도 방향이 **반대**라면
물체의 속력은 **감소**한다.
아래 그림처럼 물체의 속도가 $+v$이고, 가속도가 $-a$일 때 t의 시간 후 물체의 속도는 다음과 같다.
$$+v+(-a)\times t=+v-at \ (\text{속력 감소})$$

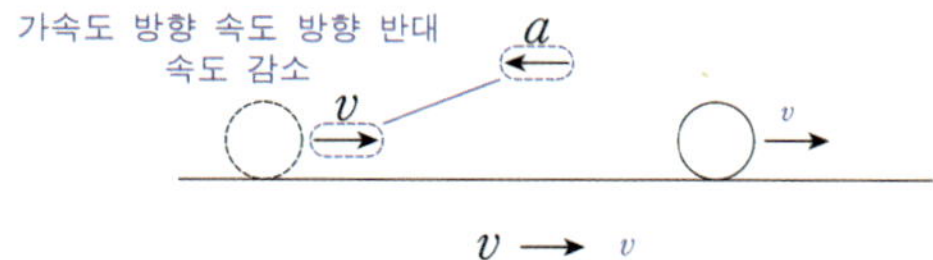

정리	
○ 순간 가속도	= 순간 가속도의 크기 + 순간 가속도의 방향
○ 가속도와 속도 방향 관계	① 가속도 방향과 속도 방향이 같다. → 속도 크기가 증가한다. ② 가속도 방향과 속도 방향이 반대. → 속도 크기가 감소한다.

극한?
순간 속도와 순간 속력과 마찬가지로
뒤에 그래프를 설명 후에 다시 이 부분을 짚어 보겠다.

모르겠다면 결론만 알고 넘어가자.

5. 그래프와 해석

 **그래프를 해석하는 방법**

그래프에서 얻을 수 있는 정보는 그림과 같이 세 가지가 있다.

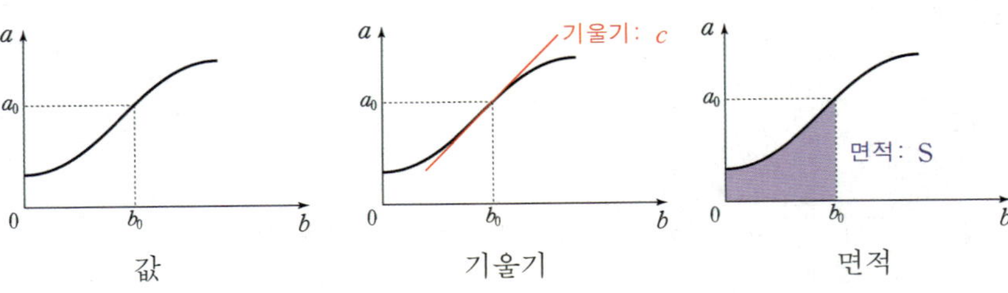

위의 그래프를 해석해 보면 다음과 같다.

물리량 해석	
○ 값	물체의 b가 b_0일 때 a의 값은 a_0이다.
○ 기울기	물체의 b가 b_0일 때 물체의 $\dfrac{\varDelta a}{\varDelta b}$의 값은 c이다.
○ 면적	물체의 b가 0에서 b_0로 변할 때 물체의 $a \times \varDelta b$의 값은 S이다.

중학교때 배운 물리 법칙

① 변위＝속도×시간

② 속도＝$\dfrac{\text{위치 변화량}}{\text{시간 변화량}}$

정확한 정의는 뒤에 설명하겠다.

① 그래프의 기울기의 물리적 의미는
$\dfrac{y\text{축의 물리량 변화량}}{x\text{축의 물리량 변화량}}\left(=\dfrac{\varDelta y}{\varDelta x}\right)$의 물리적 의미와 같다.

예를 들어
위치−시간 그래프에서 기울기는

$$\frac{y\text{축의 물리량 변화량}}{x\text{축의 물리량 변화량}} = \frac{\text{위치 변화량}}{\text{시간 변화량}} = 속도$$

이므로 위치−시간 그래프에서의 기울기는 속도를 의미한다.

② 그래프의 면적의 물리적 의미는
$(y\text{축의 물리량}) \times (x\text{축의 물리량 변화량})(=y \times \varDelta x)$의 물리적 의미와 같다.

예를 들어
속도−시간 그래프에서 면적

$$(y\text{축의 물리량}) \times (x\text{축의 물리량 변화량}) = (속도) \times (시간 변화량) = 변위$$

이므로 속도−시간 그래프에서의 면적은 변위를 의미한다.

 ## 위치-시간 그래프

물체의 위치를 시간에 따라 나타낸 그래프.
물체의 위치는 한 시점에서 한 지점에 고정되어 있다.
한 시각에서 물체는 두 위치에 존재하지 못하므로
물체의 위치는 시간에 따른 함수로 표현할 수 있다.

 ## 위치-시간 그래프를 작성하는 방법 (자료 → 그래프)

O를 $x=0$으로 하여 O로부터 오른쪽을 +, 왼쪽을 −으로 하여 위치-시간($s-t$)그래프를 그려보자.

$t=0$초일 때 물체의 위치는 P이고, $t=1$초일 때 물체의 위치는 O이고,
$t=2$초일 때 물체의 위치는 Q이고,
$t=3$초일 때 물체의 위치는 R이고, $t=4$초일 때 물체의 위치는 S이고,
$t=5$초일 때 물체의 위치는 R이다.

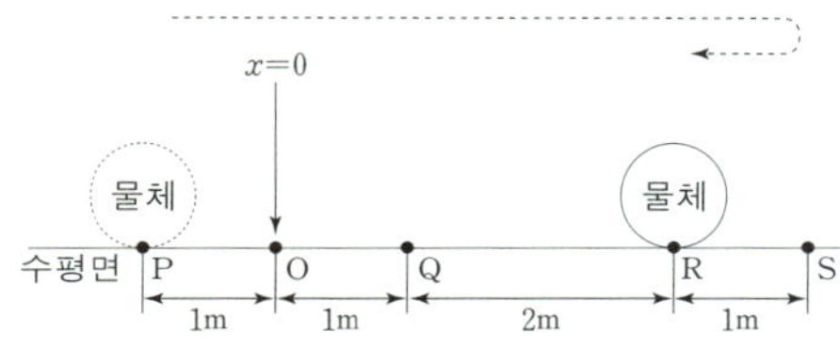

① 기준점으로 부터의 위치를 구한다.

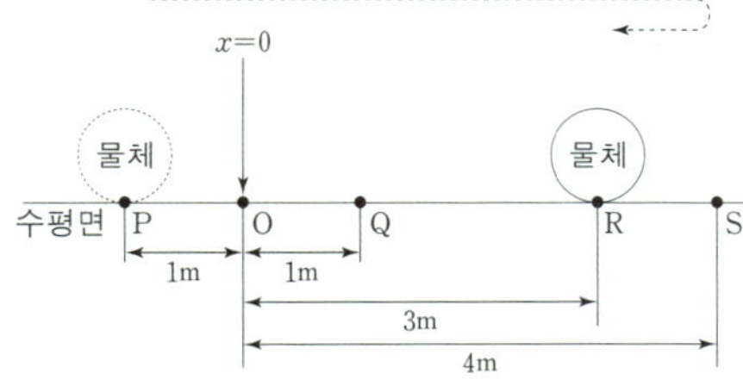

② 기준점으로 부터의 위치를 시간에 따라 점으로 찍는다.

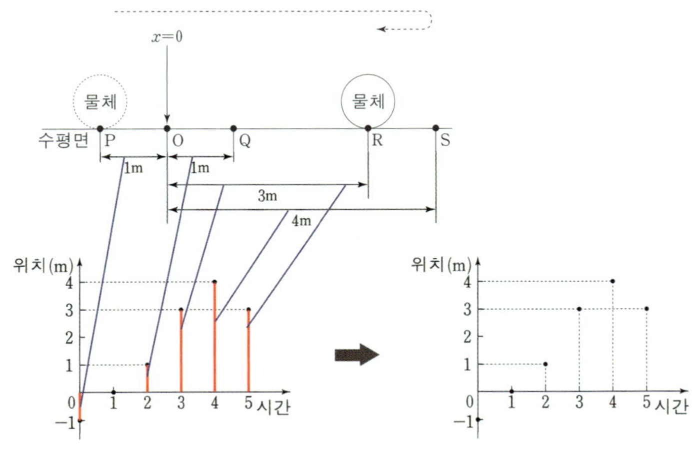

※ 유의 사항
직선으로 그으면 안 된다.
왜냐하면
$t=0$과 $t=1$초 사이,
$t=1$초와 $t=2$초 사이,
$t=3$초와 $t=4$초 사이,
$t=4$초와 $t=5$초 사이의
물체의 위치는 모르기 때문이다.

우리는 $t=0$, 1초, 2초, 3초, 4초, 5초의 위치만 알고 있기 때문에 점으로 그 위치를 표현해야한다.

두 시각 사이의 물체의 위치를 알기 위해서는 '물체의 운동 상태'를 판단해야한다.

 ### 위치-시간 그래프에 대한 해석

① 알 수 있는 물리량 1: 위치-시간 그래프에서 기울기와 면적이 의미하는 물리량

○ 기울기: $\dfrac{\text{위치 변화량(변위)}}{\text{시간 변화량}}$ = 속도

○ 면적: 위치×시간 변화량   = 해당하는 물리량 없음 (고려할 필요 없음)

위치-시간 그래프에서 면적은 별 의미가 없다. (고려할 필요 없음)

○ 물체의 순간 위치: 위치-시간 그래프에서 순간 값

○ 물체의 순간 속도: 위치-시간 그래프에서 순간 기울기

② 알 수 있는 물리량 2: 위치-시간 그래프에서 변위 구하기

변위는 두 위치의 변화량이다.

물체의 $t=t_1$에서 $t=t_2$까지의 변위는 $t=t_1$일 때의 위치와 $t=t_2$일 때의 위치 변화를 구하면 된다.

 ### 위치-시간 그래프를 통해 속도와 속력의 정의 이해

그런데. 위치-시간 그래프의 순간 기울기가 순간 속도와 같을까?
이는 13페이지의 설명을 그래프와 함께 이해해 보면 된다.

$t=1$초에서 $t=t_1$까지의 평균 속도를 구하는 과정을 나타낸 것이다.

평균 속도의 정의가 $\dfrac{\text{변위}}{\text{이동한 시간}}$ 이므로. 위치-시간 그래프에서 두 점을 잇는 기울기와 같다.

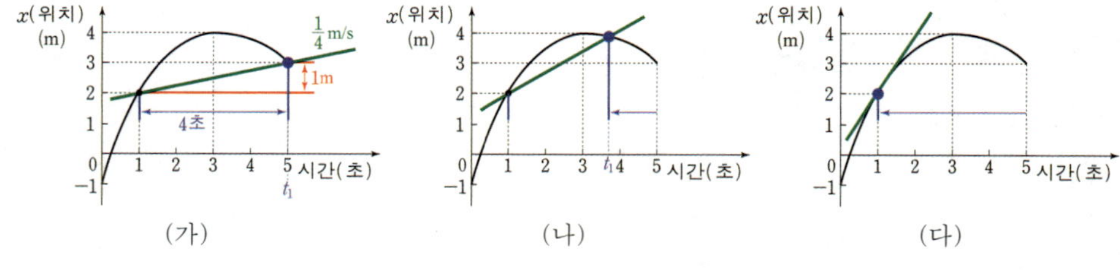

(가) $t_1=5$초 일 때. $t=1$초에서 $t=5$초까지의 평균 속도는 위의 표현된 **초록색 직선의 기울기**와 같다.

$$\dfrac{\text{변위}}{\text{이동한 시간}} \, (\text{m/s}) = \dfrac{3\text{m}-2\text{m}}{5\text{초}-1\text{초}} = \dfrac{1}{4}\,\text{m/s 이다.}$$

(나) 이제 t_1을 1초 방향으로 계속 줄여보면서 **초록색 직선의 기울기**를 살펴보자.

(다) $t_1=1$초가 되었을 때 평균 속도는 그래프의 접선의 기울기가 됨을 알 수 있다.

이는 $t=1$초에서 $t=1$초보다 살짝 큰 지점 사이의 평균 속도이고,

이는 $t=1$초인 순간 속도로 말할 수 있다.

 ### 위치-시간 그래프 분석 정리

아래 그래프를 분석해 보자.

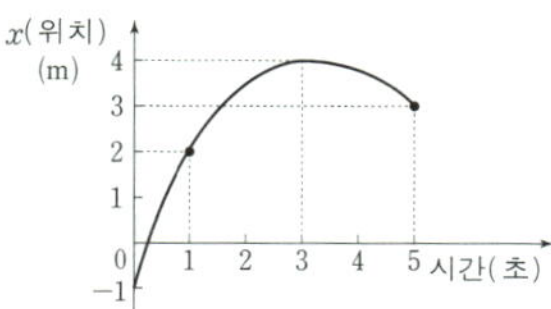

1) $t=1$초일 때와 $t=5$초일 때의 변위의 크기(x)는
   $t=5$초일 때 위치가 3m, $t=1$초일 때 위치가 2m이므로 변위의 크기 x는 다음과 같다.

$$x = 3m - 2m = 1m$$

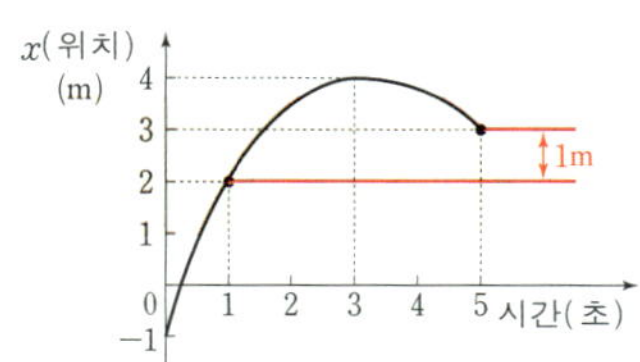

2) 물체가 $t=1$초에서 $t=5$초까지 이동할 때 이동 거리(L)은
   $t=1$초에서 $t=3$초까지 2m만큼 이동하여 정지한 후 $t=3$초에서 $t=5$초까지 1m만큼 다시
   되돌아오므로 다음과 같이 계산된다.

$$L = 2m + 1m = 3m$$

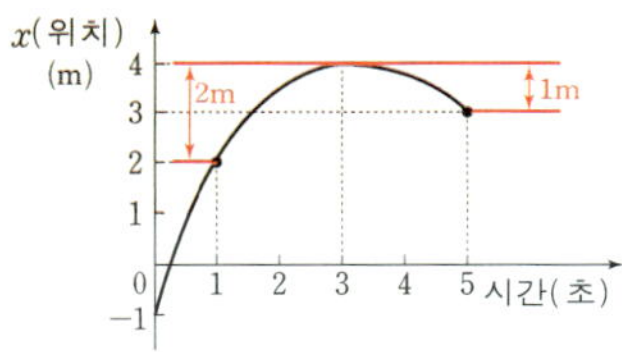

3) $t=1$초일 때와 $t=3$초일 때, $t=4$초일 때 속도의 크기는
   $t=1$초에서 가장 가파르고, 그 다음 $t=4$초에서 그 다음으로 가파르고, $t=3$초일 때는
   0이다. 따라서 속도의 크기를 비교하면 다음과 같다.

$$t=1초 > t=4초 > t=3초$$

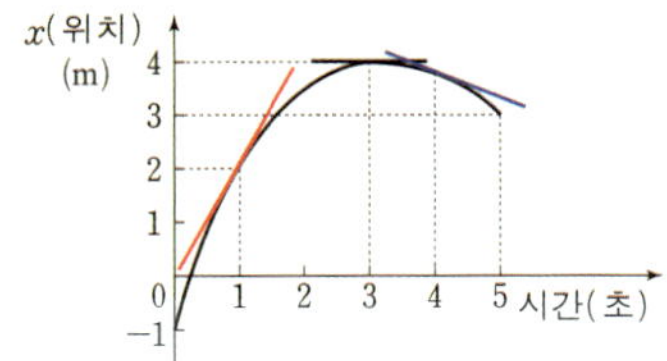

4) $t=1$초일 때와 $t=4$초일 때 속도의 방향은
   $t=1$초일 때 그래프의 기울기의 부호가 양(+)이고
   $t=4$초일 때 그래프의 기울기의 부호가 음(−)이므로 서로 반대이다.

정리	위치-시간 그래프에서 알 수 있는 사실	
○ 평균 속도	그래프에서 두 시점에 해당하는 두 점을 잇는 기울기	
○ 순간 속도	그래프에서 그 시점에 해당하는 접선 기울기	
○ 변위	그래프에서 두 시점에 해당하는 값의 차이 (나중 위치−처음 위치)	
○ 이동 거리	두 시점(t_1, t_2) 사이에 속도가 0인 시점(t_0)이 존재하는 경우($t_1 < t_0 < t_2$)	t_1에서 t_0까지 변위의 크기 $+$ t_0에서 t_2까지 변위의 크기
	두 시점 사이에 속도가 0인 시점이 존재하지 않는 경우	변위의 크기

예제 4

그림은 어떤 물체 A의 위치를 시간에 따라 나타낸 것이다. 다음을 답해 보아라.

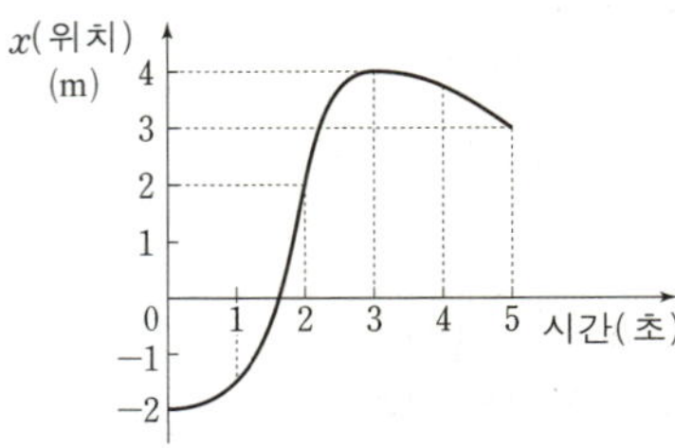

① 물체의 속도의 방향 (운동 방향)은
  $t = 1$초에서와 $t = 2$초일 때가 서로 (　　같다　　/　　반대이다　　).

② 물체의 속도의 크기는 $t = 2$초일 때와 $t = 3$초일 때 중 언제가 더 큰가?

③ 물체의 속도의 방향 (운동 방향)은
  $t = 2$초에서와 $t = 4$초일 때가 서로 (　　같다　　/　　반대이다　　).

④ $t = 0$초에서 $t = 5$초까지의 물체의 변위는?

⑤ $t = 0$초에서 $t = 5$초까지 물체의 이동 거리는?

 **해설**

위치-시간 그래프에서 순간 기울기가 순간 속도와 같다.

① $t=1$초에서와 $t=2$초에서의 그래프의 기울기를 살펴보면 둘다 증가(양($+$))으로 같다.
따라서 $t=1$초에서와 $t=2$초에서의 속도의 방향은 서로 같다.

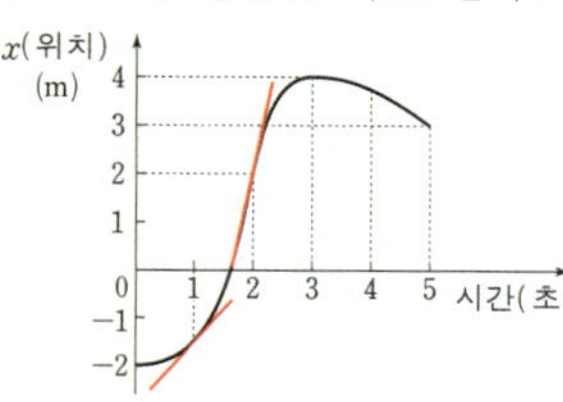

$t=1$초에서가 $t=2$초에서보다 기울기 크기가 더 작다.
따라서 순간 속도의 크기는 $t=1$초에서가 $t=2$초에서보다 작다.

② $t=2$초에서와 $t=3$초일 때 속도를 살펴보기 위해 기울기를 살펴보자.

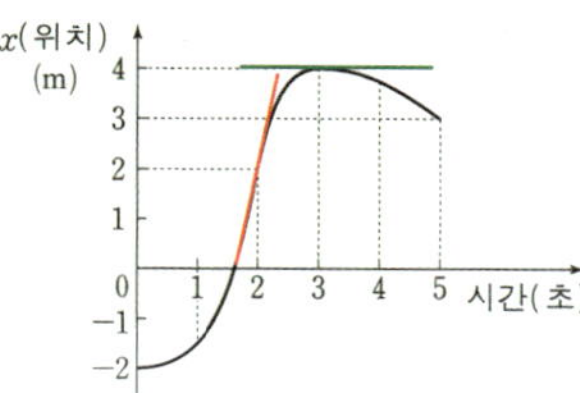

$t=2$초에서가 $t=3$초에서보다 기울기 크기가 더 크다.
따라서 순간 속도의 크기는 $t=2$초에서가 $t=3$초에서보다 크다.

③ $t=2$초에서와 $t=4$초일 때 속도를 살펴보기 위해 기울기를 살펴보자.

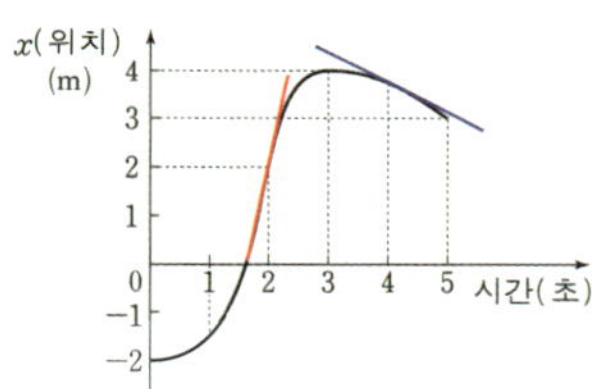

$t=2$초에서 기울기는 양($+$)이고
$t=4$초에서 기울기는 음($-$)이다.
따라서 서로 반대이다.

④ $t=0$초에서의 물체의 위치는 -2m이고, $t=5$초에서의 물체의 위치는 3m이므로
변위는

$$3m-(-2m)=+5m$$

따라서 $t=0$초에서 $t=5$초까지의 물체의 변위는 $+5$m이다.

⑤ $t=3$초일 때 물체는 운동 방향이 변한다.
$t=0$초에서 $t=3$초까지 변위의 크기 (변위: $4m-(-2m)=+6m$) → 6m
$t=3$초에서 $t=5$초까지 변위의 크기 (변위: $4m-(+3m)=-1m$) → 1m
를 합하면 된다.

$$6m+1m=7m$$

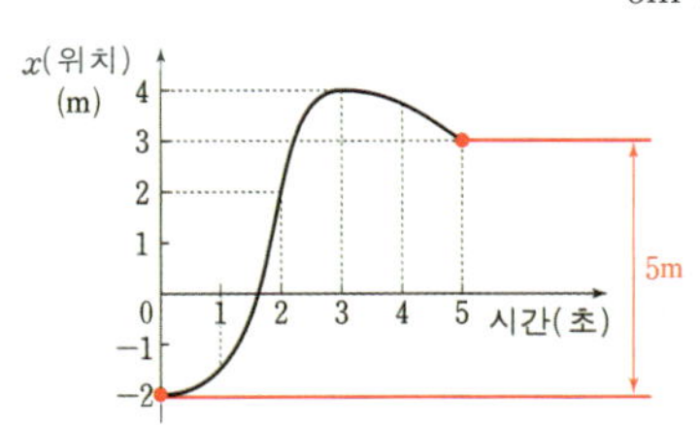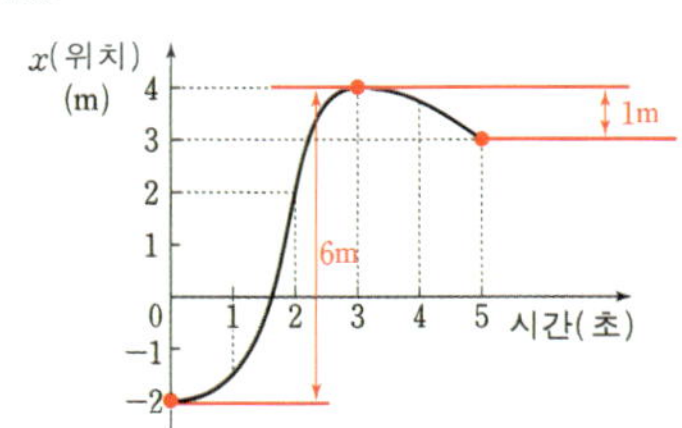

Mechanica 물리학1

 **속도-시간 그래프**

물체의 속도를 시간에 따라 나타낸 그래프.
보통 위치-시간 그래프를 나타낸 후, 시간에 따른 각 시점에서의 기울기로 구할 수 있다.

속도-시간 그래프에 대한 해석

① 알 수 있는 물리량: 속도-시간 그래프에서 기울기와 면적이 의미하는 물리량

○ 기울기: $\dfrac{속도\ 변화량}{시간\ 변화량}$ = 가속도

○ 면적: 속도×시간 변화량 = 변위

○ 물체의 순간 속도:	속도-시간 그래프에서 순간 값
○ 물체의 가속도:	속도-시간 그래프에서 순간 기울기
○ $t=t_1$에서 $t=t_2$까지 물체의 변위:	속도-시간 그래프에서 $t=t_1$에서 $t=t_2$까지 그래프의 면적

 **속도-시간 그래프 분석 정리**

아래 그래프를 분석해 보자.

1) $t=0$초일 때와 $t=2$초일 때의 속도의 크기는 각각 1m/s, 4m/s이다.
　그런데 속도의 부호가 $t=0$초일 때 음($-$)이고, $t=2$초일 때 양($+$)이므로 속도의 방향은 서로 반대이다.

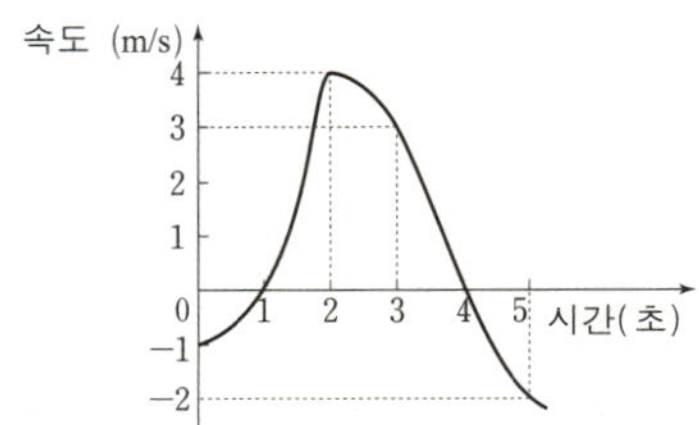

2) $t=1$초일 때와 $t=3$초일 때의 (순간)가속도는 각각 **빨간색 접선의 기울기**와 **파란색 접선의 기울기** 이다.

　$t=1$초일 때: **빨간색 접선의 기울기**
　$t=3$초일 때: **파란색 접선의 기울기**
　빨간색 접선의 기울기와 **파란색 접선의 기울기**가 서로 반대이므로 가속도의 방향이 서로 반대이다.
　(빨간색: 양($+$), 파란색: 음($-$))

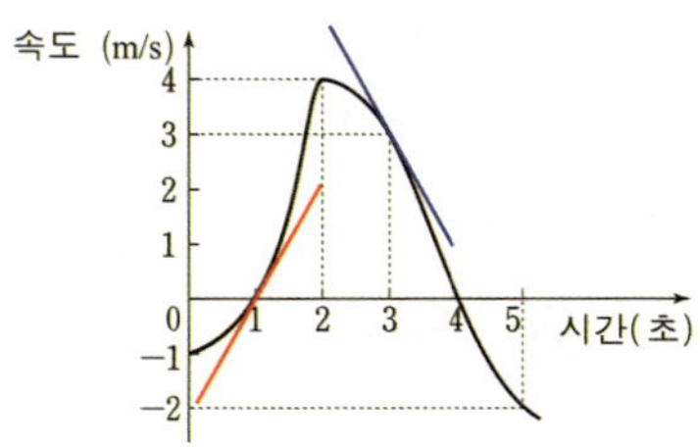

3) $t=0$초에서 $t=3$초까지 물체의 변위는 속도-시간 그래프의 밑면적의 크기와 같다.

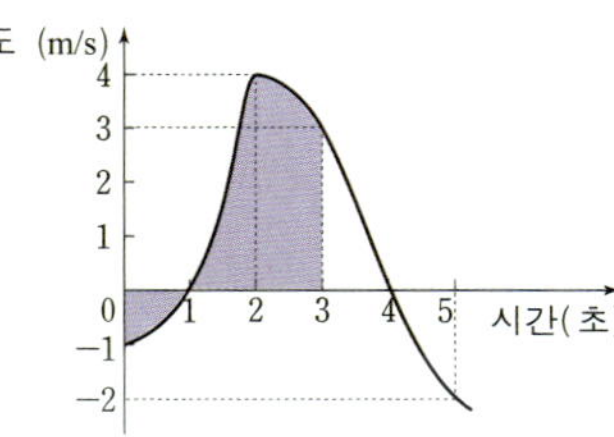

변위를 구하는 방법은 다음과 같다.

[1] 음수 부분인 █의 크기에 −를 붙인다.

[2] 양수 부분인 █의 크기에 +을 붙인다.

[3] [1]과 [2]에서 구한 값을 더해주면 된다. 다음과 같다.

$$t=0초에서\ t=3초까지\ 변위\ =\ (-▨)\ +\ \left(\ +\ ▨\ \right)$$

4) $t=0$초에서 $t=3$초까지 물체의 이동 거리는 속도-시간 그래프의 밑면적의 크기의 합과 같다.

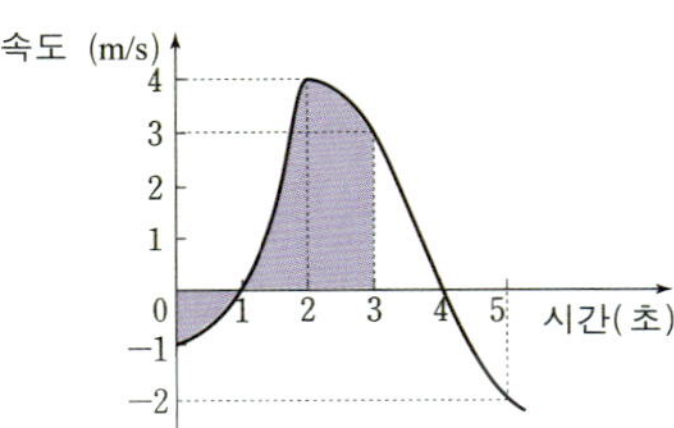

변위를 구하는 방법은 다음과 같다.

음수 부분인 █의 크기와 양수 부분인 █의 크기를 더하기만 하면된다.

$$t=0초에서\ t=3초까지\ 이동거리\ =\ ▨\ +\ ▨$$

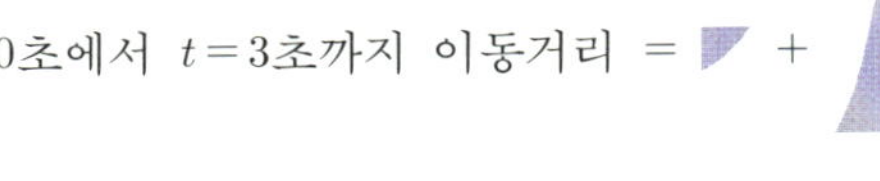

정리	속도-시간 그래프에서 알 수 있는 사실
○ 순간 속도	그래프에서 그 시점에 해당하는 값
○ 순간 가속도	그래프에서 그 시점에 해당하는 접선 기울기
○ 변위	그래프에서 두 시점 사이에 그래프와 x축이 둘러싼 면적

 예제 5

그림은 어떤 물체 A의 속도를 시간에 따라 나타낸 것이다. 다음을 답해 보아라.

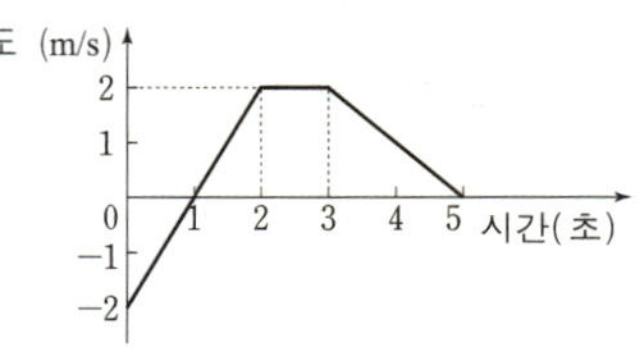

① 물체의 속도의 방향 (운동 방향)은
　 $t = 0.5$초에서와 $t = 1.5$초일 때가 서로 (　　같다　　/　　반대이다　　).

② $t = 1$초일 때와 $t = 4$초일 때의 가속도의 방향은 서로
　 (　　같다　　/　　반대이다　　).

③ $t = 0$초에서 $t = 2$초까지
1) 물체의 변위는?
2) 물체의 이동 거리는?
3) 평균 속도의 크기는?
4) 평균 속력은?

 **해설**

① 물체의 속도의 방향 (운동 방향)은 속도의 값의 부호를 생각해 보면 된다.

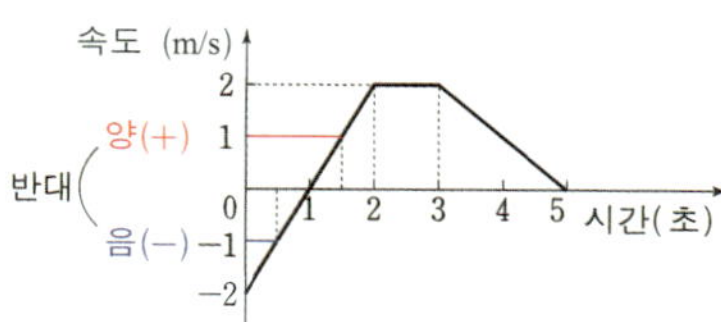

$t = 0.5$초에서의 속도의 부호는 음$(-)$이고,
$t = 1.5$초에서의 속도의 부호는 양$(+)$이다.
따라서 속도의 방향은 서로 반대이다.

② 물체의 가속도는 속도−시간 그래프의 순간 기울기와 같다.

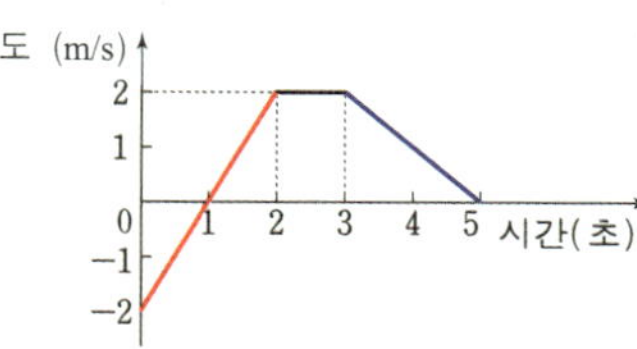

$t = 1$초에서의 그래프의 기울기는 양$(+)$이고,
$t = 4$초에서의 그래프의 기울기는 음$(-)$이다.
따라서 가속도의 방향은 서로 반대이다.
+가속도의 크기는

$t = 1$초일 때 $\dfrac{+2\text{m/s} - (-2\text{m/s})}{2\text{s} - 0\text{s}} = 2\text{m/s}^2$이고

$t = 4$초일 때 $\dfrac{+2\text{m/s} - 0}{5\text{s} - 3\text{s}} = 1\text{m/s}^2$이다.

③
1) 물체의 변위는 속도−시간 그래프와 시간 축을 둘러싼 밑면적과 같다.

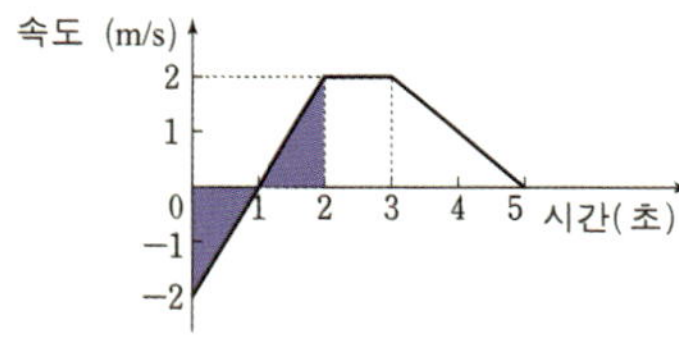

$t = 0$초에서 $t = 1$초까지 시간 축 아래 면적은 $\dfrac{1}{2}(-2\text{m/s})(1\text{초}) = -1\text{m}$

$t = 1$초에서 $t = 2$초까지 시간 축 위의 면적은 $\dfrac{1}{2}(+2\text{m/s})(1\text{초}) = +1\text{m}$

둘의 합은 $(-1\text{m}) + (+1\text{m}) = 0$
따라서 변위는 0이다.

2) 물체의 이동 거리는 저 면적의 크기를 합하면 된다.
$$|-1\text{m}| + |+1\text{m}| = 2\text{m}$$
따라서 이동 거리는 2m이다.

3) 평균 속도의 크기는 $\dfrac{\text{변위}}{\text{이동 시간}}$ 이므로 평균 속도는

$$\dfrac{0}{2\text{초}} = 0$$

4) 평균 속력은 $\dfrac{\text{이동 거리}}{\text{이동 시간}}$ 이므로 평균 속력은

$$\dfrac{2\text{m}}{2\text{초}} = 1\text{m/s}$$

Mechanica 물리학1

 ## 가속도-시간 그래프

물체의 가속도를 시간에 따라 나타낸 그래프.
보통 속도-시간 그래프를 나타낸 후, 시간에 따른 각 시점에서의 기울기로 구할 수 있다.

가속도-시간 그래프에 대한 해석

① 알 수 있는 물리량: 속도-시간 그래프에서 기울기와 면적이 의미하는 물리량

○ 기울기: $\dfrac{\text{가속도 변화량}}{\text{시간 변화량}}$ = 의미 없음

○ 면적: 가속도×시간 변화량 = 속도 변화량

○ 물체의 순간 가속도: 가속도-시간 그래프에서 순간 값

○ $t = t_1$에서 $t = t_2$까지 물체의 속도 변화량: 가속도-시간 그래프에서 $t = t_1$에서 $t = t_2$까지 그래프의 면적

 ## 가속도-시간 그래프 분석 정리

아래 그래프를 분석해 보자.
1) $t = 0$초일 때와 $t = 2$초일 때의 가속도는 각각 -2m/s, 2m/s이다.
   그런데 가속도의 부호가 $t = 0$초일 때 음$(-)$이고, $t = 2$초일 때 양$(+)$이므로 가속도의 방향이 서로 반대이다.

2) $t = 0$초에서 $t = 5$초까지 물체의 속도 변화는 가속도–시간 그래프의 밑면적의 크기와 같다.

속도 변화를 구하는 방법은 다음과 같다.

〔1〕 음수 부분인 █의 크기에 $-$를 붙인다.

〔2〕 양수 부분인 █, █의 크기에 $+$을 붙인다.

〔3〕 〔1〕과 〔2〕에서 구한 값을 더해주면 된다. 다음과 같다.

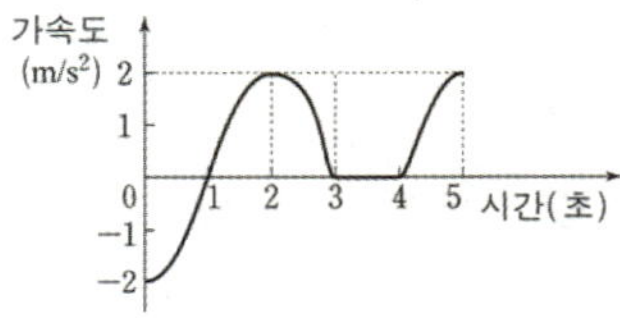

$+$ $t = 0$초에서 속도의 크기가 $+v$ 이라면, $t = 5$초일 때 속도는 다음과 같다.

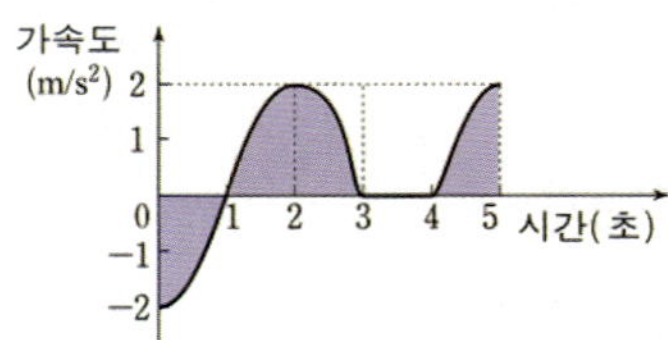

가속도-시간 그래프 문제를 풀이하는 방법

간단 예시 가속도-시간 그래프

그림은 오른쪽 방향을 양(+)으로 할 때, 직선상에서 운동하는 물체의 가속도를 시간에 따라 나타낸 것이다. 1초일 때 물체의 속도는 오른쪽으로 6m/s이다. 다음을 확인해 보자.

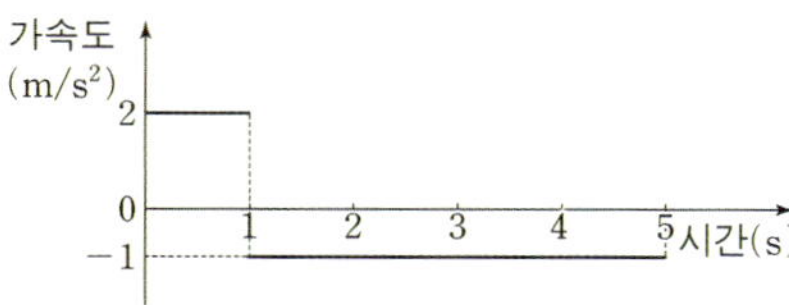

○ 0초일 때, 5초일 때 속력을 각각 구해보자.
○ 0초부터 1초까지 물체의 이동 거리(L_1),
  1초부터 5초까지 물체의 이동 거리(L_2)를 각각 구해보자.

① 우선 가속도 시간 그래프의 밑면적을 구하고, 0초일 때 속도를 $+v$로 두어 가속도 축 아래에 적어둔다.(그림 참고)

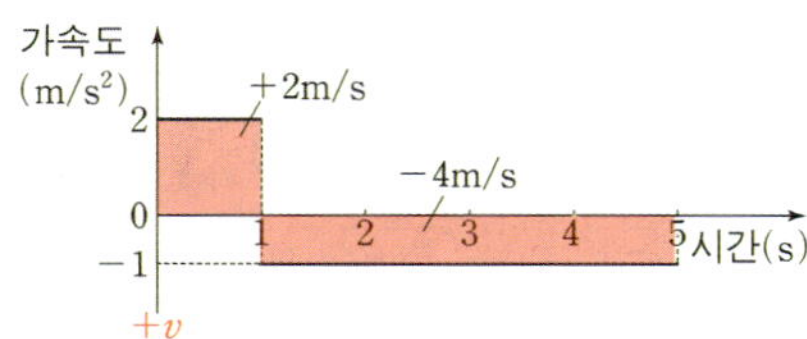

② 0초일 때 속도($+v$)에 주어진 면적을 순차적으로 더해 1초일 때, 5초일 때 속도를 구하여 축 아래에 적어둔다.(그림 참고)

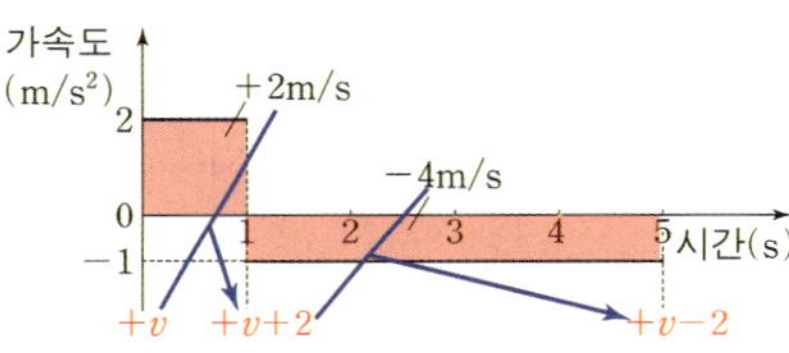

③ 1초일 때 속도는 오른쪽으로 6m/s이므로 다음이 성립한다.

$$+v+2=+6, \quad v=4$$

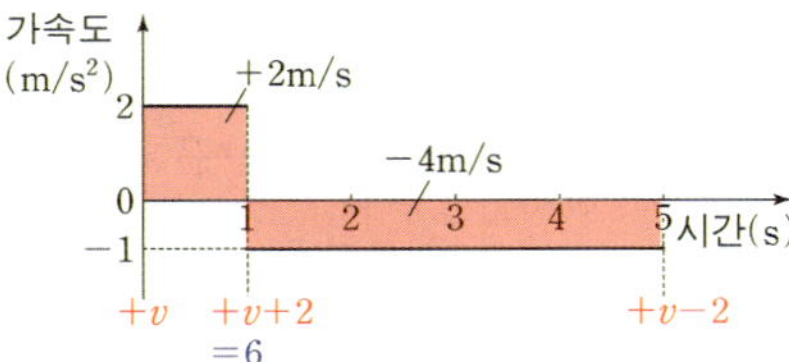

④ v가 구해졌으므로 각 시각에서의 속도를 다시 적어둔다.
  그리고 두 시점 가운데에 평균 값(평균 속도)을 적는다.
  예를 들면

  0초와 1초 사이에는 $\dfrac{+4+(+6)}{2}=+5$

  1초와 5초 사이에는 $\dfrac{+6+(+2)}{2}=+4$

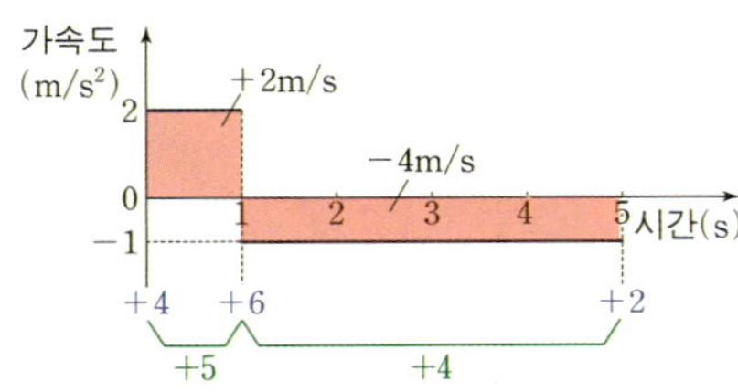

⑤ 구간의 평균 값(평균 속도)와 구간의 시간을 곱해 이동 거리를 계산한다.
  0초와 1초 사이에는 $+5\text{m/s} \times (1\text{s})=5\text{m}$
  1초와 5초 사이에는 $+4\text{m/s} \times (4\text{s})=16\text{m}$

○ 단위는 가급적이면 적지 않는게 좋다. **'글씨가 많아지면 문제풀 때 실수를 많이 할 수 있으므로 단순화해서 적어두자.'**

○ 등가속도 운동일 때에만 해당 평균 속도의 값을 적어 두어야 한다.

Mechanica 물리학1

 기출 예시 1

그림 (가)는 직선 운동을 하는 자동차의 모습을 나타낸 것이며, 0초일 때 점 P에서 자동차의 속력은 4m/s이고, 6초일 때 점 Q에서 자동차의 속력은 6m/s이다. 그림 (나)는 자동차의 가속도를 시간에 따라 나타낸 것이다.

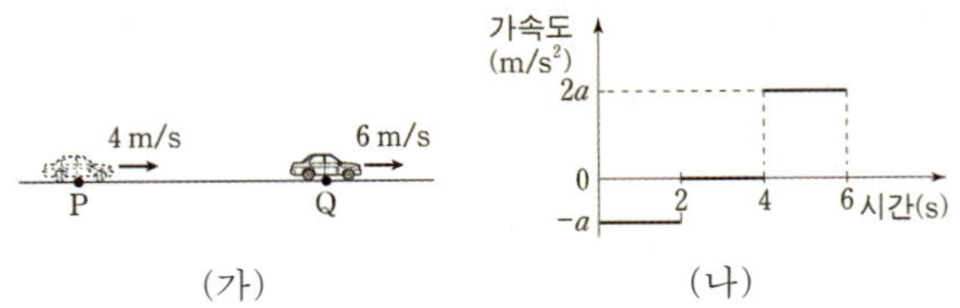

자동차의 운동에 대한 설명으로 옳은 것만을 〈보기〉에서 있는 대로 고른 것은?

〈보 기〉

ㄱ. 1초일 때 가속도의 크기는 1m/s²이다.

ㄴ. 3초일 때 속력은 2m/s이다.

ㄷ. 0초부터 6초까지 평균 속력은 3m/s이다.

 **해설**

오른쪽 방향을 양(+)으로 두자.

0초일 때 속력이 +4m/s이므로, 가속도-시간 그래프에서 밑면적을 구한 후 각 구간마다 더해주어 2초일 때, 4초일 때, 6초일 때 속도를 구해보면 아래 그림과 같다.

6초일 때 속도는 +6m/s이므로 다음 식이 성립한다.

$$+4+2a=+6, \ a=+1m/s^2$$

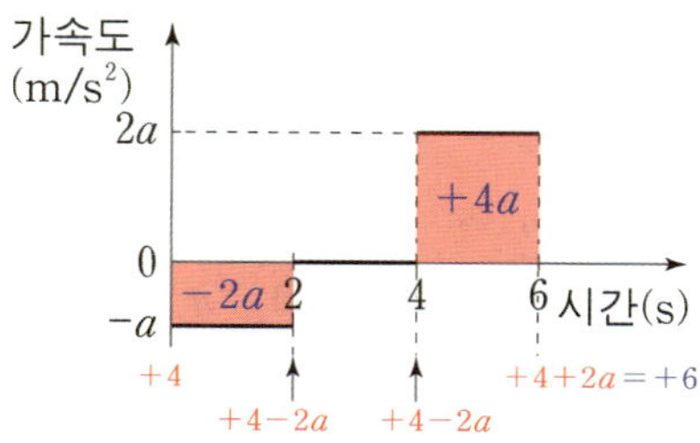

0초, 2초, 4초, 6초일 때 속도를 정리한 후 평균 값(평균 속도)을 사이에 적어두면 다음과 같다.

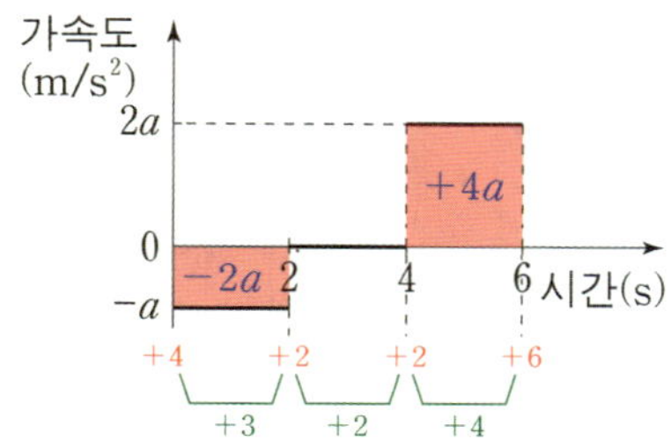

ㄱ. 1초일 때 가속도는 $-a=-1m/s^2$이므로, 이 순간 가속도의 크기는 $1m/s^2$이다. (ㄱ. 참)

ㄴ. 2초~4초에서는 물체가 2m/s로 등속도 운동을 한다.(가속도의 크기가 0이므로)
  따라서 3초일 때 속력은 2m/s이다. (ㄴ. 참)

ㄷ. 평균 속력은 다음과 같이 계산된다.

$$\frac{총 \ 이동 \ 거리}{이동 \ 시간}$$

0초부터 6초까지 이동한 거리를 계산하면 다음과 같다.
0초~2초까지 이동 거리: $+3m/s \times 2s = 6m$
2초~4초까지 이동 거리: $+2m/s \times 2s = 4m$
4초~6초까지 이동 거리: $+4m/s \times 2s = 8m$
→ 0초~6초까지 이동 거리: $6m+4m+8m=18m$

따라서 평균 속력은 다음과 같다.

$$평균 \ 속력 = \frac{총 \ 이동 \ 거리}{이동 \ 시간} = \frac{18m}{6s-0s} = 3m/s \ (ㄷ. 참)$$

정답

기출 예시 1

ㄱ, ㄴ, ㄷ

6. 등속도 운동의 기본적 성질

 ### 등속도 운동

① 물체가 등속도 운동할 때, 물체의 운동은 다음과 같은 성질을 띤다.

> ○ 물체의 속도　　　　: 시간에 따라 물체의 속도는 **변하지 않는다.**
>
> ○ 물체의 운동 방향　　: 일직선상에서 운동하며, 방향이 두 가지 밖에 없다. (왼쪽, 오른쪽)

등속도 운동의 분석

① 등속도 운동하는 물체는 시간에 따라 속도 변화가 없다.
　속도-시간 그래프가 시간 축과 나란한 직선의 형태일 것이다.
　속도 변화가 없으므로 가속도의 크기가 0이고, 그래프의 기울기가 0이다.

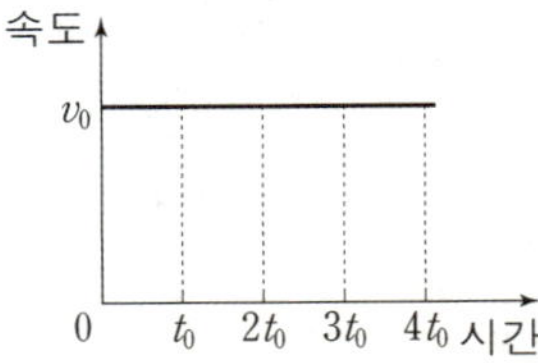

② 이동 거리에 대한 해석
　속도-시간 그래프의 면적은 물체의 변위와 같다.
　그런데, 등속도 운동은 시간에 따라 속도가 일정하기 때문에
　속도와 시간 변화의 곱으로 변위를 계산할 수 있다.

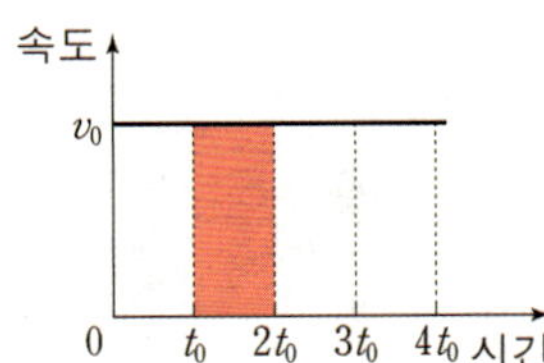

예를 들면 위 그래프에서 $t = t_0$부터 $t = 2t_0$까지 물체의 변위는 다음과 같다.

$$v_0 \times t_0 = v_0 t_0$$

③ 물체가 어느 구간에서 등속도 운동을 할 때 물체가 가지는 정보는 3가지이다.

> ○ 속도
> ○ 시간
> ○ 변위

이 세가지 정보 중에 두 가지 정보만 알고 있다면 다음 식을 통해 나머지 정보를 알 수 있다.

$$속도 = \frac{변위}{시간}$$

7. 등가속도 직선 운동의 기본적 성질

 **등가속도 직선 운동**

① 물체가 등가속도 직선 운동할 때, 물체의 운동은 다음과 같은 성질을 띤다.

○ 물체의 속도 　　　　　: 시간에 따라 물체의 속도는 일정하게 변한다.

○ 물체의 운동 방향 　　　: 일직선상에서 운동하며, 방향이 두 가지 밖에 없다. (왼쪽, 오른쪽)

 **등가속도 직선 운동의 분석**

① 등가속도 직선 운동하는 물체는 시간에 따라 속도 변화가 일정하다.
　 속도-시간 그래프가 직선의 형태일 것이다.

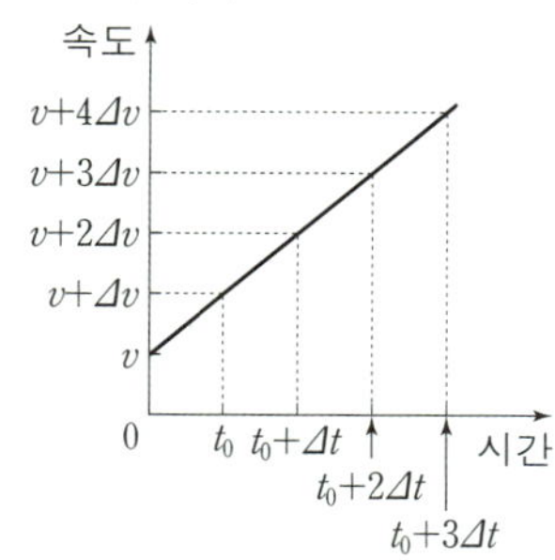

② 가속도에 대한 해석
　 속도-시간 그래프의 기울기는 물체의 가속도와 같다.
　 그런데, 등가속도 직선 운동하는 물체의 속도-시간 그래프의 기울기는 일정하므로
　 속도 변화량을 시간 변화량으로 나눈 기울기를 구할 수 있다.

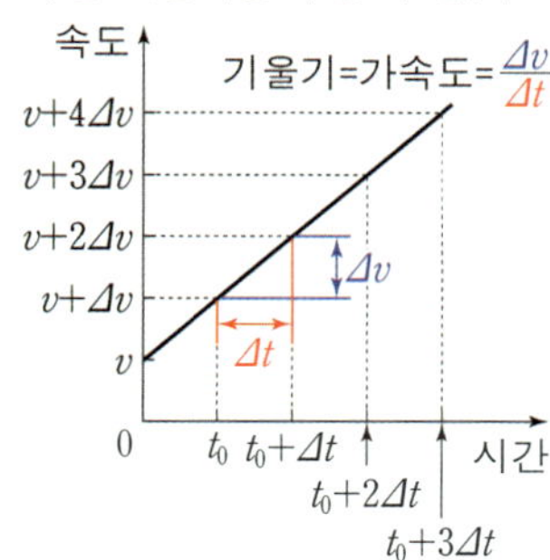

속도-시간 그래프의 기울기는 물체의 가속도와 같다. 위 그래프에서 가속도의 크기(a)는
다음과 같이 계산된다.

$$a = \frac{\Delta v}{\Delta t}$$

$a = \dfrac{\Delta v}{\Delta t}$의 양변에 Δt를 곱해 보면 $\Delta v = a\,\Delta t$로 표현할 수 있다.

③ $\Delta v = a\Delta t$에 대한 해석 [중요!]

　가속도 정의에 따라 물체가 $t=t_0$부터 $t=t_0+\Delta t$까지 Δt의 시간 동안 물체의 속도 변화량은

　$a\Delta t$이다.

　즉, $t=t_0$에서의 속도가 v_0일 때

　Δt의 시간 후의 속도의 크기는 $v_0+a\Delta t$이다.

　반대로

　Δt의 시간 전의 속도의 크기는 $v_0-a\Delta t$이다.

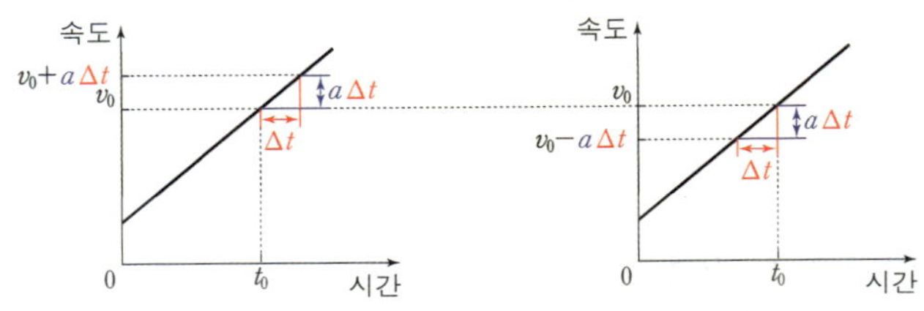

예를 들어 오른쪽을 양(+)으로 하면,

$+3\mathrm{m/s}^2$의 가속도로 등가속도 직선 운동하는 물체에 대해

$t=1$초일 때 속도가 $+6\mathrm{m/s}$인 상황일 때

$t=1$초에서 2초 후인 $t=3$초일 때 속도와

$t=1$초에서 1초 전인 $t=0$초일 때 속도는

다음과 같이 구할 수 있다.

$$6\mathrm{m/s}\ -3\mathrm{m/s}^2\times 1\text{초}$$
$$=3\mathrm{m/s}$$
$$t=0\text{초}$$

$$6\mathrm{m/s}$$
$$t=1\text{초}$$

$$6\mathrm{m/s}\ +3\mathrm{m/s}^2\times 2\text{초}$$
$$=12\mathrm{m/s}$$
$$t=3\text{초}$$

즉, 등가속도 직선 운동하는 물체의 가속도와 한 시점에서의 속도만 알고 있다면

모든 시각에서의 속도를 알 수 있다.

| 간단 예시 | 모든 시각에서의 가속도 구하기 |

다음을 답해 보아라. 답은 왼쪽에 적어 두었다.

오른쪽 방향을 +, 왼쪽 방향을 −라 두자.

① $+5\mathrm{m/s}^2$의 가속도로 등가속도 직선 운동하는 물체가 $t=2$초일 때 속도가 $+8\mathrm{m/s}$이다.

　다음 시각에서의 속도를 구하여라

1) $t=0$초:

2) $t=5$초:

3) $t=6$초:

② $-4\mathrm{m/s}^2$의 가속도로 등가속도 직선 운동하는 물체가 $t=4$초일 때 속도가 $+16\mathrm{m/s}$이다.

　다음 시각에서의 속도를 구하여라

1) $t=0$초:

2) $t=8$초:

3) $v=9$초:

정답

①

1) $t=0$초: $-2\mathrm{m/s}$

2) $t=5$초: $+23\mathrm{m/s}$

3) $t=6$초: $+28\mathrm{m/s}$

②

1) $t=0$초: $+32\mathrm{m/s}$

2) $t=8$초: 0

3) $t=9$초: $-4\mathrm{m/s}$

④ 변위에 대한 해석

속도-시간 그래프에서의 밑면적이 변위이다.

가속도가 a인 물체가 $t=t_0$부터 $t=2t_0$까지 이동한 거리를 그래프에서의 밑면적을 이용하여 구해보자.

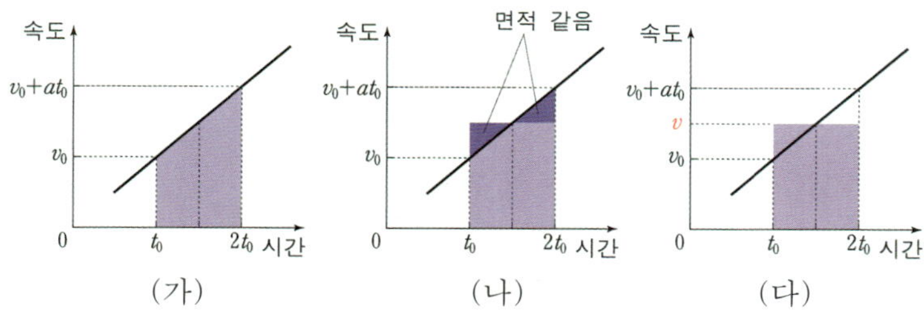

1) 사다리꼴 면적 이용

사다리꼴의 면적을 구하는 방법은 다음과 같다.

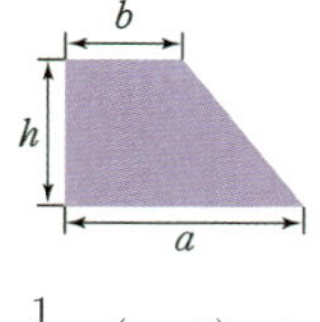

$$\frac{1}{2} \times (a+b) \times h$$

(가)에서 사다리꼴 면적을 구해보면 다음과 같이 계산된다.

$$\frac{1}{2} \times \{(v_0)+(v_0+at_0)\} \times t_0 = v_0t_0 + \frac{1}{2}at_0^2$$

2) 평균 속도 이용 [중요!]

(가)와 (다)에서 색칠된 부분의 면적은 같다.

즉, (가)의 사다리꼴 면적과

(다)의 높이가 v이고 가로 길이가 t_0인 직사각형 면적과 같다는 뜻이다.

면적을 S라 두면 S는 다음과 같다.

$$S = v \times t_0$$

여기서 v는 $t=t_0$에서 $t=2t_0$까지 평균 속도이다.

3) v가 평균 속도가 되는 이유

평균 속도는 다음과 같이 계산된다.

$$\text{평균 속도} = \frac{\text{변위}}{\text{이동한 시간}}$$

그런데 위의 예시에서 $t=t_0$부터 $t=2t_0$까지 이동 시간은 t_0이고, 변위는 밑면적인 S이므로

$$\text{평균 속도} = \frac{\text{변위}}{\text{이동한 시간}} = \frac{S}{t_0} = v$$

따라서 평균 속도는 v와 같다.

Mechanica 물리학1

⑤ v(평균 속도)의 특징

사다리꼴 면적은 앞서 구한 직사각형 면적 S와 같다.

$$S = \frac{1}{2} \times \{(v_0) + (v_0 + at_0)\} \times t_0$$

$$S = v \times t_0$$

위 두 식을 연립해 보면

$$v = \frac{1}{2} \times \{(v_0) + (v_0 + at_0)\}$$

v_0는 $t = t_0$일 때 속도이고, $v_0 + at_0$는 $t = 2t_0$일 때 속도이다.
이 두 속도의 절반값이 v라는 결과를 얻을 수 있다.

식을 계산해 보면

$$v = v_0 + \frac{1}{2}at_0 = v_0 + a\left(\frac{1}{2}t_0\right)$$

v는 $t = t_0$일 때의 속도 v_0에서 $\frac{1}{2}t_0$ 후인 $t = \frac{3}{2}t_0$의 속도인 $v_0 + \frac{1}{2}at_0$와 같다.

즉,

$t = t_0$일 때의 속도와 $t = 2t_0$일 때 속도의 중간 값이

$t = t_0$일 때와 $t = 2t_0$일 때의 평균 속도임을 알 수 있고,

그 속도는 $t = \frac{3}{2}t_0$ 즉, $t = t_0$와 $t = 2t_0$의 중간 시점에서의 속도와 같다.

⑥ 결론

물체가 등가속도 직선 운동하고 있는 상황에서

$t = t_1$에서의 속도가 v_1, $t = t_2$에서의 속도가 v_2일 때,

$t = t_1$과 $t = t_2$의 중간 시점인 $t = \frac{t_1 + t_2}{2}$일 때의 속도가 평균 속도 $\frac{v_1 + v_2}{2}$ 이다.

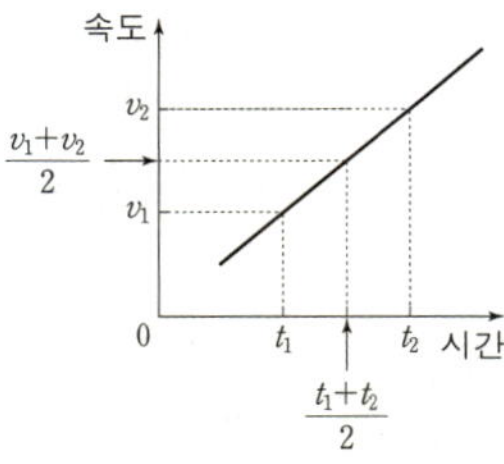

암기	등가속도 직선 운동하는 물체의 **평균 속도**
○ 평균 속도의 크기	v_1과 v_2의 중간 값인 $\frac{v_1 + v_2}{2}$가 평균 속도(v)이다.
○ 평균 속도가 되는 시점	$t = t_1$과 $t = t_2$의 중간 시점인 $t = \frac{t_1 + t_2}{2}$일 때의 속도가 평균 속도이다.

 ## 등가속도 직선 운동 공식

① 가속도 식

등가속도 직선 운동하는 물체의 나중 속도를 앞서 구한 가속도의 정의로 구할 수 있다.

$$\text{가속도의 정의: } a = \frac{\Delta v}{\Delta t}$$

$a = \dfrac{\Delta v}{\Delta t}$의 양변에 Δt를 곱해 $\Delta v = a\Delta t$로 표현할 수 있고,

나중 속도(v)는 초기 속도(v_0)에 속도 변화(Δv)를 더해 구할 수 있다. 따라서 다음과 같다.

$$v = v_0 + \Delta v = v_0 + a\Delta t$$

② 변위의 식

앞서 소개했듯 변위는 처음 속도(v_0)와 나중 속도(v)의 평균 값(평균 속도)에 이동 시간(Δt)를 곱해 구할 수 있다.

$$s = \frac{v_0 + v}{2}\Delta t$$

그런데 $v = v_0 + at$이므로 변위은 다음과 같이 계산된다.

$$s = \frac{v_0 + (v_0 + a\Delta t)}{2}\Delta t = v_0\Delta t + \frac{1}{2}a(\Delta t)^2$$

③ 연립 결과식

앞선 ①, ②식을 이용하여 세 번째 식을 구해보자.

가속도 식: $v = v_0 + a\Delta t$

변위의 식: $s = v_0\Delta t + \dfrac{1}{2}a(\Delta t)^2$

$v = v_0 + a\Delta t$와 $s = v_0\Delta t + \dfrac{1}{2}a(\Delta t)^2$를 합해서 새로운 식 하나를 만들어 보겠다.

우선 $v = v_0 + a\Delta t$의 좌변에 v_0를 빼고, a를 나누어 주면 다음과 같다.

$$\Delta t = \frac{v - v_0}{a}$$

이 Δt를 $s = v_0\Delta t + \dfrac{1}{2}a(\Delta t)^2$에 대입해 본다.

$$s = v_0\left(\frac{v - v_0}{a}\right) + \frac{1}{2}a\left(\frac{v - v_0}{a}\right)^2,$$

$$s = \frac{vv_0 - v_0^2}{a} + \frac{v^2 - 2vv_0 + v_0^2}{2a}$$

$$s = \frac{2vv_0 - 2v_0^2 + v^2 - 2vv_0 + v_0^2}{2a}$$

$$s = \frac{-v_0^2 + v^2}{2a}$$

양변에 $2a$를 곱해 보면

$$2as = v^2 - v_0^2$$

이로서 교과서에 등장하는 세 식을 구할 수 있다.

> 가속도 식: $v = v_0 + a\Delta t$
>
> 변위의 식: $s = v_0\Delta t + \dfrac{1}{2}a(\Delta t)^2$
>
> 연립 결과 식: $2as = v^2 - v_0^2$

○ 가속도 식($v = v_0 + a\Delta t$)의 경우는 가속도의 정의이기 때문에 당연히 알고 있어야 한다.
  (당연한 것이다!)

○ 변위의 식($s = v_0\Delta t + \dfrac{1}{2}a(\Delta t)^2$)은 나중에 분석 후 알겠지만, 문제를 푸는 사람의 스타일에
  따라 쓰고 말고가 결정된다.
→ $v_0 = 0$인 경우 $s = \dfrac{1}{2}a(\Delta t)^2$은 많이 활용된다!

○ 연립 결과 식($2as = v^2 - v_0^2$)은 나중에 일 에너지 정리하면서 다시 다룰 것이며, 분석 부분에서
  도 활용함을 다룬다.

평균 속도를 구하는 두 가지 방법

평균 속도를 구하는 두 가지 방법 또한 많이 쓴다.

$$\text{평균 속도} = \frac{v_1 + v_2}{2}$$

$$\text{평균 속도} = \frac{s}{\Delta t}$$

이렇게 구한 두 식은 같다.

$$\frac{v_1 + v_2}{2} = \frac{s}{\Delta t}$$

$$\frac{v_1 + v_2}{2} \times \Delta t = s$$

위의 두 식은 많이 쓰인다. 잘 알아 두도록 하자.

> 물체가 등가속도 운동하는 경우 평균 속도는
> **속도의 중간값**으로 구할 수 있고,
> **변위를 이동 시간으로 나눈 값**으로도 구할 수 있다.
> 그리고 이 두 값은 같아야 한다.

8. 등가속도 직선 운동의 문제 푸는 방법 찾기

 **문제의 목적과 그래프식 이해**

① 속도-시간 그래프가 직선의 형태라 언급했다.
 즉, 속도는 시간에 따른 일차함수이다.

$$v = at + v_0$$

 즉, 위의 식만 찾는다면 내가 알고 싶은 시각에서의 속도를 구할 수 있다.

② 일차함수를 구하는 방법은 중학교때 다음과 같이 정리했다. 이를 속도, 가속도로 정리해서 표현하면 다음과 같다. (x, y절편을 알 때 제외)

1) 두 점 좌표를 알 때	→ **두 시점에서의 속도**를 각각 알고 있을 때
2) 한 점과 기울기를 알 때	→ **한 시점에서의 속도**와 **가속도**를 알고 있을 때

 즉, 물체의 등가속도 직선 운동 하는 물체의 상황을 묻기 위해서는
 한 시점에서의 속도와 가속도 또는
 두 시점에서의 속도를 구하면 된다.

○ 예를 들면 $v = 3t + 2$의 관계식을 알고 $t = 2$초에서의 속도를 알고 싶으면 t에 2초를 대입하여 $v = 3 \times 2 + 2 = 8$로 $t = 2$초일 때의 속도 8을 구할 수 있다.

③ 속도-시간 그래프에서 두 점 좌표를 알 때
속도-시간 그래프의 점 좌표는 특정 시각에서의 속도를 의미한다.
예를 들면 아래 그래프에서 $t = 1$초에서의 속도는 3m/s이고, $t = 3$초에서의 속도는 5m/s이다.

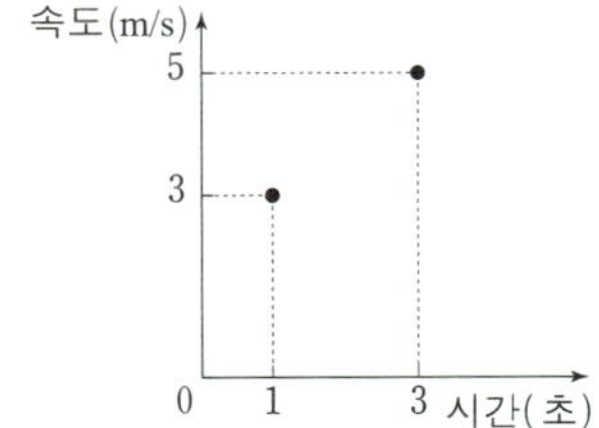

물체가 등가속도 직선 운동한다고 생각하면, 두 점을 직선으로 이을 수 있다.
전체 시간에서 물체의 시간에 따른 속도가 어떤 상태인지 알 수 있다.
아래 그래프에서 두 점을 지나는 직선의 기울기를 구해보자. 이는 물체의 가속도의 크기이다.

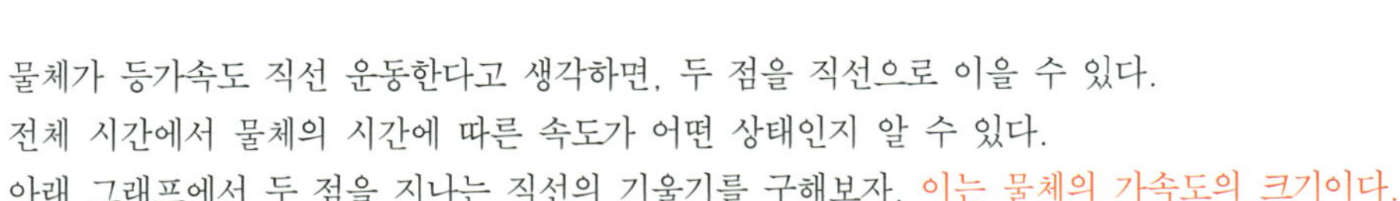

$$\frac{5\text{m/s} - 3\text{m/s}}{3\text{초} - 1\text{초}} = 1\text{m/s}^2$$

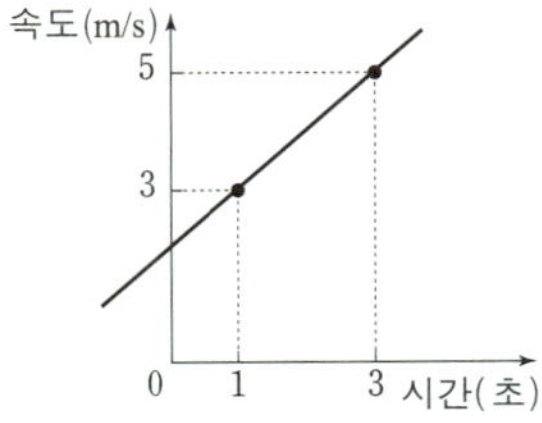

특정 시점에서의 속도를 알고 있고, 가속도의 크기를 알고 있으므로
이 운동의 모든 시점에서의 속도를 구할 수 있다.

④ 두 시점에서의 속도를 알고 있다면, 가속도를 구할 수 있다.
또한 변위도 구할 수 있다. 다음 예시를 보자.

물체가 $t=1$초부터 $t=3$초까지 등가속도 직선 운동한다. $t=1$초일 때 속도가 3m/s, $t=3$초일 때 속도는 5m/s이다. $t=1$초부터 $t=3$초까지 이동 거리는 x이다. x를 구해보자.

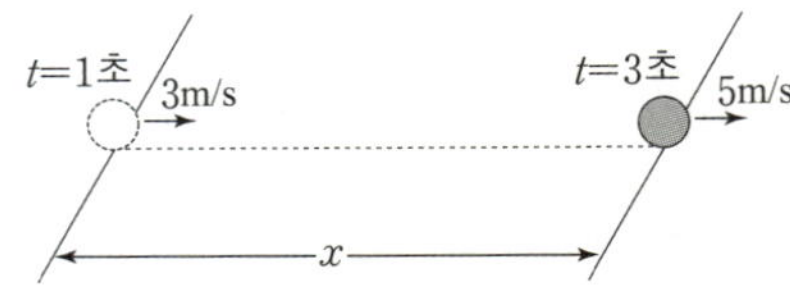

$t=1$초일 때 속도와 $t=3$초일 때 속도가 각각 3m/s, 5m/s이므로, 이를 통해 속도-시간 그래프를 그려보면 다음과 같이 두 점으로 표현할 수 있다.

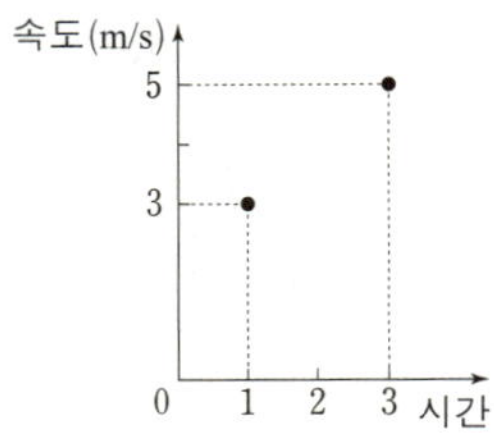

그런데, 물체가 등가속도 직선 운동하므로, 가속도가 일정한 운동을 한다.
즉, 그래프는 두 점을 지나고 기울기가 일정한 직선의 형태이다. 이제 우리는 두 점을 이을 수 있다.

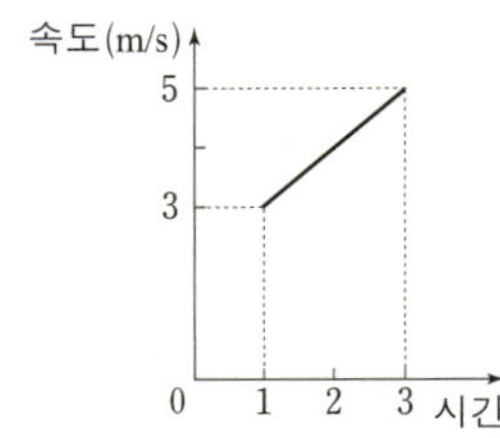

속도-시간 그래프에서의 밑면적이 변위이다. 따라서

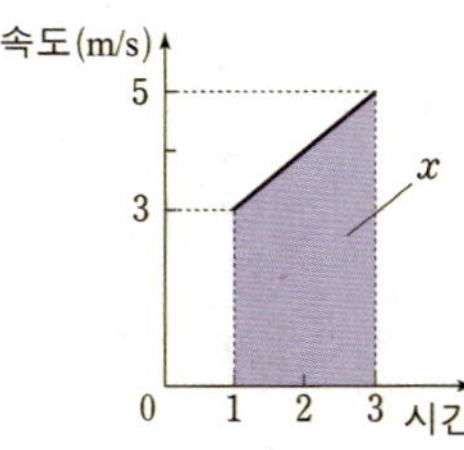

$$x = \frac{1}{2}(3\text{m/s}+5\text{m/s})\times(3\text{s}-1\text{s}) = 8\text{m}$$

정리	문제를 풀기 위해 필요한 것과 목표

○ 문제의 상황을 알기 위해서는
　두 시점에서의 속도
　또는
　한 시점에서의 속도와 가속도
　를 찾으면, 문제를 풀었다고 할 수 있다.
○ 우리는 **물체의 가속도**를 찾는게 최종 목표이다!
○ 그렇게 한 시점에서의 속도와 가속도를 알고 있다면
　$v=v_0+a\Delta t$를 통해 내가 알고자 하는 '특정 시각에서의 속도'를 구할 수 있고
　평균 속도와 이동 시간을 곱해 내가 알고자 하는 변위를 구할 수 있다.

다섯 가지 정보 중 세 가지 정보

수능 문제에서는 아래 다섯 가지 정보를 가지고 상황을 분석한다.

1) 가속도(a)
2) 첫 번째 시각에서의 속도(v_1)
3) 두 번째 시각에서의 속도(v_2)
4) 변위 (s)
5) 두 시각 사이 간격〔시간〕(t_0)

문제에서는 보통 위의 **다섯 가지 정보** 중 최소 **세 가지**를 알려 주고, 나머지 **두 가지 정보**를 찾으라고 한다.

〔1〕 **세 가지 정보**는 문제에서 직접 제시되기도 하고,

〔2〕 **두 가지 정보**를 제시해 주고,
　　　다른 물체와의 관계나 제시된 조건을 가지고 조합하여 나머지 **하나의 정보**를 구하게끔 하여
　　　세 가지 정보를 모으도록 한다.

〔3〕 또는 **한 가지 정보**만 제시하고
　　　다른 물체와의 관계나 제시된 조건을 가지고 조합하여 **두 가지 정보**를 구하게끔 하여
　　　세 가지 정보를 모으도록 한다.

즉, 문제를 푸는 순서도는 다음과 같다.

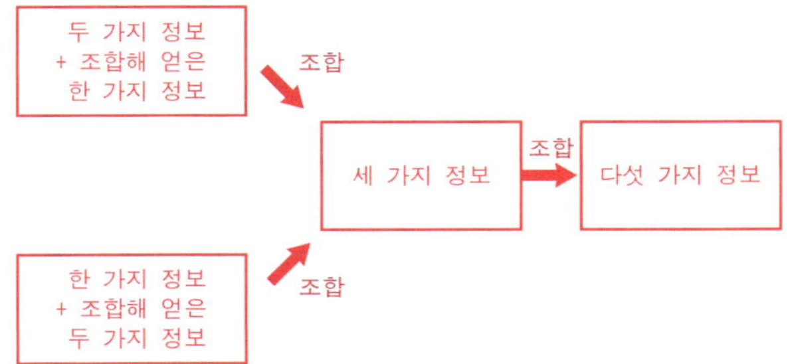

조합해서 문제의 정보를 얻는 과정 즉, 〔2〕와 〔3〕의 과정은 수능에 나온 특별한 상황(타점 기록계 유형)을 제외하고는 일반화하여 설명할 수 없다.
왜냐하면, 이 과정은 온전히 출제자가 만든 상황에 따라 달라질 수 있기 때문이다. 쉽게 말해서 수능에 나올 수 있는 모든 상황을 유형화해서 설명할 수는 없다는 것이다.

세 가지 정보를 이용하여 **다섯 가지 정보**를 끌어내는 것은 모든 문제의 공통 사항이다.
이를 설명하겠다.

다섯 가지 정보 중 세 가지 정보를 줬을 때 나머지 두 정보를 찾는 방법을 예시를 통해 생각해 볼 것이다.
다섯 가지 정보 중 세 가지 정보가 주어진 경우의 수는 다음과 같다.

$$_5C_3 = 10가지$$

세 가지 정보를 아는 경우, 10가지를 풀이가 비슷한 것끼리 묶어보자.

다섯 가지 정보	다섯 가지 중 세 가지 정보
1) 가속도(a) 2) 첫 번째 시각에서의 속도(v_1) 3) 두 번째 시각에서의 속도(v_2) 4) 변위 (s) 5) 두 시각 사이 간격〔시간〕(t_0)	ⓐ 123 ⓑ 124 134 234 ⓒ ⓓ 125 135 235 ⓔ ⓕ 145 245 ⓖ 345

※ 예를 들어 235는 v_1, v_2 t_0가 주어진 경우를 말하는 것이다.

ⓐ~ⓖ은 문제를 푸는 특징으로 나누어 보았다. 각각의 이름을 다음과 같이 나타내 보겠다.

ⓐ 속도 변화량과 가속도 관계 〔**심화 1**〕
ⓑ $2as = v_1^2 - v_0^2$이용
ⓒ $2as = v_1^2 - v_0^2$이용 또는 평균 속도 이용
ⓓ $v + a\Delta t$이용
ⓔ **기본**
ⓕ 평균 속도 이용 1 〔**심화 2**〕
ⓖ 평균 속도 이용 2

ⓐ는 학생들의 입장에서 헷갈리는 특징을 가지고 있다.

ⓑ와 ⓒ는 사실상 비슷하나, 살짝 다른 특징을 가지고 있다.

ⓒ, ⓓ는 조금만 조작하면 ⓔ를 만들 수 있어서 조작하는 방법을 설명하겠다.

ⓔ는 일전에 이야기한 **두 시점에서의 속도를 아는 경우**이다. 가장 기본이니 먼저 설명하겠다.

ⓕ와 ⓖ는 평균 속도가 중간 시점의 속도임을 이용한 방법이다. <u>어려운 문제로 자주 나온다.</u>
ⓕ의 방법을 이용한 '타점 기록계 유형'도 다룰 것이다. 참고로 **'타점 기록계 유형'**은
한 가지 정보 + 조합해서 나온 두 가지 정보에 해당한다.

설명은
미지수 잡는법 → ⓔ → ⓐ → ⓑ → ⓒ → ⓓ → ⓖ → ⓕ 순으로 <u>풀어보겠다.</u>

(ⓖ보다 ⓕ가 더 어려우므로 ⓕ를 나중에 설명하겠다.)

 ## 미지수 잡기

다섯 가지 종류 중 모르는 것은 미지수로 잡아야한다. 미지수를 잡는 방법을 설명하겠다.

○ **시각 미지수**

   물체가 두 지점을 지나는데 걸린 시간은 나와 있으나,
   문제 전체에서 **시각**을 나타내지 않았을 때,
   문제 푸는 사람이 직접 $t=0$ 시점을 임의로 잡아야 한다.

○ **위치 사이의 거리 미지수**

   두 시각의 위치 사이의 거리를 모른다면 미지수로 잡는다.

○ **속도, 가속도 미지수**

   두 시각 중 속도를 모르는 시각이 있을 때, 그 모르는 속도를 미지수로 잡는다.
   (둘 다 모르면 둘 다 미지수로 잡는다.)
   가속도를 모른다면 가속도를 미지수로 잡는다. 오른쪽 방향을 +로 잡고, 결과 값이
   음(−)이라면 가속도 방향이 왼쪽이다.

다음과 같은 예시를 보자.
등가속도 직선 운동하는 물체가 기준선 a를 지나 기준선 b를 지날 때까지 걸린 시간이 t_0초이다.

○ **시각 미지수**

   위의 상황에서 a를 지나는 시각과 b를 지나는 시각을 알려주지 않았다. 하지만, a에서 b까지
   이동하는 데 걸리는 시간이 주어졌다.
   따라서 a를 지나는 시각을 $t=0$로 잡는다면, b를 지나는 시각은 $t=t_0$초가 될 것이다.

○ **속도 미지수**

   a를 지날 때와 b를 지날 때 속도를 미지수로 잡는다. 각각 오른쪽으로 v_1, v_2로 잡는다.
   v_1과 v_2의 계산 결과 값이 음(−)이 나온다면 운동 방향이 왼쪽 방향이 된다. 가속도 또한
   마찬가지로 가속도를 오른쪽으로 a로 잡고, a의 계산 결과값이 음(−)이 나온다면 가속도
   방향이 왼쪽 방향이 된다.

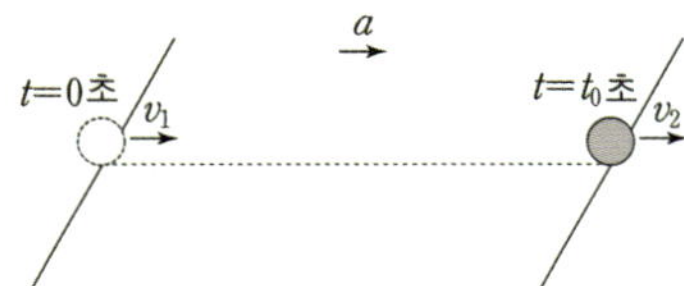

○ **위치 사이의 거리**

   a와 b사이의 거리를 미지수로 잡는다.

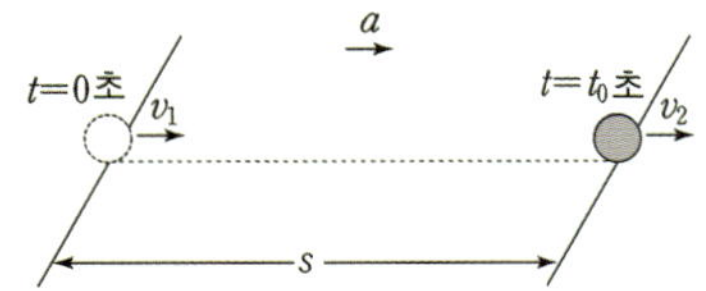

 **두 시점에서 속도와 두 시점 사이 시간을 아는 경우 (ⓔ)**

등가속도 직선 운동하는 물체가 두 경계선을 지나는데 걸리는 시간은 5초이다. 각 경계선에서의
속도는 각각 3m/s, 5m/s이다.

물체의 가속도와 물체의 변위는?

〔미지수 잡기〕

우선 시간이 5초가 걸리므로 왼쪽 경계선을 지나는 시점을 $t=0$로 하면, 오른쪽 경계선을 지나는
시점은 $t=5$초이다. 두 경계선 사이의 거리를 x라 미지수를 잡는다.

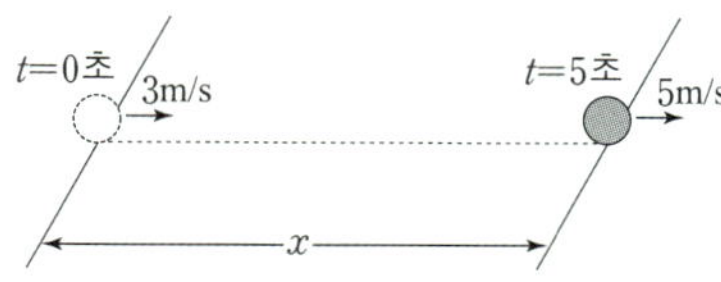

① 평균 속도의 이용

$t=0$초에서와 $t=5$초에서의 평균 속도는 두 가지 방법으로 구할 수 있다.

    ① 중간값 이용 $\dfrac{3\text{m/s}+5\text{m/s}}{2}=4\text{m/s}$

    ② $\dfrac{\text{변위}}{\text{이동 시간}}$ 이용 $\dfrac{x}{5\text{초}-0\text{초}}=\dfrac{x}{5\text{초}}$

두 값이 같아야 하므로

$$4\text{m/s}=\dfrac{x}{5\text{초}},\ \ x=20\text{m}$$

고수의 사고 방식

평균 속도는 중간값으로 구하고,
이에 시간을 곱해
x를 바로 구할 수 있다.

$$x=\dfrac{3\text{m/s}+5\text{m/s}}{2}\times5\text{초}$$
$$=20\text{m}$$

② 가속도의 크기는 $\dfrac{\text{속도 변화}}{\text{이동 시간}}$ 이므로

$$\dfrac{\text{속도 변화}}{\text{이동 시간}}=\dfrac{5\text{m/s}-3\text{m/s}}{5\text{초}-0\text{초}}=0.4\text{m/s}^2$$

정리를 해보면 다음과 같다.

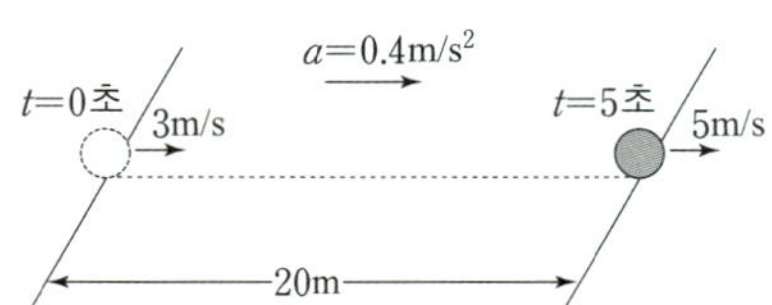

두 시점에서 속도와 가속도를 아는 경우 (ⓐ)

등가속도 직선 운동하는 물체가 두 경계선을 지나는데 가속도의 크기가 $1\,\text{m/s}^2$이고, 각 경계선에서의 속도는 각각 $3\,\text{m/s}$, $5\,\text{m/s}$이다.

물체가 두 경계선을 지나는 시간과 물체의 변위는?

〔미지수 잡기〕

두 경계선을 지나는 시간을 t_0라 하자. 왼쪽 경계선을 지나는 시점을 $t=0$로 하면, 오른쪽 경계선을 지나는 시점은 $t=t_0$초이다. 또한 두 경계선 사이의 거리를 x라 미지수를 잡는다.

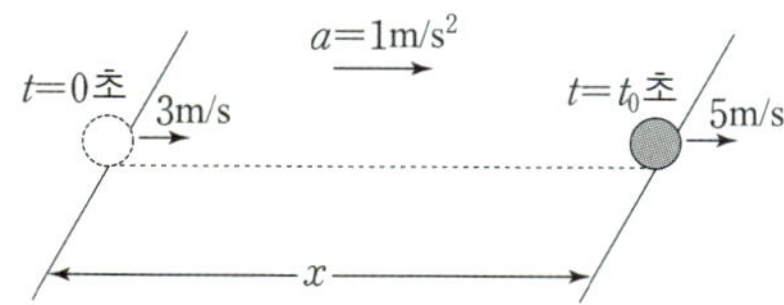

① 가속도의 정의

가속도는 다음과 같이 표현된다.

$$가속도 = \frac{속도\ 변화량}{이동\ 시간}$$

이동 시간과 가속도의 위치를 바꾸면,

$$이동\ 시간 = \frac{속도\ 변화량}{가속도}$$

즉, 속도 변화량에 가속도를 나누면 이동 시간을 알 수 있다.

위 상황에 적용 시켜보면,

$$t_0 = \frac{5m/s - 3m/s}{1m/s^2} = 2초$$

② 평균 속도 이용

$t=0$부터 $t=2$초까지 평균 속도는 두 가지 방법으로 구할 수 있다.

① 중간값 이용 $\qquad \dfrac{3m/s + 5m/s}{2} = 4m/s$

② $\dfrac{변위}{이동\ 시간}$ 이용 $\qquad \dfrac{x}{2초 - 0초} = \dfrac{x}{2초}$

두 값이 같아야 하므로

$$4m/s = \frac{x}{2초}, \ x = 8m$$

정리를 해보면 다음과 같다.

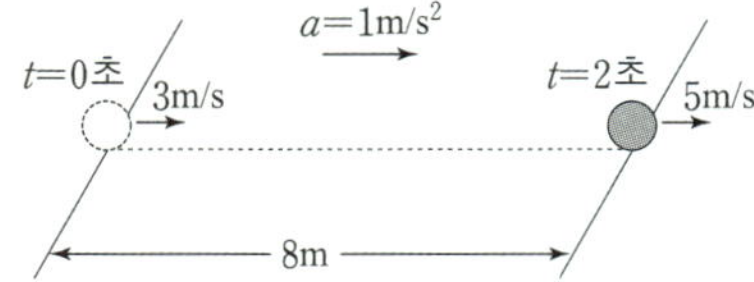

Mechanica 물리학1

 **한 시점에서 속도와 가속도, 변위를 아는 경우 (ⓑ)**

등가속도 직선 운동하는 물체가 두 경계선을 지나는데, 물체의 가속도의 크기가 $1m/s^2$이고, 왼쪽 경계선에서의 속도는 $3m/s$이다. 두 경계선 사이의 거리는 8m이다.

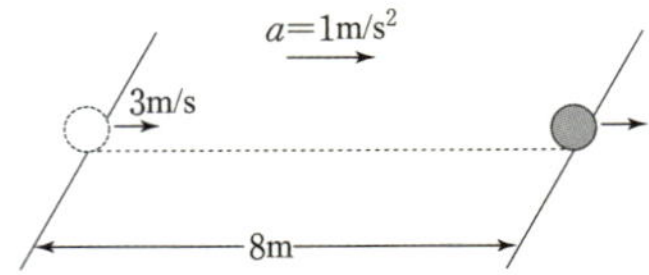

물체가 두 경계선을 지나는데 걸리는 시간과 오른쪽 경계선에서의 속도는?

〔미지수 잡기〕

두 경계선을 지나는데 걸리는 시간을 t_0라 하자. 왼쪽 경계선을 지나는 시점을 $t=0$로 하면,
오른쪽 경계선을 지나는 시점은 $t=t_0$초이다. 오른쪽 경계선에서의 속도를 v라 하자.

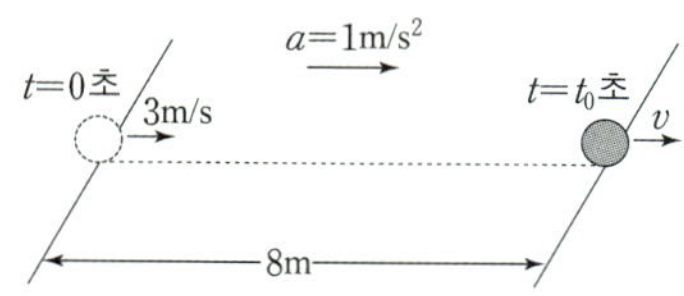

① $2as = v_2^2 - v_1^2$이용

$2as = v_2^2 - v_1^2$의 식은 다음과 같은 조건이 들어있다.

> 1) 가속도(a)
> 2) 첫 번째 시각에서의 속도(v_1)
> 3) 두 번째 시각에서의 속도(v_2)
> 4) 변위 (s)

이 **네 가지 조건** 중 **세 가지**를 알고 있다면 활용할 수 있다.
(사실 ⓐ와 ⓒ도 이 식을 사용할 수 있다.)

식을 세워보면,

$$2 \times (1\text{m/s}^2) \times (8\text{m}) = v^2 - (3\text{m/s})^2, \quad v = 5\text{m/s}$$이다.

이로서 ⓐ의 상황과 같아졌다. (두 시점에서의 속도와 가속도를 아는 경우)

② 가속도의 정의

가속도를 이용해 이동 시간을 구할 수 있다.

$$\text{이동 시간} = \frac{\text{속도 변화량}}{\text{가속도}}$$

위 상황에 적용해보면,

$$t_0 = \frac{5\text{m/s} - 3\text{m/s}}{1\text{m/s}^2} = 2\text{초}$$

정리해 보면 다음과 같다.

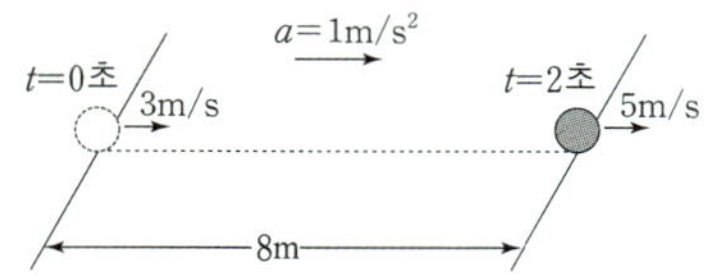

 **두 시점에서 속도와 변위를 아는 경우 (ⓒ)**

등가속도 직선 운동하는 물체가 두 경계선을 지날 때 속도는 각각 5m/s, 7m/s이다. 두 경계선 사이의 거리는 6m이다.

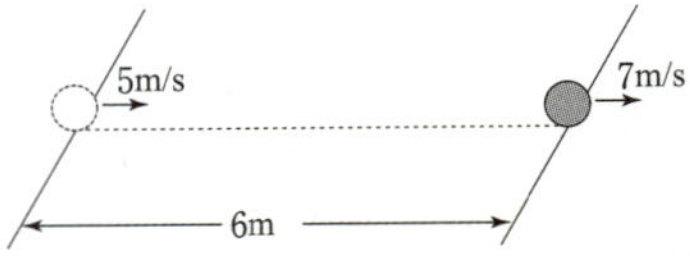

물체가 두 경계선을 지나는데 걸리는 시간과 가속도의 크기는?

등가속도 직선 운동하는 물체가 두 경계선을 지날 때 속도는 각각 5m/s, 7m/s이다. 두 경계선 사이의 거리는 6m이다.

[미지수 잡기]

두 경계선을 지나는데 걸리는 시간을 t_0라 하자. 왼쪽 경계선을 지나는 시점을 $t=0$으로 하면, 오른쪽 경계선을 지나는 시점은 $t=t_0$초이다. 가속도를 오른쪽으로 a라 하자.

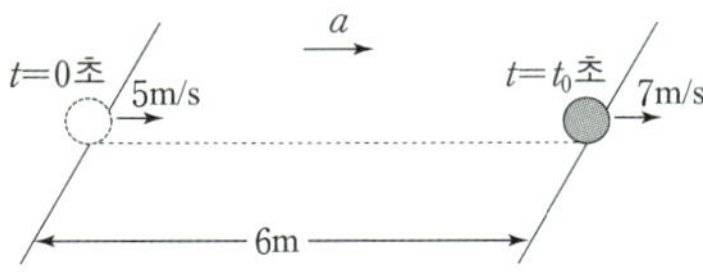

① 평균 속도 이용

평균 속도를 이용하여 이동 시간을 구할 수 있다.

$$\text{이동 시간} = \frac{\text{변위}}{\text{평균 속도}}$$

평균 속도는 5m/s와 7m/s의 중간값인 6m/s이다. 위의 식에 넣어보면

$$t_0 = \frac{6\text{m}}{6\text{m/s}} = 1\text{초}$$

이로서 ⓔ의 상황과 같아졌다. (두 시점에서의 속도와 두 시점 사이의 시간을 아는 경우)

② 가속도 정의 이용

가속도는 다음과 같이 표현된다.

$$\text{가속도} = \frac{\text{속도 변화량}}{\text{이동 시간}}$$

위의 상황에 적용해 보면

$$a = \frac{7\text{m/s} - 5\text{m/s}}{1\text{초}} = 2\text{m/s}^2$$

정리해 보면 다음과 같다.

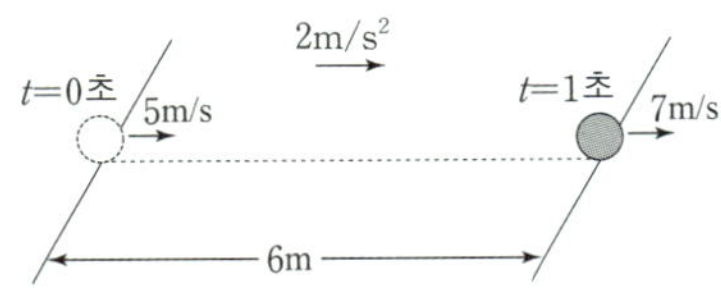

별해 $2as = v_2^2 - v_1^2$이용

$2as = v_2^2 - v_1^2$이용하여 정보를 얻을 수 있다.

$$2 \times (a) \times (6\text{m}) = (7\text{m/s})^2 - (5\text{m/s})^2, \quad a = 2\text{m/s}^2$$

그 후 이동 시간 $= \dfrac{\text{속도 변화량}}{\text{가속도}}$ 를 이용하여 이동 시간을 계산할 수 있다.

$$t_0 = \frac{7\text{m/s} - 5\text{m/s}}{2\text{m/s}^2} = 1\text{초}$$

한 시점에서 속도와 가속도, 이동 시간을 아는 경우 (ⓓ)

등가속도 직선 운동하는 물체가 왼쪽 경계선을 지날 때 속도는 3m/s이다. 두 경계선을
이동하는데 걸리는 시간은 2초이고, 가속도는 오른쪽으로 5m/s²이다.

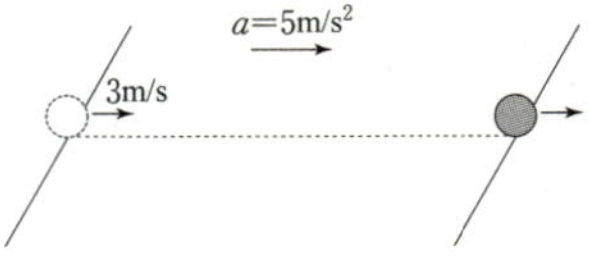

물체가 오른쪽 경계선을 지날 때의 속도와 두 경계선 사이의 거리는?

[미지수 잡기]
왼쪽 경계선을 지나는 시각을 $t=0$라 하면 오른쪽 경계선을 지나는 시점은 $t=2$초이다. 오른쪽
경계선을 지날 때의 속도를 v로 두고, 두 경계선 사이의 거리를 x라 두자.

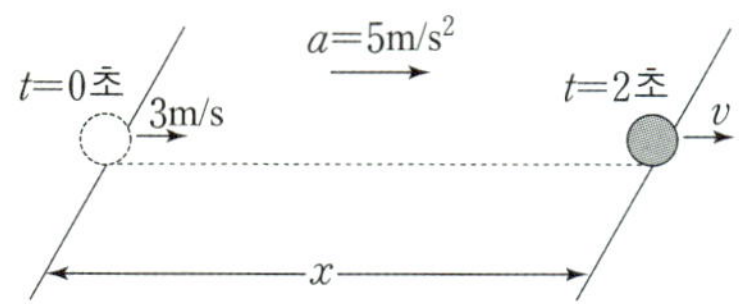

① 성질 이용

이 상황은 사실 **한 시점에서의 속도와 가속도(점과 기울기)를 아는 상황**과 같다.

등가속도 운동하는 물체가 어떤 시점에서 속도가 오른쪽으로 v이고 가속도의 크기가 a일 때,

그 시점에서 t_0의 시간 후의 속도는 $v+at_0$

그 시점에서 t_0의 시간 전의 속도는 $v-at_0$ 이다.

위의 상황에 적용하여 v를 구해보면,
$$v \;=\; 3\mathrm{m/s}+5\mathrm{m/s}^2\times 2\text{초} \;=\; 13\mathrm{m/s}$$

이로서 ⓔ의 상황과 같아졌다. (두 시점에서의 속도와 두 시점 사이의 시간을 아는 경우)

② 평균 속도 이용

평균 속도를 이용하여 변위를 구할 수 있다. 평균 속도의 정의를 살펴보면 다음과 같다.
$$\text{평균 속도} \;=\; \frac{\text{변위}}{\text{이동 시간}}$$

양변에 이동 시간을 곱해보면
$$\text{평균 속도} \times \text{이동 시간} \;=\; \text{변위}$$

즉, 평균 속도에 이동 시간을 곱해 변위를 계산할 수 있다.
(이미 이는 36페이지의 그래프 해석으로 나타냈다.)

위의 상황에 적용하여 변위를 구해보면
$$x \;=\; \frac{3\mathrm{m/s}+13\mathrm{m/s}}{2}\times 2\text{초} \;=\; 16\mathrm{m}$$

정리해 보면 다음과 같다.

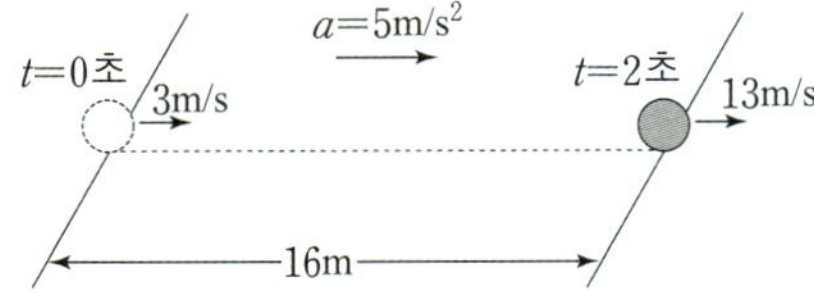

 **한 시점에서 속도와 변위, 이동 시간을 아는 경우 (ⓖ)**

등가속도 직선 운동하는 물체가 왼쪽 경계선을 지날 때의 속도는 오른쪽으로 3m/s이다. 두 경계선을 이동하는데 걸리는 시간은 2초이고, 두 경계선 사이의 거리는 8m이다.

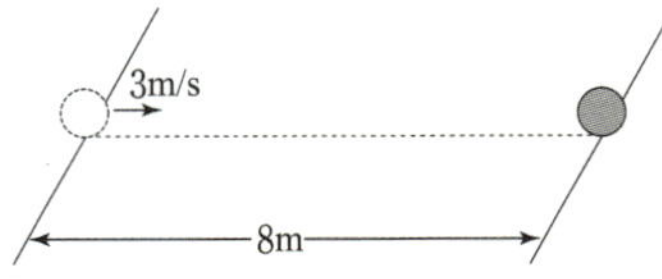

물체가 오른쪽 경계선을 지날 때의 속도와 가속도는?

〔미지수 잡기〕

왼쪽 경계선을 지나는 시각을 $t=0$라 하면 오른쪽 경계선을 지나는 시점은 $t=2$초이다. 오른쪽 경계선을 지날 때의 속도를 오른쪽으로 v로 두고, 가속도를 오른쪽으로 a라 두자.

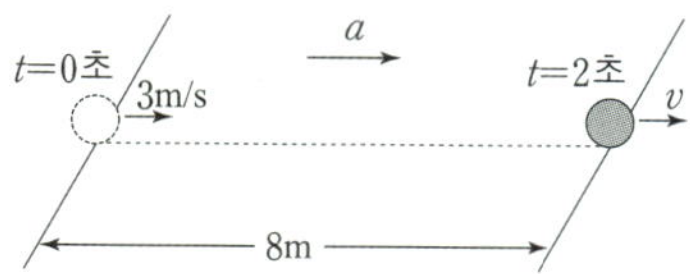

① 평균 속도 이용

평균 속도를 이용하여 변위를 구할 수 있다. 평균 속도의 정의를 살펴보면 다음과 같다.

$$\text{평균 속도} = \frac{\text{변위}}{\text{이동 시간}}$$

위의 상황에 적용시키면

$$\text{평균 속도} = \frac{8\text{m}}{2\text{초}-0\text{초}} = 4\text{m/s}$$

그런데 이 **평균 속도는 중간 시점에서의 속도**이다.

즉, $t=0$초와 $t=2$초의 중간 시점인 $t=1$초일 때 물체의 속도가 4m/s이다.

※ Tip 평균 속도가 먼저 나온다면 아래와 같이 표기하는게 좋다.

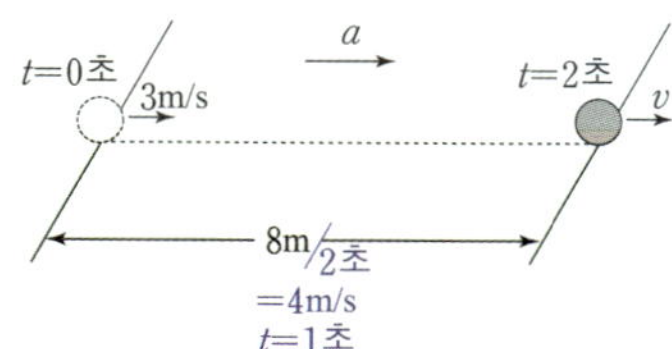

② 가속도 정의 이용

등가속도 직선 운동하는 경우, 시간 변화량이 같다면 속도 변화량이 같다.

$t=0$초에서 $t=1$초까지 속도 변화량과 $t=1$초에서 $t=2$초까지 속도 변화량이 같다.

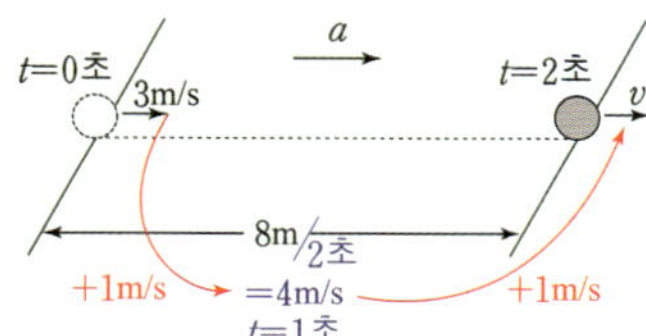

3m/s에서 4m/s로 1m/s만큼 변하고, 4m/s에서 v까지 1m/s가 변해야하므로 $v=5\text{m/s}$이다.

$t=0$초에서 $t=1$초까지 1m/s로 변하므로 가속도의 정의에 따라 가속도를 구할 수 있다.

$$\text{가속도} = \frac{\text{속도 변화량}}{\text{시간 변화량}} = \frac{1\text{m/s}}{1\text{초}} = 1\text{m/s}^2$$

가속도를 먼저 구하고 v를 구할 수 있다.

$t=1$초일 때 속도가 4m/s임을 알고 있기 때문이다.

가속도의 정의를 이용하여 $t=0$초에서 $t=1$초까지 속도가 3m/s에서 4m/s로 변했다는 사실을 이용하면,

$$\text{가속도} = \frac{\text{속도 변화량}}{\text{시간 변화량}} = \frac{4\text{m/s}-3\text{m/s}}{1\text{초}-0\text{초}} = 1\text{m/s}^2$$

$t=0$에서 속도가 3m/s이고 $t=2$초에서 속도를 $v+at$를 이용하여 계산해 보면

$$v = 3\text{m/s}+(1\text{m/s}^2)\times(2\text{초})=5\text{m/s}$$

정리해 보면 다음과 같다.

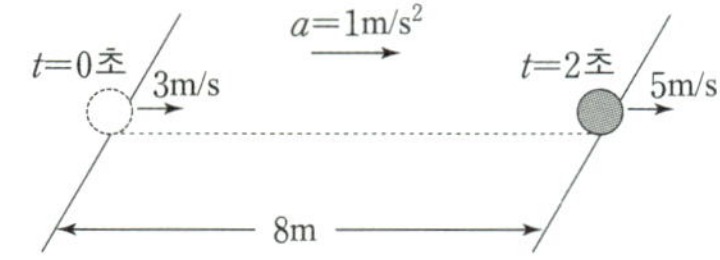

Mechanica 물리학1

 **가속도, 변위, 이동 시간을 아는 경우 (ⓕ)**

등가속도 직선 운동하는 물체의 가속도는 오른쪽으로 $2m/s^2$이고, 두 경계선을 이동하는데 걸리는 시간은 2초이다. 두 경계선 사이의 거리는 10m이다.

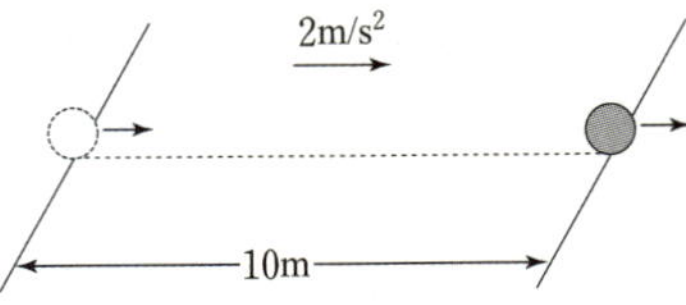

물체가 각각 왼쪽과 오른쪽 경계선을 지날 때의 속도는?

〔미지수 잡기〕
물체가 왼쪽 경계선을 지나는 시각을 $t=0$라 하면
물체가 오른쪽 경계선을 지나는 시각은 $t=2$초이다.
물체가 왼쪽 경계선과 오른쪽 경계선을 지날 때의 속도를 각각 v_1, v_2로 두자.

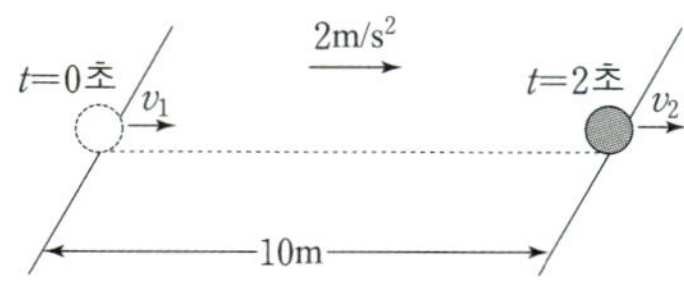

① 평균 속도 이용

평균 속도를 이용하여 변위를 구할 수 있다. 평균 속도의 정의를 살펴보면 다음과 같다.

$$평균\ 속도 = \frac{변위}{이동\ 시간}$$

위의 상황에 적용시키면

$$평균\ 속도 = \frac{10m}{2초-0초} = 5m/s$$

그런데 이 **평균 속도는 중간 시점에서의 속도**이다.
즉, $t=0$초와 $t=2$초의 중간 시점인 $t=1$초일 때 물체의 속도가 $5m/s$이다.

② $v=v_0+at$이용

$t=1$초일 때 속도는 $5m/s$이고 가속도가 오른쪽으로 $2m/s^2$이므로,
$t=1$초에서 1초 전의 속도가 v_1, $v_1=5m/s-2m/s^2\times1초=\ 3m/s$
$t=1$초에서 1초 후의 속도가 v_2이다. $v_2=5m/s+2m/s^2\times1초=\ 7m/s$

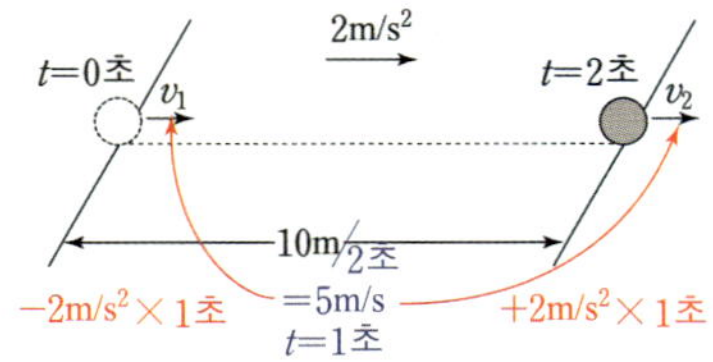

정리해 보면 다음과 같다.

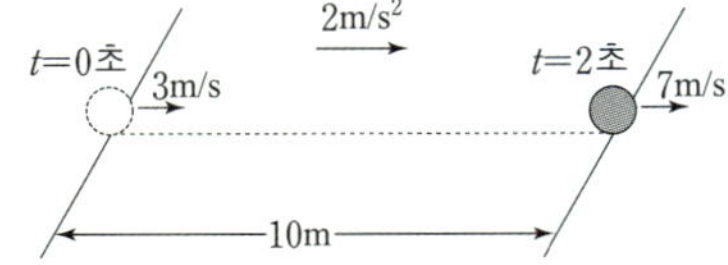

Mechanica 물리학1

 정리

상황을 분석하면서 사용했던 사실과 발상, 식을 정리해 보겠다. 미지수는 다음과 같다.

1) 가속도 (a)
2) 첫 번째 시각(t_1)에서의 속도 (v_1)
3) 두 번째 시각(t_2)에서의 속도 (v_2)
4) 변위 (s)
5) 이동 시간: 두 시각(t_1, t_2) 사이 간격 $(t_2 - t_1 = \Delta t)$

ㅇ 문제 상황과 주어진 조건에 따라서 어떤 식을 써야 할지 생각하면서 풀어야 한다.
이 방법들이 익숙해지기 위해서는 독자가 직접 연습하는 방법밖에 없다.

알고 있는 정보	계산 방법		찾을 수 있는 정보
평균 속도 이용			
v_1, v_2	$\dfrac{v_1 + v_2}{2}$	$=$	평균 속도 $\quad t = \dfrac{t_1 + t_2}{2}$에서 속도
s, Δt	$\dfrac{s}{\Delta t}$	$=$	평균 속도 $\quad t = \dfrac{t_1 + t_2}{2}$에서 속도
평균 속도, Δt	평균 속도 $\times$ Δt	$=$	s
s, 평균 속도	$\dfrac{s}{평균\ 속도}$	$=$	Δt
가속도 법칙			
v_1, v_2, Δt	$\dfrac{v_2 - v_1}{\Delta t}$	$=$	a
v_1, v_2, a	$\dfrac{v_2 - v_1}{a}$	$=$	Δt
a, Δt	$a \times \Delta t$	$=$	$v_2 - v_1\ (\Delta v)$
v_1, a, Δt	$v_1 + a \times \Delta t$	$=$	v_2
v_2, a, Δt	$v_2 - a \times \Delta t$	$=$	v_1
$\boldsymbol{2as = v_2^2 - v_1^2}$			
v_1, v_2, a, s 중 3개	$2as = v_2^2 - v_1^2$에 대입	$=$	나머지 2개

평균 속도를 구하는 두 가지 방법

평균 속도를 구하는 방법은 **속도의 중간값**으로 구할 수 있고, **변위를 이동 시간으로 나눈 값**으로 구할 수 있다. 그리고 이 두 값은 같아야 한다.

$$\frac{v_1 + v_2}{2} \times \Delta t = s$$

ㅇ 가속도를 구하려고 최대한 노력해 보자.
ㅇ 변위(s)와 이동 시간(Δt)가 주어진다면:
평균 속도를 쓸 준비를 해라. 그리고 그 속도는 중간 시점에서의 속도이다.

 **다른 이용 방법**

① 이동 시간이 같음을 이용

$+$ 이동 시간 $= \dfrac{\text{속도 변화량}}{\text{가속도}} = \dfrac{\text{변위}}{\text{평균 속도}}$

ⓑ의 ①을 이용하지 않고

앞서 살펴본 가속도 정의를 이용한 이동 시간 (이동 시간 $= \dfrac{\text{속도 변화량}}{\text{가속도}}$)과

평균 속도를 이용한 이동 시간 (이동 시간 $= \dfrac{\text{변위}}{\text{평균 속도}}$) 이 같음을 이용할 수 있다.

일반화시키기 위해 다섯 가지 정보가 모두 미지수인 상황을 생각해 보자.

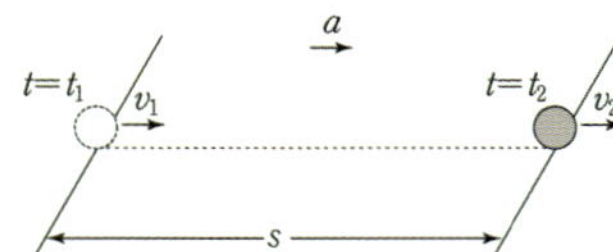

a부터 b까지 운동하는 동안 평균 속도는 v_1과 v_2의 중간값이다. $\dfrac{v_1 + v_2}{2}$

변위가 s이므로 이동하는데 걸린 시간($t_2 - t_1$)는

$$\frac{s}{\dfrac{v_1 + v_2}{2}} = \frac{2s}{v_1 + v_2}$$

가속도와 속도 변화량을 이용하여 걸린 시간($t_2 - t_1$)를 구해보면,

$$\frac{v_2 - v_1}{a}$$

위 두 값이 같으므로

$$\frac{2s}{v_1 + v_2} = \frac{v_2 - v_1}{a} \ \rightarrow \ 2as = v_2^2 - v_1^2$$

결과 값이 ⓑ의 ①과 같다. **즉, 어떤 방법을 써도 상관없다.**

② $s = v_1 \Delta t + \dfrac{1}{2} a (\Delta t)^2$ 이용

$s = v_1 \Delta t + \dfrac{1}{2} a (\Delta t)^2$의 식을 이용하는 방법도 있다.

이 식의 경우는 v_0와 Δt, a를 알고 있는 경우 활용된다.

그런데, $v_2 = v_1 + a \Delta t$를 통해 v_2를 구하고, $\dfrac{v_1 + v_2}{2} \Delta t = s$를 이용하여 s를 구할 수 있다.

그런데 그 결과 값이 $s = v_1 \Delta t + \dfrac{1}{2} a (\Delta t)^2$와 같기 때문에

어떤 방법을 써도 상관없다.

○ ⓑ의 ①
$2as = v_2^2 - v_1^2$ 이용

 **예제 6**

물체가 $t=1$초부터 $t=3$초까지 등가속도 직선 운동한다. $t=1$초일 때 속도가 3m/s, $t=3$초일 때 속도는 5m/s이다. 이 동안 이동 거리는 x이다. 다음을 답해보자.

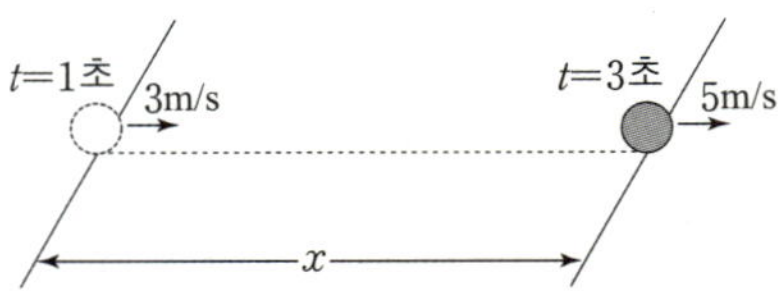

① $t=1$초에서 $t=3$초까지 물체의 평균 속도의 크기는?
  (두 가지 방법으로 구해보아라.)
〔1〕 중간 속도의 크기
〔2〕 평균 속도의 정의 이용

② 이동 거리 x는?
  (①의 〔1〕, 〔2〕를 이용하여 x를 구해보아라)

③ 물체의 속도가 평균 속도가 되는 시각은 언제인가?

 **해설**

정답 ///////////

예제 6

① [1] 4m/s

  [2] $\dfrac{x}{2초}$

② 8m

③ $t = 2초$

① 물체의 평균 속도의 크기

  [1] 물체의 평균 속도의 크기는 3m/s 와 5m/s의 중간 값인 $\dfrac{3\text{m/s}+5\text{m/s}}{2}=4\text{m/s}$이다.

  [2] 평균 속도의 정의를 이용하여 평균 속도의 크기를 구할 수 있다.

$$평균\ 속도 = \frac{변위}{이동한\ 시간}$$

위의 정의를 이용하여 평균 속도를 구해보자.
속도가 증가하는 등가속도 운동이므로 속도의 방향이 변하지 않는다.
즉, 오른쪽으로만 운동한다.
따라서 이동 거리와 변위는 같다. 이동 거리가 x이므로 평균 속도는 다음과 같이 표현할 수 있다.

$$평균\ 속도 = \frac{변위}{이동한\ 시간} = \frac{x}{3초-1초} = \frac{x}{2초}\ 이다.$$

② [1]과 [2]를 통해 구한 평균 속도는 같아야 한다. 따라서

$$\frac{x}{2초}=4\text{m/s},\ x=8\text{m}이다.$$

③ 물체가 평균 속도가 되는 시점

  물체가 평균 속도의 크기인 4m/s가 되는 시점은 $\dfrac{3초+1초}{2}=2초$ 이다.

  물체의 $t=2초$일 때 속도의 크기는 4m/s이다.

 **두 구간에서 평균 속도가 중간 시점의 속도임을 이용**

다섯 가지 정보를 다시 한번 써보자.

> 1) 가속도 (a)
> 2) 첫 번째 시각(t_1)에서의 속도 (v_1)
> 3) 두 번째 시각(t_2)에서의 속도 (v_2)
> 4) 변위 (s)
> 5) 이동 시간: 두 시각(t_1, t_2) 사이 간격 $(t_2 - t_1 = \Delta t)$

다섯 가지 정보 중 세 가지 정보를 알게 된다면 나머지 두 정보를 얻을 수 있다.

타점 기록계 유형은 두 구간에서

4) 변위 (s),
5) 이동 시간: 두 시각(t_1, t_2) 사이 간격 $(t_2 - t_1 = \Delta t)$

두 가지 정보를 가지고 문제를 해결한다.
이 두 가지 정보를 알고 있으면,

중간 시점 $\left(\dfrac{t_1 + t_2}{2}\right)$인 순간의 속도를 평균 속도의 정의에 의해 $\dfrac{s}{\Delta t}$를 구할 수 있다.

각 구간에서 평균 속도가 중간 시점에서의 속도임을 이용하여 **두 시점에서의 속도**를 찾고, 가속도를 찾으면 된다.

 **예제 7**

그림과 같이 물체가 등가속도 직선 운동하여 기준선 a, b, c를 순서대로 지나는 모습을 나타낸 것이다. 물체가 a에서 b, b에서 c까지 지나는데 걸린 시간은 각각 2초, 4초이다.

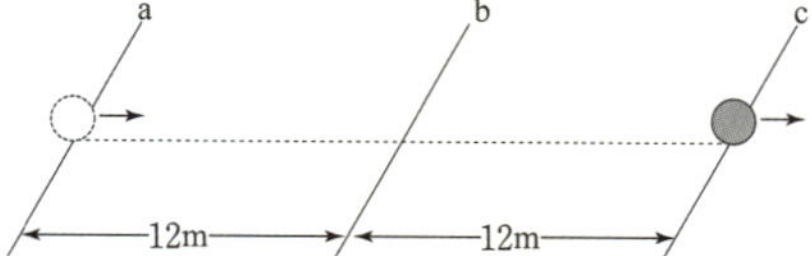

① 물체의 가속도의 크기와 방향은?
② 기준선 a, b, c에서의 속도는?

 **해설**

우선 미지수를 잡으면 다음과 같다.
가속도를 오른쪽으로 a, a를 지날 때 시각을 $t=0$초로 두면, b, c를 지나는 시각은 각각 $t=2$초, $t=6$초로 둘 수 있다. a, b, c에서의 속도를 각각 v_1, v_2, v_3로 두자.

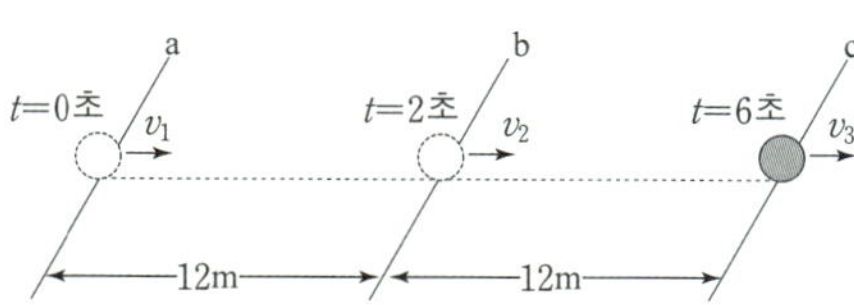

우선 물체의 이동 시간과 변위를 알고 있기 때문에 평균 속도를 적극 활용해야 한다.

ab사이의 평균 속도 ($t=1$초일 때 속도) $= \dfrac{12\text{m}}{2\text{초}} = 6\text{m/s}$

bc사이의 평균 속도 ($t=4$초일 때 속도) $= \dfrac{12\text{m}}{4\text{초}} = 3\text{m/s}$

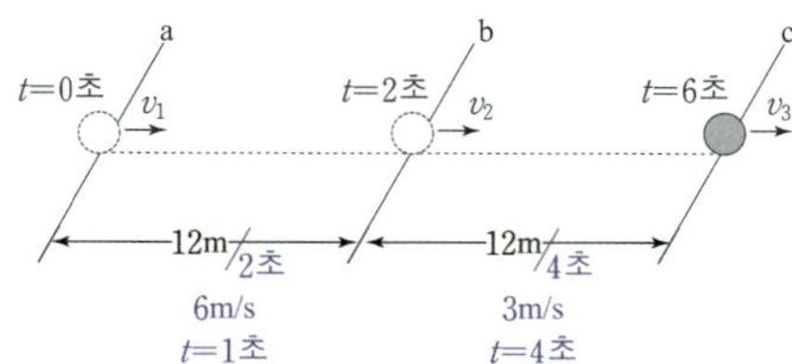

두 시점의 속도를 알고 있기 때문에 가속도의 크기를 구할 수 있다.

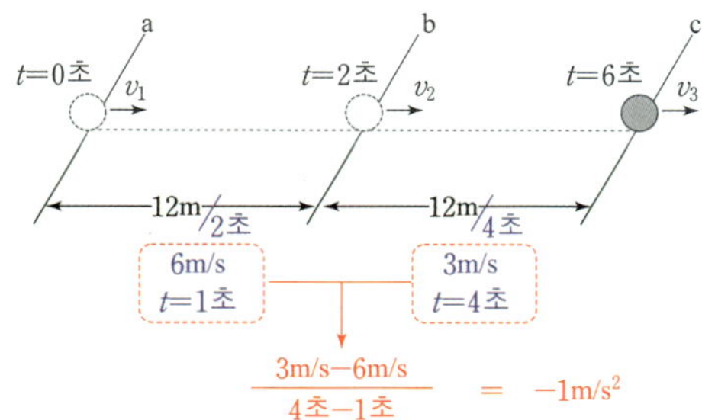

$v=v_0+a\Delta t$를 이용하여 계산해보면 된다.
$t=1$초일 때 속도와 $t=4$초일 때 속도가 각각 6m/s, 3m/s이다.

$t=1$초에서 1초 전 속도가 $t=0$초에서의 속도(v_1)	$6\text{m/s}-(-1\text{m/s}^2)\times1\text{초}$	$= 7\text{m/s}$
$t=1$초에서 1초 후 속도가 $t=2$초에서의 속도(v_2)	$6\text{m/s}+(-1\text{m/s}^2)\times1\text{초}$	$= 5\text{m/s}$
$t=4$초에서 2초 전 속도가 $t=2$초에서의 속도(v_2)	$3\text{m/s}-(-1\text{m/s}^2)\times2\text{초}$	$= 5\text{m/s}$
$t=4$초에서 2초 후 속도가 $t=2$초에서의 속도(v_3)	$3\text{m/s}+(-1\text{m/s}^2)\times2\text{초}$	$= 1\text{m/s}$

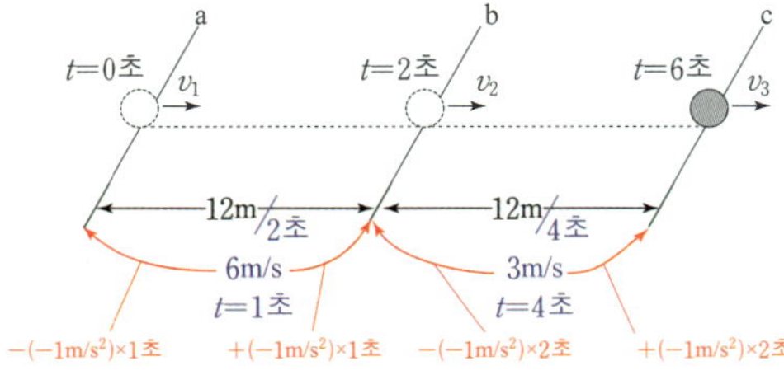

정리해 보면 다음과 같다.
가속도가 오른쪽으로 -1m/s^2으로 결과가 나왔다.
오른쪽으로 -1m/s^2 = 왼쪽으로 1m/s^2이다.

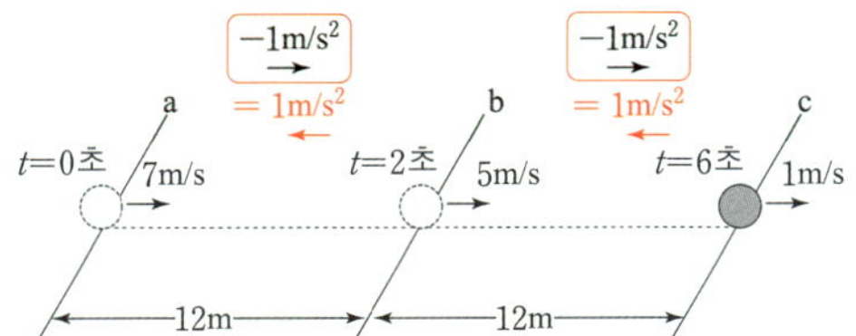

예제 7
① 왼쪽으로 1m/s^2
② a: 오른쪽으로 7m/s
　 b: 오른쪽으로 5m/s
　 c: 오른쪽으로 1m/s

Mechanica 물리학1

 타점 기록계 유형과 1:3:5...

이번 장에 해당하는 문제 유형은 다음과 같다.

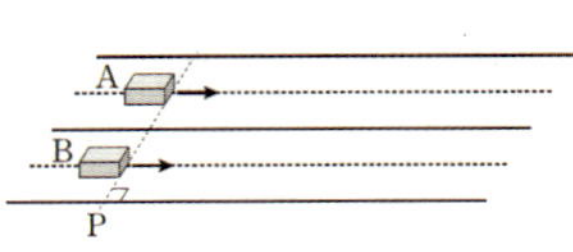

그림은 물체 A, B가 나란한 직선 경로를 따라 등가속도 운동을 하는 모습을 나타낸 것이다. 표는 기준선 P로부터 A, B까지의 거리를 나타낸 것이다.

시간(초)	P로부터의 거리(cm)	
	A	B
0	0	0
1	35	26
2	60	48
3	75	66
4	80	80
5	75	90
6	60	96

이에 대한 설명으로 옳은 것만을 〈보기〉에서 있는 대로 고른 것은?

〈 보 기 〉

ㄱ. 1초일 때, 속력은 A가 B보다 크다.
ㄴ. 5초일 때, 운동 방향은 A와 B가 서로 반대이다.
ㄷ. 가속도의 크기는 A가 B보다 작다.

이런 유형의 문제풀이다.

두 구간에서의 평균 속도가 중간 시점의 속도임을 이용하는
바로 전 장의 풀이를 활용해도 된다.

하지만, 이 문제의 특징을 이용하여 새로운 풀이방법을 생각해 낼 수 있다.

이 타점 기록계 유형의 특징은 다음과 같다.

1) 매 시각에서의 위치가 주어진다.
→ 두 시각에서의 위치 값을 빼주면 두 시각 사이의 변위를 구할 수 있다.

2) **매 구간을 이동하는 시간이 같다.**

우리는 **매 구간을 이동하는 시간이 같다**는 점을 이용하여 새로운 식을 생각해 볼 수 있다.

상황을 분석하기 위해 등가속도 직선 운동하는 물체의 $v-t$그래프를 살펴보자.
정지 상태에서 출발한 물체의 위치를 시간에 따라 나타내면 다음과 같다.

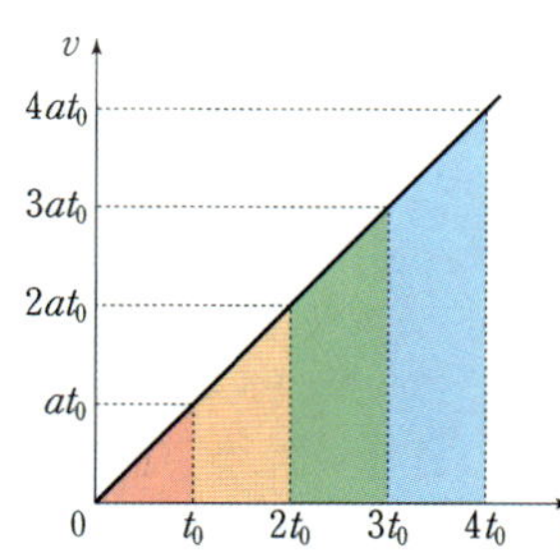 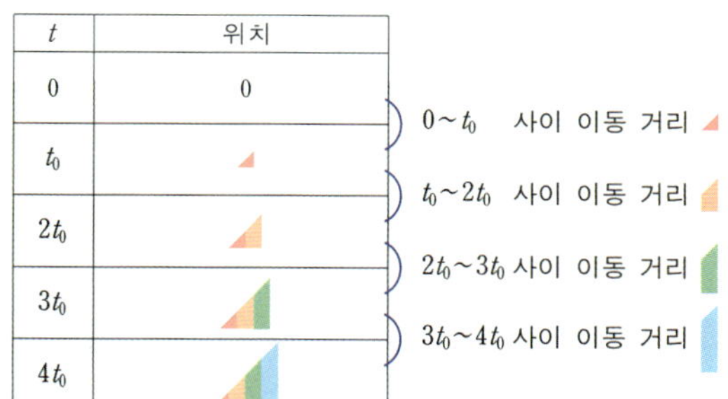

$t=0$일 때 위치를 0으로 잡으면, $t=t_0$에서의 위치는 $0 \sim t_0$까지 물체의 이동 거리이다.
마찬가지로
$t=2t_0$일 때 위치는 $t=0$의 위치에서 $t=2t_0$까지 이동 거리와 같다.
그렇다면,
$t=t_0$부터 $t=2t_0$까지 이동한 거리는 $t=t_0$의 위치에서 $t=2t_0$의 위치를 빼면 된다.

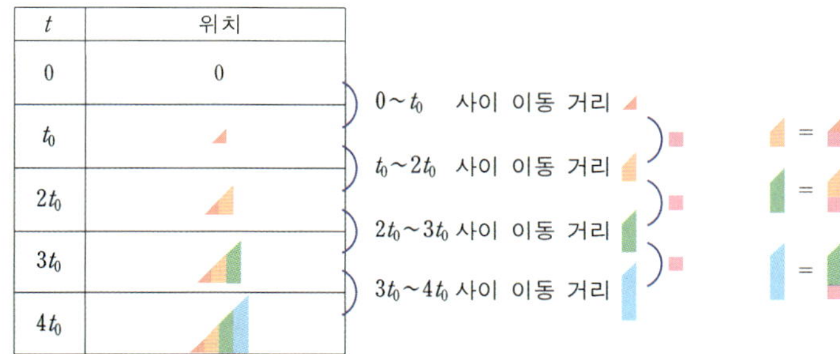

각 시간 구간 (예를 들어 $0 \sim t_0$까지, $t_0 \sim 2t_0$까지...) 동안 이동한 거리의 차이(■)는 일정하다.

정량적으로 그 크기를 생각해 보자. 문제에서는　　　　　　　　　　가 주어진다.

이 정보를 통해 바로 옆 정보와의 차이를 구하여　　　　　　　를 구할 수 있다.
또한 그 차이를 통해 ■ 를 구할 수 있다.

■ 의 의미를 알아보자.

일단　　　　　　　　　의 크기는 그래프의 밑면적이므로 그 크기를 각각 구해보면 다음과
같다.

$$: \frac{0+at_0}{2} \times t_0 = \frac{1}{2}at_0^2$$

$$: \frac{at_0+2at_0}{2} \times t_0 = \frac{3}{2}at_0^2$$

$$: \frac{2at_0+3at_0}{2} \times t_0 = \frac{5}{2}at_0^2$$

$$: \frac{3at_0+4at_0}{2} \times t_0 = \frac{7}{2}at_0^2$$

즉,　　：　　：　　：　　 $= 1:3:5:7$ 이다.

즉, 정지 상태에서 출발하여 등가속도 직선 운동을 하는 물체의 위치를 일정 시간마다 기록할 때,
각 시간 구간별 이동 거리는 $1:3:5:7:9:\cdots$의 비를 이룬다.

■ 는 $\dfrac{3}{2}at_0^2 - \dfrac{1}{2}at_0^2 = \dfrac{5}{2}at_0^2 - \dfrac{3}{2}at_0^2 = \dfrac{7}{2}at_0^2 - \dfrac{5}{2}at_0^2 = at_0^2$ 이다.

■ 는 at_0^2 와 같다.

$$\blacksquare = at_0^2$$

즉, 제시된 정보를 통해 ■를 구할 수 있고, 그 크기는 at_0^2 이다.
그리고 t_0의 크기도 알고 있다.
따라서 가속도의 크기를 ■와 t_0를 통해 바로 구할 수 있다.

$$a = \frac{\blacksquare}{t_0^2}$$

앞선 문제를 한번 풀어보자. 가속도의 크기만 구해보자.

기출 예시 2

18학년도 9월 모의고사 4번 문항

그림은 물체 A, B가 나란한 직선 경로를 따라 등가속도 운동을 하는 모습을 나타낸 것이다. 표는 기준선 P로부터 A, B까지의 거리를 나타낸 것이다.

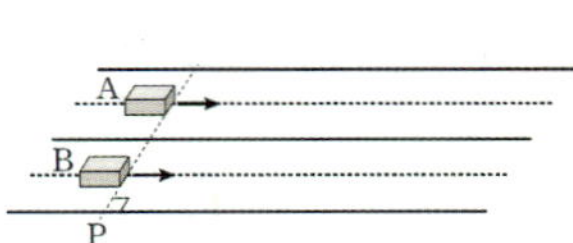

시간(초)	P로부터의 거리(cm)	
	A	B
0	0	0
1	35	26
2	60	48
3	75	66
4	80	80
5	75	90
6	60	96

A와 B의 가속도의 크기를 구해보아라.

 **해설**

파란색 부분을 분석해 보자. (차이의 차이)

차이의 차이를 계산해서 ■ 를 구해보자.

시간 (초)	P로부터의 거리(cm)	
	A	B
0	0	0
1	35	26
2	60	48
3	75	A정지 66
4	80	80
5	75	90
6	60	96

A는 ■ 가 10cm 이고

B는 ■ 가 4cm 이다.

여기에서 t_0에 해당하는 시간은 측정한 시간 간격인 1초이다. 따라서 A와 B의 가속도의 크기는 다음과 같다.

$$A : \frac{10cm}{(1초)^2} = 10cm/s^2 \qquad\qquad B : \frac{4cm}{(1초)^2} = 4cm/s^2$$

빨간색으로 표기된 부분을 해석해 보자.

A의 4초인 순간을 기준으로 3초, 2초, 1초까지 각각 구간별 이동 거리가

$$35cm \rightarrow 25cm \rightarrow 15cm \rightarrow 5cm\dots \text{ 로 비율이 } 7:5:3:1:\dots\text{이다.}$$

정지한 상태에서 시작해서 물체가 단위 시간동안 구간별 이동한 거리가 $1:3:5\dots$ 비율로 이동한다. 즉, '1'에 해당하는 비율을 움직인 직후에 물체가 정지해 있다는 점을 추론할 수 있다.

<u>따라서, A는 4초일 때 정지해 있다는 점을 알 수 있다.</u>

B도 A와 같이 생각해 보자. 1초, 2초, 3초, 4초…일 때 구간별 이동 거리가

$$26cm \rightarrow 22cm \rightarrow 18cm \rightarrow 14cm \rightarrow 10cm \rightarrow 6cm \text{ 로 비율이 } 13:11:9:7:5:3\text{이다.}$$

'1'에 해당하는 비율은 6초에서 7초까지라는 점을 추론할 수 있어야 한다.
(5다음 3다음 1이기 때문이다.)
<u>즉, 7초일 때 B가 정지해 있다는 점 또한 추론할 수 있다.</u>

○ 타점 기록계 문제는 ■ 에 측정 시간의 제곱을 나누면 물체의 가속도의 크기를 구할 수 있다.
○ 정지 상태에서 출발하여 등가속도 직선 운동을 하는 물체의 위치를 일정 시간마다 기록할 때, 각 시간 구간별 이동 거리는 $1:3:5:7:9:\dots\dots$의 비를 이룬다.

 기출 예시 3

19학년도 6월 모의고사 6번 문항

다음은 물체의 운동을 분석하기 위한 실험이다.

〔실험 과정〕

(가) 그림과 같이 빗면에서
　　직선 운동하는 수레를
　　디지털 카메라로 동영상
　　촬영한다.

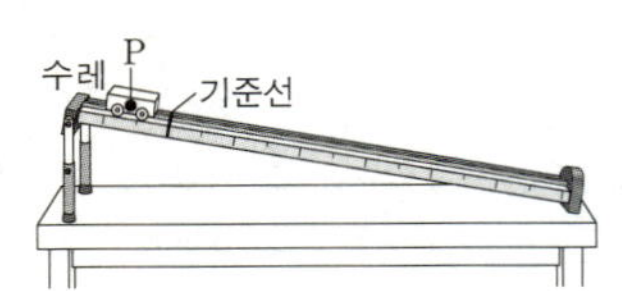

(나) 동영상 분석 프로그램을
　　이용하여 수레의 한 지점 P가 기준선을 통과하는
　　순간부터 0.1초 간격으로 P의 위치를 기록한다.

〔실험 결과〕

시간(초)	0	0.1	0.2	0.3	0.4	0.5
위치 (cm)	0	6	14	24	㉠	50

○ 수레는 가속도의 크기가 　㉡　 인 등가속도 직선 운동을
　하였다.

이에 대한 설명으로 옳은 것만을 〈보기〉에서 있는 대로 고른 것은?

─── 〈 보 기 〉 ───

ㄱ. ㉠은 36이다.

ㄴ. ㉡은 2m/s^2이다.

ㄷ. P가 기준선을 통과하는 순간 속력은 0.4m/s이다.

 **해설**

정답 /////////

기출 예시 3

ㄱ, ㄴ

이건 예제 8번 문제와는 조금 다르다. 1:3:5...를 추론할 수 있을까?
마찬가지로 각 구간별로 이동한 거리를 구해야 한다.

시간(초)	0	0.1	0.2	0.3	0.4	0.5
위치(cm)	0	6	14	24	㉠36	50

6   8   10   12   14

2   2   2   2   3:4:5:6:7... ?

뭔가 이상한 점을 발견했나? 그렇다. 구간별 이동 거리비가 $1:3:5:7:...$이 아니다!
하지만 이 운동은 등가속도 운동이다.
왜 그럼 $1:3:5:7:...$이 아닐까? 그 이유는 바로
'측정한 시각에서 속력이 0이 되는 순간이 없었기 때문이다.'

18학년도 9월 모의고사 4번의 경우는 A, B가 각각 시간이 각각 4초, 7초 일 때 속력이 0이다. 0초를
기준으로 1초의 단위로 측정했다. 그 1초 간격으로 측정한 시각 중에 속력이 0일 때가 있었기 때문에
$1:3:5:...$의 비를 이루었다.

하지만, 이 문제의 0.1초 간격으로 측정해도 0이 되는 순간이 없기 때문에 비율이 $1:2:3:4:...$로
나오는 것이다.

실제로 계산해 보면 알겠지만, 시각이 -0.25초 일 때 속력이 0임을 알 수 있다. 여기서 주목해야
할 점은 음수라는 점이 아니다.
0.1초 간격으로 측정하면 -0.2초, -0.3초는 0.1초 간격에 포함되지만, -0.25초는 포함되지
않는다는 점이다.
이것 때문에 비율이 $1:3:5...$ 가 나오지 않는다.

가속도의 크기는 전의 문제처럼 계산하면 나올 수 있다. (단위를 조심하자.)

$$\frac{2\text{cm}}{(0.1\text{초})^2} = 200\text{cm/s}^2 = 2\text{m/s}^2$$

표에서 보면 알겠지만, 구간별 이동 거리 차이(표에서 빨간색 부분)는 일정하게 증가해야한다. 즉,
0.3초에서 0.4초까지 12cm만큼 이동해야 하므로 ㉠이 36임을 알 수 있다.

0초에서 0.1초 사이의 평균 속력은 0.05초일 때 속력과 같다. 평균 속력은

$$\frac{6\text{cm}}{0.1\text{초}} = 60\text{cm/s}$$

0초일 때, 즉 기준선을 통과하는 시점에서의 속력을 v라 하면, 0.05초일 때 속력은 v에다가 가속도인
200cm/s^2에 0.05초를 곱한 값을 더하면 된다.

$$v + 0.05\text{초} \times 200\text{cm/s}^2 = v + 10\text{cm/s} = 60\text{cm/s}, \quad v = 50\text{cm/s} = 0.5\text{m/s}$$

ㄱ. ㉠은 36이다. (ㄱ. 참)
ㄴ. ㉡(가속도의 크기)는 $200\text{cm/s}^2 = 2\text{m/s}^2$이다. (ㄴ. 참)
ㄷ. P가 기준선을 통과하는 시점에서의 속력(v)는 $50\text{cm/s} = 0.5\text{m/s}$이다. (ㄷ. 거짓)

Mechanica 물리학1

 ### 하나 또는 두 가지 정보만 주어진 경우 〔두 운동 비교〕

하나 또는 두 가지의 정보만 주어진 거의 모든 문제는
'등가속도 운동하는 두 운동을 비교' 하는 문제로 출제된다.
두 운동에서 5가지 정보 중에 하나 또는 두 가지 정보가 같음을 이용하거나
(가속도, 속도, 시간 정보)
두 물체 사이의 거리를 이용한다.
두 물체 사이의 거리를 이용할 때는 '상대 속도' 를 이용하는 것이 좋다.

문제 풀이 전략   한 운동에서 한 가지 또는 두 가지 정보만 제공된 경우

① 두 운동에서 연관되거나 같은 정보를 찾는다. (가속도, 속도, 시간 정보)
② 두 물체 사이의 거리 조건 이용 (위치 정보)
    ○ 상대 속도 (가속도가 같음)
③ 〔특수〕 같은 경로 운동

 ### ① 연관된 정보 이용

다음과 같은 문제에서 연관된 정보를 활용하여 문제를 풀어보자.

10학년도 6월 모의고사 2번 문항

그림과 같이 직선 도로에서 자동차 A, B가 각각 $4v_0$, v_0의 속력으로 동시에 기준선 P를 통과한 후, 각각 등가속도 운동을 하여 기준선 Q에 동시에 도달하였다. 도달하는 순간, A는 정지하였고 B의 속력은 v였다.

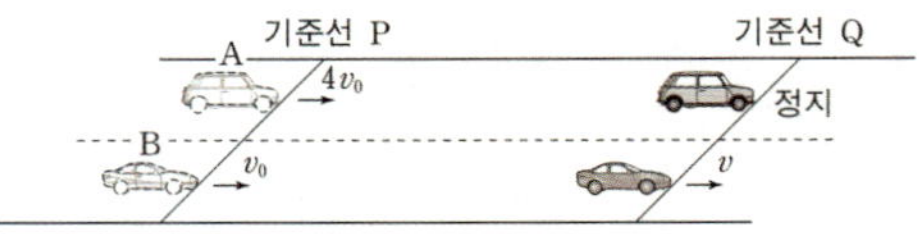

v는? (단, A, B는 평행한 직선 경로를 따라 운동하며, P는 Q와 평행하다. A, B의 크기는 무시한다.)

① v_0 ② $\dfrac{3}{2}v_0$ ③ $2v_0$ ④ $3v_0$ ⑤ $4v_0$

A의 운동에 대해서는 기준선 P, Q에서의 속력(정보 2가지) 외에
가속도, 변위의 크기, 시간 정보가 정확하게 주어지지 않았다.
심지어 B의 운동은 P에서의 속력 (정보 1가지)만 주어져 있다.

한 운동에 대해서 세 가지 정보가 각각 주어지지 않은 상황이다.

이런 경우 두 물체가 **어떤 정보가 같은지** 확인해 봐야 한다.

우선 두 물체는
'동시에 기준선 P를 통과한 후, 각각 등가속도 운동을 하여 기준선 Q에 동시에 도달' 하였다.

여기에서 A와 B는 P에서 Q까지 이동하는데 걸리는 시간이 같음을 알 수 있고,
그 시간 동안 이동한 거리가 P와 Q 사이의 거리로 같음을 알 수 있다.
즉, 문제에서 A와 B에 대해 변위의 크기(이동 거리)와 시간 정보에 대한 관계가 주어졌고,
이는 곧 문제 풀이의 단서가 된다.

문제에서 말하는 대로
이동 시간과 변위의 크기가 같다는 식을 쓴다면 이 문제는 풀리게 될 것이다.

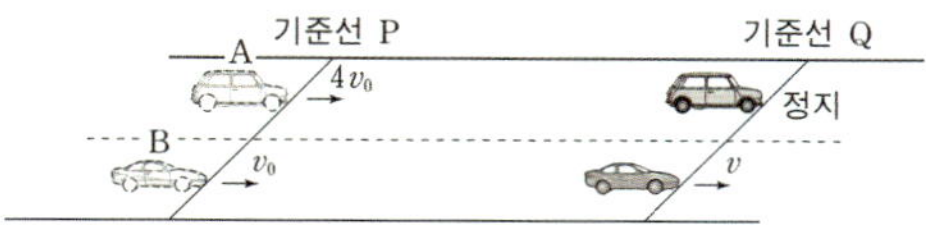

① 미지수 잡기
P와 Q 사이의 거리를 L로 두자.
그리고 A, B가 P에서 Q로 이동하는 데 걸리는 시간을 t_0로 두자.

② 연관된 정보 이용
A와 B가 P에서 Q까지 이동하는 동안 변위를 평균 속도를 이용해서 계산해 보면 다음과 같다.

○ A: $\dfrac{4v_0+0}{2} \times t_0 = L$

○ B: $\dfrac{v+v_0}{2} \times t_0 = L$

A와 B의 변위의 크기가 L로 같으므로 다음 식이 성립한다.

$$\frac{4v_0+0}{2} \times t_0 = \frac{v+v_0}{2} \times t_0 = L, \ \ v=3v_0$$

즉, 주어지지 않는 나머지 정보들을 미지수로 설정하고
문제에서 주어진 두 물체 사이의 연관된 정보를 이용하여 방정식을 세워보면
문제는 풀리게 될 것이다.

이렇게 자유자재로 식을 세우기 위해서는 수많은 연습이 필요하다.
(기출문제를 열심히 풀어보자.)

기출 예시 4

그림과 같이 직선 도로에서 자동차 A가 기준선을 속력 10m/s로 통과하는 순간, 기준선에 정지해 있던 자동차 B가 출발하여 두 자동차가 도로와 나란하게 운동하고 있다. A와 B의 속력이 v로 같은 순간, A는 B보다 20m 앞서 있다. A와 B는 속력이 증가하는 등가속도 운동을 하고, A와 B의 가속도의 크기는 각각 a, $2a$이다.

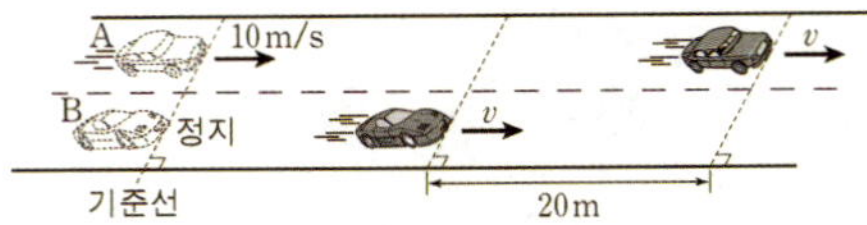

이에 대한 설명으로 옳은 것만을 〈보기〉에서 있는 대로 고른 것은?

〈보 기〉

ㄱ. $a = 2\text{m/s}^2$이다.

ㄴ. $v = 30\text{m/s}$이다.

ㄷ. 두 자동차가 기준선을 통과한 순간부터 속력이 v로 같아질 때까지 걸린 시간은 4초이다.

 **해설**

A는 기준선에서의 속력 한 가지만 주어져 있고
B도 기준선에서의 속력 한 가지만 주어져 있다.

이 상황에서 A와 B의 운동 관계는 다음과 같다.

첫 번째 관계: A와 B의 속력이 v로 같아지는 순간 A는 B보다 20m앞서 있다.
두 번째 관계: A와 B는 속력이 증가하는 등가속도 운동을 하고 A와 B의 가속도의 크기는 각각 a, $2a$이다.

첫 번째 관계를 이용하려면 먼저 기준선에서부터 속력이 v로 같아질 때까지 A와 B의 변위를 각각 구하여 A와 B의 위치를 판단하고, 두 위치 차가 20m임을 이용하면 된다.

두 번째 관계를 이용하려면, 각각의 물체의 가속도의 크기를 구해서 그 크기 비가 $1:2$임을 이용하면 된다.

① 미지수 세우기
A와 B가 기준선에서 출발하여 v로 속력이 같아질 때까지 이동한 시간을 t_0로 두자.
t_0의 시간동안 B의 변위의 크기를 L로 두자. (A의 변위의 크기는 $L+20$m이다.)

② 운동 관계 이용하기
A와 B가 t_0의 시간이 지난 후 속도의 변화량은 각 물체의 가속도(a, $2a$)에 시간(t_0)를 곱한 값과 같다.
A: $v = 10\text{m/s} + at_0$
B: $v = 0 + 2at_0$
기준선을 지나고 t_0인 순간 속력이 v로 같으므로 다음 식이 성립한다.
$$v = 10\text{m/s} + at_0 = 2at_0,\ \ at_0 = 10\text{m/s}$$
따라서 $v = 20\text{m/s}$이다.

한편 t_0의 시간 동안 A와 B가 이동한 거리(변위의 크기)차가 20m만큼이다. A와 B의 변위를 평균속도를 이용하여 풀어보면 다음과 같다.
A: $\dfrac{10\text{m/s} + 20\text{m/s}}{2} \times t_0 = L + 20\text{m}$

B: $\dfrac{0 + 20\text{m/s}}{2} \times t_0 = L$

두 식을 연립하여 L을 소거하면 t_0를 계산할 수 있다.

$$\left(\dfrac{10\text{m/s} + 20\text{m/s}}{2} \times t_0\right) - \left(\dfrac{0 + 20\text{m/s}}{2} \times t_0\right) = (L + 20\text{m}) - (L),\ \ t_0 = 4\text{초}$$

A의 가속도 크기에 관한 식을 세워보면 다음과 같다.
(A는 $t_0 = 4$초 동안 속력이 10m/s에서 20m/s로 변한다.)

$$a = \dfrac{20\text{m/s} - 10\text{m/s}}{4\text{초}} = 2.5\text{m/s}^2$$

ㄱ. $a = 2.5\text{m/s}^2$이다. (ㄱ. 거짓)
ㄴ. $v = 20\text{m/s}$이다. (ㄴ. 거짓)
ㄷ. 두 자동차의 속력이 v로 같아질 때까지 걸린 시간은 $t_0 = 4$초이다. (ㄷ. 참)

○ 속도 관계를 먼저 이용하지 않고 두 물체 사이의 거리 관계를 먼저 이용한 풀이도 있다.

A: $L + 20\text{m} = \dfrac{v + 10\text{m/s}}{2} \times t_0$

B: $L = \dfrac{0 + v}{2} \times t_0$

위의 두 식을 연립하면 (빼주면)

$$L + 20\text{m} - L = \left(\dfrac{v + 10\text{m/s}}{2} - \dfrac{v}{2}\right) \times t_0$$
$$5t_0 = 20\text{m},\ \ t_0 = 4\text{초}$$

4초 동안 속도 변화의 크기는
A: $v - 10\text{m/s}$
B: $v - 0$
가속도의 크기는

A: $a = \dfrac{v - 10\text{m/s}}{4\text{초}}$

B: $2a = \dfrac{v - 0}{4\text{초}}$

두 식을 연립하면
$v = 20\text{m/s}$, $a = 2.5\text{m/s}^2$이다.

 **② 두 물체 사이의 거리 [상대 속도 이용]**

두 물체 사이의 거리가 주어진 경우 중에
아래 문제와 같이 **가속도의 크기와 방향이 같은 경우**의 문제가 출제될 수 있다.

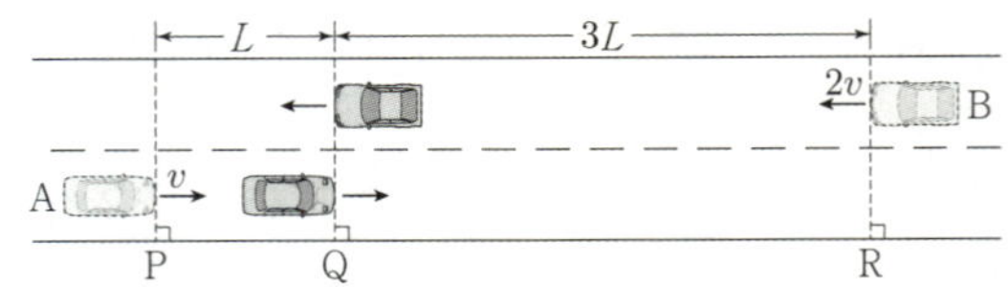

22학년도 6월 모의고사 12번 문항

그림과 같이 등가속도 직선 운동을 하는 자동차 A, B가 기준선 P, R를
각각 v, $2v$의 속력으로 동시에 지난 후, 기준선 Q를 동시에 지난다.
P에서 Q까지 A의 이동 거리는 L이고, R에서 Q까지 B의 이동 거리는
$3L$이다. A, B의 가속도의 크기와 방향은 서로 같다.

A의 가속도의 크기는?

이 경우 **상대 속도**를 이용하여 문제를 푸는 것이 좋다.

상대 속도

○ A에 대한 B의 속도
= A가 관측한 B의 속도
= A가 본 B의 속도
= A에 대한 B의 상대 속도

○ 상대 속도는 상대방이 관측한 나의 속도, 내가 관측한 상대방의 속도이다.
○ 상대 속도를 구하는 방법은 **상대방 속도에서 내 속도를 빼주면된다.**
　예를 들어 A에 대한 B의 상대 속도(A가 관측한 B의 속도)는
　관측되는 물체의 속도(B의 속도)에서
　관찰하는 물체의 속도(A의 속도)를 뺀 것이다.
○ 자기 자신에 대한 상대 속도는 0이다! (자신의 속도 − 자신의 속도 = 0)

　오른쪽 방향을 양(+)으로 두자.

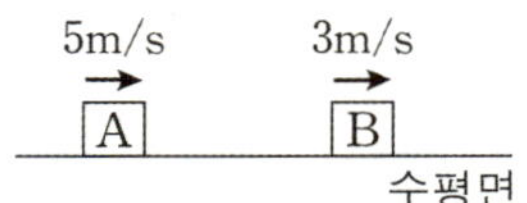

오른쪽으로 운동하는 물체 A, B에 대하여
A가 관측한 B의 속도는
B의 속도에서 A의 속도를 빼준 값과 같다.
그 값은 다음과 같이 계산된다.

$$3\text{m/s} - 5\text{m/s} = -2\text{m/s}$$

즉, A가 관측한 B의 속도는 <u>왼쪽으로 2m/s이다.</u>

B가 관측한 A의 속도는 마찬가지로 다음과 같이 계산된다.

$$5\text{m/s} - 3\text{m/s} = 2\text{m/s}$$

즉, B가 관측한 A의 속도는 <u>오른쪽으로 2m/s이다.</u>

○ 해석: A가 관측한 B는 왼쪽으로 2m/s의 일정한 속도로 운동하는 것처럼 보이고,
　　　　A가 관측한 자기 자신(A)의 속도는 0이므로, A가 관측한 B는 A를 향하여 일정한
　　　　속력으로 다가오는 것처럼 보일 것이다.

○ **중요한 사실!**
　두 물체의 **가속도(크기와 방향)가 같다면**, 두 물체 사이 **상대 속도는 일정하게 유지된다.**
　즉, 내가 본 상대방의 운동, 상대방이 본 나의 운동은 **등속도 운동이다.**

왜 그럴까?
0초일 때 A와 B의 속도가 v_1, v_2이고, 가속도가 a일 때
A와 B의 속도를 시간(t)에 따라 나타내면 다음과 같다. (A와 B의 속도 v_A, v_B)

$$A의\ 속도:\ v_A = v_1 + at$$
$$B의\ 속도:\ v_B = v_2 + at$$

A에 대한 B의 속도는 시간에 따라 어떻게 변할까?
A에 대한 B의 속도(A가 관측한 B의 속도)는 $v_B - v_A$이므로 그 값은 다음과 같다.

$$v_B - v_A = (v_2 + at) - (v_1 + at) = v_2 - v_1$$

즉, A에 대한 B의 속도(상대 속도)는 **시간과 관계 없이** 일정한 값이다.

따라서, A와 B의 가속도가 같다면 (가속도의 크기와 방향이 같다면)
A와 대한 B의 상대 속도는 일정하게 유지된다.
상대 속도의 크기는 초기 상대 속도(0초일 때 상대 속도)로 일정하게 유지된다.

아래 예시는 v_1, v_2, a의 방향이 모두 오른쪽일 때 A에 대한 B의 속도를 그래프를 통해 나타낸 것이다.

그림과 같이 수평면에서 등가속도 운동하고 있는 물체 A, B가 있다. A와 B의 가속도는
오른쪽으로 a이고, 0초일 때 A와 B의 속도는 각각 오른쪽으로 v_1, v_2 이다.
오른쪽을 양(+)으로 하자.

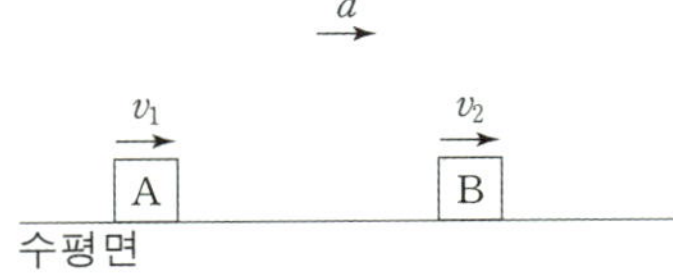

A와 B의 속도를 시간에 따라 나타내 보면 다음과 같고, A에 대한 B의 속도는 다음과 같다.

$$A의\ 속도:\ +v_A = +v_1 + (+a)t$$
$$B의\ 속도:\ +v_B = +v_2 + (+a)t$$
$$A에\ 대한\ B의\ 속도:\ v_B - v_A = (+v_2 + (+a)t) - (+v_1 + (+a)t) = (+v_2) - (+v_1)$$

즉, A와 B의 속도를 시간에 따라 나타내 보면 왼쪽 그림과 같이 직선 형태가 될 것이고, A에
대한 B의 속도를 시간에 따라 나타내 보면 오른쪽 그림과 같다.

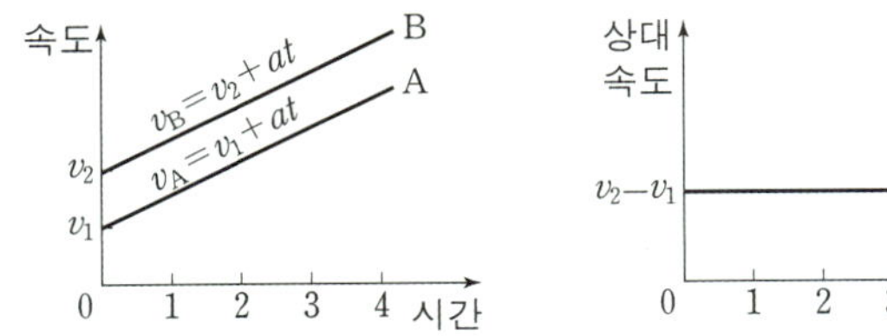

예제 8

그림과 같이 물체 A, B가 수평면상에서 <u>등속도 운동</u>하고 있다. $t=0$인 순간 A와 B 사이의 거리는 10m이고, A와 B의 속도의 크기는 각각 5m/s, 3m/s이다. A와 B는 $t=t_0$일 때 만난다. $t=\dfrac{1}{5}t_0$일 때 A와 B 사이의 거리는 L이다.

t_0와 L은? (단 A와 B는 동일 연직면 상에서 운동한다.)

 **해설**

〔1단계〕초기 상대 속도와 거리 구하기

오른쪽 방향을 양(+)으로 두자.

A에 대한 B의 속도(v_{AB})는 다음과 같이 계산된다.

$$v_{AB} = 3\text{m/s} - 5\text{m/s} = -2\text{m/s}$$

즉, A가 관측한 B의 속도는 왼쪽으로 2m/s이다.

이 순간 A와 B 사이의 거리는 10m이다.

〔2단계〕만나는 시간 계산하기

A가 관측한 A의 속도는 0이다. (자기 자신의 속도는 0이다.)

A가 관측한 B의 속도는 왼쪽으로 2m/s로 일정하다.

즉, A가 관측했을 때 B는 A를 향하여 2m/s의 일정한 속도로 다가오는 것으로 보일 것이고,

A와 B가 만날 때까지 B는 10m를 이동하는 것처럼 보일 것이다.

따라서 t_0는 다음과 같이 계산된다.

$$t_0 = \frac{10\text{m}}{2\text{m/s}} = 5\text{초}$$

〔3단계〕가까워진 거리 계산하기

$\frac{1}{5} t_0 = 1$초이다.

$t = 1$초일 때 A와 B 사이의 거리는

$t = 0$초일 때 A와 B 사이 거리에서

$t = 0$초에서 $t = 1$초까지 A가 관측했을 때 B의 변위를 더해주면 된다.

A가 관측했을 때 B의 변위는 다음과 같이 계산된다.

$$v_{AB} \times 1\text{초} \ , \ -2\text{m/s} \times 1\text{초} \ = \ -2\text{m}$$

$t = 0$초에서 A와 B 사이 거리는 10m이므로

$t = 1$초일 때 A와 B 사이의 거리는 다음과 같다.

$$L = 10\text{m} - 2\text{m} = 8\text{m}$$

Mechanica 물리학1

 예제 9

그림과 같이 물체 A, B가 수평면상에서 **등가속도 운동**하고 있다. A와 B의 가속도의 방향은 오른쪽으로 a로 같고, $t=0$인 순간 A와 B 사이의 거리는 10m이며, A와 B의 속도의 크기는 각각 5m/s, 3m/s이다. A와 B는 $t=t_0$일 때 만난다. $t=\frac{1}{5}t_0$일 때 A와 B 사이의 거리는 L이다.

t_0와 L은? (단 A와 B는 동일 연직면 상에서 운동한다.)

 **해설**

① 분석

이 문제는 어떻게 해결할까? 시간(t)과 A와 B의 속도의 관계식을 구해보면 다음과 같다.
($v = v_0 + at$이용.)

A: $5\text{m/s} + at$

B: $3\text{m/s} + at$

A가 관측한 B의 속도는 B의 속도에서 A의 속도를 빼주면 된다.
A가 관측한 B의 속도를 v_{AB}라 하면, 그 값은 다음과 같이 계산된다.

$$v_{AB} = (3\text{m/s} + at) - (5\text{m/s} + at) = -2\text{m/s}$$

중요한 사실!

○ A가 관측한 B의 속도는 시간에 관계없이 일정하다. (v_{AB}는 t와 관계가 전혀 없다!)

→ A가 관측한 B의 속도(v_{AB})는 시간에 따라 일정하다.

→ A가 관측한 B의 운동은 **등속도 운동**이다.

해설

[1단계] 초기 상대 속도와 거리 구하기

A에 대한 B의 속도(v_{AB})는 -2m/s이다. 즉, A가 관측한 B의 속도는 왼쪽으로 2m/s이다.
이 순간 A와 B 사이의 거리는 10m이다.

[2단계] 만나는 시간 계산하기

A가 관측한 A의 속도는 0이다. (자기 자신의 속도는 0이다.)
A가 관측한 B의 속도는 왼쪽으로 2m/s로 일정하다.
즉, A가 관측했을 때 B는 A를 향하여 2m/s의 일정한 속도로 다가오는 것으로 보일 것이고,
A와 B가 만날 때까지 B는 10m를 이동하는 것처럼 보일 것이다.
따라서 t_0는 다음과 같이 계산된다.

$$t_0 = \frac{10\text{m}}{2\text{m/s}} = 5\text{초}$$

[3단계] 가까워진 거리 계산하기

$\frac{1}{5}t_0 = 1\text{초}$이다.

$t = 1$초일 때 A와 B 사이의 거리는
$t = 0$초일 때 A와 B 사이 거리에서
$t = 0$**초에서** $t = 1$**초까지 A가 관측했을 때 B의 변위를 더해주면 된다.**
A가 관측했을 때 B의 변위는 다음과 같이 계산된다.

$$v_{AB} \times 1\text{초} \;,\; -2\text{m/s} \times 1\text{초} = -2\text{m}$$

$t = 0$초에서 A와 B 사이 거리는 10m이므로
$t = 1$초일 때 A와 B 사이의 거리는 다음과 같다.

$$L = 10\text{m} - 2\text{m} = 8\text{m}$$

정답

예제 9

$t_0 = 5\text{초}$

$L = 8\text{m}$

 예제 10

그림과 같이 물체 A, B가 동일한 빗면상에서 <u>등가속도 운동</u>하고 있다. $t=0$인 순간 A와 B 사이의 거리는 10m이며, A와 B의 속도의 크기는 각각 5m/s, 3m/s이다. A와 B는 $t=t_0$일 때 만난다. $t=\dfrac{1}{5}t_0$일 때 A와 B 사이의 거리는 L이다.

t_0와 L은? (단 A와 B는 동일 연직면 상에서 운동한다.)

 ### 해설

① 분석

동일한 빗면에서 물체 A, B의 가속도는 같다. (크기와 방향은 모두 같다.)
따라서 **상대 속도 적용 2**문제와 이 문제는 동일한 문제이다.
의심스럽다면 A에 대한 B의 속도(v_{AB})를 계산해 보자.
A와 B의 가속도의 크기를 a로 두면, A와 B의 가속도의 방향은 빗면 아래 방향이므로 A와 B의
시간(t)에 따른 속도는 다음과 같다. (빗면 위 방향을 양($+$)으로 두자.)($v = v_0 + at$이용)
A: $5\mathrm{m/s} - at$
B: $3\mathrm{m/s} - at$

A가 관측한 B의 속도는 B의 속도에서 A의 속도를 빼주면 된다.
그 값은 다음과 같이 계산된다.
$$v_{AB} = (3\mathrm{m/s} - at) - (5\mathrm{m/s} - at) = -2\mathrm{m/s}$$
즉, 다음과 같은 논리가 적용된다. **(중요)**
동일 빗면상에 존재하는 두 물체는 가속도의 크기가 같다.
→ 상대 속도의 크기가 일정하다.
→ 한 물체가 관측한 다른 물체의 속도(상대 속도)는 일정하다.
→ 한 물체가 관측한 다른 물체는 **등속도 운동하는 것으로 보인다.**

해설

[1단계] 초기 상대 속도와 거리 구하기

A에 대한 B의 속도(v_{AB})는 $-2\mathrm{m/s}$이다. 즉, A가 관측한 B의 속도는 왼쪽으로 $2\mathrm{m/s}$이다.
이 순간 A와 B사이의 거리는 $10\mathrm{m}$이다.

[2단계] 만나는 시간 계산하기

A가 관측한 A의 속도는 0이다. (자기 자신의 속도는 0이다.)
A가 관측한 B의 속도는 왼쪽으로 $2\mathrm{m/s}$로 일정하다.
즉, A가 관측했을 때 B는 A를 향하여 $2\mathrm{m/s}$의 일정한 속도로 다가오는 것으로 보일 것이고,
A와 B가 만날 때까지 B는 $10\mathrm{m}$를 이동하는 것처럼 보일 것이다.
따라서 t_0는 다음과 같이 계산된다.
$$t_0 = \frac{10\mathrm{m}}{2\mathrm{m/s}} = 5\text{초}$$

[3단계] 가까워진 거리 계산하기

$\frac{1}{5}t_0 = 1$초이다.

$t = 1$초일 때 A와 B 사이의 거리는
$t = 0$초일 때 A와 B 사이 거리에서
$t = 0$에서 $t = 1$초까지 A가 관측했을 때 B의 변위를 더해주면 된다.
A가 관측했을 때 B의 변위는 다음과 같이 계산된다.
$$v_{AB} \times 1\text{초} , \quad -2\mathrm{m/s} \times 1\text{초} = -2\mathrm{m}$$

$t = 0$초에서 A와 B 사이 거리는 $10\mathrm{m}$이므로
$t = 1$초일 때 A와 B 사이의 거리는 다음과 같다.
$$L = 10\mathrm{m} - 2\mathrm{m} = 8\mathrm{m}$$

정답

예제 10

$t_0 = 5$초

$L = 8\mathrm{m}$

예시 1, 2, 3 의 해설이 모두 동
일함에 주목하자!

기출 예시 5

그림과 같이 등가속도 직선 운동을 하는 자동차 A, B가 기준선 P, R를 각각 v, $2v$의 속력으로 동시에 지난 후, 기준선 Q를 동시에 지난다. P에서 Q까지 A의 이동 거리는 L이고, R에서 Q까지 B의 이동 거리는 $3L$이다. A, B의 가속도의 크기와 방향은 서로 같다.

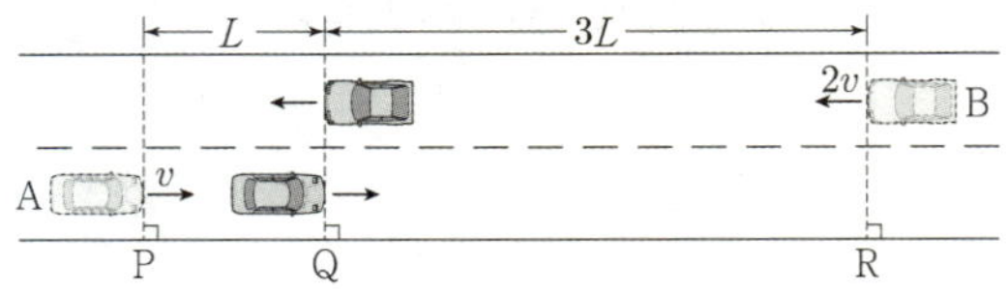

A의 가속도의 크기는?

 **해설**

A와 B의 가속도의 크기와 방향이 같다.

→ A가 관측한 B는 등속도 운동을 한다.

○ 미지수 설정

A가 P, B가 R에서 출발한 시각을 $t=0$로 두고

A, B가 Q에 도착한 시각을 $t=t_0$로 두자.

오른쪽 방향을 양$(+)$으로 두자.

① $t=0$일 때 상대 속도와 A, B사이 거리

$t=0$일 때 A가 관측한 B의 속도   : $-2v-v=-3v$

$t=0$일 때 A와 B 사이의 거리   : $L+3L=4L$

○ A가 관측한 B는 자신을 향하여 $3v$의 일정한 속도로 다가온다.
○ A가 관측한 B가 자신과 만날 때까지 B는 $4L$을 이용한다.

따라서 A와 B 가 만날 때까지 걸린 시간(t_0)는

A와 B 사이의 거리를

상대 속도의 크기로 나눈 값으로 계산된다.

$$t_0 = \frac{4L}{3v}$$

→ A와 B는 $\frac{4L}{3v}$의 시간이 지난 후에 만난다!

② Q에서 A의 속력을 v_0로 두면,

A는 $\frac{4L}{3v}$의 시간 동안 P에서 Q까지 이동하므로 다음 식이 성립한다.

$$\frac{v+v_0}{2} \times \frac{4L}{3v} = L, \quad v_0 = \frac{1}{2}v$$

③ A는 $\frac{4L}{3v}$의 시간 동안 속도의 크기가 $v-\frac{1}{2}v = \frac{1}{2}v$만큼 변하므로

A의 가속도의 크기는 다음과 같이 계산된다.

$$\frac{\frac{1}{2}v}{\frac{4L}{3v}} = \frac{3v^2}{8L}$$

정답 ////////

기출 예시 5

$\dfrac{3v^2}{8L}$

Mechanica 물리학1

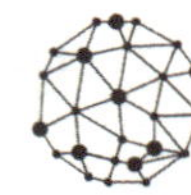

기출 예시 6

그림과 같이 빗면을 따라 등가속도 운동하는 물체 A, B가 각각 점 p, q를 10m/s, 2m/s의 속력으로 지난다. p와 q 사이의 거리는 16m이고, A와 B는 q에서 만난다.

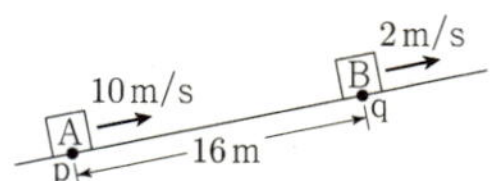

이에 대한 설명으로 옳은 것만을 〈보기〉에서 있는 대로 고른 것은? (단, A, B는 동일 연직면 상에서 운동하며, 물체의 크기, 마찰은 무시한다.)

───── 〈보 기〉 ─────

ㄱ. q에서 만나는 순간, 속력은 A가 B의 4배이다.

ㄴ. A가 p를 지나는 순간부터 2초 후에 B와 만난다.

ㄷ. B가 최고점에 도달했을 때, A와 B 사이의 거리는 8m이다.

 **해설**

A와 B는 동일 빗면에서 운동한다.
→ 가속도의 크기와 방향이 같다.
→ A가 관측한 B는 등속도 운동을 한다.
○ 미지수 설정
　　A가 p, B가 q에서 출발한 시각을 $t=0$로 두고
　　A, B가 q에 도착한 시각을 $t=t_0$로 두자.
　　빗면 위 방향을 양(+)으로 두자.

① $t=0$일 때 상대 속도와 A, B사이 거리

　　$t=0$일 때 A가 관측한 B의 속도　　: $2\text{m/s}-10\text{m/s}=-8\text{m/s}$
　　$t=0$일 때 A와 B 사이의 거리　　: 16m

○ A가 관측한 B는 자신을 향하여 8m/s의 일정한 속도로 다가온다.
○ A가 관측한 B가 자신과 만날 때까지 B는 16m을 이용한다.
　　따라서 A와 B가 만날 때까지 걸린 시간(t_0)는
　　A와 B 사이의 거리를
　　상대 속도의 크기로 나눈 값으로 계산된다.

$$t_0 = \frac{16\text{m}}{8\text{m/s}} = 2\text{초}$$

　　→ A와 B는 2초 후 만난다! (ㄴ. 참)

② q에서 A의 속력을 v로 두자.
　　A는 2초 후에 q를 지나므로 2초 동안 A의 변위는 16m이다. 따라서 다음 식이 성립한다.

$$\frac{10\text{m/s}+v}{2} \times 2\text{초} = 16\text{m}, \quad v = 6\text{m/s}$$

　　q에서 A와 B가 만나는 순간에도 A가 관측한 B의 속도는 -8m/s이다!
　　q에서 B의 속도를 v_0로 두면 다음 식이 성립한다.

$$v_0 - 6\text{m/s} = -8\text{m/s}, \quad v_0 = -2\text{m/s}$$

　　즉, q에서 만나는 순간, 속력은 A(6m/s)가 B(2m/s)의 3배이다. (ㄱ. 거짓)

③ A가 p에서 q로 이동하는 동안 속도의 변화량은 다음과 같다.

$$6\text{m/s} - 10\text{m/s} = -4\text{m/s}$$

즉, 2초 동안 -4m/s의 속력이 변하므로, 이 빗면에서 물체의 가속도는 다음과 같다.

$$\frac{-4\text{m/s}}{2\text{s}} = -2\text{m/s}^2$$

B가 최고점에 도달했을 때 B의 속력은 0이다.
따라서 속력이 2m/s에서 0이 될 때까지 걸린 시간을 구해보면 다음과 같다.

$$\frac{2\text{m/s}}{2\text{m/s}^2} = 1\text{초}$$

즉, B가 최고점에 도달했을 때는 A가 p를 지나고 1초 후이다.
1초 동안 A와 B 사이 가까워진 거리는
A와 B 사이의 상대 속도에 이동 시간을 곱한 값과 같다.

$$1\text{초} \times 8\text{m/s} = 8\text{m}$$

따라서 이 순간 A와 B 사이의 거리는 16m에서 8m만큼 가까워진 8m이다. (ㄷ. 참)

○ 별해 〔에너지 보존 상황〕
에너지 보존법칙을 알고
있다면 q에서 B의 속력을
단숨에 구할 수 있다.

B가 q에서 q로 다시 돌아오는
상황이다. B의 중력 퍼텐셜
에너지 변화가 0이므로 B의
운동 에너지 변화도 0이다.
따라서 q에서 B의 속도의
크기는 2m/s이다.

기출 예시 7

그림은 빗면을 따라 운동하던 물체 A가 점 p를 v_0의 속력으로
지나는 순간, 점 q에 물체 B를 가만히 놓은 모습을 나타낸 것이다.
A와 B는 B를 놓은 순간부터 등가속도 운동을 하여 시간 T 후에
만난다. A와 B가 만나는 순간 B의 속력은 $3v_0$이다.

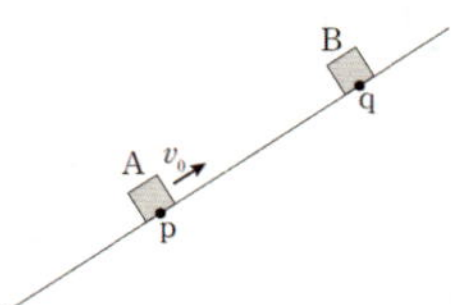

이에 대한 설명으로 옳은 것만을 〈보기〉에서 있는 대로 고른 것은? (단,
A, B는 동일 연직면 상에서 운동하며, 물체의 크기, 마찰과 공기 저항은
무시한다.)

〈보 기〉

ㄱ. p와 q 사이의 거리는 $v_0 T$이다.

ㄴ. A가 최고점에 도달한 순간, A와 B 사이의 거리는
$\dfrac{1}{4}v_0 T$이다.

ㄷ. A와 B가 만나는 순간, A의 속력은 v_0이다.

 **해설**

A와 B는 동일 빗면에서 운동한다.
→ 가속도의 크기와 방향이 같다.
→ A가 관측한 B는 등속도 운동을 한다.
○ 미지수 설정
    A가 p, B가 q에서 출발한 시각을 $t=0$로,
    A, B가 q에서 만나는 시각을 $t=T$로 두자.
    p와 q 사이의 거리를 L로 두자.
    빗면 위 방향을 양(+)으로 두자.

① $t=0$일 때 상대 속도와 A, B사이 거리

    $t=0$일 때 A가 관측한 B의 속도   : $0-v_0=-v_0$
    $t=0$일 때 A와 B 사이의 거리   : L

○ A가 관측한 B는 자신을 향하여 v_0의 일정한 속도로 다가온다.
○ A가 관측한 B가 자신과 만날 때까지 B는 L을 이용한다.
    따라서 A와 B가 만날 때까지 걸린 시간(T)는
    A와 B 사이의 거리를
    상대 속도의 크기로 나눈 값으로 계산된다.

$$T=\frac{L}{v_0},\ \ L=v_0 T$$

→ p, q 사이의 거리는 $v_0 T$이다. (ㄱ. 참)

② A와 B가 만날 때까지 T의 시간 동안 B의 속도는 0에서 $-3v_0$로 $-3v_0$만큼 변한다.
    따라서 A와 B의 가속도(a)는 다음과 같이 계산된다.

$$a=-\frac{3v_0}{T}$$

한편 A가 최고점에 도달하는 순간 속력은 0이고,
이 동안 A의 속도 변화가 $-v_0$이므로
가속도의 정의에 의해 그 동안 걸린 시간(T_0)은 다음과 같이 계산된다.

$$a=-\frac{3v_0}{T}=\frac{-v_0}{T_0},\ \ T_0=\frac{1}{3}T$$

A가 최고점에 도달한 순간은
$t=\frac{1}{3}T$ 일 때이다.

$t=0$부터 $t=\frac{1}{3}T$ 까지 $\frac{1}{3}T$의 시간 동안 A와 B가 가까워진 거리는 다음과 같이 계산된다.

$$v_0 \times \frac{1}{3}T=\frac{1}{3}v_0 T$$

A가 최고점에 도달한 순간($t=\frac{1}{3}T$), A와 B 사이의 거리는

$t=0$일 때 A와 B 사이의 거리 ($v_0 T$) 보다 $\frac{1}{3}v_0 T$만큼 가까워진 거리다.

따라서 $t=\frac{1}{3}T$일 때 A와 B 사이의 거리는 다음과 같다.

$$v_0 T-\frac{1}{3}v_0 T=\frac{2}{3}v_0 T\ (ㄴ.\ 거짓)$$

③ A와 B가 만나는 순간까지 A가 관측한 B의 속도는 $-v_0$이다.
    A와 B가 만나는 순간 B의 속력이 $3v_0$이고
    B의 속도의 방향은 빗면 아래 방향($-$)이므로 B의 속도는 $-3v_0$이다.
    이때 A의 속도를 v로 두면 다음 식이 성립한다.

$$-3v_0-v=-v_0,\ \ v=-2v_0$$

따라서 A의 속력은 $2v_0$이다. (ㄷ. 거짓)

정답 ////////
─────────
기출 예시 7
ㄱ

9. 여러 가지 운동

교육과정이 개편되면서 들어온 운동 문제다. 최근 수능에 자주 보이는 유형이고, 출제 빈도가 높다. 개념의 형태의 문제이므로, 개념만 잘 이해한다면 해결할 수 있다.

교육 과정 내에서 다룰 운동은 다음과 같다.

> ○ 등속 직선 운동
> ○ 등가속도 직선 운동
> ○ 포물선 운동
> ○ 등속 원운동
> ○ 진자 운동

여러 가지 운동을 분석하는 규칙은 다음과 같으며, 해당 부분은 잘 알고 있어야 한다.

> **규칙**　　**여러 가지 운동**
>
> ① 물체의 운동 방향(속도의 방향)은 **운동 경로의 접선 방향**이다.
> ② 아래 둘 중 하나 또는 둘 다 **시간에 따라 변하는 경우** 가속도 운동한다고 말한다.
> 　1) **속도의 크기(속력)**
> 　2) **운동 방향**

 **분류**

기출 문제나 교과서, EBS에서 요구되는 운동의 분류는 다음과 같다.

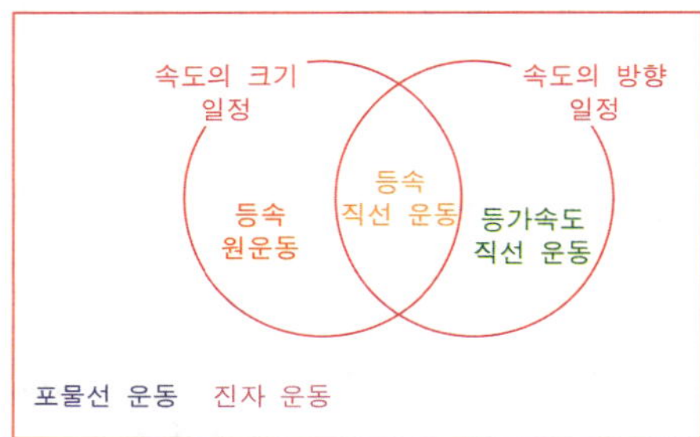

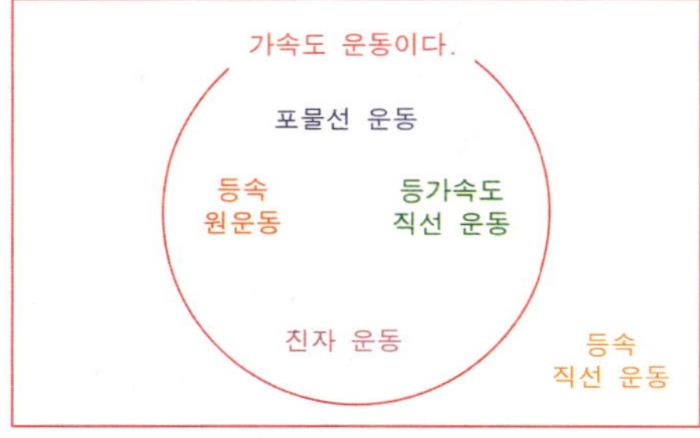

 ### 등속 직선 운동

○ 물체의 **속력**이 **일정한(변하지 않는)**운동이다.
○ 물체의 **운동 방향**이 **변하지 않는** 운동이다.
　→ 속력과 운동 방향이 변하지 않으므로 **가속도 운동이 아니다!**

○ 물체의 **가속도의 크기**가 0이다. (물체에 작용하는 **알짜힘의 크기**가 0이다.)
○ 물체의 **가속도의 방향**은 없다. (가속도가 0이기 때문)

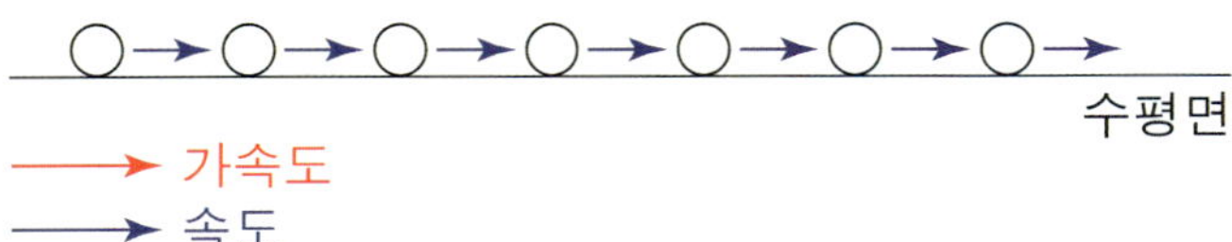

※ 화살표의 크기는 속도의 크기, 가속도의 크기에 비례하게 그려져 있다.
○ **속도의 방향**이 **변하지 않고 일정하다.**

실생활 예시

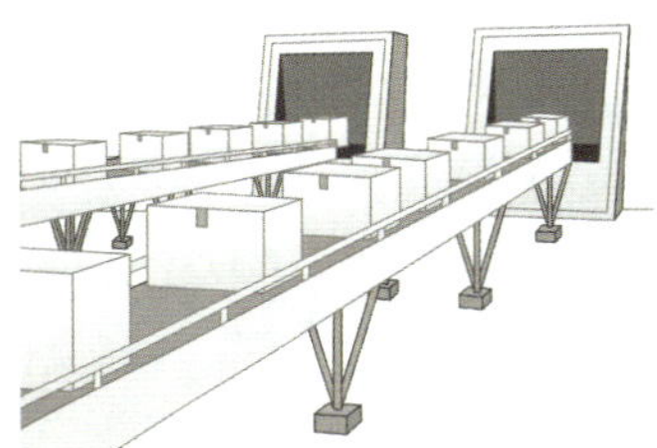

컨베이어 벨트에서 일정한
속력으로 운동하는 물체의 운동

무빙워크를 따라 일정한
속력으로 운동하는 사람의 운동

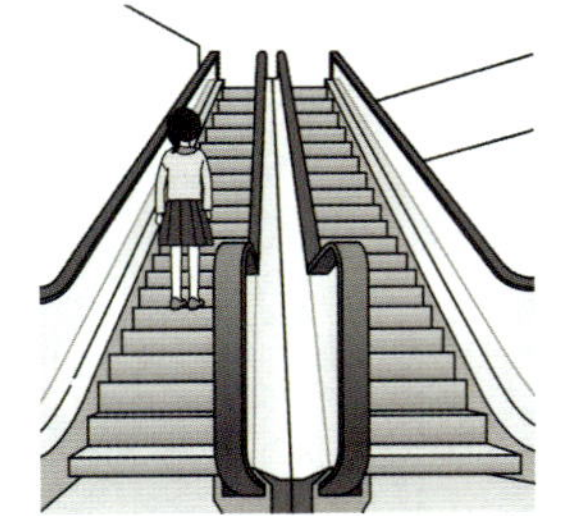

에스컬레이터에서 일정한
속력으로 운동하는 사람의 운동

정리	등속도 운동 (시간에 따른 물리량 변화)
속도의 방향 (운동 방향)	변하지 않음
속도의 크기 (속력)	변하지 않음 (일정)
가속도	0

Mechanica 물리학1

 **등가속도 직선 운동**

○ 물체의 **속력**이 일정하게 증가 또는 감소하는 운동이다.
○ 물체의 **운동 방향**이 변하지 않을 수도 있고 변할 수도 있는 운동이다.
 → 운동 방향이 변하지 않더라도, 속력이 변하므로 가속도 운동이다!

○ 물체의 **가속도의 크기**가 일정한(변하지 않는)운동이다.
 (물체에 작용하는 **알짜힘의 크기**가 0보다 크고, 일정하다.)

○ 물체의 **가속도의 방향**은 운동 방향과 나란하며, 일정한 운동이다.

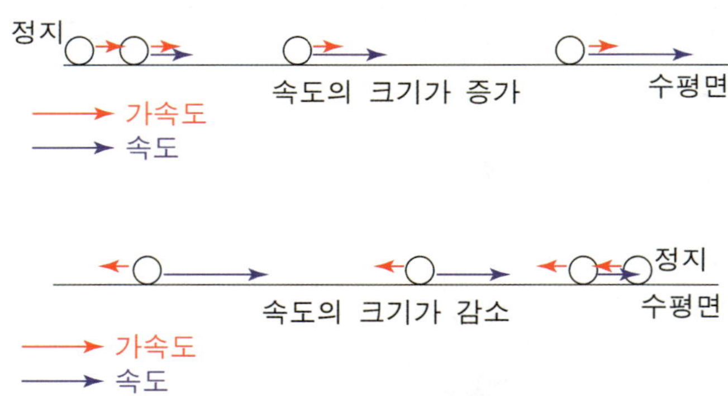

※ 화살표의 크기는 속도의 크기, 가속도의 크기에 비례하게 그려져 있다.
○ **속도의 방향**은 아래 유의 사항을 보고 이해해 보자.
○ **가속도의 방향**은 변하지 않고 일정하다.

유의사항! (속도 방향)

○ 가속도 방향이 속도 방향과 같은 경우 속도의 크기(속력)이 증가한다.
○ 가속도 방향이 속도 방향과 반대인 경우 속도의 크기(속력)이 감소한다.

○ 속도의 크기가 감소하는 운동의 경우는 속도의 크기가 감소하다가 0이 될 수 있다.
 속도의 크기가 0이되는 시점에서 물체의 운동 방향이 변한다.

 따라서 **속도의 크기가 감소하는 등가속도 운동에서는 속도의 방향이 변할 수 있다!**
 이 경우 속도의 방향이 변한 후 속도의 크기는 증가한다.

실생활 예시

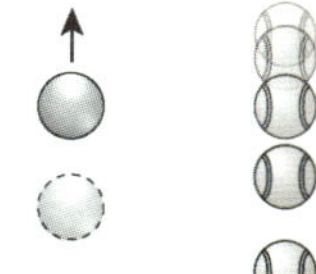

연직 위로 던져 올린 구슬의 운동
연직 아래로 떨어뜨린 야구공의 운동

언덕을 내려오는
자전거의 운동

직선 레일에서 속력이 일정하게
느려지는 기차의 운동

정리	등가속도 직선 운동 (시간에 따른 물리량 변화)	
속도의 방향 (운동 방향)	속력이 감소하는 운동: 속도 방향이 **변할 수 있음**	
	속력이 증가하는 운동: 속도 방향이 **변하지 않음**	
속도의 크기 (속력)	**변함**	
가속도 크기	**변하지 않음(0이 아님)**	
가속도 방향	**변하지 않음**	

 **등속 원운동**

○ 가속도의 크기는 일정하지만 가속도의 방향은 매번 변하는 운동이다.

○ 물체의 **속력**이 **일정한(변하지 않는)**운동이다.

○ 물체의 **운동 방향**이 매 순간 **변하는 운동**이다.
  → 물체의 속력은 일정하지만, 물체의 운동 방향이 변하므로 **가속도 운동이다!**

○ 물체의 **가속도의 크기**가 **일정한(변하지 않는)**운동이다.
  (물체에 작용하는 **알짜힘의 크기**가 0보다 크고, **일정하다.**)

○ 물체의 **가속도의 방향**은 **운동 방향과 항상 수직한 방향이다.** (아래 그림 참고)

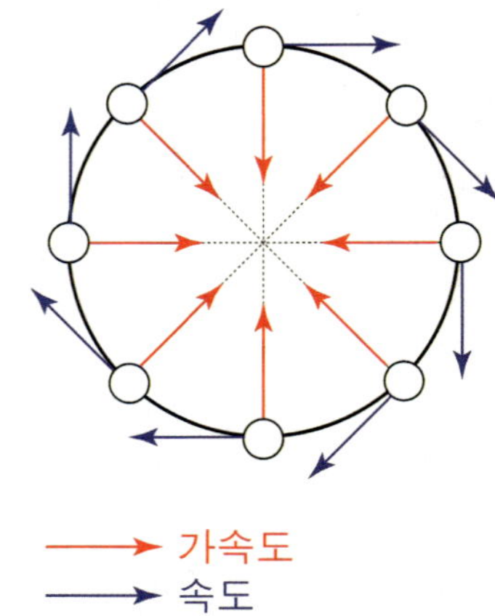

※ 화살표의 크기는 속도의 크기, 가속도의 크기에 비례하게 그려져 있다.
○ **속도의 방향**이 **매 순간 변하고,** **속도의 크기**는 매 순간 일정하다.
○ **가속도의 방향**은 원 궤도의 중심 방향으로 **매 순간 변하고,** **가속도의 크기**는 매 순간 일정하다.

실생활 예시

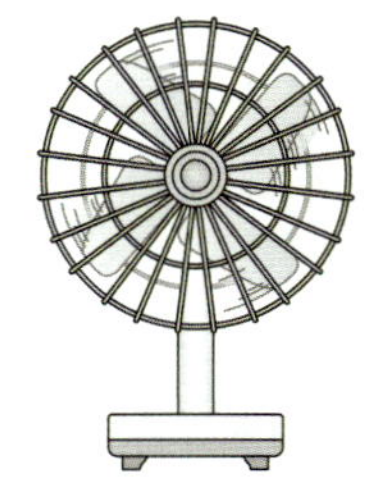

일정한 속력으로 회전하는
선풍기날의 운동

일정한 속력으로 회전하는
회전목마에 탄 사람의 운동

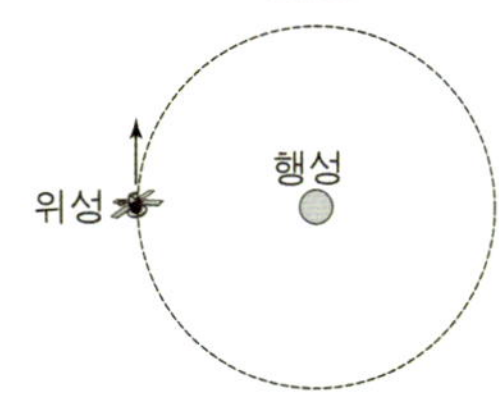

일정한 속력으로 행성 주위를 원
운동하는 위성의 운동

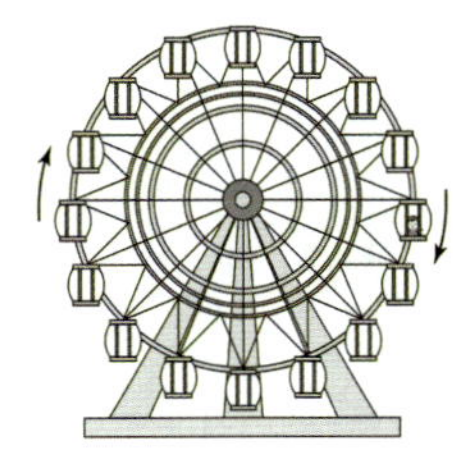

일정한 속력으로 회전하는 관람차에
탄 사람의 운동

정리	등속 원운동 (시간에 따른 물리량 변화)
속도의 방향 (운동 방향)	변함
속도의 크기 (속력)	변하지 않음(0이 아님)
가속도 크기	변하지 않음(0이 아님)
가속도 방향	변함

Mechanica 물리학1

 포물선 운동

※ **포물선 운동**은 물체에 중력이 작용하고 있는 상태에서
　물체의 속도의 방향과 중력의 방향이 나란하지 않을 때의 운동이다.
○ 물체의 **속력**이 **변하는** 운동이다.
○ 물체의 **운동 방향**이 매 순간 **변하는 운동**이다.
　→ 운동 방향과 속력이 모두 변하는 **가속도 운동이다!**

○ 물체의 **가속도의 크기**가 **일정한(변하지 않는)**운동이다.
　(물체에 작용하는 **알짜힘의 크기**가 0보다 크고, **일정하다.**)

○ 물체의 **가속도의 방향**은 **운동 방향과 나란하지 않고 일정한 방향이다.** (아래 그림 참고)

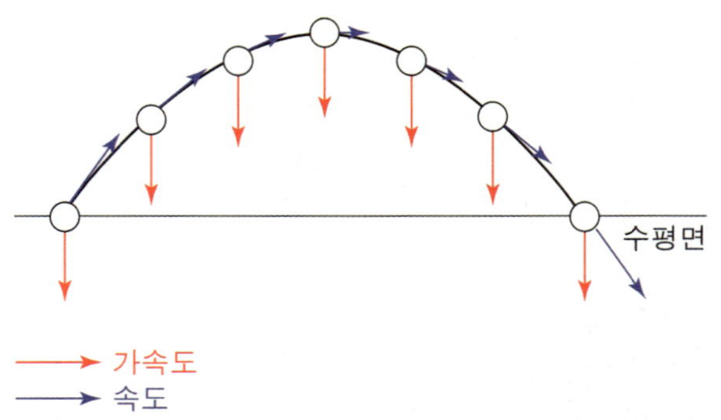

※ 화살표의 크기는 속도의 크기, 가속도의 크기에 비례하게 그려져 있다.
○ **속도의 방향**이 매 순간 **변한다. 속도의 크기**는 매 순간 **변한다.**
○ **가속도의 방향**은 항상 연직 아래 방향으로 **일정하고, 가속도의 크기**는 **일정하다.**

실생활 예시

비스듬하게 쏘아올린 농구공의 운동

뜀틀을 넘는 사람의 운동

정리	포물선 운동 (시간에 따른 물리량 변화)
속도의 방향 (운동 방향)	변함
속도의 크기 (속력)	변함
가속도 크기	변하지 않음(0이 아님)
가속도 방향	변하지 않음 (일정함)

 **진자 운동**

○ 물체의 **속력**이 변하는 운동이다.
○ 물체의 **운동 방향**이 매 순간 변하는 운동이다.
  → 운동 방향과 속력이 모두 변하는 가속도 운동이다!

○ 물체의 **가속도의 크기**가 변하는 운동이다.
  (물체에 작용하는 **알짜힘의 크기**가 0보다 크고, 변한다.)

○ 물체의 **가속도의 방향**은 매 순간 변한다. (아래 그림 참고)
○ 물체의 **운동 방향**이 매 순간 변하는 운동이다.

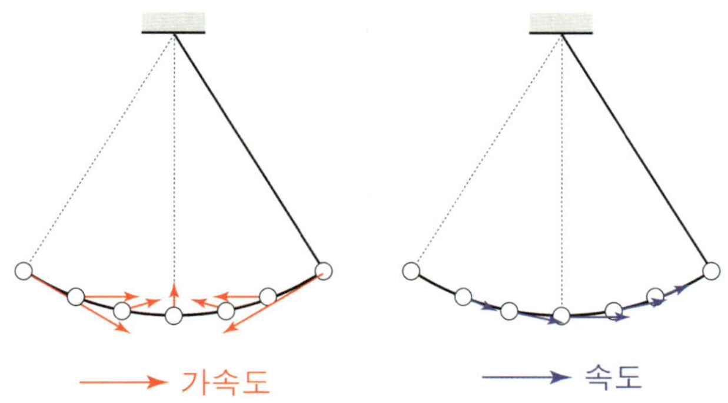

※ 화살표의 크기는 속도의 크기, 가속도의 크기에 비례하게 그려져 있고,
  속도 방향과 가속도 방향이 겹쳐 있으면 잘 보이지 않으므로 따로 그렸다.
○ **속도의 방향**이 매 순간 변하고, **속도의 크기**는 매 순간 변한다.
○ **가속도의 방향**은 매 순간 변하고, **가속도의 크기**는 매 순간 변한다.

실생활 예시

그네를 타는 사람의 운동

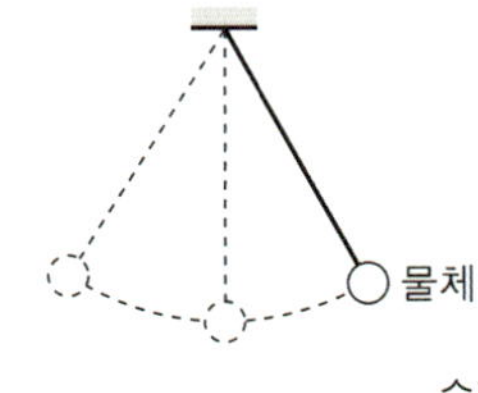

단진동 하는 물체의 운동

정리	진자 운동 (시간에 따른 물리량 변화)
속도의 방향 (운동 방향)	변함
속도의 크기 (속력)	변함
가속도 크기	변함
가속도 방향	변함

 정리 (실생활에서의 운동)

① 등속도 운동

정리	등속도 운동 (시간에 따른 물리량 변화)	
속도의 방향 (운동 방향)	변하지 않음	
속도의 크기 (속력)	변하지 않음 (일정)	
가속도	0	

② 등가속도 직선 운동

정리	등가속도 직선 운동 (시간에 따른 물리량 변화)	
속도의 방향 (운동 방향)	속력이 감소하는 운동: 속도 방향이 **변할 수 있음** / 속력이 증가하는 운동: 속도 방향이 **변하지 않음**	
속도의 크기 (속력)	변함	
가속도 크기	변하지 않음(0이 아님)	
가속도 방향	변하지 않음	

③ 등속 원운동

정리	등속 원운동 (시간에 따른 물리량 변화)	
속도의 방향 (운동 방향)	변함	
속도의 크기 (속력)	변하지 않음 (0이 아님)	
가속도 크기	변하지 않음 (0이 아님)	
가속도 방향	변함	

④ 포물선 운동

정리	포물선 운동 (시간에 따른 물리량 변화)	
속도의 방향 (운동 방향)	변함	
속도의 크기 (속력)	변함	
가속도 크기	변하지 않음 (0이 아님)	
가속도 방향	변하지 않음 (일정함)	

⑤ 진자 운동

정리	진자 운동 (시간에 따른 물리량 변화)	
속도의 방향 (운동 방향)	변함	
속도의 크기 (속력)	변함	
가속도 크기	변함	
가속도 방향	변함	

정리	여러 가지 운동의 특징			
운동＼분류	속도의 크기가 일정한가?	속도의 방향이 일정한가?	가속도의 크기가 일정한가?	가속도의 방향이 일정한가?
등속도 운동	○	○	△ (가속도 크기 0)	△ (가속도 크기 0)
등가속도 운동	×	△ (변할 수 있음)	○	○
포물선 운동	×	×	○	○
등속 원운동	○	×	○	×
진자 운동	×	×	×	×

○: 예, ×: 아니오, △: 상황에 따라 다르거나 애매함

기출 예시 8

22학년도 9월 모의고사 1번 문항

그림 (가)~(다)는 각각 뜀틀을 넘는 사람, 그네를 타는 아이, 직선 레일에서 속력이 느려지는 기차를 나타낸 것이다.

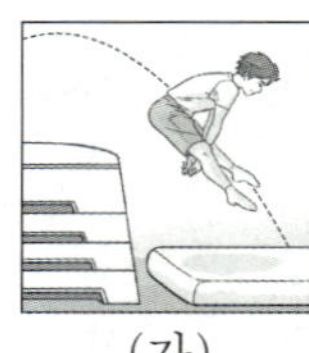

|(가)|(나)|(다)|

이에 대한 설명으로 옳은 것만을 〈보기〉에서 있는 대로 고른 것은?

─〈보 기〉─

ㄱ. (가)에서 사람의 운동 방향은 변한다.
ㄴ. (나)에서 아이는 등속도 운동을 한다.
ㄷ. (다)에서 기차의 운동 방향과 가속도 방향은 서로 같다.

 **해설**

(가)는 가속도가 중력 가속도이고, 속도 방향이 시간에 따라 변하는 포물선 운동이다.

(나)는 가속도의 크기가 시간에 따라 변하고, 속도의 방향도 시간에 따라 변하는 진자 운동이다.

(다)는 속도의 방향이 변하지 않고, 속도의 크기가 감소하는 직선 운동이다.

ㄱ. (가)에서 사람은 운동 방향이 시간에 따라 변하는 포물선 운동을 한다. (ㄱ. 참)
ㄴ. (나)에서 아이는 속도의 방향이 변하고, 속도의 크기도 변하는 진자 운동을 한다. (ㄴ. 거짓)
ㄷ. (다)에서 기차는 운동 방향과 가속도 방향이 서로 반대인 직선 운동을 한다. (ㄷ. 거짓)

정답

기출 예시 8

ㄱ

PART **2**

개념편

Mechanica 물리학1

1. 힘의 정의와 규칙

 정의

힘의 정의: 물체의 운동 상태를 변화시키거나, 물체의 모양을 변화시키는 요인.
① 힘은 벡터이다. 벡터는 '크기와 방향을 가진 물리량' 이다.

규칙

② 물체에 힘이 작용하는 경우, 물체에 시작점을 둔 화살표로 표기해야 한다.

〔제대로 된 표기법〕　　　〔잘못된 표기법〕

이 경우 '물체에는 힘 F 가 작용한다.' 라고 한다.

O 실제로 잘못된 표기법대로 수능이 나온적이 있다. 해당 표기법은 엄밀히 말해 잘못된 것이므로 잘 알아두도록 하자. 차라리 손가락으로 표기하는게 맞다!

③ 실이 물체에 F의 힘을 오른쪽으로 작용하는 경우와 손가락으로 물체에 F의 힘을 오른쪽으로
　작용하는 경우 모두 오른쪽 그림과 같이 표현한다. 그리고 그 효과는 같다.

④ 물체에 힘이 작용할 때 다음이 모두 나타나도록 표현해야 한다.

1) 힘의 크기
2) 힘의 방향
3) 힘을 작용하는 대상
4) 힘을 받는 대상

예) 다음을 표현해 보자(실이 물체를 당기는 힘 F)

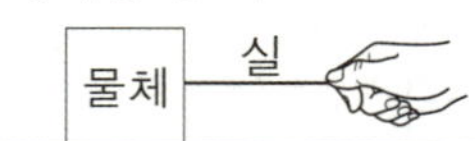

※
힘의 크기 　　　　 : F
힘의 방향 　　　　 : 오른쪽
힘을 작용하는 대상 : 실
힘을 받는 대상 　　 : 물체

1) 물체에 힘이 작용한다. (잘못된 표현)

2) 실이 물체에 크기가 F인 힘을 오른쪽으로 작용한다. (올바른 표현)

2. 힘의 합성

 힘의 방향이 나란한 경우

① 용어 정리

합력: 두 개 이상의 힘의 합.
　　　표현 예) F_1와 F_2의 합력은 F_3이다.

알짜힘: 물체에 작용하는 모든 힘의 합.
　　　표현 예) A에 작용하는 알짜힘은 F 이다.

　　　　　　　　물체의 알짜힘＝물체에 작용하는 모든 힘의 합력

② 힘의 방향이 나란한 경우
　1) 방향의 기준부터 설정한다.
　　오른쪽 방향을 양(＋)으로 둘 것인지,
　　왼쪽 방향을 양(＋)으로 둘 것인지
　　<u>문제를 푸는 사람이 직접 설정해야 한다.</u>

　2) 양(＋)의 방향의 힘은 더해주고,
　　음(－)의 방향의 힘은 빼주면 된다.

그림과 같이 물체에 오른쪽으로 10N, 20N, 왼쪽으로 5N의 힘이 작용할 때, 물체의 알짜힘을 구해보자.

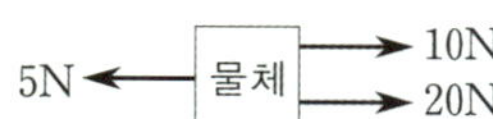

　1) 오른쪽 방향을 양(＋)으로 두자.
　2) 양(＋)의 방향인 10N와 20N을 더해주고
　　음(－)의 방향인 5N을 빼준다.
　　　　　　물체의 알짜힘＝ $10N＋20N－5N＝25N$

　　　물체의 알짜힘은 오른쪽 방향으로 25N이다.

힘의 방향이 나란하지 않은 경우

힘은 벡터이다. 그 벡터를 합하면 된다.
벡터의 명명법과 물리학1에서 다룰 규칙

(가) 벡터는 화살표로 표기한다.

(나) 화살표의 시작점과 끝점을 벡터의 시작점과 끝점이라 부른다.

(다) 벡터의 크기는 벡터의 길이에 비례한다.

예를 들어 F_1 벡터와 F_2 벡터의 크기 비는 길이 비인 $3:2$이다.

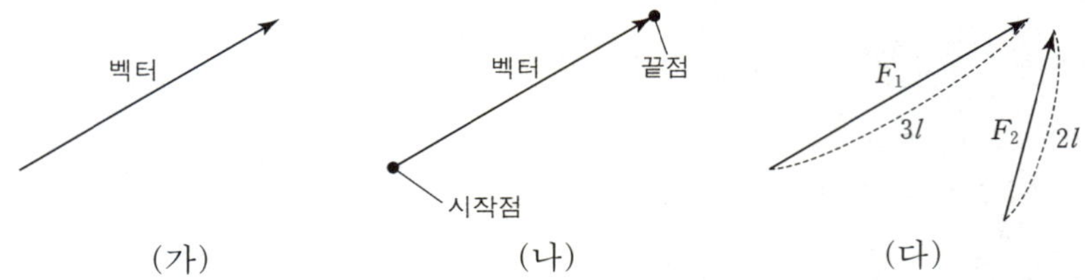

① 벡터를 합하는 방법(평행 사변형법)

F_1벡터와 F_2벡터를 합해보자.

1) F_1벡터의 시작점과 F_2벡터의 끝점이 같도록 F_1벡터를 평행이동시킨다.

2) F_2의 시작점과 F_1의 끝점을 잇는다.

3) F_2 시작점을 시작점, F_1의 끝점을 끝점으로 하는 벡터(F_3)가 F_1과 F_2를 합한 벡터이다.

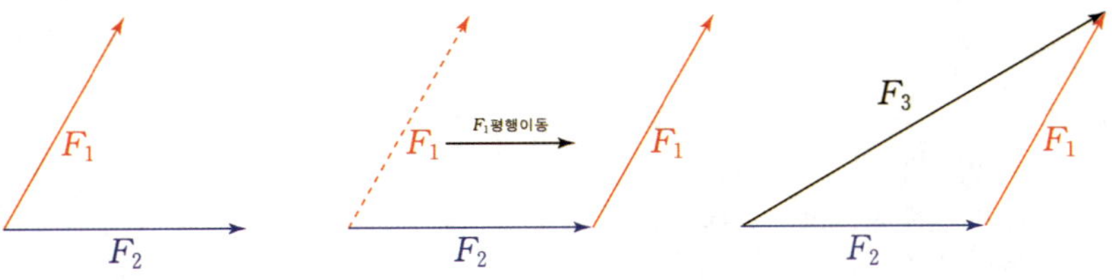

3. 힘의 분해

벡터는 서로 다른 두 개의 벡터로 분리할 수 있다.
예를 들어 다음과 같은 F_1벡터를 아래와 같이 서로 다른 F_2벡터와 F_3벡터로 분리할 수 있다.

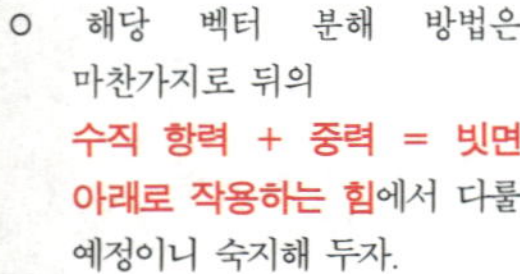

○ 해당 벡터 분해 방법은
마찬가지로 뒤의
**수직 항력 + 중력 = 빗면
아래로 작용하는 힘**에서 다룰
예정이니 숙지해 두자.

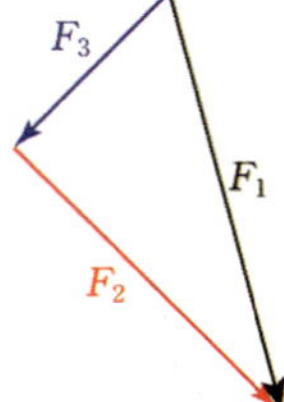

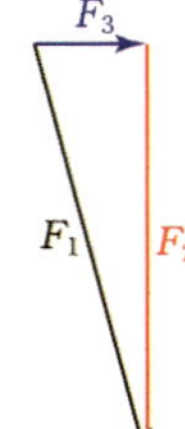

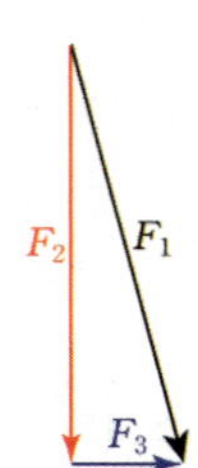

즉, 상황에 따라 하나의 벡터를 적절한 두 개의 벡터로 나누어 상황을 해석할 수 있다.

4. 뉴턴의 운동 법칙

뉴턴 제 1 법칙 (관성의 법칙)

물체는 원래 운동 상태를 유지하려는 성질이 있다. 이를 관성이라 한다.
물체의 알짜힘이 0으로 유지 될 때,
물체는 **물체의 알짜힘이 0이 되기 바로 직전 상태의 속도**를 유지한다.

물체에 작용하는 알짜힘이 0일 때,
물체의 운동 상태에는 다음과 같은 두 가지 상태만 존재한다.

---

① 속도의 크기가 0으로 정지 상태
② 속도의 크기와 방향이 변하지 않고 일정한 등속도 운동 상태

다음과 같은 예시를 생각해 보자.

A와 B가 평행선에서 0초에서 3초까지 등가속도 직선 운동을 한다. $t = 3$초 이후 A와 B의 알짜힘의 크기가 0이 된다.

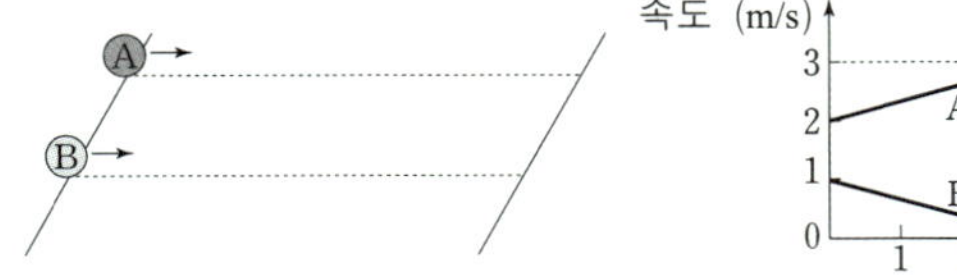

$t = 3$초 이후의 속도는 어떻게 될까?

뉴턴 제 1법칙에 의해 물체는 알짜힘이 0이 되기 바로 직전의 운동상태를 유지한다.
$t = 3$초가 되기 바로 직전 속도는 다음과 같다.

A의 속도는 3m/s
B의 속도는 0

$t = 3$초 이후 A는 3m/s의 일정한 속도로 운동하고,
$t = 3$초 이후 B는 정지한다.

$t = 3$초 이후 물체의 속도를 시간에 따라 나타내 보면 다음과 같다.

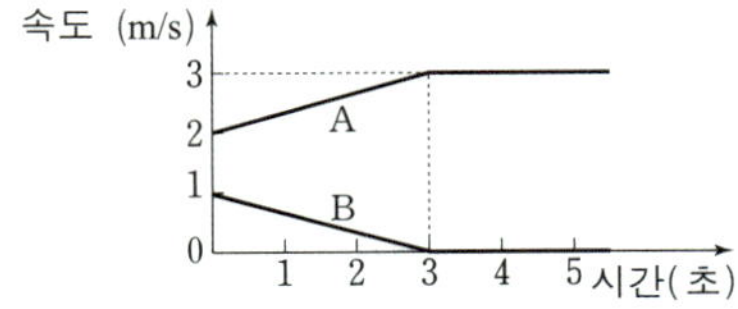

정리 | 뉴턴 제 1 법칙

○ 물체는 원래 운동 상태를 유지하려는 성질이 있다. 이를 관성이라 한다.
○ 물체의 알짜힘이 0으로 유지 될 때,
  물체의 운동은 **물체의 알짜힘이 0이 되기 바로 직전 상태의 속도**를 유지한다.

뉴턴 제 2 법칙 (가속도 법칙)

물체에 힘을 가해주었을 때 물체는 가속도 운동을 한다.

물체의 가속도(a)와 질량(m), 알짜힘(F)사이의 관계는 다음과 같다.

$$a = \frac{F}{m}, \ F = ma$$

힘의 단위로 N(뉴턴)을 사용한다.
1N은 1kg인 물체가 $1m/s^2$의 가속도로 운동하게 하는 알짜힘을 의미한다.

$$1N = 1kg \times 1m/s^2$$

중요 약속

① F 는 '**알짜힘**'이다.
② **가속도의 방향**과 **알짜힘의 방향**은 항상 같다.

① F 는 '**알짜힘**'이다.
　　$F = ma$식에 F에 들어갈 힘은 '알짜힘' 외에 다른 힘은 들어갈 수 없다는 뜻.

위 그림과 같이 질량이 m인 물체가 수평으로 힘 F_1, F_2만 작용하고 있는 상황에서
힘과 가속도, 질량의 관계를 나타내고자 할 때, 다음과 같이 표현할 수 없다.

$$F_1 = ma \ (\times), \ F_2 = ma \ (\times)$$

위처럼 '알짜힘의 분력이 질량과 가속도의 곱과 같다.'는 식은 나올 수 없다.
<u>왜냐하면, F_1과 F_2는 알짜힘이 아니기 때문이다.</u>
올바른 식은 다음과 같다.

$$F_1 - F_2 = ma \ (\circ)$$

② **가속도의 방향과 알짜힘의 방향은 항상 같다.**
　　가속도의 방향이 오른쪽 방향이므로, 알짜힘의 방향은 오른쪽 방향이다. 따라서
　　$F_1 > F_2$이다.

정리　　**뉴턴 제 2 법칙**

○ 물체에 작용하는 알짜힘(F)과 물체의 가속도(a), 물체의 질량(m)의 관계는 다음과
　　같다.

$$F = ma$$

○ $F = ma$에서 F 는 알짜힘이다. **F에 알짜힘 외의 힘을 넣을 수 없다.**
○ 알짜힘(F)와 가속도(a)의 방향은 같다.

○ **가속도 방향과 알짜힘 방향**
앞에서 설명한 $F = ma$라는
식에서 좌변의 F는
크기 뿐만 아니라
방향도 가지고 있는
물리량이고 이는 우변의
a도 마찬가지이다.

그래서 $F = ma$라는 식은
양변의 크기가 서로
같다는 의미도 가지지만

동시에 양변의 방향이
서로 같다는 의미도
포함한다.

즉, F(알짜힘)의
방향과 a(가속도)의
방향이 서로 같다는
것이다.)

 **뉴턴 제 3 법칙 (작용 반작용)**

힘은 쌍으로 작용한다.

① 반작용에 해당하는 힘
다음과 같은 힘이 있다고 생각해 보자.

주어가 목적어에 작용하는 힘

주어가 목적어에 작용하는 힘의 주인(힘을 받는 대상)은 목적어이다.

주어가   목적어에   작용하는 힘
힘의 주인
(힘을 주는 대상)   (힘을 받는 대상)

주어가 목적어에 작용하는 힘의 반작용에 해당하는 힘은
목적어가 주어에 작용하는 힘이다.

목적어가   주어에   작용하는 힘
힘의 주인
(힘을 주는 대상)   (힘을 받는 대상)

목적어가 주어에 작용하는 힘의 주인(힘을 받는 대상)은 주어이다.

① 예를 들어 다음과 같은 힘이 작용하고 있다고 생각해 보자.

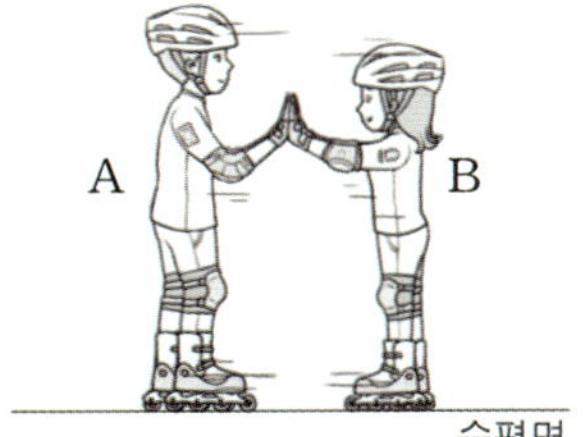

F_1: A가 B에 작용하는 힘

F_1은 누구에게 작용하는 힘인가?
바로 B에 작용하는 힘이다.
그림에 표기해 보자면 아래와 같다.

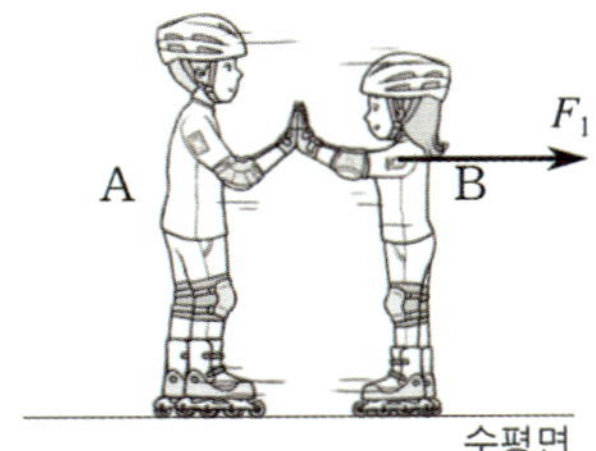

② F_1의 반작용에 해당하는 힘을 구해보자. 'F_1: A가 B에 작용하는 힘'의 주어와 목적어를 바꾸어보자. 이를 F_2라 하자.

$$F_2: \text{B가 A에 작용하는 힘}$$

F_2는 누구에게 작용하는 힘인가?
A의 것이다. 이 또한 그림에 표기해 보자면 아래와 같다.

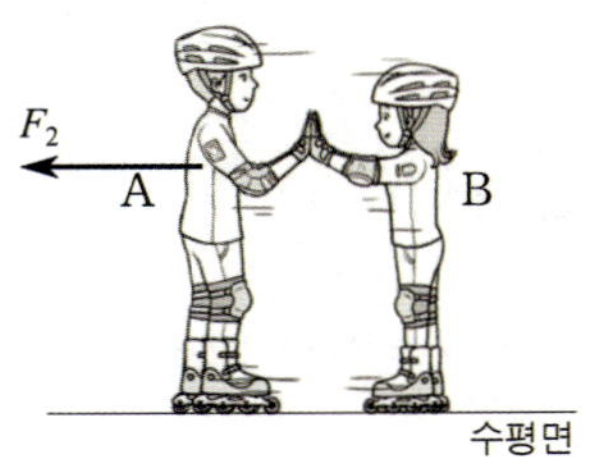

③ F_1과 F_2를 함께 그림에 표현하면 다음과 같다.

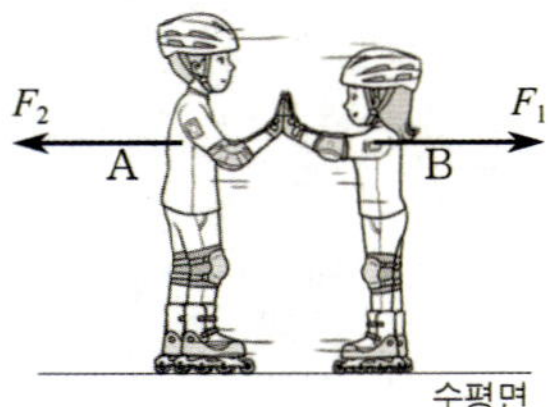

F_1: A가 B에 작용하는 힘 → B의 것
F_2: B가 A에 작용하는 힘 → A의 것

$$F_1\text{과 } F_2\text{는 서로 작용 반작용 관계이다.}$$

④ 작용 반작용 관계에 해당하는 힘 사이 관계
F_1과 F_2가 서로 작용 반작용 관계라면 두 힘 사이 관계는 다음과 같다.

---

1) F_1과 F_2의 힘의 크기는 같다.
2) F_1과 F_2는 서로 반대 방향이다.

---

⑤ 주의! 오개념

F_1과 F_2는 합할 수 없는 힘이다.

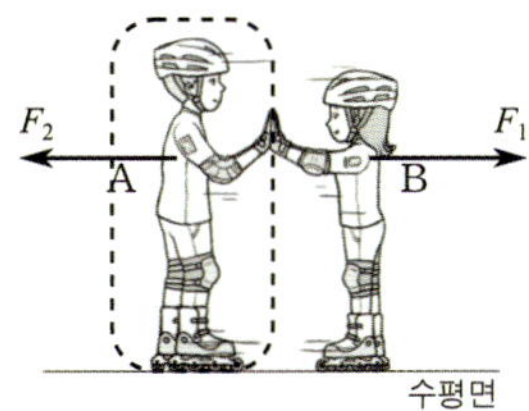

F_1은 B의 것이고

F_2는 A의 것이기 때문이다.

B에는 F_2가 작용하지 않는다. 따라서 합할 수 없다.

⑥ 작용 반작용에 해당하는 힘은 '하나의 주어'와 목적어가 있어야 한다.

<u>A가</u>   <u>B에(게)</u>   작용하는 힘

주어   목적어

두 개 이상의 힘이 합해진 합력의 경우는 작용 반작용에 해당하는 힘이 없다.

각각에 해당하는 힘의 작용 반작용만 존재한다.

예를 들어 A가 C에 작용하는 힘과 B가 C에 작용하는 힘의 합력에 대한 반작용은 정의

할 수 없다.

정리 ▌ 뉴턴 제 3 법칙

○ 주어가 목적어에 작용하는 힘과 목적어가 주어에 작용하는 힘은 서로 작용 반작용 관계이다.

$$F_1 = \text{A가 B에 작용하는 힘}$$

$$\updownarrow$$

$$F_2 = \text{B가 A에 작용하는 힘}$$

F_1과 F_2는 서로 작용 반작용 관계의 힘이다.

F_1의 반작용은 F_2이고

F_2의 반작용은 F_1이다.

○ 작용 반작용 관계에 있는 두 힘의 크기는 같다.
○ 작용 반작용 관계에 있는 두 힘의 방향은 서로 반대이다.

Mechanica 물리학1

 예제 11

그림은 1kg인 물체에 힘을 작용하는 모습을 나타낸 것이고, 표는 물체의 알짜힘을 시간에 따라 나타낸 것이다. 0초일 때 물체는 정지 상태에서 출발한다. 물체의 속력-시간 $(v-t)$그래프를 구해보자.

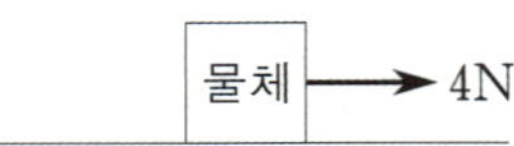

시간	물체에 작용하는 알짜힘	
	크기	방향
0초에서 1초	4N	오른쪽
1초에서 4초	0	–
4초에서 5초	4N	왼쪽
5초 이후	0	–

 **해설**

물체의 가속도를 a라 할 때, $F=ma$에 의해

$$4N = (1kg) \times a, \quad a = 4m/s^2$$

물체는 0초에서 1초까지 가속도가 $4m/s^2$인 운동을 한다.

0초일 때 속력이 0이므로 1초일 때 속력은 $4m/s$이다.

1초에서 4초까지 물체의 알짜힘이 0이 되면
뉴턴 제 1법칙에 의해 물체는 0이 되기 직전 속도인 $4m/s$를 유지한다.

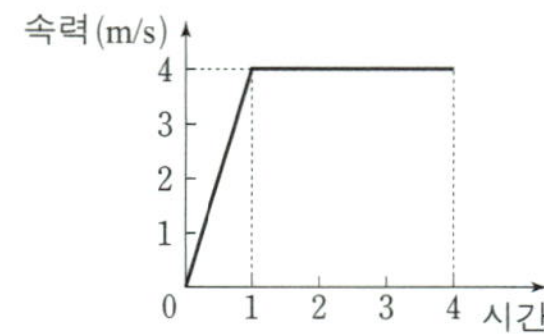

4초일 때부터 5초까지 물체에 $-4N$이 작용하면
물체는 가속도가 $-4m/s^2$인 운동을 할 것이고,

4초에서 5초까지 1초 동안 속도 변화가 $-4m/s$가 되어 속도가 0이 될 것이다.
즉, 5초일 때 속도는 0이다.
5초 이후로 알짜힘이 0이다. 따라서 물체는 5초 이후 정지 상태를 유지한다.

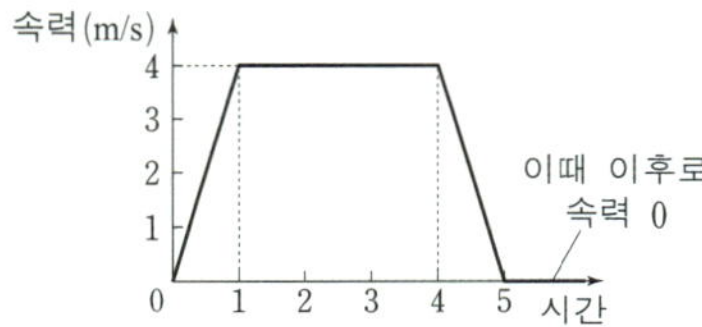

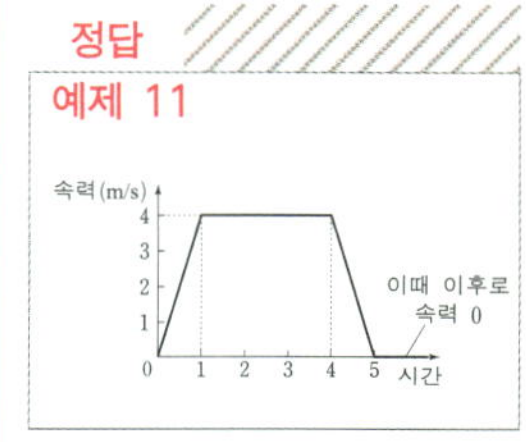

Mechanica 물리학1

5. 여러 가지 힘과 힘 표시

이번에는 수능 물리학1에서 다루는 힘의 종류와 힘을 표시하는 법을 다룰 예정이다.

 **힘의 종류**

단원	힘의 종류	힘의 상호 작용
뉴턴 역학	① 중력	지구가 물체를 당기는 힘
	② 수직 항력(접촉력)	표면이 물체에 작용하는 힘
	③ 장력	실이 물체를 당기는 힘
에너지	④ 탄성력	용수철이 물체에 작용하는 힘
	⑤ 마찰력	마찰면이 물체에 작용하는 힘
전기력	⑥ 전기력	두 점전하 사이에 작용하는 힘
자기력	⑦ 자기력	자성을 가진 물체 사이에 작용하는 힘

위는 평가원에서 다루는 힘의 종류를 나타낸 것이다.

특징

○ ①~⑦은 정량적으로 다루는 힘이다.

○ ①, ④, ⑥은 특정 법칙에 의해서 계산될 수 있는 힘이고,

○ ②, ③, ⑦은 특정 법칙에 의해서 계산될 수 없는 힘이기 때문에 문제에서 제시되지 않는 이상
'알짜힘과 특정 법칙에 의해 계산될 수 있는 힘들을 계산한 후 가장 마지막에 계산되어야 하는 힘'
이다.

○ ⑤는 문제 조건에서 제시해 주거나 ②, ③, ⑦처럼 마지막에 계산되는 힘이다.

※ 해당 파트에서는 ⑤, ⑥, ⑦을 정량적으로 다루는 방법에 대해서 다루지 않을 예정이고,
   ①, ②, ③, ④ 만 다룰 예정이다.

 **중력 (지구가 물체를 당기는 힘)**

중력 : 지구와 물체 사이의 당기는 힘(인력)

① 물체에 중력이 작용하는 상황이라면,
  문제의 그림에서 수평면을 표기하거나, 문제에서 중력이 작용한다고 언급한다. 중력의 방향은
  항상 수평면의 법선(수직한) 방향이다.

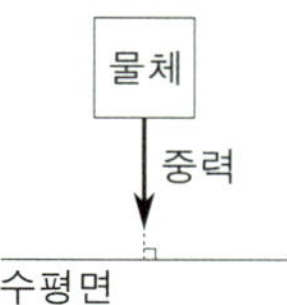

② 중력 가속도(g)는 '물체를 가만히 중력만 작용하게 두었을 때 물체의 가속도'이다.
  물리학1에서는 이 값이 10m/s^2이다.

○ 실제 중력 가속도는 9.8m/s^2에
  가깝다.

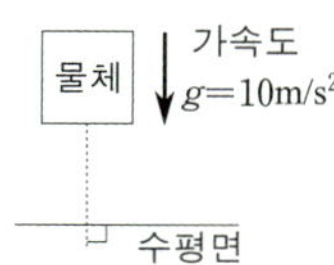

③ 1) 물체에 질량이 존재하고, 2) 물체가 중력이 작용하는 공간(수평면 표기, 중력이 작용한다
  언급)에 있으면 물체는 항상 중력이 작용한다.
  중력의 크기는 물체의 질량에 중력 가속도를 곱한 값이다.
  물체의 질량은 m으로 표기하고, 중력 가속도를 g로 표기한다.

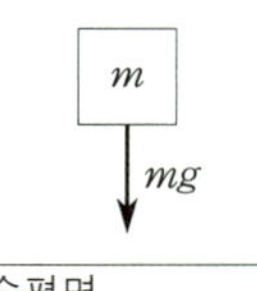

물체에 작용하는 중력 = 지구가 물체를 당기는 힘 = mg

④ 중력 외에 다른 힘들이 작용하더라도 수평면이 표현되거나, 중력이 작용한다는 표현이 사용된다면,
  중력이 없어지지 않는다. 그리고 방향은 수평면과 수직인 방향이다.

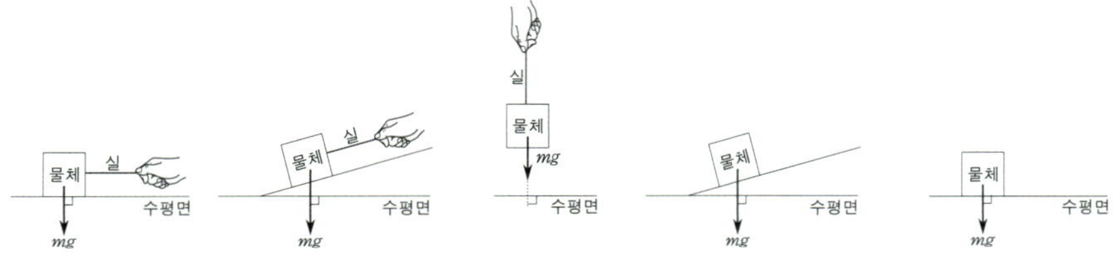

물체의 질량을 m이라 하고, 중력 가속도를 g라 하면, 외부에서 어떤 힘이 작용하고 있는지와
상관없이 수평면과 수직인 방향으로 크기가 mg인 중력이 작용한다. 빼놓지 말자.

⑤ 중력 가속도($g = 10\text{m/s}^2$)는 문제에서 따로 언급(지구가 아닌 다른 천체에 위치한다거나, 높이에
  따라 중력 가속도가 변한다는 조건)이 없다면, 중력 가속도($g = 10\text{m/s}^2$)는 일정한 값을 갖는다.
  → 물체의 질량이 변함 없다면, 물체에 작용하는 중력의 크기는 변하지 않고, 일정한 값을 갖는다.

 예제 12

그림 (가)는 수평면에 질량이 3kg물체가 올려져 정지해 있는 모습을, 그림 (나)는 질량이 1kg인 물체가 수평면 방향으로 등가속도 직선 운동을 하는 모습을 나타낸 것이다. 그림 (다)는 질량이 2kg인 물체가 빗면 아래 방향으로 등가속도 직선 운동을 한다. (단, 중력 가속도는 $10m/s^2$이다.)

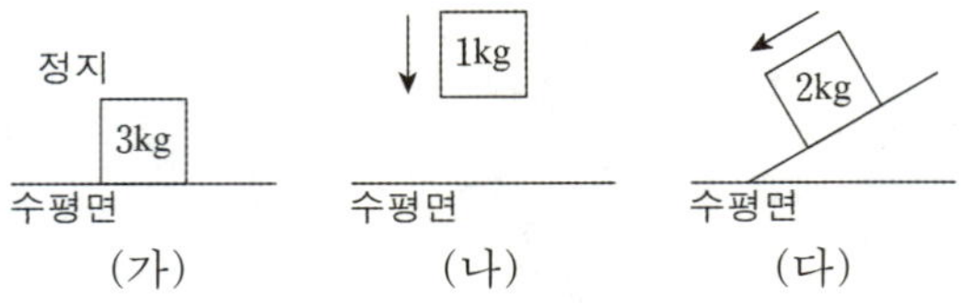

① (가), (나), (다)의 물체의 중력의 크기는?

② (가), (나), (다)의 물체의 중력의 방향을 그림에 나타내 보면?

 **해설**

① 중력의 크기는 물체의 질량에 중력 가속도를 곱한 값과 같다.

(가) : $3\mathrm{kg} \times 10\mathrm{m/s^2} = 30\mathrm{N}$

(나) : $1\mathrm{kg} \times 10\mathrm{m/s^2} = 10\mathrm{N}$

(다) : $2\mathrm{kg} \times 10\mathrm{m/s^2} = 20\mathrm{N}$

② 물체가 정지 상태에 있거나, 자유 낙하하거나, 빗면에 있거나 상관없이
물체에 작용하는 중력의 방향은 항상 수평면에 수직한 방향이다.

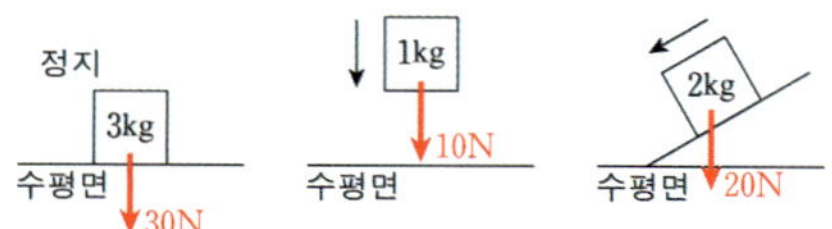

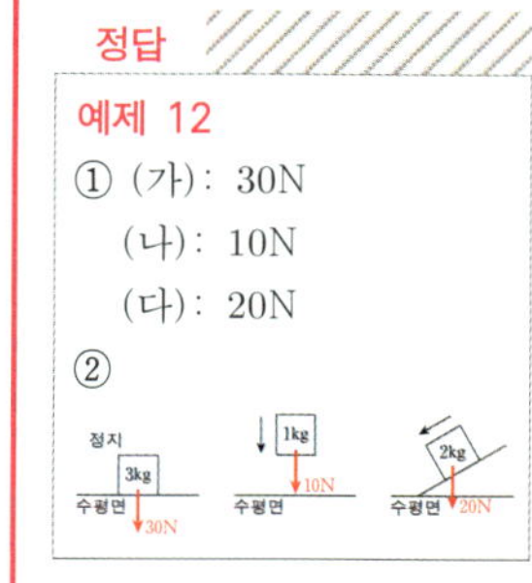

Mechanica 물리학1

 **수직 항력 (접촉력: 표면이 물체에 작용하는 힘)**

수직 항력은 물체가 맞닿아 있기만 해도 생기는 힘.

① 수직 항력은 두 대상이 접촉해 있을 때 작용하는 힘이다. 수직 항력(접촉력)의 방향은 '접촉면에 대해 수직인 두 방향 중 물체를 밀어내는 방향'이다. (그림 참고)

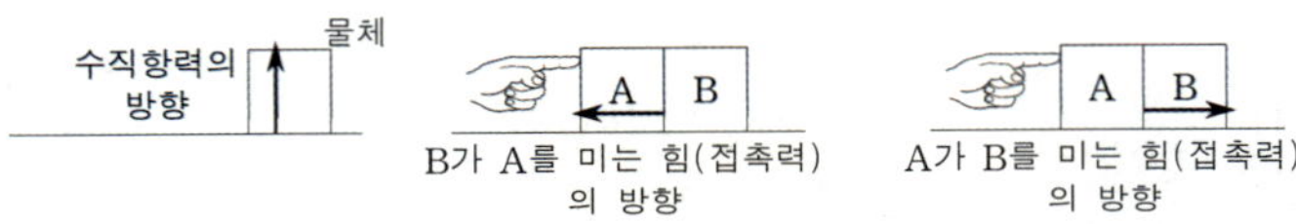

② 수직 항력(접촉력)은 물체를 끌어 당기는 방향(①에서 이야기한 방향과 반대 방향)으로 작용할 수 없다.

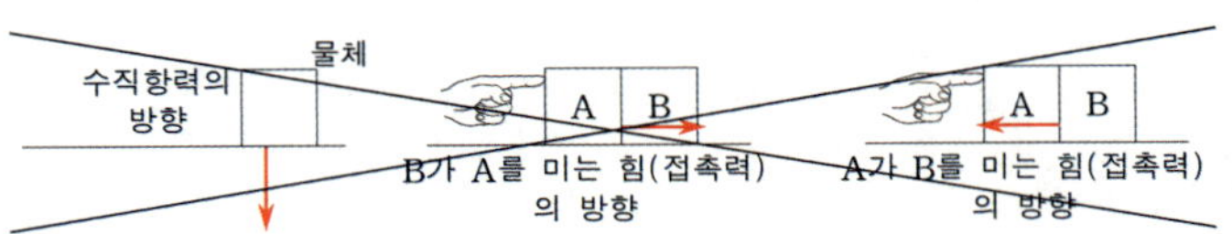

③ 수직 항력이 0이 되는 경우는 두 가지 경우이다.
1) 서로 떼어지기 직전의 상황
2) 떼어진 후의 상황
　　→ 더 이상 수직 항력이 작용한다고 말하지 않는다.

④ 빗면이나 수평면에서도 수직 항력이 작용한다. 수직 항력의 방향은 수평면과 빗면의 법선 방향(빗면과 수직인 방향)이며, 면이 물체를 밀어내는 방향으로 작용한다.

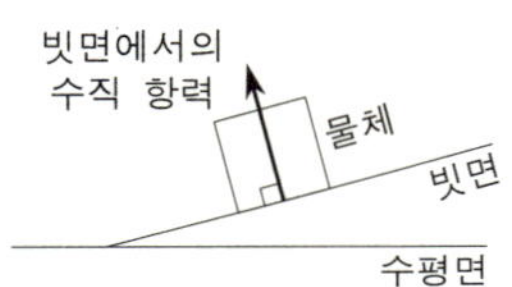

+ 앉은뱅이 저울, 전자 저울

수능에서는 다음과 같이 앉은뱅이 저울과 전자 저울이 등장한다.
앉은뱅이 저울과 전자 저울에서 나타난 값은
저울이 물체에 작용하는 힘의 크기를 나타내며
이는 곧 앞서 배운 수직 항력을 의미한다.

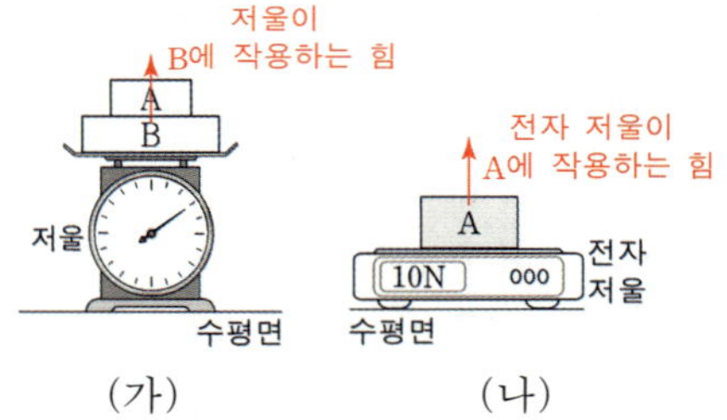

예를 들면 (가)에서 저울의 측정값이 30N이라면
저울이 B에 작용하는 힘이 30N이다.

(나)에서 전자 저울의 측정값이 10N이므로
전자 저울이 A에 작용하는 힘의 크기가 10N이다.

 **수직 항력 + 중력 = 빗면 아래로 작용하는 힘**

빗면에서 물체에 작용하는 힘의 크기를 생각해 보자.
빗면에 물체를 올려 두면 물체는 수직 항력(N)과 중력(mg)를 받는다.

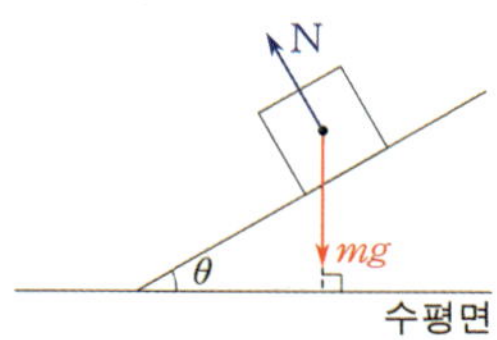

중력(mg)은 빗면과 나란한 부분의 힘(f_1)과 빗면에 수직한 부분의 힘(f_2)의 합으로 표현할 수 있다. f_1과 f_2의 크기를 구해보자.

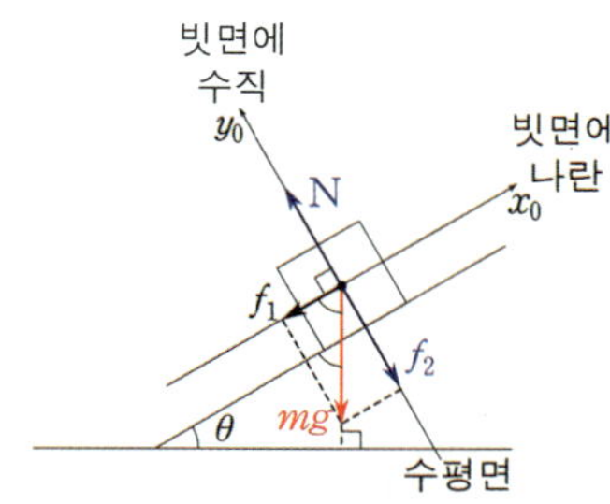

아래 한 각이 θ이고, 한 각이 $90°$인 직각 삼각형을 생각해 보자. 따라서 나머지 한 각도는 $90° - \theta$이다. (삼각형의 세 각의 합은 $180°$이다.)

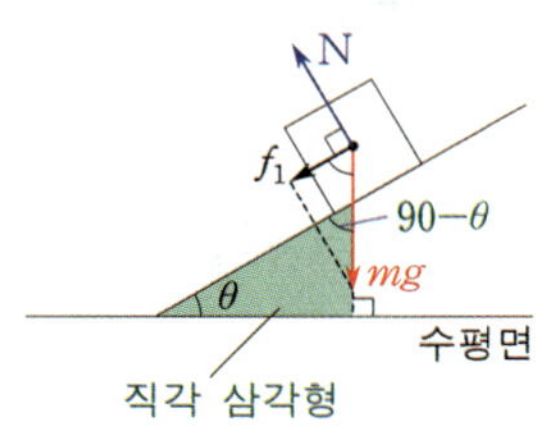

f_1과 빗면은 나란하므로, f_1과 mg사이의 각은 $90° - \theta$이다. (동위각)

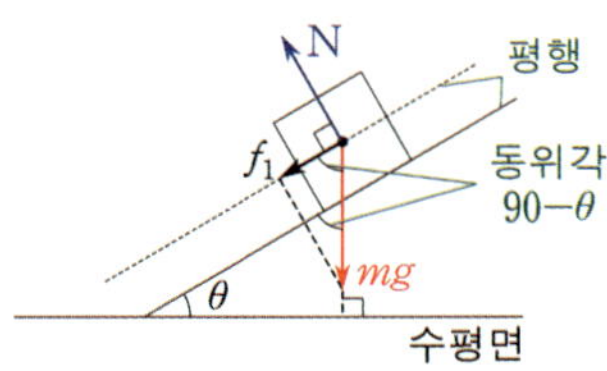

f_1과 빗면은 나란하므로, f_1과 mg사이의 각은 $90° - \theta$이며, 초록색 삼각형의 한 각이 $90°$이므로 점선과 중력 방향 사이의 각이 θ이다.

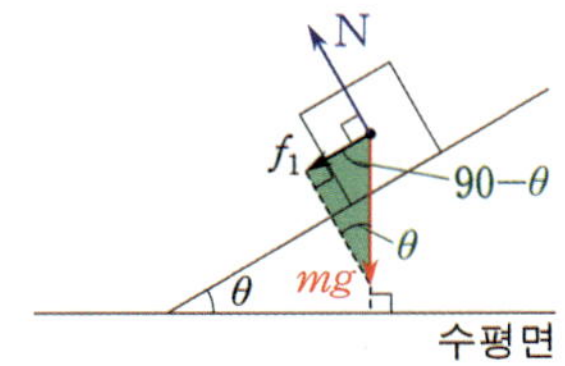

색칠한 삼각형을 생각해 보면 다음을 만족한다.

$$f_1 = mg\sin\theta$$

빗면에 수직한 부분의 값은 다음과 같다.

$$f_2 = mg\cos\theta$$

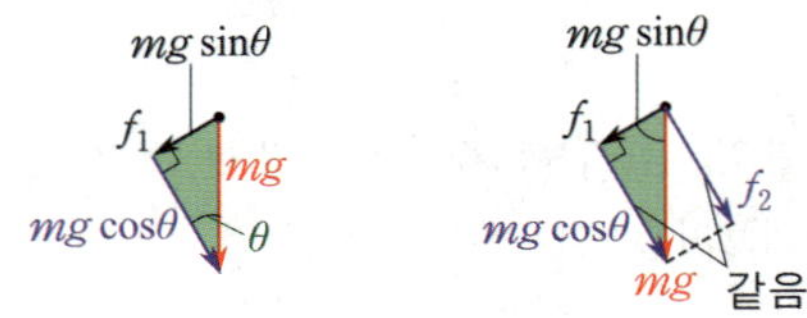

따라서 결과는 아래와 같음을 확인할 수 있다.

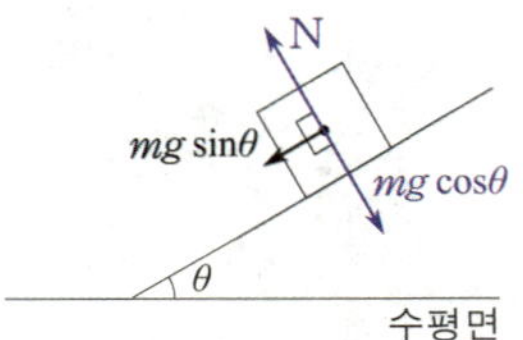

결국 처음의 중력을 $mg\sin\theta$와 $mg\cos\theta$로 분해할 수 있다.

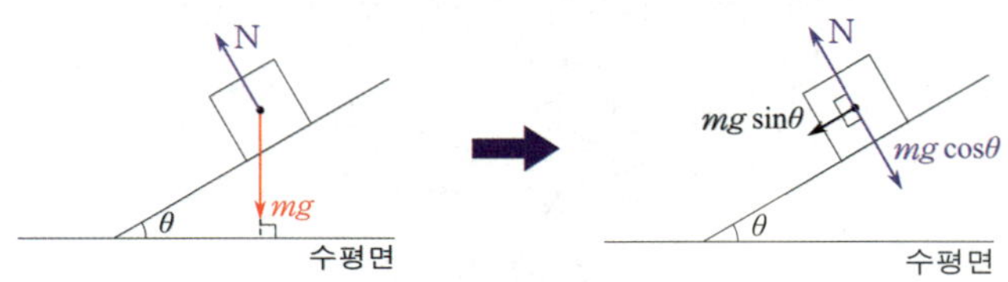

물체는 빗면 방향으로만 운동하고, 빗면 안으로 파고 들어가거나 빗면 밖으로 튕겨 나가지 않는다.
즉, 빗면과 수직한 방향의 힘들의 합력은 0이므로,
수직 항력과 $mg\cos\theta$은 같다.

$$N = mg\cos\theta$$

빗면상에서 물체에 작용하는 알짜힘은 빗면 아래로 작용하는 힘으로 그 크기는 다음과 같다.

$$mg\sin\theta$$

물체가 마찰이 없는 빗면에 가만히 두었을 때, 수직 항력 N과 $mg\cos\theta$이 상쇄되어 없어진다. 그리고 남는 힘은 $mg\sin\theta$ 뿐이다. 따라서 물체의 알짜힘은 (가속도의 크기 a) 다음과 같다.

$$ma = mg\sin\theta$$
$$a = g\sin\theta$$

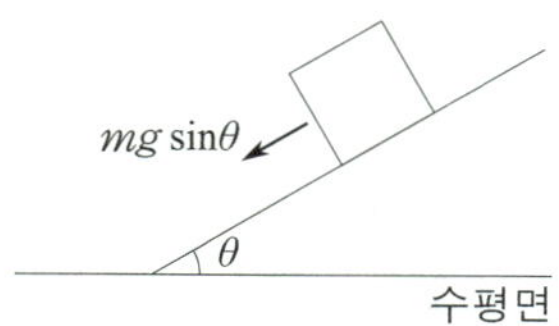

결론

빗면 위에 놓인 물체는 수직항력과 중력을 받는다. **이 두 힘의 합력**은 $mg\sin\theta$와 같다. 앞으로 이 힘을 **빗면 아래로 작용하는 힘**이라 하겠다.
빗면에 물체를 가만히 두었을 때 가속도의 크기는 $g\sin\theta$이다.
앞으로 이 가속도를 **빗면 가속도**라 하겠다.

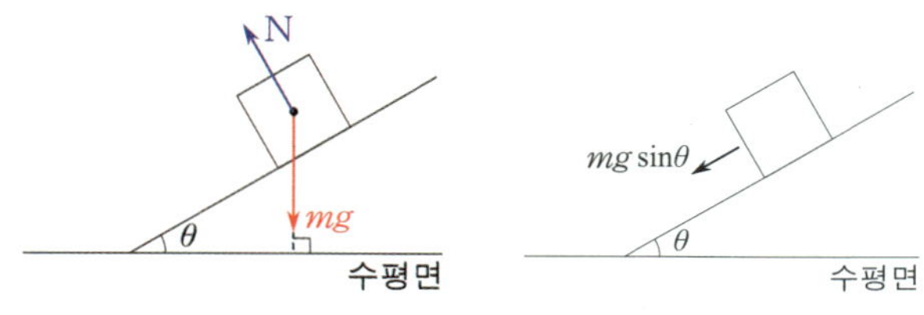

정리 ▌ 빗면 아래로 작용하는 힘

○ 빗면 아래로 작용하는 힘은 **중력**과 **빗면에서의 수직 항력**의 합력이다. 그 크기는 $mg\sin\theta$이다.
○ 빗면 가속도는 빗면에 물체를 가만히 두었을 때 가속도이며, 이 크기는 $g\sin\theta$이다.

Mechanica 물리학1

 **장력 (실이 물체에 작용하는 힘)**

① 장력〔실이 물체를 당기는 힘〕은 **실과 물체 사이의 상호 작용**이다.

② 장력의 방향은 **물체에서 실** 쪽 방향이다.

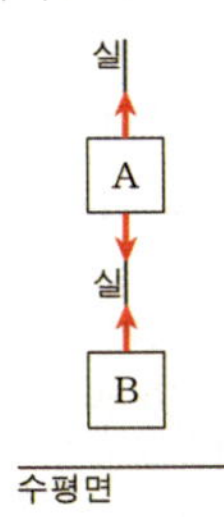

③ 실의 질량은 0이다.

○ 실의 질량은 실제로는 0이 아니지만 물리학1 에서는 실의 질량을 무시한다. 따라서 실의 질량은 0으로 한다.

④ 실의 장력은 실에서 물체 방향으로 작용할 수 없다.
   즉, 실이 물체를 밀 수 없다.

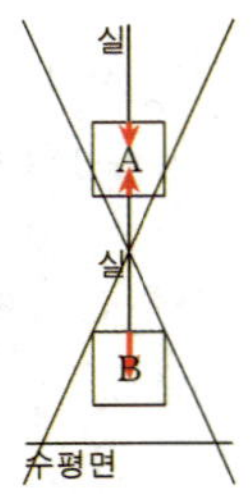

⑤ 하나의 실을 통해 연결된 두 물체에 대하여
   이 하나의 실이 두 물체에 작용하는 힘의 크기는 같다.
   예를 들어 오른쪽 그림에서 실 p가 A와 B를 당기는 힘의
   크기는 같다.

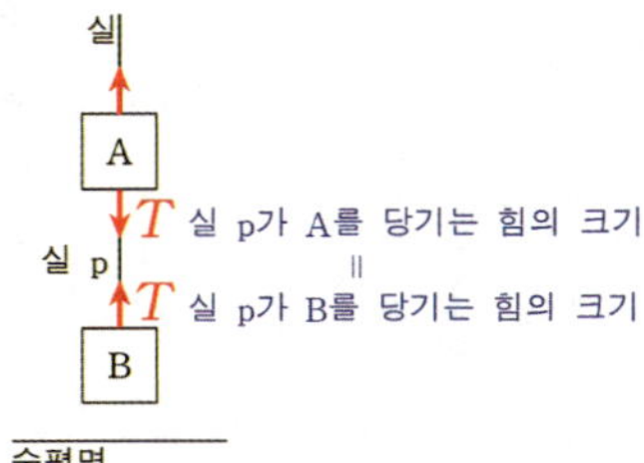

⑥ 실이 도르래에 걸쳐 있을 때에도 실이 물체를 당기는 힘의 크기는 같다.
   예를 들면 오른쪽 그림에서
   실이 A를 당기는 힘의 크기와
   실이 B를 당기는 힘의 크기는 같다.

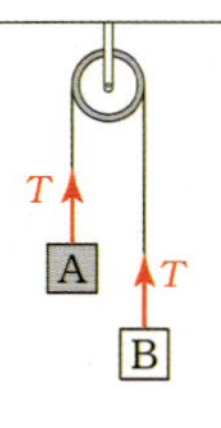

+ 용수철 저울

수능에서는 다음과 같이 용수철 저울이 등장한다.
용수철 저울에서 나타난 값은
실의 장력의 크기를 나타낸다.

예를 들면 오른쪽 그림에서 용수철 저울의 측정값이 30N이라면
실의 장력(T)는 용수철 저울의 측정값인 30N이다.
$$T = 30N$$

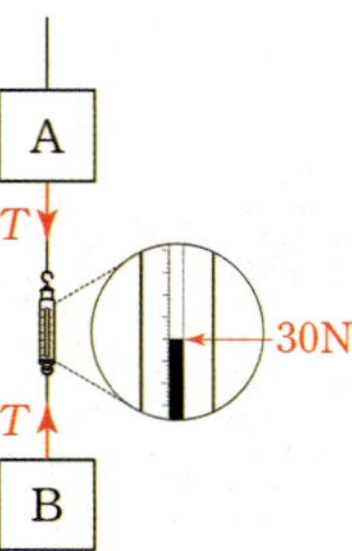

⑦ **중요한 성질**
실이 물체를 당기는 힘(장력)이 0이 아니라면(0보다 크다면)

실의 길이가 변하지 않는다. (늘어나거나 줄어들지 않음)
즉, 실에 연결된 두 물체 사이의 거리가 달라지지 않는다.

실의 장력이 0이 되는 순간 이후로부터
두 물체 사이의 거리가 줄어들 수 있다.

적절한 예시로 설명하겠다.
그림과 같이 물체 A, B가 실 p, q로 연결되어 등속도 운동을 하다가
$t = t_1$일 때 B가 수평면에 닿는 상황을 생각해보자.
$t = t_2$일 때 q의 장력(q가 B를 당기는 힘의 크기)이 0이 된다.

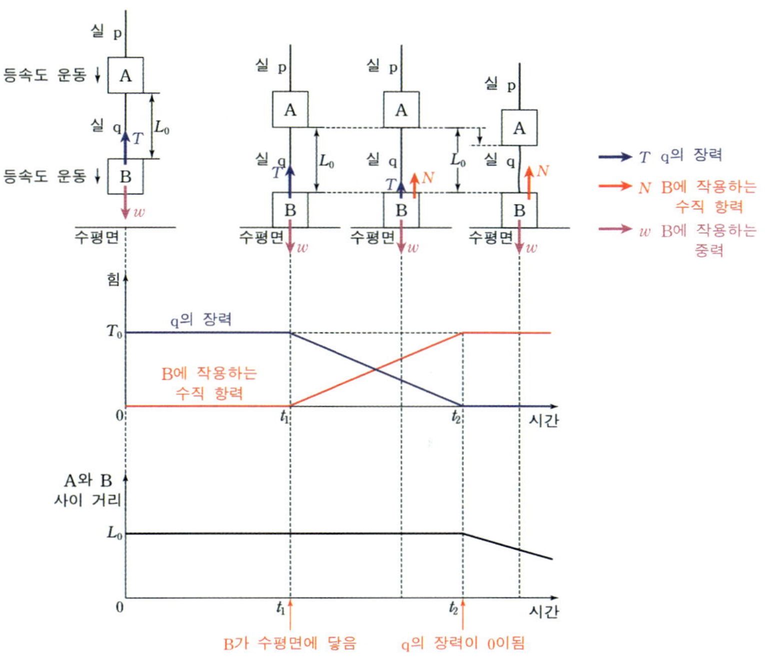

○ $0 < t < t_1$
　　수평면이 B에 닿지 않으므로 B에 작용하는 수직 항력은 0이다.

○ $t_1 < t < t_2$
① B에 작용하는 수직항력이 증가하고, 실 q의 장력이 감소하게 된다.
　　B는 수평면에 닿고 정지 상태를 유지해야하므로 다음과 같은 평형식이 성립해야 한다.

B의 중력 = q의 장력 + B에 작용하는 수직 항력

　　B의 중력이 일정하므로,
　　q의 장력과 B에 작용하는 수직 항력의 합은 일정하게 유지되어야 한다.

② q의 장력이 0이 아니므로 (0보다 크므로) A와 B 사이의 거리는 일정하게 유지되어야 한다.

○ $t_2 < t$
　　$t = t_2$일 때 q의 장력이 0이 된 이후의 상황이므로
　　$t = t_2$인 순간부터 A와 B 사이의 거리가 줄어들기 시작한다.

○ 수능 문제에서는?
　$t_1 \sim t_2$ 사이 시간 간격을 무시하는 문제가 출제되기도 하고 (17학년도 9월 모의고사 12번)

　$t_1 \sim t_2$ 사이 시간에서 힘의 전환 관계를 가지고 출제되기도 한다. (분리되는 순간)

　힘의 전환 관계에 해당하는 문제는 용수철에 저장된 탄성 퍼텐셜 에너지 파트에서 다룰 예정이다.

 **탄성력 (용수철이 물체에 작용하는 힘)**

○ 물리학 1에서 다루는 탄성력은
용수철에 의한 탄성력만 다룬다.

① 용수철이 물체에 작용하는 힘을 탄성력이라 부른다.

② 탄성력은 '복원력' 이라고도 부르며, '평형 상태를 유지하려는 힘' 이다.

③ 탄성력의 크기와 방향
  탄성력의 크기: 용수철이 원래 길이로부터 늘어나거나 줄어든 길이(x)에 비례한다.
  탄성력의 방향: 원래 길이로 돌아가려는 방향이다.

  예를 들면
  용수철이 원래 길이보다 늘어나 있으면, 줄어드는 방향으로
  용수철이 원래 길이보다 줄어들어 있으면, 늘어나는 방향으로 작용한다.

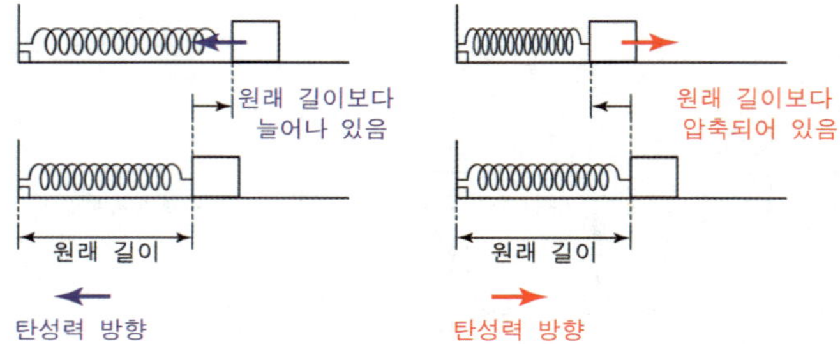

④ 탄성력은 원래 길이로부터 변형된(줄어들거나 늘어난) 길이(x)에 비례한다.

$$F = -kx$$

k는 용수철 상수이다.
(용수철 상수는 용수철에 따라 달라질 수 있으며, 용수철 상수가 크다는 것은 같은 길이 변화
에 대해 더 큰 탄성력을 작용한다는 의미이다.)
정확한 표현은 $F = k(-x)$이다.
x는 용수철이 원래 길이일 때의 물체의 위치를 기준으로 하는 물체의 변위이다.
→ F의 방향은 x의 반대 방향인 $-x$와 같다.

예를 들어, 원래 길이가 1m이고, 용수철 상수가 100N/m인 용수철이
0.1m만큼 늘어나 길이가 1.1m가 되거나
0.1m만큼 압축되어 길이가 0.9m가 되었을 때 탄성력의 크기는 다음과 같다.

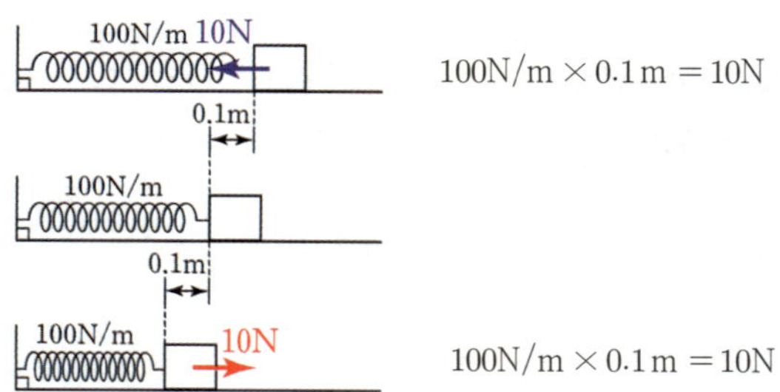

$100\text{N/m} \times 0.1\,\text{m} = 10\text{N}$

$100\text{N/m} \times 0.1\,\text{m} = 10\text{N}$

⑤ 용수철과 두 물체가 연결되어 있는 상황에서
○ 용수철이 늘어나 있다면, 물체에 작용하는 탄성력의 방향은 두 물체를 안쪽으로 **당기는 방향이다.**
○ 용수철이 압축이 되어 있다면, 물체에 작용하는 탄성력의 방향은 두 물체를 바깥으로 **밀어내는 방향이다.**
(아래 그림 참고)

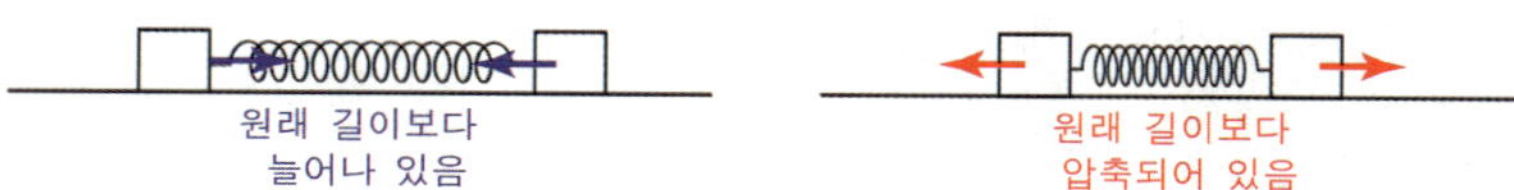

 ## 자기력 (두 자석 또는 자기화된 두 물체가 서로에게 작용하는 힘)

① 자기력은 자석끼리 작용하는 힘이다.
② 자석에는 N극과 S극이 있으며 다음과 같은 특징이 있다. (그림 참고)
   ○ N극과 N극은 서로 밀어낸다.

$$F_M \;\; \boxed{S \mid N}^{\,A} \qquad\qquad {}^{\,B}\boxed{N \mid S} \;\; F_M$$

   ○ S극과 S극은 서로 밀어낸다.

$$F_M \;\; \boxed{N \mid S}^{\,A} \qquad\qquad {}^{\,B}\boxed{S \mid N} \;\; F_M$$

   ○ N극과 S극은 서로 끌어 당긴다.

$${}^{\,A}\boxed{S \mid N} \;\; F_M \;\; F_M \;\; {}^{\,B}\boxed{S \mid N}$$

③ 자석 사이의 거리가 가까워질수록 자기력의 크기가 커진다. (수능에서는 잘 안 쓰인다.)

④ 뉴턴 제 3법칙(작용 반작용 법칙)에 의해 아래 그림과 같이
   자석 A가 자석 B에 작용하는 힘의 크기와
   자석 B가 자석 A에 작용하는 힘의 크기는 같고
   방향은 반대이다.

 ## 마찰력 (마찰면이 물체에 작용하는 힘)

① 물체가 마찰면으로부터 받는 힘이다.
② 마찰력의 방향은 물체의 **운동 방향과 항상 반대 방향**이다.
   (이를 운동 마찰력이라 부르며 크기가 일정하다.)

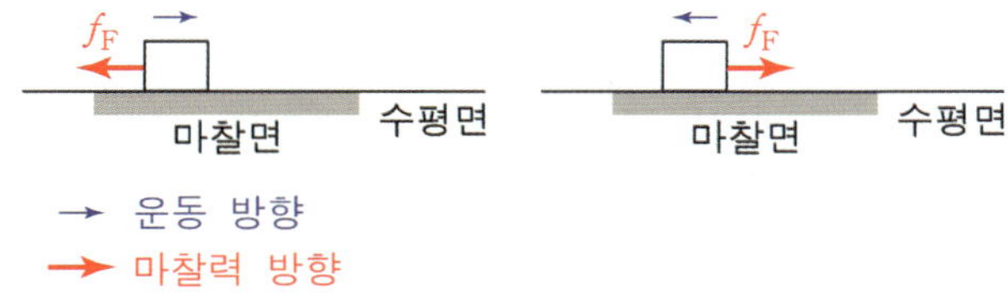

하나의 마찰면에서 물체가 받는 마찰력의 **크기**는 방향과 관계없이 **같다.**

○ 자기력은 탄성력이나 중력처럼 값을 직접 계산할 수 없다.
따라서 해당 힘은 상수로 미지수로 두고 처리할 수밖에 없다.

○ 수직 항력 비와 마찰력의 크기 비가 항상 같은가?
결론적으로는 아니다.
같은 마찰면에서라도 물체에 따라 마찰 계수가 다를 수 있기 때문이다.

예를 들면 하나의 수평 마찰면에서 질량이 각각 m, $3m$인 물체 A, B가 운동하는 상황에서
A, B에 작용하는 수직 항력의 비가 $1:3$이지만
마찰력의 크기 비가 $1:3$가 **아닐 수 있다.**

A와 마찰면 사이 마찰 계수와 B와 마찰면 사이 마찰 계수가 다를 수 있기 때문이다.

따라서
하나의 수평인 마찰 면에서 두 물체가 운동하는 상황에 두 물체에 작용하는 마찰력을 모른다면 두 물체에 작용하는 마찰력을 각각 임의의 미지수 F_1, F_2로 두고 생각해야 한다.

물리학1에서는
○ 마찰면에서 물체가 정지해 있을 경우 정지 마찰력을 받는다.
(정지 마찰력이며 수능에 나오긴 힘들다.)

○ 마찰력은 정량적으로 구할 수 있다.(운동 마찰계수 또는 정지 마찰계수와 수직 항력의 곱)
하지만 물리학1에서는 해당 값을 구하라 요구하지는 않는다.

→ 문제에서는 **일정한 상수**로 주어진다.

Mechanica 물리학1

 **힘 표시**

물체에 작용하는 힘을 표시하는 방법에 대해서 배운다.
물체의 운동 상태를 파악하기 위해서는
물체에 작용하는 모든 힘을 물체에 표시해야한다.

정리	힘이 작용하는지 여부 판단
① 수평면(지면) 또는 천장, 빗면 표기.	= **중력** 존재
② 물체가 다른 물체, 수평면, 책상면 등에 접촉.	= **수직 항력** 존재
③ 실이 연결되어 있다.	= **장력** 존재
④ 자석이 있다.	= **자기력** 존재
⑤ 용수철이 연결되어 있다.	= **탄성력** 존재
⑥ 마찰면이 있다.	= **마찰력** 존재

※ 힘을 표시할 때는 힘의 주인(힘을 받는 대상)에서 출발하는 화살표로 힘 표기를 해야한다.

예를 들면 다음과 같은 상황을 보자.
그림은 자석 A, B가 실과 용수철로 연결되어 정지해 있는 모습을 나타낸 것이다. B는 수평면 위에 놓여있으며, A와 B의 N극이 마주보고 있으며, 용수철은 원래 길이에서 x만큼 늘어나 있다.

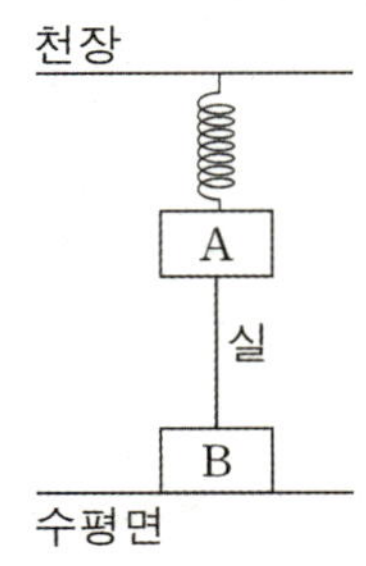

물체 A, B에 작용하는 힘을 표시해 보자.

① **중력**
○ 수평면과 천장이 표시되어 있기 때문에 A와 B에는 각각 **중력**이 작용한다.
○ **중력**의 값이 주어졌다면 화살표 옆에 **중력**의 값을 쓰면 된다.
하지만 **중력**의 값을 아직 모른다면
중력은 미지수 w
또는 질량(m)과 중력 가속도(g)의 곱(mg)로 표기하는 것을 추천한다.
(A와 B에 중력이 작용하므로 $w_A = m_A g$, $w_B = m_B g$로 표기하겠다.)
○ **중력**의 방향은 **물체 → 수평면** 방향 (수평면에 수직한 방향)이다.

○ 사실 수평면과 천장이 표기되어 있지 않더라도 중력 방향은 연직 아래 방향으로 하여 표기해도 무방하다.
○ $w = $ weight의 약자
weight = 무게 = 중력

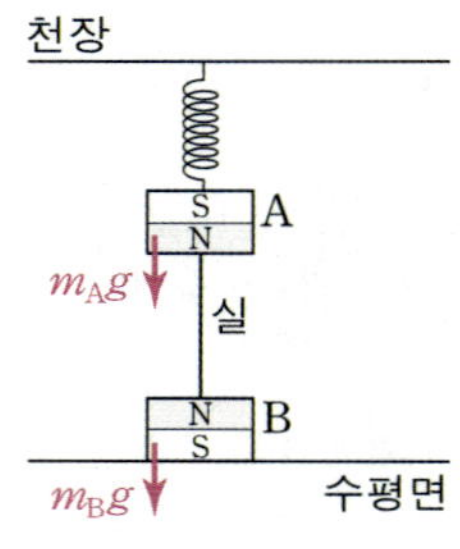

② **수직 항력**
○ B는 수평면과 접촉되어 있기 때문에 B에는 **수직 항력**이 작용한다.
○ **수직 항력**의 값이 주어졌다면 화살표 옆에 **수직 항력**의 값을 쓰면 된다.
하지만 **수직 항력**의 값을 아직 모른다면
수직 항력은 미지수 N 으로 표기하는 것을 추천한다.
○ 수직 항력의 방향은 **수평면 → 물체** 방향 (수평면이 B를 수직하게 미는 방향)이다.

○ $N = $ Normal force의 약자
Normal force = 수직 항력

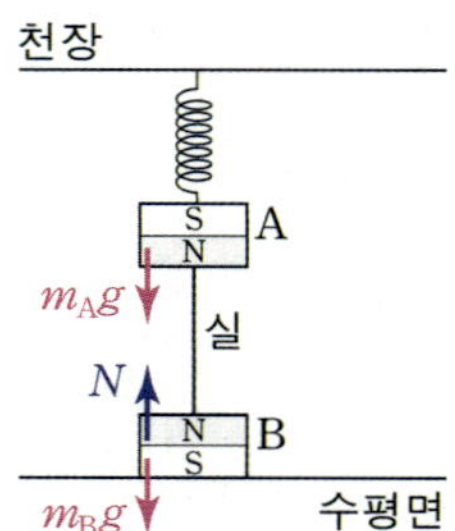

③ 장력

- A와 B는 실로 연결되어 있기 때문에 A와 B에는 각각 실의 **장력**이 작용한다.
- **장력**의 값이 주어졌다면 화살표 옆에 **장력**의 값을 쓰면 된다. 하지만 **장력**의 값을 아직 모른다면 **장력**은 미지수 T 로 표기하는 것을 추천한다.
- **장력**의 방향은 **물체 → 실** 방향(실이 물체를 당기는 방향)이다.

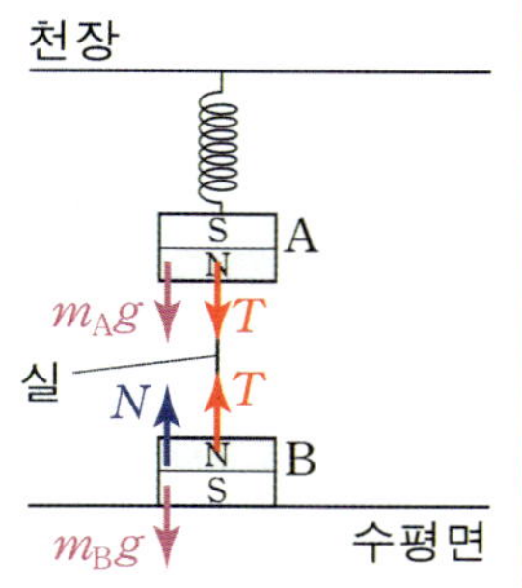

- T = Tension 의 약자
  Tension = 장력

④ 자기력

- A와 B는 자석이기 때문에 A와 B에는 각각 **자기력**이 작용한다.
- **자기력**의 값이 주어졌다면 화살표 옆에 **자기력**의 값을 쓰면 된다. 하지만 **자기력**의 값을 아직 모른다면 **자기력**은 미지수 F_M 로 표기하는 것을 추천한다.
- **자기력**의 방향은 서로 미는 방향으로 A에는 B → A방향, B에는 A → B방향이다.
  (같은 극끼리 마주보고 있다면 서로 미는 방향, 다른 극끼리 마주보고 있다면 서로 당기는 방향)

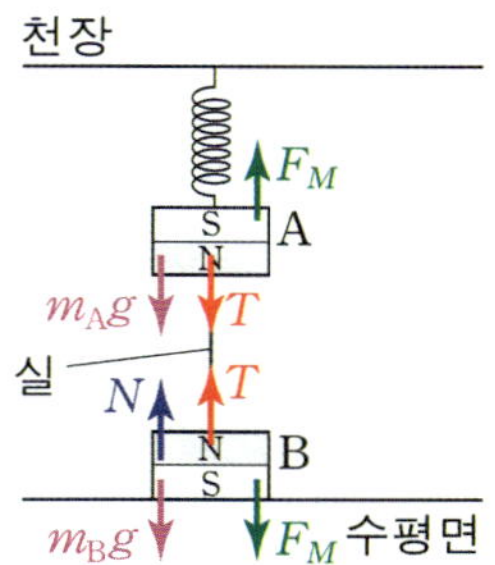

- F_M = Magnetic Force
  Magnetic Force = 자기력

  사실 자기력은 아무 미지수나 두어도 상관 없다.
  역학 상황에서 자기장을 쓰지 않기 때문에 B 로 표시하는 사람도 있다. 독자가 취사 선택해서 미지수를 잡는게 좋다.

⑤ 탄성력

- A에는 용수철이 연결되어 있으므로 A에는 **탄성력**이 작용한다.
- **탄성력**의 값이 주어졌다면 화살표 옆에 **탄성력**의 값을 쓰면 된다. 하지만 **탄성력**의 값을 아직 모른다면 **탄성력**은 미지수 kx 로 표기하는 것을 추천한다.
- **탄성력**의 방향은 A → 용수철 방향 (용수철이 A를 당기는 방향)이다.
  (용수철이 늘어나 있다면 용수철이 당기는 방향, 용수철이 압축되어 있다면 용수철이 미는 방향)

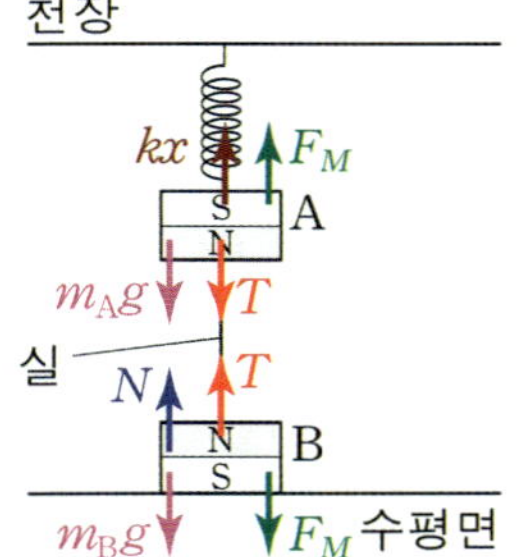

- 탄성력은 늘어난 길이(x)와 용수철 상수(k)의 곱으로 표현된다.

○ 마지막 단계

중력 방향을 양(+)으로 둔 후 A와 B에 작용하는 모든 힘의 합력(알짜힘)을 각각 계산해 보면 다음과 같다.

A에 작용하는 모든 힘의 합력(알짜힘) $= m_A g + T - F_M - kx$

B에 작용하는 모든 힘의 합력(알짜힘) $= m_B g + F_M - T - N$

Mechanica 물리학1

 기출 예시 9

그림은 수평인 책상 위에 놓인 책을 손으로 연직 아래로 누를 때 책이 정지해 있는 모습을 나타낸 것이다.

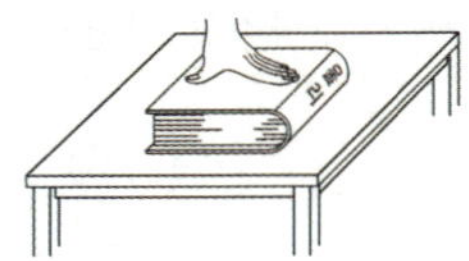

이에 대한 설명으로 옳은 것만을 〈보기〉에서 있는 대로 고른 것은?

〈보 기〉

ㄱ. 책에 작용하는 알짜힘은 0이다.
ㄴ. 책상이 책을 떠받치는 힘의 크기는 책에 작용하는 중력의 크기와 같다.
ㄷ. 손이 책을 누르는 힘과 책상이 책을 떠받치는 힘은 작용과 반작용의 관계이다.

 **해설**

ㄱ. 책이 정지해 있기 때문에, 물체의 가속도의 크기가 0이다.
뉴턴 제 2법칙$(F=ma)$에서 $a=0$이므로,
알짜힘의 크기는 0이다. (ㄱ. 참)

ㄴ. 책에 작용하는 힘을 전부 표시해 보면 다음과 같다.

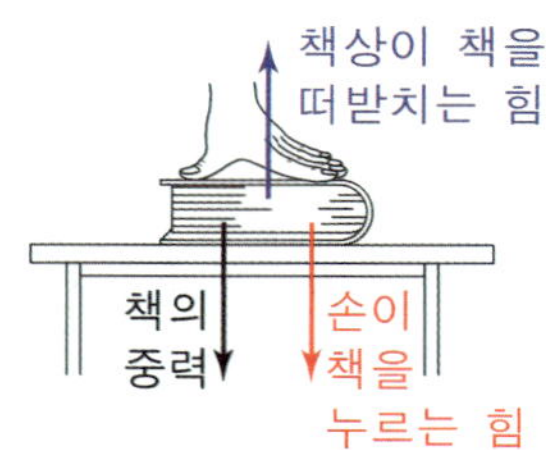

책의 알짜힘의 크기가 0이므로 책에 작용하는 모든 힘의 합력은 0이다.

책상이 책을 떠받치는 힘 = **손이 책을 누르는 힘** + **책의 중력**

따라서 **책상이 책을 떠받치는 힘**의 크기는 **책에 작용하는 중력의 크기** 보다 크다.
(ㄴ. 거짓)

ㄷ. 손이 책을 누르는 힘의 반작용을 구해보자.

손이   **책을**   누르는 힘
주어   목적어

↑↓

책이   **손에**   작용하는 힘
목적어   주어

따라서 손이 책을 누르는 힘과 책상이 책을 떠받치는 힘은 작용과 반작용의 관계가
아니다. (ㄷ. 거짓)

기출 예시 9
ㄱ

6. 계의 설정

 계(system)의 의미와 설정 방법

계를 설정하는 것은 함께 운동하는 물체들을 한 덩어리로 생각하는 것이다.
계(system)란 우리가 운동을 분석할 대상을 의미한다. 계는 하나의 물체가 될 수도 있고,
경우에 따라 여러 물체를 하나의 계로 설정하여 운동을 분석할 수도 있다.

① 계는 문제를 푸는 사람이 직접 정해야 한다. 역학 문제에서 계를 설정하는 것은 다음과 같은
조건에서 설정해야 문제를 풀 수 있다.

---

1) 실로 연결되어 있어야 한다. (단, 실의 장력이 0보다 커야 한다.)
2) 붙어 있거나 접촉해야 한다. (단, 접촉력은 0보다 커야 한다.)

---

② ① 의 규칙으로 하나의 계로 묶여진 물체들의 성질은 다음과 같다.

하나의 계로 묶여진 물체들의 속도와 가속도가 매시간 같다.

---

③ 계로 묶여진 물체를 기준으로 힘을 두 가지로 나눌 수 있다.
1. **내부힘**
2. **외부힘**

내부힘과 외부힘을 설명하기 전에 뉴턴 제 3법칙을 되짚어보자.

정리 | **뉴턴 제 3 법칙**

○ 주어가 목적어에 작용하는 힘과 목적어가 주어에 작용하는 힘은 서로 작용 반작용 관계이다.

$$F_1 = \text{A가 B에 작용하는 힘}$$
$$\updownarrow$$
$$F_2 = \text{B가 A에 작용하는 힘}$$

F_1과 F_2는 서로 작용 반작용 관계의 힘이다.
F_1의 반작용은 F_2이고
F_2의 반작용은 F_1이다.

○ 작용 반작용 관계에 있는 두 힘의 크기는 같다.
○ 작용 반작용 관계에 있는 두 힘의 방향은 서로 반대이다.

$F_1 = $ A가 B에 작용하는 힘은 B에 작용하는 힘이고
$F_2 = $ B가 A에 작용하는 힘은 A에 작용하는 힘이다.

즉,
F_1과 F_2는 각각 B, A 에 작용하는 힘이기 때문에 더하거나 뺄 수 없다.
즉, 작용 반작용 관계에 있는 힘은 **합할 수 없다.**

하지만 계의 설정에 따라 작용 반작용 관계에 있는 힘을 **합할 수 있다.**

다음 페이지 예시를 보자.

 **내부힘**

그림과 같이 질량이 1kg, 2kg, 3kg인 물체 A, B, C를 실 p, q로 연결한 후 C를 오른쪽 방향으로 30N으로 당긴다.

계는 '한 덩어리로 두는 것'이다. A, B, p를 하나의 계로 두자. (이를 X로 부르겠다.)

p가 A를 당기는 힘(F_{Ap})
A가 p를 당기는 힘은 (F_{pA})
작용 반작용 관계의 힘이다.

p와 A는 모두 X이므로, 다음과 같다.

$\color{orange}{p가}$ $\underline{A를}$ 당기는 힘
$\color{orange}{X가}$ $\color{orange}{X를}$ 당기는 힘

p가 A를 당기는 힘과 A가 p를 당기는 힘은 모두 X가 X에 작용하는 힘으로,
작용 반작용에 해당하는 두 힘이 모두 <u>X의 것이므로</u>, **서로 합할 수 있다.**

p가 B를 당기는 힘과 B가 p를 당기는 힘(F_{Bp}, F_{pB})도 마찬가지로
X가 X에 작용하는 힘으로, X의 것이다. 따라서 **서로 합할 수 있다.**

즉, 계내에 서로가 서로에게 작용하는 힘은 합할 수 있다.
그런데,

작용 반작용 관계에 있는 힘은 크기가 같고 방향이 서로 반대이므로 다음이 성립한다.

$$F_{Ap}=-F_{pA}, \; F_{Bp}=-F_{pB}$$

즉, $F_{Ap}+F_{pA}=0$, $F_{Bp}+F_{pB}=0$ 으로,

계 내에서 서로가 서로에게 작용하는 힘의 합은 0이다.

결론적으로
계 내부에서 서로가 서로에게 작용하는 힘(F_{Ap}, F_{pA}, F_{Bp}, F_{pB})은 계(X)의 알짜힘을 계산할 때
전부 상쇄되어 0이 된다.

이렇듯 계(X)를 설정하였을 때, 계(X) 안에서 서로가 서로에게 작용하는 힘을 내부힘이라 부른다.
그리고 계(X)의 알짜힘을 계산할 때 내부힘은 서로 상쇄되어 0이 되므로
전체 계(X)의 알짜힘에 영향을 미치지 않는다.

정리   **내부힘**

- ○ 내부힘: 설정한 계에서 계 내부에서 서로가 서로에게 작용하는 힘
- ○ 내부힘은 계의 알짜힘을 계산하는 과정에서 전부 0이 되어 없어지므로, 계의 운동을 분석할
  때 고려할 필요가 없다.

 **외부힘**

외부힘은 '계 외부에서 계에 작용하는 힘'이다. 방금 예시를 다시 한번 살펴보자.
 A, B, p를 하나의 계로 두자. (이를 X로 부르겠다.)

A와 p 사이, p와 B 사이 작용하는 힘은 A(X), p(X) , B(X) 사이의 상호 작용으로 X의 내부힘이다.

그렇다면 q가 B를 당기는 힘은 어떠한가?

q는 X에 속해있지 않으면서, X와 상호 작용하는 힘이다.

$$\underline{q가} \qquad \underline{B를} \qquad 당기는\ 힘$$
$$\qquad\qquad \underline{X를} \qquad 당기는\ 힘$$

q가 B를 당기는 힘(F_{Bq})과
B가 q를 당기는 힘(F_{qB})은 서로 작용 반작용에 해당하는 힘이지만

B가 q를 당기는 힘은 <u>X의 것이 아니다.</u>

따라서 F_{Bq}와 F_{qB}는 **서로 합할 수 없다.**

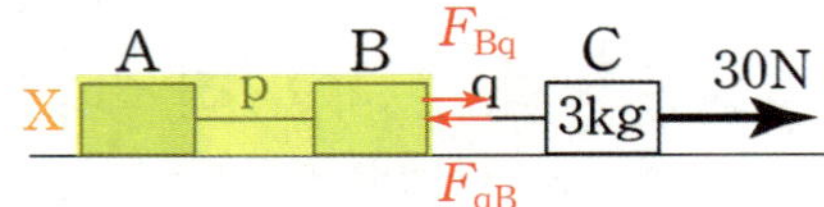

이렇듯 계(X)를 설정하였을 때, 계(X) 외부에서 계(X)에 작용하는 힘을 외부힘이라 부른다.
그리고 계(X)의 알짜힘을 계산할 때 내부힘은 서로 서로 상쇄되어 0이 되지만
외부힘은 작용 반작용에 해당하는 힘을 합할 수 없기 때문에 무조건 0이 되지 않는다.
따라서 외부힘은 계(X)의 **알짜힘에 영향을 미친다.**

이를 토대로 X에 작용하는 알짜힘은
X의 내부 힘과 외부힘들의 합력인데
X의 내부힘은 서로 상쇄되어 0이 되므로
X의 외부힘의 합력인 X에 작용하는 알짜힘과 같다.

정리	외부힘

- ○ 외부힘: 설정한 계에 대해 계 외부에서 계에 작용하는 힘
- ○ 외부힘은 계의 알짜힘을 계산하는 과정에서 고려해야 하는 힘이다.
- ○ **중요!: 알짜힘은 계에 작용하는 모든 외부힘의 합력과 같다.**
  알짜힘을 계산할 때 내부힘은 전혀 고려하지 않아도 된다.

7. 문제 푸는 방법 〔초급〕

 **알짜힘을 구하는 두 가지 방법**

문제를 푸는 사람이 설정한 계에 대하여, 그 계에 작용하는 알짜힘은 두 가지 방법으로 구할 수 있다.
그리고 두 값은 같아야 한다.

> 1) 계의 외부 힘을 모두 구한 후 합하여 합력을 구한다.
> 2) **계의 질량**과 **계의 가속도**를 곱한다.

① 예를 들어보자.
그림과 같이 질량이 m인 물체에 F_1과 F_2를 작용하였더니 물체가 오른쪽방향의 a의 가속도로 등가속도 운동을 한다.

$$\overrightarrow{a}$$
$$F_2 \leftarrow \boxed{m} \; F_1$$

물체의 알짜힘을 구해보자.

0) 질량이 m인 물체만을 하나의 계로 설정한다.
1) 0)에서 설정한 계의 외부 힘의 합력 $= F_1 - F_2$
2) 0)에서 구한 계의 질량과 가속도의 곱 $= ma$
3) 1)과 2)에서 구한 두 값은 알짜힘으로 같아야 한다.

$$물체의 \; 알짜힘 = F_1 - F_2 = ma$$

이처럼,
계의 질량과 가속도를 곱한 값과,
계에 작용하는 모든 힘의 합력이 같다는 식을
계의 운동 방정식이라 부른다.

필자 한마디
계의 질량을 m, 계의 가속도를 a, 계에 작용하는 힘들을 각각 F_1, F_2, F_3…. 라고 하면
계의 운동 방정식은 다음과 같다.

$$F_1 + F_2 + F_3 + \cdots\cdots = ma$$

수능에서는 m, a, F_1, F_2, F_3…. 중 하나를 묻는다. 묻고자 하는 값을 미지수로 두고
운동 방정식을 세우면 답을 구할 수 있다. 어렵게 나오는 문제들은, 가속도를 여러 가지
운동 파트에서 설명했던 방법을 통해 구하도록 한다. 기출 문제나 문제들을 많이
풀어보면서 익혀야한다.

Mechanica 물리학1

 예제 13

그림 (가)~(라)는 각각 물체에 일정한 크기의 힘을 작용하는 모습을 나타낸 것이다.

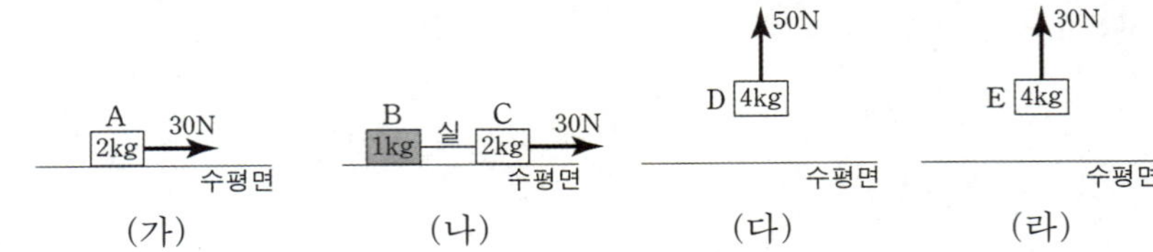

물체 A, B, C, D, E의 가속도의 크기는?

 **해설**

(가) A를 계로하여 운동 방정식을 세워보면 다음과 같다.

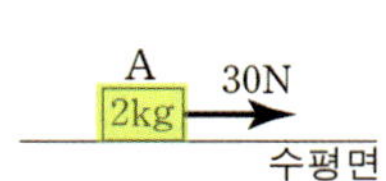

① 계의 질량과 가속도의 곱:
$$(2\text{kg}) \times a$$
② 계에 작용하는 모든 외부힘의 합력:
$$30\text{N}$$
③ ①과 ②가 같다.
$$(2\text{kg}) \times a = 30\text{N}, \quad a = 15\text{m/s}^2$$

(나)에서 B와 C를 전체 계로 하여 운동 방정식을 세워보면 다음과 같다.

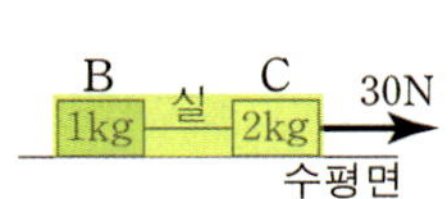

① 계의 질량과 가속도의 곱:
$$(1\text{kg} + 2\text{kg}) \times a = (3\text{kg}) \times a$$
② 계에 작용하는 모든 외부힘의 합력:
$$30\text{N}$$
③ ①과 ②가 같다.
$$(3\text{kg}) \times a = 30\text{N}, \quad a = 10\text{m/s}^2$$

(다)에서 D를 계로 하여 운동 방정식을 세워보면 다음과 같다.

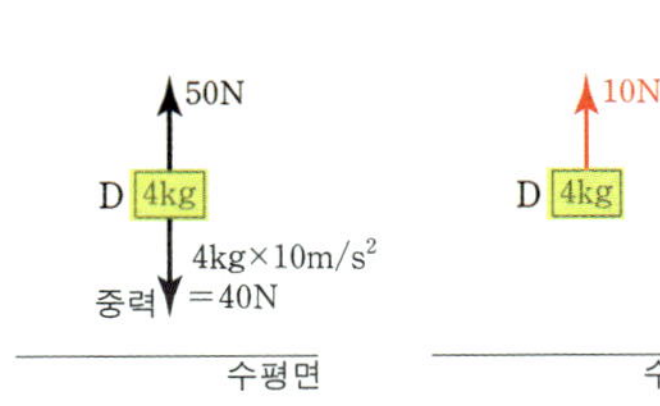

① 계의 질량과 가속도의 곱
$$(4\text{kg}) \times a$$
② 계에 작용하는 모든 외부힘의 합력:
$$50\text{N} - 4\text{kg} \times 10\text{m/s}^2 = 10\text{N} \ (중력 반대 방향)$$
③ ①과 ②가 같다.
$$(4\text{kg}) \times a = 10\text{N}, \quad a = 2.5\text{m/s}^2 \ (중력 반대 방향)$$

(라)에서 E를 전체 계로 하여 운동 방정식을 세워보면 다음과 같다.

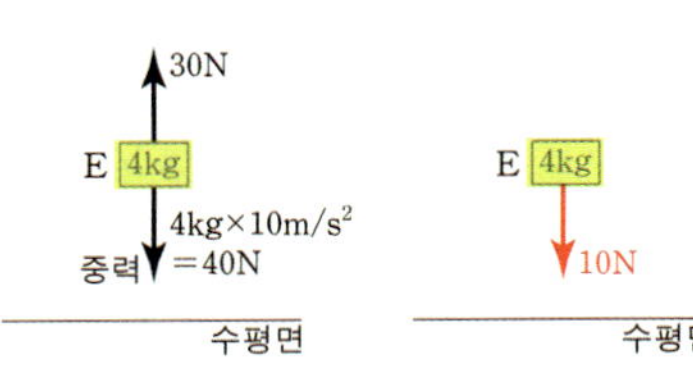

① 계의 질량과 가속도의 곱:
$$(4\text{kg}) \times a$$
② 계에 작용하는 모든 외부힘의 합력:
$$4\text{kg} \times 10\text{m/s}^2 - 30\text{N} = 10\text{N} \ (중력 방향)$$
③ ①과 ②가 같다.
$$(4\text{kg}) \times a = 10\text{N}, \quad a = 2.5\text{m/s}^2 \ (중력 방향)$$

기출 예시 10

그림 (가)는 마찰이 없는 수평면에서 물체 A와 물체 B를 함께 붙여 벽에 대고 수평 방향의 힘 F로 A를 밀고 있는 것을 나타낸 것이다. 그림 (나)는 마찰이 없는 수평면에서 A와 B를 함께 붙여 같은 힘 F 를 A에 작용하여 A, B가 등가속도 운동하는 것을 나타낸 것이다. A, B의 질량은 각각 $2m$, m 이다.

(가)에서 B가 A에 작용하는 힘의 크기가 F_0일 때, (나)에서 B가 A에 작용하는 힘의 크기는? (단, 공기 저항은 무시한다.)

 **해설**

(가)에서 A를 계로 했을 때 A는 정지상태에 있으므로 가속도의 크기가 0이다.
따라서 A에 작용하는 알짜힘의 크기가 0이고,
A에 작용하는 모든 힘의 합력도 0이다.
따라서 다음 식이 성립한다.

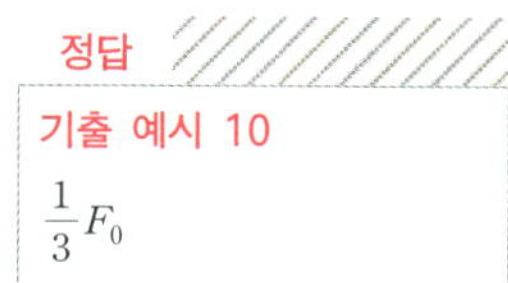

$$F - F_0 = 0, \ F = F_0$$

(나)에서 A와 B를 전체 계로 했을 때 운동 방정식을 세워보면 다음과 같다. (가속도의 크기 a)

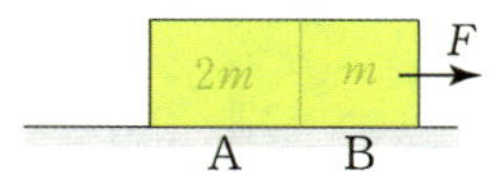

① 계의 질량과 가속도의 곱:
$$(2m + m) \times a = 3ma$$
② 계에 작용하는 모든 외부힘의 합력:
$$F$$
③ ①과 ②가 같다.
$$F = 3ma, \ a = \dfrac{F}{3m}$$

(나)에서 A를 계로 했을 때 운동 방정식을 세워보면 다음과 같다. 우선 B가 A에 작용하는 힘의 크기를 F_1이라 하자. (가속도 크기 $a = \dfrac{F}{3m}$ 대입)

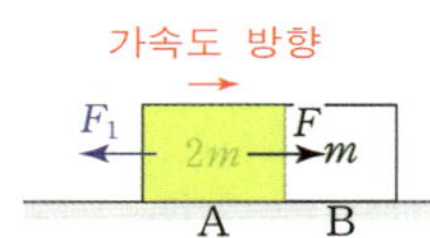

① 계의 질량과 가속도의 곱:
$$2m \times a = 2ma = \dfrac{2}{3}F$$
② 계에 작용하는 모든 외부힘의 합력:
$$F - F_1$$
③ ①과 ②가 같다.
$$F - F_1 = \dfrac{2}{3}F, \ F_1 = \dfrac{1}{3}F$$

따라서 $F = F_0$이므로 F_1에 대입해 보면 다음과 같다.

$$F_1 = \dfrac{1}{3}F = \dfrac{1}{3}F_0$$

Mechanica 물리학1

 도르래

실의 힘의 방향을 바꾸어주는 도구

그림과 같이 도르래를 두고 질량이 3kg, 1kg인 물체 A, B를 실로 연결하였다.

(중력 가속도 $10m/s^2$)

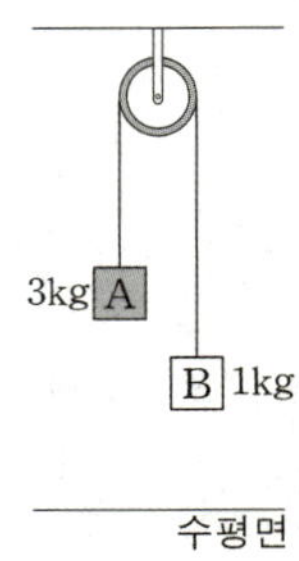

도르래는 힘의 방향을 바꾸어주는데,

아래 그림처럼 도르래를 기준으로 실을 양쪽으로 펼친 결과와 같다.

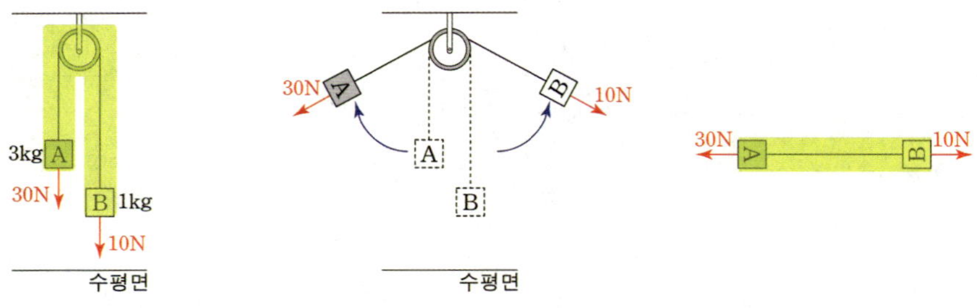

노란색 계를 X로 두자. (A와 B를 전체 계)

A, B의 중력 방향은 도르래 때문에 **서로 반대**가 되므로 빼주어야 한다.

이에 따라 X의 알짜힘은 30N − 10N = 20N임을 확인할 수 있다.

마찬가지로 아래 그림 (가)~(다)과 같은 상황은 실을 펼친 상황과 같음을 설명할 수 있으며,
A+B 전체 계(X)의 알짜힘은 다음과 같이 계산될 수 있다.

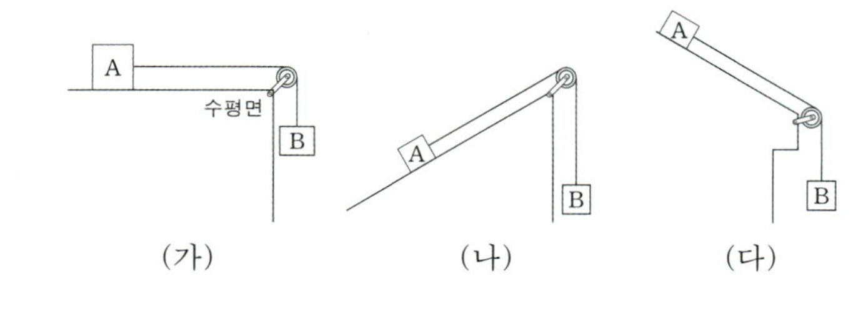

(가)

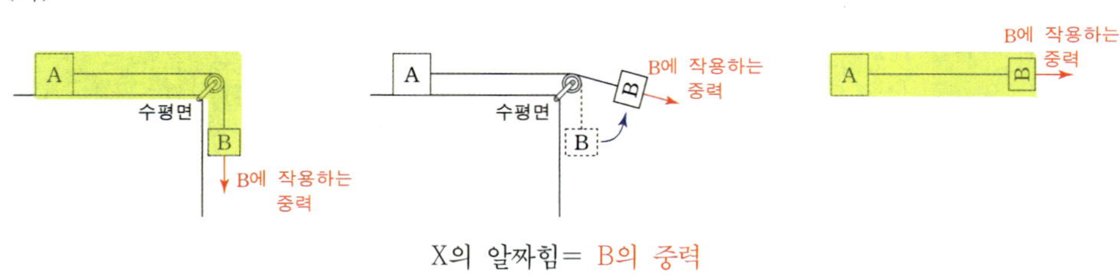

$$X의\ 알짜힘 = B의\ 중력$$

(나)

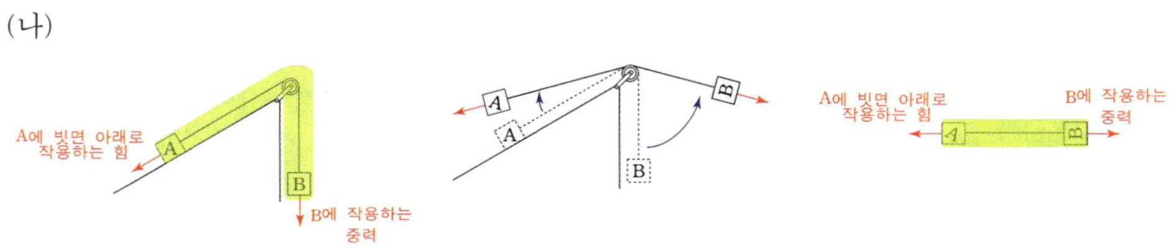

$$X의\ 알짜힘 = B에\ 작용하는\ 중력\ -\ A가\ 빗면\ 아래로\ 작용하는\ 힘$$

(다)

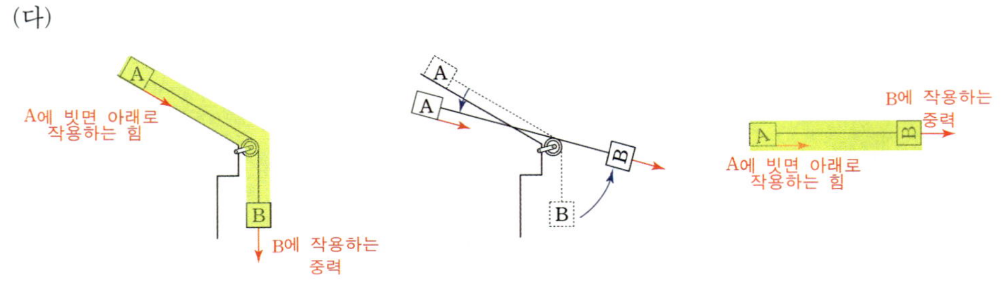

$$X의\ 알짜힘 = B에\ 작용하는\ 중력\ +\ A가\ 빗면\ 아래로\ 작용하는\ 힘$$

○ (다)
조심하자! 이때는 더해주어야
한다.

○ 도르래는 힘의 방향을 바꾸어주는 도구이다.
○ 도르래에 걸쳐진 실에 연결된 물체들의 알짜힘을 구하려면
   도르래에 걸쳐진 실을 펼쳐 해석하면 된다.

도르래를 통해 실로 연결된 경우 가속도 구하기

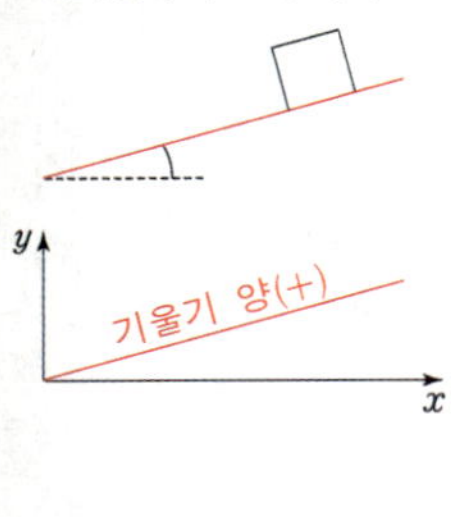

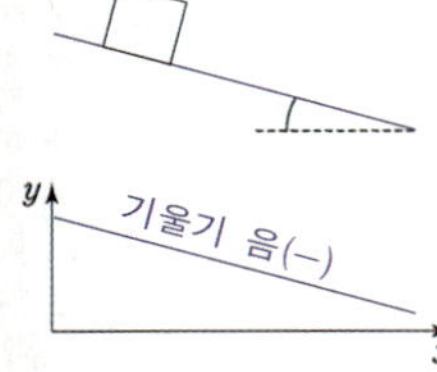

① 일반적 경우 1 〔경사면의 기울기의 부호가 다른 경우〕

기출 문제를 풀다보면 도르래와 연결된 물체의 운동에 대해서 다루는 경우가 많다.
다음과 같은 예시들이 있다.

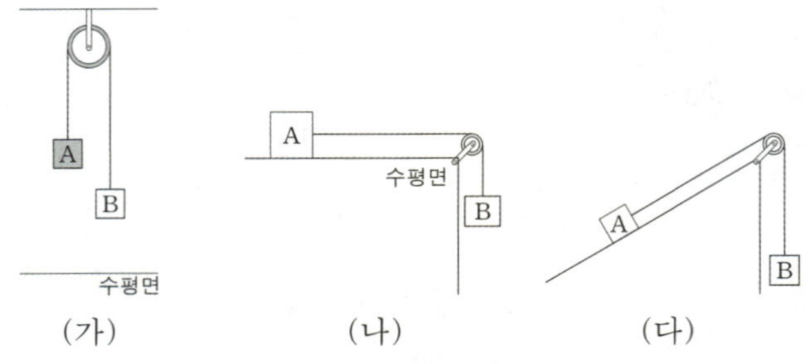

이번 장에서는 이런 문제들을 분석하는 방법을 서술한다.

(가)~(다)하나의 **일반적인 상황**으로 설명할 수 있다.
일반적인 상황은 <u>기울기의 부호가 서로 다른 상황</u>이며, 아래 그림과 같이 표현된다.

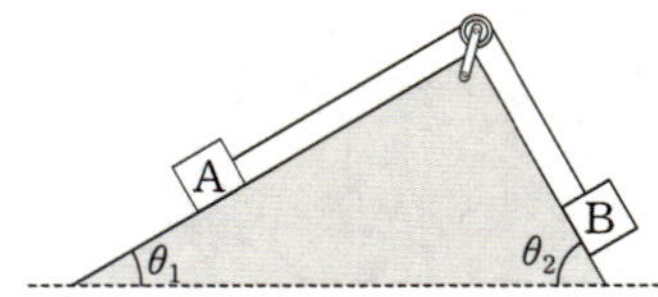

A와 B를 각각 각도가 θ_1, θ_2인 경사면에 두었을 때 상황이 가장 일반적인 상황이다.
(가)~(다)를 위의 그림에서 다음으로 생각하면 된다.

(가)는 $\theta_1 = 90°$, $\theta_2 = 90°$인 상황이고, (나)는 $\theta_1 = 0°$, $\theta_2 = 90°$인 상황이다.

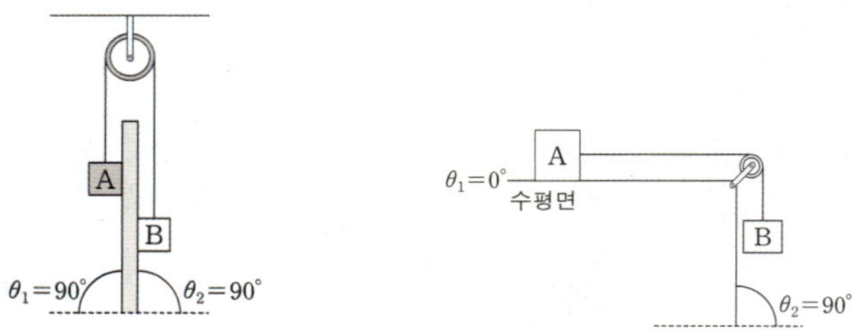

(다)는 $\theta_1 = \theta_0$, $\theta_2 = 90°$인 상황이다. $(0° < \theta_0 < 90°)$

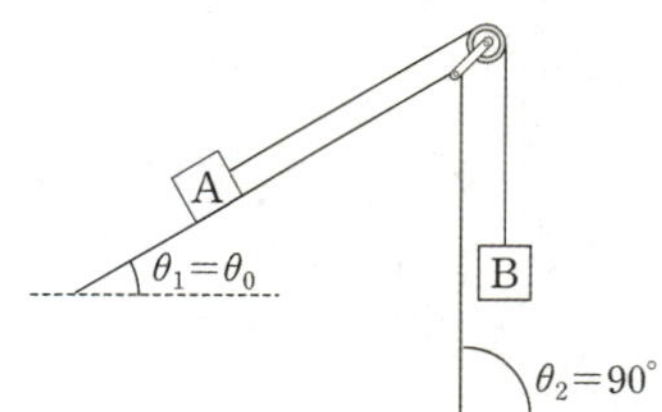

그렇다면 아래 일반적인 상황에서 운동 방정식을 세울 수 있다면, θ_1, θ_2가 결정된 상황은 다루기 더 쉬울 것이다. A와 B의 질량을 각각 m_A, m_B로 두자.

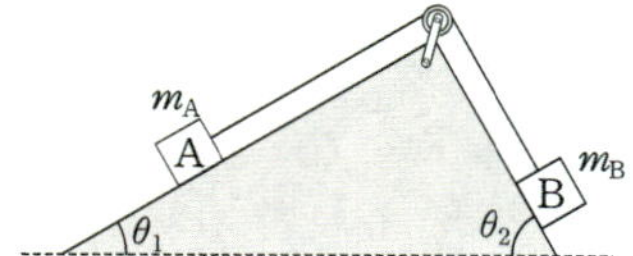

앞서 언급한 대로 빗면의 각도가 θ_1, θ_2인 빗면에서의 빗면 가속도는 각각 $g\sin\theta_1$, $g\sin\theta_2$이다. 그리고 방향은 빗면 아래 방향이다.

○ 참고로 우리는 $g\sin\theta_1$, $g\sin\theta_2$를 구할 때

　　$\sin\theta_1$, $\sin\theta_2$를 직접 계산하도록 출제되지 않는다. (절대)

　　따라서 $g\sin\theta_1$, $g\sin\theta_2$를 한 덩어리 미지수로 잡는 것이 타당하다. (각각 a_1, a_2로 두겠다.)

$$a_1 = g\sin\theta_1, \ a_2 = g\sin\theta_2$$

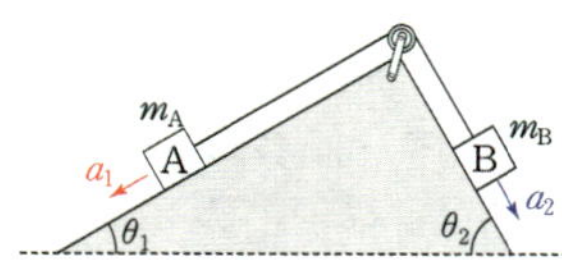

빗면 아래로 작용하는 힘의 크기는 빗면 가속도에 질량을 곱한 값이다.

$$m_A a_1, \ m_B a_2$$

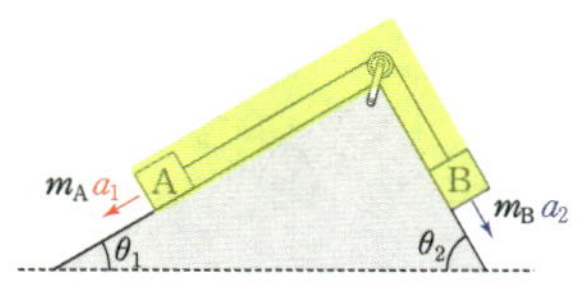

A와 B를 전체 계 (A+B)로 두었을 때
A+B에 작용하는 힘은 빗면 아래로 작용하는 힘인 $m_A a_1$, $m_B a_2$ 뿐이다.
따라서 이 계에 작용하는 모든 힘의 합력은 $m_A a_1$에서 $m_B a_2$를 **빼면 된다.**
a_1의 방향을 양의 방향으로 두면, 다음과 같이 계산된다.

$$① \ F_{알짜힘} = m_A a_1 - m_B a_2$$

알짜힘을 구하는 방법 중 나머지 한 방법인 계의 질량과 가속도의 곱을 이용하면 운동 방정식을 세울 수 있다.
가속도를 a라 하면 운동 방정식은 다음과 같다.

$$② \ F_{알짜힘} = (m_A + m_B)a$$

위의 두 식(①, ②)를 연립하면 다음과 같다.

$$m_A a_1 - m_B a_2 = (m_A + m_B)a$$

위의 식을 세울 수 있으면 된다.

빗면 가속도에 각각 질량을 곱해준 다음 빼주면 된다.
운동 방정식은 아래 5가지로 구성되어 있다.

$$m_A, \ m_B, \ a_1, \ a_2, \ a$$

평가원은 이 중에 4개를 주고 운동 방정식을 세워서 하나를 찾게끔 출제한다.
또는 3개를 준 후 하나의 정보를 조건을 가지고 찾고, 운동 방정식을 세워서 나머지 하나를 찾도록 출제된다. 마치 이전 장의 속도 가속도 풀이와도 비슷하다.

○ 물체가 수평면에 놓여 있는 경우 $(\theta=0)$ 물체의 빗면 가속도는 0이 되고,
물체가 중력과 평행한 경우 $(\theta=90°)$ 물체의 빗면 가속도는 g가 된다.

즉, a_1, a_2는 아래의 세 가지 값만으로 생각할 수 있다.

$$g,\ 0,\ a_0$$

빗면 가속도를 g를 쓰는 경우: 빗면의 경사가 수직일 때

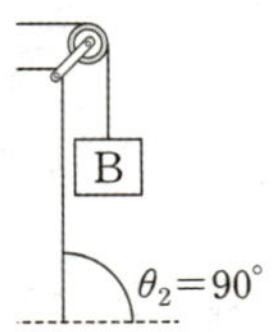

빗면 가속도를 0를 쓰는 경우: 빗면이 수평면일 때

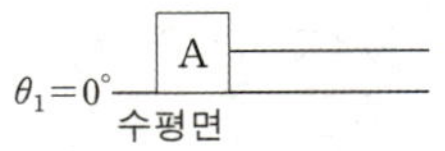

빗면 가속도를 a_0를 쓰는 경우: 빗면의 각이 존재할 때
(서로 다른 빗면이 존재할 경우 a_1, a_2, a_3로 각각 미지수로 잡으면 된다.)

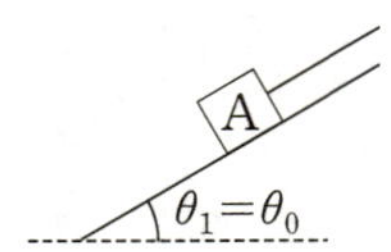

○ 아래 그림과 같이 질량이 1kg, 3kg인 물체 A, B가 실로 연결되어 함께 운동한다.
A가 운동하는 빗면에서의 빗면 가속도는 1m/s^2이고
B가 운동하는 빗면에서의 빗면 가속도는 3m/s^2이다.
A와 B의 가속도의 크기와 방향을 생각해 보면,

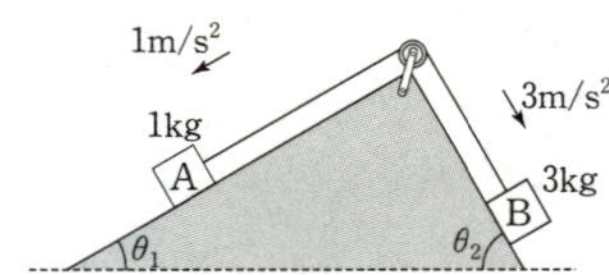

우선 A와 B의 빗면 아래로 작용하는 힘은 다음과 같다.
A: $1\text{kg}\times1\text{m/s}^2=1\text{N}$
B: $3\text{kg}\times3\text{m/s}^2=9\text{N}$

알짜힘은 $9\text{N}-1\text{N}=8\text{N}$ (빗면 아래로 작용하는 힘은 B가 A보다 크다.)
알짜힘의 방향은 A는 빗면 위 방향, B는 빗면 아래 방향이다.
A와 B의 계의 운동 방정식을 세워보면 다음과 같다. (가속도 크기 a)

$$(1\text{kg}+3\text{kg})a=8\text{N},\ a=2\text{m/s}^2$$

② 일반적 경우 2 〔경사면의 기울기의 부호가 같은 경우〕

빗면의 경사가 아래 그림과 같이 물체 A, B가 모두 음($-$)의 방향으로 기울어진 경사면에 놓여 있다.
이 경우에는 어떻게 해결해야할까?

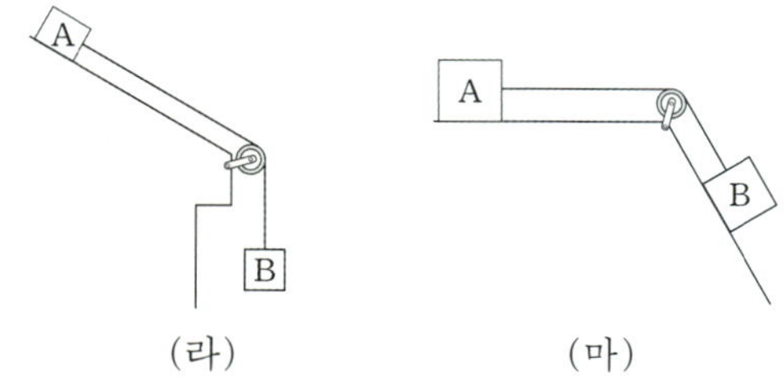

(라), (마)하나의 **일반적인 상황**으로 설명할 수 있다.
일반적인 상황은 기울기의 부호가 서로 같은 상황이며, 아래 그림과 같이 표현된다.

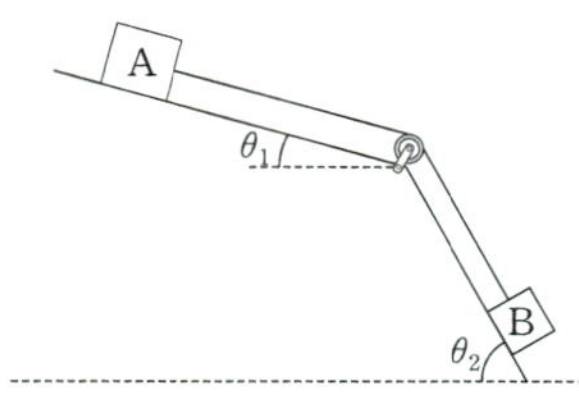

A와 B를 각각 각도가 θ_1, θ_2인 경사면에 두었을 때 상황이 가장 일반적인 상황이다.
(라), (마)를 위의 그림에서 다음으로 생각하면 된다.

(라)는 $\theta_1 = \theta_0$, $\theta_2 = 90°$인 상황이고, (마)는 $\theta_1 = 0°$, $\theta_2 = \theta_0$인 상황이다. ($0° < \theta_0 < 90°$)

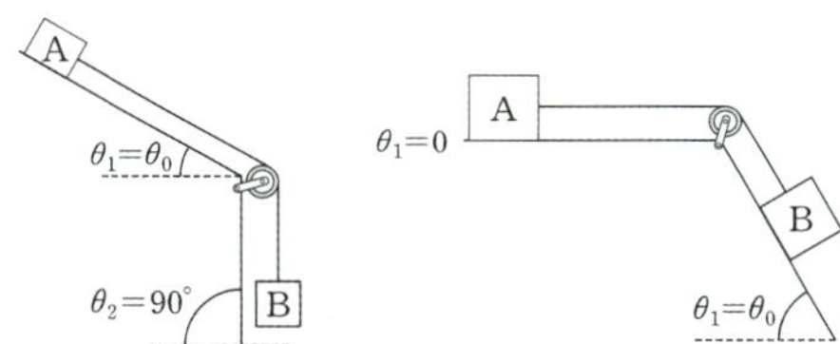

마찬가지로 아래 일반적인 상황에서 운동 방정식을 세울 수 있다면, θ_1, θ_2가 결정된 상황은 다루기
더 쉬울 것이다. A와 B의 질량을 각각 m_A, m_B로 두고, 각 빗면에서 빗면 가속도를 a_1, a_2로 두자.

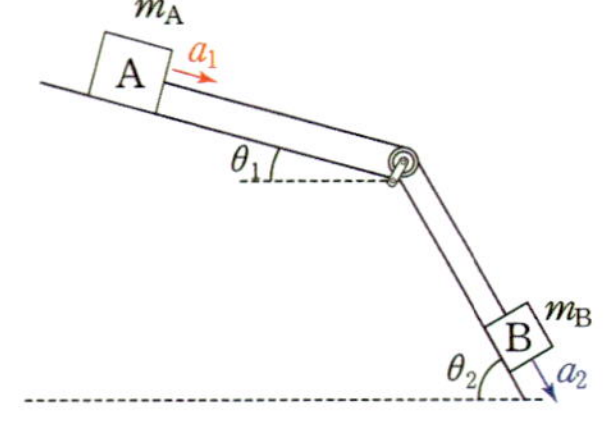

빗면 아래로 작용하는 힘의 크기는 빗면 가속도에 질량을 곱한 값이다.

$$m_A a_1, \ m_B a_2$$

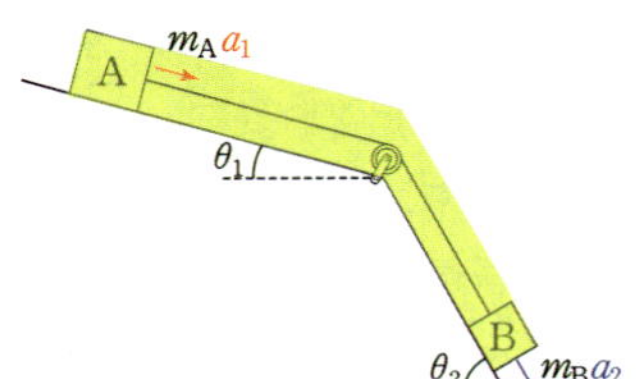

A와 B를 전체 계 (A+B)로 두었을 때
A+B에 작용하는 힘은 빗면 아래로 작용하는 힘인 $m_A a_1$, $m_B a_2$ 뿐이다.
따라서 이 계에 작용하는 모든 힘의 합력은 $m_A a_1$에서 $m_B a_2$를 **더해주면 된다.**
a_1의 방향을 양의 방향으로 두면, 다음과 같이 계산된다.

$$① \ F_{\text{알짜힘}} = m_A a_1 + m_B a_2$$

Mechanica 물리학1

알짜힘을 구하는 방법 중 나머지 한 방법인 계의 질량과 가속도의 곱을 이용하면 운동 방정식을 세울 수 있다.

가속도를 a라 하면 운동 방정식은 다음과 같다.

$$② \ F_{알짜힘} = (m_A + m_B)a$$

위의 두 식(①, ②)를 연립하면 다음과 같다.

$$m_A a_1 + m_B a_2 = (m_A + m_B)a$$

위의 식을 세울 수 있으면 된다.

③ 정리

아래 그림 (가)와 같이 물체가 있는 경사면의 기울기의 부호가 **다른 경우**
빗면 아래로 작용하는 힘을 서로 **빼주어** 계가 받는 전체 힘의 합력을 계산할 수 있고

아래 그림 (나)와 같이 물체가 있는 경사면의 기울기의 부호가 **같은 경우**
빗면 아래로 작용하는 힘을 서로 **더해주어** 계가 받는 전체 힘의 합력을 계산할 수 있고

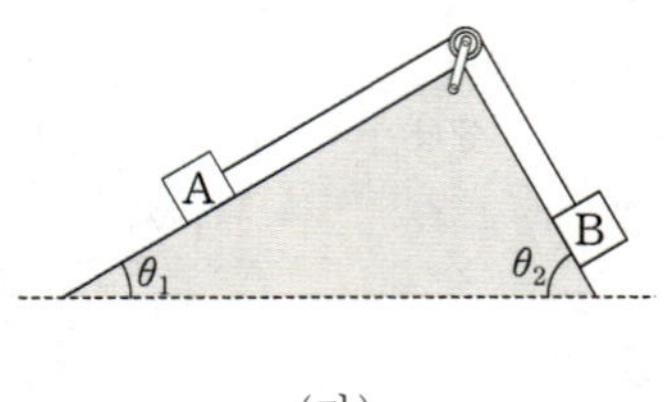

(가)

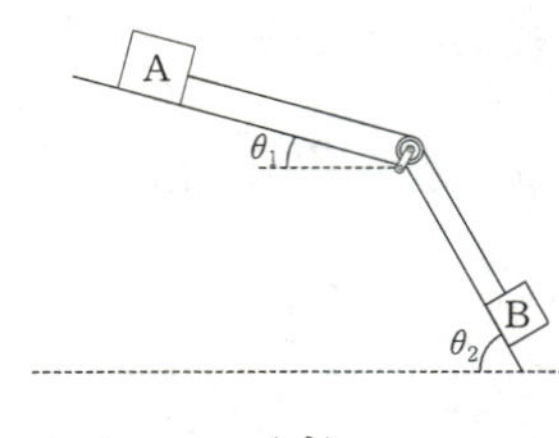

(나)

실이 물체를 당기는 힘(장력) 계산

앞선 방법으로 계의 가속도를 구할 수 있었다.
이번에는 실이 물체를 당기는 힘(장력)을 계산하는 방법을 알아보자.
실의 장력을 구하려면 실에 연결된 물체를 계로 하여 물체에 작용하는 힘을 분석하면 된다.

예를 들면 그림과 같이 물체 A, B가 실로 연결되어 있는 모습을 나타낸 것이다. 중력 가속도는
10m/s^2이다.

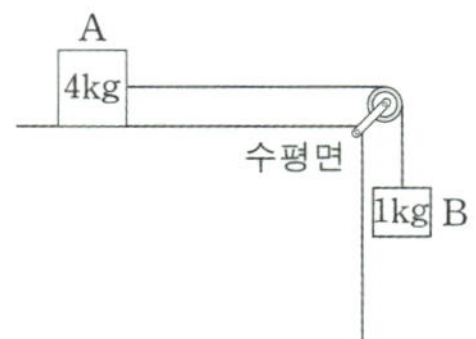

㉠ A와 B의 가속도를 계산하기 위해서 A와 B를 전체 계로 한 후 운동 방정식을 세워본다.
　(가속도의 크기는 a이다.) B의 중력 방향을 양(+)으로 하자.

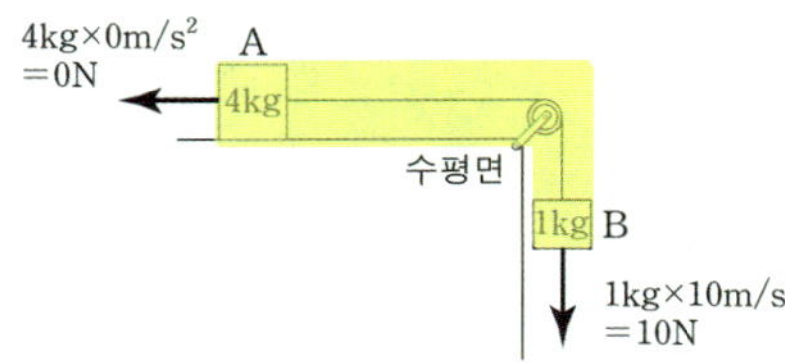

① 알짜힘 $= 1\text{kg} \times 10\text{m/s}^2 - 1\text{kg} \times 0\text{m/s}^2 = 10\text{N}$
② 알짜힘 $= (1\text{kg} + 4\text{kg}) \times a = 5a\,(\text{N})$
③ 연립

$$10\text{N} = 5a, \quad a = 2\text{m/s}^2$$

㉡ 실에 연결된 물체 중 하나를 계로 하여 운동 방정식을 계산한다. B를 계로 하면 다음과 같다.
　(실이 B를 당기는 힘을 T로 두자.)

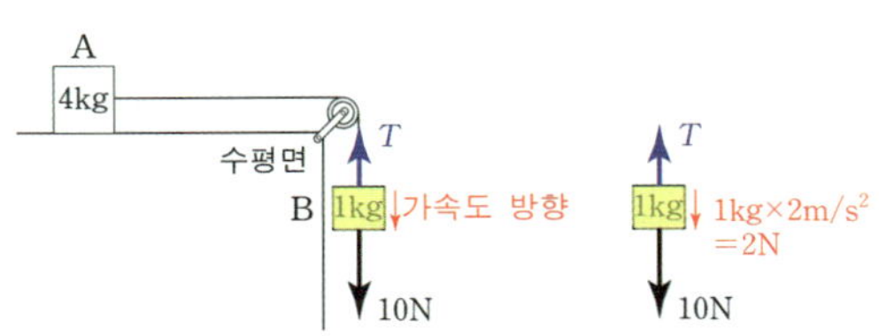

① 알짜힘 $= 1\text{kg} \times 10\text{m/s}^2 - T$
　　　　　$= 10 - T\,(\text{N})$
② 알짜힘 $= (1\text{kg}) \times a = a$
　　$a = 2\text{m/s}^2$이므로, 알짜힘은 2N이다.
③ 연립

$$10 - T = 2, \quad T = 8\text{N}$$

㉢ 이는 A를 계로 하였을 때에도 마찬가지로 적용된다. $T = 8\text{N}$이 나오는지 확인해 보자.

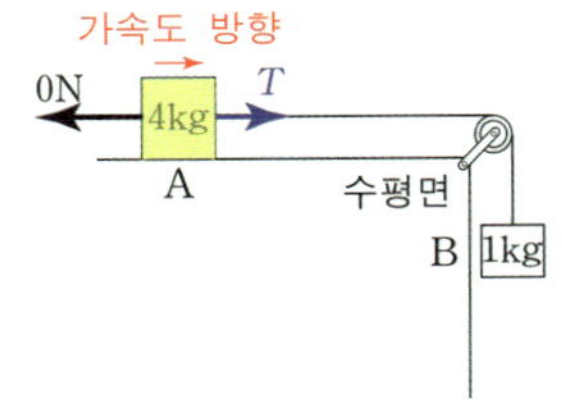
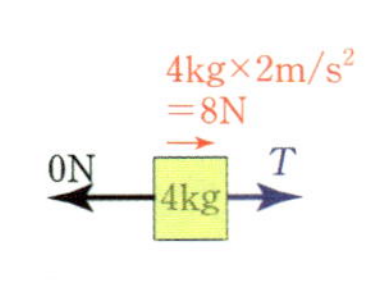

① 알짜힘 $= T - 4\text{kg} \times 0\text{m/s}^2$
　　　　　$= T\,(\text{N})$
② 알짜힘 $= (4\text{kg}) \times a = 4a$
　　$a = 2\text{m/s}^2$이므로, 알짜힘은 8N이다.
③ 연립

$$T = 8\text{N}$$

실의 장력을 계산하는 문제는 평가원에서 자주 등장한다.
장력 계산하는 방법을 다음 4가지 예제를 정확하게 풀어서 체화시켜보자.

Mechanica 물리학1

 예제 14

그림과 같이 물체 A, B가 도르래에 연결되어 등가속도 직선 운동한다.

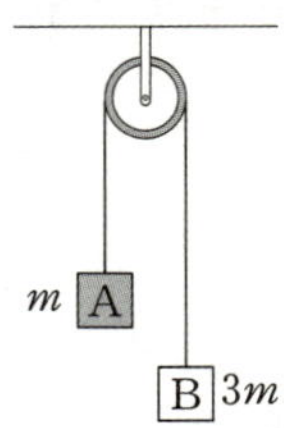

물체 A의 가속도의 크기와 실이 A를 당기는 힘의 크기는? (단, 중력 가속도는 g이고, 물체의 크기, 실의 질량, 모든 마찰과 공기 저항은 무시한다.)

 **해설**

A와 B를 전체 계로 하여 운동 방정식을 세워보면 다음과 같다.
B의 중력 방향을 양(+)으로 하자.

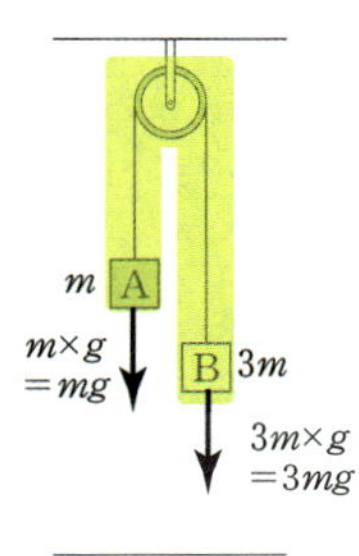

A의 중력: $m \times g = mg$
B의 중력: $3m \times g = 3mg$

A+B의 계에서의 가속도 계산하기
① 계의 질량과 가속도의 곱: $(m+3m) \times a = 4ma$
② 작용하는 모든 힘의 합력: $3mg - mg = 2mg$
③ ①과 ②의 값은 같다.

$$4ma = 2mg, \quad a = \frac{1}{2}g$$

A를 계로 하여 계산해 본다. A에 작용하는 힘은 실이 A를 당기는 힘(장력 T)와 중력 (mg)뿐이다. 이들의 합력은 알짜힘이고, 계의 질량과 가속도의 곱을 통해 계산된 알짜힘과 연립한다. (가속도의 크기는 위에서 계산한 $a = \dfrac{1}{2}g$를 대입한다.)

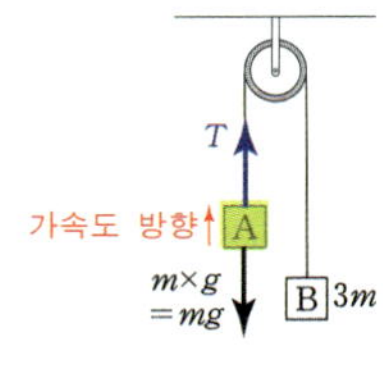

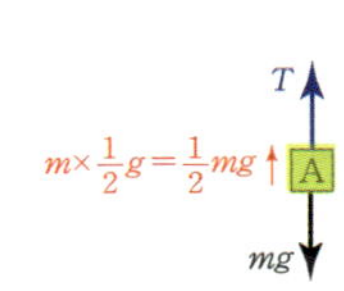

① 계의 질량과 가속도의 곱: $m \times \dfrac{1}{2}g = \dfrac{1}{2}mg$
② 작용하는 모든 힘의 합력: $T - mg$
③ ①과 ②의 값은 같다.

$$\frac{1}{2}mg = T - mg, \quad T = \frac{3}{2}mg$$

B를 계로 해도 마찬가지로 답은 동일하게 계산됨을 확인할 수 있다.

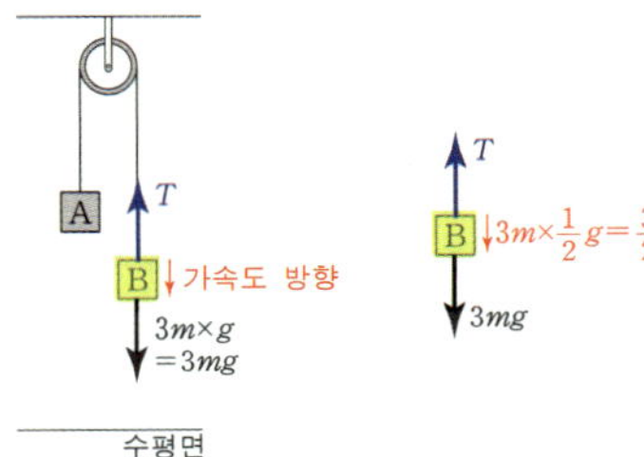

① 계의 질량과 가속도의 곱: $3m \times \dfrac{1}{2}g = \dfrac{3}{2}mg$
② 작용하는 모든 힘의 합력: $3mg - T$
③ ①과 ②의 값은 같다.

$$\frac{3}{2}mg = 3mg - T, \quad T = \frac{3}{2}mg$$

예제 15

그림 (가)는 A를 빗면 위에 가만히 두었더니, A가 5m/s²의 가속도로 등가속도 직선 운동하는 모습을 나타낸 것이고, 그림 (나)는 (가)의 A와 B를 실로 연결해 놓은 모습을 나타낸 것이다.

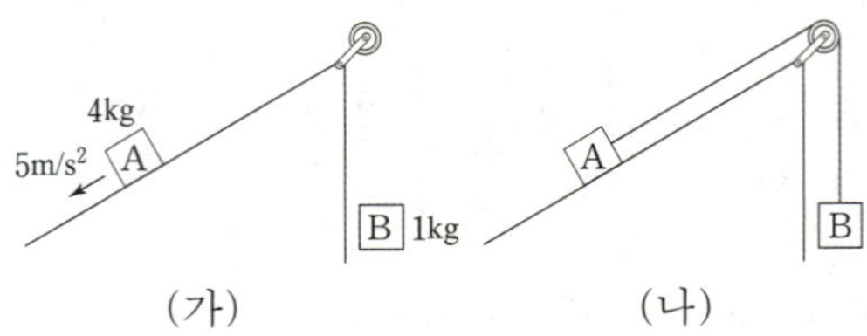

(나)에서 A의 가속도의 크기와 실이 A에 작용하는 힘의 크기는? (단, 중력 가속도는 10m/s²이고, 물체의 크기, 실의 질량, 모든 마찰과 공기 저항은 무시한다.)

해설

A와 B를 전체 계로 하여 운동 방정식을 세워보면 다음과 같다.
A가 놓인 빗면의 빗면 가속도의 방향을 양(+)으로 두자.

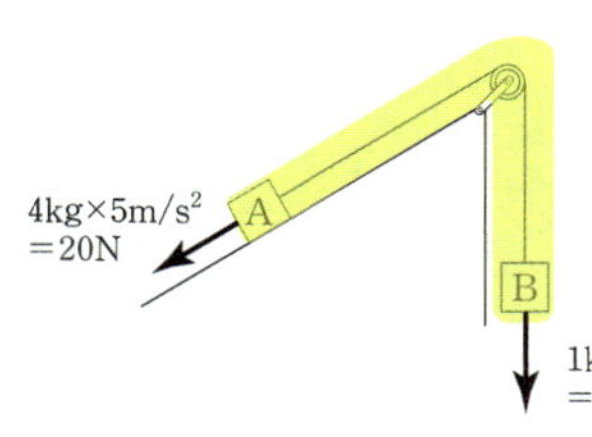

① 계의 질량과 가속도의 곱:
$$(4kg + 1kg) \times a = (5kg) \times a$$
② 작용하는 모든 힘의 합력:
$$4kg \times 5m/s^2 - 1kg \times 10m/s^2 = 10N$$
③ ①과 ②의 값은 같다.
$$10N = (5kg) \times a, \quad a = 2m/s^2$$

B를 계로 하여 계산해 본다.
B에 작용하는 힘은 실이 B를 당기는 힘(장력 T)와 중력(10N)뿐이다.
이들의 합력은 알짜힘이고 이는 계의 질량과 가속도의 곱과 같다.
(가속도의 크기는 위에서 계산한 $a = 2m/s^2$를 대입한다.)

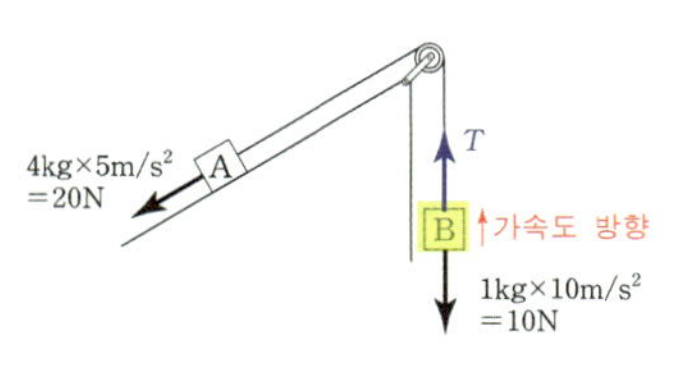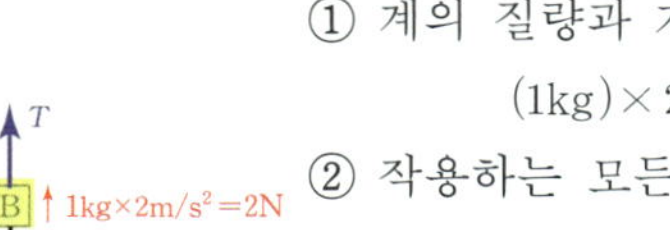

① 계의 질량과 가속도의 곱:
$$(1kg) \times 2m/s^2 = 2N$$
② 작용하는 모든 힘의 합력:
$$T - 10N$$
③ ①과 ②의 값은 같다.
$$2N = (T - 10)N, \quad T = 12N$$

A를 계로 하여 계산해 봐도 T는 동일하게 계산된다.
A에 작용하는 힘은 실이 A를 당기는 힘(장력 T)와 빗면 아래로 작용하는 힘 (20N)뿐이다.
이들의 합력은 알짜힘이고 이는 계의 질량과 가속도의 곱과 같다.
(가속도의 크기는 위에서 계산한 $a = 2m/s^2$를 대입한다.)

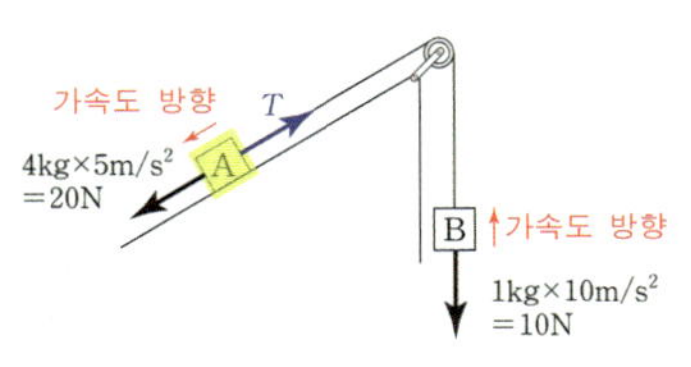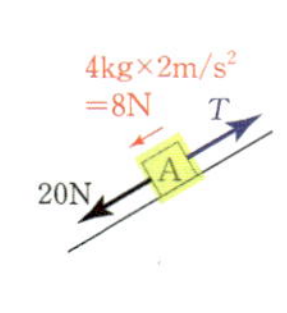

① 계의 질량과 가속도의 곱:
$$(4kg) \times 2m/s^2 = 8N$$
② 작용하는 모든 힘의 합력:
$$20N - T$$
③ ①과 ②의 값은 같다.
$$20N - T = 8N, \quad T = 12N$$

 예시 16

그림 (가)는 A를 빗면 위에 두었을 때 $\frac{1}{2}g$의 가속도로 등가속도 직선 운동한다. 그림 (나)는 물체 A, B가 도르래에 연결되어 등가속도 직선 운동한다.

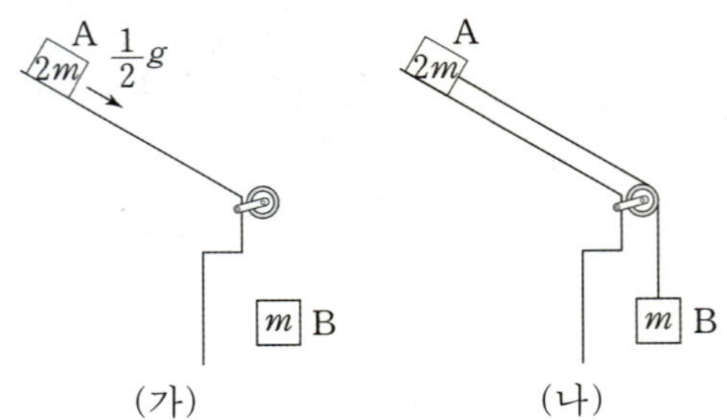

(나)에서 물체 A의 가속도의 크기와 실이 A를 당기는 힘의 크기는? (단, 중력 가속도는 g이고, 물체의 크기, 실의 질량, 모든 마찰과 공기 저항은 무시한다.)

해설

A와 B를 전체 계로 하여 운동 방정식을 세워보면 다음과 같다.
B의 중력 방향을 양(+)으로 두자.

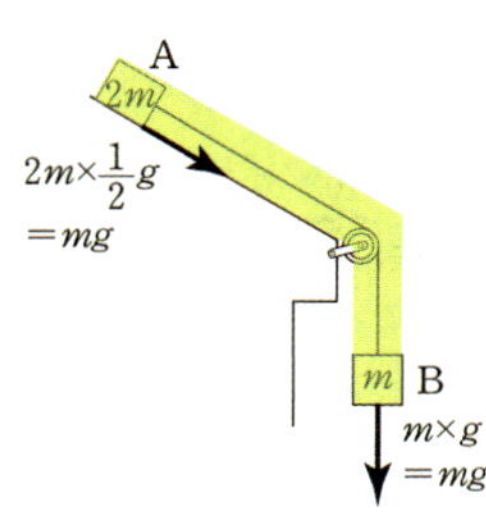

① 계의 질량과 가속도의 곱:
$$(2m+m) \times a = 3ma$$

② 작용하는 모든 힘의 합력:
$$2m \times \frac{1}{2}g + m \times g = 2mg$$

③ ①과 ②의 값은 같다.
$$2mg = 3ma, \quad a = \frac{2}{3}g$$

B를 계로 하여 계산해 본다.
B에 작용하는 힘은 실이 B를 당기는 힘(장력 T)와 중력(mg)뿐이다.
이들의 합력은 알짜힘이고, 이는 계의 질량과 가속도의 곱과 같다.

(가속도의 크기는 위에서 계산한 $a = \frac{2}{3}g$를 대입한다.)

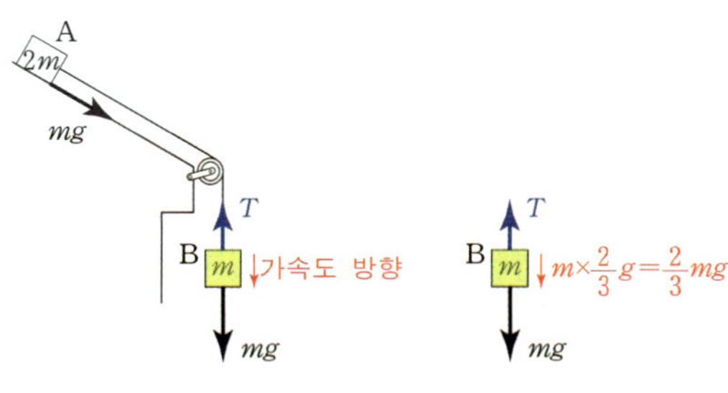

① 계의 질량과 가속도의 곱:
$$m \times \frac{2}{3}g = \frac{2}{3}mg$$

② 작용하는 모든 힘의 합력:
$$mg - T$$

③ ①과 ②의 값은 같다.
$$mg - T = \frac{2}{3}mg, \quad T = \frac{1}{3}mg$$

A를 계로 하여 계산해 봐도 T는 동일하게 계산된다.
A에 작용하는 힘은 실이 A를 당기는 힘(장력 T)와 빗면 아래로 작용하는 힘(mg)뿐이다.
이들의 합력은 알짜힘이고, 이는 계의 질량과 가속도의 곱과 같다.

(가속도의 크기는 위에서 계산한 $a = \frac{2}{3}g$를 대입한다.)

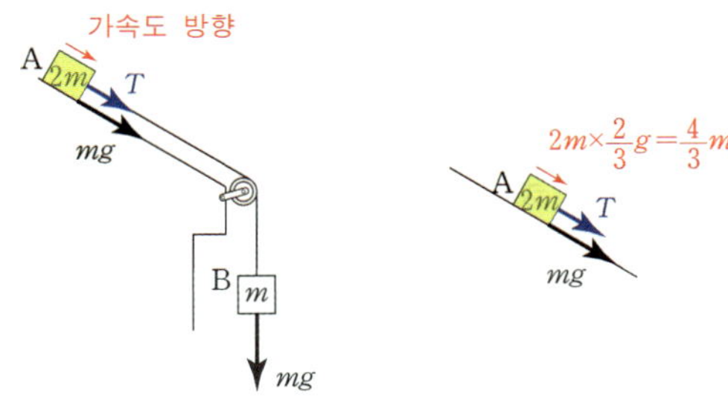

① 계의 질량과 가속도의 곱:
$$2m \times \frac{2}{3}g = \frac{4}{3}mg$$

② 작용하는 모든 힘의 합력:
$$mg + T$$

③ ①과 ②의 값은 같다.
$$mg + T = \frac{4}{3}mg, \quad T = \frac{1}{3}mg$$

기출 예시 11

그림 (가)는 물체 A와 B가 용수철 저울과 실로 연결되어 정지해 있는 모습을, (나)는 수평한 책상면 위에 놓인 A가 B와 용수철 저울과 실로 연결되어 등가속도 운동을 하는 모습을 나타낸 것이다. A, B의 질량은 각각 m이다.

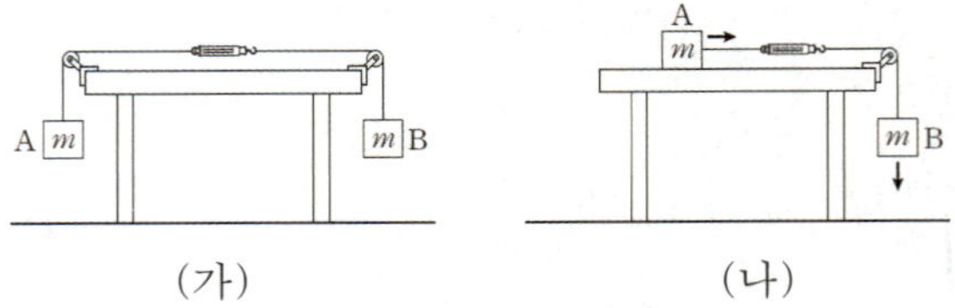

이에 대한 설명으로 옳은 것만을 〈보기〉에서 있는 대로 고른 것은? (단, 중력 가속도는 g이고, 실과 용수철 저울의 질량, 마찰과 공기 저항은 무시한다.)

─── 〈 보 기 〉───

ㄱ. (가)에서 용수철 저울로 측정한 힘의 크기는 $2mg$이다.

ㄴ. (나)에서 A의 가속도의 크기는 $\dfrac{1}{2}g$이다.

ㄷ. (나)에서 용수철 저울로 측정한 힘의 크기는 $\dfrac{1}{2}mg$이다.

 **해설**

(가) 상황을 분석해 보자.

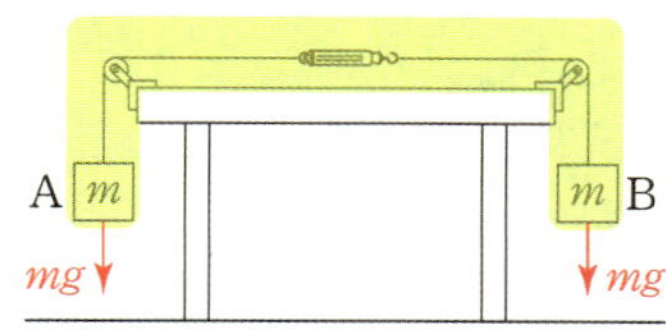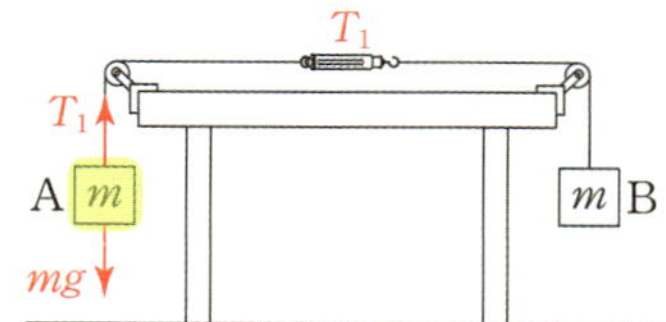

A+B를 전체 계(X)로 하였을 때
X의 알짜힘은 A와 B의 중력의 차이인 0이다.
따라서 X는 알짜힘이 0이다.
A를 계로 하였을 때
A의 알짜힘도 0이므로 실의 장력(T_1)을 구해보면 다음과 같다.

$$T_1 - mg = 0, \quad T_1 = mg$$

용수철 저울은 실의 장력을 측정한다.
용수철 저울에서 측정값은 $T_1 = mg$이다.

(나) 상황을 분석해 보자.
A와 B를 전체 계로 하여 운동 방정식을 세워보면 다음과 같다.
B의 중력 방향을 양(+)으로 하자.

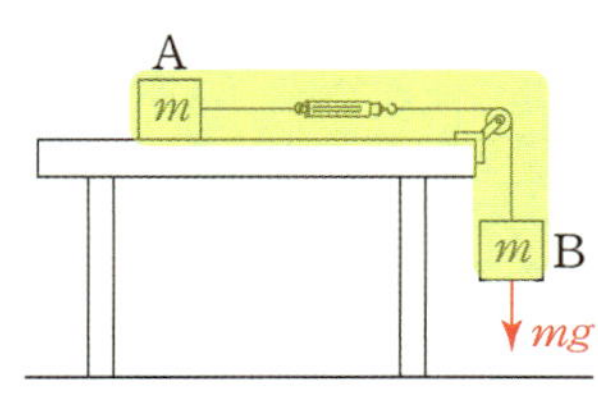

① 계의 질량과 가속도의 곱:
$$(m+m) \times a = 2ma$$
② 작용하는 모든 힘의 합력:
$$m \times g = mg$$
③ ①과 ②의 값은 같다.
$$mg = 2ma, \quad a = \frac{1}{2}g$$

A를 계로 하여 운동 방정식을 세워보면 다음과 같다. (실의 장력 T_2)

① 계의 질량과 가속도의 곱:
$$m \times \frac{1}{2}g = \frac{1}{2}mg$$
② 작용하는 모든 힘의 합력:
(A에 작용하는 모든 힘의 합력은 장력 T_2뿐이다.)
$$T_2$$
③ ①과 ②의 값은 같다.
$$T_2 = \frac{1}{2}mg$$

용수철 저울은 실의 장력을 측정한다.
용수철 저울에서 측정값은 $T_2 = \frac{1}{2}mg$이다.

ㄱ, ㄷ.
(가)에서 용수철 저울로 측정한 힘의 크기는 mg이고, (나)에서 용수철 저울로 측정한 힘의 크기는 $\frac{1}{2}mg$이다. (ㄱ. 거짓), (ㄷ. 참)

ㄴ. A의 가속도의 크기는 $\frac{1}{2}g$이다. (ㄴ. 참)

8. 문제 푸는 방법 〔중급〕

 같은 빗면에서 정지해 있을 때 질량 비와 장력 비의 관계

다음 예를 살펴보자.

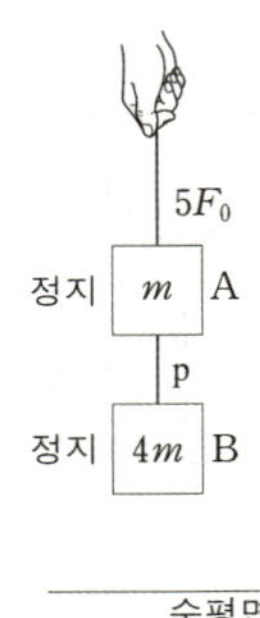

위 그림과 같이 질량이 m, $4m$인 물체 A, B를 실 p로 연결한 후 A에 연직 위 방향으로 $5F_0$를 작용했더니 A와 B가 정지 상태를 유지한다.

실 p가 B를 당기는 힘은 F_0의 몇 배인가?

B를 계로 하여 힘 분석을 하면 된다.

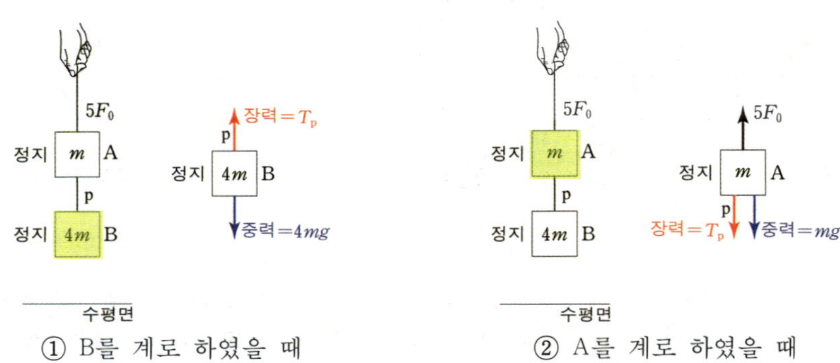

① B를 계로 하면 B의 알짜힘의 크기가 0이므로, B에 작용하는 모든 힘의 합력이 0이어야 한다. 따라서 다음 식이 성립한다. (p가 B를 당기는 힘 T_p)

$$T_p = 4mg$$

② A를 계로 하면 A의 알짜힘의 크기가 0이므로, A에 작용하는 모든 힘의 합력이 0이어야 한다. 따라서 다음 식이 성립한다.

$$5F_0 = T_p + mg$$

①과 ② 식을 연립하면 다음과 같다.

$$F_0 = mg, \quad T_p = 4F_0$$

또는 아래와 같이 계산이 가능하다.

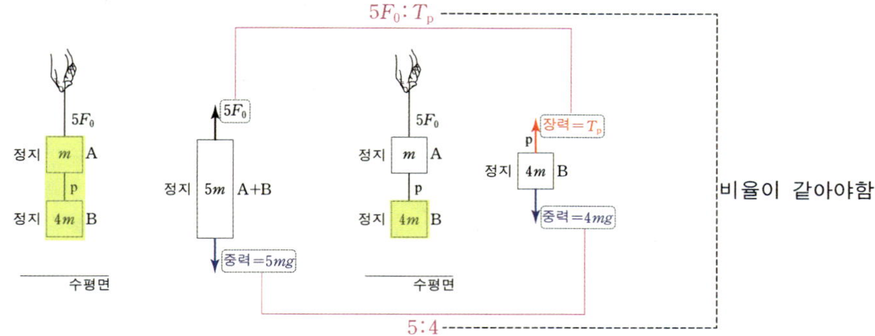

A+B의 계에서 A+B에 작용하는 중력과 $5F_0$가 평형을 이루므로 다음이 성립한다.

$$① \quad 5F_0 = 5mg$$

B의 계에서는 장력 T_p와 중력 $4mg$가 평형을 이루므로 다음이 성립한다.

$$② \quad T_p = 4mg$$

①과 ②를 나누어 보면 다음과 같다.

$$\frac{5F_0}{T_p} = \frac{5}{4}, \quad 5F_0 : T_p = 5 : 4, \quad T_p = 4F_0$$

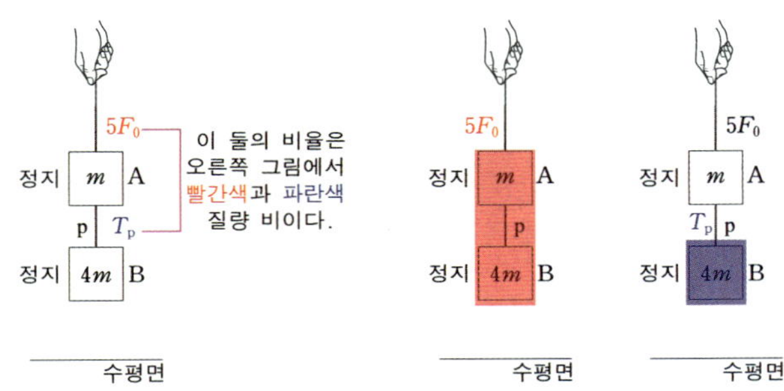

<table>
<tr><td>정리</td><td>같은 빗면에서 질량 비와 장력 비</td></tr>
</table>

○ 물체가 중력 또는 같은 빗면 상에 연결되어 정지해 있을 때
　실의 장력 비를 이용하여 실에 연결된 물체의 질량 비를 계산할 수 있고,
　물체의 질량 비를 이용하여 실의 장력 비를 계산할 수 있다.

 **예제 16**

그림과 같이 A, B를 실 p로 연결하고 B에 빗면 위 방향으로 $4F_0$의 힘을 작용했더니 A, B가 정지해 있다.

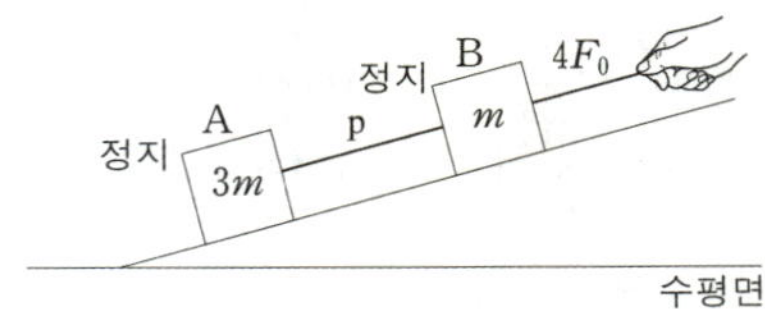

p가 B를 당기는 힘의 크기는? (단, 실의 질량, 모든 마찰과 공기 저항은 무시한다.)

 **해설**

A+B계에(파란색) 작용하는 장력의 크기는 $4F_0$

A의 계에(빨간색) 작용하는 장력의 크기는 T_p이므로

장력 비가 $4F_0 : T_p$이다.

실에 연결된 물체의 질량비가 $4m : 3m = 4 : 3$이고

이는 장력 비인 $4F_0 : T_p$와 같아야 하므로 다음이 성립한다.

$$4F_0 : T_p = 4 : 3, \quad T_p = 3F_0$$

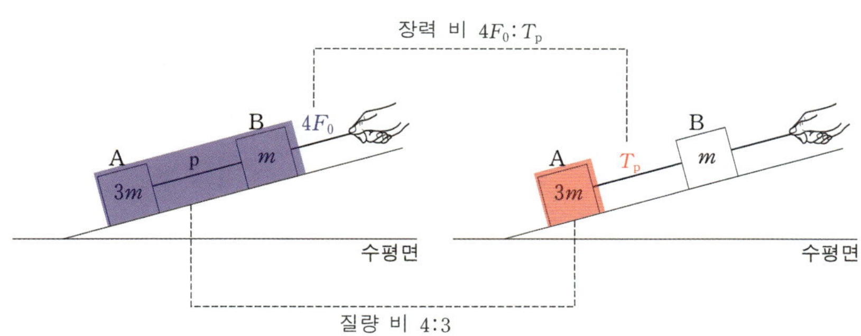

같은 빗면에서 가속도 운동하고 있을 때 질량 비와 장력 비의 관계

그렇다면 다음은 어떨까?

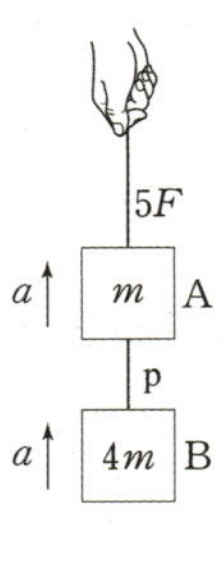

위 그림과 같이 질량이 m, $4m$인 물체 A, B를 실 p로 연결한 후 A에 연직 위 방향으로 $5F$를 작용했더니 A와 B가 중력과 반대 방향으로 크기가 a인 **등가속도 직선 운동**한다.

실 p가 B를 당기는 힘은 F의 몇 배인가?

매우 어렵다. 하지만 **결과는 놀랍고, 강력하다.**

결론부터 말하자면 p가 B를 당기는 힘은 $4F$이다.

앞으로 계산할 때는 아래와 같이 계산해서 결론을 내자.

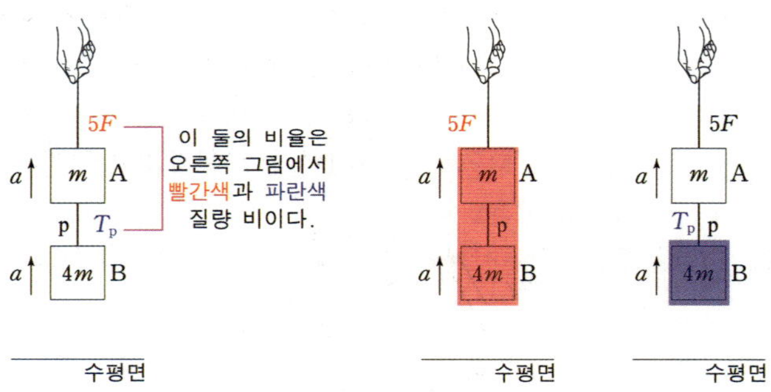

위 그림처럼 $5F : T_{\mathrm{p}}$는 A+B의 질량:B의 질량 이다.

$$5F : T_{\mathrm{p}} = (4m+m) : 4m, \quad T_{\mathrm{p}} = 4F$$

정리 같은 빗면에서 질량 비와 장력 비

○ 물체가 중력 또는 같은 빗면 상에 연결되어 가속도 운동하고 있을 때
실의 **장력 비**를 이용하여 실에 연결된 물체의 **질량 비**를 계산할 수 있고,
물체의 **질량 비**를 이용하여 실의 **장력 비**를 계산할 수 있다.

왜 그럴까? 증명해보자.

운동 방정식을 세워보면 된다.

일반화 시키기 위해 B의 질량을 M으로 두고, $5F$를 F로 두자.

① A+B계에 대해서 운동 방정식을 세워보면 다음과 같다.

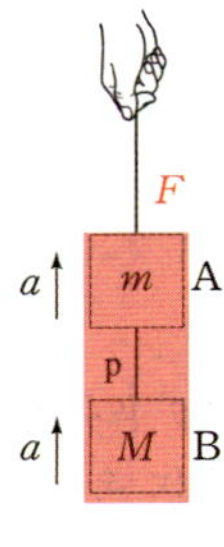

ⓐ 계의 질량과 가속도의 곱:
$$(M+m) \times a = (M+m)a$$
ⓑ 작용하는 모든 힘의 합력:
$$F - (M+m) \times g = F - (M+m)g$$
ⓒ ⓐ과 ⓑ의 값은 같다.
$$F - (M+m)g = (M+m)a, \quad a = \frac{F}{(M+m)} - g$$

② B에 대해서 운동 방정식을 세워보면 다음과 같다.

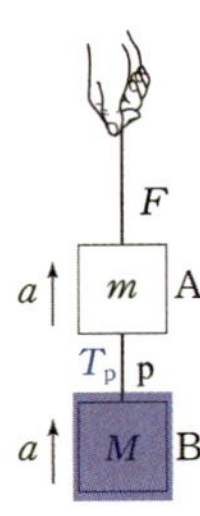

ⓐ 계의 질량과 가속도의 곱:
$$M \times a = Ma$$
ⓑ 작용하는 모든 힘의 합력:
$$T_p - Mg$$
ⓒ ⓐ과 ⓑ의 값은 같다.
$$Ma = T_p - Mg, \quad a = \frac{T_p}{M} - g$$

①과 ②에서 구한 가속도는 같아야 한다.

$$a = \frac{T_p}{M} - g = \frac{F}{(M+m)} - g$$

위의 식을 자세히 살펴보자.

$$a = \boxed{\frac{T_p}{M}} - g = \boxed{\frac{F}{(M+m)}} - g$$

$-g$는 서로 상쇄되어 없어지는 것을 확인할 수 있다.

그렇다면 파란색 부분($\frac{T_p}{M}$, $\frac{F}{(M+m)}$) 만 남는다.

그런데, 파란색 부분은 '물체에 작용하는 중력 가속도와는 전혀 관계 없는 값이다.'

만약 두 물체가 빗면에서 등가속도 운동을 한다면,

g대신 빗면 가속도(a_0)가 들어갔을 것이다.

$$a = \frac{T_p}{M} - a_0 = \frac{F}{(M+m)} - a_0$$

이 식에서도 마찬가지로 빗면 가속도가 상쇄되어 없어질 것이다.

결국, **장력 비가 질량 비**라는 강력한 식을 세울 수 있고, 해당 식은 빗면에 있을 때에도 성립된다.

$$F : T_p = (M+m) : M$$

※ 유의 사항: **같은 빗면상**의 물체에 대해서만 적용할 수 있다!

예제 17

그림과 같이 A, B를 실 p로 연결하고 B에 빗면 위 방향으로 $4F$의 힘을 작용했더니 A, B가 함께 등가속도 운동한다.

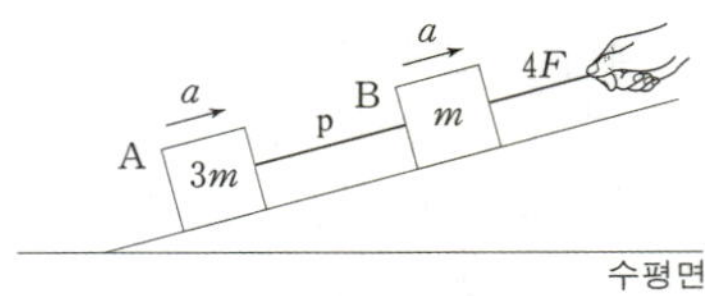

p가 B를 당기는 힘의 크기는? (단, 실의 질량, 모든 마찰과 공기 저항은 무시한다.)

예제 18

그림과 같이 A, B, C, D를 각각 실 p, q, r로 연결하였더니 A, B, C, D가 등가속도 운동을 한다.

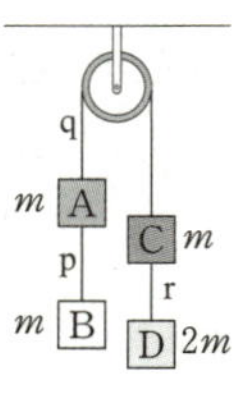

p, q, r이 물체를 당기는 힘의 크기를 각각 T_p, T_q, T_r이라 할 때, $T_p : T_q : T_r$은? (단, 실의 질량, 모든 마찰과 공기 저항은 무시한다.)

기출 예시 12

그림 (가)는 물체 A, B, C를 실 p, q로 연결하여 C를 손으로 잡아 정지시킨 모습을, (나)는 C를 가만히 놓은 후 시간에 따른 C의 속력을 나타낸 것이다. 1초일 때 p가 끊어졌다. A, B의 질량은 각각 2kg, 1kg이다. $t = 0.5$초일 때 p, q가 B를 당기는 힘의 크기는 각각 T_p, T_q이다.

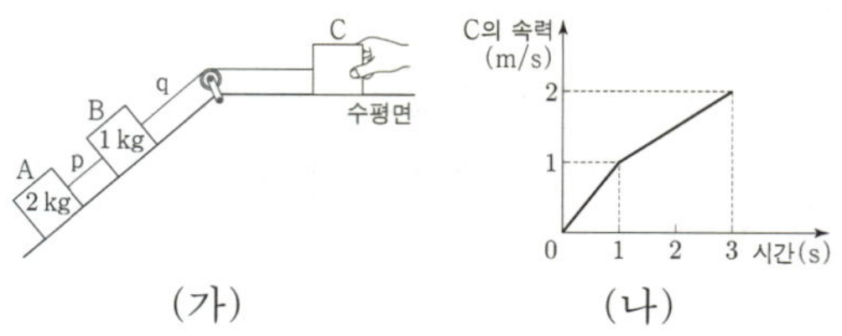

$T_p : T_q$는? (단, 실의 질량, 모든 마찰과 공기 저항은 무시한다.)

예제 17 해설

A+B계에(파란색) 작용하는 장력의 크기는 $4F$,

A의 계에(빨간색) 작용하는 장력의 크기는 T_p이므로

장력 비가 $4F : T_\mathrm{p}$이다.

실에 연결된 물체의 질량비가 $4m : 3m = 4 : 3$이고

이는 장력 비인 $4F : T_\mathrm{p}$와 같아야 하므로 다음이 성립한다.

$$4F : T_\mathrm{p} = 4 : 3, \quad T_\mathrm{p} = 3F$$

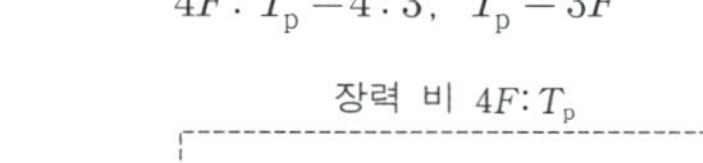

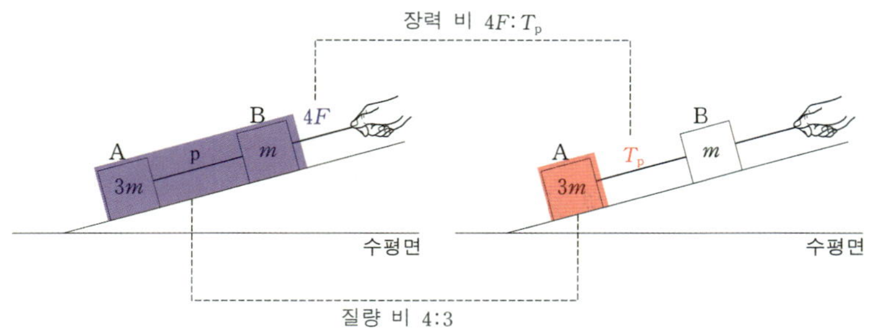

예제 18 해설

마찬가지로 질량비를 이용하여 장력 비를 계산해 보면 다음과 같이 계산된다.

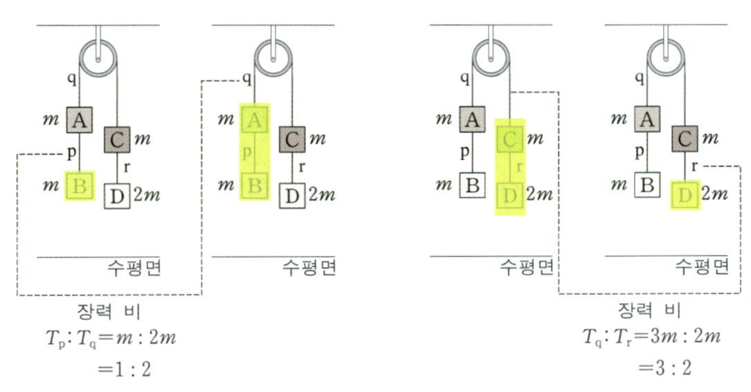

$$T_\mathrm{p} : T_\mathrm{q} = 1 : 2, \quad T_\mathrm{q} : T_\mathrm{r} = 3 : 2, \quad T_\mathrm{p} : T_\mathrm{q} : T_\mathrm{r} = 3 : 6 : 4$$

기출 예시 12

마찬가지로 질량비를 이용하여 장력 비를 계산해 보면 다음과 같이 계산된다.

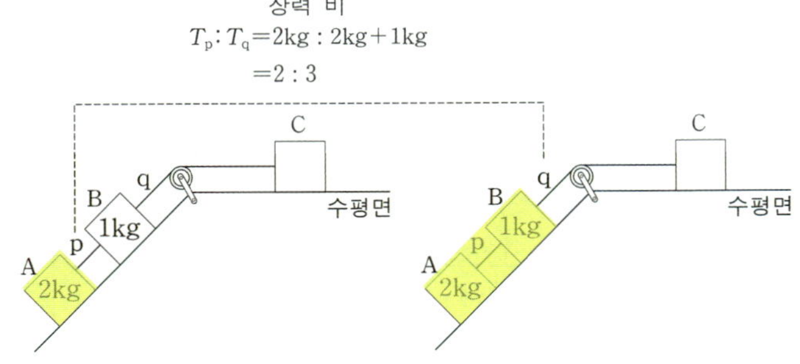

$$T_\mathrm{p} : T_\mathrm{q} = 2 : 3$$

9. 문제 푸는 방법 〔고급〕

 변화량 활용법

지금부터 설명할 내용은 이 책의 하이라이트이다.
필자는 해당 내용이 시중에서 보기 힘든 풀이 방법이라 생각한다.

이 풀이 방법을 제대로 익힌다면 다음과 같은 효과를 얻을 수 있다.

> 1) 운동 방정식을 세울 필요 없이 실이 물체를 당기는 힘(장력)을 계산할 수 있다.
> 2) 운동 방정식을 세울 필요 없이 질량과 가속도 정보를 파악할 수 있다.
> 3) 문제 풀이 속도가 빠르다.

변화량 풀이에 앞서 운동 방정식($F=ma$)의 성질과 원칙을 다시 점검해 보자.

> 1) $F=ma$는 알짜힘과 질량, 가속도의 관계이다.
> 2) 힘을 받는 계의 질량은 언제나 일정하다.
> 3) **서로 다른 계는 서로 다른 운동 방정식**을 가진다.
> 4) 힘 벡터와 가속도 벡터는 방향이 항상 같다. 우리는 벡터를 사용해야 한다.

우리는 앞으로 알짜힘이 변화하는 상황을 다룰 예정이다.

변화량 풀이법을 이용할 때는 '일정한 힘'과 '일정하지 않은 힘'을 구분해서 생각해 볼 필요가 있다.

실이 끊어지거나, 외부의 힘이 변하는 상황에서

'빗면 아래로 작용하는 힘($mg\sin\theta$)' 이나, '중력(mg)'은 변함이 없다.

즉, 계에 작용하는 알짜힘의 변화량을 계산할 때
중력, 빗면 아래로 작용하는 힘은 고려할 필요가 없다.

쉽게 생각하면 중력과 빗면 아래로 작용하는 힘을 f라 하고,
그 외의 힘을 F라 하자.

외부힘은 $F=F_1$에서 $F=F_2$로 변하는 상황을 생각해 보자.
알짜힘은 F_1+f, F_2+f 이고,
알짜힘의 변화량은 둘을 뺀 F_2-F_1 으로,
f의 값과 상관없는 값으로 나온다.

즉, 중력과 빗면 아래로 작용하는 힘을 생각할 필요는 전혀 없다는 점에서 편리하다.

즉, 〔알짜힘의 변화량〕=〔중력, 빗면 아래로 작용하는 힘을 제외한 외부힘의 변화량〕 과 같다는
사실을 명심하자.

 **① 실이 잘리는 유형 (가속도 변화량을 알 때, $\Delta F = m\Delta a$)**

실이 끊어지기 전후로 각 계의 <u>가속도의 값을 알 수 있는 경우</u> 활용 될 수 있다.

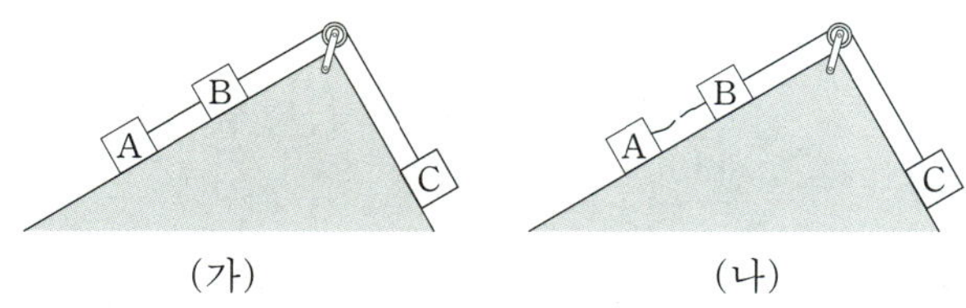

(가)에서 정지 상태에서 출발하다가 A, B를 연결한 실이 끊어지는 상황이다.

끊어지기 전 후 A와 B+C 사이의 실이 끊어지는 상황이기 때문에 계를 A와 B+C로 생각해보자.

A와 B+C 계의 알짜힘을 계산해 보자.

① A의 알짜힘

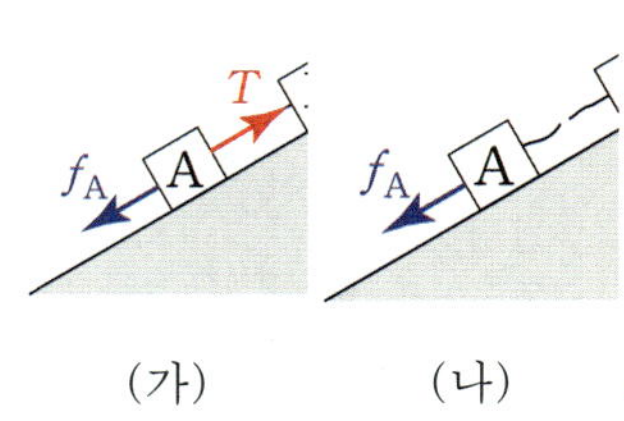

빗면 위 방향을 +라 하자.

(가)에서 A의 알짜힘은 $T - f_A$이다.

(나)에서 A의 알짜힘은 $-f_A$이다.

즉, (가)→(나)로 변할 때 알짜힘의 변화량은 $-f_A - (T-f_A) = -T$이다.

즉, 알짜힘의 변화량의 크기는 T 이다.

② B+C입장을 한번 보자.

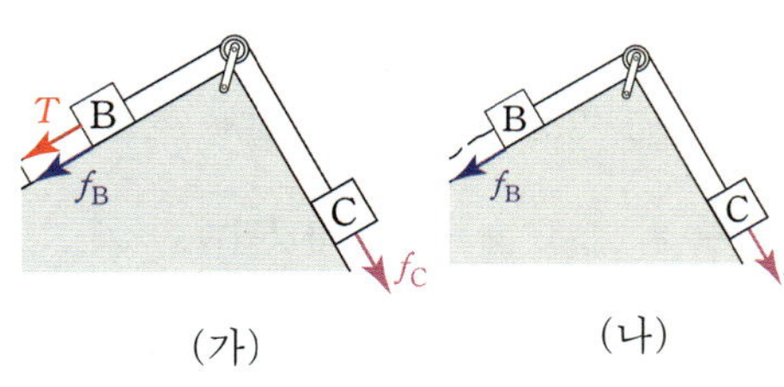

B에 빗면 아래로 작용하는 힘의 크기를 f_B

C에 빗면 아래로 작용하는 힘의 크기를 f_C로 두자.

B+C계의 알짜힘은

(가)에서는 $f_C - f_B - T$이고

(나)에서는 $f_C - f_B$이다.

실이 끊어지기 전 후, B+C계의 알짜힘의 변화량은 다음과 같다.

$$f_C - f_B - (f_C - f_B - T) = T$$

즉, 알짜힘의 변화량의 크기는 T 이다.

결론

①, ② 에서 보았듯, 실이 끊어지는 유형에서 분리되는 두 덩어리의 알짜힘의 변화량은 둘을 연결했던 장력 (T)의 값으로 같다.

$F = ma$의 식을 생각해 보자.

특정 계에서 알짜힘(F)이 변했다. 하지만, 그 계 내의 질량(m)은 변하지 않았다.

(A의 계에서는 실이 끊어지기 전후 질량이 변하지 않았고, B+C계에서도 마찬가지이다.)

그럼 $F = ma$에서 F가 변했고, m이 변하지 않았다면 무엇이 변했을까? 바로 <u>가속도(a)가 변했다.</u>

실이 끊어지기 전 후 가속도가 다음과 같이 주어졌다 가정하자.

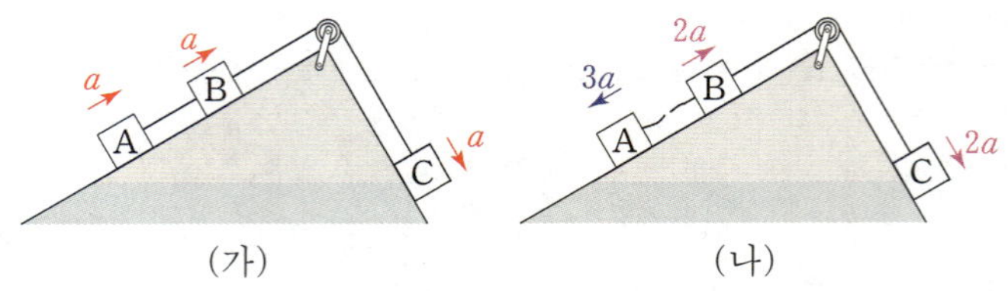

(가)에서 A, B, C가 가속도 a로 운동하다가

(나)에서 A와 B에 연결된 실이 끊어지고 나서 A는 $3a$, B+C는 $2a$의 가속도로 각각 가속도 운동한다.

A의 입장에서의 가속도 변화량은

빗면 위 방향으로 a에서

빗면 아래 방향으로 $3a$로 다음과 같이 변했다.

$$-3a-(+a)=-4a,$$

가속도 변화량의 크기는 $4a$이다.

→ 조심하자! 가속도는 벡터이다!

B+C의 입장에서의 가속도 변화량은

빗면 위 방향으로 a에서

빗면 위 방향으로 $2a$로 다음과 같이 변했다.

$$+2a-(+a)=+a,$$

가속도 변화량의 크기는 a이다.

즉, A의 가속도 변화량의 크기는 $4a$

B+C의 가속도 변화량의 크기는 a이다.

이제 $F=ma$를 작성해 보자.

1) A의 입장

A에서는 가속도의 변화량과 질량의 곱은 알짜힘의 변화량과 같으므로 다음 식이 성립된다.

$$T=m_A(4a)$$

2) B+C의 입장

B+C에서는 가속도의 변화량과 질량의 곱은 알짜힘의 변화량과 같으므로 다음 식이 성립된다.

$$T=m_{B+C}(a)$$

그런데 T가 동일하므로, T를 소거해 보면,

$$m_A(4a)=m_{B+C}(a), \quad \underline{m_A:m_{B+C}=\frac{1}{4a}:\frac{1}{a}}$$

결론

실이 잘렸을 때, 계에서의 가속도의 변화량의 역수 비는 그 계의 질량의 비와 같다.

문제에 개념 적용

적용①

대부분의 문제들의 경우는 아래 순서에 따라 적용하면 된다.

적용	변화량의 관점 1

① 가속도의 변화량을 구한다.

② ①의 역수를 구한다.

③ 그 비율을 구해서 각 계의 질량 비를 구한다.

적용②

'질량의 비가 먼저 구해지는 경우'가 존재한다.
이때는 가속도의 변화량을 알 수 있다.
질량 비의 역수 비가 바로 가속도의 변화량의 크기 비이다.

예를 들면
아래에서 A의 질량이 m, B의 질량이 $2m$, C의 질량이 m이면

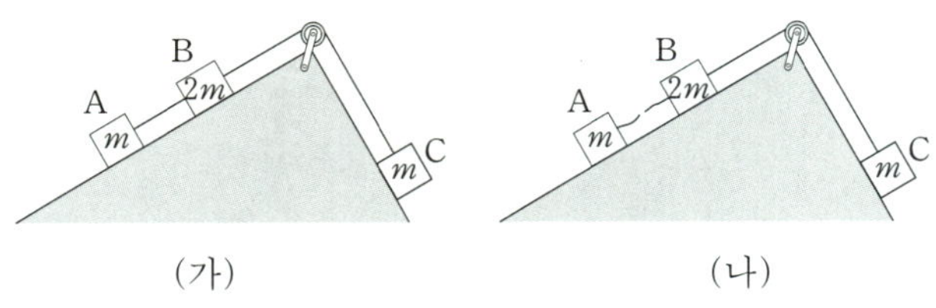

(가)→(나)에서 실이 끊어지므로 A와 B+C의 질량 비가 1:3이므로, 끊어지기 전 후 가속도의
변화량의 크기 비가 3:1임을 역추적 가능하다.

적용③ 장력 계산하기

실이 물체를 당기는 힘도 가속도 변화량을 이용하여 계산할 수 있다. 전 페이지의 예를 보면

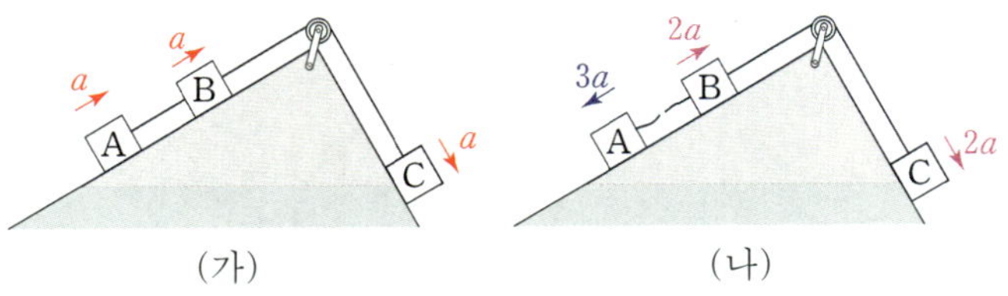

(가)에서 A, B, C가 가속도 $+a$로 운동하다가
(나)에서 A와 B를 연결한 실이 끊어지고 나서 A는 $-3a$, B+C는 $+2a$의 가속도로 각각 가속도
운동한다.

(가)에서 A와 B를 연결한 실이 A를 당기는 힘(장력, T)을
A의 질량(m_A)에 A의 가속도 변화량(Δa_A)의 크기를 곱해 구할 수 있다.
A의 가속도 변화: $\Delta a_\text{A} = (-3a) - (+a) = -4a$

$$T = m_\text{A}(4a) = 4m_\text{A}a$$

또는 B+C의 질량($m_\text{B} + m_\text{C}$)에 B+C의 가속도 변화량($\Delta a_\text{B+C}$)의 크기를 곱해 구할 수도 있다.
B+C의 가속도 변화: $\Delta a_\text{B+C} = +2a - (+a) = +a$

$$T = m_\text{B+C}(a) = m_\text{B+C}a$$

 예제 19

그림과 같이 물체 A, B가 도르래에 연결되어 등가속도 직선 운동한다.

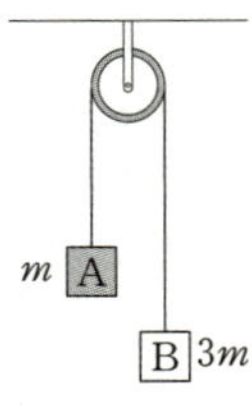

실이 A를 당기는 힘의 크기를 '변화량 관점'으로 계산해보자. (단, 중력 가속도는 g이고, 물체의 크기, 실의 질량, 모든 마찰과 공기 저항은 무시한다.)

 ## 해설

변화량 관점으로 장력을 계산하는 방법은 다음과 같다.
① 일단 연결되어 있을 때 가속도를 계산한다.

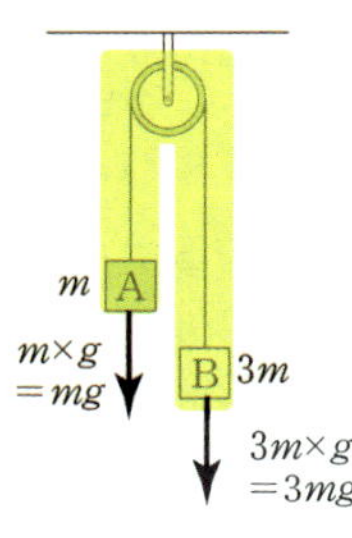

A의 중력: $m \times g = mg$
B의 중력: $3m \times g = 3mg$

A+B의 계에서의 가속도 계산하기
① 계의 질량과 가속도의 곱: $(m+3m) \times a = 4ma$
② 작용하는 모든 힘의 합력: $3mg - mg = 2mg$
③ ①과 ②의 값은 같다.

$$4ma = 2mg, \quad a = \frac{1}{2}g$$

② **실이 만약 끊어졌다고** 가정해 보자.

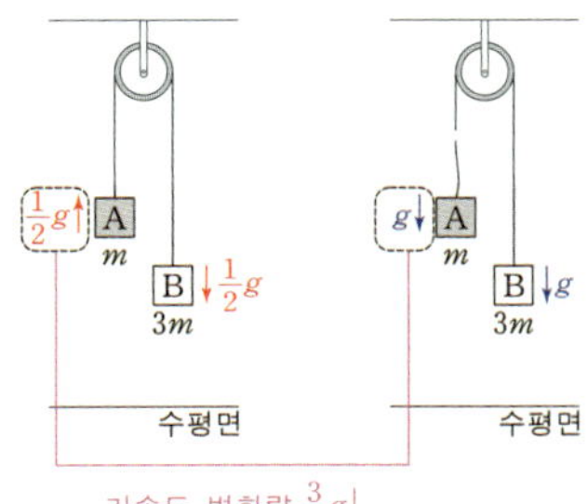

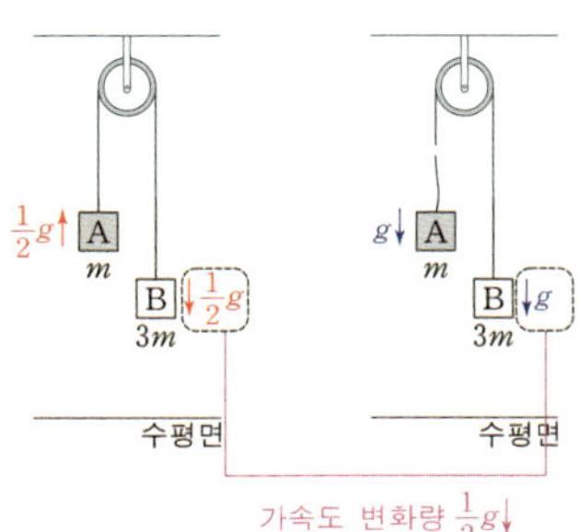

○ A를 이용

실의 장력 때문에 A의 알짜힘이
중력 방향으로 $m \times g = mg$에서
중력 반대 방향으로 $m \times \frac{1}{2}g = \frac{1}{2}mg$로
$mg - \left(-\frac{1}{2}mg\right) = \frac{3}{2}mg$만큼 변했다.

따라서 실의 장력은 $\frac{3}{2}mg$이다.

○ B를 이용

실의 장력 때문에 B의 알짜힘이
중력 방향으로 $3m \times g = 3mg$에서
중력 방향으로 $3m \times \frac{1}{2}g = \frac{3}{2}mg$로
$3mg - \left(\frac{3}{2}mg\right) = \frac{3}{2}mg$만큼 변했다.

따라서 실의 장력은 $\frac{3}{2}mg$이다.

적용 ▌ 장력 계산하기

① 실이 끊어졌다고 가정한다.
② ①의 가정에서 실에 연결된 물체의 가속도의 변화량을 구한다.
③ 물체의 질량에 ②에서 구한 가속도 변화량을 곱한다.

○ 물체의 알짜힘의 변화량을 구할 때
물체의 질량은 변하지 않고
물체의 가속도만 변하므로
물체의 질량과
물체의 가속도의 변화량의 곱으로
구할 수 있다.
실 끊어지기 전 후 알짜힘을
$$F_1, F_2$$
물체 질량
$$m$$
실이 끊어지기 전 후 가속도 a_1, a_2

가속도 변화량
$$a_1 - a_2 = \Delta a$$

$$F_1 - F_2 = ma_1 - ma_2$$
$$= m(a_1 - a_2)$$
$$= m\Delta a$$

 예제 20

그림 (가)는 A를 빗면 위에 가만히 두었더니, A가 5m/s²의 가속도로 등가속도 직선 운동하는 모습을 나타낸 것이고, 그림 (나)는 (가)의 A와 B를 실로 연결해 놓은 모습을 나타낸 것이다.

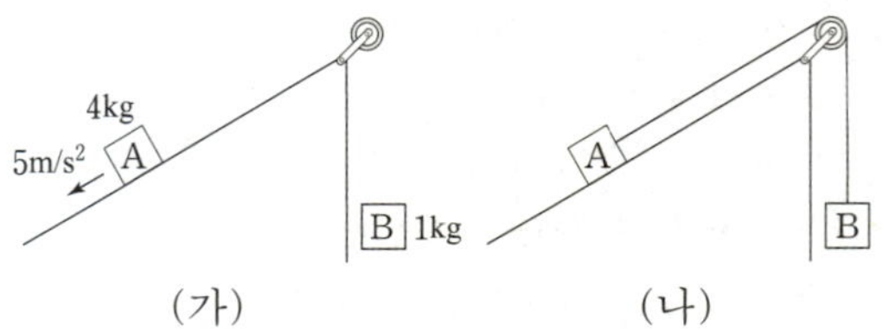

(나)에서 실이 A를 당기는 힘의 크기를 '변화량 관점'으로 계산해보자. (단, 중력 가속도는 10m/s² 이고, 물체의 크기, 실의 질량, 모든 마찰과 공기 저항은 무시한다.)

 **해설**

① 마찬가지로 일단 가속도를 계산한다. 실의 장력을 T로 두자.
A와 B를 전체 계로 하여 운동 방정식을 세워보면 다음과 같다.

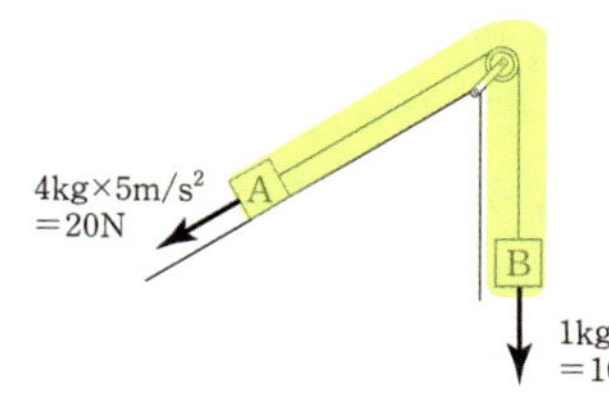

① 계의 질량과 가속도의 곱:
$$(4\text{kg} + 1\text{kg}) \times a = 5a$$
② 작용하는 모든 힘의 합력:
$$4\text{kg} \times 5\text{m/s}^2 - 1\text{kg} \times 10\text{m/s}^2 = 10\text{N}$$
③ ①과 ②의 값은 같다.
$$10\text{N} = 5a, \quad a = 2\text{m/s}^2$$

② **실이 만약 끊어졌다고** 가정해 보자.

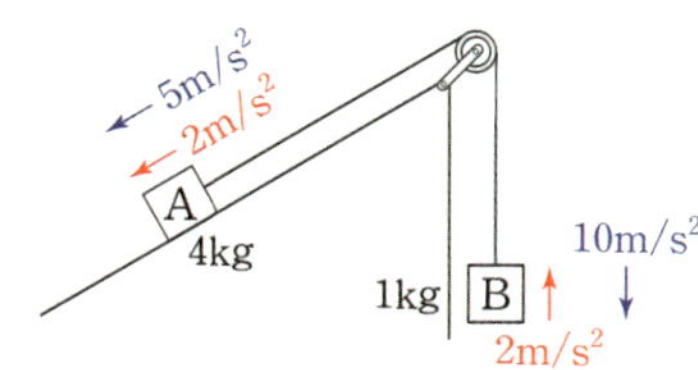

○ A를 이용
T 때문에 A의 알짜힘이
빗면 아래 방향으로 $4\text{kg} \times 2\text{m/s}^2 = 8\text{N}$에서
빗면 아래 방향으로 $4\text{kg} \times 5\text{m/s}^2 = 20\text{N}$로
$20\text{N} - 8\text{N} = 12\text{N}$만큼 변했다.

따라서 $T = 12\text{N}$이다.

○ B를 이용
실의 장력 때문에 B의 알짜힘이
중력 반대 방향으로 $1\text{kg} \times 2\text{m/s}^2 = 2\text{N}$에서
중력 방향으로 $1\text{kg} \times 10\text{m/s}^2 = 10\text{N}$로
$2\text{N} - (-10\text{N}) = 12\text{N}$만큼 변했다.

따라서 $T = 12\text{N}$이다.

※ 가속도 변화량에 질량 곱하면 더 빠르다.

A를 이용
A 가속도 변화량: $5\text{m/s}^2 - 2\text{m/s}^2 = 3\text{m/s}^2$
따라서 T는 A의 질량에 A의 가속도 변화량을 곱한 다음과 같다.
$$T = 4\text{kg} \times 3\text{m/s}^2 = 12\text{N}$$

B를 이용
B 가속도 변화량: $10\text{m/s}^2 - (-2\text{m/s}^2) = 12\text{m/s}^2$
따라서 T는 B의 질량에 B의 가속도 변화량을 곱한 다음과 같다.
$$T = 1\text{kg} \times 12\text{m/s}^2 = 12\text{N}$$

정답

예제 20
12N

 예제 21

21학년도 수능특강 10번 문항 변형

그림 (가)는 물체 A, B를 실로 연결하고, B에 연직 아래 방향으로 크기가 F인 힘을 작용하고 있을 때 A, B가 가속도 크기가 $\frac{1}{3}g$인 등가속도 운동을 하는 것을 나타낸 것이다. 그림 (나)는 (가)에서 힘 F를 제거했을 때 A, B가 가속도 크기가 $\frac{1}{6}g$인 등가속도 운동을 하는 것을 나타낸 것이다. A, B의 질량은 각각 $2m$, m이다.

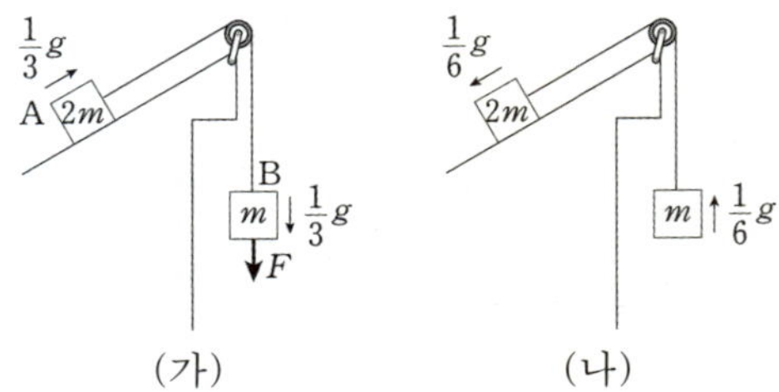

F는? (단, 중력 가속도는 g이고, 실의 질량과 모든 마찰은 무시한다.)

 **해설**

중력 방향을 양(+)으로 두자.

A+B의 계는 F 때문에 가속도가 $\dfrac{1}{3}g-\left(-\dfrac{1}{6}g\right)=\dfrac{1}{2}g$ 만큼 변했다.

따라서 F는 A+B의 질량에 가속도 변화량을 곱하면 된다.

$$F=(2m+m)\times\dfrac{1}{2}g=\dfrac{3}{2}mg$$

※ 굳이 운동 방정식을 이용할 필요가 없다.

정답
예제 21
$\dfrac{3}{2}mg$

기출 예시 13

18학년도 수능 19번 문항

그림 (가)와 같이 수평 방향의 일정한 힘 F가 작용하여 물체 A, B가 함께 운동하던 중에 A와 B 사이의 실이 끊어진다. 실이 끊어진 후에도 A에는 F가 계속 작용하고, A, B는 각각 등가속도 직선 운동을 한다. B의 질량은 2kg이고, B의 가속도의 크기는 실이 끊어지기 전과 후가 같다. 그림 (나)는 실이 끊어지기 전과 후 A의 속력을 시간에 따라 나타낸 것이다.

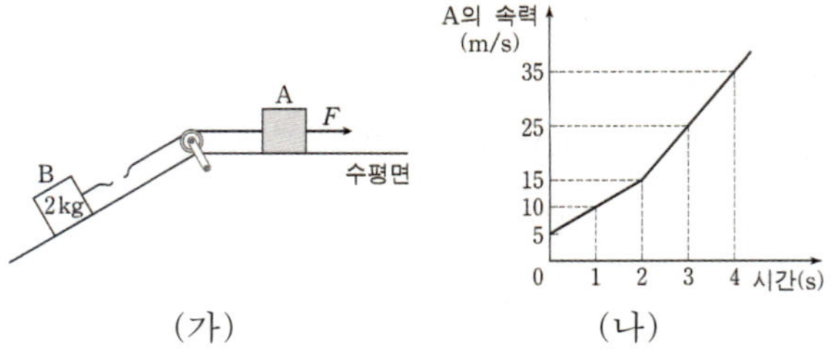

A의 질량은? (단, 실의 질량, 모든 마찰과 공기 저항은 무시한다.)

 **해설**

A의 질량을 m으로 두자.

(나)를 통해 실이 끊어지기 전의 가속도의 크기와 실이 끊어진 후의 가속도의 크기를 구할 수 있다.

	A	B
실이 끊어지기 전	5m/s^2	
실이 끊어진 후	10m/s^2	5m/s^2

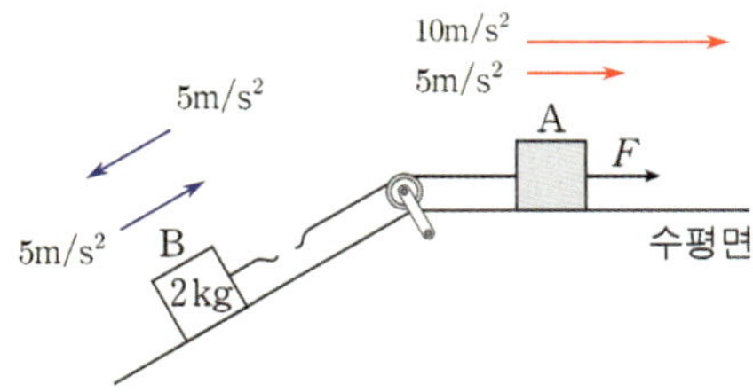

실제로 시험장에서 표를 그리고 있으면 안 된다.
위 그림처럼 화살표로 그린 후 벡터의 차를 생각해 보면 된다.

A의 가속도 변화량: 5m/s^2

B의 가속도 변화량: 10m/s^2

즉,
A와 B의 가속도의 변화량의 비가 1 : 2이고,
A와 B의 가속도의 변화량의 역수 비는 2 : 1이다.
이는 A와 B의 질량 비이다.

따라서 다음 식이 성립한다.

$$m : 2\text{kg} = 2 : 1, \quad m = 4\text{kg}$$

※ 참고로 실이 연결되어 있을 때 실의 장력은 다음과 같이 계산된다.
A의 가속도 변화량 이용 계산: $4\text{kg} \times (10\text{m/s}^2 - 5\text{m/s}^2) = 20\text{N}$
B의 가속도 변화량 이용 계산: $2\text{kg} \times (5\text{m/s}^2 - (-5\text{m/s}^2)) = 20\text{N}$

Mechanica 물리학1

 기출 예시 14

15학년도 9월 모의고사 7번 문항

그림 (가)와 같이 마찰이 없는 수평면에서 물체 A, B를 실로 연결하고, B를 수평 방향으로 일정한 힘 F_0로 잡아 당겼더니 A와 B가 함께 운동하다가 2초일 때 실이 끊어졌다. 그림 (나)는 A, B의 속도를 시간에 따라 나타낸 것이다. A의 질량은 2kg이다.

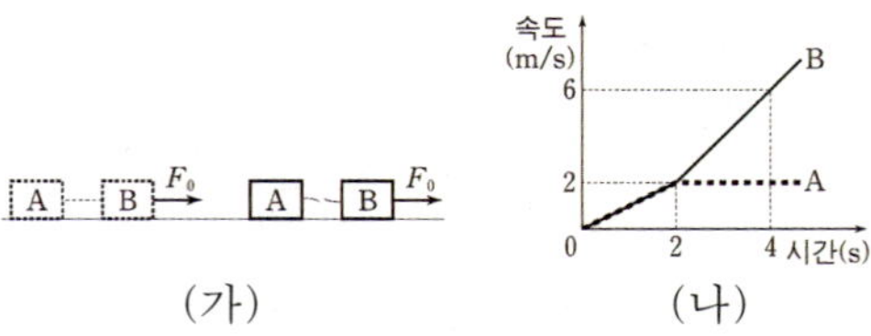

B의 질량은? (단, 실의 질량은 무시한다.)

 **해설**

A의 가속도는 $1m/s^2$에서 0으로 $1m/s^2$만큼 변했고
B의 가속도는 $2m/s^2$에서 $1m/s^2$으로 $1m/s^2$만큼 변했다.
즉,
A와 B의 가속도 변화량의 비가 $1:1$이고
A와 B의 가속도 변화량의 역수 비가 $1:1$이다.
이는 A와 B의 질량 비 이므로
A와 B의 질량은 같다.
따라서 A와 B의 질량은 2kg으로 같다.

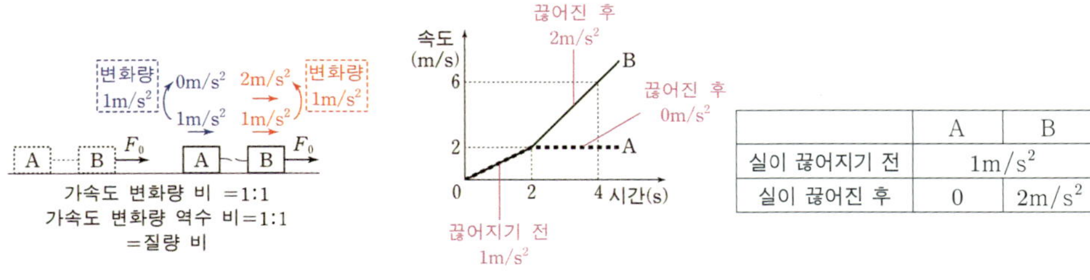

	A	B
실이 끊어지기 전	$1m/s^2$	
실이 끊어진 후	0	$2m/s^2$

※ 참고로 실이 연결되어 있을 때 실의 장력은 다음과 같다.
A와 B의 가속도 변화량 이용: $2kg \times 1m/s^2 = 2N$

정답

기출 예시 14
2kg

기출 예시 15

22학년도 수능 16번 문항

그림은 물체 A, B, C를 실 p, q로 연결하여 C를 손으로 잡아 정지시킨 모습을 나타낸 것이다. C를 가만히 놓으면 B는 가속도의 크기 a로 등가속도 운동한다. 이후 p를 끊으면 B는 가속도의 크기 a로 등가속도 운동한다. A, B, C의 질량은 각각 $3m$, m, $2m$이다.

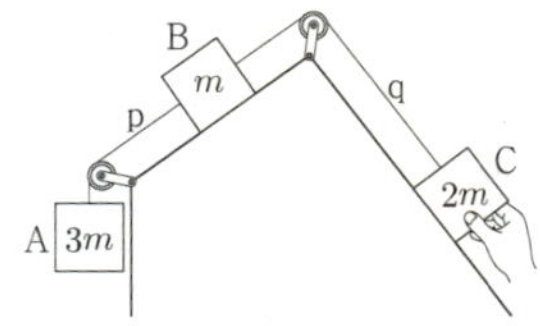

a는 중력 가속도의 몇 배인가? 그리고 p가 끊어지기 전 p가 A를 당기는 힘의 크기는? (단, 중력 가속도는 g이고, 실의 질량, 모든 마찰과 공기 저항은 무시한다.)

 **해설**

A의 가속도는 a에서 g로 $(g-a)$만큼 변하고
B의 가속도는 빗면 아래 방향으로 a에서 빗면 위 방향으로 a로 $(2a)$만큼 변한다.
(A에 작용하는 중력 방향을 양(+)으로 두자.)

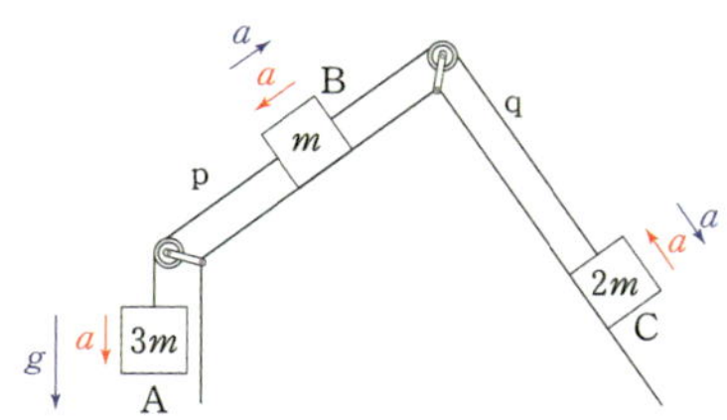

	A	B+C
실이 끊어지기 전	$+a$	
실이 끊어진 후	g	$-a$

p가 끊어지기 전에 p의 장력(T)은
A의 가속도 변화량과
B+C의 가속도 변화량을 이용하여
각각 계산할 수 있다.

A의 가속도 변화량 이용: $T = 3m \times (g-a) = 3m(g-a)$

B+C의 가속도 변화량을 이용: $T = (m+2m) \times (2a) = 6ma$

두 방식으로 구한 장력의 값은 같다.

$$3m(g-a) = 6ma, \quad a = \frac{1}{3}g$$

장력은 다음과 같다.

$$T = 6ma = 6m\left(\frac{1}{3}g\right) = 2mg$$

 기출 예시 16

22학년도 6월 모의고사 13번 문항

그림은 물체 A, B, C, D가 실로 연결되어 가속도의 크기가 a_1인 등가속도 운동을 하고 있는 것을 나타낸 것이다. 실 p를 끊으면 A는 등속도 운동을 하고, 이후 실 q를 끊으면 A는 가속도의 크기가 a_2인 등가속도 운동을 한다. p를 끊은 후 C와, q를 끊은 후 D의 가속도의 크기는 서로 같다. A, B, C, D의 질량은 각각 $4m$, $3m$, $2m$, m이다.

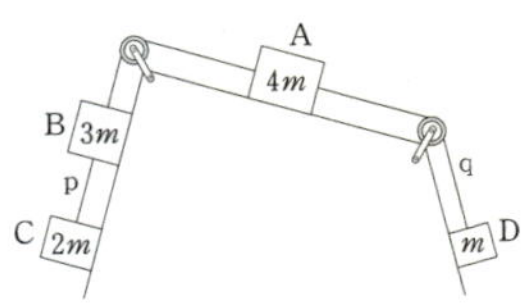

$\dfrac{a_1}{a_2}$의 값은? (단, 실의 질량, 마찰과 공기 저항은 무시한다.)

※ 추가 확인 문제

A, B 사이 연결된 실은 r이다. p, q가 끊어지기 전 p, q, r의 장력(T_p, T_q, T_r)을 p가 끊어졌을 때 C의 가속도(a_0)를 이용하여 계산해 보자.

 **해설**

C의 빗면 아래 방향을 양(+)으로 두자.
p를 끊은 후 C의 가속도의 크기는 C가 있는 빗면 가속도이다.
q를 끊은 후 D의 가속도의 크기는 D가 있는 빗면의 빗면 가속도이다.
문제 조건에서 p를 끊은 후 C와, q를 끊은 후 D의 가속도의 크기는 서로 같으므로
C와 D의 빗면 가속도가 같다. (그 크기를 a_0라 하자.)
p, q가 끊어졌을 때 가속도 변화량을 계산해 보자.

① p가 끊어졌을 때

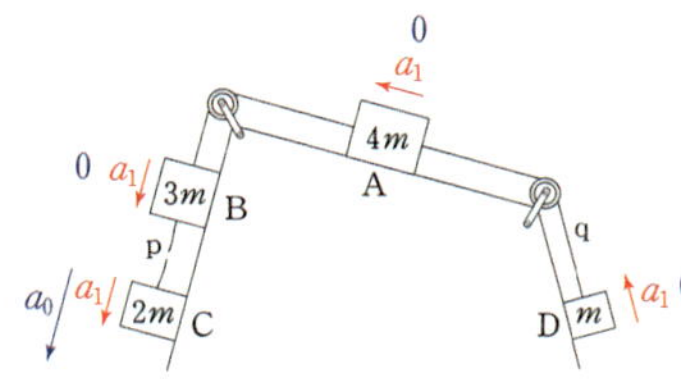

	C	A+B+D
실이 끊어지기 전		$+a_1$
실이 끊어진 후	$+a_0$	0

C와 A+B+D의 가속도 변화량의 크기 비가 $a_0-a_1:a_1$이고
C와 A+B+D의 가속도 변화량의 역수 비가 $a_1:a_0-a_1$이다.
C와 A+B+D의 질량 비는 $2m:3m+4m+m=1:4$이다.
따라서 다음 식이 성립한다.

$$a_1:a_0-a_1=1:4, \quad a_0=5a_1$$

② q가 끊어졌을 때

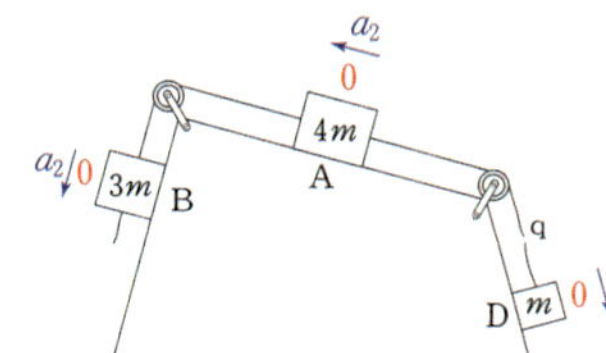

	D	A+B
실이 끊어지기 전	0	
실이 끊어진 후	$-a_0$	$+a_2$

D와 A+B의 가속도 변화량의 크기 비가 $a_0:a_2$이고
D와 A+B의 가속도 변화량의 역수 비가 $a_2:a_0$이다.
D와 A+B의 질량 비인 $m:3m+4m=1:7$이다.
따라서 다음 식이 성립한다.

$$a_2:a_0=1:7, \quad a_0=7a_2$$

$a_0=5a_1$, $a_0=7a_2$ 이므로 $\dfrac{a_1}{a_2}=\dfrac{7}{5}$이다.

※ 추가 확인 문제

1) p가 끊어졌다 가정

C의 가속도의 변화량 크기: $a_0-a_1=\dfrac{4}{5}a_0$

$$T_\text{p}=2m\times\dfrac{4}{5}a_0=\dfrac{8}{5}ma_0$$

$T_\text{r}:T_\text{p}=$ B+C의 질량: C의 질량이므로

$$T_\text{r}:T_\text{p}=3m+2m:2m=5:2, \quad T_\text{r}=4ma_0$$

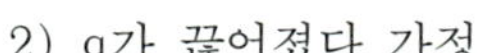

2) q가 끊어졌다 가정

D의 가속도 변화량의 크기: $a_1-(-a_0)=\dfrac{6}{5}a_0$

$$T_\text{q}=m\times\dfrac{6}{5}a_0=\dfrac{6}{5}ma_0$$

$$T_\text{p}:T_\text{q}:T_\text{r}=\dfrac{8}{5}ma_0:\dfrac{6}{5}ma_0:4ma_0=4:3:10$$

기출 예시 16

$$\dfrac{7}{5}$$

추가 확인 사항

$T_\text{p}:T_\text{q}:T_\text{r}=4:3:10$

○ C가 실이 끊어지고 가속도가
증가하는 이유는 아래 그림처럼
C가 빗면 아래로 가속도
운동하고 있었는데 뒤에서
잡아당기는 힘(p의 장력)이
사라지므로 가속도의 크기가
증가할 수밖에 없다.

※ 식으로 이해
p의 장력을 T라 하면
실이 끊어지기 전 C의 알짜힘:
$$2ma_0-T$$
실이 끊어진 후 C의 알짜힘:
$$2ma_0$$
$2ma_0-T<2ma_0$ 이므로
실이 끊어진 후 C의 가속도가
증가한다.

 기출 예시 17

그림 (가)와 같이 질량이 각각 $3m$, $2m$, $4m$인 물체 A, B, C가 실로 연결된 채 정지해 있다. 실 p, q는 빗면과 나란하다. 그림 (나)는 (가)에서 p가 끊어진 후, A, B, C가 등가속도 운동하는 모습을 나타낸 것이다.

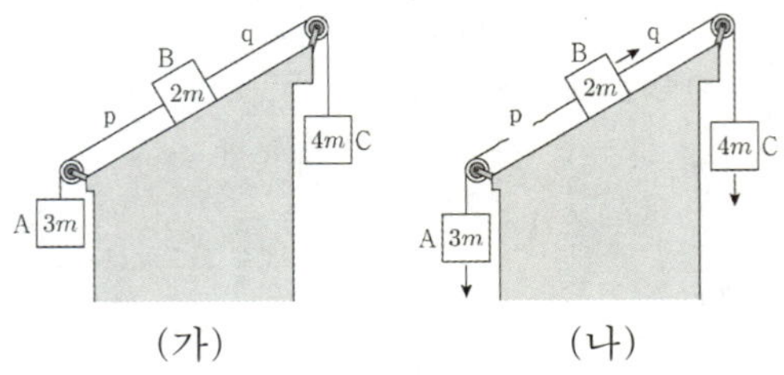

(나)에서 B의 가속도의 크기는? (단, 중력 가속도는 g이고, 실의 질량, 모든 마찰과 공기 저항은 무시한다.)

 **해설**

정답
기출 예시 17
$\dfrac{1}{2}g$

모든 물체의 질량이 주어져 있다.

그리고 p가 끊어진 후 A의 가속도의 크기는 중력 가속도(g)이다.

p 끊어지기 전에는 A, B, C는 정지해 있으므로 가속도는 0이다.

A, B, C의 가속도를 p가 끊어지기 전 후 로 나누어 정리해 보면 다음과 같다.

A에 작용하는 중력의 방향을 양(+)으로 두자.

	A	B	C
실이 끊어지기 전		0	
실이 끊어진 후	$+g$		$-a$

A의 질량은 $3m$이고

B와 C의 전체 질량 합이 $6m$이므로,

A:B+C의 질량 비는 1:2이다.

즉, 가속도의 변화량의 크기 비는 질량 비의 역수 비인 2:1이다.

A의 가속도의 변화량의 크기는 g

B+C의 가속도의 변화량의 크기는 a이다.

질량의 역수 비가 2:1 이므로 a를 계산해 보면 다음과 같다.

$$g:a=2:1, \ a=\frac{1}{2}g$$

 **기출 예시 18**

18학년도 9월 모의고사 19번 문항 변형

그림 (가)는 물체 A, B, C가 실 p, q로 연결되어 경사면에 정지해 있는 모습을 나타낸 것이다. q가 B를 당기는 힘의 크기는 p가 A를 당기는 힘의 크기의 3배이다. 그림 (나)는 (가)에서 p가 끊어진 후, A, B, C가 등가속도 직선 운동을 하는 모습을 나타낸 것이다. A와 B는 정지 상태에서 출발해 같은 시간 동안 각각 $3s$, s만큼 서로 반대 방향으로 운동하였다.

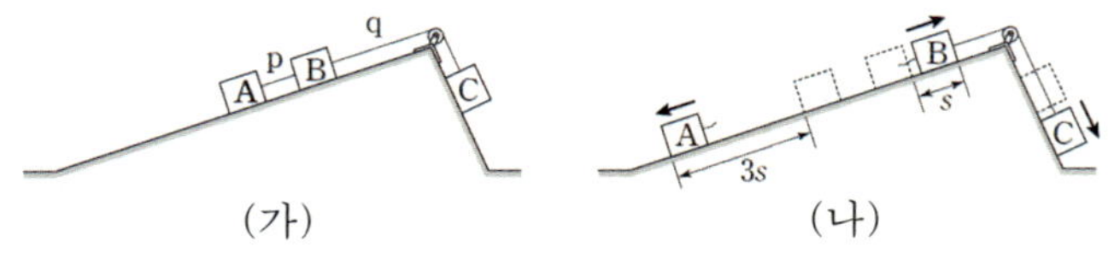

A, B, C의 질량을 각각 m_A, m_B, m_C라 할 때, $m_A : m_B : m_C$는? (단, 마찰과 공기 저항, 실의 질량은 무시한다.)

 **해설**

배웠던 내용의 집합체이다.

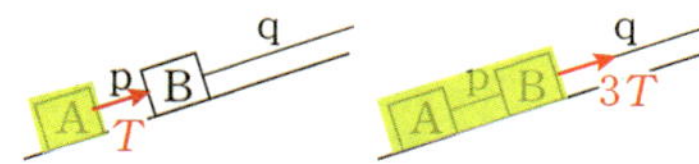

질량 비
$$T : 3T = m_A : m_A + m_B$$

① (가)에서 A와 B의 질량 비를 구해보자.

p, q의 장력 비는

A와 A+B의 질량 비와 같다. 따라서

$$T : 3T = m_A : m_A + m_B , \ m_A : m_B = 1 : 2$$

② (나)에서 A와 B+C의 질량비를 계산해 보자.

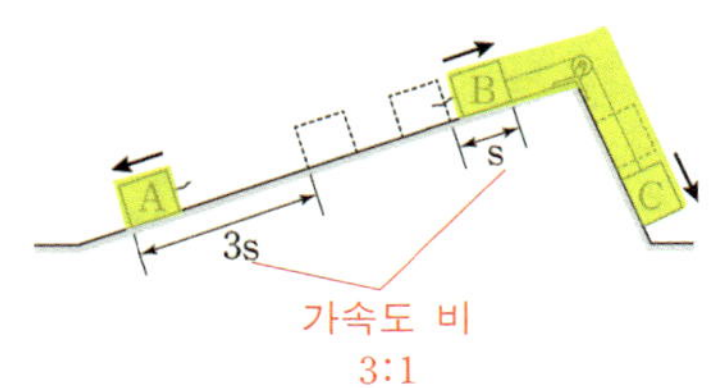

○ 실이 끊어진 직후 A와 B+C는 정지상태에서 출발하여 각각 등가속도 직선 운동을 한다. 그런데, 같은 시간 동안 이동한 거리 비가 3:1이다.
정지 상태에서 이동한 거리(L)는 다음과 같다.

$$L = \frac{1}{2} a t^2$$

그런데 이동 시간(t)가 같으므로, 이동 거리 비는 가속도 비와 같다.
A, B+C의 가속도를 각각 a_A, a_{B+C}라 하면 다음 식이 성립한다.
$$a_A : a_{B+C} = 3 : 1 \ (a_A = 3a, \ a_{B+C} = a \text{로 두자.})$$

○ 실이 잘리기 전 후 가속도를 나타내 보면 다음과 같다.
A가 빗면 아래로 작용하는 힘의 방향을 양(+)으로 두자.

물체	A	B	C
실이 끊어지기 전		0	
실이 끊어진 후	$+3a$		$-a$

가속도 변화량의 크기 비 (A:B+C)

$$3a - 0 : a - 0 = 3 : 1$$

질량 비 = 가속도 역수 비

$$m : 2m + m_C = 1 : 3 , \ m_C = m$$

따라서 A, B, C의 질량비는 다음과 같다.

$$m_A : m_B : m_C = 1 : 2 : 1$$

정답

기출 예시 18

$m_A : m_B : m_C = 1 : 2 : 1$

② 함께 운동하는 두 물체의 알짜힘 변화량 (실의 장력을 알 때)

우선 간단 예시를 확인해 보자.

> **간단 예시**　　알짜힘 변화량 이용
>
> 그림과 같이 서로 다른 빗면에서 A와 B를 실로 연결한 후 B에 빗면 아래 방향으로 5N을
> 작용한다. 이후 5N을 제거한다. 물체 A와 B는 함께 운동하며, 5N이 작용하기 전후 각각
> 등가속도 운동을 한다. 이 상황에서 A와 B의 질량 비를 구해보자.

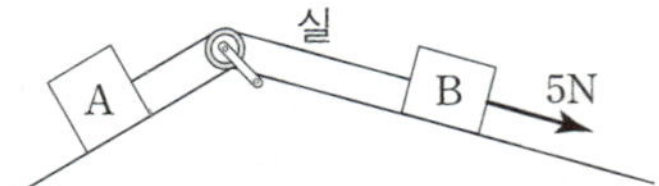

	5N을 작용했을 때	5N을 제거했을 때
실의 장력	6N	2N

중력과 빗면 아래로 받는 힘을 제외한 외부 힘의 합력을 구해서 그 합력의 변화량만을 생각하면 된다.
5N의 방향을 양(+)으로 하자.

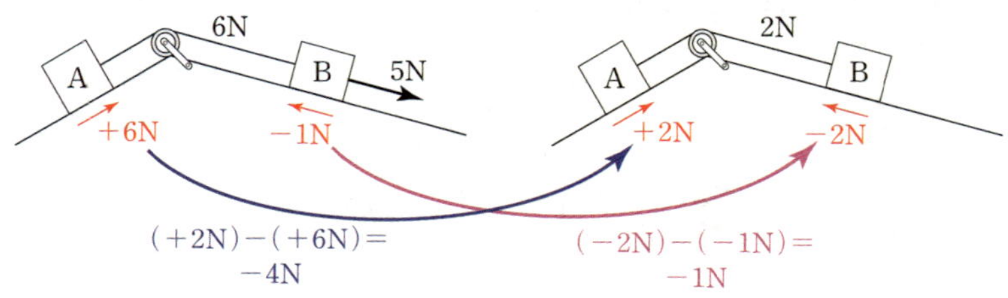

A의 외부 힘은 +6N에서 +2N으로 변해 −4N만큼 변했고
B의 외부 힘은 −1N에서 −2N으로 변해 −1N만큼 변했다.

외부힘의 변화량의 크기 비가 4 : 1이므로 A와 B의 질량비는 4 : 1이다.

해당 상황이 납득하기 어려울 수 있다.
문제 상황을 정석대로 풀어보고 해당 계산법의 정당성을 파악하자.

A와 B는 함께 운동하므로 5N이 작용하기 전 후 각 상황에서 가속도의 값은 같다.

5N이 작용할 때 가속도를 a_1
5N이 작용하지 않을 때 가속도를 a_2
A와 B의 질량을 각각 m_A, m_B
A와 B에 빗면 아래로 작용하는 힘을 각각 f_A, f_B라 하겠다.
운동 방정식을 세워보면 다음과 같다.

① $6N - f_A = m_A a_1$,　$f_B - 1N = m_B a_1$
② $2N - f_A = m_A a_2$,　$f_B - 2N = m_B a_2$

위에서 아래 식을 빼주면 다음과 같다.

$$4N = m_A(a_1 - a_2),\ 1N = m_B(a_1 - a_2) \rightarrow m_A : m_B = 4 : 1$$

①과 ② 식을 빼주면 f_A와 f_B가 계산 과정에서 서로 상쇄된다.
따라서 계산할 때 f_A와 f_E 필요 없이
외부힘의 합력의 변화량의 비로 A와 B의 알짜힘의 변화량의 비를 구할 수 있고
이는 곧 A와 B의 질량 비이다.

이 방식은 함께 운동하는 두 물체를 기준으로 알짜힘의 변화량을 알 때 사용하는 방식이다.
이 방식의 경우는 외력의 변화량의 비를 구해야 하기 때문에
실이 물체를 당기는 장력과 그 밖의 외부 힘을 알아야 풀이가 가능하다.
다음과 같은 상황에서 활용할 때 효과를 볼 수 있다.

○ 힘을 작용하기 전후 빗면 아래로 작용하는 힘 외의 각 물체의 외부 힘을 구할 수 있을 때.
　(알짜힘 중 빗면 아래로 작용하는 힘 f 또는 중력의 값 mg은 변함이 없기 때문에 몰라도 상관없다.)
○ 외력이 변한 상황에서도 중력과 빗면 아래로 작용하는 힘 f를 제외한 힘을 알 수 있을 때.

이 문제들의 경우는 아래 순서에 따라 적용하면 된다.

---

① 외부 힘의 합의 변화량을 구한다.
　→ 중력, 빗면 아래로 작용하는 힘의 변화는 없기 때문에
　　외부힘의 합의 변화량은 알짜힘의 변화량과 같다.
② 그 비율을 구한다.
③ 그 비율이 질량 비이다.

식으로 정리해 보자면 물체 A, B가 함께 운동하는 상황이라면,
A에 작용하는 알짜힘 변화량의 크기 : B에 작용하는 알짜힘 변화량의 크기
= A의 질량 : B의 질량

정리　　**변화량의 관점 2**

① 외부힘의 합력을 구한다.
② 합력의 변화량을 구한다.
③ 그 비율이 질량 비이다.

예제 22

그림 (가)와 같이 물체 A, B, C가 실 p, q로 연결되어 $t=0$일 때 정지 상태에서
출발하여 함께 등가속도 운동을 한 후, $t=1$초일 때 p가 끊어졌다. 그림 (나)는
q가 B를 당기는 힘의 크기를 시간 t에 따라 나타낸 것이다. A, B의 질량은
각각 1kg, 2kg이다.

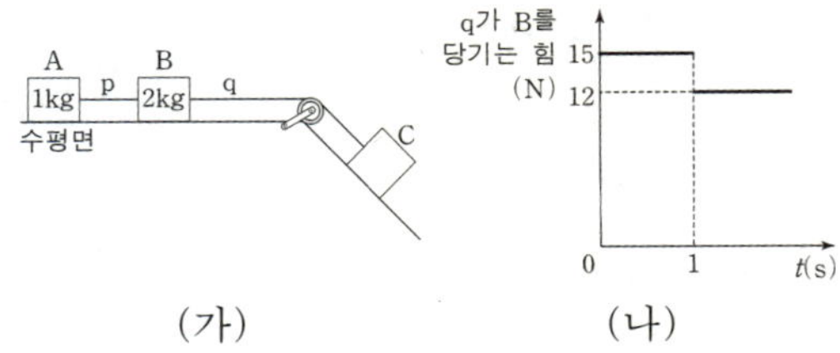

(가)   (나)

C의 질량은? (단, 실의 질량, 모든 마찰과 공기 저항은 무시한다.)

 **해설**

C의 질량을 m_C로 두자.

p가 끊어지기 전 p와 q의 장력 비는 A와 A+B의 질량비이다. 따라서 다음 식이 성립한다. (실이 끊어지기 전 p의 장력 T_p)

$$T_p : 15N = 1kg : (1kg + 2kg), \quad T_p = 5N$$

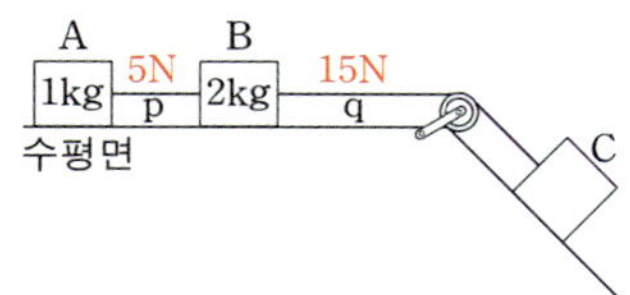

B에 작용하는 장력의 합력은 오른쪽 방향으로 $15N - 5N = 10N$이고
C에 작용하는 장력의 합력은 빗면 위 방향으로 $15N$이다.

이 상태에서 실이 끊어지면
B에 작용하는 장력의 합력은 오른쪽 방향으로 $12N$이고
C에 작용하는 장력의 합력은 빗면 위 방향으로 $12N$이다.

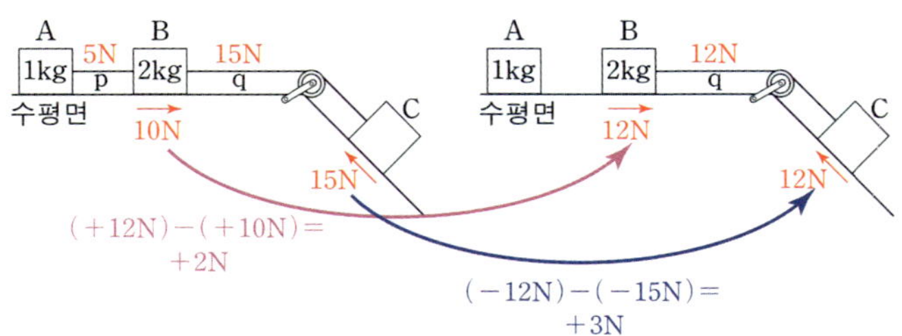

오른쪽 방향을 양(+)으로 두고 p가 끊어지기 전후 B와 C의 외부힘의 합력을 정리해 보면 다음과 같다.

물체	B	C
p가 끊어지기 전	$+10N$	$-15N$
p가 끊어진 후	$+12N$	$-12N$
변화량	$+2N$	$+3N$

즉,
실의 장력의 합력의 변화량의 크기 비가 $2N : 3N = 2 : 3$이고
이는 B와 C에 작용하는 알짜힘의 변화량의 크기 비와 같으며
이는 B와 C의 질량 비와 같다.
따라서 m_C는 다음과 같다.

$$2kg : m_C = 2 : 3, \quad m_C = 3kg$$

 기출 예시 19

22학년도 9월 모의고사 13번 문항

그림 (가)는 물체 A, B, C를 실 p, q로 연결하여 C를 손으로 잡아 정지시킨
모습을, (나)는 C를 가만히 놓은 후 시간에 따른 C의 속력을 나타낸 것이다.
1초일 때 p가 끊어졌다. A, B의 질량은 각각 2kg, 1kg이다.

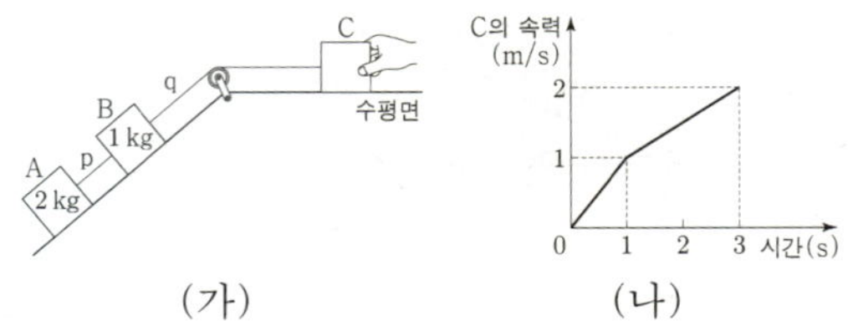

C의 질량은? (단, 실의 질량, 모든 마찰과 공기 저항은 무시한다.)

 **해설**

정답 ////////
기출 예시 19
3kg

C의 질량을 m_C로 두자.

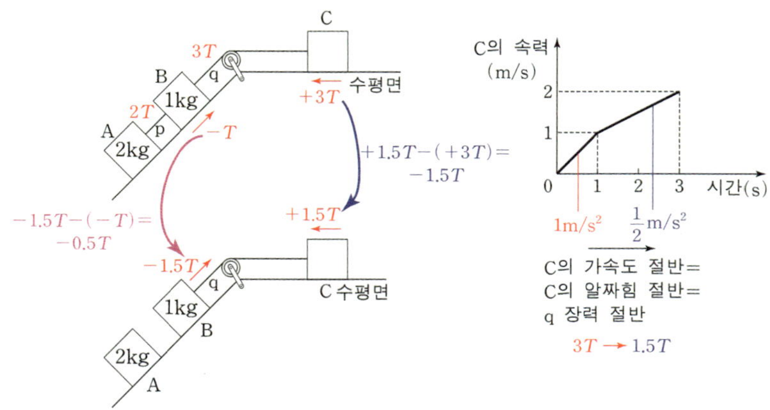

A와 B의 질량 합이 3kg이고,

p를 자르기 전 q의 장력을 $3T$로 잡으면,

p의 장력(T_q)과 q의 장력($3T$)의 비는 A의 질량과 A+B의 질량 비와 같다.

따라서 다음 식이 성립한다.

$$2kg : 2kg + 1kg = T_p : 3T, \ T_p = 2T$$

C를 계로 했을 때 C에 작용하는 알짜힘은 실 q가 C를 당기는 힘이다.

그런데 C의 가속도의 크기가 $1m/s^2$에서 $\frac{1}{2}m/s^2$으로 절반이된다.

따라서 q가 C를 당기는 힘의 크기가 p를 자른 후 절반이 된다. ($3T$에서 $1.5T$로 변한다.)

A에 빗면 아래로 작용하는 힘의 방향을 양(+)으로 두고
p가 끊어지기 전후 B와 C의 외부힘의 합력을 정리해 보면 다음과 같다.

물체	B	C
p가 끊어지기 전	$−T$	$+3T$
p가 끊어진 후	$−1.5T$	$+1.5T$
변화량	$−0.5T$	$−1.5T$

즉,

실의 장력의 합력의 변화량의 크기 비가 $0.5T : 1.5T = 1 : 3$이고

이는 B와 C에 작용하는 알짜힘의 변화량의 크기 비와 같으며

이는 B와 C의 질량 비와 같다.

따라서 m_C는 다음과 같다.

$$1kg : m_C = 1 : 3, \ m_C = 3kg$$

PART **3**

개념편

PART

Mechanica 물리학1

1. 운동량과 충격량

 운동량의 정의

운동량(p): 물체가 운동하는 정도를 나타내는 물리량.

○ 운동량(p)는 물체의 질량(m)과 물체의 속도(v)의 곱으로 표현한다.

$$p = mv$$

○ 운동량(p)은 방향을 가지는 '**벡터량**' 이다. (방향이 매우 중요한 물리량이다!)
○ 운동량의 방향은 **속도의 방향과 같다.**
○ 단위는 질량 단위(kg)와 속도 단위(m/s)의 곱인 kg·m/s를 쓴다.
→ 1kg·m/s는 1kg인 물체가 1m/s의 속력으로 운동할 때 물체가 가지는 운동량이다.

| 간단 예시 | 운동량 구하기 |

그림과 같이 물체 A, B가 마찰이 없는 수평면에서 각각 4m/s, 1m/s의 일정한 속력으로 운동하는 모습을 나타낸 것이다. A와 B의 질량은 각각 3kg, 5kg이고, 운동 방향은 각각 오른쪽, 왼쪽 방향이다. 오른쪽 방향을 양(+)으로 한다.

A와 B의 운동량은?

○ A의 운동량은 다음과 같이 계산된다.
① A의 질량: 3kg
② A의 속도: +4m/s
③ A의 운동량: 3kg × (+4m/s) = +12kg·m/s

○ B의 운동량은 다음과 같이 계산된다.
① B의 질량: 5kg
② B의 속도: −1m/s
③ B의 운동량: 5kg × (−1m/s) = −5kg·m/s

중요한 사실!
운동량을 계산할 때에는 방향의 양(+), 음(−)을 설정하고 부호를 반드시 붙여야 한다.

| 정리 | 운동량 |

○ 운동량(p)은 물체의 질량(m)과 물체의 속도(v)의 곱이다.

$$p = mv$$

○ 운동량의 방향은 속도의 방향과 같다.
○ **운동량을 표현할 때에는 반드시 방향을 표현해야한다.**
○ 운동량의 단위는 kg·m/s이다.

 **충격량의 정의**

충격량(I) : 물체가 충돌할 때 충격의 정도를 나타내는 물리량.

○ 충격량(I)는 물체가 충돌 시 받는 알짜힘(F)과 충돌 시간(Δt)의 곱으로 표현한다.

$$I = F\Delta t$$

○ 충격량(I)은 방향을 가지는 **'벡터량'** 이다. (방향이 매우 중요한 물리량이다!)
○ 충격량(I)은 방향은 물체가 받는 **알짜힘의 방향이다!**
○ 단위는 힘 단위(N)와 시간 단위(s)의 곱인 N·s를 쓴다.
   → 1kg·m/s와 1N·s은 이론적으로 동일한 물리량이지만, 쓰임이 다르다.
   kg·m/s은 운동량, N·s는 충격량을 다룰 때 쓰는 단위이다.

   예를 들어,
   물체가 받는 충격량의 크기는 1kg·m/s이다. (**✕ 잘못된 표현**)
   물체가 받는 충격량의 크기는 1N·s이다. (**○ 올바른 표현**)

 **두 물체가 충돌하는 경우 정확한 분석**

두 물체가 충돌할 때 어떤 물리적 현상이 일어날까?
그림 (가)와 같이 두 물체가 충돌할 때, 충돌하는 동안 A와 B의 알짜힘(F_A, F_B)를 시간에 따라
나타내 보면 그림 (나)와 같다.

○ 물체가 충돌하는 상황에서 물체에 작용하는 충격량(I)의 방향은 충돌면이 물체에 작용하는 **수직 항력의 방향이다.**
예를 들면
그림과 같이 A와 B가 충돌하는 상황에서
A가 받는 충격량의 방향은 B가 A에 작용하는 힘(F_{BA})의 방향인 B→A방향이고
B가 받는 충격량의 방향은 A가 B에 작용하는 힘(F_{AB})의 방향인 A→B방향이다.

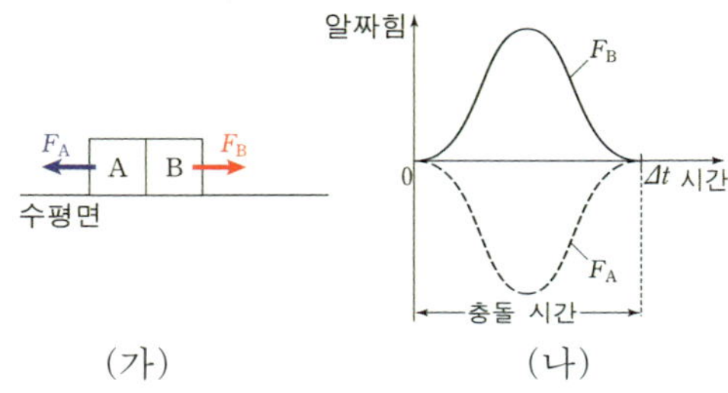

(가)   (나)

그림 (나)에서 알 수 있듯, A와 B가 충돌하는 동안 A가 B에 작용하는 힘과 B가 A에 작용하는
힘은 서로 작용 반작용 관계로, 힘의 크기가 같고 힘의 방향이 서로 반대이다.
그리고 A와 B에 작용하는 힘은 각각 B가 A에 작용하는 힘, A가 B에 작용하는 힘 뿐이다.
따라서
A에 작용하는 알짜힘은 B가 A에 작용하는 힘
B에 작용하는 알짜힘은 A가 B에 작용하는 힘이다.

그리고 알짜힘-시간 그래프에서 밑면적(각각 빨간색 파란색 부분으로 색칠된 부분)의 넓이는 같다.

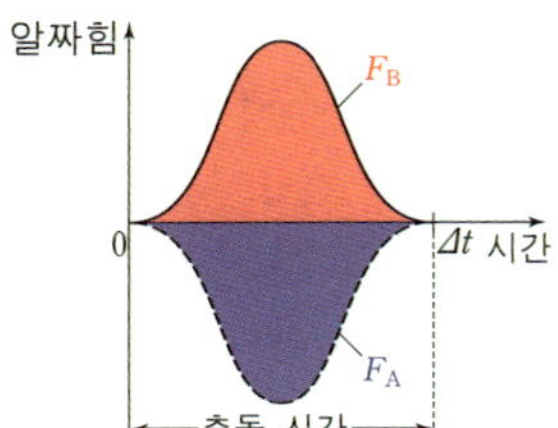

알짜힘-시간 그래프에서 면적이 의미하는 물리량은 $F\Delta t$로 **충격량을 의미**한다.
즉,
빨간색 부분의 면적은 A와 B가 충돌하는 동안 B의 충격량
파란색 부분의 면적은 A와 B가 충돌하는 동안 A의 충격량을 의미하며
그 크기가 같음을 알 수 있다.

Mechanica 물리학1

한편 그래프의 밑면적을 직접 구하기 위해서 평균 힘(F_{avg})이라는 개념을 도입할 것이다.
곡선과 축을 둘러싼 면적과 동일한 면적(S)의 직사각형을 생각해보자.
밑변은 '충돌 시간(Δt)'과 동일하다.
이때 세로(힘)에 해당하는 일정한 힘을 평균 힘(F_{avg})라 한다.

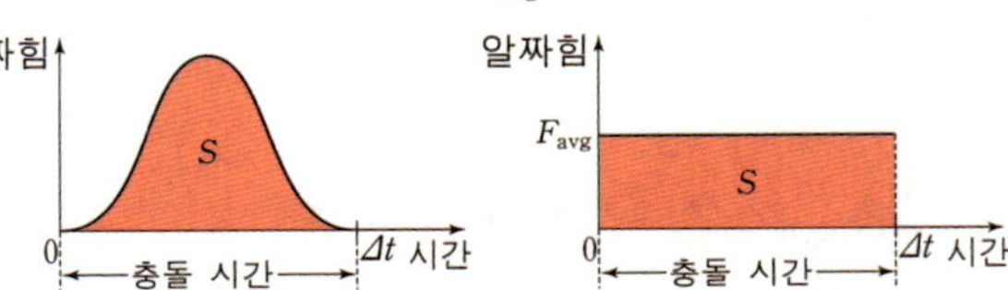

알짜힘–시간 그래프에서 물체의 질량(m)으로 나누면 물체의 가속도–시간 그래프를 구할 수 있다.
알짜힘–시간 그래프와 마찬가지로 곡선과 축을 둘러싼 면적과 동일한 면적(S_0)의 직사각형을 생각해 보자.
밑변은 '충돌 시간(Δt)'과 동일하다.
이때 세로(가속도)에 해당하는 일정한 가속도를 평균 가속도(a_{avg})이다.

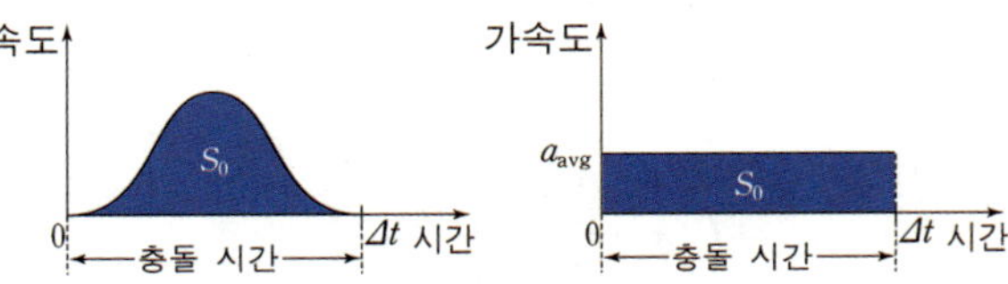

평균 힘(F_{avg})은 물체의 질량(m)과 평균 가속도(a_{avg})의 곱으로 계산된다.

$$F_{avg} = ma_{avg}$$

$F_{avg} = ma_{avg}$ 양변에 충돌 시간을 곱해 보면 그래프에서 밑면적(S)과 같다.
따라서 다음 식이 성립한다.

$$S = F_{avg} \times \Delta t = ma_{avg} \times \Delta t$$

그런데, 평균 가속도(a_{avg})와 충돌 시간(Δt)의 곱은 속도 변화($v - v_0$, v=충돌 후 속도, v_0=충돌 전 속도)와 같다. 따라서 다음 식이 성립한다.

$$S = F_{avg} \times \Delta t = m(v - v_0) = mv - mv_0$$

좌변에서 $F_{avg} \times \Delta t$는 **충격량**을 의미하며
우변에서 $mv - mv_0$는 나중 운동량 mv에서 처음 운동량 mv_0를 빼준 값, 즉 **운동량의 변화량**과 같다.
즉, 해당 식은 다음을 의미한다.

물체가 받은 **충격량**은 물체의 **운동량의 변화량**과 같다.

 충격량을 구하는 두 가지 방법

충격량의 식을 정리해보자. 충격량은 물체의 나중 운동량(mv_2)에서 처음 운동량(mv_2)을 뺀 값으로 표현되며, 평균 힘과 충돌 시간의 곱으로 표현될 수 있다. (v_2는 나중 속도, v_1은 처음 속도)

$$I = mv_2 - mv_1 = F_{avg} \Delta t$$

따라서 충격량은 두 가지 방법으로 계산할 수 있다.
① **충격량(I)**는 **평균 힘(F_{avg})**과 **충돌 시간(Δt)**의 곱으로 표현할 수 있다.
② **나중 운동량(mv_2)**에서 **처음 운동량(mv_1)**의 차이 ($mv_2 - mv_2$)

정리	충격량을 구하는 방법 2가지

○ 충격량을 구하는 방법은 2가지이다.
① $I = F_{avg} \Delta t$
② $I = mv_2 - mv_1$
이 두 값은 같아야 한다.

$$mv_2 - mv_1 = F_{avg} \Delta t$$

○ 평균 가속도(a_{avg})

여러 가지 운동 파트에서 언급한 평균 가속도의 정의를 다시 살펴보자.

평균 가속도의 정의
평균 가속도를 구하는 방법은 다음과 같다. t_2일 때 속도를 v_2, t_1일 때 속도를 v_1라 하면, ($t_2 > t_1$) 1차원에서 평균 가속도는 다음과 같이 계산된다.

평균 가속도:

$$\frac{\text{속도 변화량(m/s)}}{\text{이동한 시간(s)}}$$

$$= \frac{v_2 - v_1}{t_2 - t_1} \, (\text{m/s}^2)$$

 **알짜힘-시간 그래프 분석 정리**

수평면에서 두 물체가 충돌하는 경우에는
충돌하는 순간에만 물체의 알짜힘의 크기가 0보다 크다.
나머지 시간에서는 물체에 작용하는 알짜힘이 0이다.

① 그래프를 통해 알아낼 수 있는 정보 〔충돌 시간 (Δt)〕
두 물체가 충돌하는 시간을 알 수 있다. 알짜힘의
크기가 0 이상인 영역의 시간동안 두 물체가 충돌한다.
예를 들어 오른쪽 그래프에서 두 물체가 충돌하는데
걸리는 시간은 0.2초이다.

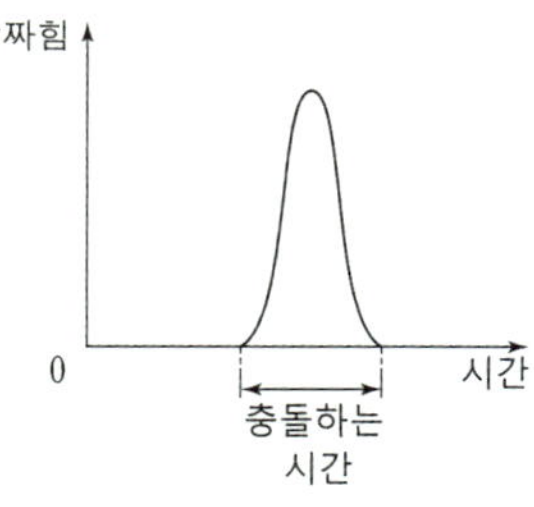

② 그래프를 통해 알아낼 수 있는 정보 〔충격량 (I)〕
두 물체가 충돌하는 동안 충격량을 알 수 있다.
알짜힘-시간 그래프에서 밑면적이 의미하는 것은 다음과 같다.

$$알짜힘 \times 시간 \ 변화량 = 충격량$$

따라서 충돌하는 동안 충격량을 알기 위해서는 알짜힘-시간
그래프에서 밑면적을 구하면 된다.
예를 들어 오른쪽 그래프에서 두 물체가 충돌하는 동안
충격량의 크기는 밑면적인 4N·s이다.

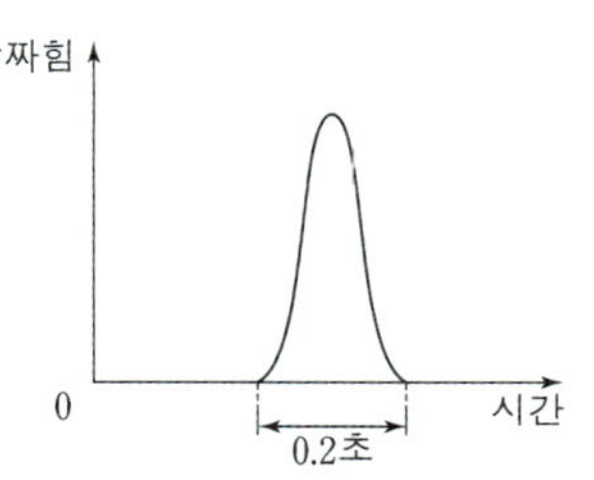

※곡선 면적은 실제로 구할 수 없으므로 문제에서 주어지거나, 충격량을 구해서 해당 면적을 간접적으로 찾을 수 있다.

③ 그래프를 통해 알아낼 수 있는 정보 〔평균 힘〕
두 물체의 충돌 시간(Δt)과 충격량(I)을 구했으므로, 충돌하는 동안 평균 힘(F_{avg})을
계산할 수 있다. 평균 힘(F_{avg})과 충격량(I), 충돌 시간(Δt) 사이의 관계는 다음과 같다.

$$F_{avg}\Delta t = I$$

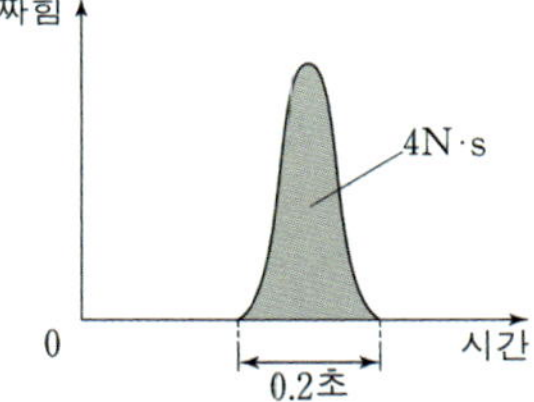

위의 그래프에서 다음과 같이 계산할 수 있다.
충격량(I) : 4kg·m/s
충돌 시간(Δt) : 0.2초
따라서 평균 힘(F_{avg})는 다음과 같이 계산된다.

$$F_{avg}(0.2s) = 4kg \cdot m/s, \ F_{avg} = 20N$$

Mechanica 물리학1

그림과 같이 물체 A가 마찰이 없는 수평면에서 4m/s의 일정한 속력으로 벽면을 향하여 운동하다가 벽과 충돌한 후 충돌 전과 반대 방향으로 1m/s의 일정한 속력으로 운동하는 모습을 나타낸 것이다. A의 질량은 3kg이다. 오른쪽 방향을 양(+)으로 한다.

A와 벽이 받는 충격량은?

○ 벽면과 A가 충돌하기 전후 A의 운동량은 다음과 같이 계산된다.

충돌 전
① A의 질량: 3kg
② A의 속도: $+4$m/s
③ A의 운동량: $3\text{kg} \times (+4\text{m/s}) = +12\text{kg·m/s}$

충돌 후
① A의 질량: 3kg
② A의 속도: -1m/s
③ A의 운동량: $3\text{kg} \times (-1\text{m/s}) = -3\text{kg·m/s}$

○ A가 받은 충격량(I_A)는 A의 운동량의 변화량과 같다.

A의 운동량의 변화량은 A의 나중 운동량에서 A의 처음 운동량을 빼준 값과 같다.

$$I_\text{A} = -3\text{kg·m/s} - (+12\text{kg·m/s}) = -15\text{N·s}$$

A의 충격량은 왼쪽($-$)방향으로 15N·s이다.

○ A가 받은 충격량(I_A)과 벽이 받은 충격량($I_\text{벽}$)은 크기는 같고 방향이 반대이다.

따라서 벽이 받은 충격량은 다음과 같다.
$$I_\text{벽} = -I_\text{A} = -(-15\text{N·s}) = +15\text{N·s}$$
벽의 충격량은 오른쪽($+$)방향으로 15N·s이다.

그림과 같이 물체 A가 마찰이 없는 수평면에서 4m/s의 일정한 속력으로 벽면을 향하여 운동하다가 벽과 충돌한 후 충돌 전과 반대 방향으로 1m/s의 일정한 속력으로 운동하는 모습을 나타낸 것이다. **A와 벽은 0.5초 동안 충돌한다.** A의 질량은 3kg이다. 오른쪽 방향을 양(+)으로 한다.

A가 벽으로부터 받은 평균 힘과 벽이 A로부터 받은 평균 힘은?

○ 벽면과 A가 충돌하기 전 후 A의 운동량은 다음과 같이 계산된다.

충돌 전
① A의 질량: 3kg
② A의 속도: $+4$m/s
③ A의 운동량: $3\text{kg} \times (+4\text{m/s}) = +12\text{kg·m/s}$

충돌 후
① A의 질량: 3kg
② A의 속도: -1m/s
③ A의 운동량: $3\text{kg} \times (-1\text{m/s}) = -3\text{kg·m/s}$

○ A가 받은 충격량(I_A)는 A의 운동량의 변화량과 같다.

A의 운동량의 변화량은 A의 나중 운동량에서 A의 처음 운동량을 빼준 값과 같다.

$$I_\text{A} = -3\text{kg·m/s} - (+12\text{kg·m/s}) = -15\text{N·s}$$

A의 충격량은 왼쪽($-$)방향으로 15N·s이다.

○ A가 받은 충격량(I_A)과 벽이 받은 충격량($I_\text{벽}$)은 크기는 같고 방향이 반대이다.

따라서 벽이 받은 충격량은 다음과 같다.

$$I_{벽} = -I_{A} = -(-15\text{N·s}) = +15\text{N·s}$$

벽의 충격량은 오른쪽(+)방향으로 15N·s이다.

○ 정리해 보면 A와 벽의 충격량은 다음과 같다.

$$I_{A} = -15\text{N·s}$$
$$I_{벽} = +15\text{N·s}$$

○ 그런데 A가 받은 충격량(I_{A})은 A가 벽으로부터 받은 평균 힘(F_{A})와 충돌하는 동안 걸리는 시간(0.5초)의 곱으로 구할 수 있다. 이는 벽도 마찬가지로 계산할 수 있다.

$$I_{A} = F_{A} \times (0.5초)$$
$$I_{벽} = F_{벽} \times (0.5초)$$

○ 따라서 다음 식이 성립한다.

$$I_{A} = F_{A} \times (0.5초) = -15\text{N·s}, \quad F_{A} = -30\text{N}$$
$$I_{벽} = F_{벽} \times (0.5초) = +15\text{N·s}, \quad F_{벽} = +30\text{N}$$

따라서
A가 벽으로부터 받은 평균 힘은 왼쪽으로 30N이고,
벽이 A로부터 받은 평균 힘은 오른쪽으로 30N이다.

간단 예시　**알짜힘-시간 그래프**

그림 (가)와 같이 질량이 2kg인 물체 A가 3m/s의 속력으로 등속도 운동을 한다. 이후 A는 물체 B와 충돌한 후 반대 방향으로 등속도 운동을 한다. 그림 (나)는 (가)에서 A가 받은 힘의 크기를 시간에 따라 나타낸 것이다. 시간 축과 곡선이 만드는 면적은 8N·s이다.

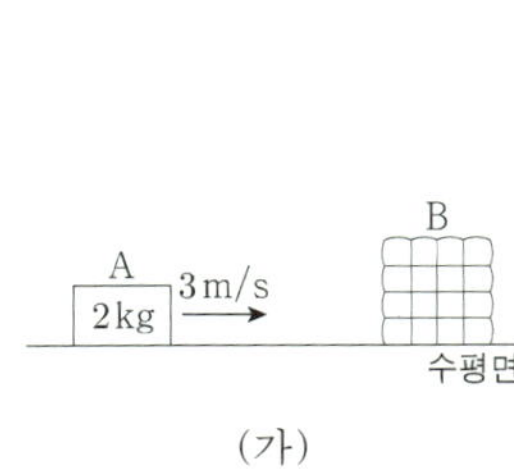

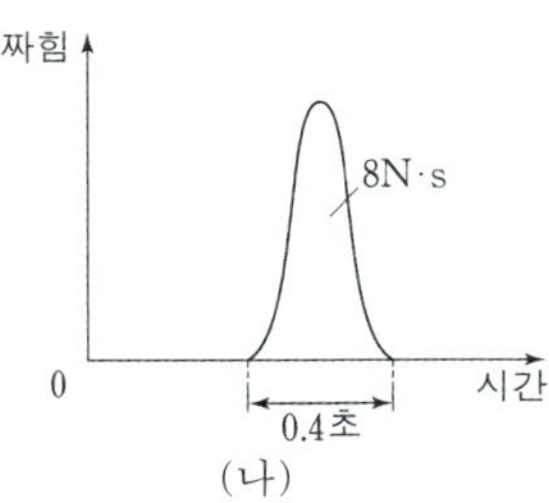

충돌 후 A의 속도와 A가 받은 평균 힘의 크기는?

○ 오른쪽 방향을 양(+)으로 두자.
○ A와 B가 충돌하기 전 후 A의 운동량은 다음과 같이 계산된다. (충돌 후 A의 속도를 v로 하자.)

충돌 전

① A의 질량: 2kg
② A의 속도: +3m/s
③ A의 운동량: 2kg × (+3m/s) = +6kg·m/s

충돌 후

① A의 질량: 2kg
② A의 속도: v
③ A의 운동량: 2kg × v

○ (나)에서 그래프의 밑면적은 A가 받은 충격량이다.
A가 받은 충격량의 방향은 왼쪽(−)이므로
A가 받은 충격량은 −8N·s이다.
따라서 다음 식이 성립한다.

$$2\text{kg} \times v - (+6\text{kg·m/s}) = -8\text{N·s}, \quad v = -1\text{m/s}$$

따라서 A의 속도는 왼쪽으로 1m/s이다.

○ A가 받은 평균 힘의 크기(F_{avg})는 다음과 같다.

$$F_{avg} = \frac{8\text{N·s}}{0.4\text{s}} = 20\text{N}$$

 **기출 예시 20**

그림과 같이 질량이 2kg인 물체 A가 3m/s의 속력으로 등속도 운동을 하다가 물체 B와 0.2초 동안 충돌한 후 반대 방향으로 1m/s의 속력으로 등속도 운동을 한다.

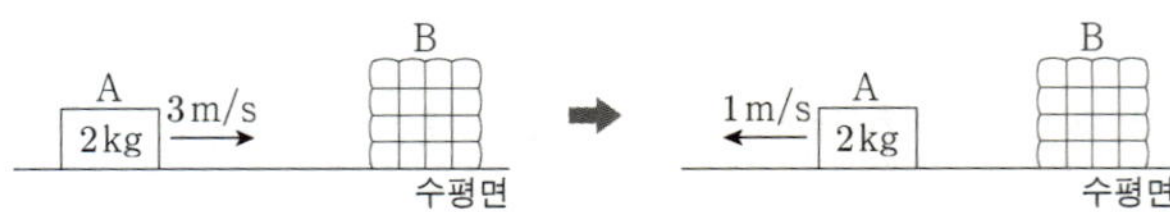

충돌하는 동안 A가 B로부터 받는 평균 힘의 크기는?

① 10N　　② 20N　　③ 30N　　④ 40N　　⑤ 50N

 **기출 예시 21**

그림 (가)는 질량이 2kg인 수레가 물체를 향해 운동하는 모습을 나타낸 것이고, (나)는 수레가 물체와 충돌하는 동안 직선 운동하는 수레의 속력을 시간에 따라 나타낸 것이다.

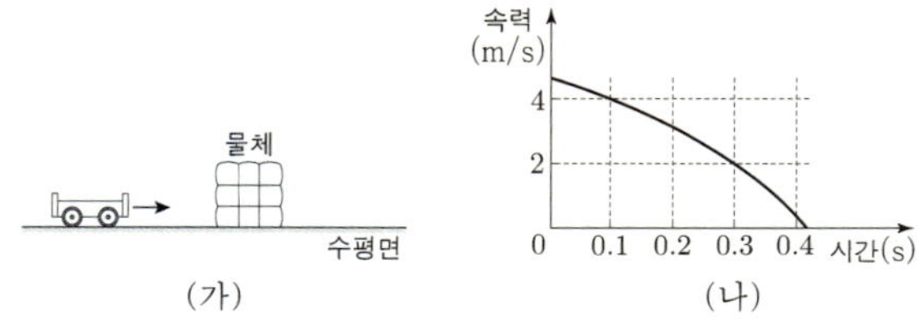

0.1초부터 0.3초까지 수레가 받은 평균 힘의 크기는?

① 10N　　② 20N　　③ 30N　　④ 40N　　⑤ 50N

 **해설**

오른쪽 방향을 양$(+)$으로 두자.

A와 B가 충돌 하기 전 A의 운동량은 다음과 같다.

$$2\text{kg} \times (+3\text{m/s}) = +6\text{kg}\cdot\text{m/s}$$

A와 B가 충돌 한 후 A의 운동량은 다음과 같다.

$$2\text{kg} \times (-1\text{m/s}) = -2\text{kg}\cdot\text{m/s}$$

A가 받은 충격량(I)은 B와 충돌한 후 운동량에서 B와 충돌하기 전 운동량을 뺀 값이다. 따라서 다음이 성립한다.

$$I = -2\text{kg}\cdot\text{m/s} - (+6\text{kg}\cdot\text{m/s}) = -8\text{N}\cdot\text{s}$$

A가 받은 충격량(I)는 A가 B로부터 받은 평균 힘(F_{avg})에 충돌 시간$(0.2$초$)$를 곱한 값이다. 따라서 다음이 성립한다.

$$I = -8\text{N}\cdot\text{s} = F_{\text{avg}} \times (0.2\,\text{s})$$
$$F_{\text{avg}} = -40\text{N}$$

따라서 충돌하는 동안 A가 B로부터 받은 평균 힘의 크기는 40N이다.

 **해설**

오른쪽 방향을 양$(+)$으로 두자.

0.1초일 때 수레의 운동량은 다음과 같다.

$$2\text{kg} \times (+4\text{m/s}) = +8\text{kg}\cdot\text{m/s}$$

0.3초일 때 수레의 운동량은 다음과 같다.

$$2\text{kg} \times (+2\text{m/s}) = +4\text{kg}\cdot\text{m/s}$$

수레가 0.1초에서 0.3초까지 받은 충격량(I)은 0.3초일 때 수레의 운동량에서 0.1초일 때 수레의 운동량을 뺀 값이다. 그 값은 다음과 같다.

$$I = +4\text{kg}\cdot\text{m/s} - (+8\text{kg}\cdot\text{m/s}) = -4\text{N}\cdot\text{s}$$

수레가 받은 충격량(I)는 수레가 물체로부터 받은 평균 힘(F_{avg})에 충돌 시간$(0.3$초-0.1초$=0.2$초$)$을 곱한 값이다. 따라서 다음이 성립한다.

$$I = -4\text{N}\cdot\text{s} = F_{\text{avg}} \times (0.2\,\text{s})$$
$$F_{\text{avg}} = -20\text{N}$$

따라서 0.1초부터 0.3초까지 수레가 받은 평균 힘의 크기는 20N이다.

<table>
<tr><td colspan="2">정답 //////////</td></tr>
<tr><td>기출 예시 20</td></tr>
<tr><td>40N</td></tr>
<tr><td>기출 예시 21</td></tr>
<tr><td>20N</td></tr>
</table>

Mechanica 물리학1

기출 예시 22

그림 (가)는 마찰이 없는 수평면 위에서 각각 $2v$, v의 일정한 속력으로 다가오는, 질량이 m인 공을 수평 방향으로 발로 차는 모습을 나타낸 것이다. 그림 (나)는 (가)에서 공이 발로부터 받는 힘의 크기를 시간에 따라 각각 나타낸 것이고, 시간 축과 각 곡선이 만드는 면적은 $4mv$로 같다. 공을 차기 전과 후에 공은 동일 직선 상에서 운동한다.

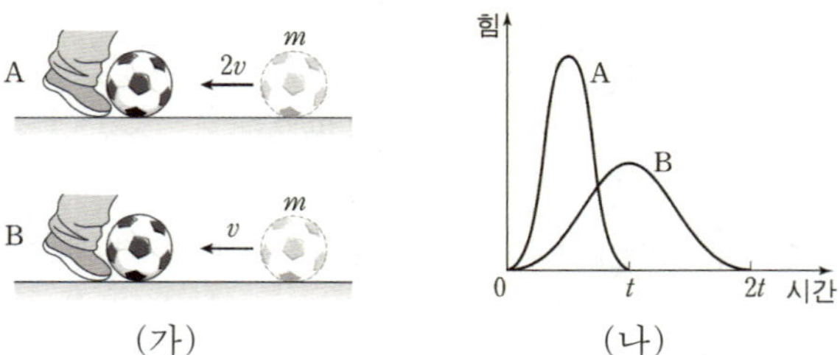

(가)   (나)

이에 대한 설명으로 옳은 것만을 〈보기〉에서 있는 대로 고른 것은? (단, 공의 크기는 무시한다.)

〈보 기〉

ㄱ. 발로 차는 동안, 공이 받은 충격량의 크기는 A에서가 B에서보다 크다.

ㄴ. 발로 차는 동안, 공이 받은 평균 힘의 크기는 A에서가 B에서의 2배이다.

ㄷ. 공이 발을 떠나는 순간, 공의 속력은 A에서가 B에서의 2배이다.

 **해설**

ㄱ. 발로 차는 동안, 공이 받은 충격량의 크기는 (나)에서 시간 축과 각 곡선이 만드는 면적과 같다. 따라서 A에서와 B에서 공이 받은 충격량은 $4mv$로 같다. (ㄱ. 거짓)

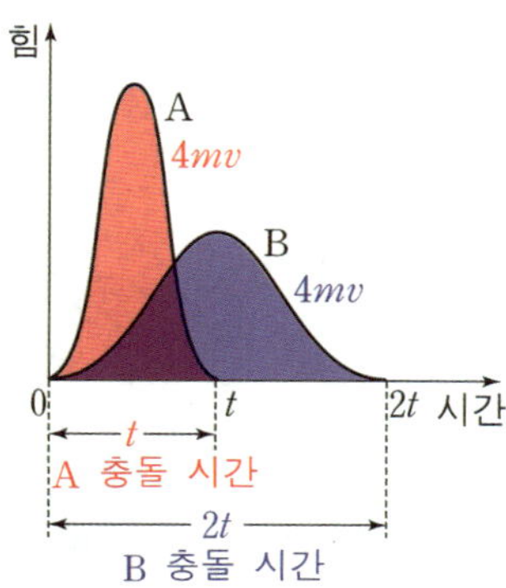

ㄴ. A에서와 B에서 공의 충돌 시간은 각각 t, $2t$이다.

A에서와 B에서 공이 받은 평균 힘의 크기를 각각 F_A, F_B로 하면
평균 힘과 충돌 시간의 곱은 충격량과 같다. 따라서 다음이 성립한다.

$$F_A \times t = +4mv, \quad F_A = +\frac{4mv}{t}$$

$$F_B \times 2t = +4mv, \quad F_B = +\frac{2mv}{t}$$

따라서 평균 힘의 크기는 A에서가 B에서의 2배이다.

(ㄴ. 참)

ㄷ. 오른쪽을 양(+)으로 하자.

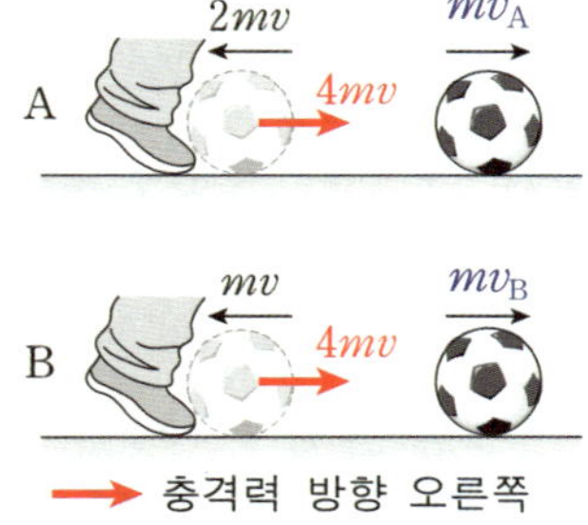

공은 각각 발로부터 양(+)의 방향으로 충격력을 받는다.
공은 양(+)의 방향으로 운동량의 변화가 생길 것이다.
따라서 공의 충격량은 시간 축과 각 곡선이 만드는 면적인 $+4mv$이다.

발로 찬 후 공의 속도를 각각 $+v_A$, $+v_B$라 하자.
충격량은 충돌 후 운동량에서 충돌 전 운동량을 뺀 값이다. 따라서 다음이 성립한다.

$$+mv_A - (-2mv) = +4mv$$

$$+mv_B - (-mv) = +4mv$$

$$+v_A = +2v, \quad +v_B = +3v$$

따라서 공이 발을 떠나는 순간, 공의 속력은 A에서가 B에서의 $\frac{2}{3}$배이다. (ㄷ. 거짓)

2. 운동량 보존 법칙

운동량 보존법칙 (기본)

① 기본 증명

물리학에서 운동량을 다루는 이유 중 하나는 바로
'계 외부에서 힘이 작용하지 않으면, 계 내의 운동량은 보존되기 때문' 이다.

계의 운동량이 보존되는 이유.

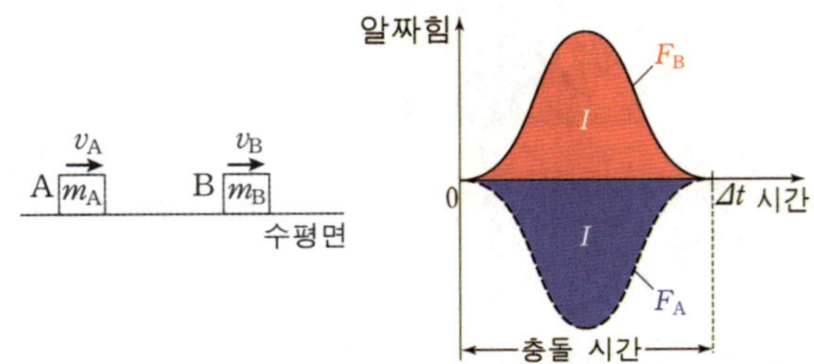

A와 B가 오른쪽으로 운동하다가 충돌한다 가정해 보자.
이때 A와 B의 속력은 v_A, v_B이다.

앞서 두 물체가 충돌하는 상황 분석에서 설명했듯
두 물체가 충돌하는 동안 알짜힘−시간 그래프의 곡선이 이루는 면적이 서로 같다.
이 면적은 물체가 받는 충격량이다.
A와 B가 충돌하는 동안 A가 받은 충격량은 B가 받은 충격량과 크기는 같고 방향은 반대이다.

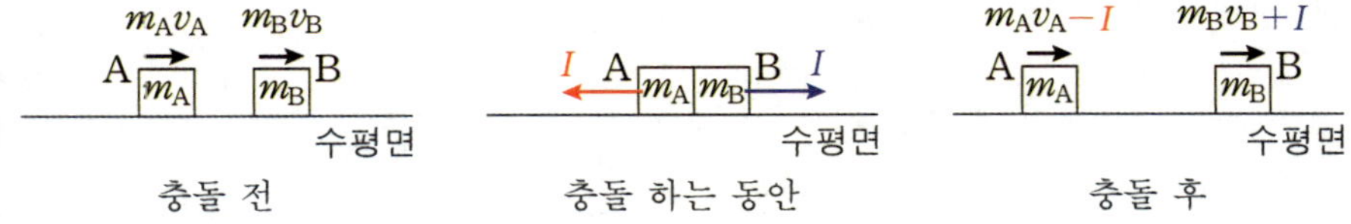

A의 운동량이 감소하고, B는 운동량은 증가하는데 그 양이 I로 동일하다.
따라서 A와 B 전체 운동량은 보존됨을 알 수 있다.

※ 충돌 전 후 A와 B의 운동량의 합

	A의 운동량	B의 운동량	A와 B의 운동량의 합
충돌 전	$m_A v_A$	$m_B v_B$	$m_A v_A + m_B v_B$
충돌 후	$m_A v_A - I$	$m_B v_B + I$	$m_A v_A + m_B v_B$

 **운동량 보존법칙 (문제 풀이)**

1. 충돌하는 상황의 기본적 정보

A와 B가 충돌하는 상황을 보자.

① 속도의 크기 관계

○ 운동 방향이 같다면,

$v_B < v_A$이어야 한다. (A의 속력이 B의 속력보다 커야 A와 B가 충돌할 수 있다.)

$v_B > v_A$이면, A와 B 사이의 거리가 멀어진다. 이럴 경우 A와 B는 충돌할 수 없다.

○ 운동 방향이 반대라면, 만나는 방향으로 A와 B가 운동해야한다.

② 운동량의 변화

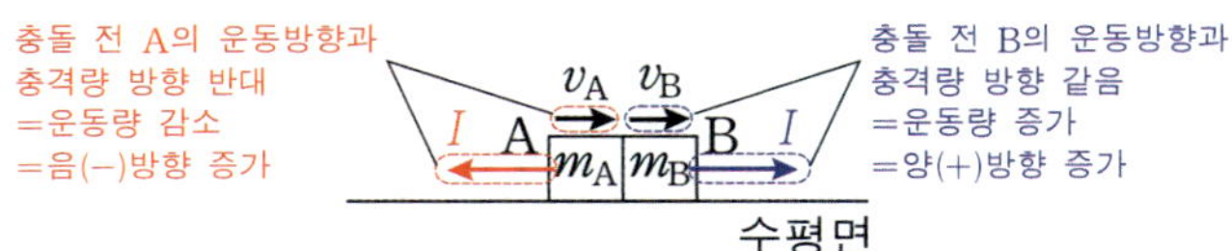

○ 충돌하는 동안 운동 방향과 충격량 방향이 반대라면 운동량은 **감소한다.**
○ 충돌하는 동안 운동 방향과 충격량 방향이 같다면 운동량은 **증가한다.**

※ 충격력 방향은 수직 항력의 방향과 일치한다.

③ 충돌 전 후 물체들의 순서

○ 충돌 후 물체끼리 뚫고 지나가지 않는다.
예를 들면 A와 B가 충돌한 후
양(+)의 방향의 속도가 A가 B보다 클 수 없다!

※ A가 B를 뚫고 지나가지 않는 이상 A와 B의 순서가 바뀔 수 없다! (말도 안되는 상황이다.)

④ A와 B가 충돌하는 순간의 위치 [매우 중요]

A와 B가 충돌하는 순간의 위치는 무조건 같다. 즉, A와 B 사이의 거리가 0이라는 뜻이다.
매우 중요한 문제 풀이 포인트이다.

A와 B 사이의 거리＝0
A와 B의 위치는 같다.

Mechanica 물리학1

2. 식을 세우는 방법

① 방향 설정 (오른쪽을 양(+)으로)

○ 양(+)의 방향을 설정해야한다. 오른쪽 방향을 양(+)으로 설정하는 것을 추천한다.

예를 들어 위 그림에서
A의 속도는 $+1\text{m/s}$,
B의 속도는 -2m/s이다.

A의 운동량: $+3\text{kg}\cdot\text{m/s}$
B의 운동량: $-2\text{kg}\cdot\text{m/s}$

간단 예시 운동량 보존 방향 설정

그림과 같이 A와 B가 오른쪽으로 각각 4m/s, 1m/s의 속도로 운동하고 있다. A와 B의
질량은 각각 1kg, 5kg이다. 충돌 후 B의 속도는 오른쪽으로 2m/s이다.

충돌 후 A의 속도를 구해보자. (단, 물체의 크기는 무시한다.)

[1단계] 미지수 잡기
오른쪽 방향을 양(+)으로 하자.
충돌 후 A의 속도를 $+v$로 잡자.

[2단계] 운동량 보존법칙
운동량 보존 법칙 식을 세워본다.

$$1\text{kg}\times(+4\text{m/s})+5\text{kg}\times(+1\text{m/s})=1\text{kg}\times(+v)+5\text{kg}\times(+2\text{m/s})$$
$$v=-1\text{m/s}$$

[3단계] 해석
계산 결과 A의 속도 방향이 음(−)이 나오므로, 충돌 직후 A의 운동 방향은 왼쪽이다.

② 두 물체 사이 거리-시간 그래프가 주어진 경우

○ 서로 다른 두 물체가 충돌할 때 (예를 들어 A와 B가 충돌한다 가정)
  4가지의 속도 정보가 있다.

  1) 충돌 전 A, B의 속도
  2) 충돌 후 A, B의 속도

이들 중 모르는 속도는
무조건 양(+)의 방향으로 미지수를 두는 것이 좋다. (1단계)
계산 후 미지수로 둔 속도가 음(−)으로 계산되면,
미지수로 둔 속도의 방향이 왼쪽임을 판단할 수 있다.

그 후 충돌 전 후 운동량 보존법칙 식을 세운다. (2단계)
이렇게 하면 미지수로 둔 속도를 깔끔하게 구할 수 있다.

예시를 보면서 적용해 보자.

> **간단 예시** **두 물체 사이 거리-시간 그래프**
>
> 그림 (가)와 같이 A와 B가 마찰이 없는 수평면에서 일정한 속도로 운동하고 있다. 그림 (나)는 (가)에서 A와 B 사이의 거리를 시간에 따라 나타낸 것이다. $t=0$일 때 A는 B를 향해 4m/s의 일정한 속력으로 운동한다.
>
> 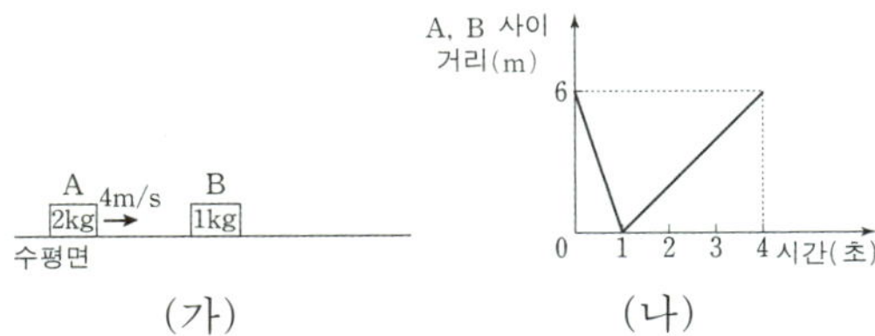
>
> (가)　　　　　(나)
>
> $t=2$초일 때 A와 B의 속력은? (단, 물체는 동일 직선상에서 운동하며, 물체의 크기와 공기 저항은 무시한다.)

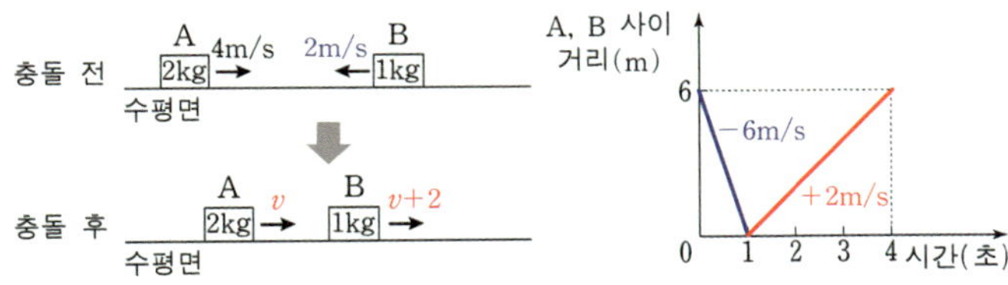

① 충돌 전 그림 (나)에서의 기울기는 A에 대한 B의 상대 속도이다.
  따라서 충돌 전 A에 대한 B의 속도가 −6m/s이므로, 다음 식이 성립한다. (충돌 전 B의 속도 v_0)

$$v_0-(+4\text{m/s})=-6\text{m/s},\ \ v_0=-2\text{m/s}$$

② 충돌 후 그림 (나)에서의 기울기는 A에 대한 B의 상대 속도이다.
  따라서 충돌 후 A에 대한 B의 속도가 +2m/s이므로, 충돌 후 A와 B의 속도를 각각 다음과 같이 둘 수 있다.

$$A:\ v,\ \ B:\ v+2$$

③ 충돌 전 후 A와 B의 운동량은 보존된다. (운동량 보존법칙) 따라서 다음 식이 성립된다.

$$2\text{kg}\times(+4\text{m/s})+1\text{kg}(-2\text{m/s})=2\text{kg}\times v+1\text{kg}\times(v+2),\ \ v=+\frac{4}{3}\text{m/s}$$

따라서 충돌 후 A와 B의 속도의 크기는 각각 다음과 같다.

$$A:\ \frac{4}{3}\text{m/s},\ \ B:\ \frac{10}{3}\text{m/s}$$

③ 물체의 질량을 모르는 경우
○ 물체의 질량을 미지수로 잡으면 된다.
○ 문제를 푸는 방법이 두 가지가 있다.
    ① 충돌 전 후 운동량 보존법칙
    ② 충돌 전 후 충격량 같음

○ **물체의 속도 변화량**은 **물체의 질량**에 반비례한다.
충돌하는 동안 두 물체가 받는 충격량의 크기가 같으므로 두 물체(A, B)의 충격량은 다음과 같이 표현할 수 있다. (충돌 전 후 A, B 속도 변화의 크기 Δv_A, Δv_B)

$$A: I = m_A \Delta v_A$$
$$B: I = m_B \Delta v_B$$

$$m_A \Delta v_A = m_B \Delta v_B, \quad m_A : m_B = \frac{1}{\Delta v_A} : \frac{1}{\Delta v_B}$$

간단 예시　물체의 질량을 모르는 경우

그림 (가)와 같이 A와 B가 오른쪽으로 각각 5m/s, 1m/s의 속도로 운동하고 있다. 그림 (나)는 (가)에서 충돌 후의 A와 B가 서로 반대 방향으로 운동하는 모습을 나타낸 것이다. 충돌 후 A와 B의 속도의 크기는 각각 1m/s, 2m/s이다. A의 질량은 1kg이다. B의 질량은?

---

① B의 질량을 m으로 두자.
②-1 운동량 보존법칙 이용

충돌 전 후 운동량 보존법칙 이용하면 다음과 같다.

$$1\text{kg}\cdot(+5\text{m/s}) + m\cdot(+1\text{m/s}) = 1\text{kg}\cdot(-1\text{m/s}) + m\cdot(+2\text{m/s})$$
$$m = 6\text{kg}$$

②-2 충격량을 이용하는 방법
A와 B가 충돌하는 동안 A와 B의 충격량은 같다.
충돌하는 동안 A와 B의 속도 변화를 계산해 보면 다음과 같다.
A의 속도 변화: $(-1\text{m/s}) - (+5\text{m/s}) = -6\text{m/s}$
B의 속도 변화: $+2\text{m/s} - 1\text{m/s} = +1\text{m/s}$

A와 B의 충돌 전후 속도 변화의 크기 비가 6:1이므로 질량비는 1:6이다.
따라서 B의 질량은 6kg이다.

정리　　식을 세우는 방법

운동량 보존법칙 방향 설정
① 오른쪽 방향을 양(+)으로 설정한다.
② 운동량 보존법칙 식을 세운다.

두 물체 사이 거리-시간 그래프
① 두 물체 사이 거리-시간 그래프에서 기울기는 '**두 물체 사이 상대 속도이다.**'
　○ **기울기 음(−) → 가까워지는 방향!**
　○ **기울기 양(+) → 멀어지는 방향!**
② 두 물체 사이의 거리가 0이 되는 시점은 '**두 물체가 충돌하는 시점**'이다.
③ 두 물체 사이의 거리가 0이 되지 않는 시점에서
　두 물체 사이 거리-시간 그래프가 갑자기 꺾이는 시점은
　'**두 물체 중 하나의 물체가 다른 물체 또는 벽과 충돌하는 시점**'이다.

물체의 질량을 안 알려준 경우
① 충돌 전 후 운동량 보존법칙
② 충돌 전 후 충격량 같음
○ 충돌하는 동안 두 물체가 받는 충격량이 같으므로,
　　　　　물체의 속도 변화량은 물체의 질량에 반비례한다.

 예제 23

그림 (가)는 A와 B가 마찰이 없는 수평면에서 등속도 운동을 하는 모습을 나타낸 것이다. 그림 (나)는 (가)에서 A와 B의 위치를 시간에 따라 나타낸 것이다. 1초일 때 A와 B는 충돌한다. A와 B의 질량은 각각 m_A, m_B이다.

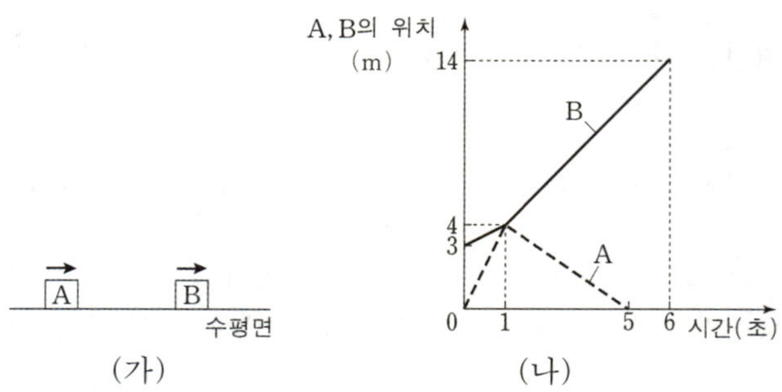

A와 B의 질량 비($m_A : m_B$)는? (단, 물체의 크기는 무시하고, 물체는 동일 직선상에서 운동한다.)

 **해설**

오른쪽 방향을 양(+)으로 두자.

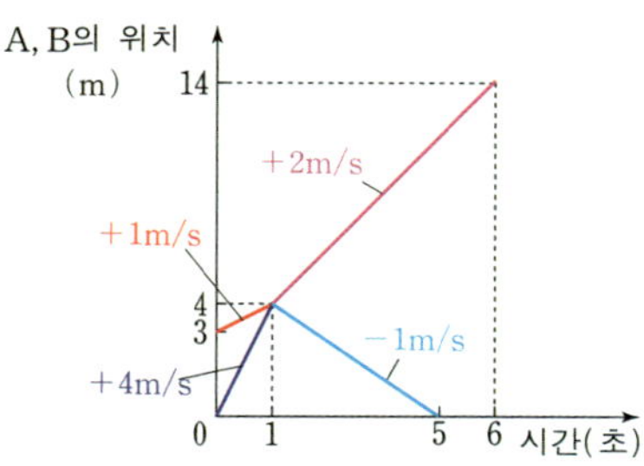

A와 B가 충돌 하기 직전 A와 B의 속도는
그림 (나)에서 0초~1초까지 그래프의 기울기와 같다.
충돌 하기 전까지 A와 B의 속도는 다음과 같다.

$$A: \frac{4m-0m}{1초-0초} = +4m/s$$

$$B: \frac{4m-3m}{1초-0초} = +1m/s$$

A와 B가 충돌한 직후 A와 B의 속도는
그림 (나)에서 1초 이후 그래프의 기울기와 같다.
충돌한 후 A와 B의 속도는 다음과 같다.

$$A: \frac{0m-4m}{5초-1초} = -1m/s$$

$$B: \frac{14m-4m}{6초-1초} = +2m/s$$

충돌 전 후 A와 B의 속도를 표기해보면 다음과 같다.

충돌 전 후 A와 B의 속도 변화의 비를 구해보면 다음과 같다.
　A의 속도 변화: $-1m/s-(+4m/s)=-5m/s$
　B의 속도 변화: $+2m/s-(+1m/s)=+1m/s$

A와 B의 충돌 전후 속도 변화의 크기 비가 5:1이므로 질량비는 1:5이다.
따라서 $m_A : m_B = 1:5$ 이다.

Mechanica 물리학1

 상대 속도와 손실된 에너지 사이의 관계

1. 상대 속도와 손실된 에너지 사이의 관계 (증명)

상대 속도와 충돌 시 손실된 에너지 사이의 관계를 알아보자.

○ 그림과 같이 물체 A, B가 v_A, v_B의 속도로 등속도 운동을 하다가 A와 B가 충돌한 후
속도가 각각 V_A, V_B가 되었다.

※ A와 B가 충돌하기 위해서는 당연히 $v_B < v_A$이어야 하고,
충돌 후 A와 B가 서로 다른 속력을 가지기 위해서는 $V_A < V_B$이어야 한다.

① 운동량 보존 법칙과 충격량 정의

충돌 전 후 운동량이 보존되므로 다음 식이 성립된다.

$$m_A v_A + m_B v_B = m_A V_A + m_B V_B$$

A가 B로부터 받은 충격량은 A의 운동량의 변화량으로 다음과 같고,
B가 A로부터 받은 충격량은 B의 운동량의 변화량으로 다음과 같다.

$$A가 받은 충격량: \ m_A V_A - m_A v_A = m_A(V_A - v_A)$$
$$B가 받은 충격량: \ m_B V_B - m_B v_B = m_B(V_B - v_B)$$

A가 받은 충격량의 방향은 왼쪽 방향이고,
B가 받은 충격량의 방향은 오른쪽 방향이다.
이를 각각 $-I$, $+I$로 둘 수 있다.

$$-I = m_A(V_A - v_A), \ \ I = m_B(V_B - v_B)$$

② 손실된 에너지 계산

한편 충돌 과정에서 A와 B에서 손실된 역학적 에너지는 충돌 전 A와 B의 운동 에너지 합에서 충돌 후 A와 B의 운동 에너지 합을 빼면 된다. 손실된 에너지($E_{손실}$)은 다음과 같이 계산된다.

$$E_{손실} = \left(\frac{1}{2}m_A v_A^2 + \frac{1}{2}m_B v_B^2\right) - \left(\frac{1}{2}m_A V_A^2 + \frac{1}{2}m_B V_B^2\right)$$

$$= \frac{1}{2}m_A(v_A^2 - V_A^2) + \frac{1}{2}m_B(v_B^2 - V_B^2)$$

$$= \frac{1}{2}m_A(v_A - V_A)(v_A + V_A) + \frac{1}{2}m_B(v_B - V_B)(v_B + V_B)$$

그런데
$-I = m_A(V_A - v_A), \ I = m_A(v_A - V_A)$ 이고
$I = m_B(V_B - v_B)$ 이므로 위 식에 적용해 보면 다음과 같다.

$$E_{손실} = \frac{1}{2}(I)(v_A + V_A) + \frac{1}{2}(-I)(v_B + V_B)$$

$$E_{손실} = \frac{1}{2}I(v_A - v_B + V_A - V_B)$$

③ 상대 속도 적용

$v_B < v_A$인 상황에서 $v_A - v_B$는 충돌 전 A와 B사이의 상대 속도의 크기이다. 이를 v_{AB}라 하자.

$V_A < V_B$인 상황에서 $V_B - V_A$는 충돌 후 A와 B사이의 상대 속도의 크기이다. 이를 V_{AB}라 하자.

그렇다면 다음 식이 성립한다.

$$E_{손실} = \frac{1}{2}I\{(v_A - v_B) - (V_B - V_A)\}$$

$$= \frac{1}{2}I(v_{AB} - V_{AB})$$

$$\boxed{E_{손실} = \frac{1}{2}I(v_{AB} - V_{AB})}$$

해당 식은 사실 수능 문제에서 잘 쓰이지 않는식이다.
즉, 외워 둘 필요는 없는 식이다.
하지만 **분석된 결과는 매우 중요하다**. 다음 페이지에서 해당 식을 분석해 보겠다.

해당 식을 아래 네 가지로 분류하여 설명하겠다.

① $v_{AB} = V_{AB}$
② $v_{AB} > V_{AB}$
③ $V_{AB} = 0$
④ $v_{AB} < V_{AB}$

○ 운동 에너지
  질량이 m이고 속력이 v인 물체의 운동 에너지는 다음과 같이 계산된다.
  $$\frac{1}{2}mv^2$$

2. 분석

① $v_{AB} = V_{AB}$

충돌 전 후 상대 속도의 크기가 **같다면** 손실된 에너지는 다음과 같다.

$$E_{손실} = \frac{1}{2}I\left(v_{AB} - V_{AB}\right) = 0$$

충돌 과정에서 손실된 에너지($E_{손실}$)는 0이 된다.
즉,
충돌 전 후 상대 속도의 크기가 같다면
두 물체 사이의 운동 에너지 합이 보존된다.

② $v_{AB} > V_{AB}$

충돌로 인해 상대 속도의 크기가 **감소한다면** 손실된 에너지는 다음과 같다.

$$E_{손실} = \frac{1}{2}I\left(v_{AB} - V_{AB}\right), \ \left(v_{AB} - V_{AB} > 0, \ E_{손실} > 0\right)$$

충돌로 인해 손실된 에너지($E_{손실}$)는 0보다 크다.
즉,
충돌 전 후 상대 속도의 크기가 감소한다면
두 물체 사이의 운동 에너지 합이 감소한다.

③ $V_{AB} = 0$

충돌 후 상대 속도의 크기(V_{AB})가 0이라면 충돌 과정에서 손실된 에너지는 다음과 같다.

$$E_{손실} = \frac{1}{2}I\,v_{AB}$$

④ $v_{AB} < V_{AB}$ **(?)**

충돌로 인해 상대 속도의 크기가 **증가한다면** 손실된 에너지는 다음과 같다.

$$E_{손실} = \frac{1}{2}I\left(v_{AB} - V_{AB}\right), \ \left(v_{AB} - V_{AB} < 0, \ E_{손실} < 0\right)$$

충돌 과정에서 손실된 에너지($E_{손실}$)는 0보다 작다.
이는 에너지가 증가한다는 것으로 자연적인 충돌에서는 존재할 수 없는 현상이다.
인위적인 충돌 과정으로 이해하자. 이는 뒷장에서 더 자세하게 다룰 예정이다.

○ **자연적으로 존재할 수 없는 충돌**
두 물체가 마찰이 없는 수평면에서 그냥 충돌한다면 두 물체의 운동 에너지 합은 보존되거나 감소해야하는게 맞다.
만약 운동 에너지 합이 증가했다면, 외부로부터 에너지를 흡수해야하는데, 이는 엔트로피(무질서도)가 감소하는 방향으로 성립할 수 없다.

인위적으로는 운동 에너지 합을 증가시킬 수 있다. 예를 들면 다음과 같은 예이다.

① 두 물체 사이에 용수철이 끼워져 있다. (수능에서 주로 출제)

② 물체가 화학 퍼텐셜을 받아 폭발한다. (수능 출제 거의 불가능)

①의 경우는 뒷장의 '에너지' 부분에서 다룰 예정이다.

간단 예시 충돌 전후 운동 에너지 합

그림 (가)와 같이 A와 B가 오른쪽으로 각각 5m/s. 1m/s의 속도로 운동하고 있다. 그림 (나)는 (가)에서 충돌 후의 A와 B가 서로 반대 방향으로 운동하는 모습을 나타낸 것이다. 충돌 후 A와 B의 속도의 크기는 각각 1m/s. 2m/s이다. A의 질량은 1kg이다.

A 5m/s B 1m/s ｜ 1m/s A B 2m/s
1kg →   → ｜ ← 1kg   →
수평면 ｜ 수평면

(가)   (나)

A와 B가 충돌 하기 전 A와 B의 운동 에너지 합은 A와 B가 충돌한 후 A와 B의 운동 에너지 합보다 (작다   /   크다   /   일정하다   ).

오른쪽 방향을 양(+)으로 두자.
충돌 전 A와 B사이 상대 속도의 크기는 다음과 같다.

$$1\text{m/s} - 5\text{m/s} = -4\text{m/s} \rightarrow 크기:\ 4\text{m/s}$$

충돌 후 A와 B 사이 상대 속도의 크기는 다음과 같다.

$$2\text{m/s} - (-1\text{m/s}) = +3\text{m/s} \rightarrow 크기:\ 3\text{m/s}$$

A와 B 사이의 상대 속도의 크기가 4m/s에서 3m/s로 **작아졌으므로**
A와 B가 충돌하기 전 A와 B의 운동 에너지 합은
A와 B가 충돌한 후 A와 B의 운동 에너지 합보다 **크다**.

○ 상대 속도 크기가 작아졌다는 것만으로 에너지가 손실되었음을 알 수 있다.

정리 상대 속도와 운동 에너지의 관계

충돌 후 상대 속도 **같음**	운동 에너지 보존
충돌 후 상대 속도 **감소**	운동 에너지 감소
충돌 후 상대 속도가 **0으로 됨**	운동 에너지 최대로 감소 (충돌 후 한 덩어리가 됨)
충돌 후 상대 속도 **증가**	일반적 충돌에서는 불가능 (용수철이 포함되어야 함)

 두 물체 사이의 거리-시간 그래프 (상대 속도 이용)

① 분석

2022학년도 평가원(6월, 9월, 수능)에서 모두 다루었던 문제 유형이다.
일전 페이지에 썼던 필요한 성질을 다시 한번 살펴보자.

> **필요한 성질** 두 물체 사이 거리-시간 그래프
>
> ① 두 물체 사이 거리-시간 그래프에서 기울기는 '두 물체 사이 상대 속도이다.'
>   ○ **기울기 음(−) → 가까워지는 방향!**
>   ○ **기울기 양(+) → 멀어지는 방향!**
> ② 두 물체 사이의 거리가 0이 되는 시점은 '**두 물체가 충돌하는 시점**'이다.
> ③ 두 물체 사이의 거리가 0이 되지 않는 시점에서
>   두 물체 사이 거리-시간 그래프가 갑자기 꺾이는 시점은
>   '**두 물체 중 하나의 물체가 다른 물체 또는 벽과 충돌하는 시점**'이다.

아래 예시를 살펴보자.

> **간단 예시**
>
> 그림 (가)와 같이 A, B, C가 수평면에서 등속도 운동한다. 0초일 때 B와 C 사이의
> 거리가 14m이고, 5초일 때 A와 C 사이의 거리는 8m이다. 그림 (나)는 A와 B 사이
> 거리를 시간에 따라 나타낸 것이다. 0초일 때 A의 속력은 4m/s이며, A와 B의 질량은
> 각각 3kg, 1kg이다.
>
> 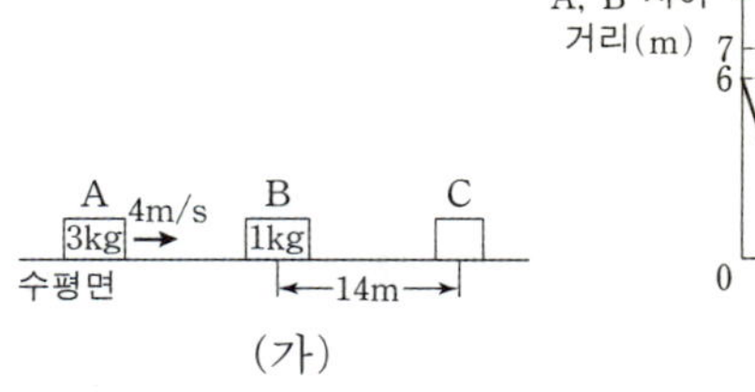
>
> (가)   (나)
>
> C의 질량은? (단, 물체의 크기는 무시한다.)

① 그래프의 기울기는 A와 B사이의 상대 속도의 크기이다.

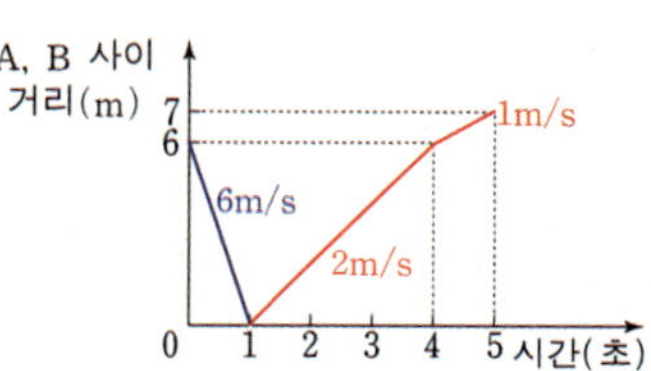

0초~1초까지 그래프의 기울기는 $\dfrac{6m}{1s-0s}=6m/s$

→ 0초~1초까지 A와 B사이의 상대 속도의 크기는 6m/s이다.
기울기 음(−) → 가까워지는 방향!

1초~4초까지 그래프의 기울기는 $\dfrac{6m}{4s-1s}=2m/s$

→ 1초~4초까지 A와 B사이의 상대 속도의 크기는 2m/s이다.
기울기 양(+) → 멀어지는 방향!

4초~5초까지 그래프의 기울기는 $\dfrac{7m-6m}{5s-4s}=1m/s$

→ 4초~5초까지 A와 B사이의 상대 속도의 크기는 1m/s이다.
기울기 양(+) → 멀어지는 방향!

○ A와 C는 충돌할 수 없다. A와 C가 충돌하려면 A, B, C가 함께 동시에 충돌하는 방법밖에 없다.

② 1초일 때는
A와 B사이의 거리가 0이고,
그래프가 꺾이는 시점이므로
A와 B가 충돌하는 시점이다.

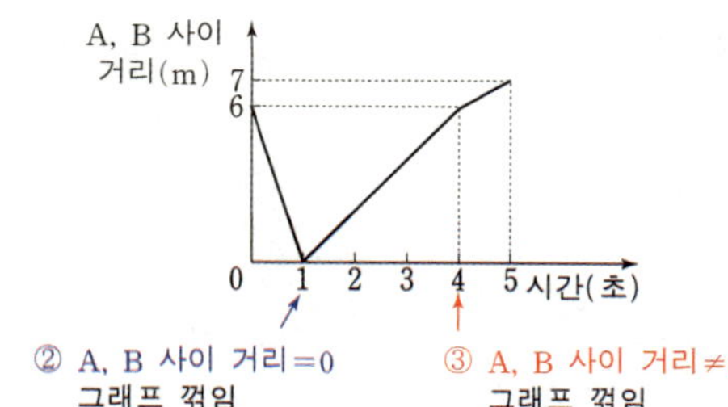

③ 4초일 때는
A와 B사이의 거리가 0이 아니고,
그래프가 꺾이는 시점이므로
B와 C가 충돌하는 시점이다.

② 문제 풀이 〔충돌 전 후 상대 속도의 크기를 알려준 경우〕

일전 페이지에서 배운 성질을 활용해보자.

> **성질**　충돌 전후 상대 속도의 크기를 알려준 경우
> ① 충돌 후 물체의 속도를 무조건 양(+)의 방향으로 미지수로 잡자. (1단계)
> ② 그 후 충돌 전후 운동량 보존법칙 식을 세운다. (2단계)

〔1단계〕

○ 일단 0초~1초 조건을 이용하여 0초일 때 B의 속도를 계산할 수 있다.

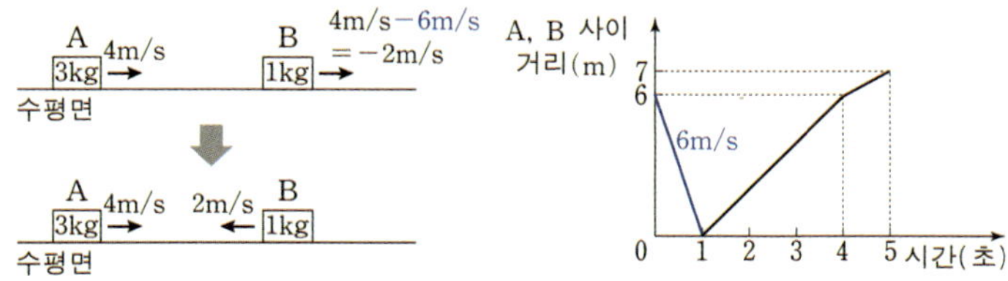

오른쪽 방향을 양(+)으로 두고, 0초일 때 B의 속도를 v라 두면

A가 관측한 B의 속도는 A에게 다가오는 방향(왼쪽)으로 6m/s이므로 다음 식이 성립한다.

$$v - 4\text{m/s} = -6\text{m/s}, \quad v = +4\text{m/s} - 6\text{m/s} = -2\text{m/s}$$

즉, $t=0$초일 때 B의 속도는 왼쪽으로 2m/s이다.

○ 1초일 때 A와 B가 충돌하고 A가 관측한 B의 속도는 A로부터 멀어지는 방향으로 2m/s이므로

A의 속도를 오른쪽(+)으로 v

B의 속도를 오른쪽(+)으로 $v+2$m/s로 미지수를 둔다.

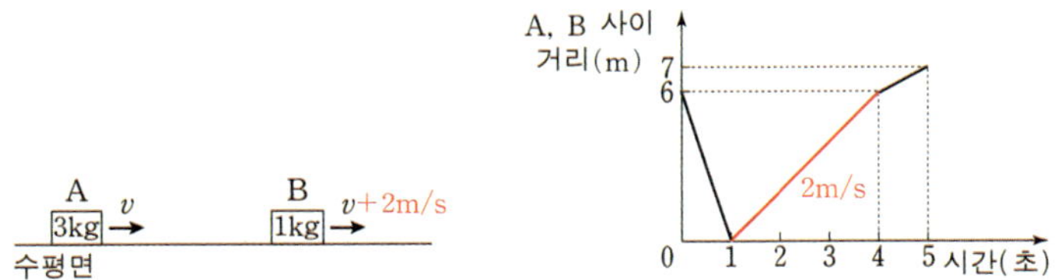

〔2단계〕

○ 운동량 보존 법칙을 세워보면 된다.

$$(3\text{kg}) \times (+4\text{m/s}) + (1\text{kg}) \times (-2\text{m/s}) = (3\text{kg}) \times v + (1\text{kg}) \times (v+2\text{m/s})$$

$$v = +2\text{m/s}$$

따라서 A와 B가 충돌한 후 속도는 각각 다음과 같다.

A: +2m/s (오른쪽으로 2m/s)

B: +4m/s (오른쪽으로 4m/s)

③ 문제 풀이 〔거리-시간 그래프의 두 물체 중 한 물체만 충돌한 경우〕

○ 4초일 때는 B와 C가 충돌하는 순간이다.
그런데 B와 C가 충돌할 때는 A의 속도에 영향이 없다.
(B와 C가 충돌할 때 A와 B는 상호작용하지 않는다.)
따라서 A는 B와 C가 충돌하기 전후 속력이 2m/s로 변함없다.

그런데 B와 C가 충돌 한 후 A에 대한 B의 속도가 멀어지는 방향으로 1m/s이므로
B와 C가 충돌한 후 B의 속도가 +2m/s+1m/s=+3m/s임을 알 수 있다.

※ 마찬가지로 A와 B가 충돌할 때 C의 속도에 영향을 미치지 않으므로,
　0초부터 4초까지 C의 속도는 **일정하게 유지된다!**

○ B와 C가 충돌하므로 B와 C 사이 운동량 보존법칙이 성립한다.

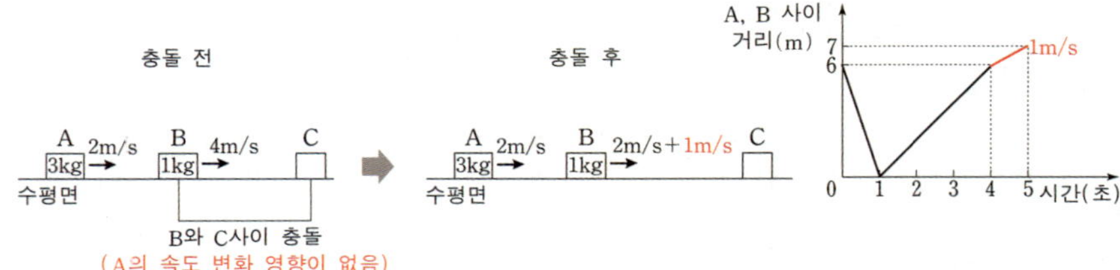

④ (매우 중요) 문제 풀이 〔1차원 좌표계에서의 위치 설정〕

두 물체 사이 거리-시간 그래프 문제 풀이에 있어서 중요한 해석 방법이다.

○ 충돌 전·후 속도를 구할 수 있다면, 물체의 1차원 좌표계에서의 위치를 설정할 수 있다.
   중요한 포인트는 두 물체가 충돌하는 순간에는 수평면 좌표상 위치가 같아야 하는 것이다.

문제 풀이	좌표 설정하는 방법

① 0초일 때 물체의 초기 위치를 일직선 상에 둔다.
② 0초부터 첫 번째 충돌 할 때까지 물체의 속도 정보와 이동 시간 정보를 가지고
   충돌 하는 시각에서 물체의 절대적 위치를 구한다.
③ 첫 번째 충돌부터 두 번째 충돌까지 ②번을 반복한다.

앞선 예시를 계속 풀어보겠다. 0초일 때 B와 C 사이의 거리가 14m,
5초일 때 A와 C 사이의 거리가 8m임을 활용하자.

① 우선 0초일 때 위치를 수평축에 점을 찍고 화살표와 간단한 숫자로 A, B, C의
   속도를 각각 표시한다. 0초일 때 C의 속도를 모르므로 $+v$로 설정해보자. 수평축
   왼쪽에 시각(0초)을 적어둔다.

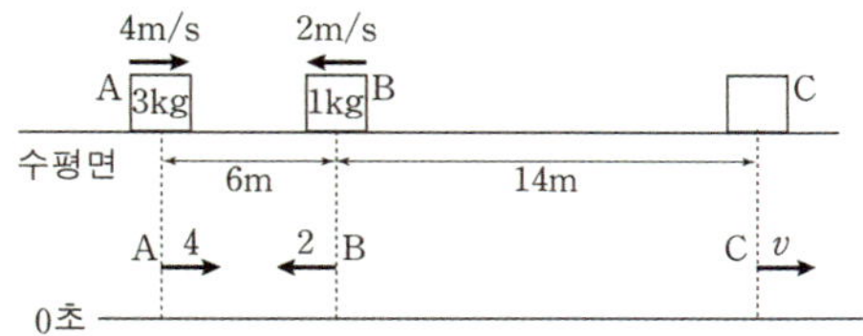

② 1초일 때 A와 B가 충돌한다. 0초에서 1초까지 1초 동안 A, B, C의 변위를 각각 구한다.
   A와 B의 속도가 각각 $+4m/s$, $-2m/s$, $+v$ 이므로 1초 동안 변위는 다음과 같다.

$$A: +4m/s \times 1초 = +4m$$
$$B: -2m/s \times 1초 = -2m$$
$$C: +v \times 1초 = +vm$$

0초일 때 위치로부터 0초에서 1초까지 변위를 다음 페이지 그림처럼 수평면상에 표시한다.

③ A와 B가 충돌한 시점인 1초일 때 A, B, C의 위치를 표현해 보면 다음과 같다.
   이때 A와 B의 속도는 아래처럼 '충돌 후 속도를 적어두는 것'이 좋다.

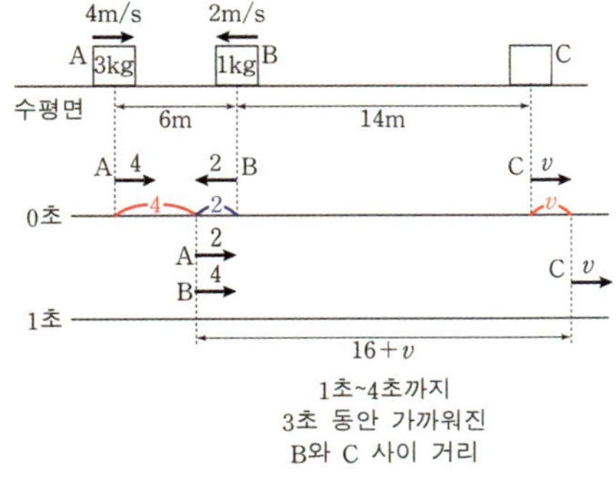

1초일 때 B와 C사이의 거리는 다음과 같다.

$$2m + 14m + vm = (16+v)m$$

그런데 4초일 때 B와 C가 충돌하므로,
C가 관측한 B는 자신을 향해 $(16+v)m$ 만큼 가까워진 후
4초일 때 B와 C사이의 거리가 0이 되어야 한다.
즉, 1초~4초까지 3초 동안 B와 C사이의 거리가 $(16+v)m$만큼 가까워져야한다.
C에 대한 B의 상대 속도는 $(+4m/s) - (+v) = +(4-v)m/s$ 이다.
상대 속도를 이용하여 식을 세워보면 다음과 같다.

$$+(4-v)m/s \times 3s = (16+v)m, \quad v = -1m/s$$

④ $v=-1$m/s이므로 이를 이용하여 1초일 때 좌표상에 A, B, C를 표기보면 다음과 같다.

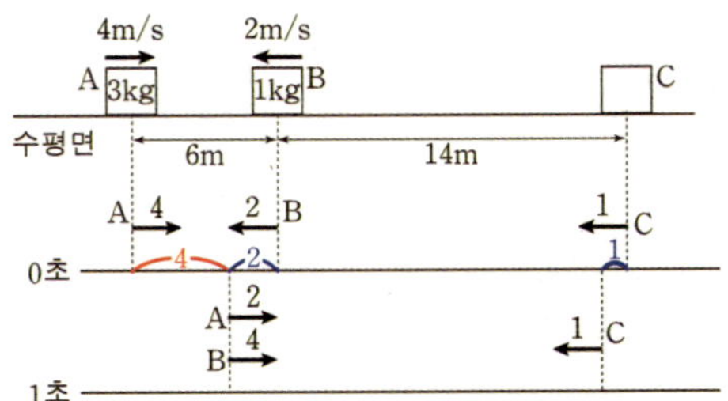

⑤ 4초일 때 B와 C가 충돌한다. 1초에서 4초까지 3초 동안 A, B, C의 변위를 각각 구한다. A, B, C의 속도가 각각 +2m/s, +4m/s, -1m/s 이므로 3초 동안 변위는 다음과 같다.

$$A: \ +2\text{m/s} \times 3\text{초} = +6\text{m}$$
$$B: \ +4\text{m/s} \times 3\text{초} = +12\text{m}$$
$$C: \ -1\text{m/s} \times 3\text{초} = -3\text{m}$$

1초일 때 위치로부터 1초에서 4초까지 변위를 더하여 ⑥의 그림처럼 수평면상에 표시한다.

⑥ B와 C가 충돌한 시점인 4초일 때 A, B, C의 위치를 표현해 보면 다음과 같다. 마찬가지로 B와 C의 충돌 후 속도를 쓴다. (충돌 후 C의 속도는 $+v_0$로 두자.)

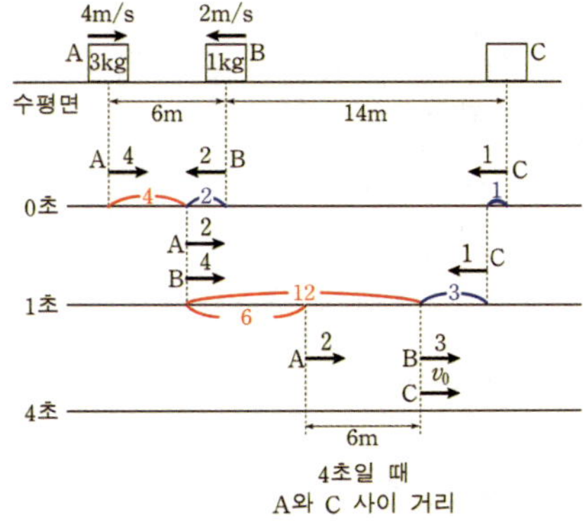

그런데 5초 일 때 A와 C가 사이의 거리가 8m이다.
즉, 4초에서 5초까지 1초 동안 A와 C 사이의 거리가 6m에서 8m까지 2m만큼 멀어진다.
따라서 A에 대한 C의 속도는 오른쪽으로 2m/s이므로 다음 식이 성립한다.
$$+v_0 - (+2\text{m/s}) = +2\text{m/s}$$
$$+v_0 = +4\text{m/s}$$

⑥ B와 C의 충돌 전후 속도를 알 수 있다.
B와 C의 속도 변화량의 크기의 역수 비가 B와 C의 질량비이다.

B의 속도 변화량: $+3$m/s $-$ ($+4$m/s) $=-1$m/s
C의 속도 변화량: $+4$m/s $-$ (-1m/s) $=+5$m/s
속도 변화량의 크기 비: 1:5
속도 변화량의 크기의 역수 비: 5:1
따라서 다음 식이 성립한다. (C질량 m)

$$1\text{kg} : m = 5 : 1, \ m = \frac{1}{5}\text{kg}$$

결론적으로 이런 유형의 문제는 아래 그림을 그리는 연습을 지속적으로 할 필요가 있다.

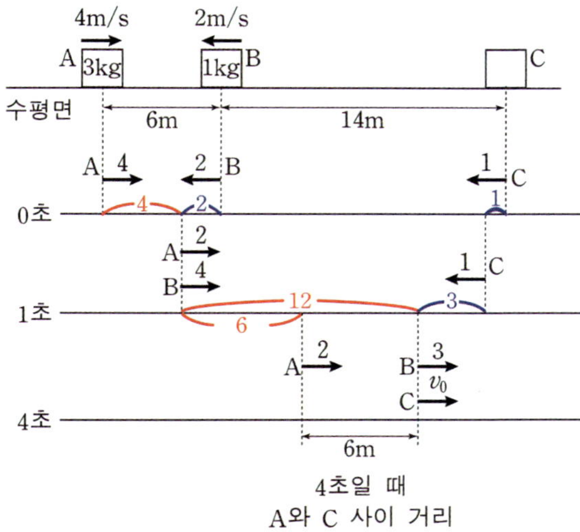

정리

① 상대 속도와 운동량 보존법칙을 이용하여 충돌 전후 속도를 구한다.
(속도를 모른다면, 오른쪽 방향으로 운동한다는 가정하에 식을 세운다.)

② 충돌하는 시점마다 순차적으로 물체의 절대적 좌표를 표기해 둔다.

필자의 한마디

해당 유형은 좌표 설정형을 통해 쉽게 어려운 문제로 탈바꿈할 수 있다. 좌표 설정 방법은 특정 시점에서 두 물체 사이의 거리를 이용하여 충돌 전후 속도를 판단하라는 문제가 나올 때 가장 효과적인 방법이며, 거의 유일한 방법이다. 실제로 11학년도 9월 모의고사 19번 문제도 결국 A의 속도를 구하기 위해서는 어쩔 수 없이 좌표 관계를 따질 수밖에 없다.
처음에는 어려워 보이지만, 지속적으로 연습해서 본인 것으로 만들어야하는 파트임에 명심하자.

 **기출 예시 23**

09학년도 6월 모의고사 5번 문항

그림 (가)는 마찰이 없는 수평면에서 물체 A가 정지해 있는 물체 B를 향해 운동하는 것을 나타낸 것이다. A, B의 질량은 같고, 충돌 전후 A, B는 동일한 일직선상에서 운동한다. 그림 (나)는 충돌 전후 A, B 사이의 거리 x를 시간 t에 따라 나타낸 것이다.

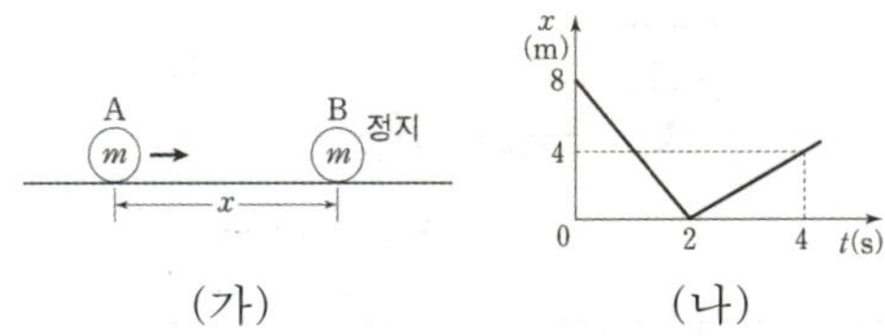

(가)   (나)

이에 대한 설명으로 옳은 것만을 〈보기〉에서 있는 대로 고른 것은? (단, 물체의 크기는 무시한다.)

〈 보 기 〉

ㄱ. A에 대한 B의 상대 속도의 크기는 충돌 후가 충돌 전보다 작다.

ㄴ. 충돌하는 동안 A가 받은 충격량의 크기는 B가 받은 충격량의 크기와 같다.

ㄷ. 충돌 전 A의 운동 에너지는 충돌 후 A, B의 운동 에너지의 합보다 크다.

 **해설**

ㄱ. 그림 (나)의 그래프의 기울기를 통해 A에 대한 B의 상대 속도를 계산해 보면 다음과 같다.

A에 대한 B의 상대 속도의 크기는 다음과 같다.
충돌 전: 4m/s
충돌 후: 2m/s

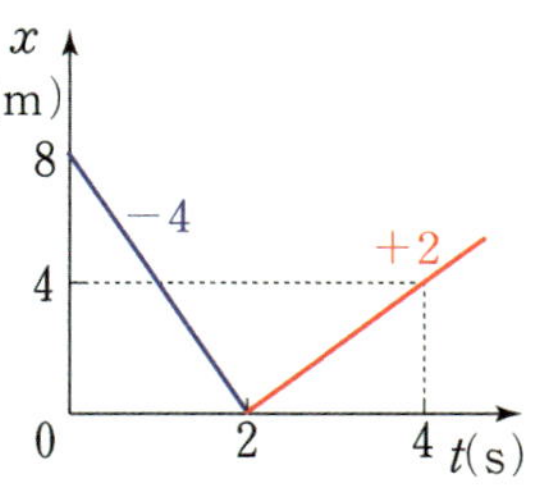

A에 대한 B의 상대 속도의 크기는 충돌 후(2m/s)가 충돌 전(4m/s)보다 작다. (ㄱ. 참)

ㄴ. 개념 문제다. A가 받은 충격량의 크기와 B가 받은 충격량의 크기는 항상 같다.
　(뉴턴 제 3법칙 작용 반작용 법칙) (ㄴ. 참)

ㄷ. 직접 계산할 필요 없다.
　상대 속도의 크기가 충돌 후가 충돌 전보다 감소하므로
　A와 B의 운동 에너지 합은
　충돌 후가 충돌 전보다 감소해야 한다.

　따라서 충돌 전 A의 운동 에너지는 충돌 후 A, B의 운동 에너지의 합보다 크다. (ㄷ. 참)

○ 문제 상황이 어떻더라도 A와 B가 충돌한다면 당연히 참이다.

 기출 예시 24

22학년도 9월 모의고사 18번 문항

그림 (가)는 마찰이 없는 수평면에서 물체 A가 정지해 있는 물체 B를
향하여 등속도 운동을 하는 모습을, (나)는 (가)에서 A와 B 사이의 거리를
시간에 따라 나타낸 것이다. 벽과 충돌 직후 B의 속력은 충돌 직전과 같다.
A, B는 질량이 각각 m_A, m_B이고, 동일 직선상에서 운동한다.

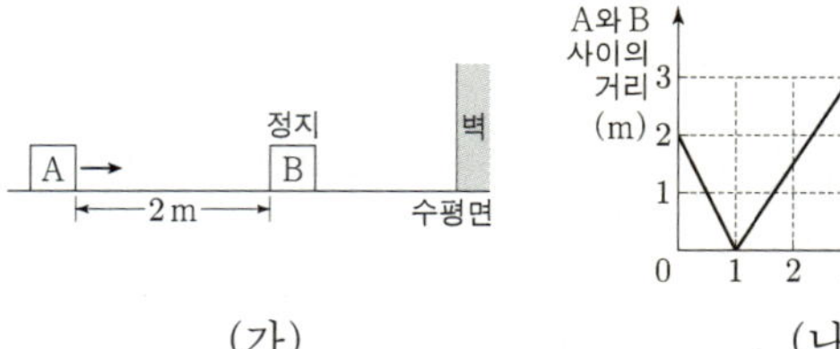

(가)　　　　　　　　　(나)

m_A : m_B는?

해설

그림 (나)의 그래프의 기울기를 통해 A에 대한 B의 상대 속도를 계산해 보면 다음과 같다.

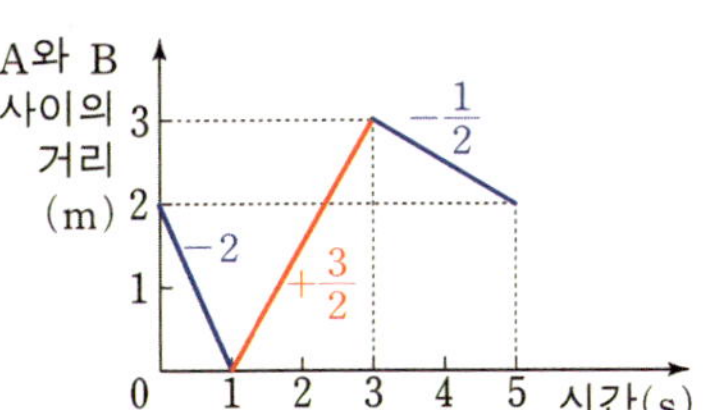

충돌 전후 속도를 각각 구해보자.

※ 실제 문제 풀때는 아래 그림처럼 m/s 단위를 생략하고 풀어도 무방하다.

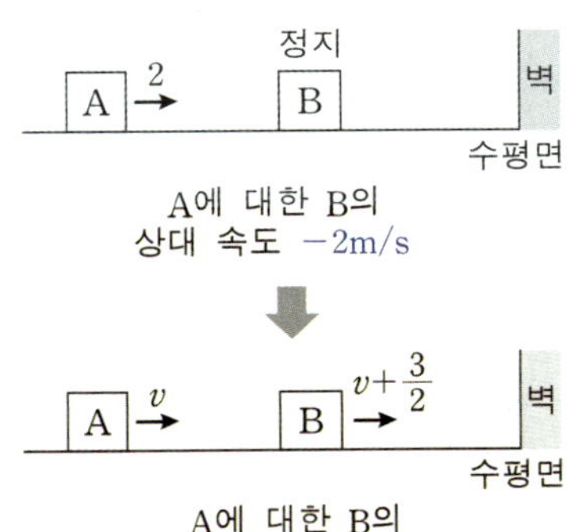

A에 대한 B의 상대 속도 -2m/s

A에 대한 B의 상대 속도 $+\dfrac{3}{2}$m/s

A에 대한 B의 상대 속도 $-\dfrac{1}{2}$m/s

① 0초에서 1초까지 A에 대한 B의 상대 속도가 -2m/s이다.
그런데
0초에서 1초까지 B는 정지해있으므로
A의 속도가 $+2$m/s임을 알 수 있다.

② 충돌 후 A에 대한 B의 상대 속도가 $+\dfrac{3}{2}$m/s이므로
다음과 같이 둘 수 있다.
A의 속도: $+v$
B의 속도: $+v+\dfrac{3}{2}$

③ 벽과 충돌 직후 B의 속력은 충돌 직전과 같으므로 벽과 충돌 한 후 속도를 다음과 같이 둘 수 있다.
A의 속도: $+v$
B의 속도: $-\left(+v+\dfrac{3}{2}\right)=-v-\dfrac{3}{2}$

③ 벽과 충돌 직후 A에 대한 B의 상대 속도가 $-\dfrac{1}{2}$m/s이므로 다음 식이 성립한다.

$$-v-\dfrac{3}{2}-(+v)=-\dfrac{1}{2}$$

$$v=-\dfrac{1}{2}\text{m/s}$$

즉, A가 B와 충돌한 직후 A의 속도는 $-\dfrac{1}{2}$m/s이다.

④ A와 B가 충돌하기 전후 속도를 표시해 보면 그림과 같다.

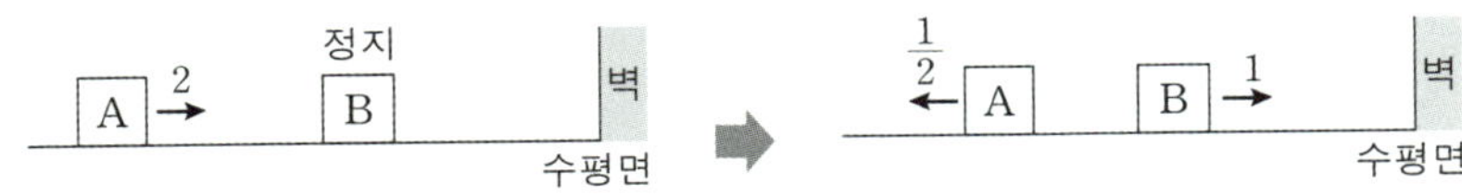

충돌 전후 속도 변화량의 비를 알 수 있다. 이를 통해 질량비를 구할 수 있다.

A의 속도 변화량: $-\dfrac{1}{2}\text{m/s}-(+2\text{m/s})=-\dfrac{5}{2}\text{m/s}$

B의 속도 변화량: $(+1\text{m/s})-0=+1\text{m/s}$
속도 변화량의 크기 비: $5:2$
속도 변화량의 크기의 역수 비: $2:5$
따라서 A와 B의 질량비는 다음과 같다.
$$m_\text{A}:m_\text{B}=2:5$$

Mechanica 물리학1

기출 예시 25

그림 (가)와 같이 마찰이 없는 수평면에서 물체 A, B, C가 등속도 운동을 한다. A와 C는 같은 속력으로 B를 향해 운동하고, B의 속력은 4m/s이다. A, B, C의 질량은 각각 3kg, 2kg, 2kg이다. 그림 (나)는 (가)에서 B와 C 사이의 거리를 시간 t에 따라 나타낸 것이다. A, B, C는 동일 직선상에서 운동한다.

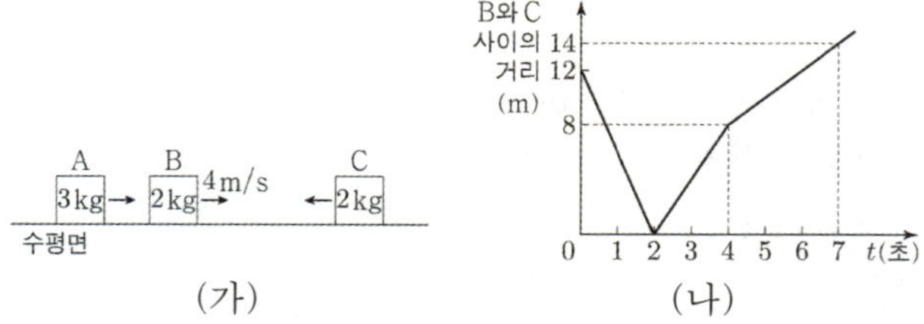

다음을 구해보자. (단, 물체의 크기는 무시한다.)

① $t=0$ 일 때 A와 B 사이의 거리는?

② $t=0$ 에서 $t=7$초까지 A가 이동한 거리는?

③ $t=0$ 일 때 A의 위치에서 $t=4$초일 때 C의 위치까지 거리는?

 **해설**

① $t=0$ 일 때 A와 B 사이의 거리

오른쪽 방향을 양(+)으로 두고, $t=0$일 때 A와 B 사이의 거리를 L로 두자.

○ $t=0$ 부터 $t=2$초까지 (나)의 기울기는 B에 대한 C의 상대 속도는 같다.
  그림 (나)에서 $t=0$ 부터 $t=2$초까지 기울기가 -6이므로
  B에 대한 C의 상대 속도는 -6m/s이다. 따라서 C의 속도는 -2m/s이다.

○ A, B, C의 위치를 수평면상에 적어두면 아래 그림과 같다.

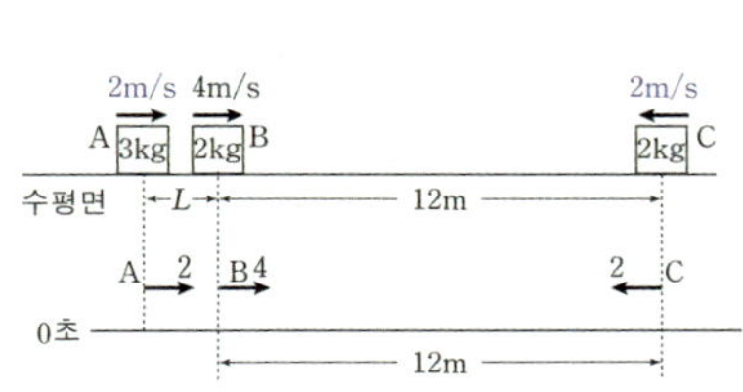
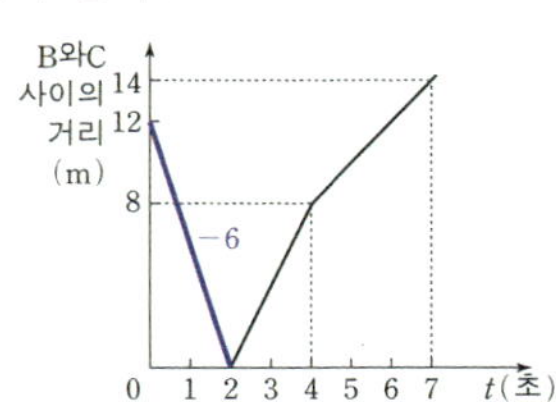

$t=0$에서 $t=2$초까지 물체의 운동

아래 그림 ㉠~㉢을 따라가면서 설명을 해보면 다음과 같다.

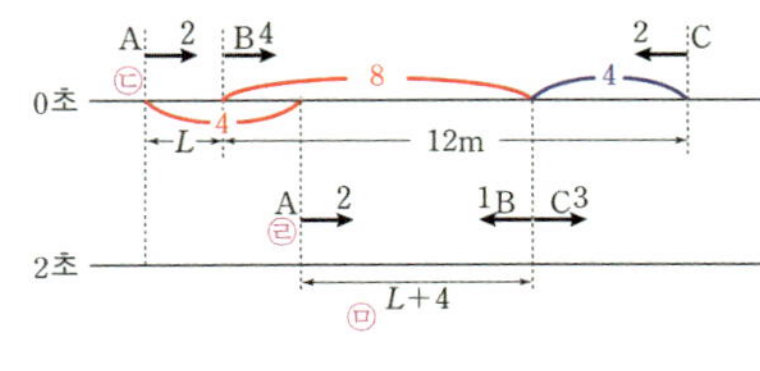
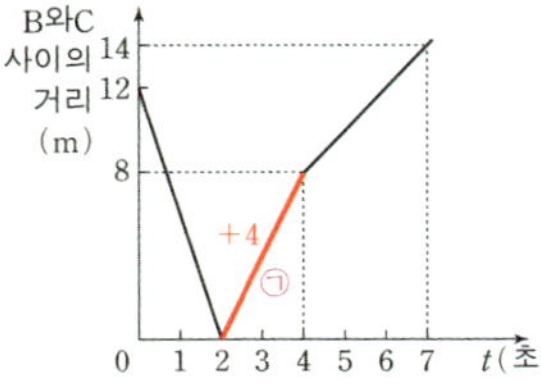
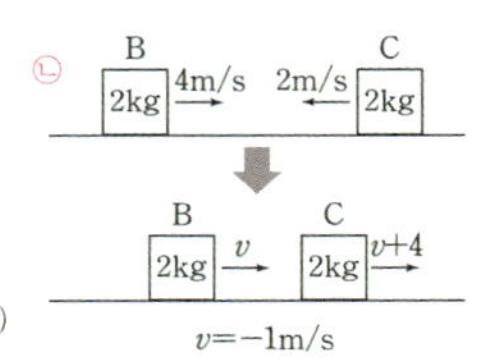

㉠ $t=2$초부터 $t=4$초까지 (나)의 기울기는 B에 대한 C의 상대 속도와 같다.
  그림 (나)에서 $t=2$초부터 $t=4$초까지 기울기가 $+4$이므로
  충돌 직후 B에 대한 C의 상대 속도는 4m/s이다.

㉡ ㉠에 따라 충돌 후 B, C의 속도를 각각 $+v$, $+v+4$로 둘 수 있다.
  충돌 전 후 B와 C의 운동량의 합이 보존되므로 다음이 성립한다.

$$2\text{kg} \times 4\text{m/s} + 2\text{kg} \times (-2\text{m/s}) = 2\text{kg} \times v + 2\text{kg} \times (v+4)$$
$$v = -1\text{m/s}$$

㉢ A, B, C의 속도를 알 수 있으므로 $t=0$에서 $t=2$초까지 A, B, C의 변위를 각각 구할 수 있다.

$$\text{A}: +2\text{m/s} \times 2\text{s} = +4\text{m}$$
$$\text{B}: +4\text{m/s} \times 2\text{s} = +8\text{m}$$
$$\text{C}: -2\text{m/s} \times 2\text{s} = -4\text{m}$$

이에 따라 $t=2$초일 때 A, B, C의 위치를 수평면상에 표현할 수 있다.

㉣ B와 C가 충돌한 후 B와 C의 속도가 각각 -1m/s, 3m/s이므로
  $t=2$초일 때 B와 C의 충돌 후 속도를 적어둔다.

㉤ 그런데, $t=2$초에서 $t=4$초까지 A가 봤을 때 B는 변위는 왼쪽으로 $(L+4)$m $(-(L+4)$m)이므로
  A에 대한 B의 상대 속도를 이용하여 다음 식이 성립된다.

$$-(L+4)\text{m} = (-1\text{m/s} - (+2\text{m/s})) \times 2\text{s}$$
$$L = 2\text{m}$$

$t=0$일 때 A와 B 사이의 거리는 2m이다.

기출 예시 25

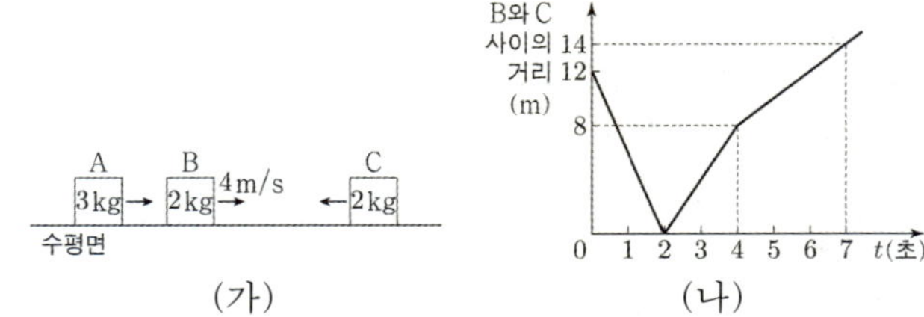

그림 (가)와 같이 마찰이 없는 수평면에서 물체 A, B, C가 등속도 운동을 한다. A와 C는 같은 속력으로 B를 향해 운동하고, B의 속력은 4m/s이다. A, B, C의 질량은 각각 3kg, 2kg, 2kg이다. 그림 (나)는 (가)에서 B와 C 사이의 거리를 시간 t에 따라 나타낸 것이다. A, B, C는 동일 직선상에서 운동한다.

다음을 구해보자. (단, 물체의 크기는 무시한다.)

① $t=0$ 일 때 A와 B 사이의 거리는?

② $t=0$ 에서 $t=7$초까지 A가 이동한 거리는?

③ $t=0$ 일 때 A의 위치에서 $t=4$초일 때 C의 위치까지 거리는?

② $t=0$ 에서 $t=7$초까지 A가 이동한 거리

$t=2$초에서 $t=4$초까지 물체의 운동

아래 그림 ㉠~㉤을 따라가면서 설명을 해보면 다음과 같다.

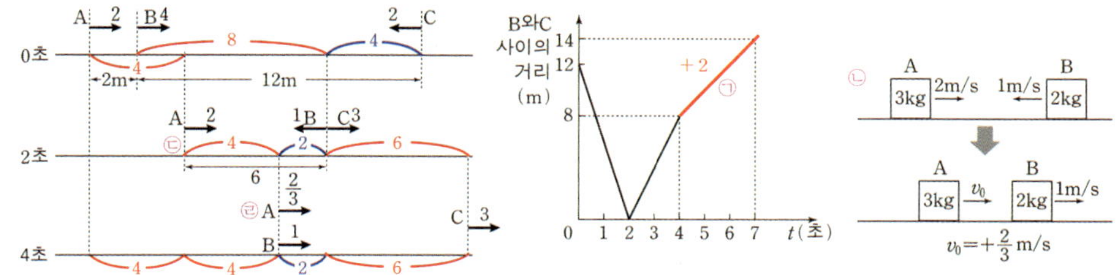

㉠ $t=4$초부터 $t=7$초까지 (나)의 기울기는 B에 대한 C의 상대 속도와 같다.

그림 (나)에서 $t=4$초부터 $t=7$초까지 기울기가 $+2$이므로

충돌 직후 B에 대한 C의 상대 속도는 $+2$m/s이다.

㉡ 그런데 A와 B가 충돌할 때 C의 속도는 변하지 않으므로,

충돌 후 B의 속도는 다음과 같이 계산된다. (상대 속도 이용)

$$+3\text{m/s} - (+2\text{m/s}) = +1\text{m/s}$$

충돌 후 A의 속도를 v_0로 두면 다음 식이 성립된다.

$$3\text{kg} \times 2\text{m/s} + 2\text{kg} \times (-1\text{m/s}) = 3\text{kg} \times v_0 + 2\text{kg} \times (1\text{m/s})$$

$$v_0 = \frac{2}{3}\text{m/s}$$

※ $t=0$에서 $t=7$초까지 A가 이동한 거리를 계산해야 한다.

A의 속도는

$t=0$초에서 $t=4$초까지 4초 동안 2m/s

$t=4$초에서 $t=7$초까지 3초 동안 $\frac{2}{3}$m/s 이므로

$t=0$에서 $t=7$초까지 A가 이동한 거리는 다음과 같이 계산된다.

$$2\text{m/s} \times 4\text{s} + \frac{2}{3}\text{m/s} \times 3\text{s} = 10\text{m}$$

③ $t=0$ 일 때 A의 위치에서 $t=4$초일 때 C의 위치까지 거리

$t=4$초일 때 물체의 위치 구하기

㉢ A, B, C의 속도를 알 수 있으므로 $t=2$초에서 $t=4$초까지 A, B, C의 변위를 각각 구할 수 있다.

$$A: +2\text{m/s} \times 2\text{s} = +4\text{m}$$
$$B: -1\text{m/s} \times 2\text{s} = -2\text{m}$$
$$C: +3\text{m/s} \times 2\text{s} = +6\text{m}$$

이에 따라 $t=4$초일 때 A, B, C의 위치를 수평면상에 표현할 수 있다.

㉣ A와 B가 충돌한 후 A와 B의 속도가 각각 $+\frac{2}{3}$m/s, $+1$m/s이므로

$t=4$초일 때 충돌 후 속도를 적어둔다.

㉤ $t=0$일 때 A의 위치에서 $t=4$초일 때 C의 위치 사이의 거리는 다음과 같이 계산된다.

$$4\text{m}+4\text{m}+2\text{m}+6\text{m}=16\text{m}$$

 기출 예시 26

11학년도 9월 모의고사 19번 문항

그림 (가)는 마찰이 없는 수평면에서 물체 A, B는 오른쪽으로, 물체 C는 왼쪽으로 동일 직선 상에서 각각 등속 운동을 하는 것을 나타낸 것이다. 0초일 때, A와 B 사이의 거리는 10m이고 B의 속력은 4m/s이다. A, B, C의 질량은 각각 1kg, 2kg, 5kg이다. 그림 (나)는 B와 C 사이의 거리 x를 시간 t에 따라 나타낸 것이다. 2초일 때 B와 C가 충돌하고, 5초일 때 A와 B가 충돌한다.

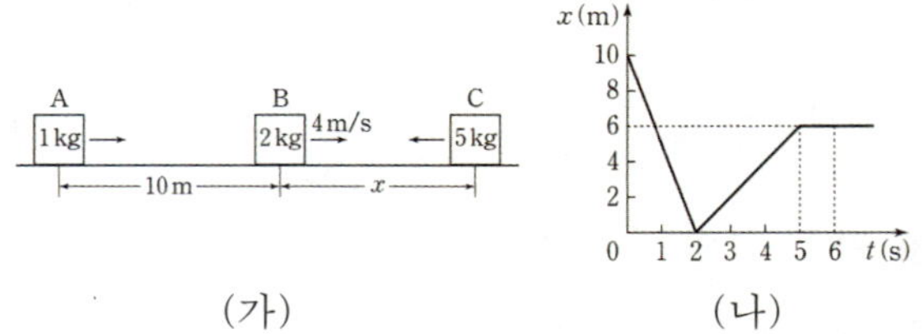

(가)   (나)

이에 대한 설명으로 옳은 것만을 〈보기〉에서 있는 대로 고른 것은? (단, 물체의 크기는 무시한다.)

〈 보 기 〉

ㄱ. 3초일 때, B와 C의 운동량 합의 크기는 3kg·m/s이다.

ㄴ. 6초일 때, A의 속도의 크기는 1m/s이다.

ㄷ. B의 운동 에너지는 4초일 때와 6초일 때가 같다.

 **해설**

오른쪽 방향을 양(+)으로 두자.

○ $t=0$ 부터 $t=2$초까지 (나)의 기울기는 B에 대한 C의 상대 속도와 같다.

　그림 (나)에서 $t=0$ 부터 $t=2$초까지 기울기가 -5이므로
　B에 대한 C의 상대 속도는 -5m/s이다. 따라서 C의 속도는 -1m/s이다.

○ A의 속도를 $+v$로 두고 A, B, C의 위치를 수평면상에 적어두면 아래 그림과 같다.

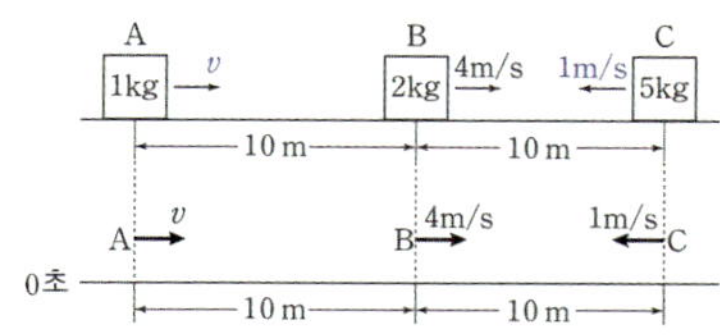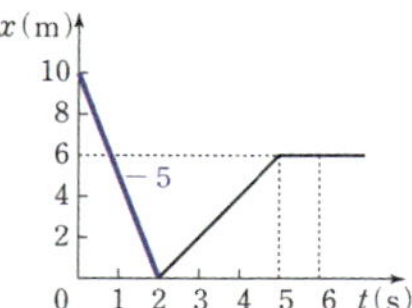

① $t=2$초에서 $t=5$초까지 물체의 운동

아래 그림 ㉠~㉤을 따라가면서 설명을 해보면 다음과 같다.

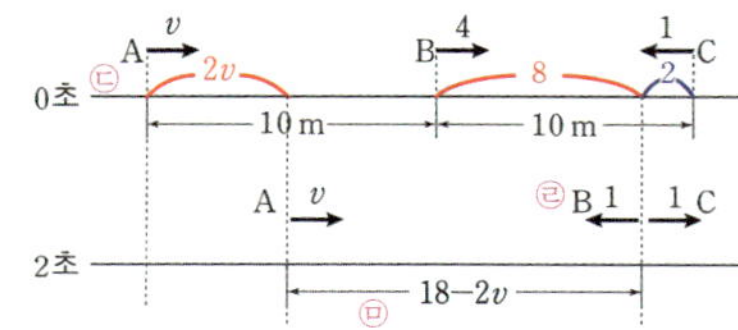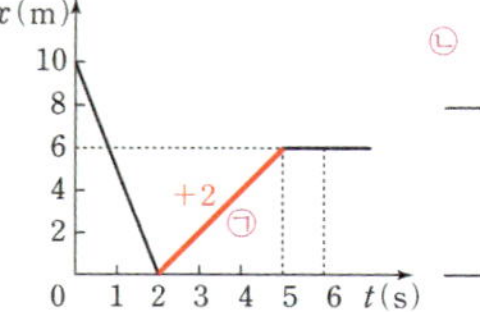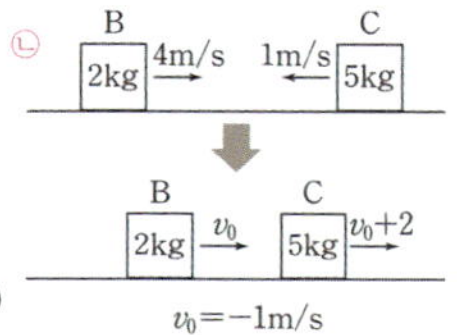

㉠ $t=2$초부터 $t=5$초까지 (나)의 기울기는 B에 대한 C의 상대 속도와 같다.

　그림 (나)에서 $t=2$초부터 $t=5$초까지 기울기가 $+2$이므로
　충돌 직후 B에 대한 C의 상대 속도는 $+2$m/s이다.

㉡ 충돌 후 B에 대한 C의 상대 속도는 $+2$m/s이므로
　충돌 후 B, C의 속도를 각각 v_0, v_0+2로 둘 수 있다.
　충돌 전후 B와 C의 운동량이 보존되므로 다음이 성립한다.

$$2\text{kg} \times (+4\text{m/s}) + 5\text{kg} \times (-1\text{m/s}) = 2\text{kg} \times v_0 + 5\text{kg} \times (v_0+2)$$
$$v_0 = -1\text{m/s}$$

㉢ A, B, C의 속도를 알 수 있으므로 $t=0$초에서 $t=2$초까지 A, B, C의 변위를 각각 구할 수 있다.

$$A: +v \times 2\text{s} = +(2v)\text{m}$$
$$B: +4\text{m/s} \times 2\text{s} = +8\text{m}$$
$$C: -1\text{m/s} \times 2\text{s} = -2\text{m}$$

　이에 따라 $t=2$초일 때 A, B, C의 위치를 수평면상에 표현할 수 있다.

㉣ B와 C가 충돌한 후 B와 C의 속도가 각각 -1m/s, $+1$m/s이므로
　$t=2$초일 때 충돌 후 속도를 적어둔다.

㉤ 그런데, $t=2$초에서 $t=5$초까지 A가 봤을 때 B는 변위는 왼쪽으로 $(18-2v)$m 이므로
　A에 대한 B의 상대 속도$(-1\text{m/s}-(+v)=-1-v)$를 이용하면 다음 식이 성립된다.

$$-(18-2v)\text{m} = (-1-v) \times 3\text{s}$$
$$v = +3\text{m/s}$$

$t=0$일 때 A의 속도는 오른쪽으로 3m/s이다.

Mechanica 물리학1

기출 예시 26

○ 해설이 길기 때문에 이전 페이지 문제를 다시 적어두었다.

그림 (가)는 마찰이 없는 수평면에서 물체 A, B는 오른쪽으로, 물체 C는 왼쪽으로 동일 직선 상에서 각각 등속 운동을 하는 것을 나타낸 것이다. 0초일 때, A와 B 사이의 거리는 10m이고 B의 속력은 4m/s이다. A, B, C의 질량은 각각 1kg, 2kg, 5kg이다. 그림 (나)는 B와 C 사이의 거리 x를 시간 t에 따라 나타낸 것이다. 2초일 때 B와 C가 충돌하고, 5초일 때 A와 B가 충돌한다.

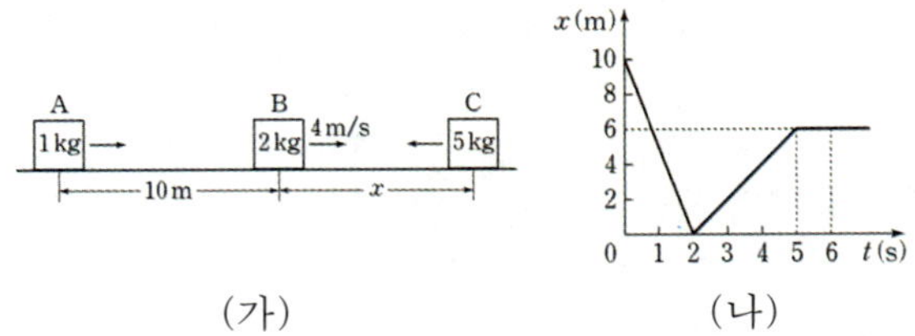

(가)   (나)

이에 대한 설명으로 옳은 것만을 〈보기〉에서 있는 대로 고른 것은? (단, 물체의 크기는 무시한다.)

〈보 기〉

ㄱ. 3초일 때, B와 C의 운동량 합의 크기는 3kg·m/s이다.

ㄴ. 6초일 때, A의 속도의 크기는 1m/s이다.

ㄷ. B의 운동 에너지는 4초일 때와 6초일 때가 같다.

$t=5$초 이후 물체의 운동

아래 그림 ㉠~㉤을 따라가면서 설명을 해보면 다음과 같다.

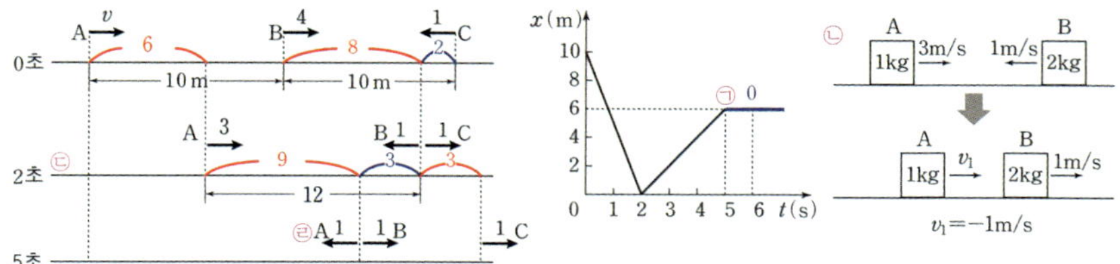

정답
기출 예시 26
ㄱ, ㄴ, ㄷ

㉠ $t=5$초 이후 (나)의 기울기는 B에 대한 C의 상대 속도와 같다.

그림 (나)에서 $t=5$초 이후 기울기가 0이므로

B에 대한 C의 상대 속도는 0이다. (충돌 후 B와 C의 속도는 같다.)

㉡ 충돌 후 B와 C의 속도는 같다.

따라서 충돌 후 B의 속도는 1m/s이다.

충돌 후 A의 속도를 $+v_1$으로 두자.

충돌 전후 A와 B의 운동량이 보존되므로 다음이 성립한다.

$$1\text{kg} \times (+3\text{m/s}) + 2\text{kg} \times (-1\text{m/s}) = 1\text{kg} \times v_1 + 2\text{kg} \times (+1\text{m/s})$$
$$v_1 = -1\text{m/s}$$

㉢ A, B, C의 속도를 알 수 있으므로 $t=2$초에서 $t=5$초까지 A, B, C의 변위를 각각 구할 수 있다.

$$\text{A:} \ +3\text{m/s} \times 3\text{s} = +9\text{m}$$
$$\text{B:} \ -1\text{m/s} \times 3\text{s} = -3\text{m}$$
$$\text{C:} \ +1\text{m/s} \times 3\text{s} = +3\text{m}$$

이에 따라 $t=5$초일 때 A, B, C의 위치를 수평면상에 표현할 수 있다.

㉣ A와 B가 충돌한 후 A와 B의 속도가 각각 -1m/s, $+1$m/s 이다.

$t=5$초일 때 충돌 후 속도를 적어둔다.

ㄱ. B와 C가 충돌하기 직전 운동량의 크기 합은 충돌한 직후 운동량의 크기 합과 같다. (운동량 보존법칙)

충돌하기 전 운동량의 합은 다음과 같이 계산된다.

$$2\text{kg} \times (+4\text{m/s}) + 5\text{kg} \times (-1\text{m/s}) = 3\text{kg·m/s}$$

이는 B와 C가 충돌한 직후 운동량과 같다.

따라서 3초일 때, B와 C의 운동량 합의 크기는 3kg·m/s이다. (ㄱ. 참)

ㄴ. $t=6$초일 때, A의 속도의 크기는 1m/s이다. (ㄴ. 참)

ㄷ. B의 속력은 $t=4$초일 때 1m/s, $t=6$초일 때 1m/s이므로

B의 운동 에너지는 4초일 때와 6초일 때가 같다. (ㄷ. 참)

기출 예시 27

그림 (가)는 마찰이 없는 수평면에서 물체 A, B가 등속도 운동하는 모습을, (나)는 A와 B 사이의 거리를 시간에 따라 나타낸 것이다. A의 속력은 충돌 전이 2m/s 이고, 충돌 후가 1m/s이다. A와 B는 질량이 각각 m_A, m_B이고 동일 직선상에서 운동한다. 충돌 후 운동량의 크기는 B가 A보다 크다.

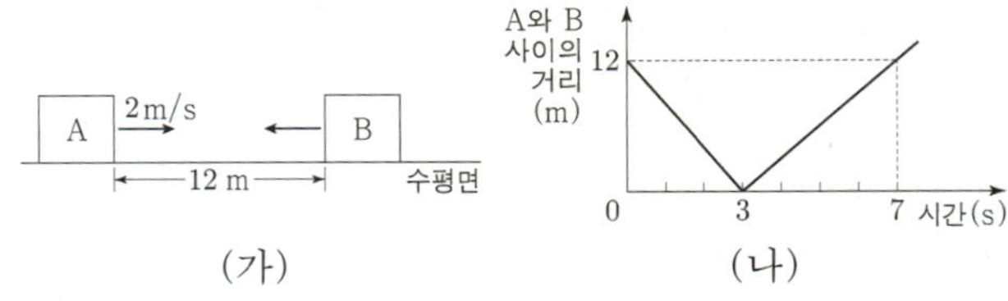

m_A : m_B는?

 **해설**

그림 (나)의 그래프의 기울기를 통해 A에 대한 B의 상대 속도를 계산해 보면 다음과 같다.
충돌 전후 속도를 각각 구해보자.

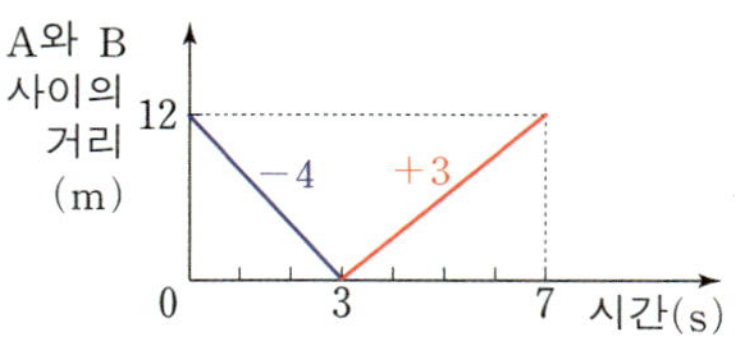

※ 실제 문제 풀때는 m/s 단위를 생략하고 풀어도 무방하다.

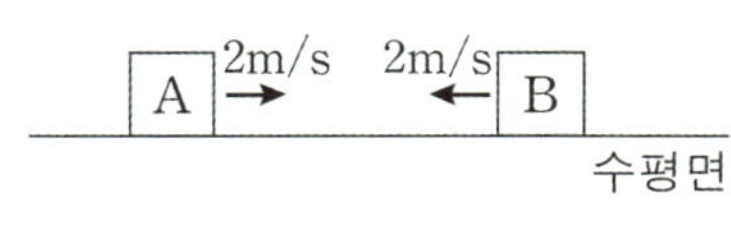

① 0초에서 3초까지 A에 대한 B의 상대 속도가 -4m/s이다.
　그런데
　0초에서 3초까지 A의 속도가 $+2$m/s이므로
　B의 속도가 -2m/s임을 알 수 있다.

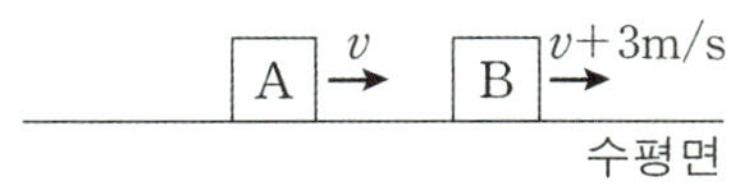

② 충돌 후 A에 대한 B의 상대 속도가 $+3$m/s이므로
　다음과 같이 둘 수 있다.
　A의 속도: $+v$
　B의 속도: $+v+3$m/s

○ 사실 해당 문제는 귀류법을 써야하는 문제이다.

A의 속력은 충돌 후가 1m/s이다.
즉, $+v$의 크기가 1m/s라는 의미이다.
그런데 해당 문제에서는 방향이 나타나 있지 않기 때문에
오른쪽 방향($+$)인지, 왼쪽 방향($-$)인지 판별해야한다.

③ A의 속도가 $+1$m/s인 경우
　A의 속도가 $+1$m/s인 경우 충돌 후 B의 속도는 다음과 같다.
$$+1\text{m/s}+3\text{m/s}=+4\text{m/s}$$

충돌 전후 속도 변화량의 비를 알 수 있다. 이를 통해 질량비를 구할 수 있다.
A의 속도 변화량: $+1$m/s$-(+2$m/s$)=-1$m/s
B의 속도 변화량: $(+4$m/s$)-(-2$m/s$)=+6$m/s
속도 변화량의 크기 비: 1:6
속도 변화량의 크기의 역수 비: 6:1
따라서 A와 B의 질량비는 다음과 같다.
$$m_A : m_B = 6 : 1$$
그런데 A와 B의 질량비가 6:1이고, A와 B의 충돌 후 속력의 비가 1:4이므로
운동량의 크기 비는 속력 비와 질량비의 곱과 같다.
$$6 \times 1 : 1 \times 4 = 3 : 2$$
충돌 후 운동량의 크기는 B가 A보다 크다는 조건에 모순이다.
따라서 A의 속도는 $+1$m/s가 아니다.

④ A의 속도가 -1m/s인 경우
　A의 속도가 -1m/s인 경우 충돌 후 B의 속도는 다음과 같다.
$$-1\text{m/s}+3\text{m/s}=+2\text{m/s}$$

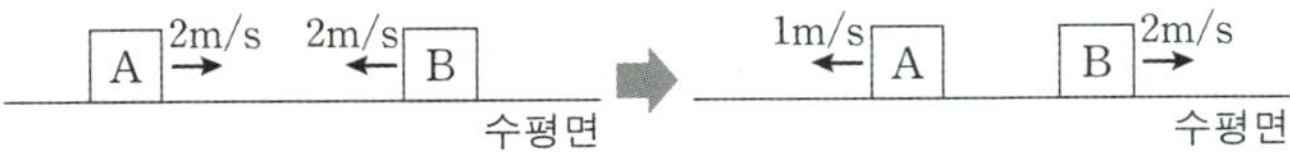

○ 충돌 후 운동량의 크기 비
　A와 B의 질량 비: 4:3
　A와 B의 속력 비: 1:2
　A와 B의 운동량 비:
　　$4 \times 1 : 3 \times 2 = 2 : 3$

　B가 A보다 크므로 문제 조건이 성립한다.

충돌 전후 속도 변화량의 비를 알 수 있다. 이를 통해 질량비를 구할 수 있다.
A의 속도 변화량: -1m/s$-(+2$m/s$)=-3$m/s
B의 속도 변화량: $(+2$m/s$)-(-2$m/s$)=+4$m/s
속도 변화량의 크기 비: 3:4
속도 변화량의 크기의 역수 비: 4:3
따라서 A와 B의 질량비는 다음과 같다.
$$m_A : m_B = 4 : 3$$

Mechanica 물리학1

 **운동량-시간 그래프**

○ 기본형 문제 (충돌 시간이 주어진 경우)

두 물체가 충돌할 때 운동량−시간 그래프는 다음과 같은 형태가 될 것이다.

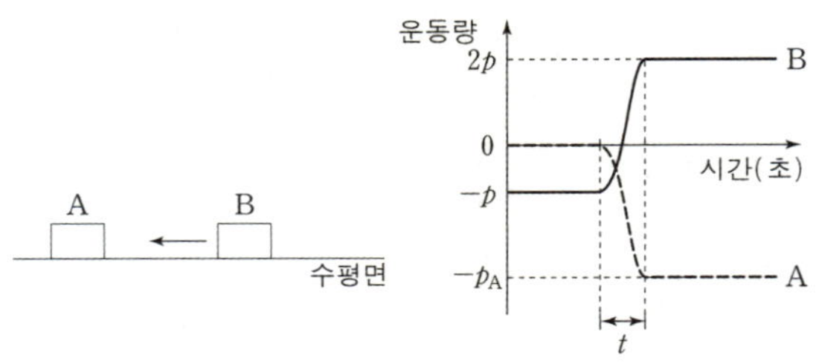

① 그래프의 특징과 알아낼 수 있는 정보

① 두 물체가 충돌하기 전까지 두 물체의 운동량은 일정하다.

② 충돌하는 동안에만 운동량이 변한다.

③ 충돌하는 시간은 정확하게 같다.
예를 들면 위의 그래프에서 충돌 시간은 t로 같다.

④ A와 B가 충돌하는 동안 충격량, 즉 운동량의 변화량은 같다.
예를 들면 위의 그래프에서
A의 운동량 변화량은 p_A이고
B의 운동량 변화량은 $2p-(-p)=3p$이다.
이 둘은 같아야 하므로 $p_A=3p$이다.

② 그래프를 통해 알아낼 수 있는 정보 〔평균 힘〕

○ 운동량 시간 그래프에서 순간 기울기는 다음과 같은 의미를 가진다.

$$\frac{운동량\ 변화량(\Delta p=I)}{시간\ 변화량(\Delta t)}=평균\ 힘$$

○ 물체에 작용하는 알짜힘의 크기가 일정하면, 그때 기울기는 알짜힘을 의미한다.

예를 들면 위의 그래프에서 충돌하는 동안 A의 평균 힘의 크기는 아래 그래프에서 빨간색 선의 기울기와 같다.

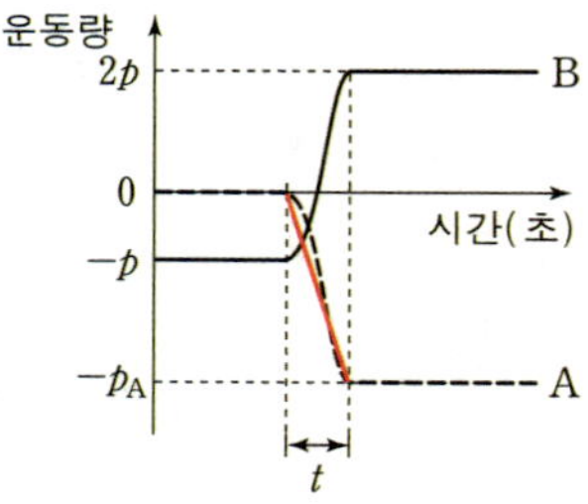

$$F_{\text{avg}}=\frac{p_A-0}{t}=\frac{3p}{t}$$

○ **심화 문제 (운동량 – 시간 그래프의 기울기)**

○ 운동량–시간 그래프에서 순간 기울기는 다음과 같은 의미를 가진다.

$$\frac{\text{운동량 변화량}(\Delta p = I)}{\text{시간 변화량}(\Delta t)} = \text{평균 힘}$$

그런데 물체의 알짜힘의 크기가 일정한 운동(등가속도 운동)을 할 경우
물체가 받는 평균 힘의 크기는 물체의 작용하는 알짜힘의 크기와 같다.
이 경우 운동량–시간 그래프의 기울기는 알짜힘과 같다.

$$\frac{\text{운동량 변화량}(\Delta p = I)}{\text{시간 변화량}(\Delta t)} = \text{알짜힘}$$

심화 문제는 아래와 같이 크게 두 가지 유형으로 나뉜다.

① 수평면과 마찰면에서의 운동

② 빗면에서의 운동

두 가지 유형을 문제풀이와 함께 분석해 보자.

간단 예시 **운동량–시간 그래프 ① 수평면과 마찰면에서의 운동**

그림과 같이 물체 A가 점 p에서 마찰면이 시작되는 점 q를 향해 v의 일정한 속도로
운동하는 모습을 나타낸 것이다. A는 마찰면의 시작점 q에서 도달한 후 마찰력만 받아
2m만큼 운동한 후 정지한다. 그림 (나)는 (가)에서 A가 점 p를 지나는 순간부터 A가
정지할 때까지 A의 운동량을 시간에 따라 나타낸 것이다.

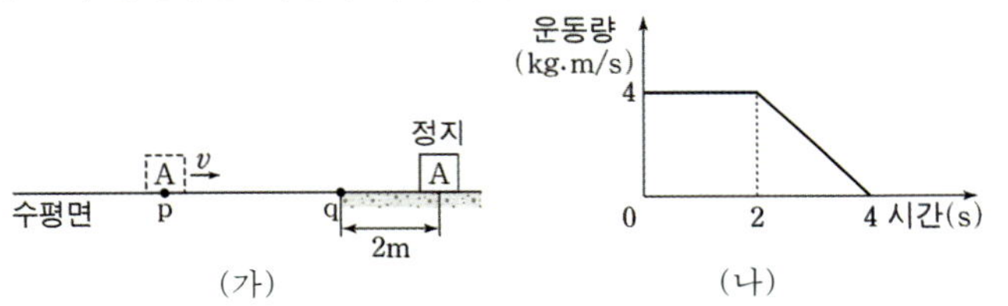

다음을 답해 보자.

○ A의 질량은?

○ p와 q 사이의 거리는?

① 등속도 운동하는 구간 해석
오른쪽 방향을 양(+)으로 두자.

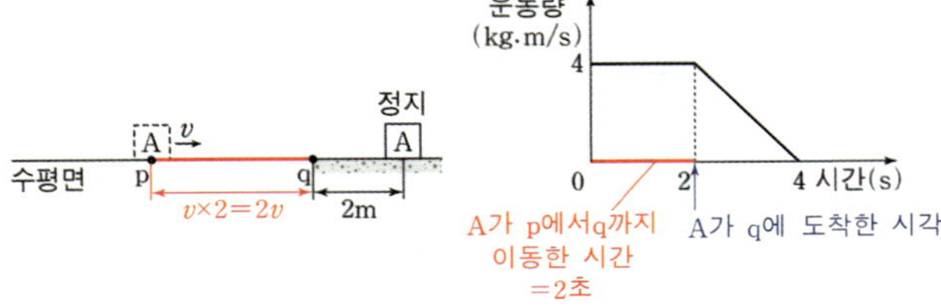

○ A는 p에서 q까지 속도의 크기가 v로 일정한 등속도 운동한다.
 그런데 그림 (나)를 살펴보면 2초인 순간 그래프가 꺾인다.
 즉, A는 2초인 순간 점 q에 도달하는 것을 알 수 있다.

○ A가 p를 지나는 시각이 0초, q를 지나는 시각이 2초이므로
 A가 p에서 q까지 이동한 시간은 2초임을 알 수 있다.

○ A가 p에서 q까지 이동한 시간이 2초이고
 p에서 q까지 A의 속도는 $+v$이므로
 p와 q사이의 거리는 다음과 같이 계산된다.

$$v \times 2 = 2v$$

② 마찰 구간 해석

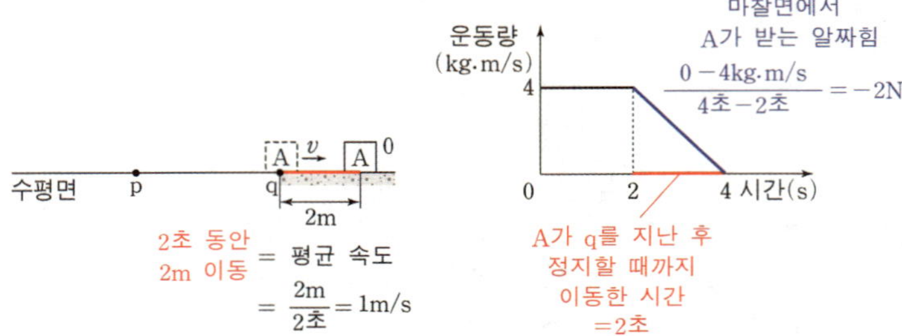

○ 그림 (나)에서 A의 운동량은 점점 감소하여 0이된다.
　운동량 – 시간 그래프의 기울기는 물체가 받는 알짜힘이다.
　그래프의 기울기는 마찰면에서 A가 받는 알짜힘(마찰력)이다.
　그 값은 다음과 같다.

$$\frac{0-(+4\text{kg·m/s})}{4\text{초}-2\text{초}} = -2\text{N}$$

○ A가 q를 지나는 시각이 2초, A가 정지한 시각이 4초이므로
　A가 q를 지난 후 정지할 까지 이동한 시간은 2초임을 알 수 있다.

○ A가 q를 지난 후 정지할 때까지 이동한 시간이 2초이고
　마찰면에서 A의 변위가 +2m이므로
　마찰면에서 A는 2초 동안 2m만큼 이동한 후 정지한다.
　따라서 A의 평균 속도의 크기는 다음과 같이 계산된다.

$$\frac{+2\text{m}}{2\text{초}} = +1\text{m/s}$$

　그런데 A는 등가속도 운동을 하므로
　A의 평균 속도는 2초일 때 속도($+v$)와 4초일 때 속도(0)의 중간 값과 같다.
　따라서 다음이 성립한다.

$$\frac{+v+0}{2}=+1\text{m/s},\ v=+2\text{m/s}$$

○ 마찰면에서 물체의 가속도를 계산할 수 있다.
　　A의 속도는
　　2초일 때: $+2\text{m/s}$
　　4초일 때: 0 이므로
　　가속도는 다음과 같이 계산된다.

$$\frac{0-(+2\text{m/s})}{4\text{초}-2\text{초}} = -1\text{m/s}^2$$

③ 정리

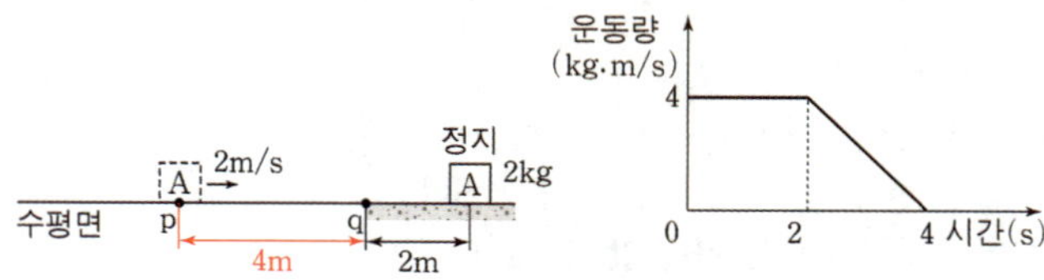

○ 마찰면에서 A의 가속도가 -1m/s^2이고,
　　A의 알짜힘이 -2N이므로
　　A의 질량(m)을 다음과 같이 계산할 수 있다.

$$-2\text{N} = m\times(-1\text{m/s}^2),\ m=2\text{kg}$$

○ p와 q사이의 거리는 다음과 같이 계산된다.

$$2\text{m/s} \times 2\text{s} = 4\text{m}$$

 운동량-시간 그래프 ② 빗면에서의 운동

그림과 같이 물체 A가 마찰이 없는 빗면 위의 점 p, q를 순서대로 지나는 모습을 나타낸 것이다. A는 p에서 q까지 운동하는 동안 등가속도 운동을 한다. 그림 (나)는 (가)에서 A가 p를 지나는 순간부터 q를 지나는 순간까지 A의 운동량을 시간에 따라 나타낸 것이다. p와 q 사이 거리는 4m이다.

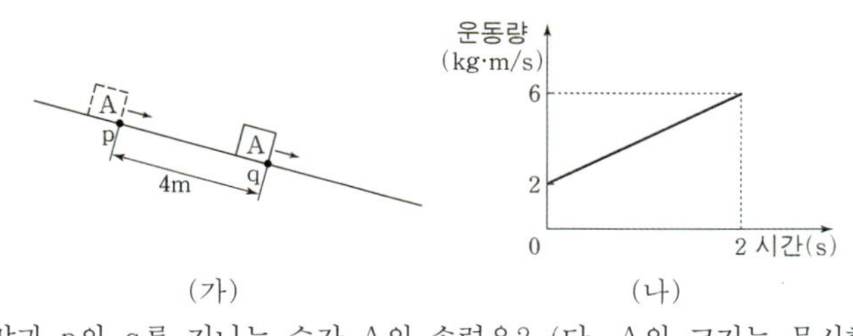

(가)   (나)

A의 질량과 p와 q를 지나는 순간 A의 속력은? (단, A의 크기는 무시한다.)

① A가 p에서 q까지 이동한 시간은 0초에서 2초까지 총 2초이다.
   A는 2초동안 4m를 이동하므로, 평균 속도의 크기는 다음과 같이 계산된다.

$$\frac{+4m}{2초} = +2m/s$$

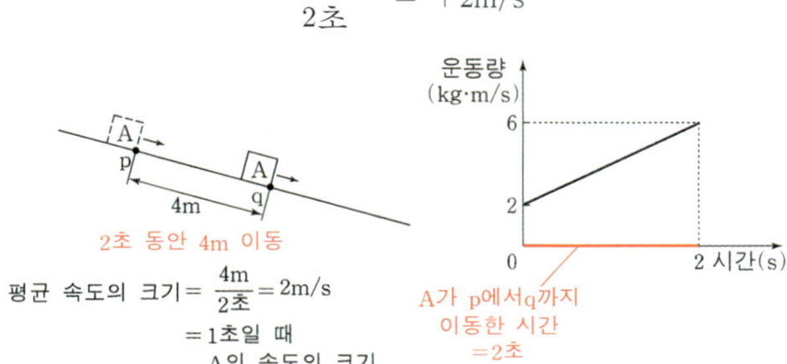

② A의 0초에서 2초까지 평균 속도의 크기가 2m/s이다.
   A는 등가속도 운동을 하므로 A의 평균 속도는 중간 시점인 1초일 때 속도이다.
   1초일 때 A의 운동량은 0초일 때와 2초일 때 A의 운동량의 중간값이다.
   따라서 1초일 때 운동량은 다음과 같이 계산된다.

$$\frac{2kg \cdot m/s + 6kg \cdot m/s}{2} = 4kg \cdot m/s$$

1초일 때 A의 운동량은 4kg·m/s
1초일 때 A의 속도의 크기는 2m/s 이므로
A의 질량을 m으로 할 때 다음 식이 성립한다.

$$4kg \cdot m/s = m \times 2m/s, \quad m = 2kg$$

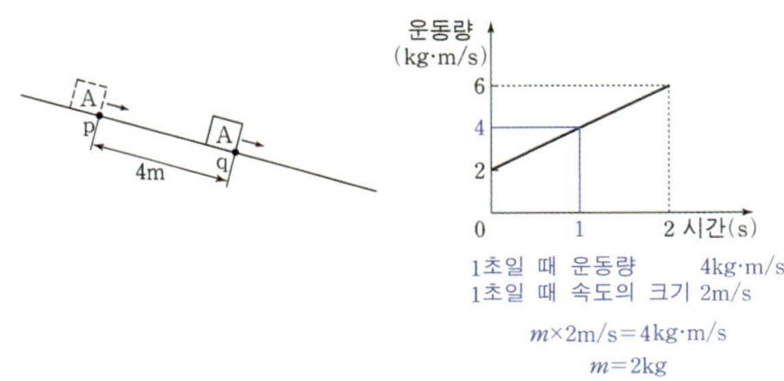

② 0초일 때와 2초일 때 A의 운동량에 A의 질량을 나누어 p, q에서 A의 속도를 구할 수 있다.

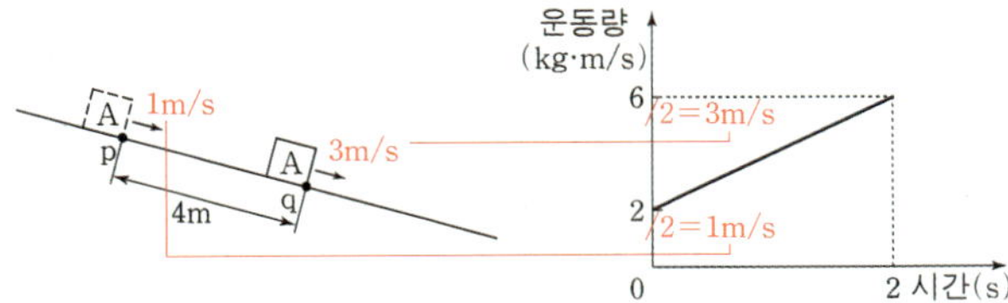

A가 p와 q를 지날 때 속력은 다음과 같이 계산된다.

(p에서) 0초일 때 A의 속도: $\dfrac{2kg \cdot m/s}{2kg} = 1m/s$

(q에서) 2초일 때 A의 속도: $\dfrac{6kg \cdot m/s}{2kg} = 3m/s$

Mechanica 물리학1

 기출 예시 28

15학년도 6월 모의고사 7번 문항

그림 (가)는 수평면에 정지해 있는 동전 B를 향해 손가락으로 동전 A를
튕기는 모습을 나타낸 것이다. B는 A와 충돌한 후 정지해 있던 동전 C와
충돌한다. 그림 (나)는 이 과정에서 A, B, C의 운동량을 시간에 따라
나타낸 것이다. A와 B의 충돌 시간은 $2T$이고, B와 C의 충돌 시간은
T이다. B의 질량은 C의 2배이다.

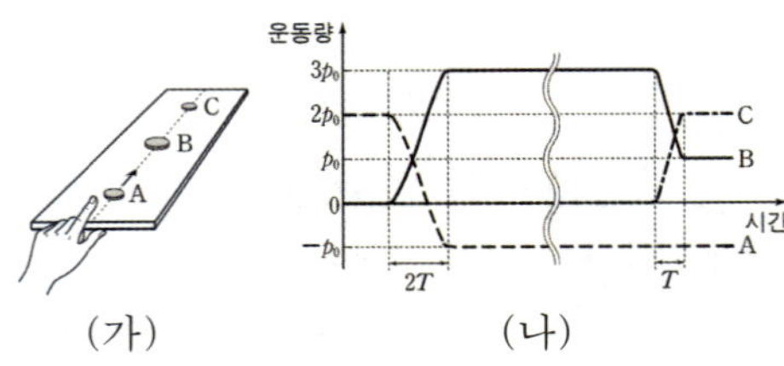

이에 대한 설명으로 옳은 것만을 〈보기〉에서 있는 대로 고른 것은? (단,
A~C는 동일 직선 상에서 운동한다.)

〈보 기〉

ㄱ. A는 B와 충돌 후 충돌 전과 반대 방향으로 움직인다.

ㄴ. B가 C와 충돌한 후, C의 속력은 B의 속력의 2배이다.

ㄷ. B가 받은 평균 힘의 크기는 A와 충돌하는 동안이 C와
　　충돌하는 동안보다 크다.

해설

정답

기출 예시 28

ㄱ

ㄱ. A의 충돌 전 후 운동량을 각각 살펴보자.

A의 충돌 전 운동량은 $+2p_0$

A의 충돌 후 운동량은 $-p_0$ 으로

서로 반대 방향이다.

충돌 전 후 운동량의 방향이 반대이므로

충돌 전 후 A의 속도 방향이 바뀐다.

따라서

A는 B와 충돌 후 충돌 전과 반대 방향으로 움직인다. (ㄱ. 참)

ㄴ. B가 C와 충돌 한 후 B와 C의 운동량은 다음과 같다.

$$B: +p_0$$
$$C: +2p_0$$

B의 질량은 C의 2배이므로 각각 $2m$, m으로 둘 수 있다.

B가 C와 충돌 한 후 B와 C의 속도를 각각 $+v_1$, $+v_2$로 두면 다음 식이 성립한다.

$$B: +p_0 = 2m(+v_1)$$
$$C: +2p_0 = m(+v_2)$$
$$v_1 : v_2 = 1 : 4$$

따라서 B가 C와 충돌한 후, C의 속력은 B의 속력의 4배이다. (ㄴ. 거짓)

ㄷ. B가 받은 평균 힘의 크기는 A와 충돌하는 동안이 C와 충돌하는 동안보다 크다.

충돌 하는 동안 받은 평균 힘의 크기는 운동량-시간 그래프에서 평균 기울기와 같다.

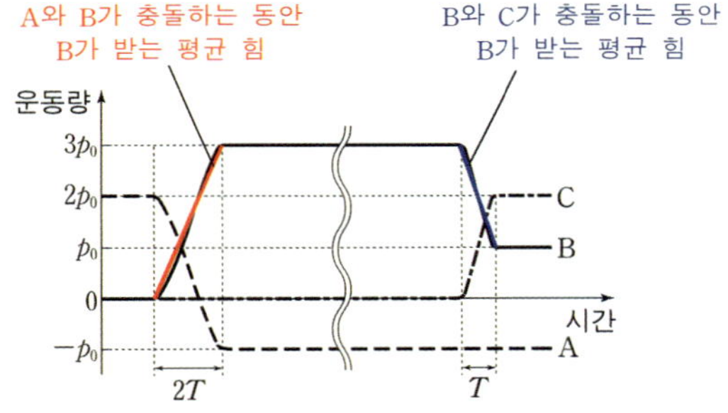

빨간색은 A와 B가 충돌하는 동안 B가 받은 평균 힘

$$\frac{3p_0 - 0}{2T} = \frac{3p_0}{2T}$$

파란색은 B와 C가 충돌하는 동안 B가 받은 평균 힘

$$\frac{p_0 - 3p_0}{T} = \frac{-2p_0}{T}$$

평균 힘의 크기 비는 다음과 같다.

$$\frac{3p_0}{2T} : \frac{2p_0}{T} = 3 : 4$$

B가 받은 평균 힘의 크기는 A와 충돌하는 동안 $\left(\frac{3p_0}{2T}\right)$이 C와 충돌하는 동안 $\left(\frac{2p_0}{T}\right)$보다

작다. (ㄷ. 거짓)

기출 예시 29

11학년도 9월 모의고사 20번 문항

그림 (가)는 마찰이 없는 수평면에서 물체 A가 정지해 있는 물체 B를 향해 등속 직선 운동을 하는 것을 나타낸 것이다. 그림 (나)는 A, B가 마찰이 있는 수평면에 들어가 정지할 때까지 시간에 따른 A, B의 운동량을 나타낸 것이다. A와 B는 1초일 때 충돌하며 동일 직선 상에서 운동한다.

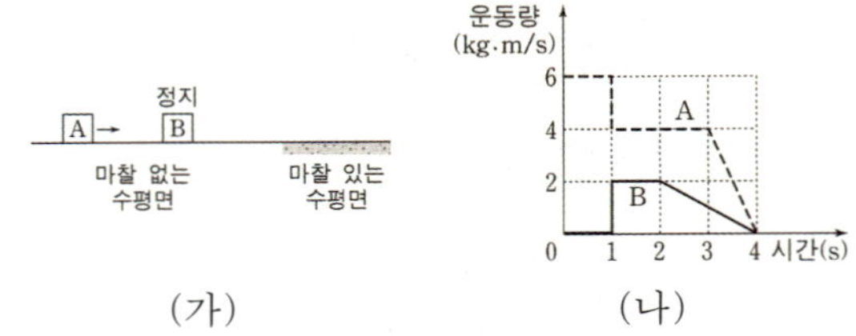

이에 대한 설명으로 옳은 것만을 〈보기〉에서 있는 대로 고른 것은? (단, 물체의 크기는 무시한다.)

〈보 기〉

ㄱ. A와 B가 서로 충돌하는 동안 A가 받은 충격량의 크기는 B가 받은 충격량의 크기와 같다.
ㄴ. A의 질량은 B의 질량의 2배이다.
ㄷ. 마찰이 있는 수평면에서의 가속도의 크기는 A와 B가 같다.

 **해설**

ㄱ. A와 B가 충돌하는 동안 충격량의 크기는 서로 같다. (ㄱ. 참)

ㄴ. 이 문제를 풀어낼 수 있는 가장 큰 열쇠는 바로
A와 B가 충돌할 때 A와 B의 위치가 같다는 것이고

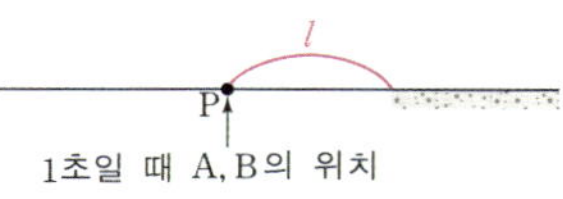

A는 3초일 때 마찰면에 들어가고
B는 2초일 때 마찰면에 들어간다.

A와 B가 충돌한 위치에서 마찰면의 시작점까지의
거리를 lm로 하면

A는 1초에서 3초까지 l만큼 이동한 후 마찰면에 들어가고
B는 1초에서 2초까지 l만큼 이동한 후 마찰면에 들어간다.

즉, l만큼 이동하는데 걸리는 시간은 A와 B가 각각 2초, 1초이다.

그런데 마찰면에 들어가기 전까지 A와 B의 속도는 일정하므로
충돌 직후 A와 B의 속력을 계산해 보면 다음과 같이 계산된다.

$$A: \frac{l}{3초-1초} = \frac{1}{2}l\,\text{m/s} = v$$

$$B: \frac{l}{2초-1초} = l\,\text{m/s} = 2v$$

즉, 충돌 후 A와 B의 속력 비는 1:2이다. 각각 v, $2v$로 두자.
A와 B의 질량을 m_A, m_B로 하자.
충돌 직후 A와 B의 운동량은 각각 4kg·m/s, 2kg·m/s이므로 다음 식이 성립한다.

$$A: 4\text{kg·m/s} = m_A \times v$$
$$B: 2\text{kg·m/s} = m_B \times (2v)$$
$$m_A : m_B = 4 : 1$$

A의 질량은 B의 질량의 4배이다. (ㄴ. 거짓)

ㄷ. 운동량−시간 그래프에서 기울기는 물체가 받은 알짜힘이다.
그래프의 기울기를 이용하여 마찰면에서 A와 B의 알짜힘은 다음과 같이 계산된다.

$$A: \frac{0-4\text{kg·m/s}}{4초-3초} = -4\text{N}$$

$$B: \frac{0-2\text{kg·m/s}}{4초-2초} = -1\text{N}$$

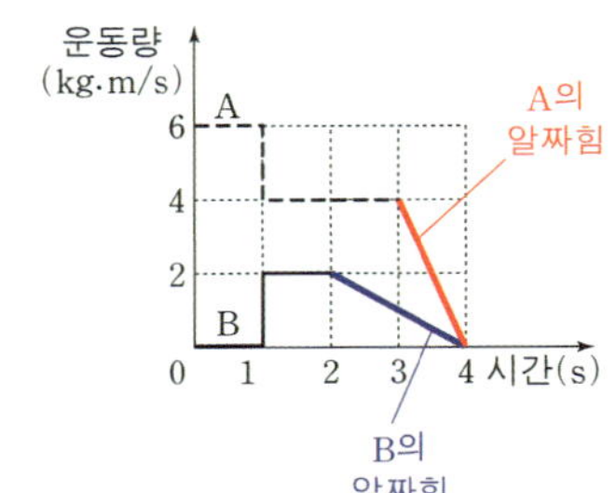

마찰면에서 A와 B의 알짜힘의 크기 비가 4:1이고
A와 B의 질량 비가 4:1이다.
A와 B의 가속도의 크기 비는 알짜힘의 크기 비를 질량 비로 나눈값과 같으므로 가속도의 비는
다음과 같다.

$$\frac{4}{4} : \frac{1}{1} = 1 : 1$$

따라서 마찰이 있는 수평면에서의 가속도의 크기는 A와 B가 같다.

(ㄷ. 참)

정답

기출 예시 29
ㄱ, ㄷ

○ ㄱ은 문제는 상황이 어떻든
간에 A와 B가 충돌할 때
항상 성립하는 개념 문제이다.

Mechanica 물리학1

 예제 24

그림 (가)와 같이 물체 A, B가 마찰이 없는 빗면 위에서 각각 등가속도 운동하는 모습을 나타낸 것이다. $t=0$일 때 A의 속도는 빗면 아래로 2m/s이다. 그림 (나)는 (가)에서 $t=0$부터 $t=2$까지 A와 B의 운동량을 시간에 따라 나타낸 것이다. $t=2$초일 때 A와 B가 만난다.

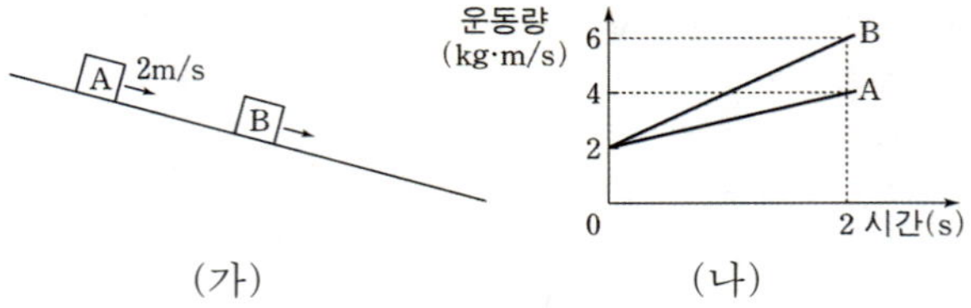

(가)　　　　　(나)

다음을 답해보자. (단, 물체의 크기는 무시한다.)

① A와 B의 질량은?
② $t=0$일 때 A와 B사이의 거리는?

 **해설**

빗면 아래 방향을 양$(+)$으로 두자.

A와 B의 질량을 m_A. m_B로 두자.

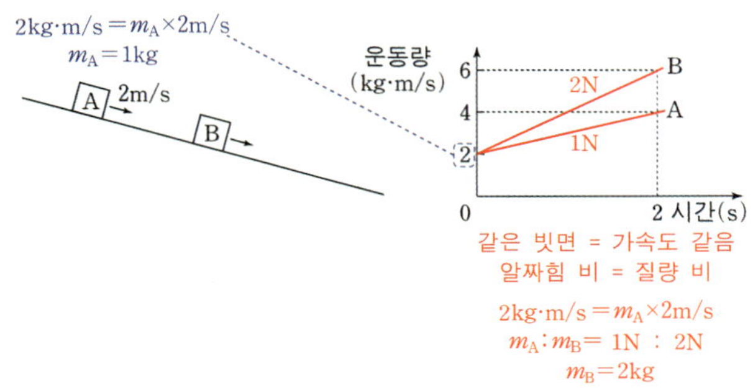

① 0초일 때 A의 속도의 크기는 2m/s이고

　0초일 때 A의 운동량의 크기는 2kg·m/s이다.

　따라서 다음 식이 성립한다.

$$2\text{kg·m/s}=m_A\times2\text{m/s}$$

$$m_A=1\text{kg}$$

② A와 B는 동일한 빗면에서 등가속도 운동을 하므로

　A와 B의 가속도는 같다.

　그런데 그림 (나)에서 A와 B의 그래프 기울기가 각각 2N. 1N이므로

　A와 B의 알짜힘의 크기 비는 A와 B의 질량 비와 같다.

　따라서 다음 식이 성립한다.

$$m_A:m_B=1\text{N}:2\text{N}$$

$$m_B=2\text{kg}$$

③ 0초일 때 B의 속도의 크기를 v로 두자.

　0초일 때 B의 운동량의 크기는 2kg·m/s이다.

　따라서 다음 식이 성립한다.

$$2\text{kg·m/s}=2\text{kg}\times v$$

$$v=1\text{m/s}$$

③ A와 B가 만나기 전까지

　2초일 때 A에 대한 B의 상대 속도는

　0초일 때 A에 대한 B의 상대 속도와 같다.

　그 크기는 다음과 같이 계산된다.

$$+1\text{m/s}-(+2\text{m/s})=-1\text{m/s}$$

A가 관측했을 때 B는 -1m/s의 일정한 속도로 운동하여 2초 후에 만난다.

0초일 때 A와 B사이의 거리를 L이라 하면

A가 관측한 B의 변위는 $-L$이다.(A가 관측한 B는 빗면 위로 올라오는 것처럼 보인다.)

따라서 다음 식이 성립한다.

$$-L=(-1\text{m/s})\times2\text{s}, \ \ L=2\text{m}$$

PART 4

개념편

Mechanica 물리학1

1. 정의

 **일의 정의**

① 영어로 Work 로 부르고, '일'이라고 부른다.

② 일(W)의 물리학적 정의는 다음과 같다.
   (F: 물체에 작용하는 힘, x: F와 나란한 방향으로의 변위)

$$W = F \cdot x$$

일은 물체에 작용하는 힘(F)에 방향과 나란한 방향으로의 변위(x)를 곱한 값이다.

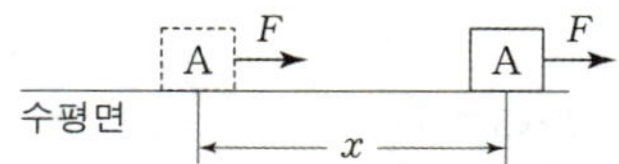

물체가 F와 나란한 방향으로 x만큼 변위가 생긴 상황이라면 W는 다음과 같이 표현한다.

'물체가 x만큼 이동하는 동안 F 가 한 일은 W 이다.
그리고 W 는 Fx이다.'

③ 〔중요〕 F 의 방향과 물체의 변위의 방향이 수직하면, F 가 한 일은 0이다.
   왜냐하면, F의 방향과 나란한 방향으로의 변위가 없기 때문이다!

④ 일의 단위는 J(줄)이다. 1J은 1N의 힘을 1m만큼 작용했을 때 1N이 한 일이며, 다음이 성립한다.

$$1J = 1N \times 1m$$

○ 사실 일은 '힘 벡터와 변위 벡터를 내적 한 것' 이 가장 적절한 표현이다.

○ 내적을 배우지 않은 학생들이 있을 수 있기 때문에 해당 책에서는 이를 고려하여 분류하여 서술해 둘 것이다.

간단 예시 **일의 정의**

그림과 같이 물체 A에 크기가 20N에 해당하는 힘 F 가 운동 방향과 같은 방향으로 작용한다. A는 오른쪽으로만 운동하며, 오른쪽으로 10m만큼 이동한다.

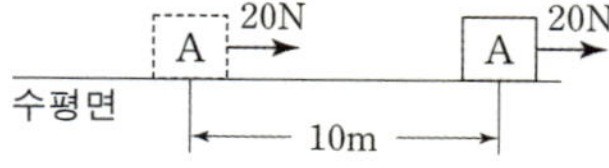

F 가 한 일은?

F 가 한 일은 다음과 같이 계산된다.

$$+20N \times +10m = +200J$$

 ## 양의 일과 음의 일

○ 힘(F)의 방향과 물체의 운동 방향(v)이 **'같다면'** 다음과 같이 말한다.

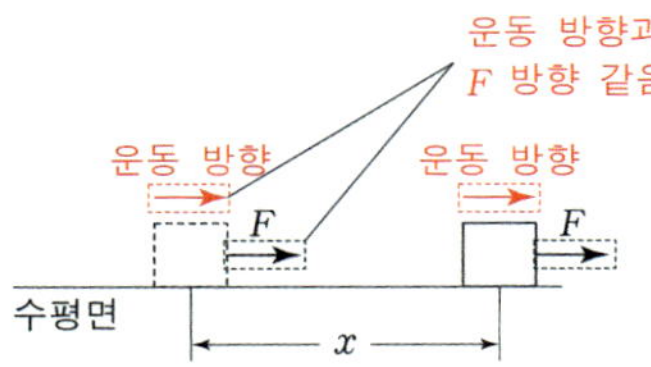

$$F는 Fx만큼 양(+)의 일을 한다.$$

○ 힘(F)의 방향과 물체의 운동 방향(v)이 **'반대라면'** 다음과 같이 말한다.

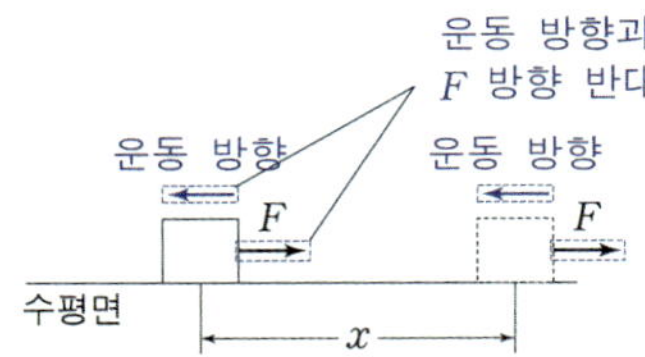

$$F는 Fx만큼 음(-)의 일을 한다.$$

 ## 중력 퍼텐셜 에너지, 운동 에너지, 역학적 에너지

○ 중력 퍼텐셜 에너지
① 중력 퍼텐셜 에너지는 물체의 질량(m), 중력 가속도(g), 높이(h)의 곱과 같다.
물체가 h만큼 내려오는 동안 중력이 한 일로 설명한다. (중력: mg, 중력이 한 일: $mg \times h = mgh$)

$$mgh$$

② 높이(h)는 문제를 푸는 사람이 설정해 놓은 기준으로부터의 높이를 의미한다.
예를 들면 오른쪽 그림과 같이
수평면을 기준으로 한 물체의 중력 퍼텐셜 에너지는 mgh이다.
수평면으로부터 h의 높이를 기준으로 한 물체의 중력 퍼텐셜 에너지는 0이다.
수평면으로부터 $2h$의 높이를 기준으로 한 물체의 중력 퍼텐셜 에너지는 $-mgh$이다.

○ 운동 에너지
① 물체의 운동 에너지는 물체의 질량(m)과 물체의 속력의 제곱(v^2)의 곱의 절반과 같다.

$$\frac{1}{2}mv^2$$

② 물체의 운동 에너지는 **물체의 속도 방향, 높이와는 전혀 관계가 없다.**
오직, 물체의 속력과 질량에 의해 결정되는 물리량이다.

오른쪽 그림에서 물체 A, B, C, D의 **운동 에너지는 전부** $\frac{1}{2}mv^2$ **이다.**

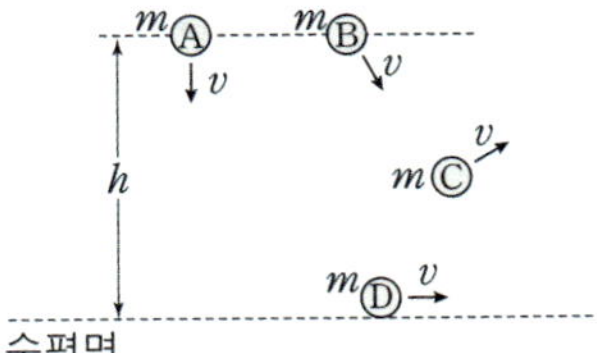

○ 역학적 에너지
물체의 **운동 에너지**와 물체의 **중력 퍼텐셜 에너지** 합.

$$\frac{1}{2}mv^2 + mgh$$

○ 책에서는 '힘이 한 일의 양'은 '힘이 한 일'의 크기로 서술하겠다.
예를 들면 F가 음($-$)의 일 -10J을 하는 경우 F가 한 일의 양은 10J이다.

○ 퍼텐셜 에너지
앞으로 중력 퍼텐셜 에너지와 용수철에 저장된 탄성 퍼텐셜 에너지에 대해서 다룰 예정이다. 중력 퍼텐셜 에너지, 또는 용수철에 저장된 탄성 퍼텐셜 에너지는 어떤 지점에서 기준점까지 물체(계)가 운동하는 동안 중력 또는 탄성력이 할 수 있는 일과 같다.

Mechanica 물리학1

 **예제 25**

그림은 마찰이 없는 수평면에서 물체 A에 크기가 30N, 20N인 힘 F_1, F_2가 각각 오른쪽, 왼쪽으로 작용하고 있다. A는 오른쪽 방향으로 운동하고 있다. 이때 이동 거리(x)는 3m이다.

① F_1이 한 일은 (　　　　) 이고
　　F_1은 (　　양(+)　　/　　음(−)　　)의 일을 한다.

② F_2이 한 일은 (　　　　) 이고
　　F_2은 (　　양(+)　　/　　음(−)　　)의 일을 한다.

③ A에 작용하는 알짜힘이 한 일은 (　　　　) 이고
　　A에 작용하는 알짜힘은 (　　양(+)　　/　　음(−)　　)의 일을 한다.

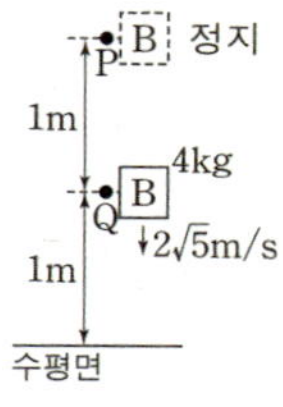 **예제 26**

그림과 같이 질량이 4kg인 물체 B를 수평면에서 2m의 높이의 점 P에 가만히 놓았다. 이후 B는 수평면으로부터 높이가 1m인 점 Q를 $2\sqrt{5}$ m/s의 속력으로 지난다. 수평면에서 B의 중력 퍼텐셜 에너지가 0이다. (단, 중력 가속도는 10m/s²이다.)

① B에 작용하는 중력은 (　　양(+)　　/　　음(−)　　)의 일을 한다.

② P에서 B의 중력 퍼텐셜 에너지는 (　　　　)J 이다.

③ Q에서 B의 중력 퍼텐셜 에너지는 (　　　　)J 이다.

④ P에서와 Q에서 B의 중력 퍼텐셜 에너지의 차는 (　　　　)J 이다.
○ P에서 Q로 운동하는 동안 B의 중력 퍼텐셜 에너지는 (　　　　)J 만큼
　　(　　증가　　/　　감소　　)한다.

⑤ Q에서 물체의 역학적 에너지는
　　중력 퍼텐셜 에너지 (　　　　)J 와
　　운동 에너지 (　　　　)J를 더한
　　(　　　　)J 이다.

 **예제 25 해설**

① 과 ②
오른쪽 방향을 양(+)으로 하자.)

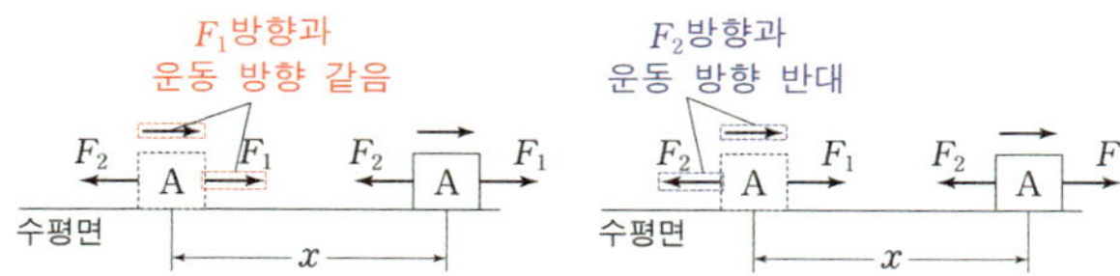

F_1**의 방향과 운동 방향이 같으므로** F_1**은 양(+)의 일을 하고,** F_1**이 한 일은 다음과 같다.**

$$+30\text{N} \times +3\text{m} = +90\text{J}$$

F_2**의 방향과 운동 방향이 반대이므로** F_2**은 음(−)의 일을 하고,** F_2**가 한 일은 다음과 같다.**

$$-20\text{N} \times (+3\text{m}) = -60\text{J}$$

③ 알짜힘이 한 일

오른쪽 방향을 양(+)으로 하자.
F_1은 30N, F_2는 20N이므로 A에 작용하는 알짜힘은 다음과 같다.

$$+30\text{N} + (-20\text{N}) = +10\text{N}$$

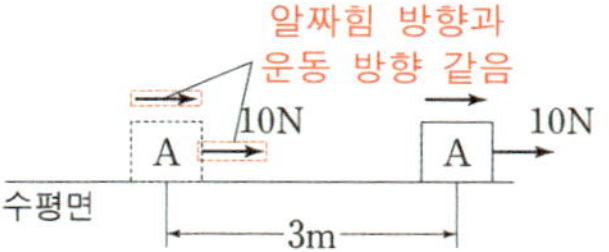

알짜힘의 방향과 운동 방향이 같으므로 A에 작용하는 알짜힘의 방향과 운동 방향이 같다.
따라서 A에 작용하는 알짜힘은 **양(+)의 일**을 한다.
알짜힘이 한 일은 다음과 같이 계산된다.

$$(+10\text{N}) \times (+3\text{m}) = +30\text{J}$$

 **예제 26 해설**

① 중력이 한 일

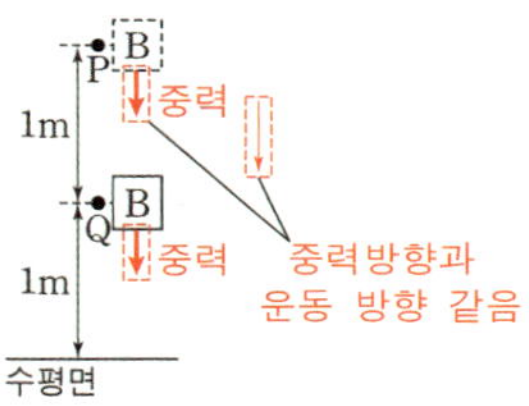

B에 작용하는 중력 방향과 운동 방향이 같으므로 B에 작용하는 중력은 양(+)의 일을한다.

② P에서 B의 중력 퍼텐셜 에너지
P에서 B는 수평면으로부터 2m의 높이에 있으므로 B의 중력 퍼텐셜 에너지는 다음과 같이 계산된다.

$$4\text{kg} \times 10\text{m/s}^2 \times 2\text{m} = 80\text{J}$$

③ Q에서 B의 중력 퍼텐셜 에너지
P에서 B는 수평면으로부터 1m의 높이에 있으므로 B의 중력 퍼텐셜 에너지는 다음과 같이 계산된다.

$$4\text{kg} \times 10\text{m/s}^2 \times 1\text{m} = 40\text{J}$$

④ P와 Q에서 중력 퍼텐셜 에너지 차는 다음과 같이 계산된다.

$$80\text{J} - 40\text{J} = 40\text{J}$$

P에서 Q로 운동하는 동안 B의 중력 퍼텐셜 에너지는 40J만큼 감소한다.

⑤ Q에서 역학적 에너지
B의 운동 에너지와 **B의 중력 퍼텐셜 에너지**를 계산해보자.

B의 운동 에너지 $\quad$: $\dfrac{1}{2}(4\text{kg}) \times (2\sqrt{5}\,\text{m/s})^2 = 40\text{J}$

B의 중력 퍼텐셜 에너지 : $(4\text{kg}) \times (10\text{m/s}^2) \times 1\text{m} = 40\text{J}$

B의 역학적 에너지는 **B의 운동 에너지**와 **B의 중력 퍼텐셜 에너지**의 합과 같다.
B의 역학적 에너지는 다음과 같이 계산된다.

$$40\text{J} + 40\text{J} = 80\text{J}$$

 **용수철에 저장된 탄성 퍼텐셜 에너지**

① 용수철의 길이 변화(용수철의 원래 길이로부터의 변화)가 0일 때 용수철에 저장된 탄성 퍼텐셜 에너지는 0이다.

② 용수철에 저장된 탄성 퍼텐셜 에너지는 다음과 같이 정의된다. (k: 용수철 상수, x: 변형된 길이)

$$\frac{1}{2}kx^2$$

예를 들면 아래 그림과 같이 원래 길이가 L이고 용수철 상수가 200N/m인 용수철이 0.1m만큼 늘어나 있다면 용수철에 저장된 탄성 퍼텐셜 에너지는 다음과 같이 계산된다.

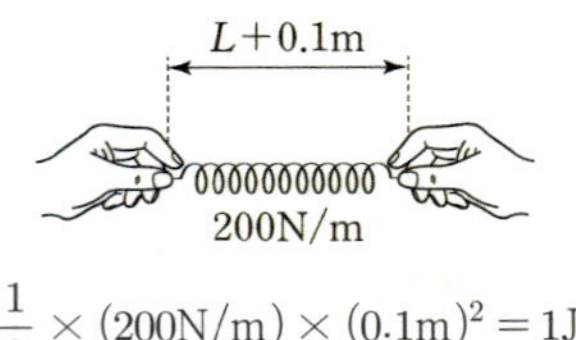

$$\frac{1}{2} \times (200\text{N/m}) \times (0.1\text{m})^2 = 1\text{J}$$

용수철에 저장된 탄성 퍼텐셜 에너지를 다음과 같이 유도할 수 있다.
용수철의 변형된 길이에 따른 탄성력의 크기를 나타내 보면 다음과 같다.

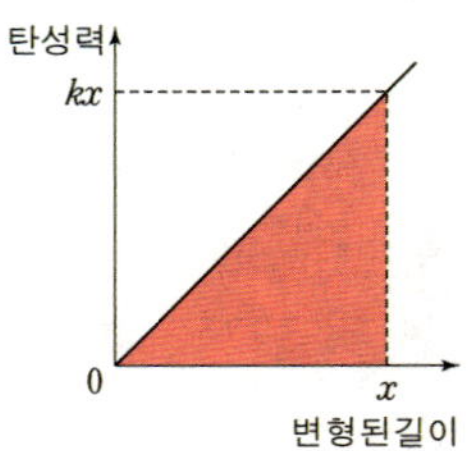

물체 또는 계가 용수철과 연결되어 용수철의 변형된 길이 x인 지점에서 용수철이 변형된 길이가 0인 지점까지 운동한다고 하자. 그동안 탄성력이 한 일은 색칠된 면적과 같고, 이는 용수철에 저장된 탄성 퍼텐셜 에너지와 같다.
그 값은 다음과 같이 계산된다.

$$E_S = \frac{1}{2}kx^2$$

따라서 $\frac{1}{2}kx^2$이 곧 용수철에 저장된 탄성 퍼텐셜 에너지이다.

③ 용수철에 저장된 탄성 퍼텐셜 에너지는 용수철이 x만큼 압축되어 있을 때와 용수철이 x만큼 늘어나 있을 때가 같다.

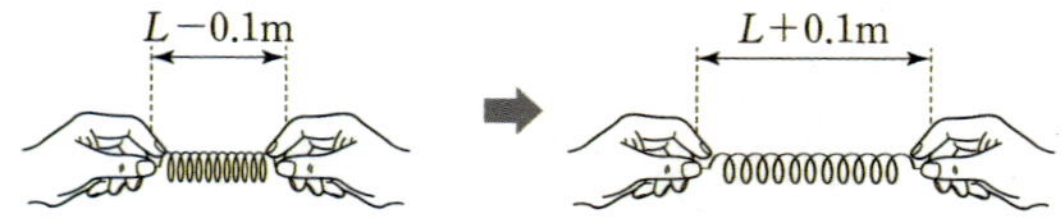

예를 들면 용수철을 0.1m만큼 압축시킨 후 천천히 늘려 용수철이 0.1m만큼 늘어났을 때 용수철에 저장된 탄성 퍼텐셜 에너지 변화량은 0이다.

2. 물체에 작용하는 F (힘)의 종류와 물체의 E (에너지)사이의 관계

F의 종류에 따라 변화하는 E 의 종류도 바뀐다. 예를 들면 다음과 같다.

'물체가 x만큼 이동하는 동안 물체에 작용하는 ⃞㉠ 이/가 한 일의 양은 물체의 ⃞㉡ 이다.'

㉠에 들어가는 힘의 종류가 달라지면
㉡의 의미가 달라지고
㉡의 의미의 양은 ㉠의 크기에 x를 곱한 값과 같다.

그리고 ㉠이 **양의 일**을 하느냐, **음의 일**을 하느냐에 따라 ㉡이 **증가량** 또는 **감소량**으로 결정된다. 단, ㉠이 양(+)의 일을 한다고 항상 ㉡이 증가량인 것은 아니다. 경우에 따라 다르다.

○ ㉠에 들어갈 수 있는 힘

정리 ㉠에 들어갈 수 있는 힘의 종류
○ 중력 ○ 알짜힘 ○ 중력을 제외한 모든 힘의 합력

○ ㉡에 들어갈 수 있는 에너지

정리 ㉡에 들어갈 수 있는 에너지의 종류
○ 중력 퍼텐셜 에너지 **증가량**, 중력 퍼텐셜 에너지 **감소량** ○ 운동 에너지 **증가량**, 운동 에너지 **감소량** ○ 역학적 에너지 **증가량**, 역학적 에너지 **감소량**

필자의 한마디

탄성력이 한 일의 양은 따로 다루지 않고, 에너지 보존 및 단진동에서 자세하게 다룰 예정이다. 왜냐하면, 탄성력은 이동 거리, 변위에 따라서 달라질 수 있는 물리량이고, 탄성력이 한 일의 양은 사실 물체의 역학적 에너지 변화량과 같지만, 용수철에 저장된 탄성 퍼텐셜 에너지가 고려되어야 하는 상황이기 때문에, 실전 상황에서 조금 더 자세하게 설명할 예정이다.

Mechanica 물리학1

 **중력이 한 일**

수평면에서 물체에는 중력이 작용한다. 중력과 나란한 방향으로 운동하는 경우 물체의 에너지 변화를 다루어 보자.

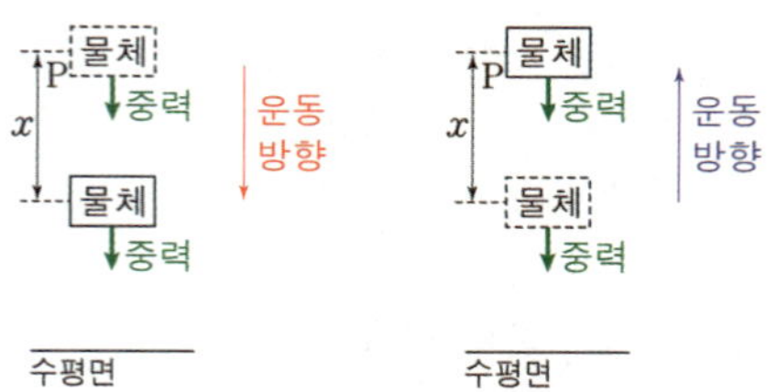

'물체가 x만큼 이동하는 동안 물체에 작용하는 ㉠ 이/가 한 일의 양은 물체의 ㉡ 이다.'
에서

㉠ 에 **중력**, ㉡ 에 **중력 퍼텐셜 에너지 증가량/감소량**이 들어간다.

물체가 x만큼 이동하는 동안
물체에 작용하는 **중력이 한 일의 양**은 물체의 **중력 퍼텐셜 에너지 증가량/감소량**이다.

중력이 **양(+)의 일**을 한 경우
    '물체에 작용하는 **중력**이 해 준 일의 양은 물체의 **중력 퍼텐셜 에너지 감소량**과 같다.'

중력이 **음(−)의 일**을 한 경우
    '물체에 작용하는 **중력**이 해 준 일의 양은 물체의 **중력 퍼텐셜 에너지 증가량**과 같다.'

하지만! 물체의 높이가 감소했다는 것을 통해 중력 퍼텐셜 에너지가 감소했다고 판단하는게 더 빠르다!

예를 들어 아래 그림과 같은 상황을 살펴보자.
그림과 같이 질량이 2kg인 물체 A가 빗면을 따라 3m이동한다. 이때 A의 높이는 1m만큼 감소한다. (단, 중력 가속도는 10m/s²이다.)

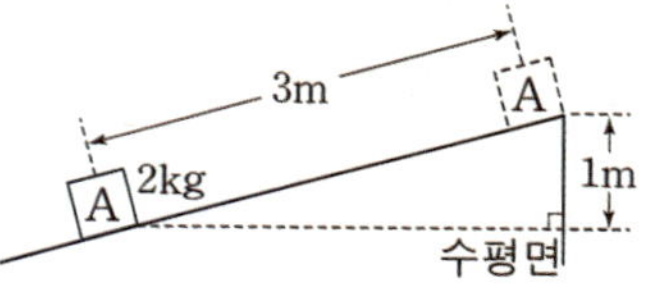

○ 분석

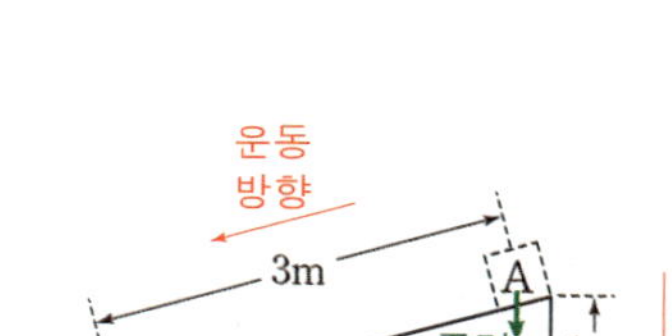

① A의 **중력 퍼텐셜 에너지 변화량**은 다음과 같이 계산된다.
$$2\text{kg} \times 10\text{m/s}^2 \times 1\text{m} = 20\text{J}$$

② 중력의 방향과 중력과 나란한 방향의 운동 방향이 서로 같으므로
    중력은 **양(+)의 일**을 한다.
    따라서 A의 중력 퍼텐셜 에너지는 **감소한다.**

○ 또는 단순히 A의 높이가 **낮아졌으므로**, A의 **중력 퍼텐셜 에너지는 감소한다고 판단해도 좋다!**

※ 유의 사항
 중력이 한 일의 양을 계산할 때는 중력과 나란한 방향으로의 이동 거리를 곱해주어야한다. 예를 들면 아래 그림과 같이 빗면을 따라 내려오는 물체의 중력 퍼텐셜 에너지 감소량은 mgL이 아니라 mgh이다.

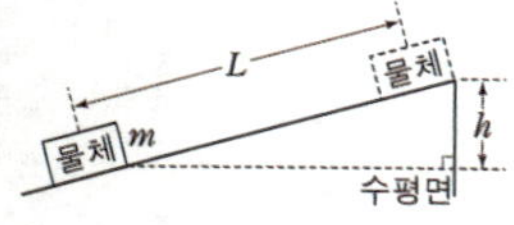

간단 예시　중력이 한 일의 양

그림과 같이 질량이 1kg인 물체 A에 중력과 반대 방향으로 15N의 일정한 힘을 작용하였더니 A가 중력과 반대 방향으로 등가속도 운동하여 1m만큼 이동한다.

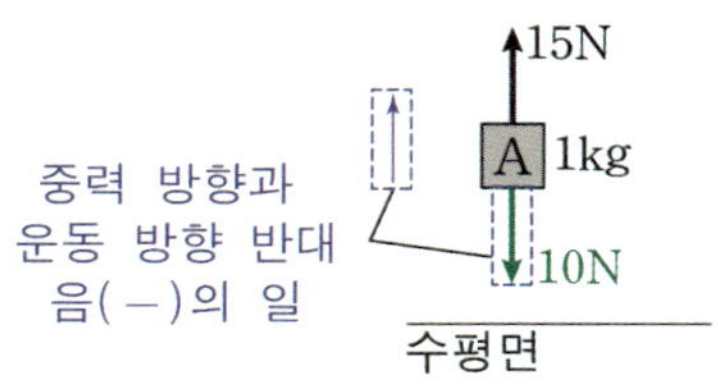

다음을 답해 보자. (단, 중력 가속도는 10m/s²이고, 모든 마찰과 공기 저항은 무시한다.)

① A의 중력 퍼텐셜 에너지 변화량은?

② A의 중력 퍼텐셜 에너지는 증가했는가 감소했는가?

○ 분석

① A의 **중력 퍼텐셜 에너지 변화량**은 다음과 같이 계산된다.

$$1\text{kg} \times 10\text{m/s}^2 \times 1\text{m} = 10\text{J}$$

중력의 방향과 운동 방향이 서로 **반대**이므로
중력은 **음(−)의 일**을 한다.
따라서 A의 중력 퍼텐셜 에너지는 **증가한다.**

○ 또는 단순히 A의 높이가 **높아졌으므로**, A의 **중력 퍼텐셜 에너지는 증가한다고 판단해도 좋다!**

Mechanica 물리학1

 알짜힘이 한 일

물체에 작용하는 알짜힘이 한 일의 양이 의미하는 것을 알아보자.

'물체가 x만큼 이동하는 동안 물체에 작용하는 ⃞ ㉠ ⃞ 이/가 한 일의 양은 물체의 ⃞ ㉡ ⃞ 이다.'

에서

⃞ ㉠ ⃞ 에 **알짜힘**, ⃞ ㉡ ⃞ 에 <u>**운동 에너지 증가량/감소량**</u>이 들어간다.

물체가 x만큼 이동하는 동안
물체에 작용하는 **알짜힘이 한 일의 양**은 물체의 **운동 에너지 증가량/감소량**이다.

알짜힘이 **양(+)의 일**을 한 경우
'물체에 작용하는 **알짜힘**이 한 일의 양은 물체의 **운동 에너지 증가량**과 같다.'

알짜힘이 **음(−)의 일**을 한 경우
'물체에 작용하는 **알짜힘**이 한 일의 양은 물체의 **운동 에너지 감소량**과 같다.'

알짜힘이 한 '일'은 물체의 운동 에너지 '변화량'과 같다.

이를 일-에너지 정리로 부르기도 한다.

예를 들어 아래 그림과 같은 상황을 살펴보자.
그림과 같이 물체 A에 오른쪽으로 15N, 왼쪽으로 10N의 일정한 힘이 작용하였더니 물체가 등가속도 운동하여 오른쪽으로 1m만큼 이동한다. A가 운동하는 동안 A의 운동 에너지 증가량을 계산해보자. (단, 중력 가속도는 10m/s^2이고, 모든 마찰과 공기 저항은 무시한다.)

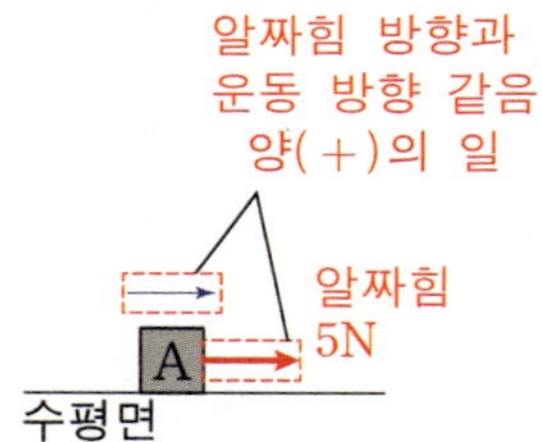

○ 분석
오른쪽 방향을 양(+)으로 두자.

① A의 알짜힘은 다음과 같이 계산된다.
$$+15\text{N} + (-10\text{N}) = +5\text{N}$$

알짜힘이 한 일의 양은 다음과 같이 계산된다.
$$5\text{N} \times 1\text{m} = 5\text{J}$$

② 알짜힘의 방향과 운동 방향이 서로 같으므로
알짜힘은 **양(+)의 일**을 한다.
알짜힘이 한 일은 물체의 **운동 에너지 변화량**과 같으므로
A의 운동 에너지는 5J만큼 **증가한다.**

간단 예시　알짜힘이 한 일의 양

그림과 같이 질량이 1kg인 물체 A에 중력과 반대 방향으로 15N의 일정한 힘을 작용하였더니 A가 중력과 반대 방향으로 등가속도 운동하여 1m만큼 이동 한다.

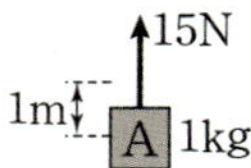

다음을 답해 보자. (단, 중력 가속도는 $10m/s^2$이고, 모든 마찰과 공기 저항은 무시한다.)

① A의 운동 에너지 변화량은?

② A의 운동 에너지가 증가했는가 감소했는가?

○ 분석

중력 반대 방향을 양(+)으로 두자.

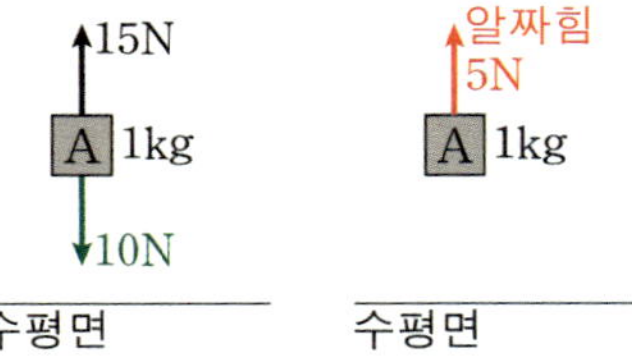

① A의 **알짜힘**은 다음과 같이 계산된다.
$$+15N+(-10N)=+5N$$

알짜힘이 한 일의 양은 다음과 같이 계산된다.
$$5N \times 1m = 5J$$

② 알짜힘의 방향과 운동 방향이 서로 같으므로
알짜힘은 **양(+)의 일**을 한다.
알짜힘이 한 일은 **물체의 운동 에너지 변화량**과 같으므로
A의 운동 에너지는 5J만큼 **증가한다.**

Mechanica 물리학1

중력을 제외한 모든 힘의 합력이 한 일

물체에 작용하는 중력을 제외한 모든 힘의 합력이 한 일의 양이 의미하는 것을 알아보자.

'물체가 x만큼 이동하는 동안 물체에 작용하는 ☐㉠ 이/가 한 일의 양은 물체의 ☐㉡ 이다.'
에서

☐㉠ 에 **중력을 제외한 모든 힘의 합력**, ☐㉡ 에 **역학적 에너지** 증가량/감소량이 들어간다.

물체가 x만큼 이동하는 동안
물체에 작용하는 **중력을 제외한 모든 힘의 합력**이 한 일의 양은 물체의 **역학적 에너지** 증가량/감소량이다.

중력을 제외한 모든 힘의 합력이 **양(+)의 일**을 한 경우
'물체에 작용하는 **중력을 제외한 모든 힘의 합력**이 한 일의 양은 물체의 **역학적 에너지** 증가량과 같다.'

중력을 제외한 모든 힘의 합력이 **음(−)의 일**을 한 경우
'물체에 작용하는 **중력을 제외한 모든 힘의 합력**이 한 일의 양은 물체의 **역학적 에너지** 감소량과 같다.'

중력을 제외한 모든 힘의 합력이 한 '일'은 물체의 역학적 에너지 '변화량'과 같다.

1. 실의 장력에 관하여

예를 들어 다음 상황을 살펴보자.
그림과 같이 물체 A, B가 실 p에 연결되어 등가속도 운동한다.
A, B의 질량은 각각 1kg, 3kg이다. A와 B의 역학적 에너지
변화량을 계산해보자. (단, 중력 가속도는 10m/s^2이고, 모든
마찰과 공기 저항은 무시한다.)

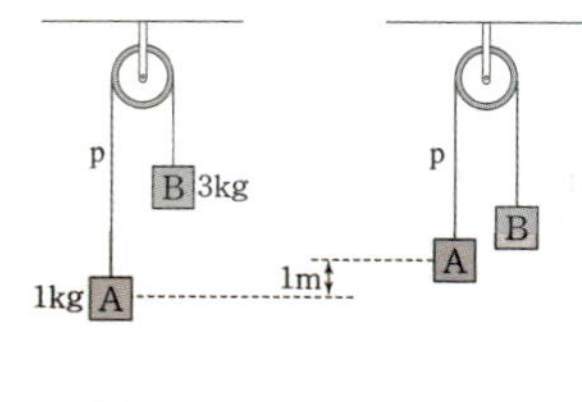

○ 해당 파트에서는 장력 계산이
주된 내용이 아니기 때문에
계산 과정이 생략 되었다.
장력 계산이 힘들다면, 앞선
역학 파트를 다시 공부해야한다.

실 p의 장력을 계산해 보면 15N이 나온다.
A에서는 장력의 방향과 운동 방향이 **같으므로**
A에 작용하는 장력은 **양(+)의 일**을 한다.
따라서 A의 **역학적 에너지**는 **증가한다.**
A의 역학적 에너지 증가량은 $15\text{N} \times 1\text{m} = 15\text{J}$이다.

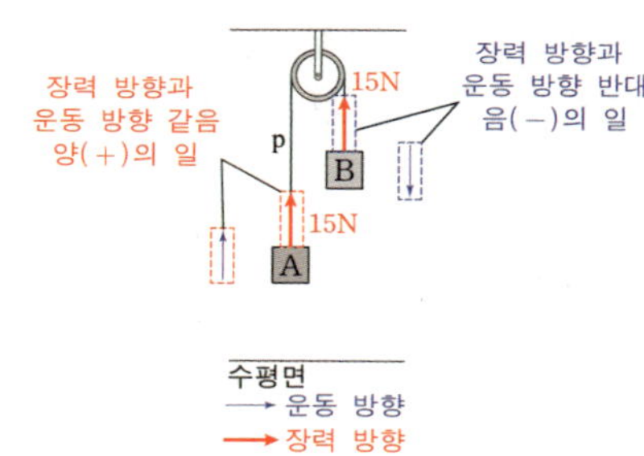

B에서는 장력의 방향과 운동 방향이 **반대이므로**
B에 작용하는 장력은 **음(−)의 일**을 한다.
따라서 B의 **역학적 에너지**는 **감소한다.**
B의 역학적 에너지 감소량은 $15\text{N} \times 1\text{m} = 15\text{J}$이다.

2. 수직 항력에 관하여

① 바닥면에 접촉해 있으면 물체에는 수직 항력이 작용한다.
수직 항력의 방향은 물체의 운동 방향과 항상 수직이므로
특별한 상황을 제외하고는 수직 항력이 한 일의 양은 0이다.

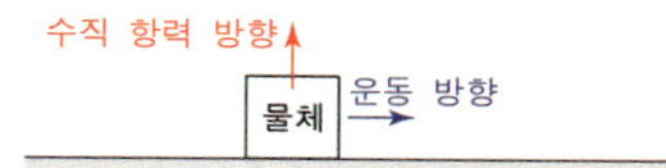

② 수직 항력이 일을 하는 경우도 존재한다.
예를 들면 아래 그림과 같이 접촉면과 수직한 방향으로 운동하는 경우 수직 항력이 일을 한다.

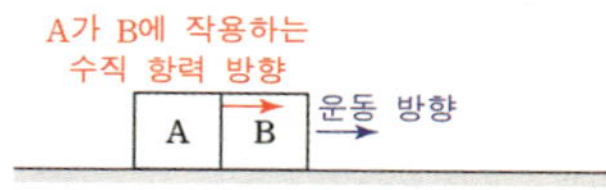

3. 마찰력에 관하여

마찰력이 한 일에서 가장 재미있는 점은 마찰력은 양($+$)의 일을 하지 않는다는 점이다.
마찰력은 양($+$)의 일을 할 수 없고,
마찰력은 음($-$)의 일을 한다.
예를 들어 아래 그림과 같은 상황을 살펴보자.
그림과 같이 물체 A에 20N의 일정한 크기의 마찰력이 작용한다. 물체는 오른쪽 방향으로
4m만큼 운동한다. A의 역학적 에너지 변화량을 계산해보자.

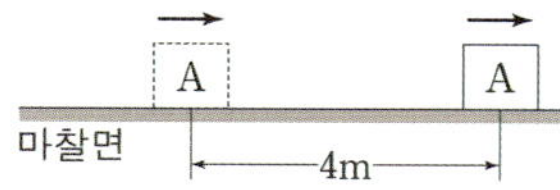

물체에 작용하는 마찰력이 한 일의 양은 다음과 같이 계산한다.
$$20N \times 4m = 80J$$

마찰력이 한 일의 양은 A의 **역학적 에너지 감소량**이므로
A의 **역학적 에너지 감소량**은 80J이다.
장력, 수직 항력, 마찰력을 제외하고 추가로 작용하는 힘이 있는 경우, 이 힘 또한 중력이 아니므
로 역학적 에너지를 구할 때 고려되어야 한다.

다음 예시를 보자.

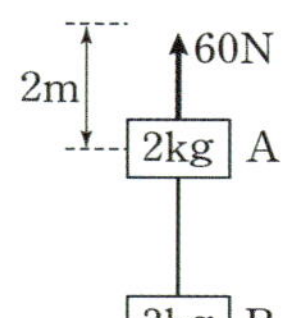

간단 예시	중력을 제외한 모든 힘이 한 일의 양

그림과 같이 질량이 각각 2kg, 3kg인 물체 A, B가 실로 연결되어 2m만큼
중력과 반대 방향으로 등가속도 직선 운동을 한다. A에는 중력과 반대
방향으로 60N의 일정한 힘이 작용한다.

　　다음을 답해 보자. (단, 중력 가속도는 $10m/s^2$이고, 모든 마찰과 공기
　저항은 무시한다.)
　　① A의 역학적 에너지 변화량을 구해보고, 역학적 에너지는 증가하는가 감소하는가 알아보자.
　　② B의 역학적 에너지 변화량을 구해보고, 역학적 에너지는 증가하는가 감소하는가 알아보자.

중력 반대 방향을 양($+$)으로 두자.
○ A+B를 계로 하여 운동 방정식을 적용하면 된다.

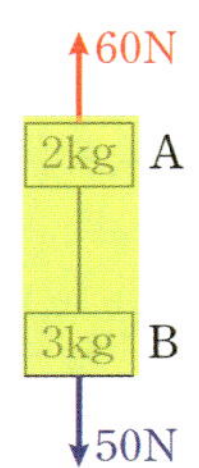

① 물체의 질량과 가속도의 곱:
$$(2kg + 3kg) \times a = 5a$$
② 계에 작용하는 모든 외부힘의 합력:
$$+60N - 50N = +10N$$
③ ①과 ②가 같다.
$$5a = +10N, \quad a = +2m/s^2$$

그런데 A의 역학적 에너지 변화량을 계산해야 하므로 A에 작용하는 중력을 제외한 모든
힘의 합력을 계산해야한다. A를 계로 하여 힘을 분석해보자.

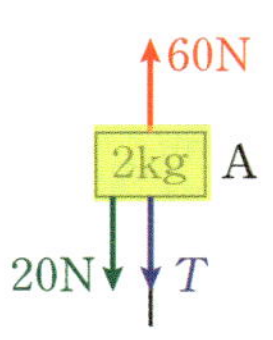

① 물체의 질량과 가속도의 곱:
$$(2kg) \times (+2m/s^2) = +4N$$
② 계에 작용하는 모든 외부힘의 합력:
$$+60N + (-20N) + (-T) = +(40 - T)N$$
③ ①과 ②가 같다.
$$+4N = (40 - T)N, \quad T = 36N$$

Mechanica 물리학1

① A의 경우 A에 작용하는 중력을 제외한 모든 힘의 합력이 한 일의 양을 구해야한다.

A에 작용하는 중력을 제외한 모든 힘의 합력은 다음과 같이 계산된다.

$$+60N + (-36N) = +24N$$

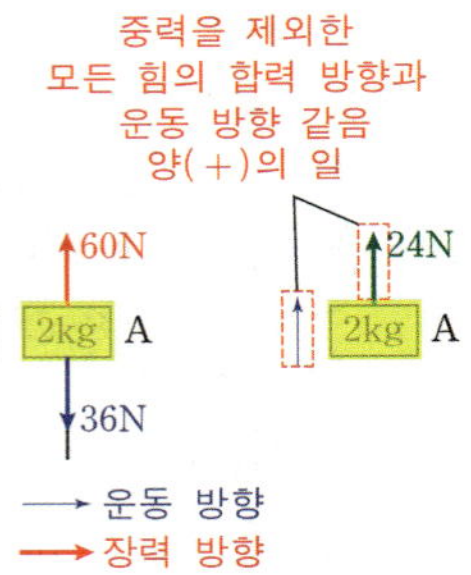

중력을 제외한 모든 힘의 합력이 한 일은 다음과 같이 계산된다.

$$24N \times 2m = 48J$$

중력을 제외한 모든 힘의 합력 방향과 운동 방향이 같으므로 중력을 제외한 모든 힘의 합력은 **양(+)의 일**을 한다. 따라서 A의 역학적 에너지는 48J만큼 **증가한다.**

② B의 경우 B에 작용하는 중력을 제외한 모든 힘의 합력이 한 일의 양을 구해야한다.

B에 작용하는 중력을 제외한 모든 힘의 합력은 다음과 같이 계산된다.

$$+36N$$

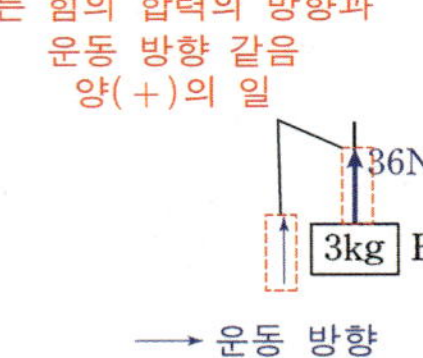

중력을 제외한 모든 힘의 합력이 한 일은 다음과 같이 계산된다.

$$36N \times 2m = 72J$$

중력을 제외한 모든 힘의 합력 방향과 운동 방향이 같으므로 장력은 **양(+)의 일**을 한다. 따라서 B의 역학적 에너지는 72J만큼 **증가한다.**

간단 예시 수직 항력이 한 일의 양

그림과 같이 물체 A, B가 접촉하여 운동하는 모습을 나타낸 것이다. A에는 오른쪽으로 30N의 힘이 작용한다. A와 B의 질량은 각각 1kg, 2kg이다. A와 B는 함께 오른쪽으로 5m만큼 운동한다.

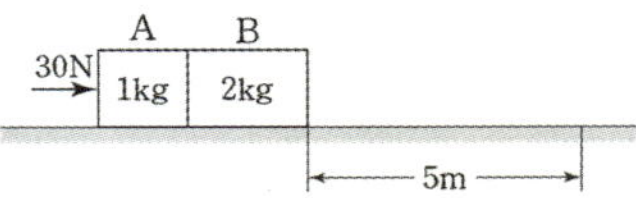

B의 역학적 에너지 변화량을 계산해라. 그리고 역학적 에너지가 증가했는지 감소했는지도 판단해 보아라.

오른쪽 방향을 양(+)으로 두자.

○ A와 B 사이의 수직 항력을 계산해야 한다. 앞서 배운 운동 방정식을 적용하면 된다.

① 물체의 질량과 가속도의 곱:
$$(1kg + 2kg) \times +a = +3a$$

② 계에 작용하는 모든 외부힘의 합력:
$$+30N$$

③ ①과 ②가 같다.
$$+30N = +3a, \quad a = +10m/s^2$$

○ 수직 항력을 N으로 하고 B를 계로 하여 운동 방정식을 계산해 본다.

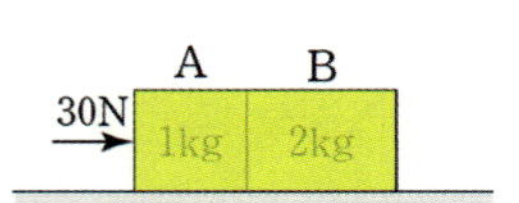

① 물체의 질량과 가속도의 곱:
$$(2kg) \times +10m/s^2 = +20N$$

② 계에 작용하는 모든 외부힘의 합력:
$$N$$

③ ①과 ②가 같다.
$$N = +20N$$

B의 **역학적 에너지 증가량/감소량**은 B에 작용하는 수직 항력(A가 B에 작용하는 힘)이 한 일의 양이다.

수직 항력(A가 B에 작용하는 힘)의 합력은 다음과 같다.

$$N = +20N$$

수직 항력(A가 B에 작용하는 힘)이 한 일의 양은 다음과 같이 계산된다.

$$20N \times 5m = 100J$$

수직 항력(A가 B에 작용하는 힘)의 방향은 오른쪽(+),
운동 방향은 오른쪽(+)으로 서로 같다.
따라서 수직 항력(A가 B에 작용하는 힘)은 양(+)의 일을 한다.
수직 항력이 양(+)의 일을 한 만큼 B의 **역학적 에너지**는 **증가한다.**
따라서 다음이 성립한다.

B는 100J만큼 **역학적 에너지**가 **증가한다.**

그런데 **중력 퍼텐셜 에너지** 변화가 0이므로
B의 **역학적 에너지 증가량**은 B의 **운동 에너지 증가량**과 같다.

정리

① 물체에 작용하는 힘이 한 일의 양 정리

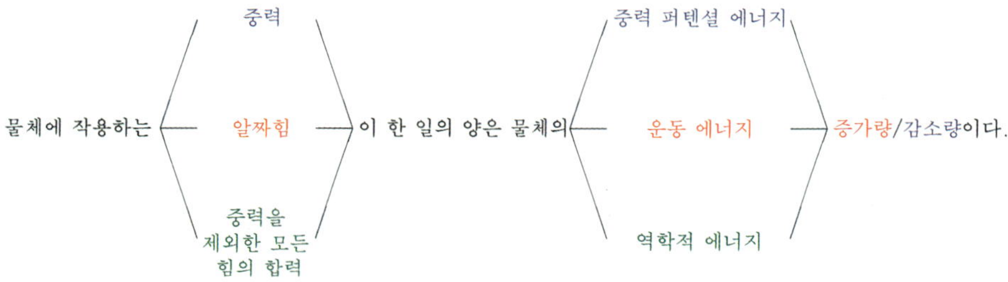

② 힘이 양(+), 음(−)의 일을 한 경우 효과.

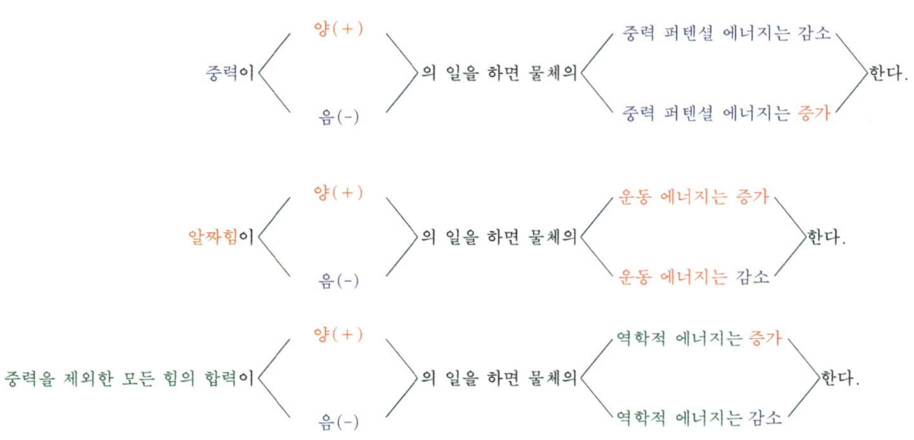

※ 힘이 한 일의 양은 **힘의 크기**와 힘과 나란한 방향으로의 **이동 거리**를 곱해서 구할 수 있다!

3. 역학적 에너지 보존과 손실

에너지 보존과 손실 1 (중력만 작용하는 경우)

○ 물리학1에서 다루는 힘의 종류는 다음과 같고,
이 중 지금 이 파트에서 다룰 힘은 노란색으로 칠한 부분이다.

단원	힘의 종류	힘의 상호 작용
뉴턴 역학	① 중력	지구가 물체를 당기는 힘
	② 수직 항력(접촉력)	표면이 물체에 작용하는 힘
	③ 장력	실이 물체를 당기는 힘
에너지	④ 탄성력	용수철이 물체에 작용하는 힘
	⑤ 마찰력	마찰면이 물체에 작용하는 힘
전기력	⑥ 전기력	두 점전하 사이에 작용하는 힘
자기력	⑦ 자기력	자성을 가진 물체 사이에 작용하는 힘

① 계에 작용하는 힘 중 '**중력만 일을 하고, 중력을 제외한 모든 힘의 합력이 일을 하지 않는다면**'
계의 **역학적 에너지가 보존된다.**

계의 역학적 에너지가 보존된다는 의미는 다음과 같다.

'**계의 운동 에너지** $\frac{1}{2}mv^2$' 와 '**계의 중력 퍼텐셜 에너지** mgh' 의 합이 보존된다.

계가 어느 위치에 있던 간에 계의 역학적 에너지는 모두 같다.

예를 들면 아래 그림과 같이 수평면에서 높이 10m의 위치에서 가만히 떨어뜨린 물체 A를 생각해
보자. A의 질량은 2kg이다. (단, 중력 가속도 10m/s^{2}이고, 모든 마찰과 공기 저항은 무시한다.)

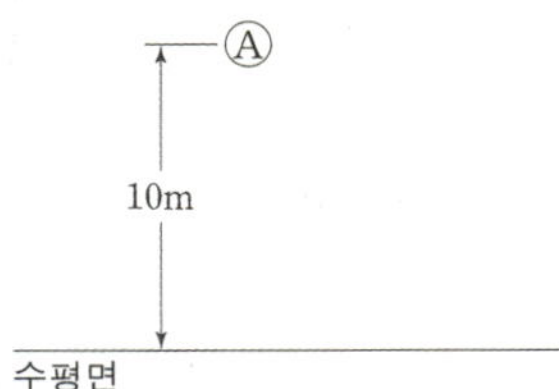

10m의 높이에서 A의 운동 에너지와 중력 퍼텐셜 에너지를 계산할 수 있고,
A의 중력 퍼텐셜 에너지와 A의 운동 에너지의 합을 통해 A의 역학적 에너지를 계산할 수 있다.

$$\text{A의 중력 퍼텐셜 에너지} : 2\text{kg} \times 10\text{m/s}^2 \times 10\text{m} = 200\text{J}$$

$$\text{A의 운동 에너지} : \frac{1}{2}(2\text{kg}) \times (0\text{m/s})^2 = 0\text{J}$$

$$\text{A의 역학적 에너지} : 200\text{J} + 0\text{J} = 200\text{J}$$

이 상태에서 물체가 4m만큼 이동하여 **수평면으로부터 높이가 6m가 되면** A의 중력 퍼텐셜
에너지와 A의 운동 에너지는 어떻게 될까? (6m의 높이에서 A의 속도를 v로 두자.)

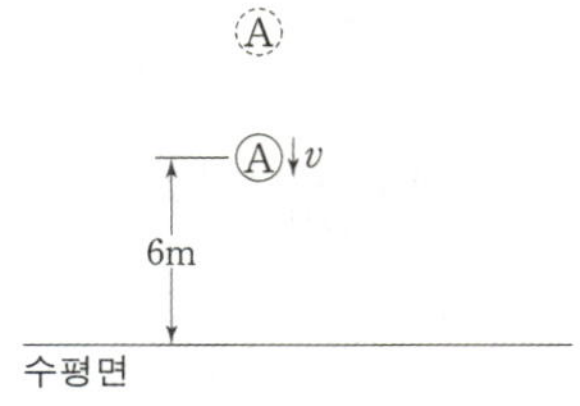

우선 A의 중력 퍼텐셜 에너지는 높이가 주어져 있기 때문에 다음과 같이 계산할 수 있다.

$$\text{A의 중력 퍼텐셜 에너지} : 2\text{kg} \times 10\text{m/s}^2 \times 6\text{m} = 120\text{J}$$

그런데, A에 작용하는 외부힘은 **중력** 뿐이므로, **A의 역학적 에너지가 보존된다!**

즉, 6m 높이에서 A의 역학적 에너지는 10m 높이에서 A의 역학적 에너지와 같다.
또한 6m의 높이 뿐만 아니라 **모든 높이에서 A의 역학적 에너지는 모두 같다.**

따라서 6m의 높이에서 A의 운동 에너지, 중력 퍼텐셜 에너지, 역학적 에너지를 정리해 보면
다음과 같다.

$$\text{A의 중력 퍼텐셜 에너지} : 2\text{kg} \times 10\text{m/s}^2 \times 6\text{m} = 120\text{J}$$
$$\text{A의 운동 에너지} \qquad : \frac{1}{2}(2\text{kg}) \times (v)^2 = v^2\text{J}$$
$$\text{A의 역학적 에너지} \qquad : 200\text{J}$$

물체의 역학적 에너지는 물체의 중력 퍼텐셜 에너지와 운동 에너지의 합과 같으므로 다음 식이
성립된다.

$$\underset{\text{A의 역학적 에너지}}{200\text{J}} \quad = \quad \underset{\text{A의 운동 에너지}}{v^2\text{J}} \quad + \quad \underset{\text{A의 중력 퍼텐셜 에너지}}{120\text{J}}$$

$$v^2 = 80, \quad v = 4\sqrt{5}\,\text{m/s}$$

즉, 에너지 보존법칙을 이용하여 물체의 **특정 높이에서의 속력**을 구할 수 있다.

그렇다면
A가 높이 h_0에서 속력이 10m/s일 때, h_0는 얼마일까?

이 또한 A의 역학적 에너지가 보존된다는 사실을 이용해 구할 수 있다.
A의 운동 에너지, 중력 퍼텐셜 에너지, 역학적 에너지를 정리해 보면 다음과 같다.

$$\text{A의 중력 퍼텐셜 에너지} : 2\text{kg} \times 10\text{m/s}^2 \times h_0 = 20h_0\text{J}$$
$$\text{A의 운동 에너지} \qquad : \frac{1}{2}(2\text{kg}) \times (10\text{m/s})^2 = 100\text{J}$$
$$\text{A의 역학적 에너지} \qquad : 200\text{J}$$

물체의 역학적 에너지는 물체의 중력 퍼텐셜 에너지와 운동 에너지의 합과 같으므로 다음 식이
성립된다.

$$\underset{\text{A의 역학적 에너지}}{200\text{J}} \quad = \quad \underset{\text{A의 운동 에너지}}{100\text{J}} \quad + \quad \underset{\text{A의 중력 퍼텐셜 에너지}}{20h_0\text{J}}$$

$$20h_0 = 100, \quad h_0 = 5\text{m}$$

즉, 에너지 보존법칙을 이용하여 물체가 특정 속력을 가지는 물체의 **높이**를 계산할 수 있다.

 에너지 보존과 손실 2 (마찰이 없는 구부러진 경로에서의 역학적 에너지)

○ 해당 파트는 아래 그림처럼 수직 항력이 물체의 운동 경로와 나란한 경우를 다루지 않는다.
 예) 아래 그림처럼 A가 B에 작용하는 힘(**수직 항력**)이 한 일을 다루지 않는다.

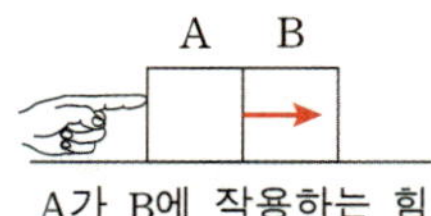

○ 만약 아래 그림처럼 마찰이 없는 구부러진 경로를 따라 운동하는 물체의 에너지는 어떻게 될까?

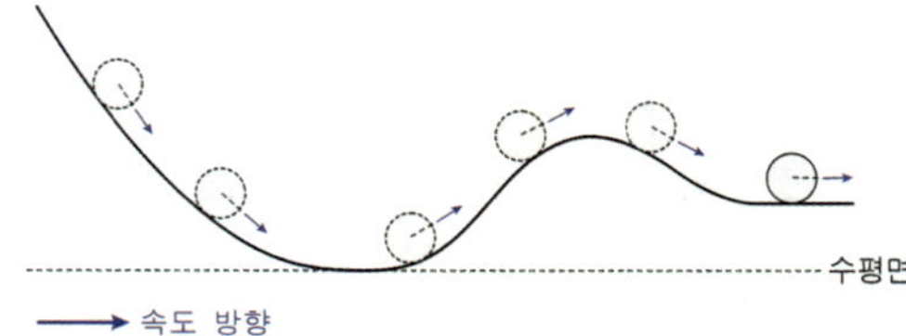

마찰이 없는 구부러진 경로에서 물체에 작용하는 힘은 다음과 같이 두 가지다.

수직 항력(운동 방향과 항상 수직), 중력

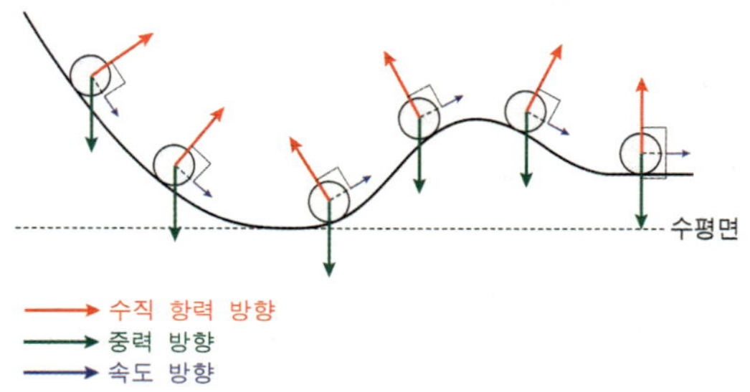

아래 그림처럼 **물체의 운동 방향**과 물체에 작용하는 **수직 항력의 방향**은 **항상 수직**이기 때문에
수직 항력은 일을 하지 않는다.

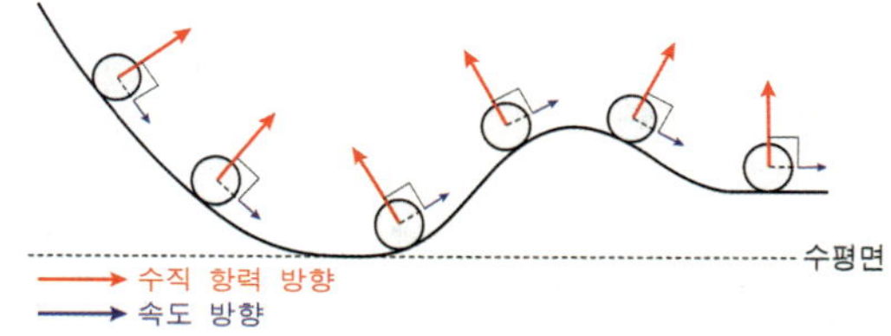

하지만 **물체의 운동 방향**과 물체에 작용하는 **중력 방향**은 항상 수직인 것은 아니다.
중력은 일을 한다.

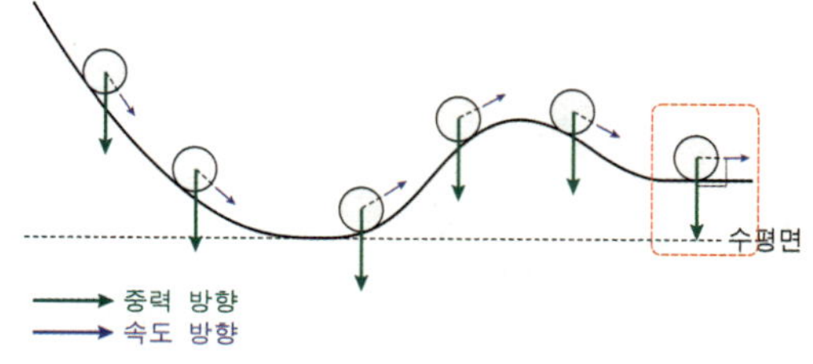

즉, 물체에 작용하는 힘 중 일을 하는 힘은 **중력** 뿐이므로 우리는 다음과 같은 결론을 낼 수 있다.

결론 마찰이 없는 구부러진 경로

마찰이 없는 구부러진 경로를 따라 운동하는 물체의 **역학적 에너지는 보존된다.**

○ 구부러진 경로에서 물체의 역학적 에너지가 보존된다는 의미가 무엇인지 아래 예시를 보면서 확인해 보자.

　그림과 같이 수평면으로부터 $4h$의 높이의 점 P에 질량이 m인 물체를 가만히 놓았더니 물체는 마찰이 없는 경로를 따라 운동한다. 수평면 위의 점 Q에서 물체의 속력은 v_0이고, 수평면으로부터 $3h$인 높이의 점 R에서 물체의 속력은 v이다. v_0를 v로 표현해 보자. (단, 중력 가속도는 g이고, 수평면에서 물체의 중력 퍼텐셜 에너지는 0이며, 모든 마찰과 공기 저항은 무시한다.)

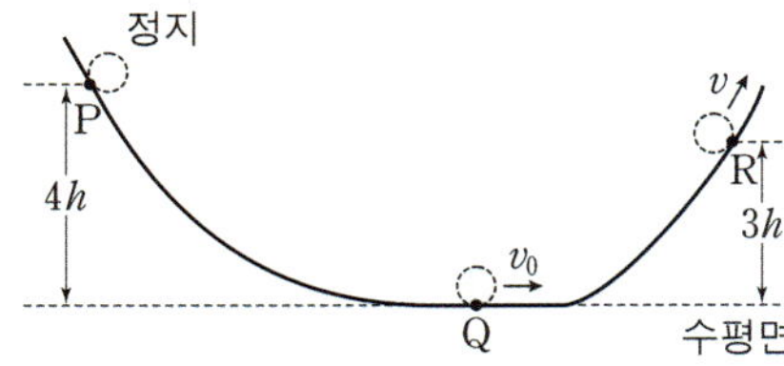

① 우선 각 위치에서 물체의 운동 에너지와 중력 퍼텐셜 에너지를 적어보자.(중력 가속도 g)

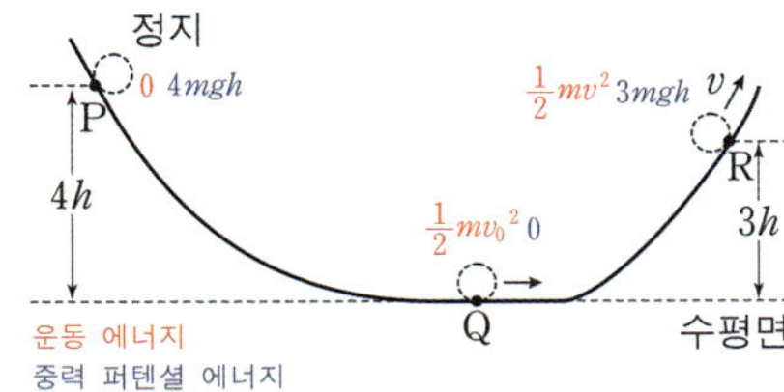

P에서 물체의 중력 퍼텐셜 에너지: $m \times g \times (4h) = 4mgh$
Q에서 물체의 중력 퍼텐셜 에너지: $m \times g \times (0) = 0$
R에서 물체의 중력 퍼텐셜 에너지: $m \times g \times (3h) = 3mgh$

P에서 물체의 운동 에너지: $\dfrac{1}{2}m(0)^2 = 0$

Q에서 물체의 운동 에너지: $\dfrac{1}{2}m(v_0)^2 = \dfrac{1}{2}mv_0^2$

R에서 물체의 운동 에너지: $\dfrac{1}{2}m(v)^2 = \dfrac{1}{2}mv^2$

② 에너지 보존법칙의 의미는 P에서 물체의 **역학적 에너지**, Q에서 물체의 **역학적 에너지**, R에서 물체의 **역학적 에너지**가 모두 같다는 의미이다.
　물체의 **역학적 에너지**는
　물체의 **운동 에너지**와
　물체의 **중력 퍼텐셜 에너지**의 합과 같다.

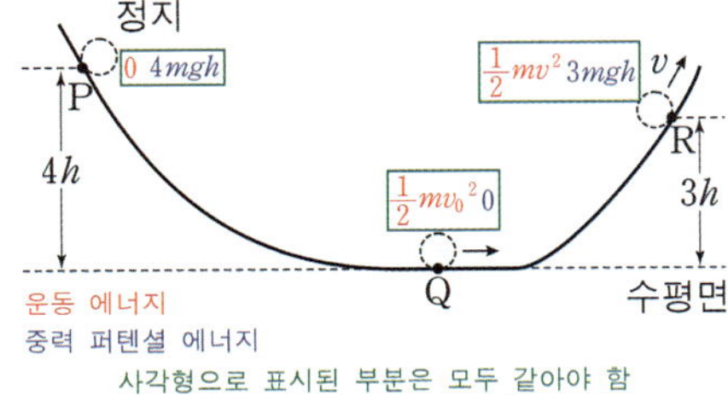

따라서 다음 식이 성립한다.

$$0 + 4mgh = \frac{1}{2}mv_0^2 + 0 = \frac{1}{2}mv^2 + 3mgh$$

| P에서 물체의 운동 에너지 | P에서 물체의 중력 퍼텐셜 에너지 | Q에서 물체의 운동 에너지 | Q에서 물체의 중력 퍼텐셜 에너지 | R에서 물체의 운동 에너지 | R에서 물체의 중력 퍼텐셜 에너지 |

따라서 $4mgh = \dfrac{1}{2}mv_0^2$ 에 의해 $v_0 = \sqrt{8gh}$

$4mgh = \dfrac{1}{2}mv^2 + 3mgh$ 에 의해 $v = \sqrt{2gh}$ 이므로 $v_0 = 2v$

 기출 예시 29

그림은 영희가 수평면으로부터 높이 h인 위치에서 정지 상태로부터 출발하여 물놀이 기구의 빗면을 따라 내려와 수평면에서 일정한 속력 v로 운동하는 모습을 나타낸 것이다.

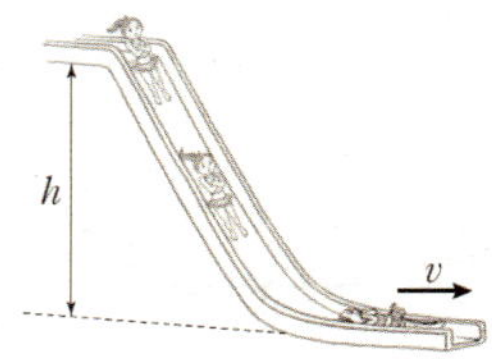

영희의 운동에 대한 설명으로 옳은 것만을 〈보기〉에서 있는 대로 고른 것은? (단, 중력 가속도는 g이고, 영희의 크기, 공기 저항과, 모든 마찰은 무시한다.)

〈보 기〉

ㄱ. 빗면을 내려오는 동안 영희의 중력 퍼텐셜 에너지는 일정하다.
ㄴ. 빗면을 내려오는 동안 영희의 운동 에너지는 증가한다.
ㄷ. $v = \sqrt{2gh}$ 이다.

해설

정답
기출 예시 29
ㄴ, ㄷ

ㄱ. 빗면을 내려오는 동안 영희의 수평면으로부터의 높이가 감소한다.
질량이 m인 물체가 높이 h에 있을 경우 중력 퍼텐셜 에너지는 다음과 같이 정의된다.
(중력 가속도 g)

$$mgh$$

영희의 높이(h)가 감소하므로, 영희의 중력 퍼텐셜 에너지는 감소한다. (ㄱ. 거짓)

ㄴ. 빗면을 내려오는 동안 영희의 역학적 에너지는 일정하다. 따라서 다음 식이 성립한다.

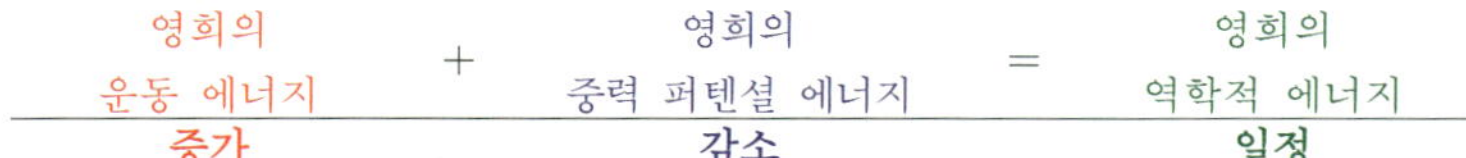

영희의 역학적 에너지가 일정해야 하는데,
영희의 중력 퍼텐셜 에너지가 감소하므로
영희의 운동 에너지는 증가해야한다! (ㄴ. 참)

ㄷ. 영희의 역학적 에너지가 보존되므로 다음 식이 성립한다.

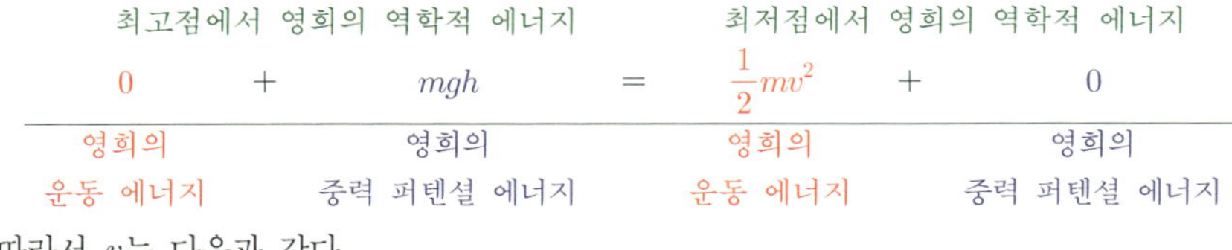

따라서 v는 다음과 같다.

$$v = \sqrt{2gh} \quad (\text{ㄷ. 참})$$

기출 예시 30

14학년도 9월 모의고사 7번 문항

그림은 높이가 h인 A점에서 속력 $2v$로 운동하던 수레가 B점을 지나 최고점 C에 도달하여 정지한 모습을 나타낸 것이다. B에서 수레의 속력은 v이고, 높이는 $2h$이다.

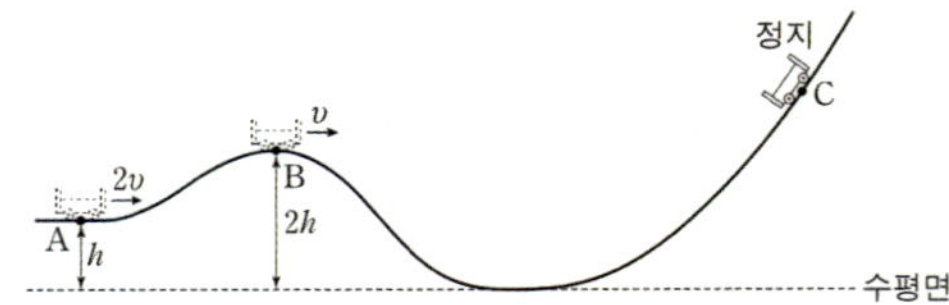

최고점 C의 높이는? (단, 수레는 동일 연직면 상에서 궤도를 따라 운동하고, 수레의 크기와 마찰, 공기 저항은 무시한다.)

해설

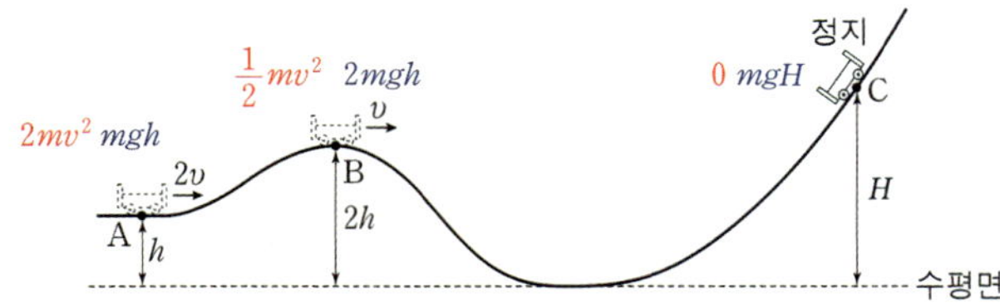

A, B, C에서 수레의 운동 에너지와 중력 퍼텐셜 에너지를 정리해 보면 다음과 같다.

	운동 에너지	중력 퍼텐셜 에너지
A	$\dfrac{1}{2}m(2v)^2$	mgh
B	$\dfrac{1}{2}mv^2$	$mg(2h)$
C	0	mgH

수레의 역학적 에너지가 일정하므로 다음 식이 성립한다.

$$\frac{1}{2}m(2v)^2+mgh=\frac{1}{2}mv^2+mg(2h)=0+mgH$$

$\dfrac{1}{2}m(2v)^2+mgh=\dfrac{1}{2}mv^2+mg(2h)$부터 정리해 보면 다음과 같다.

$$\frac{3}{2}mv^2=mgh$$

$\dfrac{3}{2}mv^2=mgh$를 $\dfrac{1}{2}mv^2+mg(2h)=0+mgH$에 대입해 보면 H를 계산할 수 있다.

$$H=\frac{7}{3}h$$

Mechanica 물리학1

 **기출 예시 31**

그림은 점 a에서 가만히 놓은 질량 1kg인 물체가 낙하하는 모습을 나타낸 것이다. 중력 퍼텐셜 에너지의 차는 점 a와 점 c 사이에서는 40J이고, 점 b과 점 d 사이에서는 50J이다. c에서의 속력은 b에서의 2배이다.

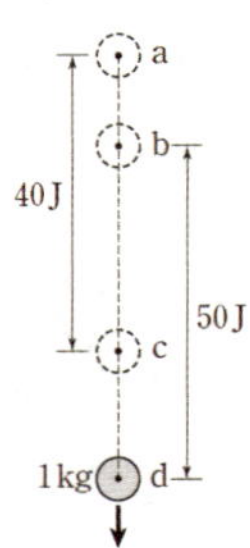

이에 대한 설명으로 옳은 것만을 〈보기〉에서 있는 대로 고른 것은? (단, 중력 가속도는 10m/s^2이고, 공기 저항은 무시한다.)

〈보 기〉

ㄱ. a와 b사이의 거리는 1.5m이다.

ㄴ. c와 d사이에서 중력이 물체에 한 일은 18J이다.

ㄷ. d에서 물체의 속력은 $2\sqrt{30}\,\text{m/s}$이다.

 **해설**

기준을 정해 놓고 에너지 보존법칙을 세워보면된다.
중력 퍼텐셜 에너지가 0이 되는 지점을 문제 푸는 사람이 직접 정해야 한다.
○ c에서 중력 퍼텐셜 에너지를 0으로 잡자.

a와 c에서 운동 에너지와 중력 퍼텐셜 에너지는 다음과 같이 계산된다.

	운동 에너지	중력 퍼텐셜 에너지
a	0	40J
c	$\dfrac{1}{2}(1\text{kg})(2v)^2$	0

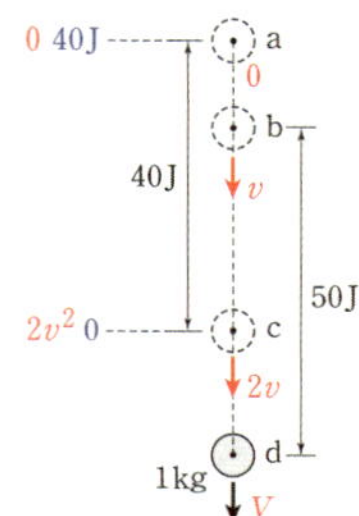

a와 c에서 역학적 에너지가 보존되므로 다음 식이 성립한다.
$$40\text{J} = 2v^2\text{J}, \quad v = 2\sqrt{5}\,\text{m/s}$$
○ d에서 중력 퍼텐셜 에너지를 0으로 잡자.

b와 d에서 운동 에너지와 중력 퍼텐셜 에너지는 다음과 같이 계산된다.

	운동 에너지	중력 퍼텐셜 에너지
b	$\dfrac{1}{2}(1\text{kg})(2\sqrt{5}\,\text{m/s})^2$	50J
d	$\dfrac{1}{2}(1\text{kg})V^2$	0

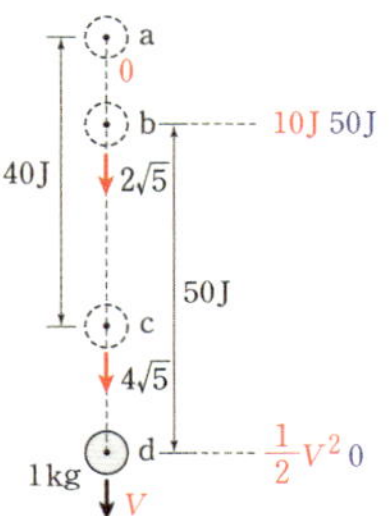

b와 d에서 역학적 에너지가 보존되므로 다음 식이 성립한다.
$$60\text{J} = \dfrac{1}{2}V^2\text{J}, \quad V = 2\sqrt{30}\,\text{m/s}$$

ㄱ. a와 b 사이에 역학적 에너지가 보존된다. b에서 중력 퍼텐셜 에너지를 0으로 잡으면 다음과 같다.

	운동 에너지	중력 퍼텐셜 에너지
a	0	E
b	10J	0

　a와 b에서 중력 퍼텐셜 에너지 차는 10J이고, a와 b 사이 높이 차를 h로 두면 다음 식이 성립한다.
$$(1\text{kg}) \times 10\text{m/s}^2 \times h = 10\text{J}, \quad h = 1\text{m} \ (\text{ㄱ. 거짓})$$
ㄴ. 중력이 한 일은 두 위치에서 중력 퍼텐셜 에너지 차와 같다.
　a와 b 사이의 중력 퍼텐셜 에너지의 차가 10J이므로 b와 c에서 중력 퍼텐셜 에너지 차는 다음과 같이 계산된다.
$$40\text{J} - 10\text{J} = 30\text{J}$$
　b와 c 사이의 중력 퍼텐셜 에너지의 차가 30J이므로 c와 d에서 중력 퍼텐셜 에너지 차는 다음과 같이 계산된다.
$$50\text{J} - 30\text{J} = 20\text{J} \ (\text{ㄴ. 거짓})$$
ㄷ. $V = 2\sqrt{30}\,\text{m/s}$ 이다. (ㄷ. 참)

Mechanica 물리학1

 **에너지 보존과 손실 3 (마찰이 있는 경로에서의 역학적 에너지)**

○ 앞부분까지는 구부러진 마찰이 없는 경로에서 역학적 에너지가 보존됨을 알 수 있었다.
마찰면이 있는 경우는 어떻게 처리할까?

마찰력은 물체의 운동 방향과 반대 방향으로 작용하는 힘이다.
즉, 마찰력이 한 일의 양은 물체의 역학적 에너지 감소량과 같다.
예를 들면 다음과 같은 상황을 살펴보자.

그림과 같이 질량이 m인 물체를 수평면으로부터 높이가 $4h$인 지점 P에 가만히 두었더니
마찰이 없는 경로를 따라 운동하다가 마찰면에 들어간 후 수평면으로부터 높이가 $2h$인 점 S를
지난다. 점 Q, R은 마찰면의 시작점과 끝점이다. 마찰면을 지나는 동안 물체의 역학적 에너지
감소량은 mgh이다. S에서 물체의 속력은? (단, 수평면에서 물체의 중력 퍼텐셜 에너지는
0이며, 마찰면에서의 마찰을 제외한 모든 마찰, 물체의 크기, 공기 저항은 무시한다.)

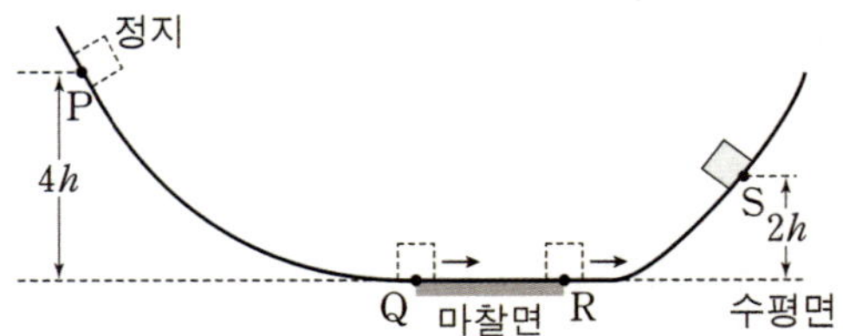

① 파란색으로 표현된 경로에서는 역학적 에너지가 보존되고 빨간색으로 표현된 경로에서는
역학적 에너지가 감소한다.
즉, P와 Q에서 물체의 역학적 에너지는 같고,
R과 S에서 물체의 역학적 에너지가 같다는 의미이다.

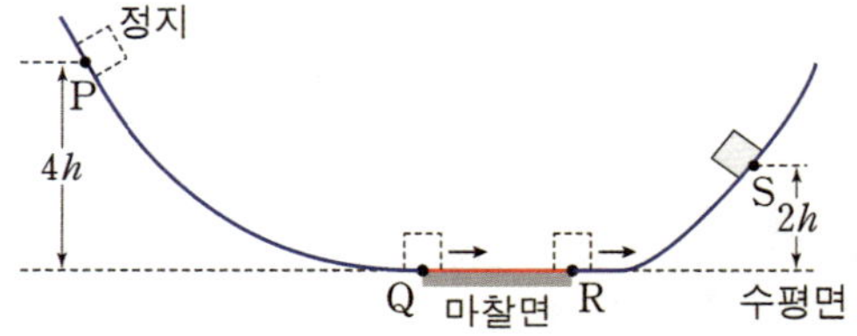

② 미지수를 잡아보자.
○ P에서는 물체가 정지 상태에서 출발하므로 운동 에너지가 0이다.
○ Q, R, S에서의 물체의 운동 에너지는 아직 모르기 때문에 각각 E_1, E_2, E_3로 두자.
○ Q와 R은 수평면이므로 중력 퍼텐셜 에너지가 0으로 같다.
○ P와 S는 수평면으로부터 높이가 각각 $4h$, $2h$이므로 중력 퍼텐셜 에너지는 각각 다음과 같다.
$$\text{P에서: } m \times g \times (4h) = 4mgh$$
$$\text{S에서: } m \times g \times (2h) = 2mgh$$

이를 모두 정리해 보면 아래 그림과 같이 표기할 수 있다.

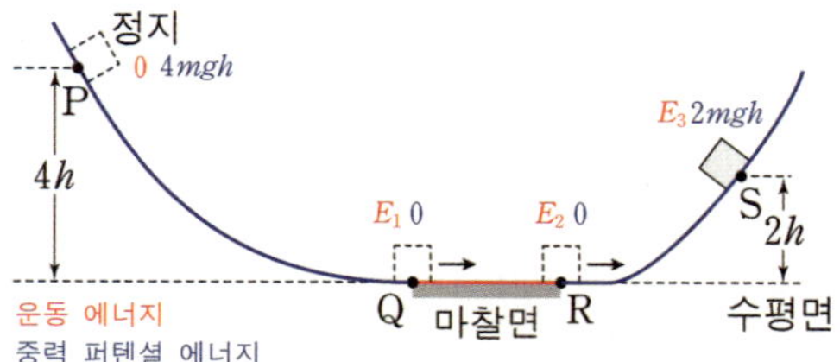

○ P에서 역학적 에너지: $0 + 4mgh = 4mgh$
○ Q에서 역학적 에너지: $E_1 + 0 = E_1$
○ R에서 역학적 에너지: $E_2 + 0 = E_2$
○ S에서 역학적 에너지: $E_3 + 2mgh$

③ 역학적 에너지 보존법칙과 역학적 에너지 손실 적용
1) P와 Q에서 물체의 역학적 에너지가 같고, R과 S에서 물체의 역학적 에너지가 같다.

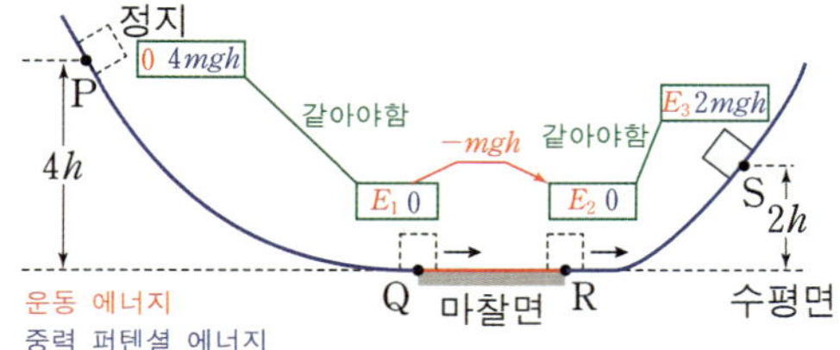

○ P와 Q에서 물체의 역학적 에너지가 같다.

$$4mgh = E_1$$

○ R과 S에서 물체의 역학적 에너지가 같다.

$$E_2 = E_3 + 2mgh$$

2) Q에서 R로 이동하는 동안 물체의 역학적 에너지가 mgh만큼 감소한다.
○ Q에서의 역학적 에너지에서 mgh만큼 빼주면 R에서 역학적 에너지를 찾을 수 있다.

$$E_1 - mgh = E_2$$

$E_1 = 4mgh$이므로, 위 식에 대입해 보면 $E_2 = 3mgh$임을 확인할 수 있다.
$E_2 = E_3 + 2mgh$에 $E_2 = 3mgh$를 대입해 보면 $E_3 = mgh$ 이다.

④ 정리해 보면 다음과 같다.

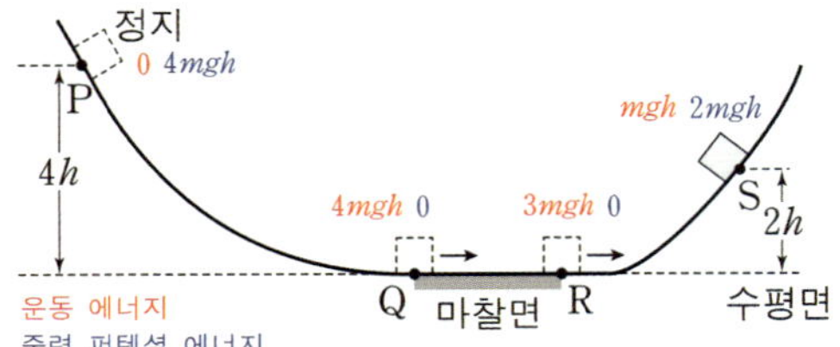

따라서 S에서 물체의 운동 에너지는 mgh이다.

물체의 운동 에너지 식($\frac{1}{2}mv^2$)을 통해 S에서 물체의 속력을 계산해 보면 다음과 같다.

$$mgh = \frac{1}{2}mv^2, \ v = \sqrt{2gh}$$

이렇듯, 마찰면이 있는 경우는 다음과 같은 에너지 보존법칙 식을 세워 계산할 수 있다.
1) 마찰면이 아닌 구간에서의 역학적 에너지 보존 법칙
2) 마찰면에서의 역학적 에너지 감소

정리　　마찰이 있는 경로 처리

마찰면을 지나기 전후 역학적 에너지 보존법칙을 활용하고,
마찰면을 지나는 동안 역학적 에너지 감소량을 계산해 본다.

Mechanica 물리학1

그림과 같이 질량이 m인 물체를 수평면으로부터 높이가 $4h$인 지점 P에 가만히 두었더니 마찰이 없는 경로를 따라 운동하다가 마찰이 있는 빗면을 지난 후 수평면상의 점 Q와 수평면으로부터 높이가 $2h$인 점 R를 순서대로 지난다. 마찰면을 지나는 동안 물체의 역학적 에너지 감소량은 mgh이다. Q와 R에서 물체의 속력은 각각 v_1, v_2이다.

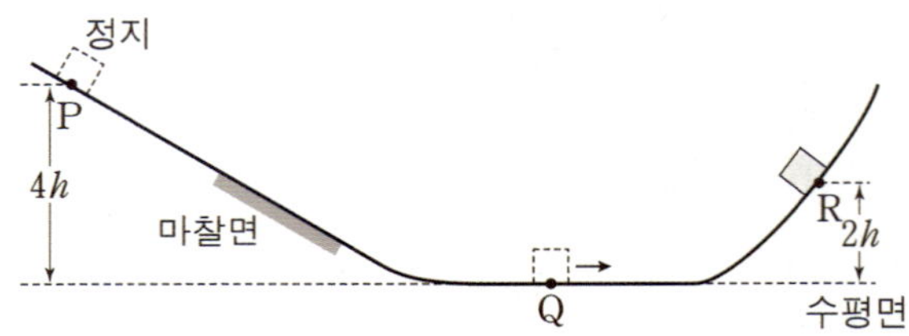

v_1과 v_2는? (단, 중력 가속도는 g이고, 수평면에서 물체의 중력 퍼텐셜 에너지는 0이며, 마찰면에서의 마찰을 제외한 모든 마찰, 물체의 크기, 공기 저항은 무시한다.)

① 파란색으로 표현된 경로에서는 역학적 에너지가 보존되고 빨간색으로 표현된 경로에서는 역학적 에너지가 감소한다.

즉, Q와 R에서 물체의 역학적 에너지는 같다.

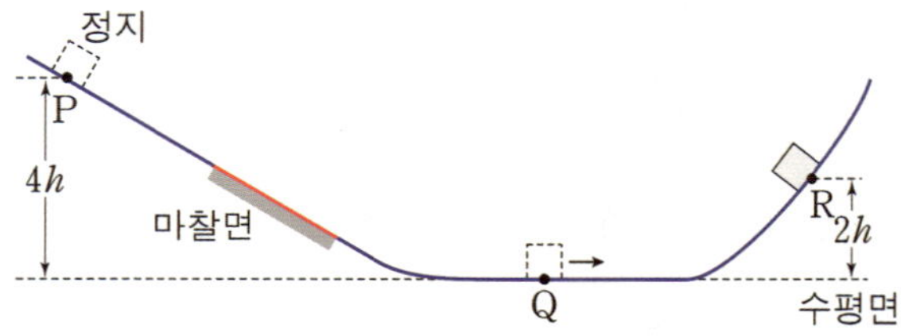

② 미지수를 잡아보자.
- P에서는 물체가 정지 상태에서 출발하므로 운동 에너지가 0이다.
- Q, R에서의 물체의 운동 에너지는 아직 모르기 때문에 각각 E_1, E_2로 두자.
- Q는 수평면 위의 점이므로 중력 퍼텐셜 에너지가 0이다.
- P와 R는 수평면으로부터 높이가 각각 $4h$, $2h$이므로 중력 퍼텐셜 에너지는 각각 다음과 같다.

$$\text{P에서: } m \times g \times (4h) = 4mgh$$
$$\text{R에서: } m \times g \times (2h) = 2mgh$$

이를 모두 정리해 보면 아래 그림과 같이 표기할 수 있다.

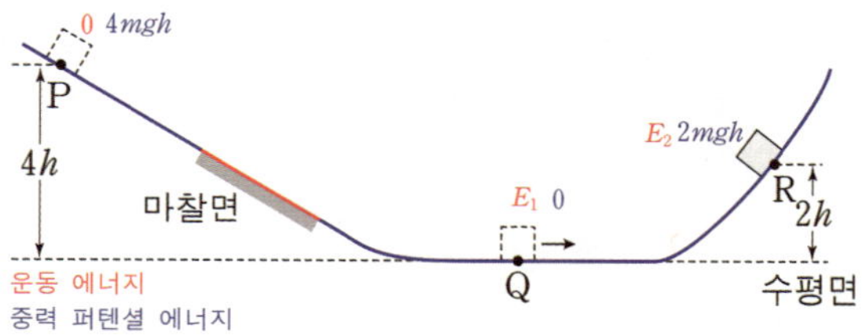

- P에서 역학적 에너지: $0 + 4mgh = 4mgh$
- Q에서 역학적 에너지: $E_1 + 0 = E_1$
- R에서 역학적 에너지: $E_2 + 2mgh$

③ 역학적 에너지 보존법칙과 역학적 에너지 손실 적용

　1) Q와 R에서 물체의 역학적 에너지가 같다.

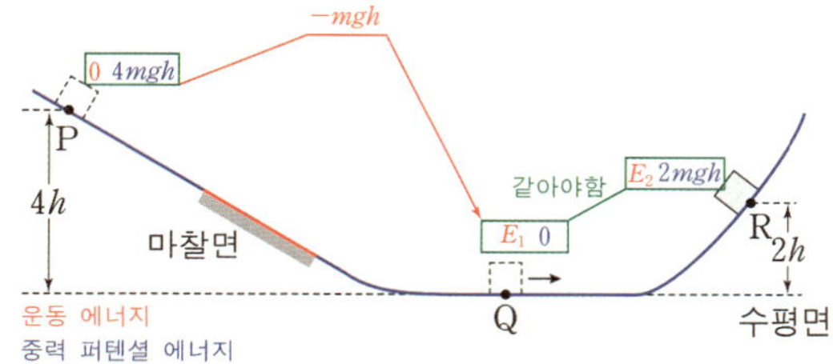

　　○ Q와 R에서 물체의 역학적 에너지가 같다.

$$E_1 = E_2 + 2mgh$$

　2) P와 Q 사이에 마찰면이 있고, 마찰면에서 역학적 에너지가 mgh만큼 감소한다.

　　○ P에서의 역학적 에너지에서 mgh만큼 빼주면 Q에서 역학적 에너지를 찾을 수 있다.

$$4mgh - mgh = E_1$$
$$E_1 = 3mgh$$

　이를 $E_1 = E_2 + 2mgh$에 대입해 보면 $E_2 = mgh$이다.

④ 정리해 보면 다음과 같다.

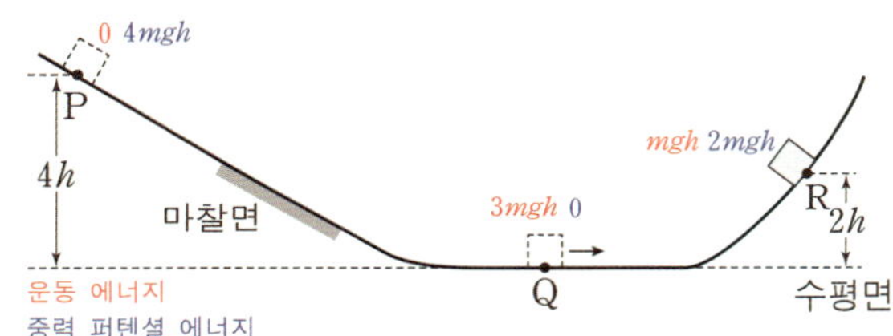

　따라서 Q와 R에서 물체의 운동 에너지는 각각 $3mgh$, mgh이다.

　물체의 운동 에너지 식($\frac{1}{2}mv^2$)을 통해 Q와 R에서 물체의 속력을 계산해 보면 다음과 같다.

$$Q에서: 3mgh = \frac{1}{2}mw_1{}^2, \ v_1 = \sqrt{6gh}$$

$$R에서: mgh = \frac{1}{2}mw_2{}^2, \ v_2 = \sqrt{2gh}$$

정리

아래 왼쪽 그림의 경로를 따라 운동하는 물체의 역학적 에너지를 생각해보자.

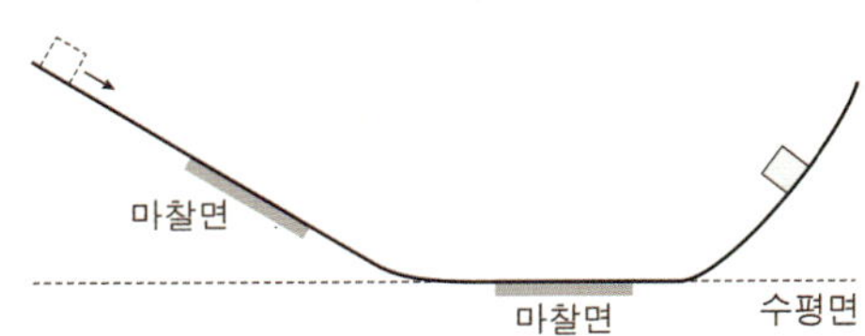

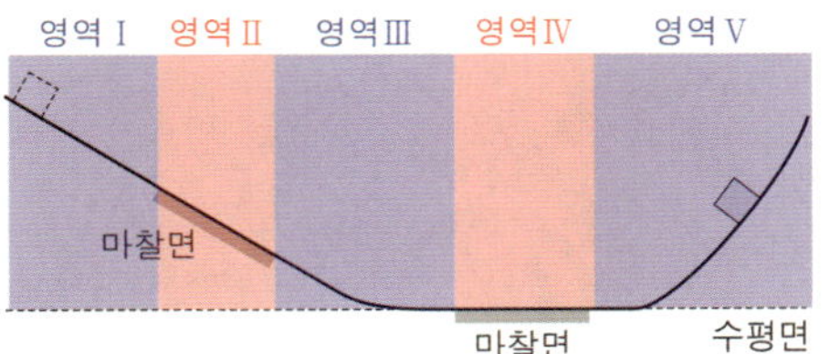

오른쪽 그림에서 물체의 역학적 에너지는 다음과 같은 특성을 가진다.

영역 Ⅰ에서 모두 동일(보존)하고 (영역 Ⅰ에서 역학적 에너지 E_1)

영역 Ⅲ에서 모두 동일(보존)하며 (영역 Ⅲ에서 역학적 에너지 E_3)

영역 Ⅴ에서 모두 동일(보존)하다. (영역 Ⅴ에서 역학적 에너지 E_5)

$E_1 - E_3 =$ **영역** Ⅱ에서 손실된 역학적 에너지

$E_3 - E_5 =$ **영역** Ⅳ에서 손실된 역학적 에너지

 **에너지 보존과 손실 4 (운동 방향으로 힘이 작용하는 구간에서의 역학적 에너지)**

○ 운동 방향과 동일한 방향으로 힘이 작용하는 경우 마찰, 구간에서와 정반대로 생각하면된다.
바로 예시를 보면서 설명해 보겠다.

> 그림과 같이 질량이 m인 물체를 수평면으로부터 높이가 $4h$인 지점 P에 가만히 두었더니
> 마찰이 없는 경로를 따라 운동하다가 구간 I을 지난 후 수평면으로부터 높이가 $2h$인 점
> S를 지난다. 점 Q, R은 구간 I의 시작점과 끝점이다. 구간 I에서는 운동 방향으로 F의
> 일정한 힘이 작용한다. 구간 I에서 물체의 역학적 에너지 증가량은 $3mgh$이다.
>
> 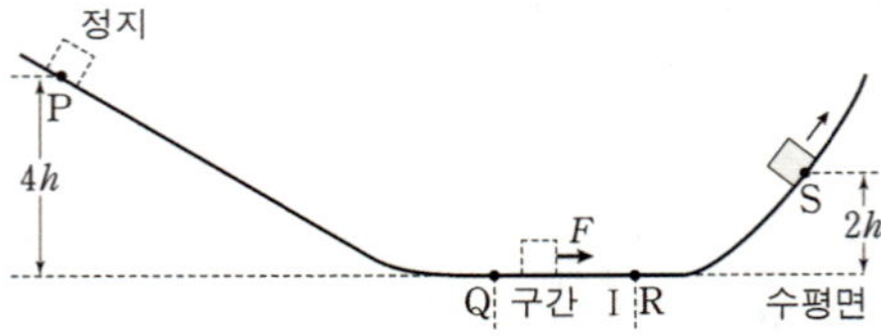
>
> S에서 물체의 속력은? (단, 수평면에서 물체의 중력 퍼텐셜 에너지는 0이며, 모든 마찰,
> 물체의 크기, 공기 저항은 무시한다.)

마찰 구간과 똑같이 진행하면 된다.
① 파란색으로 표현된 경로에서는 역학적 에너지가 보존되고 빨간색으로 표현된 경로에서는
역학적 에너지가 증가한다.
　즉, P와 Q에서 물체의 역학적 에너지는 같고,
　　　R과 S에서 물체의 역학적 에너지가 같다는 의미이다.

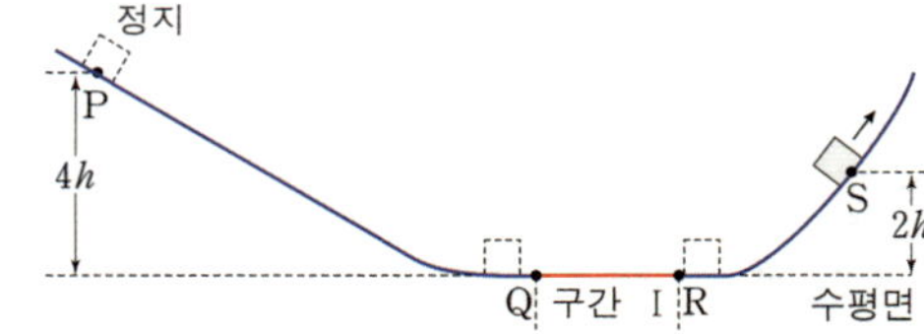

② 미지수를 잡아보자.
　○ P에서는 물체가 정지 상태에서 출발하므로 운동 에너지가 0이다.
　○ Q, R, S에서의 물체의 운동 에너지는 아직 모르기 때문에 각각 E_1, E_2, E_3로 두자.
　○ Q와 R은 수평면 위의 점이므로 중력 퍼텐셜 에너지가 0이다.
　○ P와 S는 수평면으로부터 높이가 각각 $4h$, $2h$이므로 중력 퍼텐셜 에너지는 각각 다음과 같다.

$$P에서:\ m \times g \times (4h) = 4mgh$$
$$S에서:\ m \times g \times (2h) = 2mgh$$

이를 모두 정리해 보면 아래 그림과 같이 표기할 수 있다.

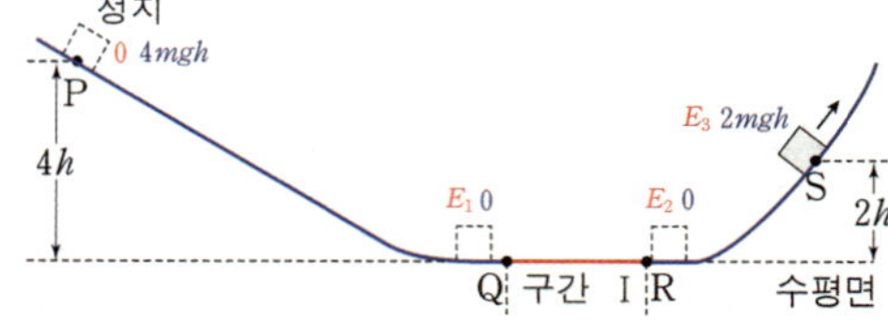

　○ P에서 역학적 에너지: $0 + 4mgh = 4mgh$
　○ Q에서 역학적 에너지: $E_1 + 0 = E_1$
　○ R에서 역학적 에너지: $E_2 + 0 = E_2$
　○ S에서 역학적 에너지: $E_3 + 2mgh$

에너지 보존법칙을 적용해 보면 다음과 같다.
P와 Q에서 역학적 에너지 같다.　　　　　　　　　　　: $4mgh = E_1$
Q에서 R로 이동하는 동안 역학적 에너지가 $3mgh$ 증가: $E_1 + 3mgh = 4mgh + 3mgh = E_2$, $E_2 = 7mgh$
R과 S에서 역학적 에너지 같다.　　　　　　　　　　: $E_2 = E_3 + 2mgh$, $E_3 = 5mgh$

③ 정리해 보면 다음과 같다.

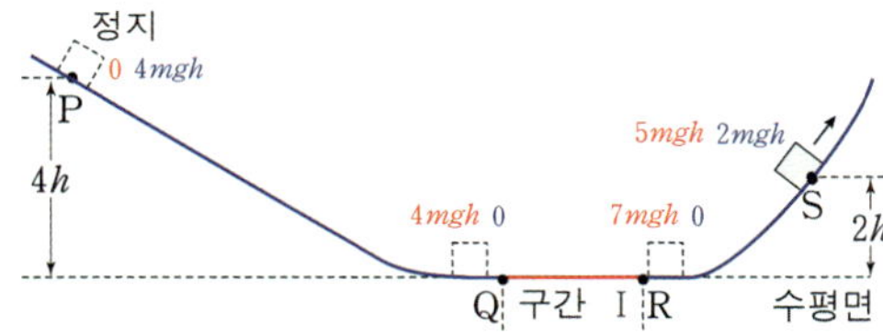

S에서 물체의 운동 에너지가 $5mgh$이므로 S에서 속력을 v로 두면 다음 식이 성립한다.

$$\frac{1}{2}mv^2 = 5mgh, \quad v = \sqrt{10gh}$$

역학적 에너지 증가 구간, 역학적 에너지 감소 구간(마찰구간) 표현

방금 이야기한 예시는 역학적 에너지 증가량과 감소량을 직접 제시해 두었다.
하지만 방금 예시에서 다음과 같은 발문을 썼다면 어떨까?

> 그림과 같이 물체를 수평면으로부터 높이가 $4h$인 지점 P에 가만히 두었더니 마찰이 없는 경로를 따라 운동하다가 구간 Ⅰ을 지난 후 수평면으로부터 높이가 $2h$인 점 S를 지난다. 점 Q, R은 구간 Ⅰ의 시작점과 끝점이다. 구간 Ⅰ에서는 운동 방향으로 mg의 일정한 힘이 작용한다. **구간 Ⅰ의 길이는 $3h$이다.**
>
> 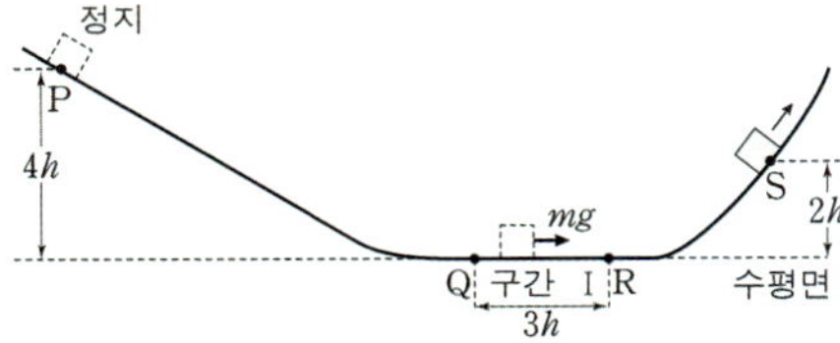
>
> S에서 물체의 속력은? (단, 수평면에서 물체의 중력 퍼텐셜 에너지는 0이며, 모든 마찰, 물체의 크기, 공기 저항은 무시한다.)

여기에서는
구간 Ⅰ에서 작용하는 힘 (mg)에 Q와 R사이의 거리 ($3h$)를 곱해
구간 Ⅰ에서 물체의 역학적 에너지 증가량 $3mgh$를 계산할 수 있다.
즉, 역학적 에너지 증가량과 감소량은
마찰 구간에서 **(마찰력) × (마찰 구간 길이)**
힘이 작용하는 구간에서 **(힘) × (힘이 작용하는 구간의 길이)**을 통해 계산할 수 있다.

바로 다음 페이지의 기출 예시를 통해 익혀보자.

Mechanica 물리학1

기출 예시 32

그림은 물체가 높이 h인 지점에서 속력 v로 출발하여 동일 연직면 궤도를 따라 운동하는 모습을 나타낸 것이다. 물체는 길이가 $2h$인 수평 구간에서 일정한 힘을 받아 운동한 후 높이 $4h$인 지점에서 정지한다. 수평면에서 물체의 중력 퍼텐셜 에너지는 0이고, 출발 지점에서 물체의 운동 에너지는 중력 퍼텐셜 에너지의 2배이다.

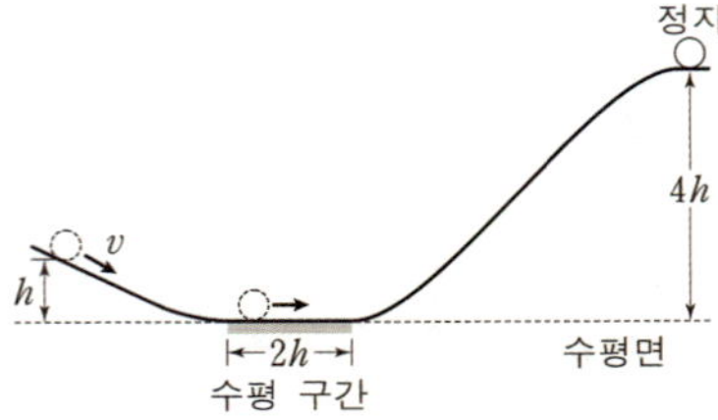

수평 구간에서 물체의 가속도의 크기는? (단, 중력 가속도는 g이고, 물체의 크기와 모든 마찰은 무시한다.)

 **해설**

물체의 질량을 m으로 두자.

○ p에서 물체의 중력 퍼텐셜 에너지를 E_P로 두자.

출발 지점에서 물체의 운동 에너지는 중력 퍼텐셜 에너지의 2배이므로 p에서 물체의 운동 에너지는 $2E_P$이다.

q, r에서 물체의 운동 에너지를 각각 E_0, E_1으로 두고,

p, q, r, s에서 물체의 운동 에너지와 중력 퍼텐셜 에너지를 적어보면 아래 그림과 같다.

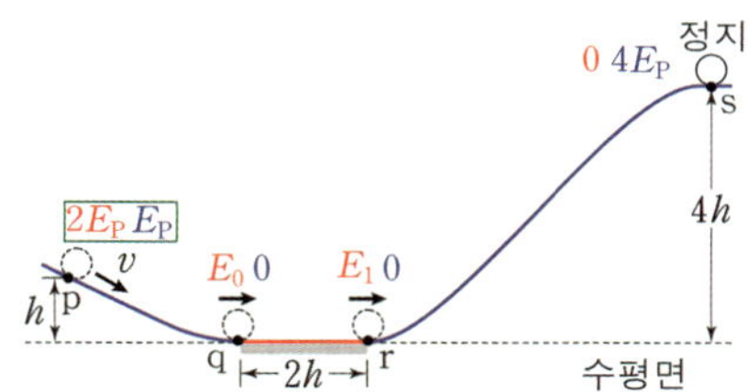

○ p→q로 이동하는 동안 물체의 역학적 에너지가 보존되므로 다음 식이 성립한다.

$$2E_P + E_P = E_0 + 0, \quad E_0 = 3E_P$$

r→s로 이동하는 동안 물체의 역학적 에너지가 보존되므로 다음 식이 성립한다.

$$E_1 + 0 = 0 + 4E_P, \quad E_1 = 4E_P$$

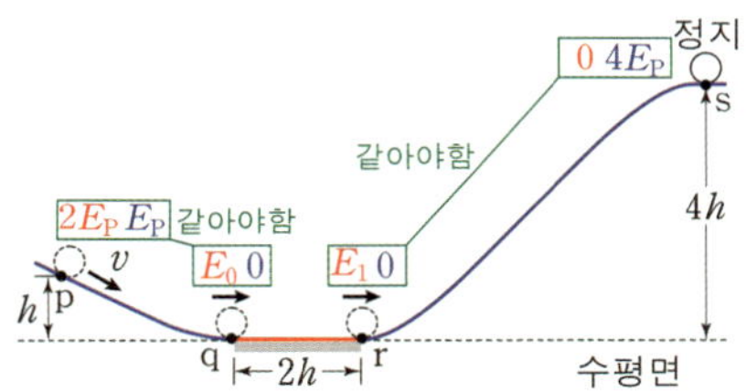

○ q→r로 이동하는 동안 물체의 역학적 에너지가 증가한다.
증가한 역학적 에너지는 다음과 같다.

$$4E_P - 3E_P = E_P = mgh$$

수평 구간에서 물체에 작용하는 알짜힘을 F라 하면
F가 한 일이 물체의 역학적 에너지 증가량인 mgh와 같아야 한다.
따라서 다음 식이 성립한다.

$$F \times 2h = mgh, \quad F = \frac{1}{2}mg$$

물체의 가속도의 크기를 a로 두면 다음 운동 방정식이 성립된다.

$$ma = \frac{1}{2}mg, \quad a = \frac{1}{2}g$$

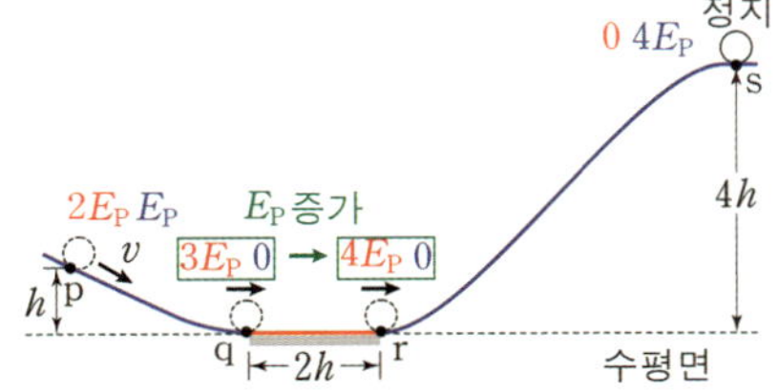

기출 예시 33

08학년도 9월 모의고사 8번 문항

그림 (가)와 같이 질량 m인 물체가 v_0의 속력으로 마찰이 없는 수평면을 운동한 후 마찰이 없는 비탈면을 따라 올라간 최고 높이가 $4h$였다. 그림 (나)와 같이 질량 m인 물체가 마찰이 없는 수평면을 v_0의 속력으로 운동하다가 길이 s인 마찰이 있는 수평면을 지나 마찰이 없는 비탈면을 따라 올라간 최고 높이가 $3h$였다. 마찰면에서 물체에 작용하는 마찰력의 크기는 일정하다.

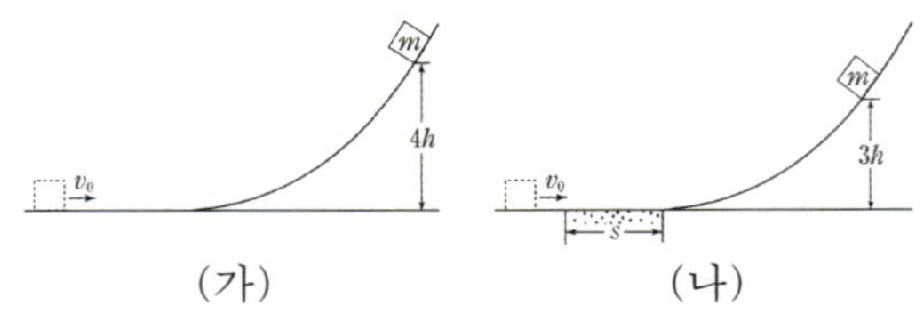

(나)에서 물체의 손실된 역학적 에너지는? (단, 공기 저항과 물체의 크기는 무시한다.)

 **해설**

수평면에서 물체의 중력 퍼텐셜 에너지를 0으로 두자.

(가)에서 수평면에서 물체의 운동 에너지는 $\dfrac{1}{2}mv_0{}^2$이고,

물체가 수평면에 있으므로 중력 퍼텐셜 에너지는 0이다.
따라서 수평면에서 물체의 역학적 에너지는 다음과 같다.

$$\dfrac{1}{2}mv_0{}^2 + 0 = \dfrac{1}{2}mv_0{}^2$$

(가)에서 $4h$의 높이에서 물체의 운동 에너지는 0이고,
중력 퍼텐셜 에너지는 $mg(4h) = 4mgh$이다.
따라서 $4h$의 높이에서 물체의 역학적 에너지는 다음과 같다.

$$0 + 4mgh = 4mgh$$

(가)에서 물체의 역학적 에너지가 보존되므로 다음 식이 성립한다.

$$\dfrac{1}{2}mv_0{}^2 = 4mgh$$

마찰면을 통과하기 전 (가)와 (나)에서 수평면에서 물체의 역학적 에너지는 동일하다. 따라서 수평면에서 물체의 역학적 에너지는 다음과 같다.

$$\dfrac{1}{2}mv_0{}^2 = 4mgh$$

(나)에서 마찰면에서 물체의 역학적 에너지 감소량을 E로 두자. 마찰면을 지난 후 물체의 역학적 에너지는 다음과 같다.

$$4mgh - E$$

(나)에서 $3h$의 높이에서 물체의 운동 에너지는 0이고,
중력 퍼텐셜 에너지는 $mg(3h) = 3mgh$이다.
따라서 $3h$의 높이에서 물체의 역학적 에너지는 다음과 같다.

$$0 + 3mgh = 3mgh$$

마찰면을 지난 후 물체의 역학적 에너지는 $4mgh - E$ 이고, 이는 $3h$의 높이에서 물체의 역학적 에너지와 같아야 한다. 따라서 다음 식이 성립한다.

$$4mgh - E = 3mgh, \ E = mgh$$

기출 예시 34

09학년도 수능 10번 문항

그림과 같이 수평면으로부터 높이 h_1인 A점에 물체를 가만히 놓았다. 물체는 마찰이 없는 AB구간, 마찰이 있는 BC구간, 마찰이 없는 CD구간을 지나 수평면으로부터 높이 h_2인 D점까지 올라갔다가, 다시 CD구간과 BC구간을 지나 점 B에서 정지하였다. 물체는 동일 연직면상에서 운동하였고, 마찰이 있는 구간 BC를 지나는 동안 물체에 작용하는 마찰력의 크기는 F로 일정하다.

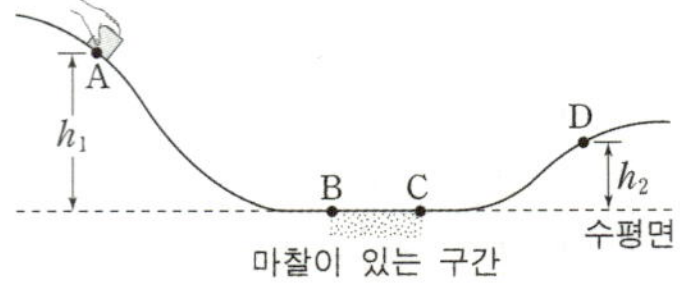

$h_1 : h_2$는? (단, 중력 가속도는 일정하고, 공기 저항과 물체의 크기는 무시한다.)

 **해설**

○ A→B→C→D로 이동할 때

물체는 A→B로 이동하는 동안 역학적 에너지가 보존된다.

A에서 물체의 중력 퍼텐셜 에너지는 mgh_1

A에서 물체의 운동 에너지는 0이다.

A와 B에서 역학적 에너지가 보존되므로

B에서 물체의 운동 에너지는 mgh_1이다.

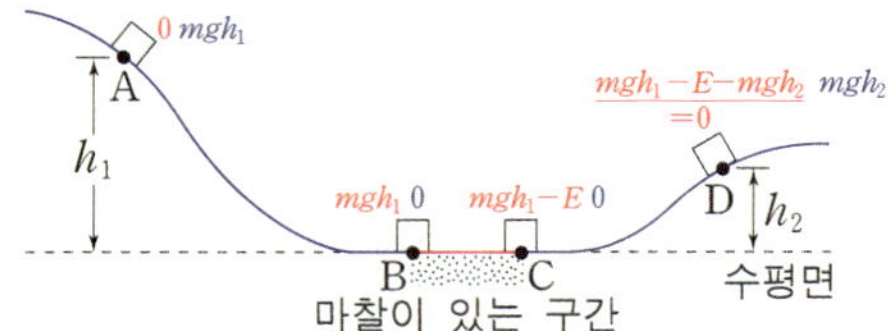

B→C에서 물체의 역학적 에너지 감소량을 E라 하자.

A, B, C, D에서 역학적 에너지는 다음과 같다.

○ A에서 역학적 에너지: $0 + mgh_1 = mgh_1$

○ B에서 역학적 에너지: $mgh_1 + 0 = mgh_1$

○ C에서 역학적 에너지: $mgh_1 - E + 0 = mgh_1 - E$

○ D에서 역학적 에너지: $mgh_1 - E - mgh_2 + mgh_2 = mgh_1 - E$

그런데 D에서 속력이 0이므로 $mgh_1 - E - mgh_2 = 0$이다.

○ D→C→B로 이동할 때

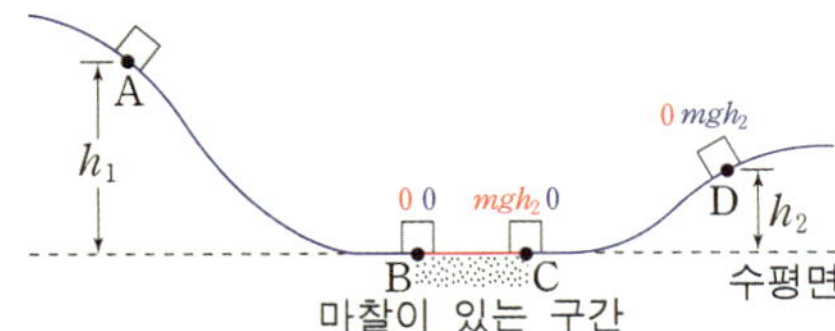

○ D에서 역학적 에너지: $0 + mgh_2 = mgh_2$

○ C에서 역학적 에너지: $mgh_2 + 0 = mgh_2$

○ B에서 역학적 에너지: $0 + 0 = 0$

C→B로 이동하는 동안 물체의 역학적 에너지 감소량이 E이므로 다음이 성립한다.

$$mgh_2 = E$$

$mgh_1 - E - mgh_2 = 0$ 이므로, $mgh_2 = E$를 대입해 보면 $mgh_1 = 2E$이다.

h_1과 h_2의 비는 물체의 중력 퍼텐셜 에너지의 비이므로 다음과 같다.

$$h_1 : h_2 = 2E : E = 2 : 1$$

Mechanica 물리학1

기출 예시 35

그림과 같이 마찰이 없는 빗면에서 높이가 4m인 P점에 물체를 가만히 놓았더니, 길이가 6m인 마찰이 있는 수평면을 지나 마찰이 없는 반대쪽 빗면을 올라갔다가 내려와 마찰면에서 4m를 진행하고 정지하였다. 마찰면에서 물체에 작용하는 마찰력의 크기는 일정하다.

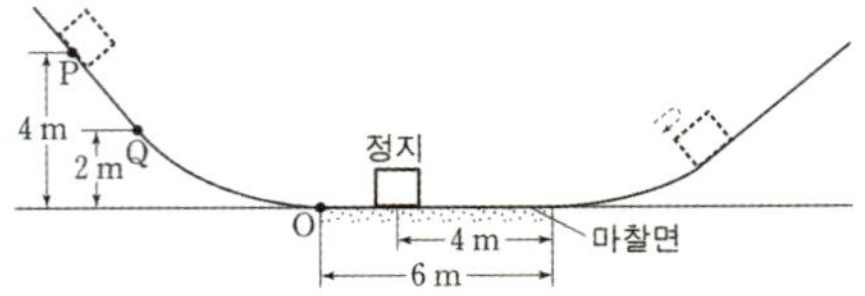

이 물체를 높이가 2m인 Q점에 가만히 놓았을 때, O점으로부터 정지한 지점까지의 거리는? (단, 물체는 동일 연직면 상에서 운동하고, 물체의 크기와 공기 저항은 무시한다.)

해설

○ P에서 물체의 중력 퍼텐셜 에너지를 $4E_P$로 두자.

  ($4m$의 높이에 있으므로 $4E_P$로 두는게 적절하다.)

  P에서 물체의 역학적 에너지가 전부 마찰면에서 소비되어 마찰면에서 정지한다.

  마찰력의 크기를 F로 두면 다음 식이 성립한다.

$$0+4E_P-F\times(4\text{m}+6\text{m})=0+0$$

$$①\ 4E_P=F\times(10\text{m})$$

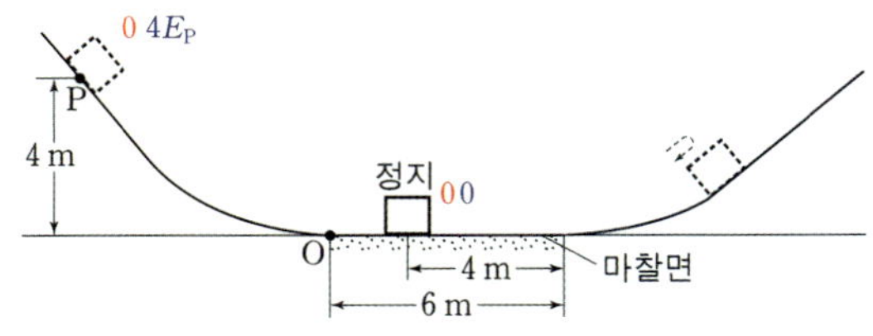

○ Q에서 물체의 중력 퍼텐셜 에너지는 $2E_P$이다.

  Q에서 물체의 역학적 에너지가 전부 마찰면에서 소비되어 마찰면에서 정지한다.

  마찰면에서 이동 거리를 x로 두면, 다음 식이 성립한다.

$$0+2E_P-F\times(x)=0+0$$

$$②\ 2E_P=Fx$$

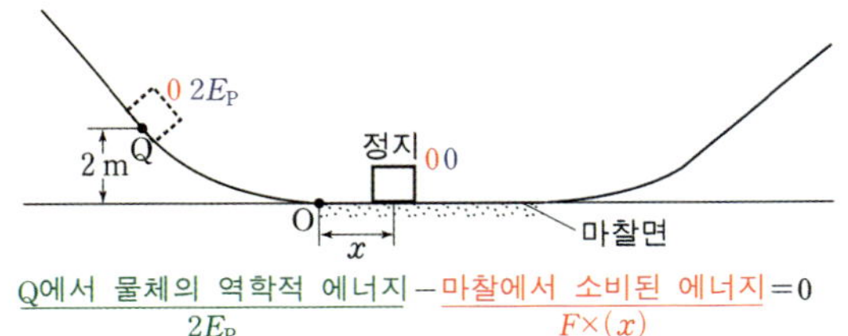

○ ①과 ②를 연립하면 다음과 같다.

$$4E_P=F\times(10\text{m})=2Fx,\ \ x=5\text{m}$$

기출 예시 35
5m

Mechanica 물리학1

 〔문제 풀이 추가〕 에너지 보존법칙 식 처리 과정

이번 파트에서는 공부하는데 있어서 가장 근본적인 부분에 대해서 이야기해볼 것이다.

학생들은 '**계산 실수를 줄이는 방법**'에 대해서 많은 질문을 한다.
매우 어려운 질문이고, 개개인별, 과목별로 해결할 수 있는 방법이 서로 다르다.
필자가 생각한 물리학1에서의 해결 방법을 이 파트에서 소개할 것이다.
그리고 해당 파트는 에너지 보존법칙 문제를 풀 때 주로 활용됨을 밝힌다.

실수를 줄이는 법에 대해서 다루기 전에, 우리가 왜 계산 실수를 하는지 알아야한다.

> **문제점**   **실수가 나타나는 이유**
>
> ① 과학 탐구 영역 물리학 1의 시험지에 여백이 부족하다. 계산할 공간이 별로 없다.
> ② 식을 세우다 보면 시각적으로 복잡해진다.
>
> 예) 에너지 보존법칙을 쓸 때 $\frac{1}{2}mv_1^2 + mgh_1 = \frac{1}{2}mv_2^2 + mgh_2$ 와 같이 손으로 쓰다가
> 상수를 빼트리고 쓴다던지, 글씨체가 매우 안좋아서 실수로 글씨를 잘못 본 경우

①은 해결할 수 있는 방법이 없다. 왜냐하면 시험지 규격은 국가에서 정해놓기 때문에 개선할 수 없다. 설상가상으로 ②와 같은 문제점까지 추가되면 계산 과정에서 필연적으로 실수가 나올 수 있다. 이와 같은 문제점을 다음과 같은 방법으로 해결할 수 있을 것이라 생각한다.

쓰는 글씨의 양을 줄인다.

제시된 해결책이 표현하는 바가 매우 간단해 보이지만, 감이 잡히지 않을 것이다.
예를 들어보자.

질량이 m인 물체가 v의 속력으로 운동할 때 운동 에너지는 $\frac{1}{2}mv^2$으로 표현된다.

여기서 주목해야할 부분은 손으로 $\frac{1}{2}mv^2$를 쓸 때 우리는 1, $-$, 2, m, v, ^{2} 이라는 여섯 개의 글자를 써야한다. 그런데, 이 여섯 개의 글자를 쓰는 과정에서 하나라도 실수가 발생하면 치명적인 결과가 나오게 된다.

쓰는 글씨의 양을 줄인다는 의미는 이런 여섯 개의 글자로 표현된 $\frac{1}{2}mv^2$을 하나, 또는 두 개의 문자로 바꾸어 쓰는 글씨의 양을 줄이겠다는 의미이다.

즉, $\frac{1}{2}mv^2 = E_K$를 문제 상단에 적어 두고 E_K를 이용해 식을 세운다면, 실수를 줄일 수 있다고 필자는 확신한다. (E_K는 E와 $_K$ 두 개의 글자이므로 $\frac{1}{2}mv^2$의 6개 글자를 E_K의 2개의 글자로 바꾸는 셈이다. 이후 계산 결과에서 $E_K \to \frac{1}{2}mv^2$ 으로 바꾸는 과정은 당연히 필요하다!)

이렇게 바꾸어 쓰게 된다면 손과 머리에 생기는 피로감을 확실히 줄일 수 있고 편안하게 문제를 풀 수 있을 것이다.

에너지 문제에 적용해 보자.
물체의 운동 에너지와 물체의 중력 퍼텐셜 에너지는 다음과 같이 바꾸어서 표현해보자.

$$\frac{1}{2}mv^2 \to E_K$$

$$mgh \to E_P$$

○ **운동 에너지를 E_K, 중력 퍼텐셜**
에너지를 E_P로 부르는 이유

영어로 운동 에너지와 중력 퍼텐셜 에너지는 다음과 같기 때문이다.

운동 에너지:
    Kinetic energy
중력 퍼텐셜 에너지:
Gravitaional **P**otential Energy

○ E_K 처리

$E_K = \dfrac{1}{2}mv^2$ 는 물체의 질량(m)에 비례하고, 물체의 속력의 제곱(v^2)에 비례한다.

그런데 하나의 물체가 경로상을 지날 때 질량(m)은 변하지 않고 속력(v)의 값만 변한다.
따라서 물체의 운동 에너지는 속력의 제곱에 비례한다.

물체의 속력에 따른 물체의 운동 에너지는 다음과 같이 표현할 수 있다.

물체의 속도	v	$2v$	$3v$	$4v$	$5v$	$6v$	$7v$	$8v$	$9v$	$10v$	....
물체의 운동 에너지	E_K	$4E_K$	$9E_K$	$16E_K$	$25E_K$	$36E_K$	$49E_K$	$64E_K$	$81E_K$	$100E_K$	....

위의 결과를 보면, 물체의 속도 앞에 붙는 상수를 제곱한 후 E_K에 붙이면 된다.
아래 예시를 살펴보자.
$E_K = \dfrac{1}{2}mv^2$ 으로 두고 v 앞의 상수를 제곱 하여 E_K에 곱함으로서 각 위치에서의 운동
에너지를 적어볼 수 있다.

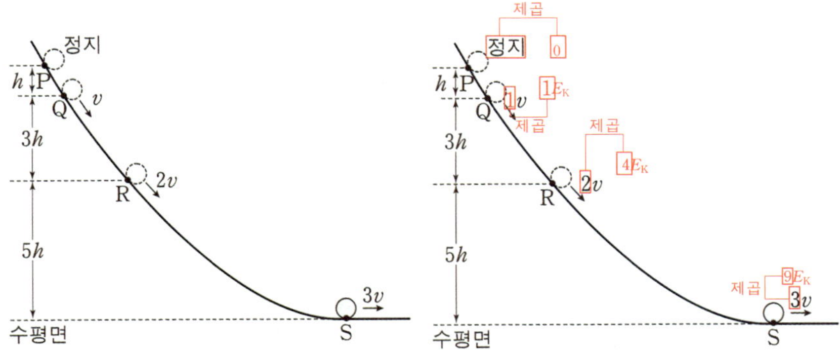

○ E_P 처리

$E_P = mgh$ 는 물체의 질량(m)에 비례하고, 중력 가속도(g)에 비례하며, 물체의 높이(h)에 비례한다.
그런데 하나의 물체가 경로상을 지날 때 질량(m)과 중력 가속도(g)는 변하지 않고
속력(h)의 값만 변한다.
따라서 물체의 중력 퍼텐셜 에너지는 물체의 높이에 비례한다.

물체의 높이에 따른 물체의 중력 퍼텐셜 에너지는 다음과 같이 표현할 수 있다.

물체의 높이	h	$2h$	$3h$	$4h$	$5h$	$6h$	$7h$	$8h$	$9h$	$10h$	....
물체의 운동 에너지	E_P	$2E_P$	$3E_P$	$4E_P$	$5E_P$	$6E_P$	$7E_P$	$8E_P$	$9E_P$	$10E_P$	....

위의 결과를 보면, 물체의 높이 앞에 붙는 상수를 그대로 E_P에 붙이면 된다.
앞선 예시에서
$E_P = mgh$ 으로 두고 h 앞의 상수를 그대로 E_P에 곱함으로서 각 위치에서의 중력 퍼텐셜
에너지를 적어볼 수 있다.

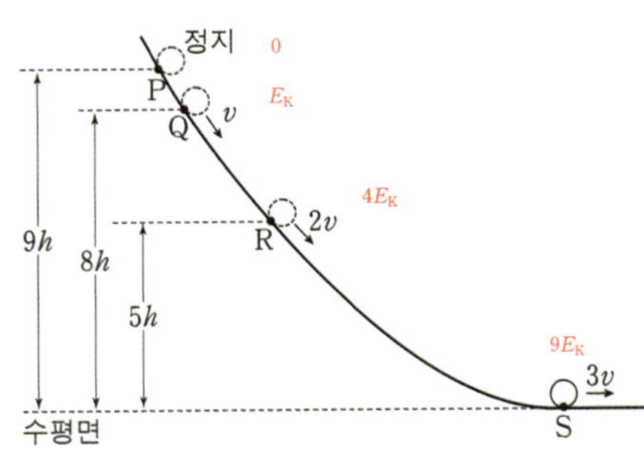

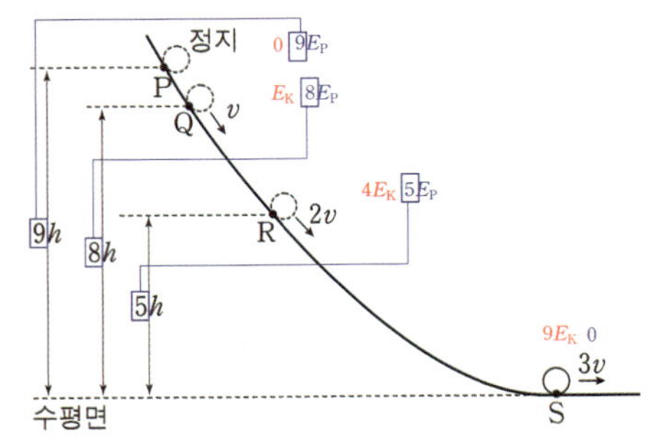

Mechanica 물리학1

※유의 사항! 질량이 다른 두 물체가 궤도를 따라 운동하는 경우
다음과 같은 예시를 살펴보자.

그림은 질량이 각각 m, $2m$인 물체 A, B가 각각 높이가 $4h$, $3h$인 높이인 지점 P,
S를 각각 지난 후 A는 점 Q, B는 점 R을 지나는 모습을 나타낸 것이다.

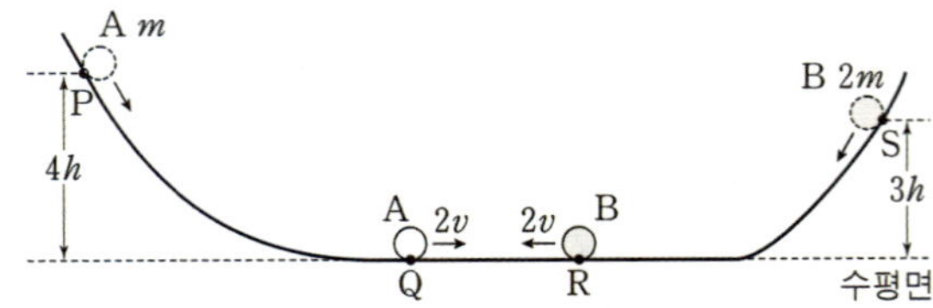

$E_K = \dfrac{1}{2}mv^2$, $E_P = mgh$로 두자.

① A와 B의 운동 에너지를 적어보는 과정을 생각해보자. Q와 R에서 물체 A, B의
속력이 각각 $2v$로 동일하므로, v앞에 붙은 상수(2)에 제곱(4)을 한 후 E_K를 곱해
표현하는 것이 올바를까? 당연히 아니다. 왜냐하면 A와 B의 질량이 서로 다르기
때문이다.

이런 상황에서는 질량과 속도 제곱의 곱으로 운동 에너지를 표현해야한다.
Q에서 A는
A의 질량인 m앞에 곱해진 상수(1)과
A의 속력 $2v$ 앞에 곱해진 상수(2)의 제곱 (4)을 곱한 후
E_K를 곱해 Q에서의 운동 에너지 $4E_K$를 구해야한다.

R에서 B는
B의 질량인 m앞에 곱해진 상수(2)과
B의 속력 $2v$ 앞에 곱해진 상수(2)의 제곱 (4)을 곱한 후
E_K를 곱해 Q에서의 운동 에너지 $8E_K$를 구해야한다.

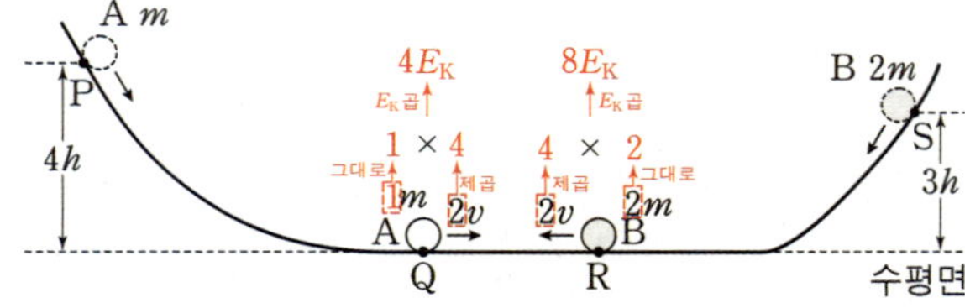

② A와 B의 중력 퍼텐셜 에너지를 적어보는 과정을 생각해보자. P와 S에서 A, B의
중력 퍼텐셜 에너지를 구할 때에도 m앞에 붙은 상수와 h앞에 붙은 상수를 곱해
미지수를 잡을 수 있다.

P에서 A는
A의 질량인 m앞에 곱해진 상수(1)과
A의 높이 $4h$ 앞에 곱해진 상수(4)를 곱한 후
E_P를 곱해 Q에서의 운동 에너지 $4E_P$를 구해야한다.

S에서 B는
B의 질량인 $2m$앞에 곱해진 상수(2)과
B의 높이 $3h$ 앞에 곱해진 상수(3)을 곱한 후
E_P를 곱해 S에서의 운동 에너지 $6E_P$를 구해야한다.

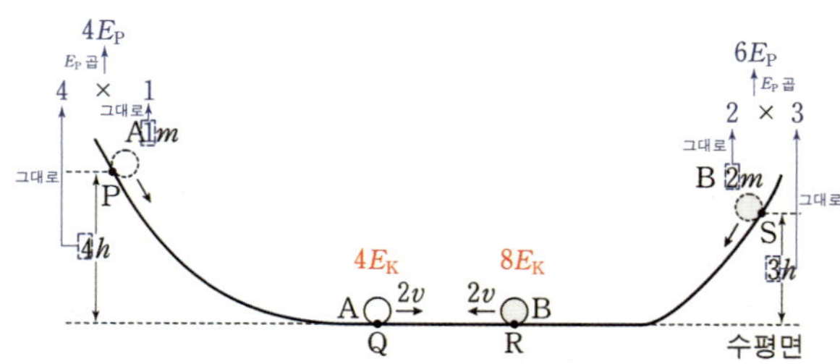

간단 예시　에너지 보존법칙 식 처리 과정

그림과 같이 물체 A, B가 각각 마찰이 없는 궤도상을 운동하는 모습을 나타낸 것이다. 궤도상의 점 P에서 A의 속력은 0이고, P와 점 Q는 수평면으로부터 높이가 각각 $4h$, h이다. B는 궤도 상의 점 W에서 속력이 v이고, 궤도 상의 점 S에서 속력은 $2v$이다. W는 수평면으로부터 높이가 $3h$이다. A와 B의 질량은 각각 m, $2m$이다.

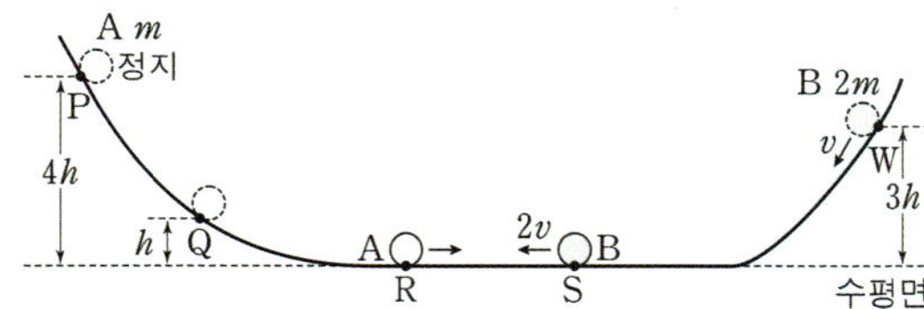

$\dfrac{1}{2}mv^2 = E_\text{K}$, $mgh = E_\text{P}$로 둘 때, 다음을 답해보자. (단, 수평면에서 물체의 중력 퍼텐셜 에너지는 0이다.)

① E_P와 E_K의 관계를 구해보자.

② Q와 R에서 A의 속력을 v로 표현해 보자.

① P, S, W에서 각각 물체 A, B의 속력과 높이를 알 수 있으므로 중력 퍼텐셜 에너지와 운동 에너지를 적을 수 있다.

○ P에서 A의 운동 에너지: 0

○ P에서 A의 중력 퍼텐셜 에너지(A 질량 $1m$, A의 높이 $4h$): $1 \times 4 \times E_\text{P} = 4E_\text{P}$

○ S에서 B의 운동 에너지(B 질량 $2m$, B의 속력 $2v$): $2 \times 2^2 \times E_\text{K} = 8E_\text{K}$

○ S에서 B의 중력 퍼텐셜 에너지: 0

○ W에서 B의 운동 에너지(B 질량 $2m$, B의 속력 $1v$): $2 \times 1^2 \times E_\text{K} = 2E_\text{K}$

○ W에서 B의 중력 퍼텐셜 에너지(B 질량 $2m$, B의 높이 $3h$): $2 \times 3 \times E_\text{P} = 6E_\text{P}$

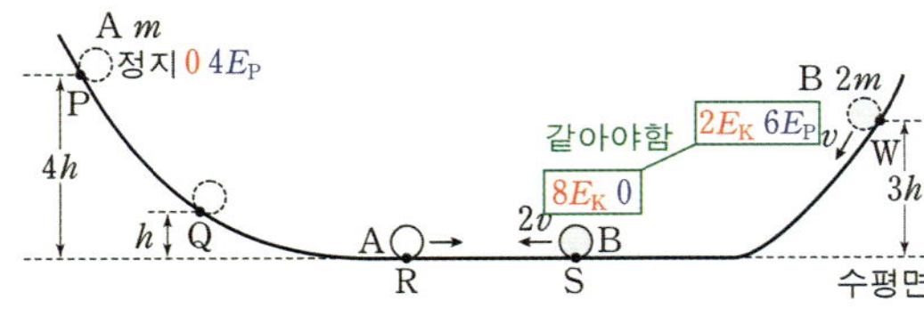

그런데 S, W에서 B의 역학적 에너지는 같아야 하므로 다음 식이 성립한다.

$$8E_\text{K} + 0 = 2E_\text{K} + 6E_\text{P} \;\rightarrow\; E_\text{K} = E_\text{P}$$

② P와 R에서 A의 역학적 에너지가 같아야 한다. 그런데 R에서 A의 중력 퍼텐셜 에너지가 0이므로(수평면이므로) R에서 A의 운동 에너지는 $4E_\text{P}$이어야 한다. 그런데 $4E_\text{P} = 4E_\text{K}$ 이므로 A의 속력을 구할 때는 $4E_\text{K}$를 속도로 환산해야 한다. 환산할 때는 다음과 같은 방식을 활용한다.

$$
\begin{array}{c|c|c|c}
4E_\text{K} \rightarrow 4 & 4 \rightarrow 4/1 = 4 & 4 \rightarrow \sqrt{4} = 2 & 2 \rightarrow 2v \\
E_\text{K}\text{를 뗌} & m\text{앞 상수 로 나눔} & \text{루트(제곱근)을 씌움} & v\text{를 곱함}
\end{array}
$$

따라서 R에서 A의 속도는 $2v$이다.

○ Q에서 A의 중력 퍼텐셜 에너지(A 질량 $1m$, A의 높이 $1h$): $1 \times 1 \times E_\text{P} = E_\text{P}$

○ Q에서 A의 역학적 에너지는 $4E_\text{P}$이므로, A의 운동 에너지는 $4E_\text{P} - E_\text{P} = 3E_\text{P} = 3E_\text{K}$ 마찬가지로 속력 환산해보면 다음과 같다.

$$
\begin{array}{c|c|c|c}
3E_\text{K} \rightarrow 3 & 3 \rightarrow 3/1 = 3 & 3 \rightarrow \sqrt{3} & \sqrt{3} \rightarrow \sqrt{3}v \\
E_\text{K}\text{를 뗌} & m\text{앞 상수 로 나눔} & \text{루트(제곱근)을 씌움} & v\text{를 곱함}
\end{array}
$$

따라서 Q에서 A의 속도는 $\sqrt{3}v$이다.

각 위치에서 물체의 중력 퍼텐셜 에너지와 운동 에너지를 적어보면 다음과 같다.

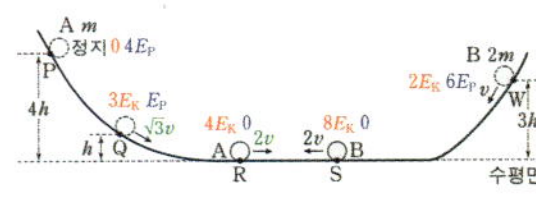

Mechanica 물리학1

 기출 예시 36

그림과 같이 레일을 따라 운동하는 물체가 점 p, q, r를 지난다. 물체는 빗면 구간 A를 지나는 동안 역학적 에너지가 $2E$만큼 증가하고, 높이가 h인 수평 구간 B에서 역학적 에너지가 $3E$만큼 감소하여 정지한다. 물체의 속력은 p에서 v, B의 시작점 r에서 V이고, 물체의 운동 에너지는 q에서가 p에서의 2배이다.

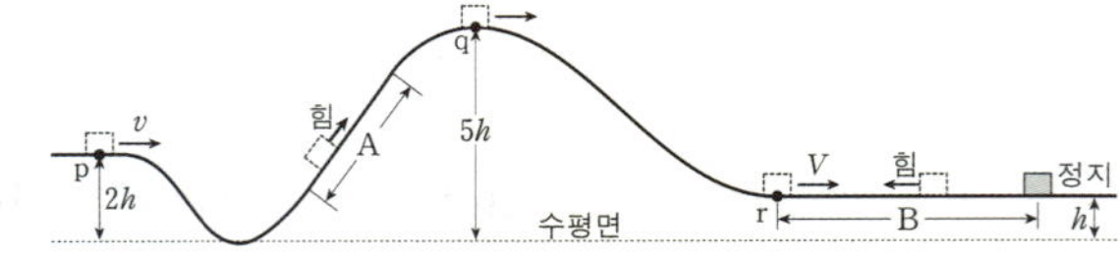

V는? (단, 물체의 크기, 마찰과 공기 저항은 무시한다.)

해설

○ 각 위치에서 물체의 운동 에너지와 중력 퍼텐셜 에너지를 적어보면 다음과 같다.

$\dfrac{1}{2}mv^2 = E_\text{K}$, $mgh = E_\text{P}$로 두자.

※ 조건에서 물체는 A에서 역학적 에너지가 $2E$만큼 증가하고, B에서 역학적 에너지가 $3E$만큼 감소한다. 그런데 B에서 물체의 중력 퍼텐셜 에너지 변화가 없으므로 B에서 물체의 역학적 에너지 감소량은 물체의 운동 에너지 감소량과 같다.
따라서 r에서 물체의 운동 에너지는 $3E$이다.

위치	운동 에너지	중력 퍼텐셜 에너지	역학적 에너지
p	E_K	$2E_\text{P}$	$E_\text{K}+2E_\text{P}$
q	$2E_\text{K}$	$5E_\text{P}$	$2E_\text{K}+5E_\text{P}$
r	$3E$	E_P	$3E+E_\text{P}$
정지한 순간	0	E_P	E_P

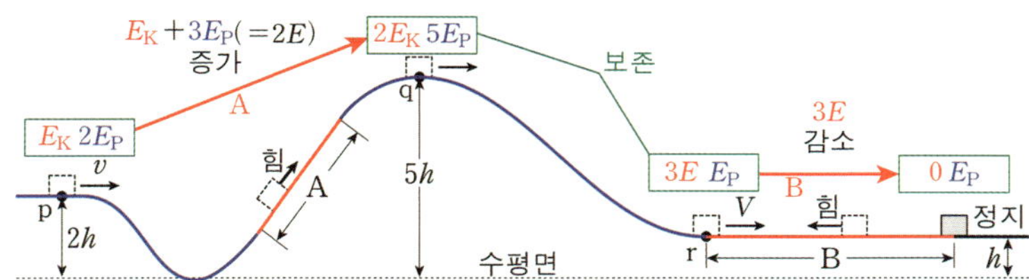

① A에서 물체의 역학적 에너지는 $2E$만큼 증가한다. 따라서 다음 식이 성립된다.

$$(2E_\text{K}+5E_\text{P})-(E_\text{K}+2E_\text{P})=2E$$
$$1)\ \ E_\text{K}+3E_\text{P} = 2E$$

② q에서 r까지 물체의 역학적 에너지가 보존된다. 따라서 다음 식이 성립한다.

$$2E_\text{K}+5E_\text{P}=3E+E_\text{P}$$
$$2)\ \ 2E_\text{K}+4E_\text{P}=3E$$

③ 1)과 2)를 연립하면 다음과 같이 계산된다.

$$3E=6E_\text{K}$$

V를 계산해 보면 다음과 같다.

$6E_\text{K} \to 6$	$6 \to 6/1=6$	$6 \to \sqrt{6}$	$\sqrt{6} \to \sqrt{6}\,v$
E_K를 뗌	m앞 상수 로 나눔	루트(제곱근)을 씌움	v를 곱함

따라서 $V=\sqrt{6}\,v$이다.

Mechanica 물리학1

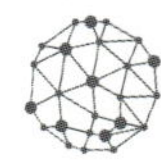 기출 예시 37

[물리학2] 21학년도 수능 18번 문항

그림과 같이 높이가 h인 지점에서 속력 $3v$로 출발한 물체가 연직면상에 있는 궤도를 따라 운동하여 속력 $2v$로 수평면에 도달하였다. 물체는 빗면 구간 S_1, S_2에서 각각 등속도 운동을 하였고, S_1과 S_2에서 역학적 에너지가 각각 E_1, E_2만큼 감소하였다. S_2의 시작점과 끝점의 높이는 각각 $\dfrac{3}{4}h$, $\dfrac{1}{2}h$이고, S_2에서 물체의 속력은 v이다.

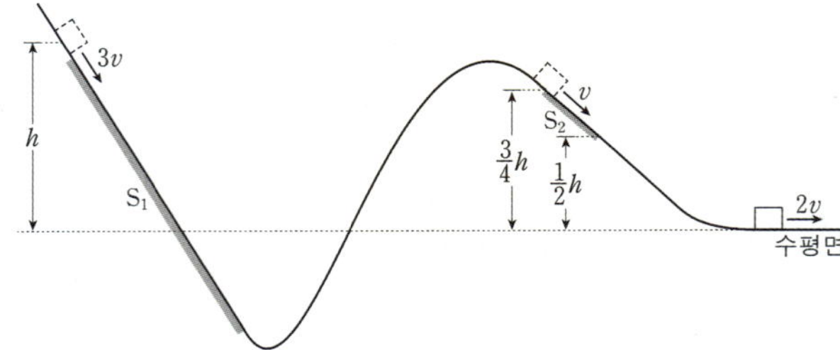

$\dfrac{E_1}{E_2}$은? (단, 물체의 크기, 마찰과 공기 저항은 무시한다.)

 **해설**

정답
기출 예시 37
$\dfrac{E_1}{E_2} = \dfrac{19}{3}$

○ 각 위치에서 물체의 운동 에너지와 중력 퍼텐셜 에너지를 적어보면 다음과 같다.
$\dfrac{1}{2}mv^2 = E_{\mathrm{K}}$, $mgh = E_{\mathrm{P}}$로 두자.

※ 조건에서 '물체는 빗면 구간 S_1, S_2에서 각각 등속도 운동'하므로 S_1, S_2에서 물체의 속력은 일정하며, S_1의 시작점과 끝점에서 물체의 속력은 같으므로 S_1의 시작점과 끝점에서 운동 에너지는 같을 것이다. 이는 S_2도 마찬가지이다.

위치	운동 에너지	중력 퍼텐셜 에너지	역학적 에너지
수평면으로부터 높이 h위치	$9E_{\mathrm{K}}$	E_{P}	$9E_{\mathrm{K}}+E_{\mathrm{P}}$
S_2 시작점	E_{K}	$\dfrac{3}{4}E_{\mathrm{P}}$	$E_{\mathrm{K}}+\dfrac{3}{4}E_{\mathrm{P}}$
S_2 끝점	E_{K}	$\dfrac{1}{2}E_{\mathrm{P}}$	$E_{\mathrm{K}}+\dfrac{1}{2}E_{\mathrm{P}}$
마지막 수평면	$4E_{\mathrm{K}}$	0	$4E_{\mathrm{K}}$

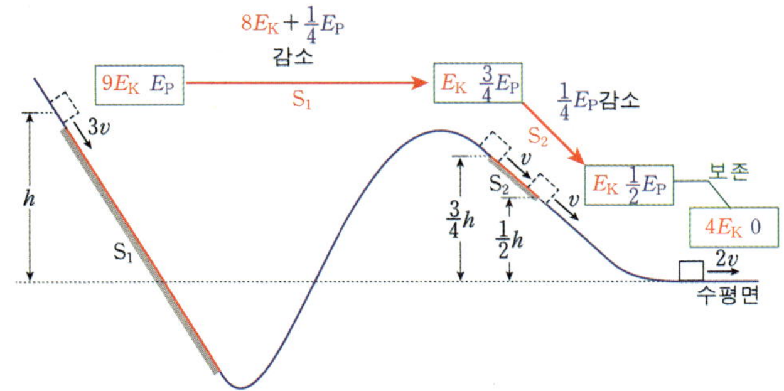

① S_1의 시작점에서 S_1의 끝점까지 운동하는 동안 역학적 에너지가 감소한다.
S_1의 끝점에서 S_2의 시작점 까지는 역학적 에너지가 보존되므로
S_1의 시작점과 S_2의 시작점 사이 역학적 에너지 차는 S_1에서 손실된 에너지와 같다.
그 값은 다음과 같이 계산된다.

$$E_1 = 9E_{\mathrm{K}}+E_{\mathrm{P}} - \left(E_{\mathrm{K}}+\dfrac{3}{4}E_{\mathrm{P}}\right)$$

$$E_1 = 8E_{\mathrm{K}}+\dfrac{1}{4}E_{\mathrm{P}}$$

② S_2의 시작점에서 S_2의 끝점까지 운동하는 동안 역학적 에너지가 감소한다.
그 값은 다음과 같다.

$$E_2 = E_{\mathrm{K}}+\dfrac{3}{4}E_{\mathrm{P}} - \left(E_{\mathrm{K}}+\dfrac{1}{2}E_{\mathrm{P}}\right)$$

$$E_2 = \dfrac{1}{4}E_{\mathrm{P}}$$

③ S_2의 끝점에서 수평면까지 물체의 역학적 에너지가 보존된다.
따라서 다음 식을 만족한다.

$$E_{\mathrm{K}}+\dfrac{1}{2}E_{\mathrm{P}} = 4E_{\mathrm{K}}, \quad \dfrac{1}{6}E_{\mathrm{P}} = E_{\mathrm{K}}$$

④ $\dfrac{1}{6}E_{\mathrm{P}} = E_{\mathrm{K}}$를 $E_1 = 8E_{\mathrm{K}}+\dfrac{1}{4}E_{\mathrm{P}}$ 에 대입해 보면, $E_1 = \dfrac{19}{12}E_{\mathrm{P}}$ 이다.
따라서 $\dfrac{E_1}{E_2} = \dfrac{19}{3}$ 이다.

 〔문제 풀이 추가〕 속력 제곱 차와 높이 차의 관계

1. 기본 성질

문제 풀이에 있어서 **매우 중요한 성질**을 다루겠다. 아래 상황을 보자.

　그림과 같이 마찰이 없는 경로 위에 수평면으로부터 높이가 h_1인 점 P에서 속력 v_1으로 출발한 물체가 마찰이 없는 경로를 따라 운동하다가 경로 위에 수평면으로부터 높이가 h_2인 점 Q에서 속력이 v_2가 된 모습을 나타낸 것이다. (중력 가속도 g)

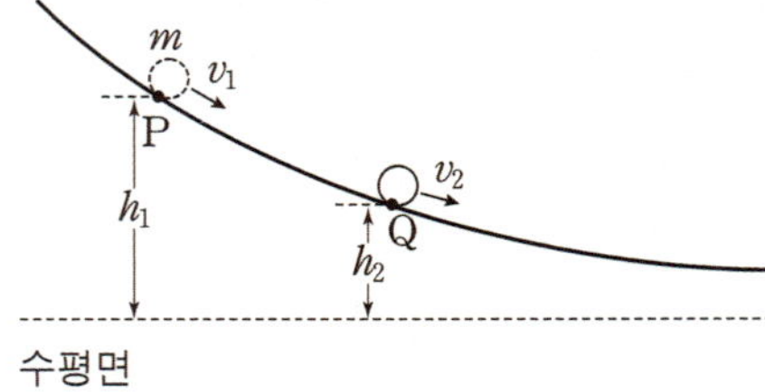

P와 Q에서 에너지 보존법칙을 세워보면 다음과 같다.

$$\frac{1}{2}mv_1^{\,2} + mgh_1 = \frac{1}{2}mv_2^{\,2} + mgh_2 \;\rightarrow\; \underline{\frac{1}{2}v_1^{\,2} + gh_1 = \frac{1}{2}v_2^{\,2} + gh_2}$$

$$\frac{v_2^{\,2} - v_1^{\,2}}{(h_1 - h_2)} = 2g$$

위의 밑줄 친 부분을 잘 관찰해 보자. 에너지 보존법칙을 쓰는 과정에서 **'질량 항'**이 양변에서 사라진다. 정말 중요한 포인트다.
위의 결과는 '질량과 관계없이 항상 성립하는 식'이라는 점을 확인할 수 있다.

쉽게 이야기하면, 아래 그림처럼 질량 m을 M으로 바꾸어보고 계산해도 $\dfrac{v_2^{\,2} - v_1^{\,2}}{(h_1 - h_2)} = 2g$이라는 결과가 나올 것이다.

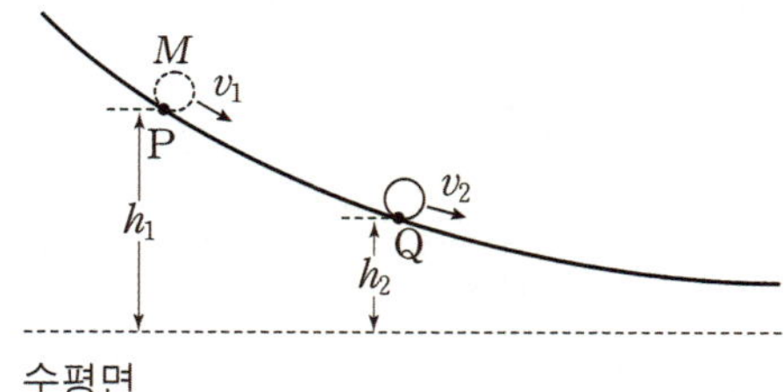

여기서 $h_1 - h_2$를 높이 변화(Δh)로 표현하고, $v_2^{\,2} - v_1^{\,2}$을 속력의 제곱의 변화(Δv^2)로 표현하면 다음 식으로 표현할 수 있다.

$$\frac{\Delta v^2}{\Delta h} = 2g$$

$2g$는 변하지 않는 상수이므로, $\dfrac{\Delta v^2}{\Delta h}$는 항상 일정한 값이다.

실전에 적용해 보면 다음과 같다.
서로 다른 두 높이에서 **속력의 제곱 차**를 **높이차**로 나누어준 값은 **그 어떤 물체든 간에 동일하다.**
단! 두 위치 사이에 역학적 에너지가 보존되어야 한다.
간단 예시를 통해 체화시켜보자.

간단 예시　　속력의 제곱차와 높이차의 관계

　　그림은 물체 A, B가 각각 마찰이 없는 궤도상을 운동하는 모습을 나타낸 것이다. 궤도상의 수평면으로부터 높이 $3h$인 지점에서 A의 속력은 $4v$이고, 수평면에서 A, B의 속력은 각각 $5v$, $3v$이다. 이후 B는 높이가 $2h$인 궤도상의 점 P를 v_0의 속력으로 지난다. A와 B의 질량은 각각 m, $3m$이다.

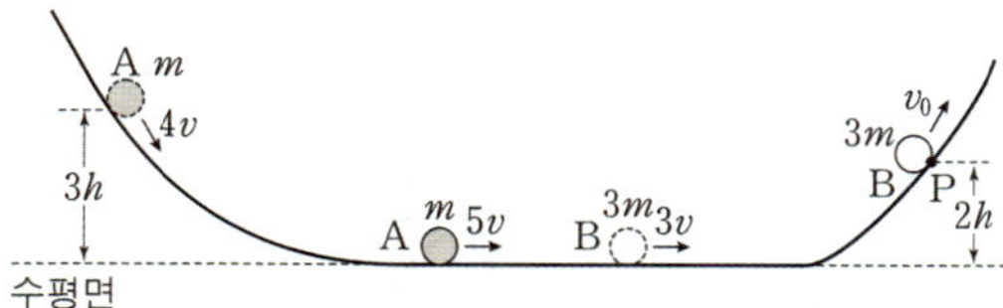

　　v_0는? (단, 물체는 동일 연직면상에서 운동하며, 물체의 크기 모든 마찰과 공기 저항은 무시한다.)

$\dfrac{\Delta v^2}{\Delta h} = 2g$을 적용해 보자.

A에서 $3h$ 높이와 수평면에서 $\dfrac{\Delta v^2}{\Delta h}$ 는 다음과 같이 계산된다.

$$\frac{(5v)^2 - (4v)^2}{3h} = 2g$$

B에서 $2h$ 높이와 수평면에서 $\dfrac{\Delta v^2}{\Delta h}$ 는 다음과 같이 계산된다.

$$\frac{(3v)^2 - (v_0)^2}{2h} = 2g$$

따라서 다음 식이 성립한다.

$$\frac{(5v)^2 - (4v)^2}{3h} = \frac{(3v)^2 - (v_0)^2}{2h}$$

$$v_0 = \sqrt{3}\,v$$

질량이 m, $3m$이라는 것은 활용되지 않는다.

○ 조심하자.

제곱 차를 할 때는 높이가 낮은 위치에서의 속력의 제곱에서 높이가 높은 위치에서의 속력의 제곱을 빼야한다.

정리　　속력의 제곱 차와 높이 차의 관계

○ 역학적 에너지가 보존될 때, 문제에서 주어진 모든 물체에 대해 다음 식이 성립된다.

$$\frac{\Delta v^2}{\Delta h} = 2g$$

따라서 역학적 에너지가 보존되는 모든 물체의 $\dfrac{\Delta v^2}{\Delta h}$ 는 같다.

2. 적용 성질
① 1:3:5 이용

속력 0, v, $2v$, $3v$인 상황에서 높이차의 비를 계산해 보자.

  그림과 같이 정지 상태에서 출발한 물체가 마찰이 없는 궤도를 따라 운동하다가 속력이 v, $2v$, $3v$가 된 모습을 나타낸 것이다. 그림에서 표기된 h_1, h_2, h_3의 비율은 어떻게 될까?

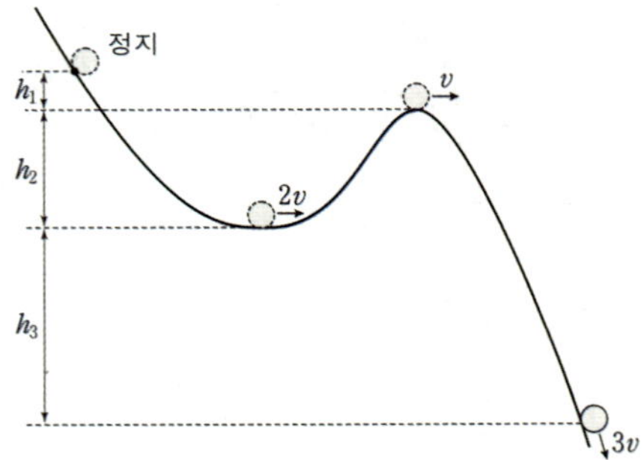

$\dfrac{\Delta v^2}{\Delta h} = 2g$를 적용해 보면 다음과 같다.

$$\frac{v^2 - 0}{h_1} = \frac{(2v)^2 - v^2}{h_2} = \frac{(3v)^2 - (2v)^2}{h_3}, \quad h_1 : h_2 : h_3 = 1 : 3 : 5$$

마찰이 없는 궤도에서 하나의 물체의 속력 비가 $0:1:2:3:\dots$라면, 각각의 높이 차의 비가 $1:3:5:7\dots$이다!

② 속도 미지수 잡기 $E_K = E_P$, $\dfrac{1}{2}mv^2 = mgh$ 이용

문제에서 속도가 표기되지 않는 경우가 있다. 다음 기출 예시가 있다.

17학년도 9월 모의고사 20번 문항

  그림과 같이 물체가 높이 h인 곳에서 가만히 출발하여 마찰이 없는 면을 따라 높이 $2h$인 곳에 도달한다. 물체는 수평면 구간 A와 B를 지나는 도중에 각각 운동 방향으로 크기가 같은 힘 F를 같은 시간 동안 받는다. 높이 $2h$인 곳에 도달하였을 때 물체의 속력은 0이다.

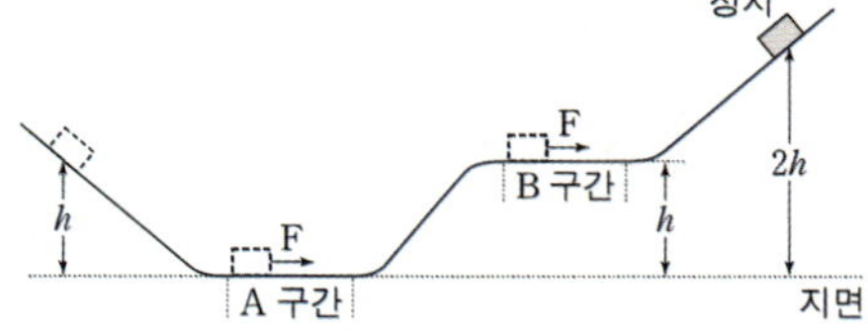

  A에서 F가 물체에 한 일을 W_A, B에서 F가 물체에 한 일을 W_B라 할 때, $\dfrac{W_B}{W_A}$ 는? (단, 물체의 크기와 공기 저항은 무시한다.)

위의 문제에서 살펴볼 수 있는 부분은 정지 상태에 대한 정보만 주어져 있고, **문제를 푸는 사람이 직접 속도를 미지수로 두어** 문제 상황을 풀어내야 한다. 이러한 경우 $E_K = E_P$로 두어 문제를 풀어나가는게 좋다.

정확하게 미지수를 다음과 같이 잡는 것이 좋다.

'물체가 정지 상태에서 h만큼 내려왔을 때 속력을 v로 두자.'

예를 들면 다음과 같이 높이 $9h$, $4h$에서 가만히 놓은 두 물체를 생각해보자.

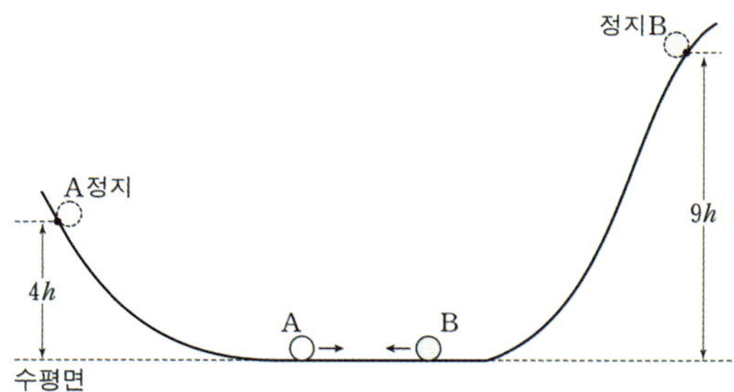

수평면에서 A와 B의 속력을 미지수로 넣는 방법을 살펴보자.

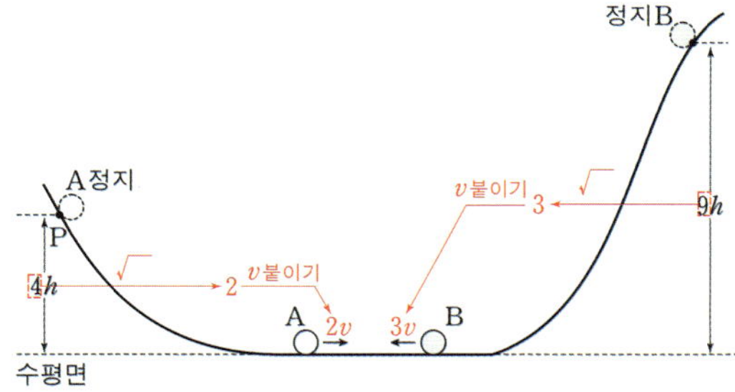

다음과 같은 방법으로 미지수를 설정하는 것이 좋다.

① A의 경우

$$4h \rightarrow 4 \quad | \quad 4 \rightarrow \sqrt{4} = 2 \quad | \quad 2 \rightarrow 2v$$

h를 뗌　　루트(제곱근)을 씌움　　v를 곱함

② B의 경우

$$9h \rightarrow 9 \quad | \quad 9 \rightarrow \sqrt{9} = 3 \quad | \quad 3 \rightarrow 3v$$

h를 뗌　　루트(제곱근)을 씌움　　v를 곱함

이렇게 미지수를 설정하면 자동적으로 $\frac{1}{2}mv^2 = mgh$가 성립한다.

왜냐하면 A와 B의 에너지 보존법칙에 의해 다음이 성립되기 때문이다.(A, B의 질량 m, M)

$$\text{A}: \ mg(4h) = \frac{1}{2}m(2v)^2 \ \rightarrow \ \frac{1}{2}mv^2 = mgh$$

$$\text{B}: \ Mg(9h) = \frac{1}{2}M(3v)^2 \ \rightarrow \ \frac{1}{2}Mv^2 = Mgh$$

※ 유의 사항

만약 문제에서 속력 정보가 나와있는 경우에도 사실 활용될 수 있다. 하지만, 문제에서 제시된 문자를 제외하고 다른 미지수를 활용해야한다.

③ 질량(m)이 무관하게 $\dfrac{\Delta v^2}{\Delta h}$이 일정한 두 운동 〔시간 차 운동〕

여러 가지 운동 파트에서 다루었어야 했지만, 제대로 이해하기 위해서는 $\dfrac{\Delta v^2}{\Delta h}$이 일정하다는 점을 알고 있어야 했기 때문에 설명하지 못했던 시간 차 운동에 대해서 다루어 보겠다.
시간 차 운동은 다음과 같은 기출 예시를 들 수 있다.

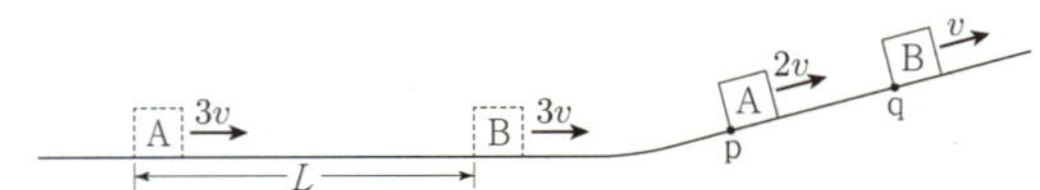

그림과 같이 수평면에서 간격 L을 유지하며 일정한 속력 $3v$로 운동하던 물체 A, B가 빗면을 따라 운동한다. A가 점 p를 속력 $2v$로 지나는 순간에 B는 점 q를 속력 v로 지난다.

p와 q 사이의 거리는? (단, A, B는 동일 연직면에서 운동하며, 물체의 크기, 모든 마찰은 무시한다.)

① $\dfrac{2}{5}L$ ② $\dfrac{1}{2}L$ ③ $\dfrac{\sqrt{3}}{3}L$ ④ $\dfrac{\sqrt{2}}{2}L$ ⑤ $\dfrac{3}{4}L$

우선 이 문제에서 중요한 점은 '동일한 높이에서 두 물체의 속도(속력과 속도의 방향)가 동일하며, 동일한 경로를 따라 운동한다'는 것이다. 이런 경우 다음이 성립한다.

성질   시간 차 운동

동일한 높이에서 속도가 동일하며, 동일한 경로를 따라 운동하는 두 물체는 다음이 성립한다.
① 두 물체는 일정한 시간 간격을 두고 동일한 운동을 한다.
② 두 물체가 만나는 순간 속력은 동일하다.
③ 두 물체가 만나는 순간 속도의 방향은 서로 반대이다.

예를 들면 방금 예시와 같이 수평면에서 두 물체의 속력은 동일한 상황을 살펴보자.

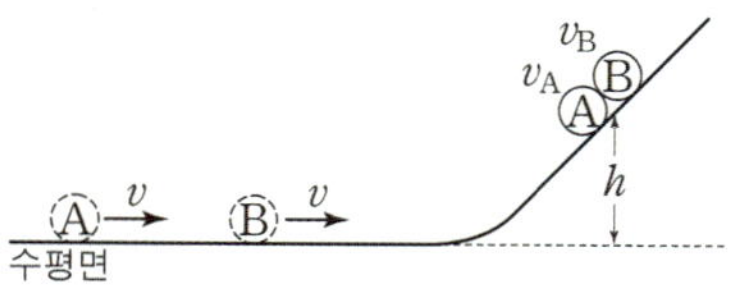

이 상황에서는 두 가지가 모두 성립한다.
① 동일한 높이에서 속력과 속도 방향이 같다.
② 두 물체는 동일한 경로를 따라 이동한다.

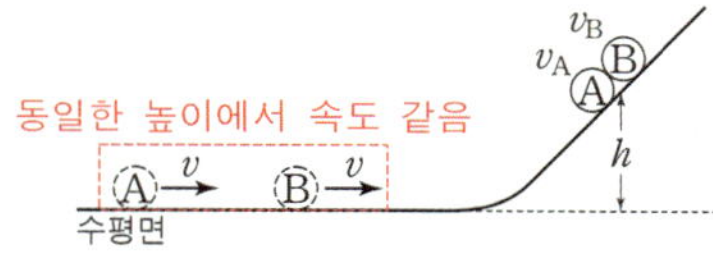

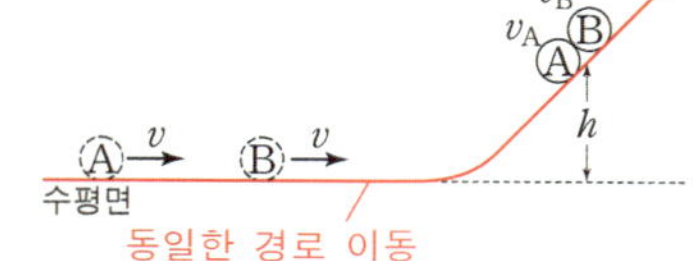

$\dfrac{\varDelta v^2}{\varDelta h}$가 동일하므로 다음 식이 성립한다.

$$\frac{v^2 - (v_A)^2}{h} = \frac{v^2 - (v_B)^2}{h} \,,\ v_A{}^2 = v_B{}^2$$

v_A와 v_B의 크기는 같다는 것을 확인할 수 있다.
방향을 살펴 봐야 한다.

그런데
A와 B의 속도의 방향이 같은 상태에서 충돌할 수 없다.
왜냐하면, 두 물체의 속도의 방향이 같다면,
충돌하기 직전 A에 대한 B의 상대 속도의 크기가 0이기 때문에 A와 B가 충돌하지 못한다.

따라서 A와 B가 충돌할 때 운동 방향은 반대이다.
종합적으로 표현해 보면 다음과 같다.

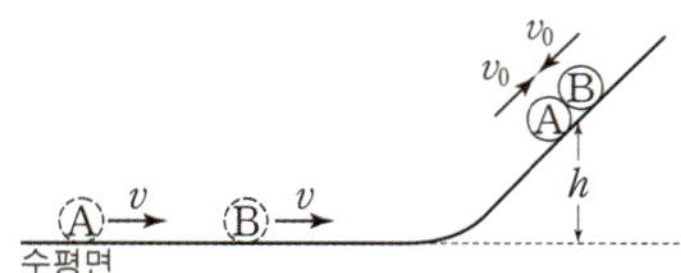

그렇다면 A와 B의 운동에서 다른 것이 무엇일까?

바로 시간 차이이다.
쉽게 말해서 아래 그림과 같이 $t = 0$일 때 물체 A, B가 각각 점 p, q를 지나고, 이후 각각 빗면 위의 점 r, s를 지난다고 가정해 보자.

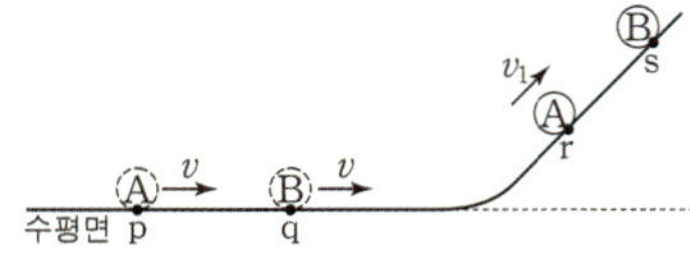

A가 점 q를 지나는 시각을 $t = t_0$라 할 때,
$t = t_0$이후 A의 운동은 $t = 0$이후 B의 운동과 정확하게 같다.

이 뜻은 A의 운동의 t_0의 시간 이후의 운동이 B의 운동과 같다는 의미이다.
만약 B가 없었다면, A는 점 r을 지나고 t_0의 시간이 지난 후 s를 지날 것이다.

기출 예시 38

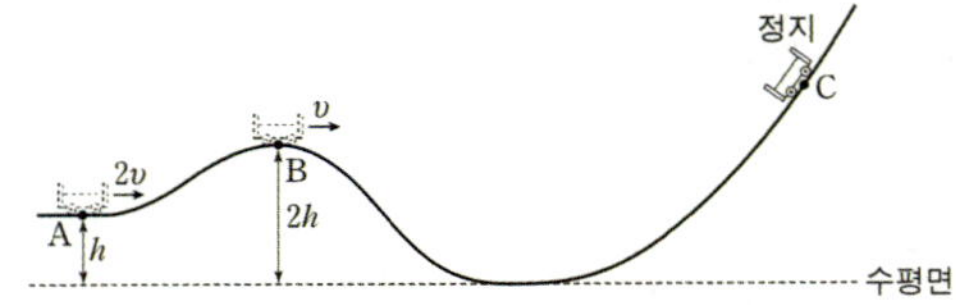

그림은 높이가 h인 A점에서 속력 $2v$로 운동하던 수레가 B점을 지나 최고점 C에 도달하여 정지한 모습을 나타낸 것이다. B에서 수레의 속력은 v이고, 높이는 $2h$이다.

최고점 C의 높이는? (단, 수레는 동일 연직면 상에서 궤도를 따라 운동하고, 수레의 크기와 마찰, 공기 저항은 무시한다.)

 **해설**

1 : 3 : 5를 이용하면 편한다. A, B, C에서의 속력은 다음과 같다.

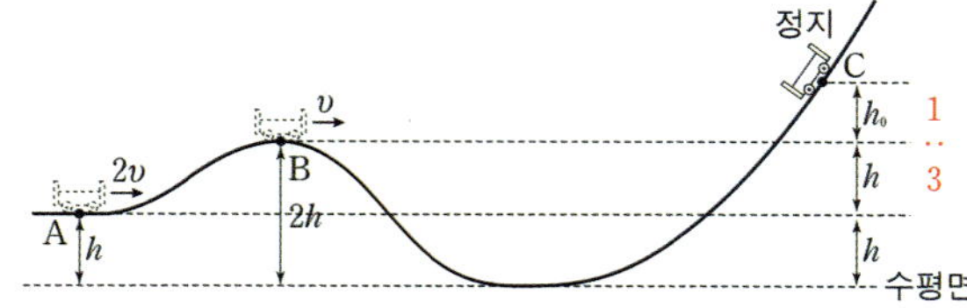

C에서 속력: 0

B에서 속력: v

A에서 속력: $2v$

A와 B 사이의 높이차는 $2h - h = h$ 이다.

B와 C의 높이차를 h_0로 두면 다음 식이 성립한다.

$$h_0 : h = 1 : 3, \ h_0 = \frac{1}{3}h$$

따라서 C의 높이는 B의 높이$(2h)$에서 h_0를 더한 높이와 같다.

$$2h + h_0 = \frac{7}{3}h$$

기출 예시 39

그림은 점 a에서 가만히 놓은 질량 1kg인 물체가 낙하하는 모습을 나타낸 것이다. 중력 퍼텐셜 에너지의 차는 점 a와 점 c 사이에서는 40J이고, 점 b과 점 d 사이에서는 50J이다. c에서의 속력은 b에서의 2배이다.

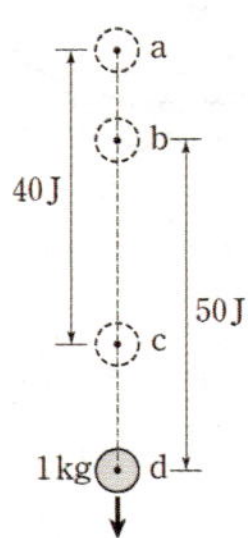

이에 대한 설명으로 옳은 것만을 〈보기〉에서 있는 대로 고른 것은? (단, 중력 가속도는 10m/s^{2}이고, 공기 저항은 무시한다.)

〈보 기〉

ㄱ. a와 b 사이의 거리는 1.5m이다.
ㄴ. c와 d 사이에서 중력이 물체에 한 일은 18J이다.
ㄷ. d에서 물체의 속력은 $2\sqrt{30}$ m/s이다.

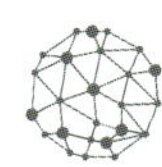 **해설**

1:3의 높이차의 비를 이용하면 편하다.

a, b, c에서 물체의 속력이 0, v, $2v$이므로

a와 b 사이, b와 c 사이의 거리 비가 1:3임을 확인할 수 있다.

a와 c 사이의 중력 퍼텐셜 에너지 차가 40J이므로 a와 c 사이의 높이차(h_1)는 다음과 같다.

$$1\text{kg} \times (10\text{m/s}^2) \times h_1 = 40\text{J}, \ h_1 = 4\text{m}$$

b와 d 사이의 중력 퍼텐셜 에너지 차가 50J이므로 b와 d 사이의 높이차(h_2)는 다음과 같다.

$$1\text{kg} \times (10\text{m/s}^2) \times h_2 = 50\text{J}, \ h_2 = 5\text{m}$$

a와 b 사이, b와 c 사이의 거리 비가 1:3이므로, a와 b 사이의 높이 차는 1m, b와 c사이의 높이 차는 3m이다.

c와 d 사이의 높이차는 5m에서 b와 c 사이의 높이차인 3m를 빼면 된다.

$$5\text{m} - 3\text{m} = 2\text{m}$$

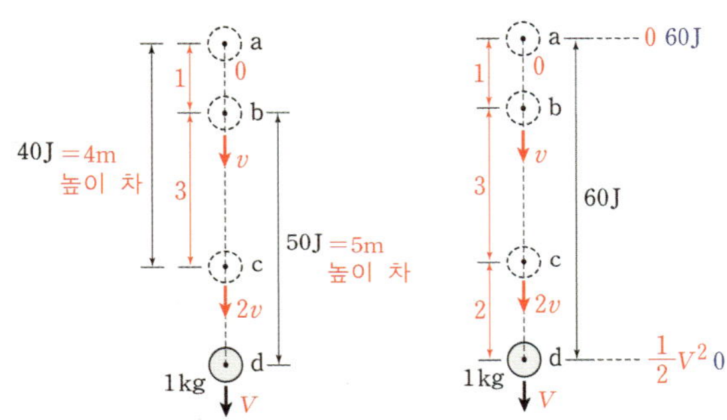

a와 d 사이 높이 차가 6m이므로, a와 d 사이의 중력 퍼텐셜 에너지 차는 다음과 같이 계산된다.

$$(1\text{kg}) \times (10\text{m/s}^2) \times 6\text{m} = 60\text{J}$$

d에서 중력 퍼텐셜 에너지를 0으로 두면 a와 d에서 역학적 에너지가 보존되므로 다음 식이 성립된다. (d에서 속력을 V 로 두자.)

$$0 + 60\text{J} = \frac{1}{2}(1\text{kg})V^2 + 0, \ V = 2\sqrt{30}\,\text{m/s}$$

ㄱ. a, b 사이의 거리는 1m이다. (ㄱ. 거짓)

ㄴ. c와 d 사이 높이 차가 2m이므로, 물체가 c에서 d로 이동하는 동안 중력이 한 일의 양은 다음과 같이 계산된다.

$$(1\text{kg}) \times (10\text{m/s}^2) \times 2\text{m} = 20\text{J} \ (\text{ㄴ. 거짓})$$

ㄷ. $V = 2\sqrt{30}\,\text{m/s}$이다. (ㄷ. 참)

기출 예시 40

17학년도 9월 모의고사 20번 문항

그림과 같이 물체가 높이 h인 곳에서 가만히 출발하여 마찰이 없는 면을 따라 높이 $2h$인 곳에 도달한다. 물체는 수평면 구간 A와 B를 지나는 도중에 각각 운동 방향으로 크기가 같은 힘 F를 같은 시간 동안 받는다. 높이 $2h$인 곳에 도달하였을 때 물체의 속력은 0이다.

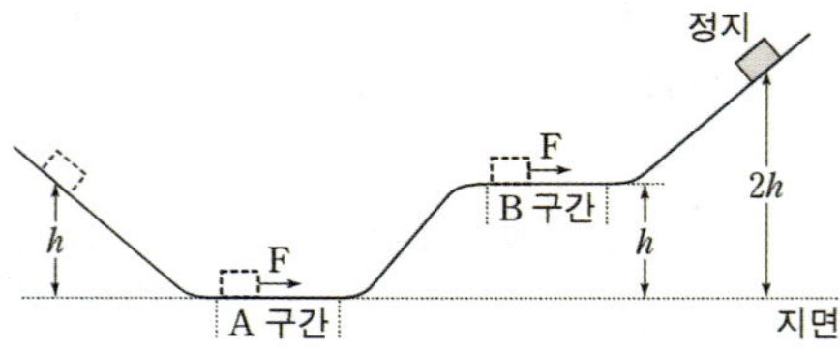

A에서 F가 물체에 한 일을 W_A, B에서 F가 물체에 한 일을 W_B라 할 때, $\dfrac{W_B}{W_A}$는? (단, 물체의 크기와 공기 저항은 무시한다.)

해설

정답 ///////
기출 예시 40
$$\frac{W_\mathrm{B}}{W_\mathrm{A}} = \frac{7}{9}$$

물체의 질량을 m으로 두고, $\frac{1}{2}mv^2 = mgh$로 두자. (정지 상태에서 h만큼 내려왔을 때 속력을 v로 두자.)

○ A구간의 시작점에서의 속력과 B구간의 끝점에서의 속력이 v로 같아야 한다.

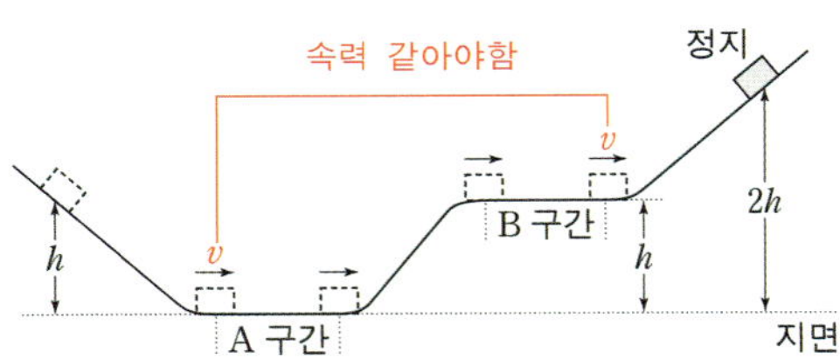

○ A구간과 B구간에서 물체는 운동 방향으로 크기가 같은 힘 F를 같은 시간 동안 받는다.
즉, 구간 A, B에서 물체의 가속도의 크기와 시간 변화가 같으므로 속도 변화가 같아야 한다.
속도 변화를 v_0로 두면 A구간 끝, B구간 시작점에서의 속력을 구할 수 있다.
각각 속력을 적어보면 아래 그림과 같다.

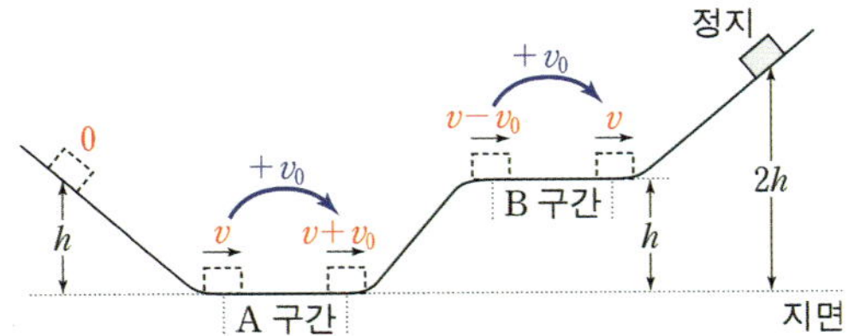

○ 물체가 가만히 출발한 지점과 A구간의 시작점 사이에서 $\frac{\varDelta v^2}{h}$ 과

A구간 끝점과 B구간 시작점 사이에 $\frac{\varDelta v^2}{h}$ 가 같아야 한다.

따라서 다음 식이 성립한다.

$$\frac{v^2-0}{h} = \frac{(v+v_0)^2 - (v-v_0)^2}{h} , \quad v = 4v_0$$

결과를 표시해 보면 아래 오른쪽 그림과 같다.

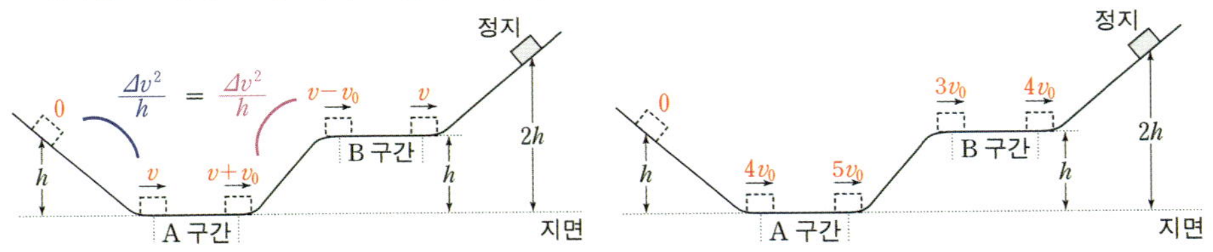

○ A에서 F가 물체에 한 일의 양은 A의 운동 에너지 증가량이다. 따라서 다음 식이 성립한다.

$$W_\mathrm{A} = \frac{1}{2}m\left\{(5v_0)^2 - (4v_0)^2\right\} = \frac{9}{2}mv_0{}^2$$

B에서 F가 물체에 한 일의 양은 B의 운동 에너지 증가량이다. 따라서 다음 식이 성립한다.

$$W_\mathrm{B} = \frac{1}{2}m\left\{(4v_0)^2 - (3v_0)^2\right\} = \frac{7}{2}mv_0{}^2$$

따라서 $\dfrac{W_\mathrm{B}}{W_\mathrm{A}} = \dfrac{7}{9}$ 이다.

Mechanica 물리학1

 기출 예시 41

그림은 점 p에 가만히 놓은 물체가 궤도를 따라 운동하여 점 q에서 정지한 모습을 나타낸 것이다. 길이가 각각 ℓ, 2ℓ인 수평 구간 A, B에서는 물체에 같은 크기의 일정한 힘이 운동 방향의 반대 방향으로 작용한다. p와 A의 높이 차는 h_1, A와 B의 높이 차는 h_2이다. 물체가 B를 지나는 데 걸린 시간은 A를 지나는 데 걸린 시간의 2배이다.

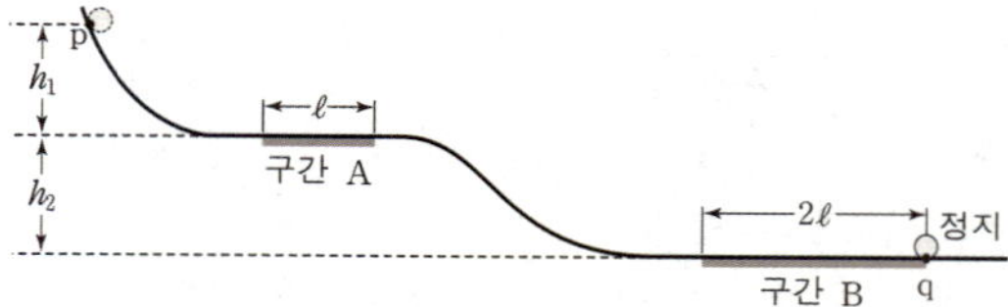

$\dfrac{h_1}{h_2}$은? (단, 물체의 크기, 마찰과 공기 저항은 무시한다.)

 **해설**

A의 시작점과 끝점을 각각 a, b, B의 시작점을 c로 두고,

A를 지나는데 걸리는 시간을 t, $\dfrac{\ell}{t}=v$로 두자.

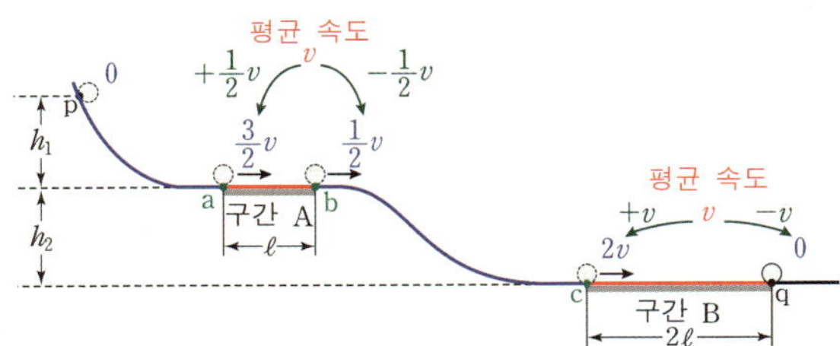

① 일전에 여러 가지 운동 파트에서 '5가지 조건 중 세 가지 조건 제시'에서
구간 A는 〔변위, 시간〕 두 가지 정보가 제시되었고
구간 B는 〔변위, 시간, q에서 속도〕 세 가지 정보가 제시되었다.
또한 A와 B의 운동에서 알짜힘이 동일하므로
물체는 A와 B에서 **가속도의 크기가 같다**는 것을 확인할 수 있다.

② 구간 B 분석

B에서 물체의 평균 속도의 크기는 $\dfrac{2\ell}{2t}=v$이고,

q에서 속도가 0이므로
c에서 물체의 속도는 $2v$이다.

따라서 물체의 가속도의 크기는 $\dfrac{v}{t}$임을 알 수 있다.

③ 구간 A 분석

A에서 물체의 평균 속도의 크기는 $\dfrac{\ell}{t}=v$이다.

a를 지나는 시점으로부터 $\dfrac{1}{2}t$의 시간이 지난 후 물체의 속력은 v가 되고

물체의 속력이 v가 된 시점으로부터 $\dfrac{1}{2}t$의 시간이 지난 후 b를 지난다.

물체의 가속도의 크기는 $\dfrac{v}{t}$이므로 $\dfrac{1}{2}t$의 시간 동안 물체의 속도 변화의 크기는 $\dfrac{1}{2}v$이다.

따라서 위의 그림처럼 a에서 물체의 속도는 $\dfrac{3}{2}v$, b에서 물체의 속도는 $\dfrac{1}{2}v$이다.

④ $\dfrac{\Delta v^2}{\Delta h}$가 같다 이용.

p와 a 사이 물체의 역학적 에너지가 보존되고,

b와 c 사이 물체의 역학적 에너지가 보존되므로 $\dfrac{\Delta v^2}{\Delta h}$가 같음을 이용하면 다음과 같다.

$$\dfrac{\left(\dfrac{3}{2}v\right)^2-0}{h_1}=\dfrac{(2v)^2-\left(\dfrac{1}{2}v\right)^2}{h_2}$$

$$\dfrac{h_1}{h_2}=\dfrac{3}{5}$$

정답 ///////////
기출 예시 41
$\dfrac{h_1}{h_2}=\dfrac{3}{5}$

기출 예시 42

14학년도 9월 모의고사 20번 문항

그림은 수평면에서 간격 10m를 유지하며 일정한 속력 5m/s로 운동하던, 질량이 같은 두 물체 A, B가 기울기가 일정한 경사면을 따라 운동하다가 A가 경사면에 정지한 순간의 모습을 나타낸 것이다. 이 순간 B의 속력은 v이고, A, B 사이의 간격은 4m이다.

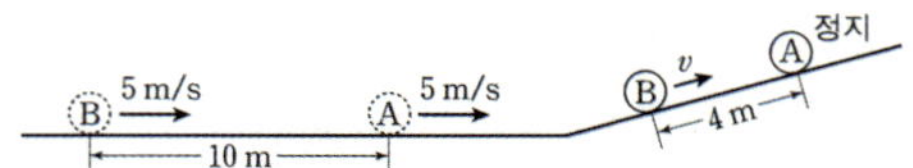

이에 대한 설명으로 옳은 것만을 〈보기〉에서 있는 대로 고른 것은? (단, A, B는 동일 연직면 상에서 운동하며, 물체의 크기와 마찰력은 무시한다.)

〈보 기〉

ㄱ. A가 경사면을 올라가기 시작한 순간부터 2초 후에 B가 경사면을 올라가기 시작한다.

ㄴ. A가 경사면을 올라가는 동안, A의 가속도의 크기는 $2m/s^2$이다.

ㄷ. v는 4m/s이다.

 **해설**

○ 경로상에서 아래 지점을 p, q, r, s로 두자.

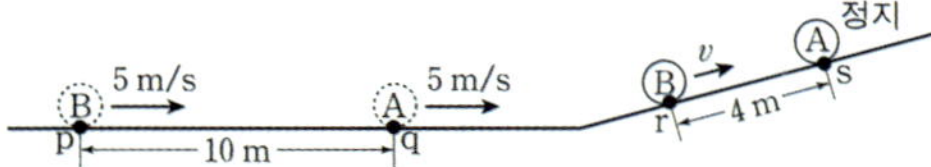

○ 일단 물체들의 운동은 두 조건을 모두 만족한다.

① 수평면에서(동일한 높이에서) A와 B의 속력이 같다.

② 동일한 경로를 따라 운동한다.

따라서 A와 B는 일정한 시간 간격을 두고 동일한 운동을 한다.

A가 q를 지나고 t_0의 시간 후 B가 q를 지난다고 가정하자.

그런데 p, q 사이의 거리가 10m이고, B의 속력이 5m/s으로 일정하므로 다음 식이 성립한다.

$$10m = 5m/s \times t_0, \ t_0 = 2초$$

즉, B의 2초 후의 운동은 A와 같다.

ㄱ. B의 2초 후의 운동이 A와 같기 때문에, A가 경사면을 올라가고 2초 후에 B가 경사면을 올라간다. (ㄱ. 참)

ㄴ, ㄷ.

만약 A가 없었다면, B는 2초 후에 s를 지날 것이다.

이때 A는 s에 도달하는 순간 속력이 0이 되므로,

만약 A가 없었다면, B는 2초 후에 속력이 0이 될 것이다.

따라서 B의 가속도의 크기를 다음과 같이 계산할 수 있다.

$$\frac{v}{2s} = \frac{v}{2} m/s^2$$

만약 A가 없었다면, 2초동안 B는 r에서 s까지 4m만큼 운동할 것이다.

따라서 다음 식이 성립된다. (r과 s에서 속력이 각각 v, 0이므로 평균 속도의 크기는 $\frac{v}{2}$이다.)

$$\frac{v}{2} \times 2s = 4m, \ v = 4m/s$$

따라서 물체의 가속도의 크기는 $\dfrac{4m/s}{2s} = 2m/s^2$이고, $v = 4m/s$이다. (ㄴ, ㄷ. 참)

Mechanica 물리학1

기출 예시 43

그림과 같이 높이 h인 경사면을 향해 수평면에서 속력 $\sqrt{2gh}$로 운동하던 물체 A가 경사면에 도달하는 순간, 물체 B를 경사면의 꼭대기에서 가만히 놓는다. A, B는 동일 연직면 상에서 등가속도로 운동하여 서로 충돌한다.

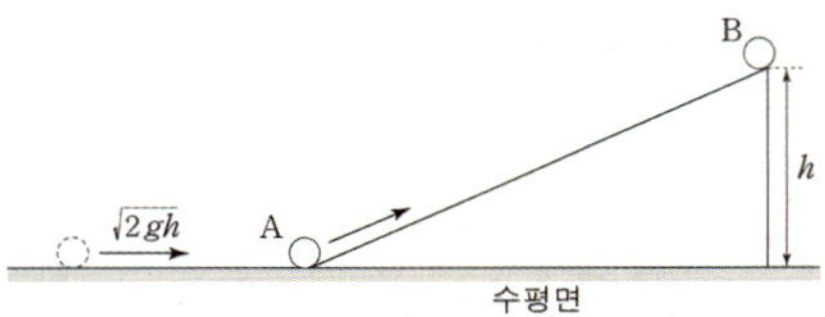

충돌할 때까지 경사면을 따라 A, B가 이동한 거리가 각각 l_A, l_B일 때, $l_\text{A} : l_\text{B}$는? (단, 중력 가속도는 g이며, 물체의 크기, 공기 저항, 마찰은 무시한다.)

 **해설**

빗면 아래 방향을 양(+)으로 두자.

B가 만약 수평면까지 내려온다면, 수평면에서 속력은 $\sqrt{2gh}$ 로 A와 같았을 것이다.

따라서 A와 B는 같은 높이에서 속력이 같아야 한다.

○ 아래 그림의 순간에서 A에 대한 B의 상대 속도는 다음과 같이 계산된다.

$$0-(-\sqrt{2gh})=+\sqrt{2gh}$$

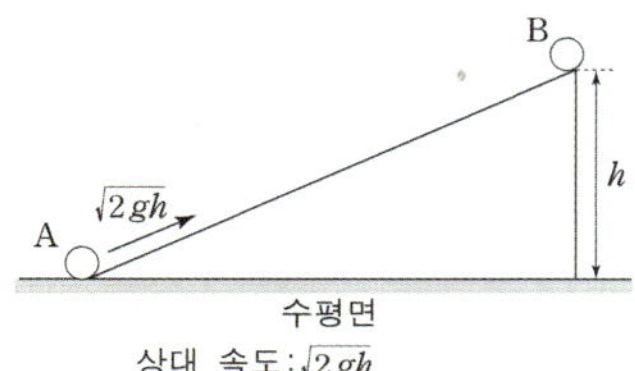

○ A와 B가 만나는 순간 속력을 v로 두자. 만약 A와 B가 만날 때 속도의 방향이 같으면 A에 대한 B의 상대 속도의 크기가 0이 된다. 이는 앞서서 상대 속도의 크기는 $\sqrt{2gh}$ 임에 모순이 된다.

따라서 A와 B는 만나는 순간 속도의 방향이 서로 반대이고, 속력이 같음을 알 수 있다.

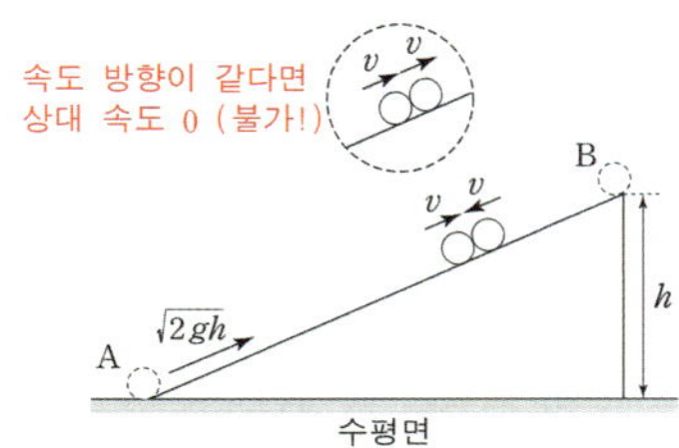

A에 대한 B의 상대 속도는 $+v-(-v)=+2v$이다. 따라서 다음 식이 성립한다.

$$+2v=+\sqrt{2gh}\ ,\ \ v=\frac{\sqrt{2gh}}{2}$$

○ A와 B가 빗면에서 이동한 시간이 같고 그 동안 평균 속도의 크기는 다음과 같이 계산된다.

$$A:\ \frac{\sqrt{2gh}+\dfrac{\sqrt{2gh}}{2}}{2}=\frac{3}{4}\sqrt{2gh}$$

$$B:\ \frac{0+\dfrac{\sqrt{2gh}}{2}}{2}=\frac{1}{4}\sqrt{2gh}$$

평균 속도의 크기 비가 A와 B가 $\frac{3}{4}\sqrt{2gh}:\frac{1}{4}\sqrt{2gh}=3:1$이고,

이동 시간이 같으므로 평균 속도의 크기 비가 이동 거리 비와 같다. 따라서 다음이 성립한다.

$$l_A:l_B=3:1$$

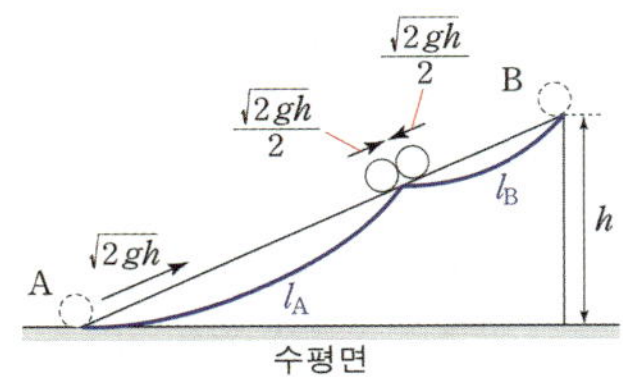

 **기출 예시 44**

20학년도 6월 모의고사 19번 문항

그림과 같이 수평면에서 운동하던 물체가 왼쪽 빗면을 따라 올라간 후 곡선 구간을 지나 오른쪽 빗면을 따라 내려온다. 물체가 왼쪽 빗면에서 거리 L_1과 L_2를 지나는 데 걸린 시간은 각각 t_0으로 같고, 오른쪽 빗면에서 거리 L_3을 지나는 데 걸린 시간은 $\dfrac{t_0}{2}$이다.

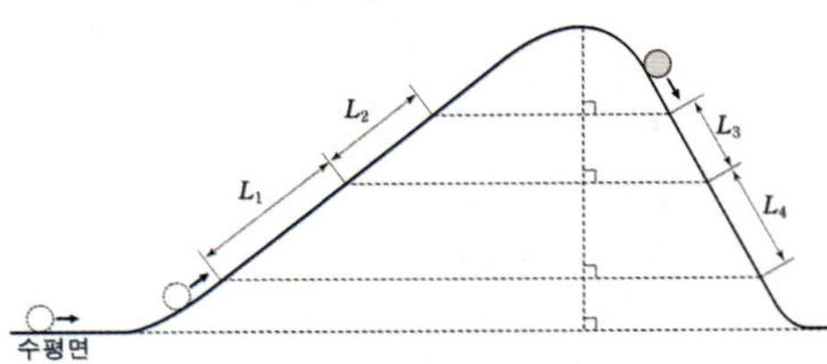

$L_2 = L_4$일 때, $\dfrac{L_1}{L_3}$은? (단, 물체의 크기, 마찰과 공기 저항은 무시한다.)

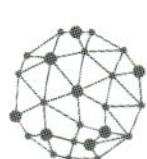

해설

○ 문제의 상황에 맞게 그림에 정보를 적어보면
   오른쪽 그림과 같다. ($L_2 = L_4 = L$로 두자.)
   물체의 역학적 에너지는 보존되기 때문에,
   같은 높이에서는 속력이 같아야 한다.

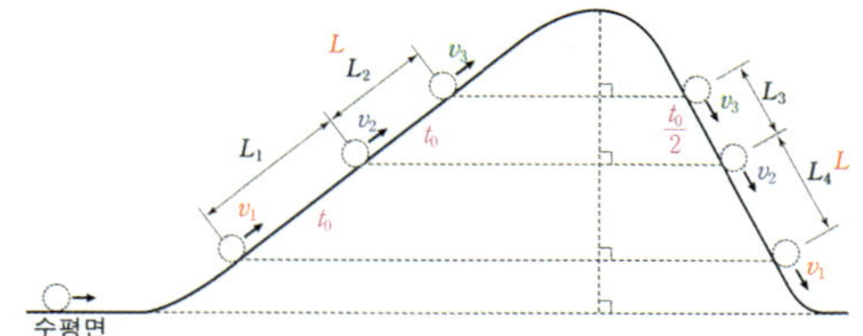

○ L_2과 L_3를 지날 때 물체의 평균 속도의 크기가 $\dfrac{v_3 + v_2}{2}$로 같고, 이동 시간 비가
   $t_0 : \dfrac{t_0}{2} = 2 : 1$이므로 이동 거리 비($L_2 : L_3$)가 $2 : 1$임을 알 수 있다. $L_3 = \dfrac{L}{2}$이다.

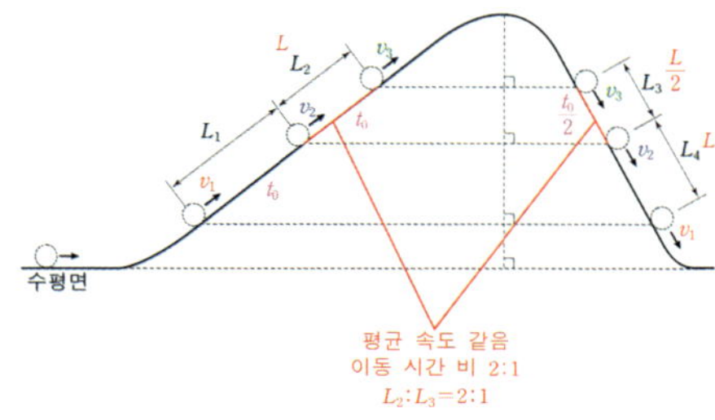

○ L_1과 L_2를 지날 때 물체의 가속도는 같고, L_3와 L_4를 지날 때 물체의 가속도는 같다.
   L_1과 L_2를 지날 때 이동 시간이 t_0로 같으므로, 이 동안 속도 변화가 같다. ($v_3 - v_2 = v_2 - v_1$)
   마찬가지로 L_3와 L_4를 지날때에도 속도 변화가 동일하고, 가속도가 이 동안 일정하기 때문에
   시간 변화가 동일해야한다.
   (L_3, L_4를 지날 때 가속도의 크기를 a로 하면 다음이 성립하기 때문이다.)

$$\dfrac{v_3 - v_2}{a} = \dfrac{v_2 - v_1}{a} = \dfrac{t_0}{2}$$

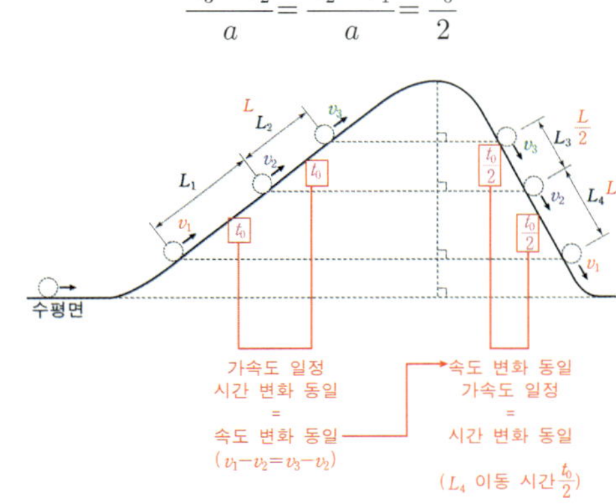

따라서 L_4를 지나는데 걸리는 시간은 $\dfrac{t_0}{2}$이다.

○ L_1과 L_4를 지날 때 물체의 평균 속도의 크기가 $\dfrac{v_1 + v_2}{2}$로 같고, 이동 시간의 비가
   $t_0 : \dfrac{t_0}{2} = 2 : 1$이므로 $L_1 : L_4 = 2 : 1$임을 알 수 있다. $L_1 = 2L$이며, $\dfrac{L_1}{L_3} = 4$이다.

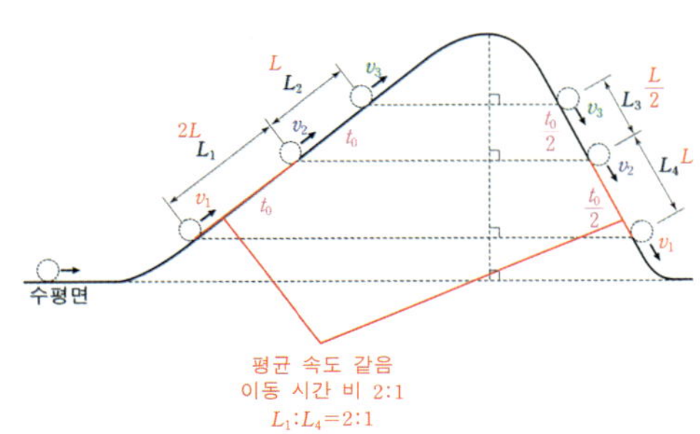

○ 그런데 L_2와 L_1의 비는
   중학교때 배운 닮음 비로
   바로 구할 수 있다.

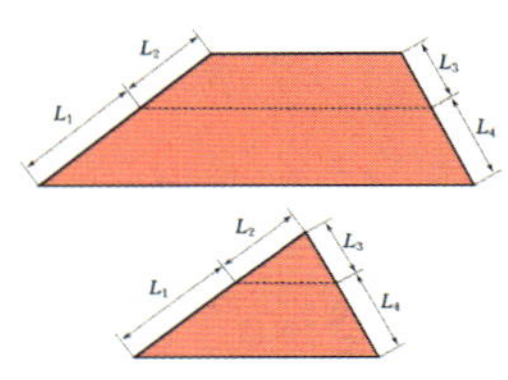

$L_2 : L_1 = L_3 : L_4$이므로
$L_1 = 2L$이다.

기출 예시 45

20학년도 수능 20번 문항

그림 (가)는 물체 A, B가 운동을 시작하는 순간의 모습을, (나)는 A와 B의 높이가 (가) 이후 처음으로 같아지는 순간의 모습을 나타낸 것이다. 점 p, q, r, s는 A, B가 직선 운동을 하는 빗면 구간의 점이고, p와 q, r와 s 사이의 거리는 각각 L, $2L$이다. A는 p에서 정지 상태에서 출발하고, B는 q에서 속력 v로 출발한다. A가 q를 v의 속력으로 지나는 순간에 B는 r를 지난다.

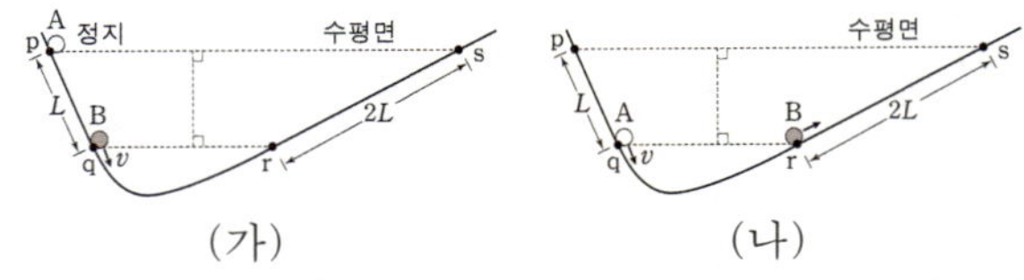

A와 B가 처음으로 만나는 순간, A의 속력은? (단, 물체의 크기, 마찰과 공기 저항은 무시한다.)

해설

p→q, r→s 방향을 양(+)으로 두자.

B의 역학적 에너지가 보존되기 때문에, B는 점 r에서 속력이 v이어야 한다.

그렇다면 그림 (나)에서 A와 B의 속력은 같은 높이에서 동일하기 때문에

A와 B가 만나는 순간의 속력도 동일해야한다.

○ 우선 p→q, r→s에서 물체의 가속도의 크기 비를 살펴봐야한다.

가속도를 구하는 방법은 두 가지가 있다. ($\sin\theta$이용은 오른쪽에 적어 두었다.)

A와 B는 q, r에서 속력이 v로 같고, p, s에서 정지하므로

A와 B가 각각 p→q, r→s를 이동하는 동안 평균 속도의 크기가 $\dfrac{v}{2}$로 같다.

그런데, 이동 거리 비가 $L:2L=1:2$이므로 이동 시간 비는 $\dfrac{L}{\frac{v}{2}}:\dfrac{2L}{\frac{v}{2}}=1:2$임을 알 수 있다.

A와 B가 각각 p→q, r→s를 이동하는 동안 속도 변화량의 크기가 v로 같으므로,

이동 시간 비의 역수 비가 가속도의 비와 같다.

따라서 p→q, r→s에서 물체의 가속도 비가 2:1임을 알 수 있다.

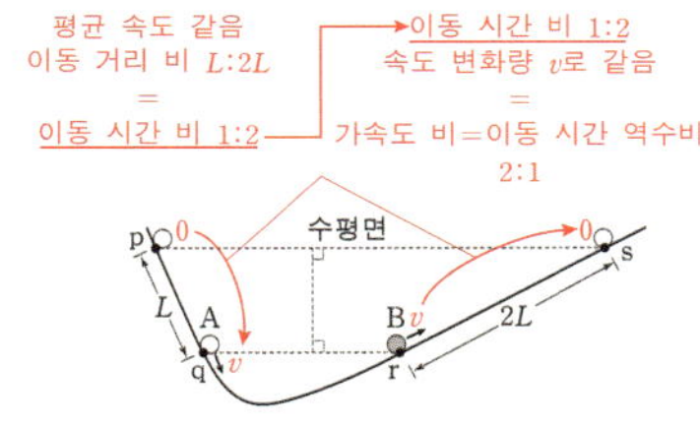

○ A가 p→q로 이동하는 시간과 B가 q→r로 이동하는데 걸리는 시간이 같다. (이를 t_0로 두자.)

그런데 q, r에서 A와 B가 같은 높이에 있을 때 속력이 같다.
A와 B가 수평면에서 속력이 같고 동일한 궤도를 따라 운동하므로
A와 B는 시간 차이를 두고 같은 운동을 한다.
따라서 A가 q→r로 이동하는데 걸리는 시간은 t_0이다.

○ A가 p→q를 이동하는 동안 속도 변화량이 v이므로 p→q에서 가속도의 크기는 $\dfrac{v}{t_0}$이다.

따라서 r→s로 이동 하는 동안 가속도의 크기는 $\dfrac{v}{2t_0}$이며 (가속도 비가 2:1이므로)

A가 q→r로 이동하는 t_0의 시간동안 B의 속도는 $\dfrac{v}{2t_0}\times t_0=\dfrac{v}{2}$만큼 감소해야한다.

A가 r에 도달하는 순간 A와 B의 속도를 적어보면 아래 그림과 같다.

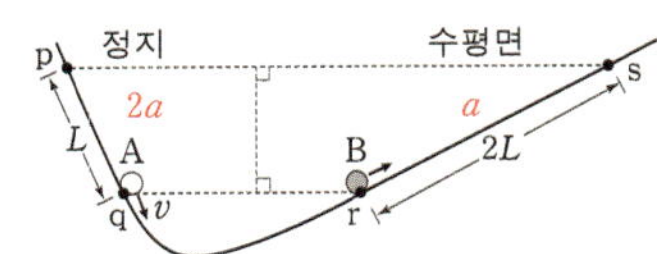 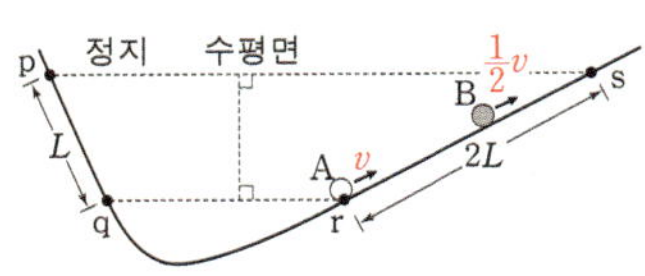

○ A에 대한 B의 속도는 $-\dfrac{1}{2}v-(-v)=+\dfrac{1}{2}v$ 이므로,

상대 속도의 크기가 0이 아니다.

따라서 A와 B가 만나는 순간 속도의 방향이 서로 반대임을 알 수 있다.

A와 B가 만나는 순간 속력을 v_0로 두면 다음 식이 성립한다.

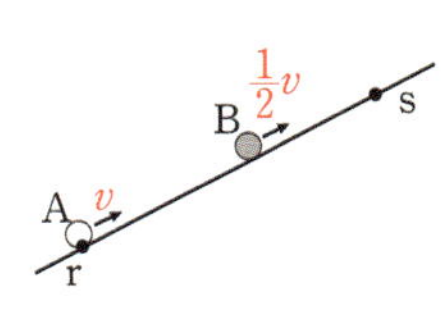

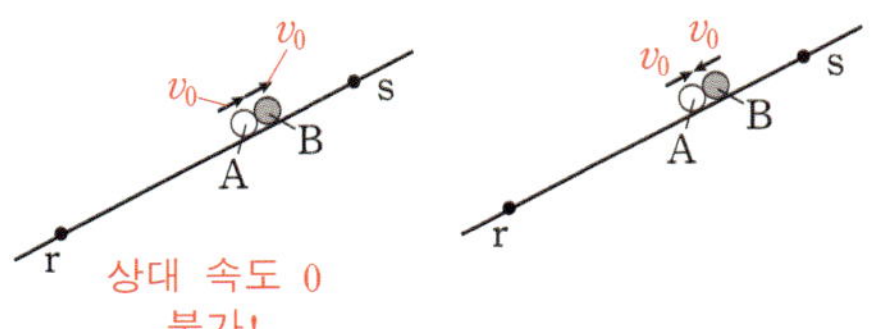

$$+v_0-(-v_0)=+\dfrac{1}{2}v,\ v_0=\dfrac{1}{4}v$$

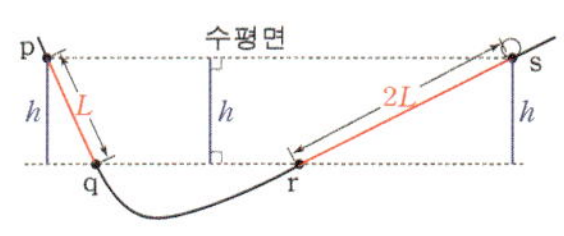

기출 예시 45

$$v_0=\dfrac{1}{4}v$$

○ $a=g\sin\theta$임을 이용하면 편하다.

p→q에서 빗면의 $\sin\theta$가 $\dfrac{h}{L}$,

r→s에서 빗면의 $\sin\theta$가 $\dfrac{h}{2L}$

이다.

p→q, r→s에서 물체의 가속도 비가 $\sin\theta$의 크기 비임을 알 수 있다.

$$g\sin\theta_1:g\sin\theta_2=\sin\theta_1:\sin\theta_2$$

따라서 가속도 비는 다음과 같다.

$$\dfrac{h}{L}:\dfrac{h}{2L}=2:1$$

 **에너지 보존과 손실 5 (실로 연결된 물체의 역학적 에너지)**

실로 연결되어 있는 물체에서의 역학적 에너지는 어떻게 해석할까?
우선 두 물체 이상이 연결되어 있을 때도 다음과 같은 조건에서 에너지 보존 법칙을 활용할 수 있다.

정리 **실로 연결된 물체의 역학적 에너지**

문제를 풀기 전에 먼저 계를 설정한다.
설정된 계에서 중력만 일을 하는 경우 설정된 계의 **역학적 에너지가 보존**된다!

예를 들면 그림과 같이 물체 A, B가 연결되어 이동하는 경우를 살펴보자.

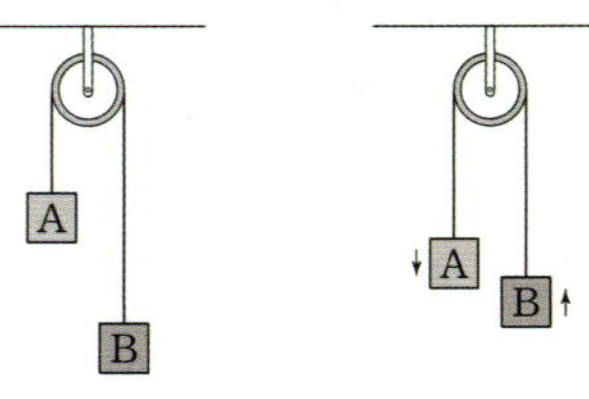

A+B 전체를 계로 두면, A+B계의 외부 힘이 중력 뿐이고, 중력만 일을 한다.
따라서 A+B 전체 계의 역학적 에너지가 보존된다!

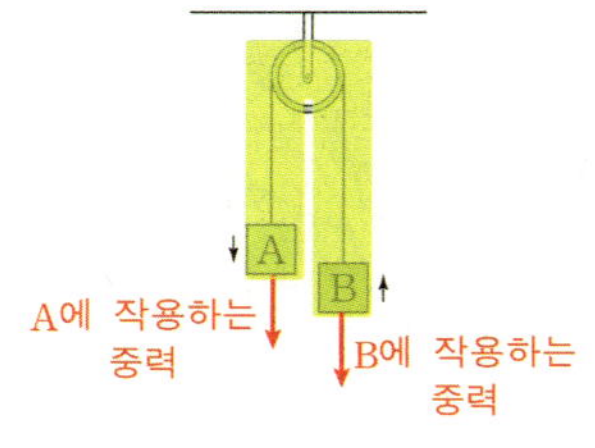

A를 계로 두면, A 계의 외부 힘에는 장력과 중력이 있다. 그런데 중력 외의 장력이 일을 하므로
A의 역학적 에너지는 변한다!

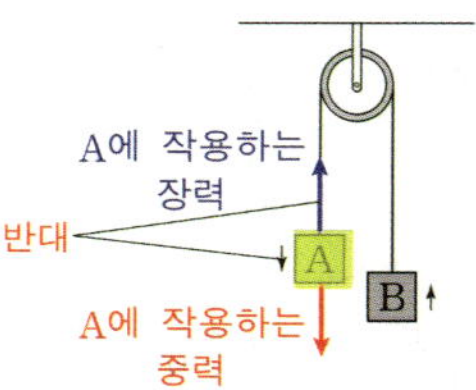

중력을 제외한 힘인 장력은 음(−)의 일을 하므로
A의 역학적 에너지는 감소한다!

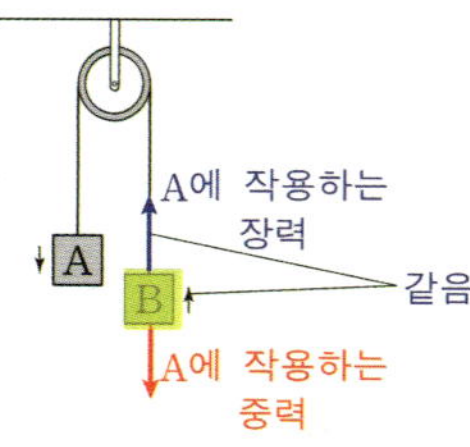

B를 계로 두면, B 계의 외부 힘에는 장력과 중력이 있다. 그런데 중력 외의 장력이 일을 하므로
B의 역학적 에너지는 변한다!

중력을 제외한 힘인 장력은 양(+)의 일을 하므로
B의 역학적 에너지는 증가한다!

역학적 에너지가 보존된다면 역학적 에너지 보존법칙 식을 세워볼 수 있겠지만,
두 물체 이상이 실로 연결된 경우 전체 계의 역학적 에너지 변화가 0이라는 점을 이용하면
다음을 활용할 수 있다.

정리　에너지 보존법칙의 또 다른 형태

계의 **역학적 에너지가 보존**되는 경우 역학적 에너지 변화량은 0이다.
역학적 에너지 변화량이 0이면,
계에서 증가한 에너지와 감소한 에너지가 정확하게 같아야한다.
따라서 다음이 성립한다.

계의 증가한 에너지의 양 = 계의 감소한 에너지의 양

예를 들면 일전 상황을 다시 생각해 보자.

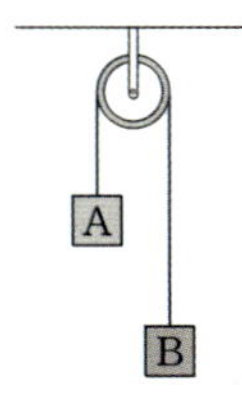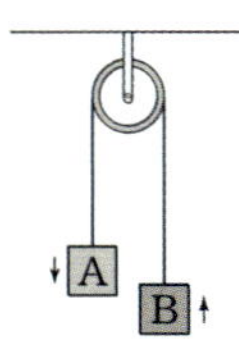

A+B 계가 이동하는 동안 A와 B의 속력은 증가하므로, A, B의 운동 에너지는 증가하고
A의 높이가 감소하므로 중력 퍼텐셜 에너지는 감소,
B의 높이가 증가하므로 중력 퍼텐셜 에너지는 증가한다.
따라서 증가한 에너지와 감소한 에너지를 정리해 보면 다음과 같다.

증가한 에너지	A의 운동 에너지 증가량, B의 운동 에너지 증가량, B의 중력 퍼텐셜 에너지 증가량
감소한 에너지	A의 중력 퍼텐셜 에너지 감소량

따라서 다음 식이 성립된다.

A의 운동 에너지 증가량+B의 운동 에너지 증가량+B의 중력 퍼텐셜 에너지 증가량

=

A의 중력 퍼텐셜 에너지 감소량

Mechanica 물리학1

그림과 같이 질량이 $3m$, m인 물체 A, B를 실로 연결한 후 가만히 놓았더니, A와
B가 등가속도 운동하여 h만큼 이동한 후 A가 속력이 v가 된 모습을 나타낸 것이다.

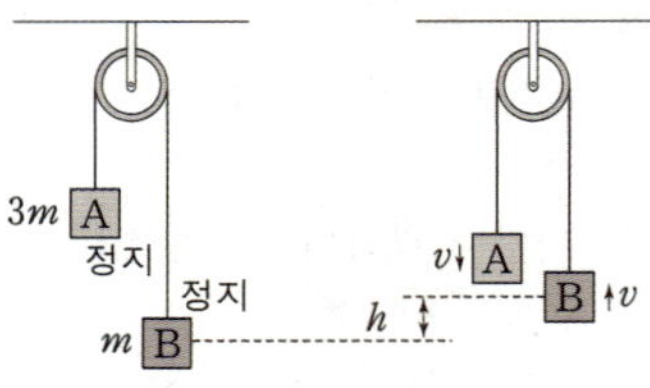

v는? (단, 중력 가속도는 g이고, 실의 질량, 물체의 크기, 모든 마찰과 공기 저항은
무시한다.)

A+B 계가 이동하는 동안 A와 B의 속력은 증가하므로, A, B의 운동 에너지는 증가하고
A의 높이가 감소하므로 A의 중력 퍼텐셜 에너지는 감소,
B의 높이가 증가하므로 B의 중력 퍼텐셜 에너지는 증가한다.
따라서 증가한 에너지와 감소한 에너지를 정리해 보면 다음과 같다.

증가한 에너지	A의 운동 에너지 증가량 $\frac{1}{2}(3m)v^2$ B의 운동 에너지 증가량 $\frac{1}{2}mv^2$ B의 중력 퍼텐셜 에너지 증가량 mgh
감소한 에너지	A의 중력 퍼텐셜 에너지 감소량 $3mgh$

따라서 다음 식이 성립한다.

$$\frac{1}{2}(3m)v^2 + \frac{1}{2}mv^2 + mgh = 3mgh$$

$$v = \sqrt{gh}$$

간단 예시 실로 연결된 물체의 역학적 에너지

그림과 같이 질량이 4kg, 1kg인 물체 A, B를 실로 연결한 후 A를 점 P에 가만히 놓았더니, A가 3m, B는 2m만큼 높이가 감소하는 모습을 나타낸 것이다.

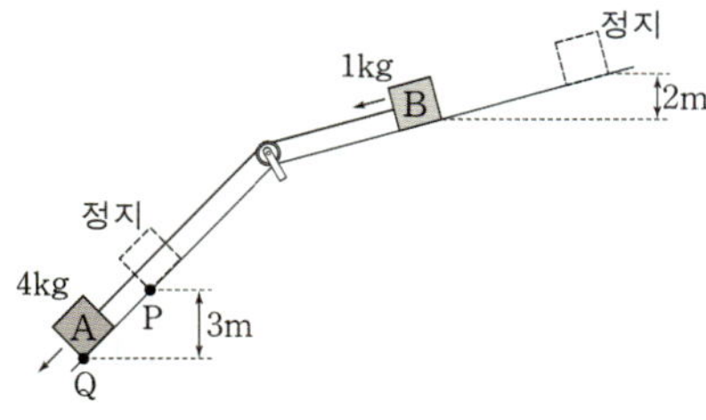

Q에서 A의 속력은? (단, 중력 가속도는 10m/s^2이고, 실의 질량, 물체의 크기, 모든 마찰과 공기 저항은 무시한다.)

A+B 계가 이동하는 동안 A와 B의 속력은 증가하므로, A, B의 운동 에너지는 증가하고 A와 B의 높이가 감소하므로 A와 B의 중력 퍼텐셜 에너지는 감소한다.
따라서 증가한 에너지와 감소한 에너지를 정리해 보면 다음과 같다.

증가한 에너지	A의 운동 에너지 증가량 $\dfrac{1}{2}(4\text{kg})v^2$ B의 운동 에너지 증가량 $\dfrac{1}{2}(1\text{kg})v^2$
감소한 에너지	A의 중력 퍼텐셜 에너지 감소량 $4\text{kg} \times 10\text{m/s}^2 \times 3\text{m} = 120\text{J}$ B의 중력 퍼텐셜 에너지 증가량 $1\text{kg} \times 10\text{m/s}^2 \times 2\text{m} = 20\text{J}$

따라서 다음 식이 성립한다.

$$\frac{1}{2}(4\text{kg})v^2 + \frac{1}{2}(1\text{kg})v^2 = 120\text{J} + 20\text{J}$$

$$v = 2\sqrt{14}\,\text{m/s}$$

기출 예시 46

14학년도 예비 시행 20번 문항

그림과 같이 질량이 서로 다른 물체 A, B가 실로 연결되어 각각 경사각 θ_A, θ_B인 경사면에 정지해 있다. θ_A는 θ_B보다 작다. A를 가만히 놓았더니 A가 경사면을 따라 등가속도 직선 운동을 하며 내려갔다.

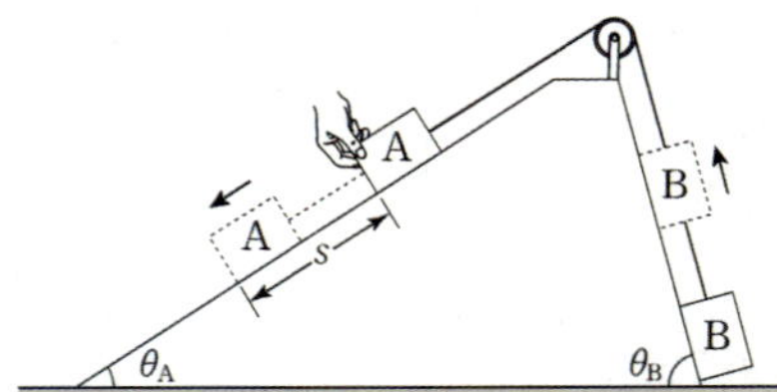

A가 s만큼 이동했을 때, 이에 대한 설명으로 옳은 것만을 〈보기〉에서 있는 대로 고른 것은? (단, 모든 마찰은 무시한다.)

〈보 기〉

ㄱ. A의 운동량의 크기는 B의 운동량의 크기보다 크다.

ㄴ. B의 역학적 에너지 증가량은 A의 역학적 에너지 감소량과 같다.

ㄷ. A의 중력에 의한 퍼텐셜 에너지 감소량은 B의 중력에 의한 퍼텐셜 에너지 증가량과 같다.

 **해설**

정답

기출 예시 46

ㄱ, ㄴ

ㄱ. 빗면 경사가 가파를수록(빗면 각이 클수록) $g\sin\theta$가 증가한다.

즉, θ_A는 θ_B보다 작으므로 빗면 가속도는 A가 B보다 작다.

A와 B의 빗면 가속도를 각각 a_A, a_B로 두면 $a_A < a_B$이다.

A와 B의 질량을 각각 m_A, m_B로 두자.

그런데 A와 B가 실로 연결되어 있는 상태에서 A가 빗면 아래로 이동하므로

빗면 아래로 작용하는 힘의 크기가 A에서가 B에서보다 커야한다. ($m_A a_A > m_B a_B$)

$a_A < a_B$인데, $m_A a_A > m_B a_B$가 되려면 $m_A > m_B$이어야 한다.

한편 s만큼 이동한 후 A와 B의 속력은 같다. (연결되어 있으므로 속력과 가속도의 크기는 같다.)

따라서 운동량은 A가 B보다 크다. (ㄱ. 참)

ㄴ. A+B계를 살펴보자.

A+B계에는 중력과 수직 항력만 작용한다.

그리고 A와 B에 작용하는 수직 항력이 일을 하지 않는다.

따라서 A+B계의 중력만 일을 하므로, A+B전체 계의 역학적 에너지는 보존된다.

A에 작용하는 장력이 음(−)의 일을 하므로

A의 역학적 에너지가 감소한다.

A+B전체 계의 역학적 에너지가 보존되어야 하므로

A의 역학적 에너지 감소량만큼 B의 역학적 에너지는 증가해야한다. (ㄴ. 참)

ㄴ. A+B계가 s만큼 이동하는 동안 증가한 에너지와 감소한 에너지를 살펴보자.

	에너지
증가한 에너지	A의 운동 에너지 증가량, B의 운동 에너지 증가량, B의 중력 퍼텐셜 에너지 증가량
감소한 에너지	A의 중력 퍼텐셜 에너지 감소량

A+B 계의 역학적 에너지가 보존되어야 하므로

A+B 계의 증가한 에너지와 감소한 에너지는 같아야 한다.

A의 운동 에너지 증가량 + B의 운동 에너지 증가량

+ **B의 중력 퍼텐셜 에너지 증가량** =

A의 중력 퍼텐셜 에너지 감소량

A의 중력 퍼텐셜 에너지 감소량>B의 중력 퍼텐셜 에너지 증가량

따라서 A의 중력에 의한 퍼텐셜 에너지 감소량은 B의 중력 퍼텐셜 에너지 증가량보다

크다. (ㄷ. 거짓)

Mechanica 물리학1

 기출 예시 47

그림은 수평면에 놓인 물체 A와 빗면 위의 물체 B를 실로 연결한 후 A를 가만히 놓았더니, A와 B가 등가속도 운동을 하여 속력이 v가 된 순간을 나타낸 것이다. 이때 B의 높이가 h 만큼 줄어드는 동안 B의 중력에 의한 퍼텐셜 에너지 감소량은 B의 운동 에너지 증가량의 4배이다. A, B의 질량은 각각 M, m이다.

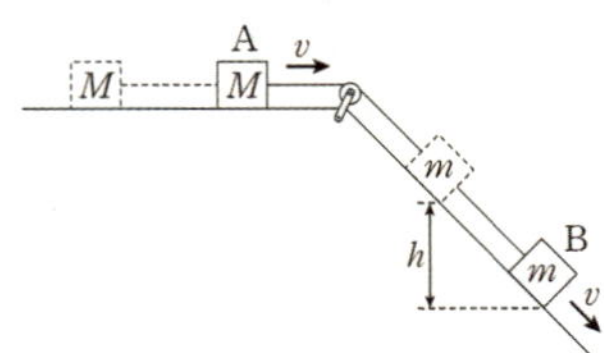

이에 대한 설명으로 옳은 것만을 〈보기〉에서 있는 대로 고른 것은? (단, 중력 가속도는 g이고, 실의 질량, 모든 마찰과 공기 저항은 무시한다.)

〈보 기〉

ㄱ. B의 높이가 h만큼 줄어드는 동안, A의 운동 에너지 증가량은 B의 역학적 에너지 감소량과 같다.

ㄴ. $h = \dfrac{2v^2}{g}$ 이다.

ㄷ. $M = 2m$ 이다.

 **해설**

ㄱ. A+B계를 살펴보자.

A+B계에는 중력과 수직 항력만 작용한다.

그리고 A와 B에 작용하는 수직 항력이 일을 하지 않는다.

따라서 A+B계의 중력만 일을 하므로, A+B전체 계의 역학적 에너지는 보존된다.

즉 다음이 성립한다.

$$\text{A의 역학적 에너지 증가량}=\text{B의 역학적 에너지 감소량}$$

그런데 A의 중력 퍼텐셜 에너지 감소량은 0이므로, A의 역학적 에너지 증가량은 A의 운동 에너지 증가량과 같다.

따라서 다음 식이 성립한다.

$$\text{A의 운동 에너지 증가량}=\text{A의 역학적 에너지 증가량}$$
$$=\text{B의 역학적 에너지 감소량}$$

따라서 A의 운동 에너지 증가량은 B의 역학적 에너지 감소량과 같다.

(ㄱ. 참)

ㄴ. A+B계에 대해서 B의 높이가 h 만큼 줄어드는 동안 증가한 에너지와 감소한 에너지를 살펴보자.

	에너지
증가한 에너지	A의 운동 에너지 증가량, B의 운동 에너지 증가량
감소한 에너지	B의 중력 퍼텐셜 에너지 감소량

A+B 계의 역학적 에너지가 보존되어야 하므로

A+B 계의 증가한 에너지와 감소한 에너지는 같아야 한다.

그런데 A, B의 운동 에너지 증가량과 B의 중력 퍼텐셜 에너지 감소량은 다음과 같다.

A의 운동 에너지 증가량: $\dfrac{1}{2}Mv^2$

B의 운동 에너지 증가량: $\dfrac{1}{2}mv^2$

B의 중력 퍼텐셜 에너지 감소량: mgh

따라서 다음 식이 성립된다.

$$\frac{1}{2}Mv^2+\frac{1}{2}mv^2=mgh$$

한편, 조건에서 B의 중력 퍼텐셜 에너지 감소량(mgh)은 B의 운동 에너지 증가량($\dfrac{1}{2}mv^2$)의 4배이므로 다음 식이 성립한다.

$$mgh=4\times\frac{1}{2}mv^2,\ \ h=\frac{2v^2}{g}$$

(ㄴ. 참)

ㄷ. $h=\dfrac{2v^2}{g}$ 를 $\dfrac{1}{2}Mv^2+\dfrac{1}{2}mv^2=mgh$ 에 대입해 보면 다음과 같다.

$$\frac{1}{2}Mv^2+\frac{1}{2}mv^2=2mv^2,\ \ M=3m$$

(ㄷ. 거짓)

 에너지의 역학화

에너지 문제에서 이런 표현을 자주 볼 것이다.

19학년도 6월 모의고사 20번 문항

그림과 같이 물체 A, B를 실로 연결하고 빗면의 점 P에서 A를 가만히 놓았더니 A, B가 함께 등가속도 운동을 하다가 A가 점 Q를 지나는 순간 실이 끊어졌다. 이후 A는 등가속도 직선 운동을 하여 점 R를 지난다. A가 P에서 Q까지 운동하는 동안, A의 운동 에너지 증가량은 B의 중력 퍼텐셜 에너지 증가량의 $\frac{4}{5}$ 배이고, A의 운동 에너지는 R에서가 Q에서의 $\frac{9}{4}$ 배이다.

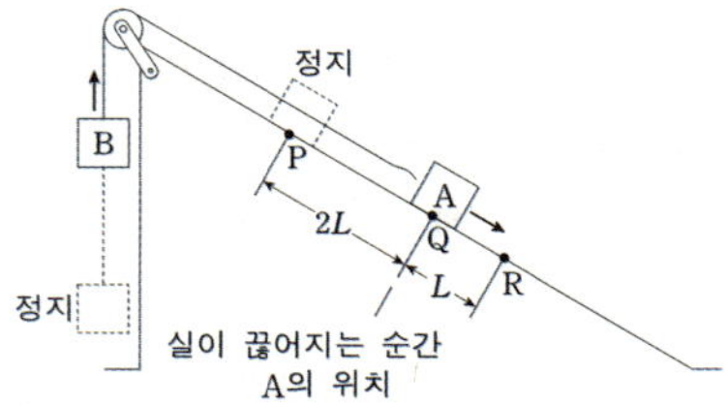

A, B의 질량을 각각 m_A, m_B라 할 때, $\dfrac{m_A}{m_B}$는? (단, 물체의 크기, 마찰과 공기 저항은 무시한다.)

ⓐ A가 P에서 Q까지 운동하는 동안 A의 운동 에너지 증가량은 B의 중력 퍼텐셜 에너지 증가량의 $\frac{4}{5}$ 배이다.

이 부분을 생각을 해보자.

힘이 한 일의 양을 앞선장에서 소개했다.

> ① 알짜힘 × **이동 거리** = 운동 에너지 **증가량/감소량**
> ① 장력의 합력 × **이동 거리** = 역학적 에너지 **증가량/감소량**
> ③ 중력 × **높이 변화** = 중력 퍼텐셜 에너지 **증가량/감소량**

중력 퍼텐셜 에너지 변화량을 계산할 때는 이동 거리를 이용하여 계산할 수 없었다.
중력 퍼텐셜 에너지 변화량을 이동 거리를 이용하여 계산할 수 있게 바꾸어 보겠다.

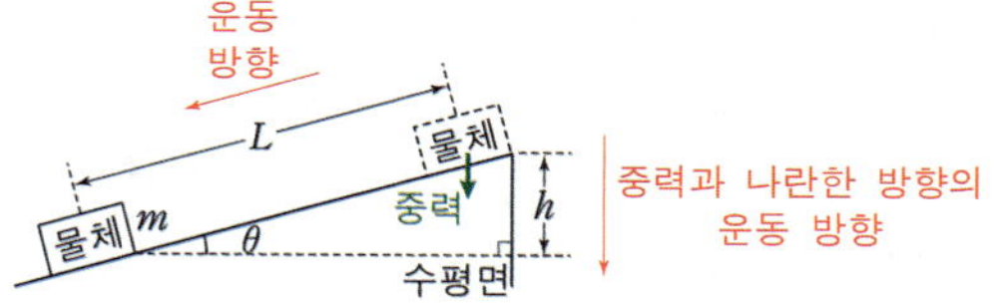

경사각을 θ라 하면 $\sin\theta = \dfrac{h}{L}$이므로 중력 퍼텐셜 에너지 변화량을 L로 나타낼 수 있다.

$$mgh = mg(L\sin\theta) = (mg\sin\theta)L = f \times L$$

$mg\sin\theta$는 물체에 빗면 아래로 작용하는 힘 f이다.
놀랍게도 물체의 중력 퍼텐셜 에너지 **증가량/감소량**은 '빗면 아래로 작용하는 힘이 한 일의 양과 같다!'
예를 들면 아래 그림과 같이 물체 A, B가 실로 연결되 었는 상태에서 A가 빗면 위의 점 P에서 Q까지 4m를 등가속도 운동을 할 때, A에 빗면 아래로 작용하는 힘의 크기가 20N라면, A의 중력 퍼텐셜 에너지 감소량은 다음과 같이 계산할 수 있다.

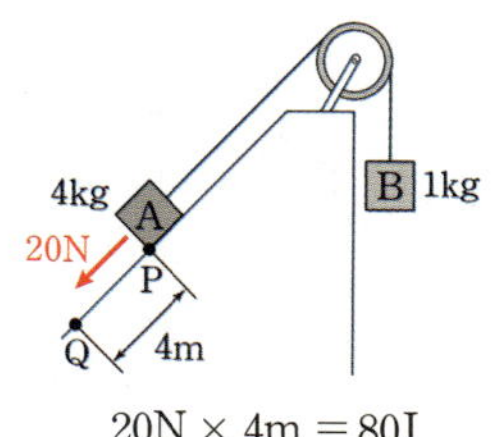

$$20N \times 4m = 80J$$

내용을 정리해 보면 다음과 같다.

> ① 알짜힘 × **이동 거리** = 운동 에너지 **증가량/감소량**
> ② 장력의 합력 × **이동 거리** = 역학적 에너지 **증가량/감소량**
> ③ 빗면 아래로 작용하는 힘 × **이동 거리** = 중력 퍼텐셜 에너지 **증가량/감소량**

위의 내용에서 양변에 **이동 거리**를 나누어 주면 다음과 같다.

> ① 알짜힘 $= \dfrac{\text{운동 에너지 증가량/감소량}}{\text{이동 거리}}$
>
> ② 장력의 합력 $= \dfrac{\text{역학적 에너지 증가량/감소량}}{\text{이동 거리}}$
>
> ③ 빗면 아래로 작용하는 힘 $= \dfrac{\text{중력 퍼텐셜 에너지 증가량/감소량}}{\text{이동 거리}}$

다시 ⓐ를 분석해 보자.

ⓐ **A가 P에서 Q까지 운동하는 동안** A의 **운동 에너지 증가량**은 B의 **중력 퍼텐셜 에너지 증가량**의

$$\frac{4}{5}\text{배이다.}$$

이 문장의 특징을 살펴 보자.

① **P에서 Q까지 운동하는 동안**

A와 B가 연결되어 있는 상태라면 동일한 거리만큼 이동했다는 의미이다.
이동한 거리를 L로두자.

② **A의 운동 에너지 증가량**

A의 운동 에너지 증가량은 **A에 작용하는 알짜힘** $\times L$로 표현이 가능하다.

③ **B의 중력 퍼텐셜 에너지 증가량**

B의 중력 퍼텐셜 에너지 증가량은 **B에 빗면 아래로 작용하는 힘** $\times L$로 표현이 가능하다.

그렇다면 ⓐ를 다시 써보면 다음과 같다.

ⓐ **A가 P에서 Q까지 운동하는 동안 A에 작용하는 알짜힘** $\times L$은

B에 빗면 아래로 작용하는 힘 $\times L$의 $\dfrac{4}{5}$ 배이다.

$$\text{A에 작용하는 알짜힘} \times L = \frac{4}{5} \times \text{B에 빗면 아래로 작용하는 힘} \times L$$

양변에 L을 소거하면

$$\text{A에 작용하는 알짜힘} = \frac{4}{5} \times \text{B에 빗면 아래로 작용하는 힘}$$

즉, 문제를 힘에 대한 방정식으로 바꿀 수 있다.

 **추가 팁 (각각 가속도 운동하는 경우 운동 에너지와 가속도 관계)**

① 일 에너지 정리 (알짜힘이 한 일은 운동 에너지 변화량) 해석

일 에너지 정리는 '알짜힘이 한 일은 운동 에너지 변화량과 같다.'이다.
알짜힘은 $F = ma$(질량과 가속도의 곱)으로 표현이 가능하다.

이동 거리를 s로 하면, 일 에너지 정리를 표현하면 다음과 같다.

$$F \times s = ma \times s = \Delta E_k$$

$$a = \frac{\Delta E_k}{ms}$$

역학 문제에서 특정 물체의 가속도의 크기가 변하는 상황이 나올 때 운동 에너지
변화량을 이동 거리로 나누어서 가속도의 크기 비를 구할 수 있다.

주어진 것	구하고 싶은것
1) 등가속도 운동을 하는 동안 운동 에너지 변화량의 비율 (ΔE_k) 2) 각 구간의 거리의 비율 (s)	가속도의 크기 비율(a)

예시
그림과 같이 물체 A가 P에서 Q까지, Q에서 R까지 각각 등가속도 직선 운동을 한다.
P에서 Q까지, Q에서 R까지 A의 가속도의 크기는 각각 a_1, a_2이고, P, Q, R에서 A의
운동 에너지는 각각 E, $4E$, $12E$이다.

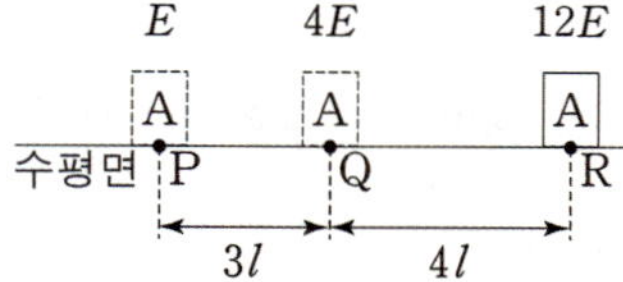

$a_1 : a_2$를 구해보자.
우선 P에서 Q까지 A의 운동 에너지 증가량은 $4E - E = 3E$ 이고,
Q에서 R까지 A의 운동 에너지 증가량은 $12E - 4E = 8E$ 이다.
운동 에너지 증가량을 이동 거리 $3l$, $4l$로 나누어 주면 가속도 비를 구할 수 있다.
따라서 다음 식이 성립한다.

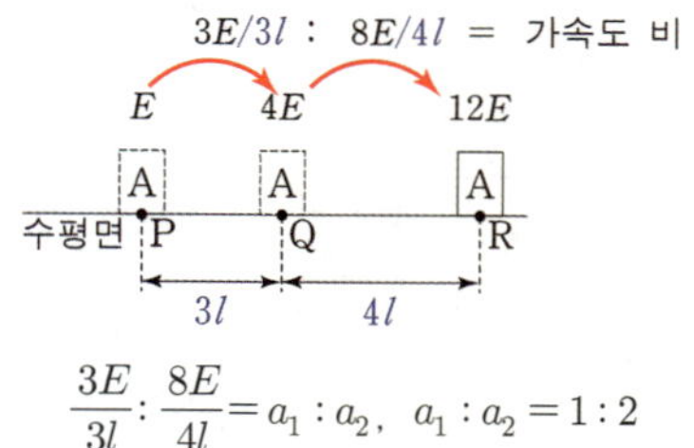

$$\frac{3E}{3l} : \frac{8E}{4l} = a_1 : a_2, \quad a_1 : a_2 = 1 : 2$$

곧바로 기출 예시를 풀어보자.

기출 예시 48

20학년도 수능 16번 문항

그림은 자동차가 등가속도 직선 운동하는 모습을 나타낸 것이다. 점 a, b, c, d는 운동 경로상에 있고, a와 b, b와 c, c와 d 사이의 거리는 각각 $2L$, L, $3L$이다. 자동차의 운동 에너지는 c에서가 b에서의 $\frac{5}{4}$배이다.

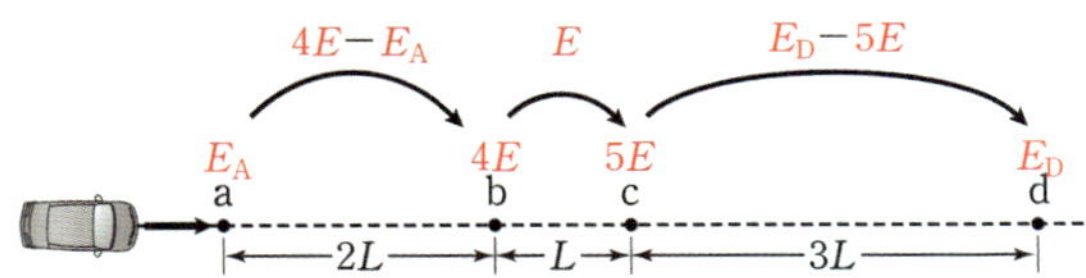

자동차의 속력은 d에서가 a에서의 몇 배인가? (단, 자동차의 크기는 무시한다.)

해설

b와 c에서 자동차의 운동 에너지를 각각 $4E$, $5E$로 두고, a와 d에서 자동차의 운동 에너지를 각각 E_A, E_D로 두자.

b에서 c로 이동하는 동안 자동차의 운동 에너지는 E만큼 증가한다. 따라서 자동차는 속력이 증가하는 등가속도 운동을 한다.

즉, $E_A < 4E < 5E < E_D$이다.

각 a~b, b~c, c~d 사이의 운동 에너지 증가량을 각각 표기해 보면 다음과 같다.

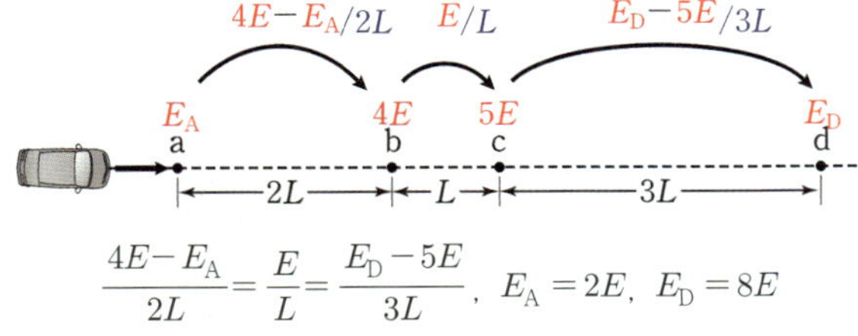

운동 에너지 증가량을 이동 거리로 각각 나누어준 값이 가속도의 비이다.
그런데 자동차의 가속도는 일정하므로 이 값들은 모두 같아야 한다. 따라서 다음 식이 성립한다.

$$\frac{4E-E_A}{2L} = \frac{E}{L} = \frac{E_D-5E}{3L}, \quad E_A = 2E, \quad E_D = 8E$$

운동 에너지의 비는 속력의 제곱비와 같다. 따라서 a와 d에서 속력을 각각 v_A, v_D가 할 때, 다음이 성립한다.

$$v_A{}^2 : v_D{}^2 = 2 : 8, \quad v_D = 2v_A$$

따라서 자동차의 속력은 d에서가 a에서의 2배이다.

기출 예시 49

14학년도 예비 시행 20번 문항

그림과 같이 질량이 서로 다른 물체 A, B가 실로 연결되어 각각 경사각 θ_A, θ_B인 경사면에 정지해 있다. θ_A는 θ_B보다 작다. A를 가만히 놓았더니 A가 경사면을 따라 등가속도 직선 운동을 하며 내려갔다.

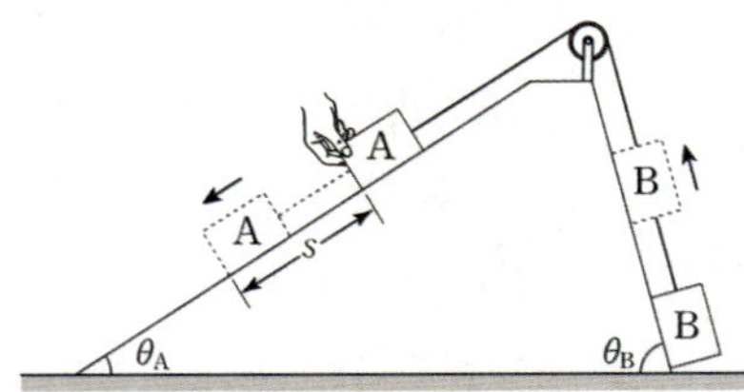

A가 s만큼 이동했을 때, ㄴ과 ㄷ을 다시 풀아보자. (단, 모든 마찰은 무시한다.)

〈보 기〉

ㄴ. B의 역학적 에너지 증가량은 A의 역학적 에너지 감소량과 같다.

ㄷ. A의 중력에 의한 퍼텐셜 에너지 감소량은 B의 중력에 의한 퍼텐셜 에너지 증가량과 같다.

 **해설**

ㄴ, ㄷ 은 에너지 보존법칙을 활용하지 않고 문제를 풀어볼 수 있다.

ㄴ. 물체의 운동 방향과 장력의 방향을 비교해 보면 다음과 같다.

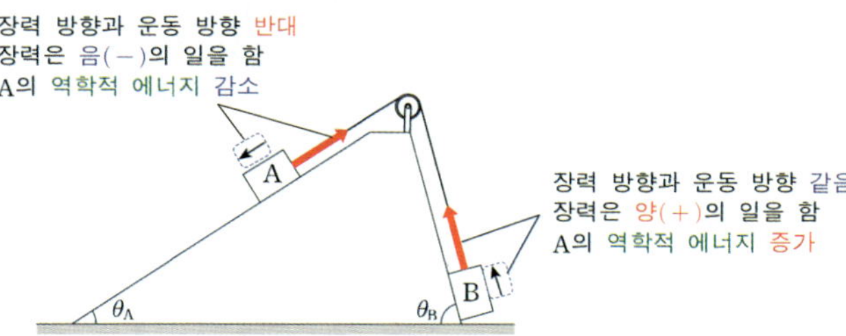

실의 장력을 T로 두자.

A의 경우 A에 작용하는 장력의 방향과 운동 방향이 서로 반대이다.

따라서 A의 역학적 에너지는 감소한다. 그 크기는 다음과 같다.

$$T \times s = Ts$$

B의 경우 B에 작용하는 장력의 방향과 운동 방향이 서로 같다.

따라서 B의 역학적 에너지는 증가한다. 그 크기는 다음과 같다.

$$T \times s = Ts$$

따라서 B의 역학적 에너지 증가량과 A의 역학적 에너지 감소량은 Ts로 같다. (ㄴ. 참)

ㄷ. A의 중력에 의한 퍼텐셜 에너지 감소량은

A에 빗면 아래로 작용하는 힘$(m_A a_A)$이 한 일인 $m_A a_A s$이다.

B의 중력에 의한 퍼텐셜 에너지 증가량은

B에 빗면 아래로 작용하는 힘$(m_B a_B)$이 한 일인 $m_B a_B s$이다.

그런데 $m_A a_A > m_B a_B$이므로 $m_A a_A s > m_B a_B s$ 이다.

따라서

A의 중력에 의한 퍼텐셜 에너지 감소량은 B의 중력에 의한 퍼텐셜 에너지 증가량보다 크다.

(ㄷ. 거짓)

정답

기출 예시 49

ㄱ, ㄴ

기출 예시 50

그림은 수평면에 놓인 물체 A와 빗면 위의 물체 B를 실로 연결한 후 A를 가만히 놓았더니, A와 B가 등가속도 운동을 하여 속력이 v가 된 순간을 나타낸 것이다. 이때 B의 높이가 h 만큼 줄어드는 동안 B의 중력에 의한 퍼텐셜 에너지 감소량은 B의 운동 에너지 증가량의 4배이다. A, B의 질량은 각각 M, m이다.

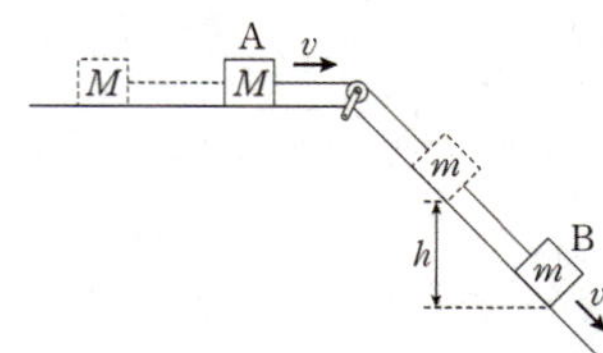

M은? (단, 중력 가속도는 g이고, 실의 질량, 마찰과 공기 저항은 무시한다.)

 **해설**

정답 //////////

기출 예시 50

$M = 3m$

마찬가지로 에너지 보존법칙을 활용하지 않고 문제를 풀어볼 수 있다.
다음 문장을 해석해 보자.

B의 높이가 h 만큼 줄어드는 동안 B의 중력에 의한 퍼텐셜 에너지 감소량은 B의 운동 에너지 증가량의 4배이다.

B의 높이가 h 만큼 줄어드는 동안 B의 이동 거리를 L이라 하고,
물체의 가속도의 크기를 a로 두자.

B의 중력 퍼텐셜 에너지 감소량 $=$ B에 빗면 아래로 작용하는 힘$(f) \times L$
B의 운동 에너지 증가량 $\qquad =$ B에 작용하는 알짜힘$(ma) \times L$

위의 식을 세워보면 다음과 같다.

$$f \times L = 4 \times ma \times L, \ f = 4ma$$

B를 계로 하여 운동 방정식을 세워보자.
빗면 아래 방향, A 기준 오른쪽 방향을 양$(+)$으로 두자.

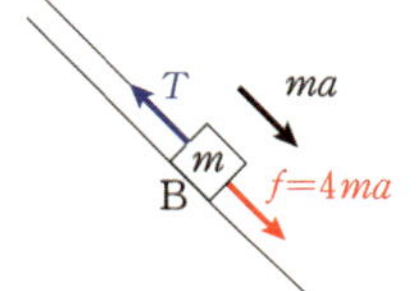

① 계의 질량과 가속도의 곱:
$$m \times a = ma$$
② 계에 작용하는 모든 외부힘의 합력:
$$+f + (-T) = +4ma - T$$
③ ①과 ②가 같다.
$$ma = 4ma - T, \ T = 3ma$$

A를 계로 하여 운동 방정식을 세워보자.

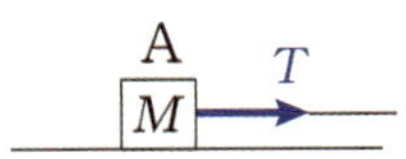

① 계의 질량과 가속도의 곱:
$$M \times a = Ma$$
② 계에 작용하는 모든 외부힘의 합력:
$$+T = +3ma$$
③ ①과 ②가 같다.
$$Ma = 3ma, \ M = 3m$$

따라서 A의 질량은 $3m$이다.

Mechanica 물리학1

 기출 예시 51

19학년도 6월 모의고사 20번 문항

그림과 같이 물체 A, B를 실로 연결하고 빗면의 점 P에서 A를 가만히
놓았더니 A, B가 함께 등가속도 운동을 하다가 A가 점 Q를 지나는 순간
실이 끊어졌다. 이후 A는 등가속도 직선 운동을 하여 점 R를 지난다.
A가 P에서 Q까지 운동하는 동안, A의 운동 에너지 증가량은 B의 중력
퍼텐셜 에너지 증가량의 $\dfrac{4}{5}$ 배이고, A의 운동 에너지는 R에서가 Q에서의

$\dfrac{9}{4}$ 배이다.

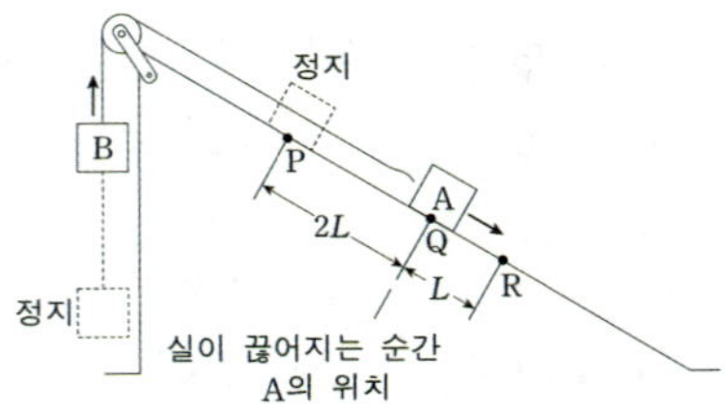

A, B의 질량을 각각 m_A, m_B라 할 때, $\dfrac{m_A}{m_B}$는? (단, 물체의 크기, 실의
질량, 모든 마찰과 공기 저항은 무시한다.)

 **해설**

이 문제도 마찬가지로 운동 방정식을 세워서 문제를 풀어보겠다.

A와 B의 질량을 각각 m, M으로 두자.

우선 실이 잘리기 전후 A의 운동 에너지 변화량에 이동 거리를 나누어준 값의 비율이 가속도의 비율과 같다.

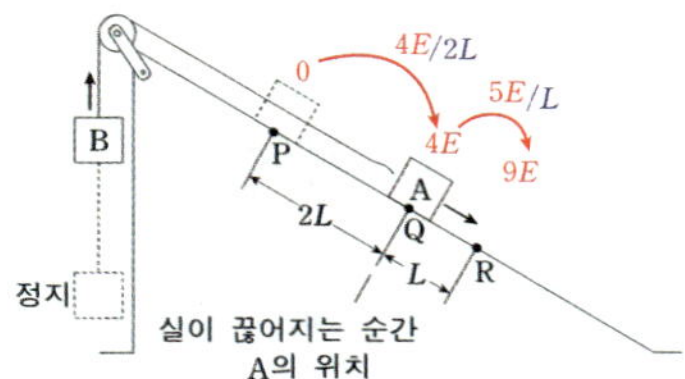

실이 연결되어 있을 때 가속도의 크기를 a_1, 실이 끊어진 후 빗면 가속도의 크기를 a_2라 하면 다음이 성립한다.

$$a_1 : a_2 = \frac{4E}{2L} : \frac{5E}{L} = 2 : 5$$

$a_1 = 2a$, $a_2 = 5a$로 두고,

A를 계로 하여 운동 방정식을 세워보자. (실의 장력을 T로 두자.)

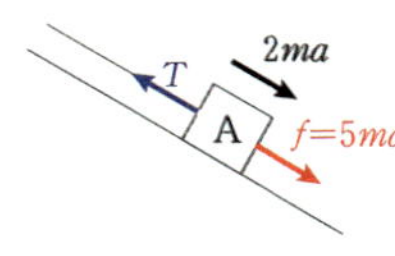

① 계의 질량과 가속도의 곱:
$$m \times 2a = 2ma$$

② 계에 작용하는 모든 외부힘의 합력:
$$+f+(-T) = +5ma - T$$

③ ①과 ②가 같다.
$$2ma = 5ma - T, \quad T = 3ma$$

B를 계로 하여 운동 방정식을 세워보자.

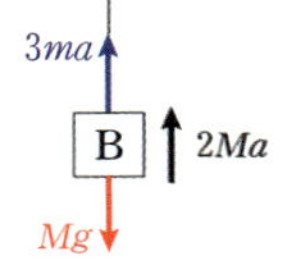

① 계의 질량과 가속도의 곱:
$$M \times 2a = 2Ma$$

② 계에 작용하는 모든 외부힘의 합력:
$$+T+(-Mg) = +3ma - Mg$$

③ ①과 ②가 같다.
$$2Ma = 3ma - Mg$$

이제 아래 문장을 해석해 보자.

A가 P에서 Q까지 운동하는 동안, A의 운동 에너지 증가량은 B의 중력 퍼텐셜 에너지 증가량의 $\frac{4}{5}$배이다.

A와 B는 연결되어 있으므로 P에서 Q까지 이동 거리는 $2L$로 같다.

따라서 아래와 같이 설명할 수 있다. 물체의 가속도의 크기는 A와 B가 연결되어 있을 때 $2a$이다.

A의 운동 에너지 증가량 = A에 작용하는 알짜힘$(2ma) \times 2L$

B의 중력 퍼텐셜 에너지 증가량 = B의 중력$(Mg) \times 2L$

위의 문장을 식으로 세워보면 다음과 같다.

$$2ma \times (2L) = \frac{4}{5} \times Mg \times (2L), \quad 2Mg = 5ma$$

$2Ma = 3ma - Mg$에 $2Mg = 5ma$를 연립해 보면 $4M = m$이다.

따라서 질량은 A가 B의 4배이다.

정답 /////////

기출 예시 51

$$\frac{m_A}{m_B} = 4$$

Mechanica 물리학1

 에너지 보존과 손실 6 (용수철이 있는 상황에서의 역학적 에너지)

1. 일반적 상황 (벽과 연결된 용수철)

① 용수철이 있는 경우는 어떻게 해야할까?
우선 중요한 점은 물체가 탄성력이 작용하는 동안 **물체의 역학적 에너지는 변한다.**
물체에 탄성력이 작용한다면, 탄성력은 **외부힘으로서 작용한다.**
→ 물체의 역학적 에너지를 **변화시킨다.** (물체 자체는 에너지가 보존되지 않는다.)
→ 하지만, 용수철에 저장된 탄성 퍼텐셜 에너지와 물체의 역학적 에너지의 합은 **보존된다.**
 용수철에 저장된 탄성 퍼텐셜 에너지는 다음과 같이 표현된다.

$$\text{용수철에 저장된 탄성 퍼텐셜 에너지}: \frac{1}{2}kx^2$$

예를 들어 아래 그림과 같이 **탄성력만 일을 하는 경우**
용수철에 연결되어 운동하는 물체의 역학적 에너지는 '**변한다.**'
하지만, 용수철에 저장된 탄성 퍼텐셜 에너지와 물체의 역학적 에너지의 합은 '**보존된다.**'

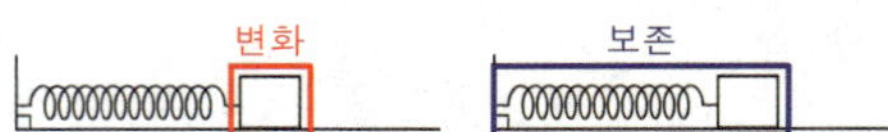

마찬가지로, **중력과 탄성력만 일을 하는 경우** 물체의 역학적 에너지와 용수철에 저장된 퍼텐셜
에너지의 합은 보존된다!

② 일반적으로, 어떤 계가 탄성력을 계속 받고 있고, 탄성력과 중력만 일을 하고 있는
 상황이라면, 용수철에 저장된 탄성 퍼텐셜 에너지와 물체의 운동 에너지의 합이 보존된다.

질량이 m인 물체에 대하여 (가)와 (나)에서 용수철이 압축된 길이를 x_1, x_2, 수평면으로부터
물체의 높이를 h_1, h_2, 이때 물체의 속력을 각각 v_1, v_2라 하면 다음이 성립한다. (단, 중력
가속도 g이고, 용수철의 질량, 모든 마찰과 공기 저항은 무시한다.)

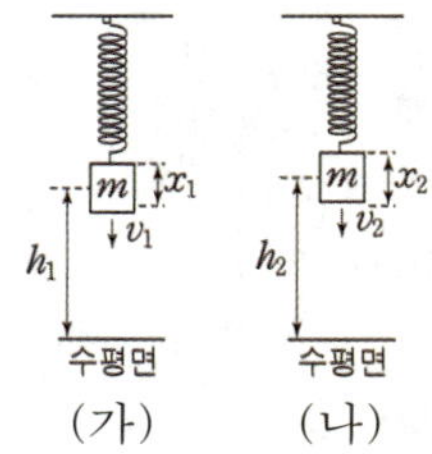

$$\frac{1}{2}kx_1^2 + \frac{1}{2}mv_1^2 + mgh_1 = \frac{1}{2}kx_2^2 + \frac{1}{2}mv_2^2 + mgh_2 \ (\text{보존된다.})$$

간단하게 말해서 '**물체의 역학적 에너지**+**용수철에 저장된 탄성 퍼텐셜 에너지**'가 보존된다는 의미이다.

③ 용수철과 연결되어 있는가 용수철과 분리되어 있는가.
1) 용수철과 분리되어 있는 경우는 **용수철의 길이가 원래 길이일 때 물체와 용수철이 분리된다.**

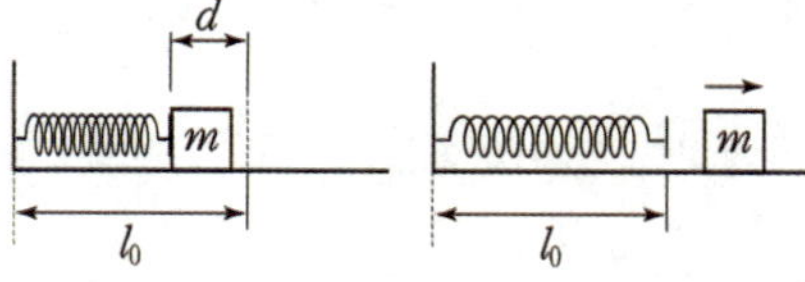

2) 용수철과 연결되어 있는 경우는 **물체는 용수철과 분리되지 않고 용수철을 늘린다. 그리고
물체는 단진동한다.** 이 경우는 뒤 파트에서 자세하게 다룰 예정이다.

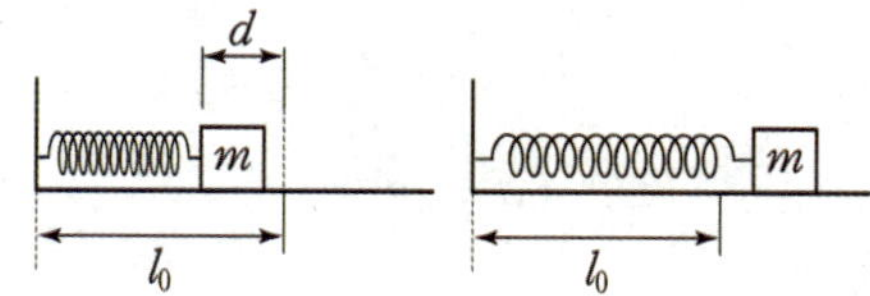

하지만, 1)과 2)의 경우 모두
용수철에 저장된 탄성 퍼텐셜 에너지, **물체의 역학적 에너지**(**운동 에너지**, **중력 퍼텐셜 에너지**의 합)의
합이 보존된다는 점은 달라지지 않는다.

○ 물체의 역학적 에너지가 보존되지
않은가?
물체의 역학적 에너지는 탄성력을
받는 동안 보존되지 않는다.
교과서나 EBS에 잘못
서술되어있다.
아래 설명에서와 같이
물체의 역학적 에너지는 보존되지
않고, '물체와 용수철'의 역학적
에너지가 보존된다.

④ 용수철이 최대로 압축되어 있다는 표현
물체가 용수철을 압축시키는 과정을 시간 순서대로 살펴보자.

상황	특징	용수철에 저장된 탄성 퍼텐셜 에너지 + 물체의 역학적 에너지
k, V, m, 수평면	1) 그림과 같이 물체가 용수철을 향해 V의 일정한 속력으로 운동한다.	$0 + \dfrac{1}{2}mV^2$
k, V, m, 수평면	2) 물체가 용수철에 접촉한 순간의 모습이다.	$0 + \dfrac{1}{2}mV^2$
k, v, m, kx, 수평면, x	3) 물체가 용수철을 압축한다. 이때 용수철의 길이가 감소한다. 이때 용수철이 **물체에 작용하는 탄성력의 방향**과 **물체의 속도** 방향이 서로 반대이다. 따라서 압축하고 있는 동안 물체의 **속력은 감소한다.**	$\dfrac{1}{2}kx^2 + \dfrac{1}{2}mv^2$
k, 정지, m, kX, 수평면, X	4) 물체는 정지할 때까지 용수철을 압축시킨다. 이후 물체가 정지하는 순간이 된다. 이 순간 직후 물체의 운동 방향은 이 순간 직전의 운동 방향과 반대가 될 것이다. 따라서 **물체가 정지한 순간 용수철은 최대로 압축된다.**	$\dfrac{1}{2}kX^2$
k, v, m, kx, 수평면, x	5) 이후 물체의 운동 방향과 물체에 작용하는 탄성력의 방향이 같기 때문에 속력이 증가한다.	$\dfrac{1}{2}kx^2 + \dfrac{1}{2}mv^2$
k, V, m, 수평면	6) 물체가 용수철에서 분리되기 직전 물체의 속력은 V가 된다. 2)와 6)에서 속력은 같고 방향은 반대이어야 한다. **(에너지 보존법칙 때문)**	$0 + \dfrac{1}{2}mV^2$
k, V, m, 수평면	7) 용수철과 물체가 분리되어 물체는 등속도 운동한다. 1)과 7)를 비교해 보자. **속도의 방향은 반대이고 속력은 같다.**	$0 + \dfrac{1}{2}mV^2$
		모두 같아야함

용수철에 저장된 탄성 퍼텐셜 에너지 + **물체의 역학적 에너지**가 보존되어야 하므로 다음 식이 성립한다.

$$0 + \dfrac{1}{2}mV^2 = \dfrac{1}{2}kx^2 + \dfrac{1}{2}mv^2 = \dfrac{1}{2}kX^2$$

정리　　**용수철이 압축되는 상황**

- ○ 용수철과 접촉을 시작하면서부터 물체는 탄성력을 받는다.
- ○ 물체가 멈출 때까지 용수철을 압축한다.
- ○ 물체가 멈출 때 용수철은 최대로 압축된다.
- ○ 물체가 최대로 압축된 직후 용수철은 다시 압축이 풀린다. (용수철 길이가 증가한다.)
- ○ 원래 길이까지 용수철 길이가 증가한 후 용수철의 원래 길이가 될 때 물체와 용수철이 분리된다.

Mechanica 물리학1

○ E_S 처리

$E_S = \dfrac{1}{2}kx^2$는 용수철 상수(k)에 비례하고, 변형된 용수철의 길이의 제곱(x^2)에 비례한다.

그런데 물체의 경로상 용수철이 단 하나일 때, 용수철 상수(k)는 변하지 않고 변형된 용수철의 길이(x)의 값만 변한다.

따라서 용수철에 저장된 탄성 퍼텐셜 에너지는 변형된 용수철의 길이의 제곱에 비례한다.

변형된 용수철의 길이에 따른 물체의 용수철에 저장된 탄성 퍼텐셜 에너지는 다음과 같이 표현할 수 있다.

변형된 용수철의 길이	x	$2x$	$3x$	$4x$	$5x$	$6x$	$7x$	$8x$	$9x$	$10x$	….
용수철에 저장된 탄성 퍼텐셜 에너지	E_S	$4E_S$	$9E_S$	$16E_S$	$25E_S$	$36E_S$	$49E_S$	$64E_S$	$81E_S$	$100E_S$	….

위의 결과를 보면, 변형된 용수철의 길이 앞에 붙은 상수를 제곱한 후 E_S에 붙이면 된다. 아래 예시를 살펴보자.

$E_S = \dfrac{1}{2}kx^2$으로 두고 x 앞의 상수를 제곱 하여 E_S에 곱함으로서 각 위치에서의 용수철에 저장된 탄성 퍼텐셜 에너지를 적어볼 수 있다.

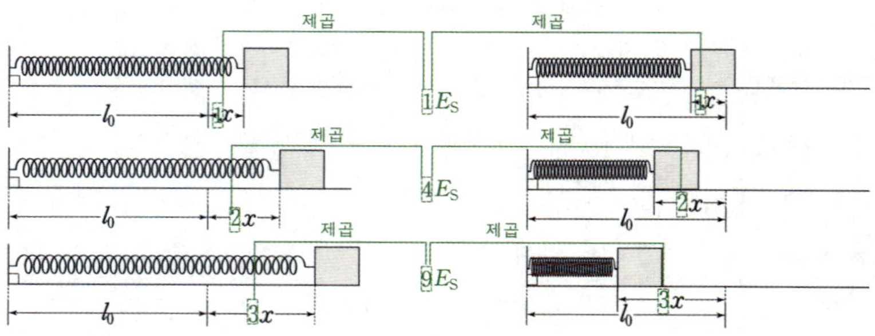

다음 예시를 보면서 체화시켜보자.

그림 (가)는 수평면으로부터 높이가 h인 지점에서 용수철 상수가 k인 용수철을 d만큼 압축시킨 후 질량이 m인 물체를 가만히 둔 모습을 나타낸 것이다. 그림 (나)는 (가)에서 물체를 가만히 놓았더니 물체가 마찰이 없는 경로를 따라 운동하는 모습을 나타낸 것이다. 수평면에서 물체의 속력은 $2v$이고, 수평면으로부터 $2h$인 높이에서 물체의 속력은 v이다.

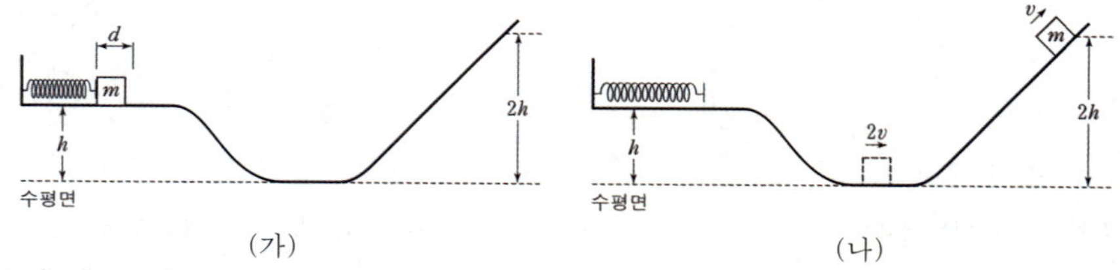

용수철 상수 k를 m, g, h, d로 표현해 보자. (g는 중력 가속도)

○ h인 높이에서 용수철이 d만큼 압축되었을 때 용수철에 저장된 탄성 퍼텐셜 에너지를 E_S로, $E_P = mgh$, $\dfrac{1}{2}mv^2 = E_K$로 두자.

용수철이 d만큼 압축되었을 때 용수철과 물체 전체의 역학적 에너지 합과 용수철이 압축이 되지 않았을 때 용수철과 물체 전체 역학적 에너지 합을 계산해 보면 다음과 같다.

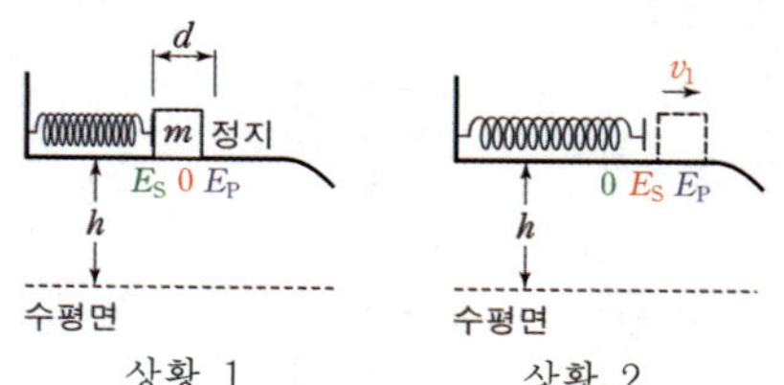

상황 1: $E_S + 0 + E_P$

상황 2: $0 + E_S + E_P$

용수철과 분리된 후 물체의 역학적 에너지가 보존된다.
수평면에서 물체의 역학적 에너지는 다음과 같다.

$$4E_K + 0$$

수평면으로부터 높이가 $2h$인 높이에서의 역학적 에너지는 다음과 같다.

$$E_K + 2E_P$$

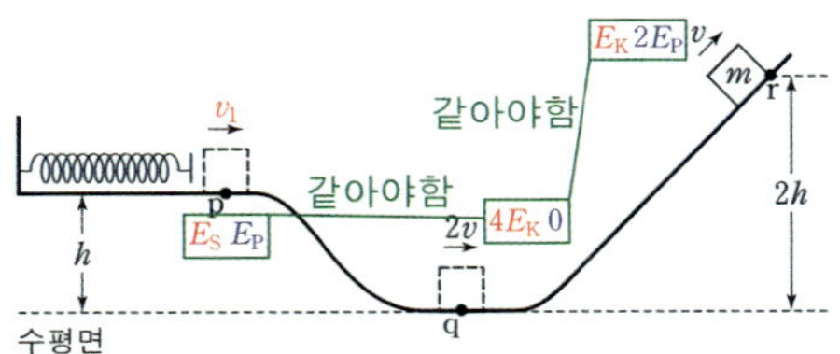

세 위치에서 역학적 에너지가 같으므로 다음과 같이 계산된다.

$$E_S + E_P = 4E_K + 0 = E_K + 2E_P$$

$$E_S = \frac{5}{3}E_P$$

그런데 $E_S = \frac{1}{2}kd^2$, $E_P = mgh$ 를 대입해 보면 다음과 같다.

$$\frac{1}{2}kd^2 = \frac{5}{3}mgh, \quad k = \frac{10mgh}{3d^2}$$

> **정리**　용수철에 저장된 탄성 퍼텐셜 에너지
>
> ○ 물체가 용수철에서 분리되기 전까지, 또는 용수철에 연결되어 있는 상태에서 다음 식이 성립한다.
> **물체의 역학적 에너지(운동 에너지+중력 퍼텐셜 에너지) + 용수철에 저장된 탄성 퍼텐셜 에너지**
> = 보존

2. 두 물체 사이에 용수철이 끼워져 있는 상황

아래 그림과 같은 상황처럼 A와 B 사이에 용수철을 넣어 압축시켰다 놓은 상황을 해석하는 방법을 배워보자.

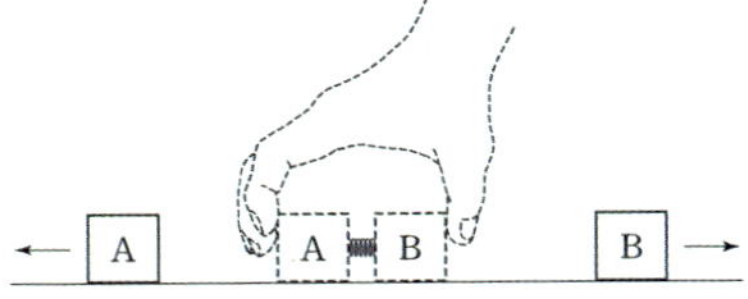

결론부터 정리하면 다음과 같다.

> **정리**　두 물체 사이에 용수철이 끼워져 있는 상황
>
> 모든 마찰을 무시할 때, 용수철을 놓은 후
> ○ 두 물체의 **운동량의 합도 보존된다!**
> ○ **용수철에 저장된 탄성 퍼텐셜 에너지 + 두 물체의 운동 에너지 합 = 보존!**

○ 운동량이 보존되는 이유
　용수철이 A와 B에 작용하는 힘(F_A, F_B)의 크기는 매 순간 같다.
　아래 오른쪽 그래프에서 보듯 F_A, F_B의 크기가 시간에 따라서 동일하다.
　따라서 알짜힘-시간 그래프에서의 밑면적의 크기가 동일하므로
　A와 B의 충격량의 크기가 동일하고
　A와 B의 충격량의 방향이 서로 반대이므로
　A와 B의 운동량의 합은 보존된다!

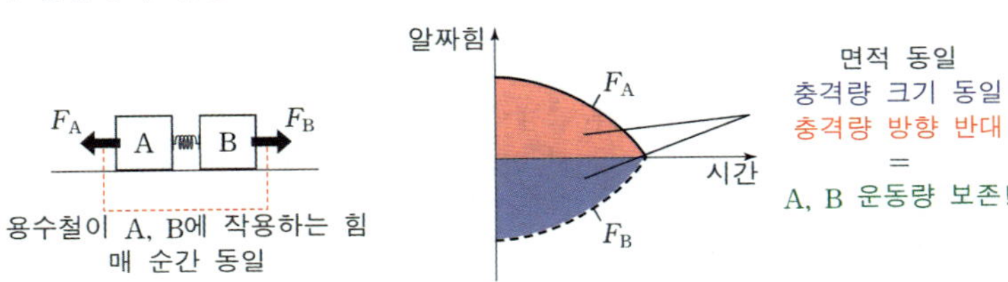

○ 사실 빗면에서 용수철을 압축했다 풀리는 상황은 출제되기 힘들다. 왜냐하면 용수철이 물체에 작용하는 힘은 같으나, 용수철의 압축이 풀리는 동안 각 물체에 빗면 아래로 작용하는 힘도 존재하기 때문에 두 물체의 운동량은 보존되지 않는다.

※ 에너지가 보존되는 이유는 용수철의 고유의 특성이고, 해당 부분은 교육과정 외로 설명해야하므로 생략하겠다.

응용 방법을 간단 예시를 통해 익혀보자.

간단 예시　두 물체 사이에 용수철이 끼워져 있는 상황

그림과 같이 마찰이 없는 수평면에서 질량이 m, $2m$인 물체 A, B 사이에 용수철을 넣어 d의 길이만큼 압축시킨 후 동시에 가만히 놓는다. A와 B는 용수철과 분리되어 각각 v_A, v의 속력으로 등속도 운동을 한다.

다음을 순서대로 답해보자. (단, 물체의 크기, 모든 마찰과 공기 저항은 무시한다.)

① v_A는?

② 용수철이 최대로 압축되었을 때 용수철에 저장된 탄성 퍼텐셜 에너지는?

③ 용수철 상수는?

오른쪽 방향을 양(+)으로 두고, 용수철 상수를 k로 두자.

① A와 B의 운동량의 합은 보존된다.

　용수철이 최대로 압축된 순간 A와 B의 속력이 0이므로, A와 B의 운동량의 합은 0이다. 따라서 A와 B의 속력 비는 A와 B의 질량의 역수 비와 같다.

$$v_A : v = \frac{1}{m} : \frac{1}{2m},\ v_A = 2v$$

② 용수철이 최대로 압축되었을 때 A와 B의 운동 에너지는 0이다.

　용수철이 최대로 압축되었을 때 **용수철에 저장된 탄성 퍼텐셜 에너지**는 다음과 같다.

$$\frac{1}{2}kd^2$$

용수철과 A와 B가 분리되었을 때 A와 B의 **운동 에너지**의 합은 다음과 같다.

$$\frac{1}{2}m(2v)^2 + \frac{1}{2}2m(v)^2 = 3mv^2$$

용수철과 A와 B가 분리되었을 때 **용수철에 저장된 탄성 퍼텐셜 에너지**는 0이다.
A, B의 운동 에너지 합과 용수철에 저장된 탄성 퍼텐셜 에너지의 합은
용수철이 최대로 압축되었을 때와 **용수철과 A와 B가 분리되었을 때**가 같아야한다.
따라서 다음 식이 성립한다.

$$0 + \frac{1}{2}kd^2 = 3mv^2 + 0,\ \frac{1}{2}kd^2 = 3mv^2$$

따라서 용수철에 저장된 탄성 퍼텐셜 에너지는 $3mv^2$이다.

③ $\frac{1}{2}kd^2 = 3mv^2$를 정리하여 용수철 상수 k를 구해보면 다음과 같다.

$$k = \frac{6mv^2}{d^2}$$

그렇다면 아래 그림처럼 물체가 운동하다가 용수철을 압축하는 상황은 어떨까?

이 또한 마찬가지로 **운동량의 합**과 **에너지의 합**이 모두 보존된다.

중요한 점은 용수철이 최대로 압축되는 순간 **두 물체의 속력이 같다는 점을 기억해야한다.**
용수철이 최대로 압축되었을 때 두 물체의 속력이 같은 이유는 이 책의 가장 마지막 단원인 '특별한 케이스' 파트에서 다룰 예정이다.
지금은 일단 속력이 같다는 점만 알아두자.

간단 예시　두 물체 사이에 용수철이 끼워져 있는 상황 (13학년도 수능 8번 변형)

　그림은 마찰이 없는 수평면에서 물체 A가 용수철이 달린 정지해 있는 물체 B를 향해 속력 $4v$로 등속 운동을 하다가 용수철을 최대로 압축시킨 후, A와 B가 다시 분리되어 각각 속력 $2v$, v_A로 등속 운동을 하는 모습을 나타낸 것이다. A, B의 질량은 각각 m, $5m$이고, 용수철이 최대로 압축된 순간 A와 B의 속력은 V로 같다.

m　$4v$　　$5m$　v　　　　A B　V　　　v_A A　B　$2v$
A　→　　B　→　　　　　　→　　　←　　　→
충돌 전　　　　　　최대 압축 순간　　　　충돌 후

　다음을 순서대로 답해보자. (단, 물체의 크기, 용수철의 질량, 모든 마찰과 공기 저항은 무시한다.)

　① v_A는?

　② 용수철이 최대로 압축되었을 때 A와 B의 속력 V 는?

　③ 용수철이 최대로 압축되었을 때 용수철에 저장된 용수철 탄성 퍼텐셜 에너지는?

오른쪽 방향을 양($+$)으로 두자.

①, ② A와 B의 운동량의 합은 보존된다.

충돌 전 A와 B의 운동량의 합,

용수철이 최대로 압축된 순간 A와 B의 운동량의 합과

충돌 후 A와 B의 운동량의 합은 모두 같아야 한다.

따라서 다음 식이 성립된다.

$$m \times (+4v) + 5m \times (+v) = (m+5m) \times (+V) = 5m \times (+2v) + m \times (-v_\mathrm{A})$$

$$+9mv = +6mV = +10mv - mv_\mathrm{A}$$

$$V = \frac{3}{2}v,\ v_\mathrm{A} = v$$

③ 에너지의 합은 보존된다.

　용수철이 최대로 압축되었을 때 A와 B의 **운동 에너지**는 다음과 같다.

$$\frac{1}{2}(m+5m)\left(\frac{3}{2}v\right)^2 = \frac{27}{4}mv^2$$

　용수철이 최대로 압축되었을 때 **용수철에 저장된 탄성 퍼텐셜 에너지**를 E_0로 두자.

　충돌 전 A와 B의 **운동 에너지**의 합은 다음과 같다.

$$\frac{1}{2}m(4v)^2 + \frac{1}{2}5m(v)^2 = \frac{21}{2}mv^2$$

　충돌 전 **용수철에 저장된 탄성 퍼텐셜 에너지**는 0이다.

　A, B의 운동 에너지 합과 용수철에 저장된 탄성 퍼텐셜 에너지의 합은

　충돌하기 전과와 **용수철을 최대로 압축시켰을 때** 같아야한다.

　따라서 다음 식이 성립한다.

$$\frac{21}{2}mv^2 + 0 = \frac{27}{4}mv^2 + E_0,\ E_0 = \frac{15}{4}mv^2$$

　따라서 용수철에 저장된 탄성 퍼텐셜 에너지는 $\dfrac{15}{4}mv^2$이다.

기출 예시 52

06학년도 6월 모의고사 6번 문항

그림은 용수철 상수가 k인 용수철에 질량이 m인 물체가 수평면에서 v의 속력으로 직선 운동하다가 정면 충돌하는 모습을 나타낸 것이다.

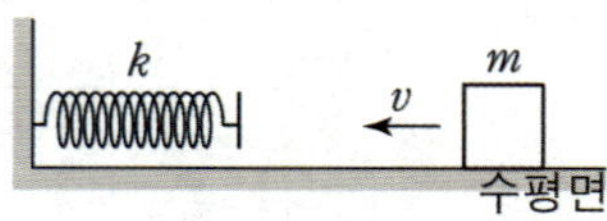

이때 역학적 에너지가 보존되었다면 용수철이 최대로 압축된 길이는?

해설

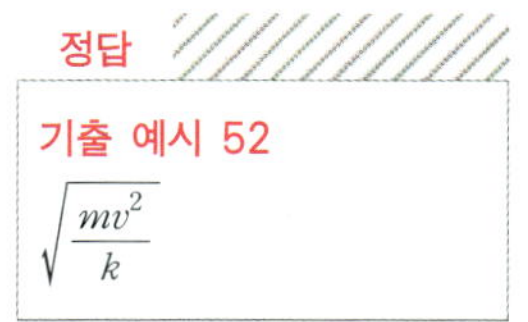
정답

기출 예시 52

$$\sqrt{\dfrac{mv^2}{k}}$$

(수평면에서 물체의 중력 퍼텐셜 에너지를 0으로 두자.)

물체의 역학적 에너지와 용수철에 저장된 탄성 퍼텐셜 에너지 합은 보존된다.

1) 용수철이 압축되기 전 용수철에 저장된 탄성 퍼텐셜 에너지와 물체의 역학적 에너지 합은 다음과 같다.

$$0 \;+\; \frac{1}{2}mv^2 \;+\; 0$$

2) 물체가 용수철을 최대로 압축했을 때 용수철에 저장된 탄성 퍼텐셜 에너지와 물체의 역학적 에너지 합은 다음과 같다.(용수철이 최대로 압축된 길이를 x로 두자.)

$$\frac{1}{2}kx^2 \;+\; 0 \;+\; 0$$

1)과 2)가 같아야 하므로 다음 식이 성립한다.

$$\frac{1}{2}kx^2 = \frac{1}{2}mv^2 ,\quad x = \sqrt{\frac{mv^2}{k}}$$

 기출 예시 53

08학년도 6월 모의고사 6번 문항

그림과 같이 위쪽 수평면에서 한쪽 끝을 고정한 용수철에 물체 A를 접촉시켜 용수철을 평형 위치로부터 0.1m만큼 압축시켰다. A를 가만히 놓았더니 A는 빗면을 따라 내려와 아래쪽 수평면에 정지해 있던 물체 B와 충돌한 후 한 덩어리가 되어 운동하였다. 용수철 상수 k는 1000N/m이며, A, B의 질량은 각각 2kg, 3kg이다. 물체와 모든 면 사이의 마찰은 없다.

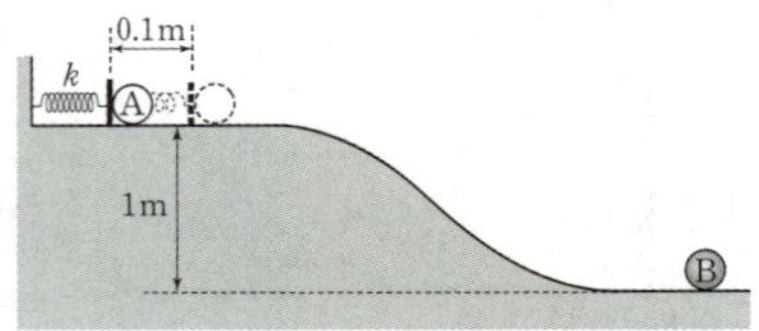

충돌 후 한 덩어리가 된 물체의 속력은? (단, 중력 가속도는 10m/s^2 이고, 공기 저항, 물체의 크기, 용수철의 질량은 무시한다.)

 **해설**

수평면에서 물체의 중력 퍼텐셜 에너지를 0으로 두자.

물체의 역학적 에너지와 용수철에 저장된 탄성 퍼텐셜 에너지 합은 보존된다.

① 용수철을 0.1m만큼 압축시켰을 때 용수철에 저장된 탄성퍼텐셜 에너지와 A의 역학적 에너지 합은
다음과 같다.

$$\frac{1}{2} \times (1000\text{N/m}) \times (0.1\text{m})^2 \ + \ 0 \ + \ 2\text{kg} \times 10\text{m/s}^2 \times 1\text{m}$$

$$= \ 25\text{J}$$

② 수평면에서 용수철에 저장된 탄성 퍼텐셜 에너지와 A의 역학적 에너지 합은 다음과 같다.
(수평면에서 A의 속력을 v로 두자.)

$$0 \ + \ \frac{1}{2} \times (2\text{kg}) \times v^2 \ + \ 0$$

$$= \ v^2\text{J}$$

①과 ②가 같아야 하므로 다음 식이 성립한다.

$$25\text{J} = v^2\text{J}, \ \ v = 5\text{m/s}$$

수평면에서 A와 B가 충돌하고 한 덩어리가 된다.

이때 A와 B의 충돌 후 속력은 같아야 한다. (한 덩어리가 된 A와 B의 속력을 V로 두자.)

또한 물체가 충돌하므로 충돌 전후 A와 B의 운동량의 합은 보존되어야 한다.

오른쪽 방향을 양(+)으로 두고 A와 B의 충돌 전후 운동량을 구해보면 다음과 같다.

충돌 전: $2\text{kg} \times (+5\text{m/s}) + 0$

충돌 후: $2\text{kg} \times (+V) + 3\text{kg} \times (+V)$

두 값이 같아야 하므로 다음 식이 성립한다.

$$10\text{kg·m/s} = 5V\text{kg·m/s}, \ \ V = 2\text{m/s}$$

기출 예시 54

그림과 같이 위쪽 수평면에서 용수철 A에 나무도막을 접촉시켜
$2x$만큼 압축시켰다가 가만히 놓았더니, 나무도막이 경사면을 따라
내려와 아래쪽 수평면에서 용수철 B를 최대 $2x$만큼 압축시켰다. A,
B의 용수철 상수는 각각 k, $3k$ 이고, 두 수평면과 경사면은 마찰이
없다.

　　A에 이 나무도막을 접촉시켜 x만큼 압축시켰다가 가만히 놓았을 때,
B가 최대로 압축되는 길이는? (단, 용수철은 탄성한계 내에서 압축되며,
나무도막의 크기, 용수철의 질량, 공기 저항은 무시한다.)

 **해설**

○ 그림에서 h의 높이에서 물체의 중력 퍼텐셜 에너지를 E_P로 두자.
물체의 역학적 에너지와 용수철에 저장된 탄성 퍼텐셜 에너지 합이 보존된다.
높이 h에서와 바닥면에서 물체의 역학적 에너지와 용수철에 저장된 탄성 퍼텐셜 에너지 합은
다음과 같다.

높이 h에서: $E_\text{P}+0+\dfrac{1}{2}(k)(2x)^2 \;=\; E_\text{P}+2kx^2$

바닥면에서: $0+0+\dfrac{1}{2}(3k)(2x)^2 \;=\; 6kx^2$

에너지 보존법칙에 의해 다음이 성립한다.

$$E_\text{P}+2kx^2=6kx^2, \;\; E_\text{P}=4kx^2$$

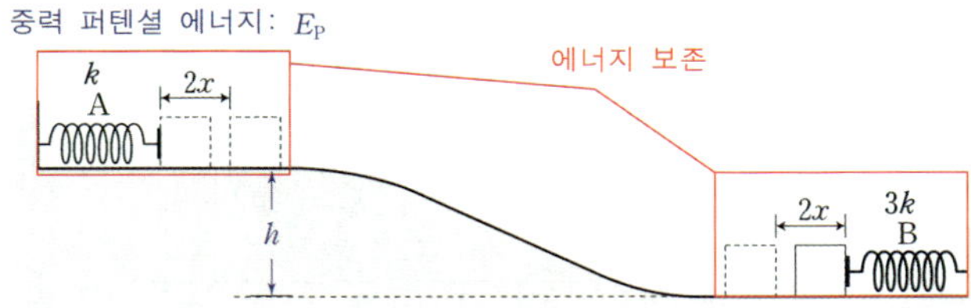

○ 이제 A를 x만큼 압축 시킨 경우 높이 h에서와 바닥면에서 물체의 역학적 에너지와
용수철에 저장된 탄성 퍼텐셜 에너지 합은 다음과 같다.
(이때 B가 최대로 압축된 길이를 x_0로 두자.)

높이 h에서: $4kx^2+0+\dfrac{1}{2}(k)(x)^2 \;=\; \dfrac{9}{2}kx^2$

바닥면에서: $0+0+\dfrac{1}{2}(3k)(x_0)^2 \;=\; \dfrac{3}{2}kx_0{}^2$

에너지 보존법칙에 의해 다음이 성립한다.

$$\dfrac{9}{2}kx^2=\dfrac{3}{2}kx_0{}^2, \;\; x_0=\sqrt{3}\,x$$

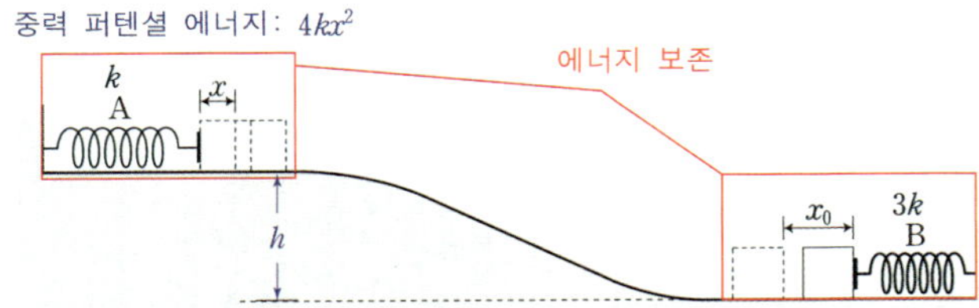

기출 예시 55

11학년도 6월 모의고사 16번 문항

그림 (가)와 같이 마찰이 없는 빗면에서 수평면으로부터 높이 0.5m인 지점에 질량 0.4kg인 물체 A를 가만히 놓았더니 A가 빗면을 따라 내려와 마찰이 있는 수평면 S를 지나 마찰이 없는 수평면에 놓인 용수철을 최대 0.1m만큼 압축시켰다. 용수철 상수 k는 100N/m이다. 그림 (나)는 질량 0.1kg인 물체 B를 용수철에 접촉시켜 0.1m만큼 압축시킨 후 가만히 놓았을 때 B가 S를 지나 빗면을 따라 최고 높이 h만큼 올라간 것을 나타낸 것이다. 마찰면에서 물체에 작용하는 마찰력의 크기는 A가 B의 4배로 일정하다.

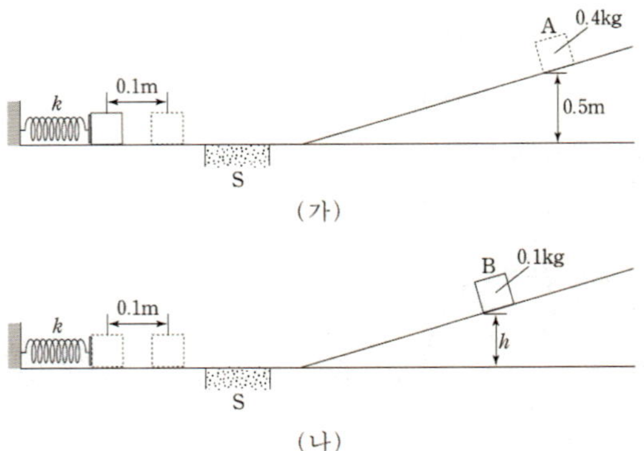

h는? (단, 중력 가속도는 10m/s²이며, 물체의 크기와 공기 저항은 무시한다.)

해설

○ (가)에서 A가 내려올 때,

마찰 구간 S에서 A에 작용하는 마찰력의 크기를 $4F$로 두고, 마찰 구간의 길이를 l로두자.

A는 0.5m의 높이에서 내려와 마찰면에서 역학적 에너지가 감소하고 용수철을 최대로 압축시킨다.

따라서

0.5m의 높이에서 A의 **역학적 에너지**에서

마찰면에서 소비된 **역학적 에너지**를 빼주면

수평면에서 용수철을 0.1m만큼 압축시켰을 때의 A의 **역학적 에너지**와 **용수철에 저장된 탄성 퍼텐셜 에너지** 합과 같음을 알 수 있다.

우선 0.5m의 높이에서 A의 중력 퍼텐셜 에너지와 용수철이 0.1m만큼 압축되었을 때 용수철 에 저장된 탄성 퍼텐셜 에너지는 다음과 같이 계산된다.

0.5m의 높이에서 A의 중력 퍼텐셜 에너지: $0.4\text{kg} \times 10\text{m/s}^2 \times 0.5\text{m} = 2\text{J}$

용수철이 0.1m만큼 압축되었을 때 용수철에 저장된 퍼텐셜 에너지: $\dfrac{1}{2}(100\text{N/m}) \times (0.1\text{m})^2 = \dfrac{1}{2}\text{J}$

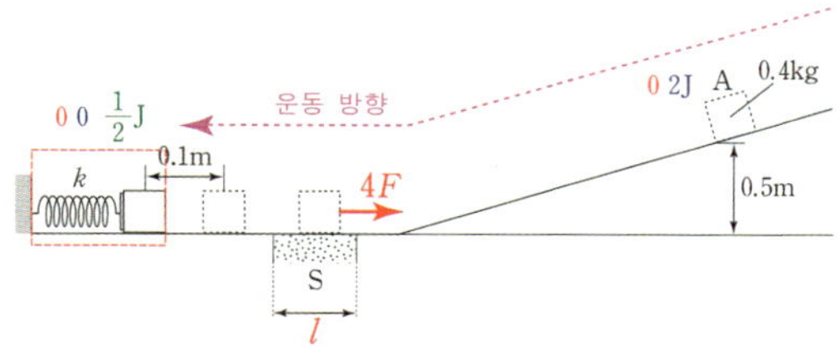

역학적 에너지 변화를 이용하면 다음과 같은 식을 세울 수 있다.

$$0+2\text{J} \ -4F \times l \ = \ 0+0+\dfrac{1}{2}\text{J}, \ 4Fl = \dfrac{3}{2}\text{J}$$

○ (나)에서 B가 올라 갈 때,

마찰 구간 S에서 B에 작용하는 마찰력의 크기는 F로 둘 수 있다.

B는 용수철에서 출발하여 마찰면 S에서 역학적 에너지가 손실되고 h의 높이에 정지한다.

따라서

수평면에서 용수철을 0.1m만큼 압축시켰을 때의 B의 **역학적 에너지**와 **용수철에 저장된 탄성 퍼텐셜 에너지** 합에서

마찰면에서 소비된 **역학적 에너지**를 빼주면

h의 높이에서 B의 **역학적 에너지**와 같음을 알 수 있다.

우선 h의 높이에서 B의 중력 퍼텐셜 에너지와 용수철이 0.1m만큼 압축되었을 때 용수철에 저장된 탄성 퍼텐셜 에너지는 다음과 같이 계산된다.

h의 높이에서 B의 중력 퍼텐셜 에너지: $0.1\text{kg} \times 10\text{m/s}^2 \times h = h\text{J}$

용수철이 0.1m만큼 압축되었을 때 용수철에 저장된 탄성 퍼텐셜 에너지: $\dfrac{1}{2}(100\text{N/m}) \times (0.1\text{m})^2 = \dfrac{1}{2}\text{J}$

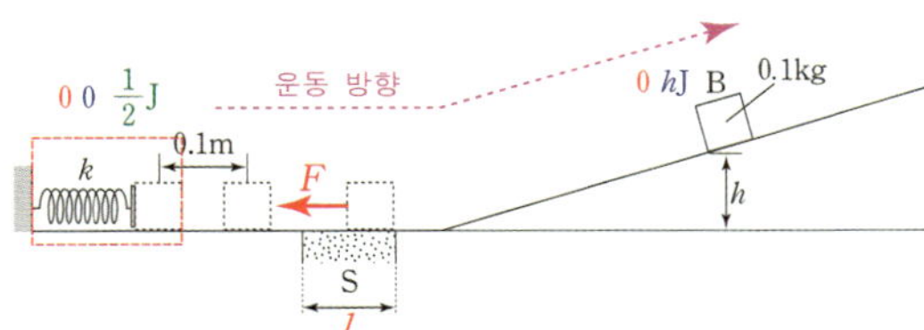

역학적 에너지 변화를 이용하면 다음과 같은 식을 세울 수 있다.

$$0+0+\dfrac{1}{2}\text{J} \ -F \times l \ = \ 0+h\text{J}, \ (\dfrac{1}{2}-h)\text{J} = Fl$$

$4Fl = \dfrac{3}{2}\text{J}$ 이므로 위 식에 대입해 보면 $h = \dfrac{1}{8}\text{m}$임을 확인할 수 있다.

기출 예시 56

10학년도 수능 20번 문항

그림 (가)는 마찰이 없는 수평면에서 한쪽 끝을 고정한 용수철에 물체를 접촉시켜 평형 위치로부터 d만큼 압축시킨 모습을 나타낸 것이다. 물체를 가만히 놓으면 물체는 마찰이 있는 수평면 S를 지나 마찰이 없는 빗면을 따라 높이가 h인 최고점까지 올라갔다 내려와 용수철을 압축시킨다. 그림 (나)는 물체가 용수철과 분리된 순간부터 최고점에 도달할 때까지 물체의 속력을 시간에 따라 나타낸 것이다. S에서 물체에 작용하는 마찰력의 크기는 일정하다.

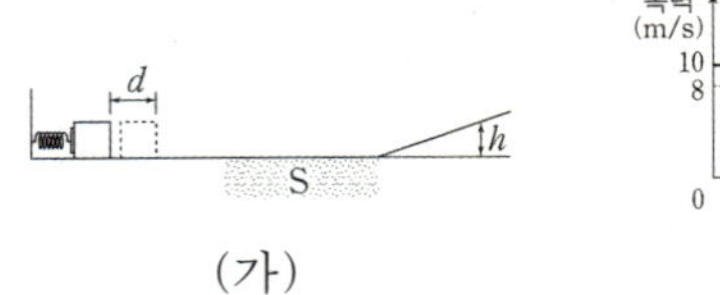

(가)   (나)

이에 대한 설명으로 옳은 것만을 〈보기〉에서 있는 대로 고른 것은? (단, 중력 가속도는 10m/s^2이고, 물체의 크기는 무시한다.)

〈 보 기 〉

ㄱ. S에서 물체에 작용하는 마찰력의 크기는 물체에 작용하는 중력의 크기의 $\frac{1}{5}$배이다.

ㄴ. h는 3.2m이다.

ㄷ. 최고점에서 내려온 물체는 용수철을 최대 $\frac{\sqrt{7}}{5}d$만큼 압축시킨다.

해설

A의 질량을 m으로 두자.

① 올라갈 때 상황

○ (나)에서 나타낸 그래프를 토대로 물체의 각 위치에서의 속력을 적어보면 다음과 같다.

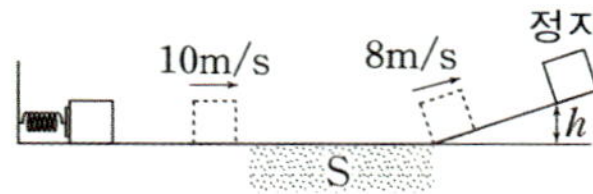

○ 용수철이 최대로 압축되었을 때와 용수철에서 물체가 분리되었을 때
용수철에 저장된 탄성 퍼텐셜 에너지와 물체의 역학적 에너지 합이 보존된다.

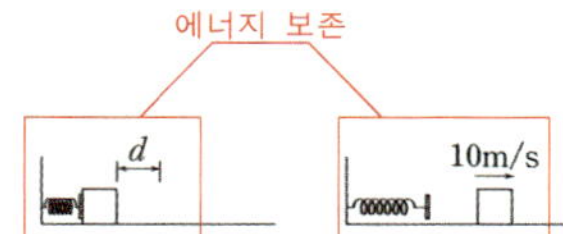

물체는 용수철과 분리되기 전후 모두 수평면에 존재하기 때문에 **중력 퍼텐셜 에너지는** 0이다.
용수철이 최대로 압축되었을 때 물체의 **운동 에너지는** 0이다.

용수철이 최대로 압축되었을 때 **용수철에 저장된 탄성 퍼텐셜 에너지는** $\dfrac{1}{2}kd^2$이다.

물체가 용수철과 분리되었을 때 물체의 **운동 에너지는** $\dfrac{1}{2}m(10\text{m/s})^2 = 50m\,\text{J}$이다.

따라서 다음식이 성립된다.

$$\frac{1}{2}kd^2 = 50m$$

○ (나)에서 1초에서 3초까지 물체는 S를 지난다.
이때 속력-시간 그래프의 밑면적이 S의 길이(l)이므로 다음 식이 성립한다.

$$l = \frac{10\text{m/s} + 8\text{m/s}}{2} \times 2\text{s} = 18\text{m}$$

속력-시간 그래프의 기울기는 마찰면에서의 가속도의 크기와 같다. 따라서 마찰면에서의
가속도는 다음과 같다.

$$\frac{8\text{m/s} - 10\text{m/s}}{2\text{s}} = -1\text{m/s}^2$$

마찰면에서 물체에 작용하는 마찰력은
물체의 알짜힘의 크기와 같다.
따라서 마찰력의 크기(f)는 다음과 같이 계산된다.

$$f = m \times 1\text{m/s}^2 = m\,\text{N}$$

물체의 중력은 $m \times 10\text{m/s}^2 = 10m\,\text{N}$ 이므로

마찰력의 크기는 물체의 중력의 $\dfrac{1}{10}$ 배이다. (ㄱ. 거짓)

○ 마찰면을 지나고 난 직후 물체의 역학적 에너지는
물체가 h만큼 올라간 순간 물체의 역학적 에너지와 같아야 한다.

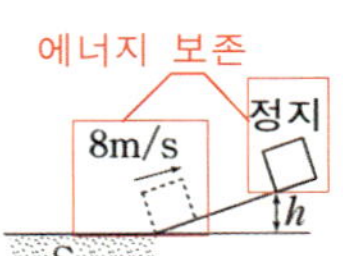

마찰면을 지난 직후 수평면에서 물체의 **중력 퍼텐셜 에너지는** 0이다.

마찰면을 지난 직후 물체의 **운동 에너지는** $\dfrac{1}{2}m(8\text{m/s})^2 = 32m\,\text{J}$이다.

h의 높이에서 물체의 **중력 퍼텐셜 에너지는** $m \times (10\text{m/s}^2) \times h = 10mh\,\text{J}$이다.
h의 높이에서 물체의 **운동 에너지는** 0이다.
따라서 다음 식이 성립한다.

$$0 + 32m = 10mh + 0,\quad h = 3.2\text{m} \ \ (\text{ㄴ. 참})$$

○ 해설이 길기 때문에 이전 페이지
   문제를 다시 적어두었다.

Mechanica 물리학1

 **기출 예시 56**

10학년도 수능 20번 문항

그림 (가)는 마찰이 없는 수평면에서 한쪽 끝을 고정한 용수철에 물체를 접촉시켜 평형 위치로부터 d만큼 압축시킨 모습을 나타낸 것이다. 물체를 가만히 놓으면 물체는 마찰이 있는 수평면 S를 지나 마찰이 없는 빗면을 따라 높이가 h인 최고점까지 올라갔다 내려와 용수철을 압축시킨다. 그림 (나)는 물체가 용수철과 분리된 순간부터 최고점에 도달할 때까지 물체의 속력을 시간에 따라 나타낸 것이다. S에서 물체에 작용하는 마찰력의 크기는 일정하다.

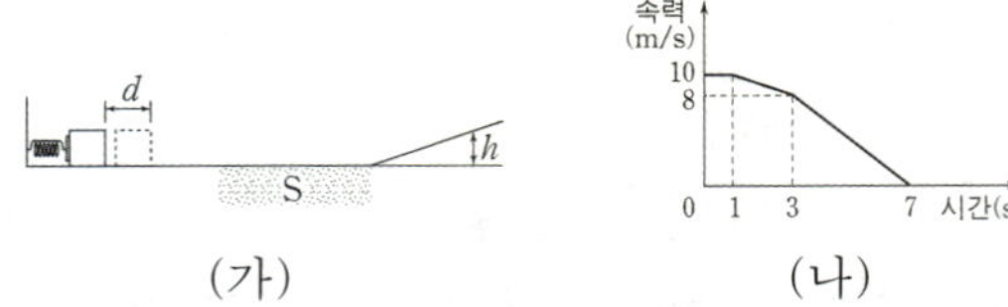

(가) (나)

이에 대한 설명으로 옳은 것만을 〈보기〉에서 있는 대로 고른 것은? (단, 중력 가속도는 10m/s^2이고, 물체의 크기는 무시한다.)

〈 보 기 〉

ㄱ. S에서 물체에 작용하는 마찰력의 크기는 물체에 작용하는 중력의 크기의 $\dfrac{1}{5}$배이다.

ㄴ. h는 3.2m이다.

ㄷ. 최고점에서 내려온 물체는 용수철을 최대 $\dfrac{\sqrt{7}}{5}d$만큼 압축시킨다.

 **해설**

② 내려올 때 상황
○ 내려올 때 물체가 마찰면을 지난 직후 속력을 v로 두자.

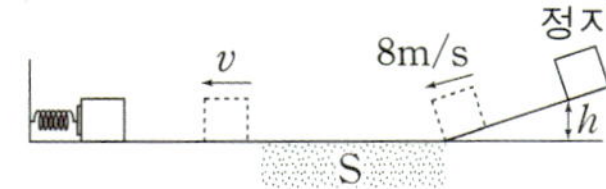

○ 마찰면을 지날 때
물체의 가속도가 -1m/s^2,
마찰면을 지난 직후 속력 v,
마찰면을 지나기 전 속력이 8m/s,
마찰면의 길이가 18m이므로 $2as = v^2 - v_0^2$에 적용하여 v를 계산하면 다음과 같다.

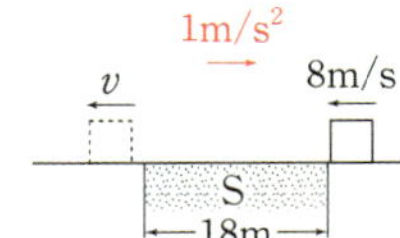

$$2(-1\text{m/s}^2) \times 18\text{m} = v^2 - (8\text{m/s})^2, \quad v = 2\sqrt{7}\,\text{m/s}$$

○ 용수철을 최대로 압축한 길이를 x라 하자.
S를 지난 후 물체의 역학적 에너지와
용수철이 최대로 압축되었을 때
용수철에 저장된 탄성 퍼텐셜 에너지와 물체의 역학적 에너지 합이 보존된다.

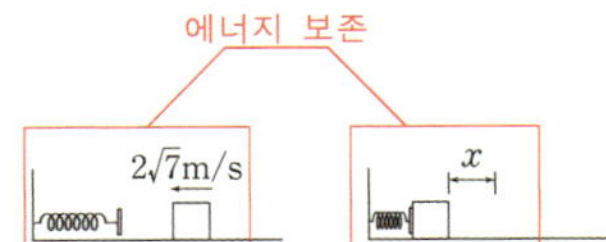

용수철을 압축하기 전후 물체는 모두 수평면에 존재하기 때문에 물체의 **중력 퍼텐셜 에너지는** 0이다.
용수철이 최대로 압축되었을 때 물체의 **운동 에너지는** 0이다.

용수철이 최대로 압축되었을 때 **용수철에 저장된 탄성 퍼텐셜 에너지는** $\frac{1}{2}kx^2$이다.

물체를 압축하기 전 물체의 **운동 에너지는** $\frac{1}{2}m(2\sqrt{7})^2 = 14m\text{J}$이다.

따라서 다음 식이 성립된다.

$$14m = \frac{1}{2}kx^2$$

$\frac{1}{2}kd^2 = 50m$이므로 , $x = \dfrac{\sqrt{7}}{5}d$이다. (ㄷ. 참)

○ ㄷ 별해
마찰력의 크기가 $m\text{N}$이므로
마찰면을 한 번 지나는 동안 물체의 역학적 에너지 감소량은 다음과 같다.
$$m\text{N} \times 18\text{m} = 18m\text{J}$$
마찰면을 두 번 지나는 동안 물체의 역학적 에너지 감소량은 다음과 같다.
$$2 \times 18m\text{J} = 36m\text{J}$$
물체를 d만큼 압축시켰을 때 물체의 역학적 에너지와 용수철에 저장된 탄성 퍼텐셜 에너지
합은 $\frac{1}{2}kd^2 = 50m$이므로

마찰면을 두 번 지난 후 물체의 역학적 에너지는 다음과 같이 계산된다.
$$50m - 36m = 14m$$
$14m$이 전부 용수철 퍼텐셜 에너지로 전환되므로 다음 식이 성립된다.

$$14m = \frac{1}{2}kx^2$$

$\frac{1}{2}kd^2 = 50m$이므로 , $x = \dfrac{\sqrt{7}}{5}d$이다. (ㄷ. 참)

기출 예시 57

그림은 마찰이 없는 수평면에서 물체 A가 용수철이 달린 정지해
있는 물체 B를 향해 6m/s로 등속 운동을 하다가 용수철을 최대로
압축시킨 후, A와 B가 다시 분리되어 각각 2m/s, v_B로 등속 운동을
하는 모습을 나타낸 것이다. A, B의 질량은 각각 1kg, 2kg이고,
용수철이 최대로 압축된 순간 A와 B의 속력은 V로 같다.

이에 대한 설명으로 옳은 것만을 〈보기〉에서 있는 대로 고른 것은? (단,
충돌 과정에서 역학적 에너지 손실은 없고, A와 B는 충돌 전후 동일 직선
상에서 운동하며, 용수철의 질량은 무시한다.)

〈보 기〉

ㄱ. V = 2m/s이다.

ㄴ. 용수철이 최대로 압축된 순간, 용수철에 저장된
  탄성 퍼텐셜 에너지는 12J이다.

ㄷ. v_B = 3m/s이다.

 **해설**

○ 충돌 전, 용수철이 최대로 압축된 순간, 충돌 후에, A와 B, 용수철 전체의 운동량과 에너지가 전부 보존된다.

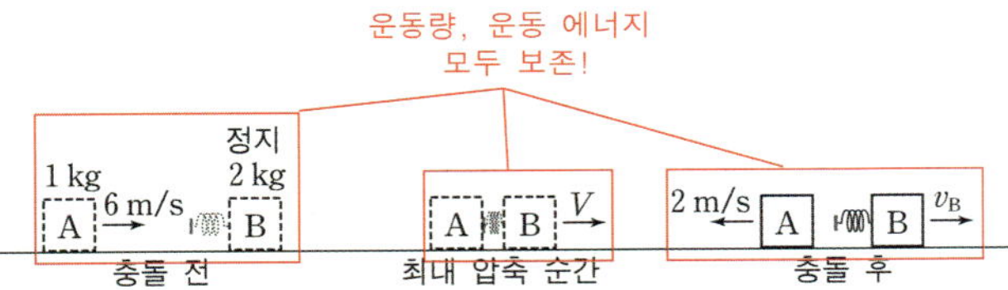

○ 각 상황에서 운동량과 에너지를 구해보면 다음과 같다. (오른쪽을 양(+)으로 하자.)

상황	운동량	에너지
1 kg, 정지 2 kg, 6 m/s, A → B (충돌 전)	$1\text{kg} \times (+6\text{m/s})$ $= +6\text{kg} \cdot \text{m/s}$	$\frac{1}{2}(1\text{kg}) \times (6\text{m/s})^2 = 18\text{J}$
A B → V (최대 압축 순간)	$1\text{kg} \times (+V) + 2\text{kg} \times (+V)$ $= +3V\,\text{kg} \cdot \text{m/s}$	$\frac{1}{2}(1\text{kg}+2\text{kg}) \times (V^2)$ $+ \frac{1}{2}kx^2$ $= (\frac{3}{2}V^2 + \frac{1}{2}kx^2)\text{J}$
2 m/s ← A B → v_B (충돌 후)	$1\text{kg} \times (-2\text{m/s}) + 2\text{kg} \times (+v_B)$ $= (+2v_B - 2)\,\text{kg} \cdot \text{m/s}$	$\frac{1}{2}(1\text{kg}) \times (2\text{m/s})^2$ $+ \frac{1}{2}(2\text{kg}) \times (v_B)^2$ $= (2 + v_B{}^2)\text{J}$

○ 운동량 보존법칙 식을 세워보면 다음과 같다.

$$+6\text{kg} \cdot \text{m/s} = +3V\,\text{kg} \cdot \text{m/s} = (+2v_B - 2)\,\text{kg} \cdot \text{m/s}$$

따라서 $V = 2\text{m/s}$, $v_B = 4\text{m/s}$이다.

○ 에너지 보존법칙 식을 세워보면 다음과 같다.

$$18\text{J} = (\frac{3}{2}V^2 + \frac{1}{2}kx^2)\text{J} = (2 + v_B{}^2)\text{J}$$

$V = 2\text{m/s}$를 위 식에 대입해 보면, $18\text{J} = (6 + \frac{1}{2}kx^2)\text{J}$ 이므로 용수철에 저장된 탄성 퍼텐셜 에너지는 다음과 같다.

$$\frac{1}{2}kx^2 = 12\text{J}$$

ㄱ. $V = 2\text{m/s}$이다. (ㄱ. 참)

ㄴ. 용수철이 최대로 압축된 순간, 용수철에 저장된 탄성 퍼텐셜 에너지는 12J이다.

(ㄴ. 참)

ㄷ. $v_B = 4\text{m/s}$이다. (ㄷ. 거짓)

기출 예시 58

22학년도 6월 모의고사 20번 문항

그림과 같이 수평 구간 Ⅰ에서 물체 A, B를 용수철의 양끝에 접촉하여 용수철을 원래 길이에서 d만큼 압축시킨 후 동시에 가만히 놓으면, A는 높이 h에서 속력이 0이고, B는 높이가 $3h$인 마찰이 있는 수평 구간 Ⅱ에서 정지한다. A, B의 질량은 각각 $2m$, m이고, 용수철 상수는 k이다.

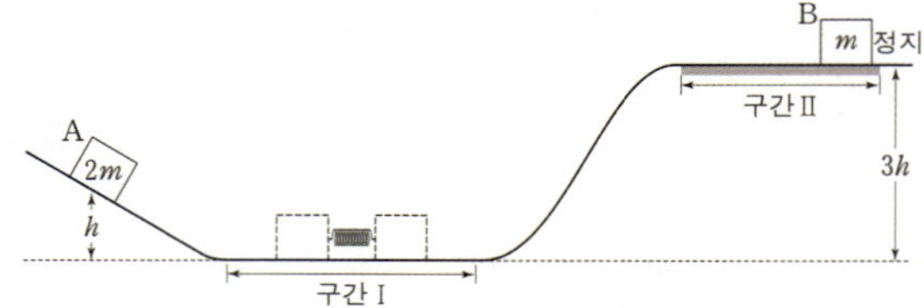

이에 대한 설명으로 옳은 것만을 〈보기〉에서 있는 대로 고른 것은? (단, 중력 가속도는 g이고, 물체의 크기, 용수철의 질량, 구간 Ⅱ의 마찰을 제외한 모든 마찰 및 공기 저항은 무시한다.)

〈보 기〉

ㄱ. $k = \dfrac{12mgh}{d^2}$ 이다.

ㄴ. A, B가 각각 높이 $\dfrac{h}{2}$ 를 지날 때의 속력은 B가 A의 $\sqrt{6}$ 배이다.

ㄷ. 마찰에 의한 B의 역학적 에너지 감소량은 $\dfrac{3}{2}mgh$ 이다.

해설

○ **파란색**으로 표기된 영역에서는 물체의 역학적 에너지가 **보존**되고, **빨간색**으로 표기된 영역에서는 물체의 역학적 에너지가 **감소**한다.

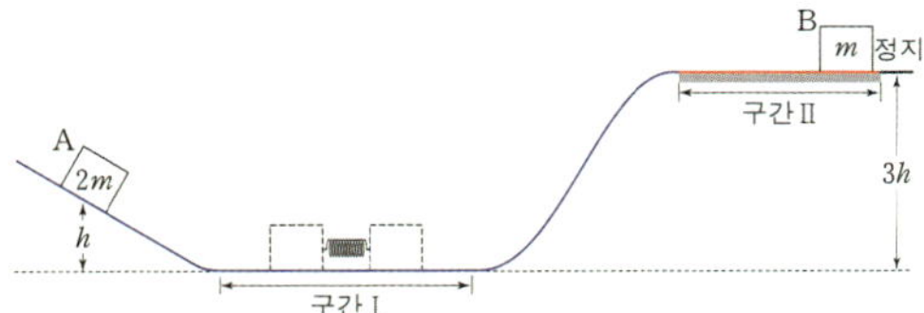

○ 우선 용수철과 분리되는 순간 A와 B의 속력의 비는 A와 B의 질량의 역수비이다. 따라서 용수철과 분리되는 순간 A와 B의 속력 비는 1:2이다. (각각 v, $2v$로 두자.)

$mgh = E_P$, $\frac{1}{2}mv^2 = E_K$로, 구간 Ⅱ에서 마찰에 의해 손실된 에너지를 E_0로 두자.

각 위치에서 물체의 운동 에너지와 중력 퍼텐셜 에너지는 아래 그림과 같이 표기된다.

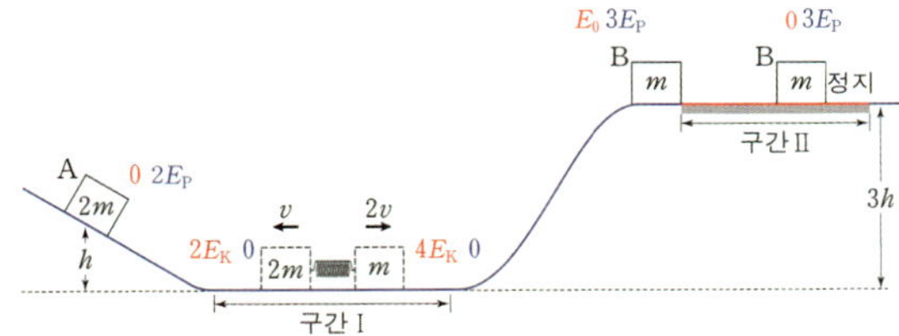

○ 에너지 보존법칙에 의해서
용수철과 분리된 직후 A의 역학적 에너지와
수평면으로부터 높이 h에서 A의 역학적 에너지는 같아야 한다.
따라서 다음 식이 성립한다.

$$2E_K + 0 = 0 + 2E_P, \quad E_K = E_P$$

용수철과 분리된 직후 B의 역학적 에너지와
수평면으로부터 높이 $3h$에서 구간 Ⅱ를 들어가기 전 B의 역학적 에너지는 같아야 한다.
따라서 다음 식이 성립한다. ($E_K = E_P$ 대입 후 계산 과정도 포함되어 있다.)

$$4E_K + 0 = E_0 + 3E_P, \quad 4E_K - 3E_P = E_P = E_0$$

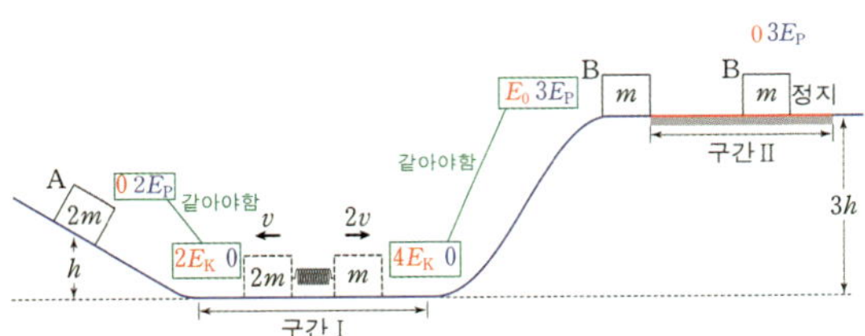

$E_P = mgh$이므로 $E_0 = mgh$이다. 따라서 마찰에 의한 B의 역학적 에너지 감소량은 mgh이다.

ㄱ. 용수철이 최대로 압축된 길이가 d이고, 용수철 상수가 k이므로 용수철이 최대로 압축되어 있을 때 용수철에 저장된 탄성 퍼텐셜 에너지는 $\frac{1}{2}kd^2$이다.

그런데 용수철과 분리된 순간 용수철에 저장된 탄성 퍼텐셜 에너지가 전부 A와 B의 운동 에너지로 전환된다. 따라서 다음 식이 성립한다.

	최대 압축	압축 0
용수철에 저정된 탄성 퍼텐셜 에너지	$\frac{1}{2}kd^2$	0
A의 운동 에너지	0	$2E_K$
B의 운동 에너지	0	$4E_K$
합	$\frac{1}{2}kd^2$	$6E_K$

$$\frac{1}{2}kd^2 = 6E_K = 6mgh, \quad k = \frac{12mgh}{d^2} \quad (\text{ㄱ. 참})$$

기출 예시 58

○ 해설이 길기 때문에 이전 페이지 문제를 다시 적어두었다.

22학년도 6월 모의고사 20번 문항

그림과 같이 수평 구간 Ⅰ에서 물체 A, B를 용수철의 양끝에 접촉하여 용수철을 원래 길이에서 d만큼 압축시킨 후 동시에 가만히 놓으면, A는 높이 h에서 속력이 0이고, B는 높이가 $3h$인 마찰이 있는 수평 구간 Ⅱ에서 정지한다. A, B의 질량은 각각 $2m$, m이고, 용수철 상수는 k이다.

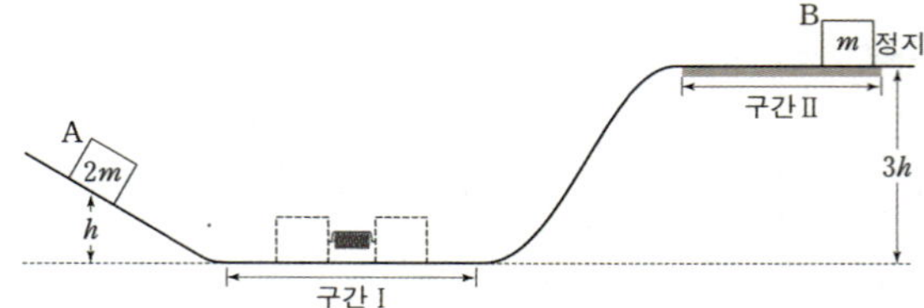

이에 대한 설명으로 옳은 것만을 〈보기〉에서 있는 대로 고른 것은? (단, 중력 가속도는 g이고, 물체의 크기, 용수철의 질량, 구간 Ⅱ의 마찰을 제외한 모든 마찰 및 공기 저항은 무시한다.)

───── 〈 보 기 〉 ─────

ㄱ. $k = \dfrac{12mgh}{d^2}$ 이다.

ㄴ. A, B가 각각 높이 $\dfrac{h}{2}$를 지날 때의 속력은 B가 A의 $\sqrt{6}$ 배이다.

ㄷ. 마찰에 의한 B의 역학적 에너지 감소량은 $\dfrac{3}{2}mgh$이다.

ㄴ. A와 B가 용수철과 분리된 직후 역학적 에너지는 각각 다음과 같다.

$$A: 2E_P, \quad B: 4E_P$$

그런데 $\dfrac{h}{2}$의 높이에서 A와 B의 중력 퍼텐셜 에너지는 각각 E_P, $\dfrac{1}{2}E_P$이다. 이때 A와 B의 운동 에너지를 각각 E_A, E_B라 하면 다음 식이 성립한다.

$$A: 2E_P = E_P + E_A \ , \ E_A = E_P = E_K$$

$$B: 4E_P = \frac{1}{2}E_P + E_B, \quad E_B = \frac{7}{2}E_P = \frac{7}{2}E_K$$

이때 A, B의 속력을 구해보자.

A	$E_K \to 1$	$1 \to 1/2 = \dfrac{1}{2}$	$\dfrac{1}{2} \to \dfrac{1}{\sqrt{2}}$	$\dfrac{1}{\sqrt{2}} \to \dfrac{1}{\sqrt{2}}v$
B	$\dfrac{7}{2}E_K \to \dfrac{7}{2}$	$\dfrac{7}{2} \to \dfrac{7}{2}/1 = \dfrac{7}{2}$	$\dfrac{7}{2} \to \sqrt{\dfrac{7}{2}}$	$\sqrt{\dfrac{7}{2}} \to \sqrt{\dfrac{7}{2}}v$
	E_K를 뗌	m앞 상수 로 나눔	루트(제곱근)을 씌움	v를 곱함

A, B가 각각 높이 $\dfrac{h}{2}$를 지날 때의 속력은 B가 A의 $\sqrt{7}$배이다. (ㄴ. 거짓)

ㄷ. 마찰에 의한 B의 역학적 에너지 감소량은 mgh이다. (ㄷ. 거짓)

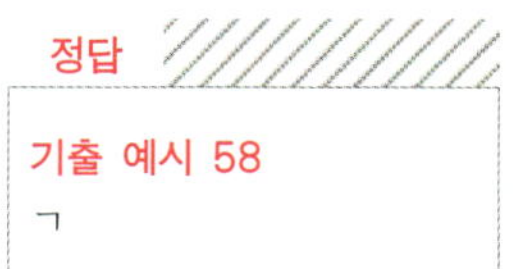

기출 예시 59

그림과 같이 마찰이 없는 수평면에서 두 물체 A, B 사이에
용수철을 넣어 압축시켰다가 동시에 가만히 놓았다. A는 마찰이
있는 수평면을 0.2초 동안 지난 후 마찰이 없는 빗면을 올라가
높이가 0.2m인 최고점에 도달하였고, B는 마찰이 있는 수평면에서
x만큼 이동한 후 정지하였다. A, B의 질량은 각각 $2m$, m이고,
마찰면에서 A에 작용하는 마찰력의 크기는 A에 작용하는 중력의
$\frac{1}{2}$배이고, B에 작용하는 마찰력의 크기는 B에 작용하는 중력의
$\frac{1}{2}$배이다.

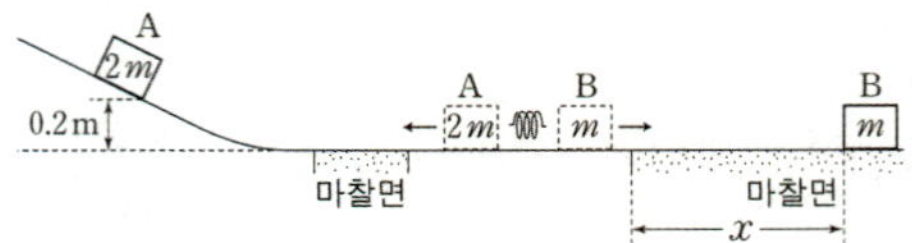

x는? (단, 중력 가속도는 10m/s^2이고, 용수철의 질량, 물체의 크기, 공기
저항은 무시한다.)

해설

○ 파란색으로 표기된 부분에서는 역학적 에너지가 보존되고, 빨간색으로 표기된 부분에서는 역학적 에너지가 감소한다.

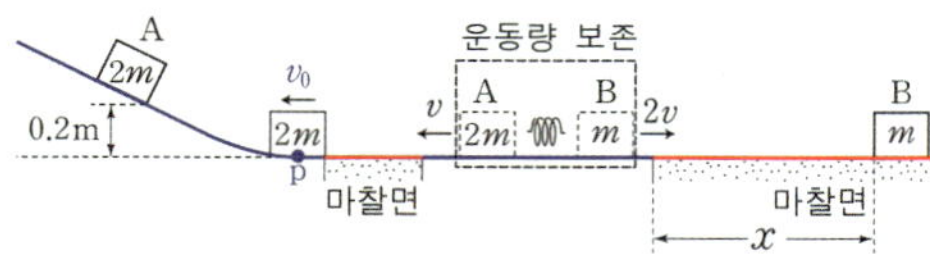

A가 마찰면을 지난 직후 속력을 v_0로 두자.
점 p에서와 수평면으로부터 0.2m의 높이에서 A의 역학적 에너지가 보존되므로 다음 식이 성립한다.

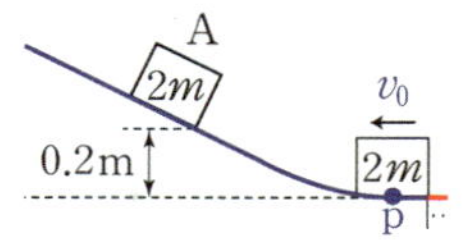

$$\frac{1}{2}(2m)(v_0)^2 = 2m(10\text{m/s}^2)(0.2\text{m}), \quad v_0 = 2\text{m/s}$$

○ A가 마찰면을 지나는 동안 A의 운동

마찰면에서 A에 작용하는 마찰력의 크기는 A에 작용하는 중력의 $\frac{1}{2}$배이므로,
A에 작용하는 마찰력의 크기는 다음과 같이 계산된다.

$$\frac{1}{2}(2mg) = mg$$

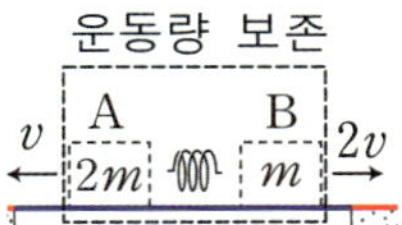

A의 가속도의 크기를 a라 하면, 마찰면에서 A의 운동 방정식은 다음과 같다.

$$mg = 2ma, \quad a = \frac{1}{2}g = 5\text{m/s}^2$$

A가 마찰면을 지나는 0.2초 동안 속도가 감소한다. 그 크기는 다음과 같다.

$$5\text{m/s}^2 \times 0.2\text{초} = 1\text{m/s}$$

마찰면을 지나기 전 A의 속력을 v로 두면 다음 식이 성립한다.

$$v - 1\text{m/s} = 2\text{m/s}, \quad v = 3\text{m/s}$$

○ 용수철에서 운동량 보존
용수철이 분리되기 전까지 A와 B의 운동량이 보존된다. 용수철과 분리되는 순간 B의 속력을 V로 두면 다음 식이 성립한다.

$$2m \times v - m \times V = 0, \quad V = 2v = 6\text{m/s}$$

○ B가 마찰면에 들어가는 동안 B의 역학적 에너지

마찰면에서 B에 작용하는 마찰력의 크기는 B에 작용하는 중력의 $\frac{1}{2}$배이므로,
B에 작용하는 마찰력의 크기는 다음과 같이 계산된다.

$$\frac{1}{2}(mg) = \frac{1}{2}mg$$

마찰면에서 마찰력이 한 일의 양은 B의 역학적 에너지 감소량과 같다.
즉, 마찰력이 B에 한 일의 양은 B의 운동 에너지 감소량과 같다.
마찰면을 지난 후 B의 운동 에너지가 0이므로 다음 식이 성립한다.

$$\frac{1}{2}m(10\text{m/s}^2) \times x = \frac{1}{2}m(6\text{m/s})^2, \quad x = 3.6\text{m}$$

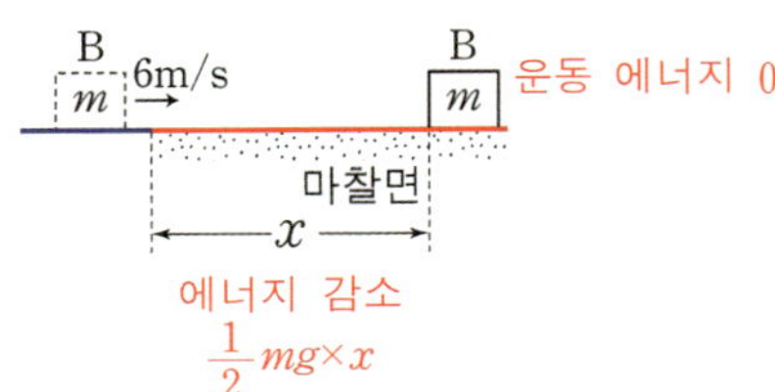

Mechanica 물리학1

 기출 예시 60

그림과 같이 마찰이 없는 빗면에서 수평면으로부터 높이 5m인 지점에 물체 A를 가만히 놓았다. A는 빗면을 내려와 마찰이 있는 수평면을 지난 후, 마찰이 없는 수평면에서 용수철에 연결되어 정지해 있던 물체 B와 충돌하였다. A와 B는 충돌 후 한 덩어리가 되어 용수철을 최대로 L만큼 압축시켰다. 마찰면에서 A에 작용하는 마찰력의 크기는 2N으로 일정하다. A가 마찰면을 통과하는데 걸린 시간은 1초이다. A, B의 질량은 각각 1kg, 3kg이고, 용수철 상수는 400N/m이다.

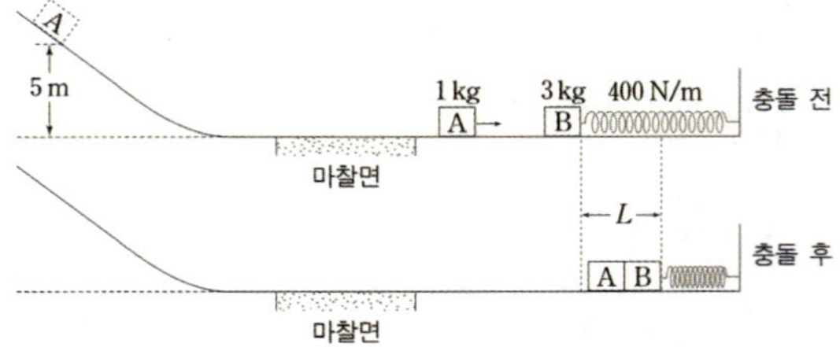

L은? (단, 중력 가속도는 10m/s^{2}이고, 물체의 크기, 용수철의 질량, 공기 저항은 무시한다.)

 **해설**

○ 파란색으로 표기된 부분에서는 역학적 에너지가 보존되고, 빨간색으로 표기된 부분에서는 역학적 에너지가 감소한다.

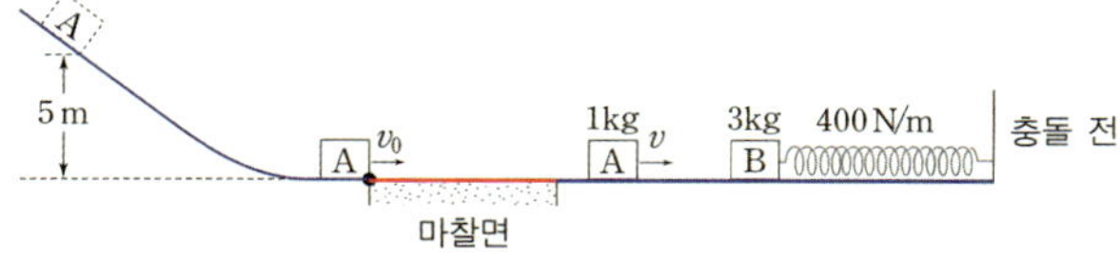

○ 5m의 높이에서부터 마찰면을 지나기 직전까지 A의 역학적 에너지가 보존된다. 수평면에서 A의 속력을 v_0라 하면 다음 식이 성립한다.

$$0 \;+\; 1\text{kg} \times 10\text{m/s}^2 \times 5\text{m} \;=\; \frac{1}{2} \times (1\text{kg}) \times v_0{}^2 \;+\; 0$$

$$v_0 = 10\text{m/s}$$

○ 마찰면에서 A에 작용하는 마찰력의 크기는 2N으로 일정하다. 마찰면에서 A의 가속도의 크기를 a로 두면 다음 운동 방정식이 성립한다.

$$1\text{kg} \times a = 2\text{N}, \quad a = 2\text{m/s}^2$$

물체가 등가속도 운동하므로 마찰면을 지난 후 물체의 속력을 v로 두면 다음 식이 성립한다.

$$10\text{m/s} - 2\text{m/s}^2 \times 1\text{s} = v, \quad v = 8\text{m/s}$$

○ A와 B가 충돌한 직후 A와 B의 운동량의 합은
A와 B가 충돌하기 직전 A와 B의 운동량의 합과 같아야 한다. (운동량 보존법칙)
따라서 다음 식이 성립한다. (충돌 후 한 덩어리가 된 A와 B의 속력을 v_1으로 두자.)

$$1\text{kg} \times 8\text{m/s} + 0 = (1\text{kg} + 3\text{kg}) \times v_1, \quad v_1 = 2\text{m/s}$$

○ A와 B가 용수철을 최대로 압축하는 동안 A+B계의 역학적 에너지와 용수철에 저장된 탄성 퍼텐셜 에너지 합은 보존된다. (에너지 보존법칙)
따라서 다음 식이 성립된다.

$$\frac{1}{2} \times (1\text{kg} + 3\text{kg}) \times (2\text{m/s})^2 + 0 + 0 = 0 + 0 + \frac{1}{2} \times (400\text{N/m}) \times L^2, \quad L = 0.2\text{m}$$

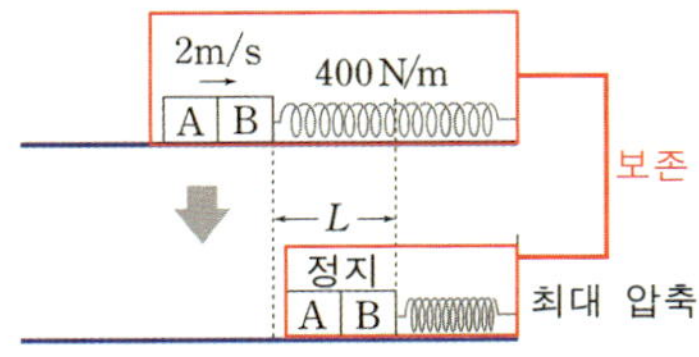

Mechanica 물리학1

기출 예시 61

그림 (가)와 같이 높이 h_A인 평면에서 물체 A로 용수철을 원래 길이에서 d 만큼 압축시킨 후 가만히 놓고, 물체 B를 높이 $9h$인 지점에 가만히 놓으면, A와 B는 수평면에서 서로 같은 속력으로 충돌한다. 충돌 후 그림 (나)와 같이 A는 용수철을 원래 길이에서 최대 $2d$만큼 압축시키고, B는 높이 h인 지점에서 속력이 0이 된다. A, B는 질량이 각각 m, $2m$이고, 면을 따라 운동한다. A는 빗면을 내려갈 때 높이차가 $2h$인 마찰 구간에서 등속도 운동하고, 마찰 구간을 올라갈 때 손실된 역학적 에너지는 내려갈 때와 같다.

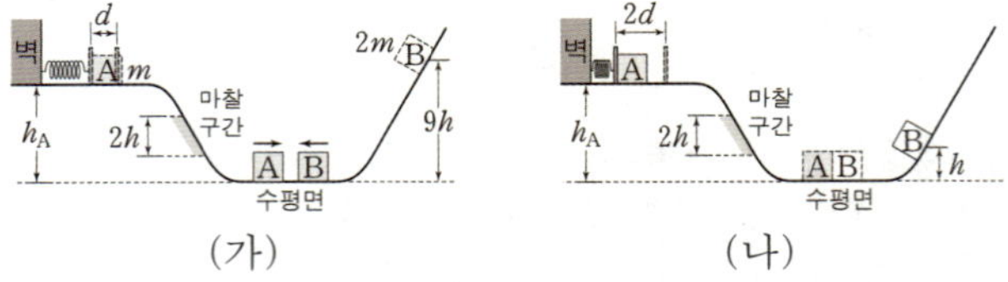

h_A는? (단, 용수철의 질량, 물체의 크기, 공기 저항, 마찰 구간 외의 모든 마찰은 무시한다.)

해설

정답 ///////
기출 예시 61
$h_A = 7h$

○ $E_P = E_K = E_0 \left(\dfrac{1}{2}mv^2 = mgh \right)$, $E_S = \dfrac{1}{2}kd^2$ 로 두자. 물체가 정지 상태에서 h의 높이만큼

   내려왔을 때 속력을 v로 두고, h_A의 높이에서 A의 중력 퍼텐셜 에너지를 $mgh_A = E_A$로 두자.

○ B는 $9h$만큼 내려오므로, 수평면에서 B의 속력은 $3v$이다.

○ 충돌 직전 A와 B의 속력이 같으므로 A의 속력은 $3v$이다.

   충돌 후 A의 속력을 v_A로 두면 아래 그림과 같다.

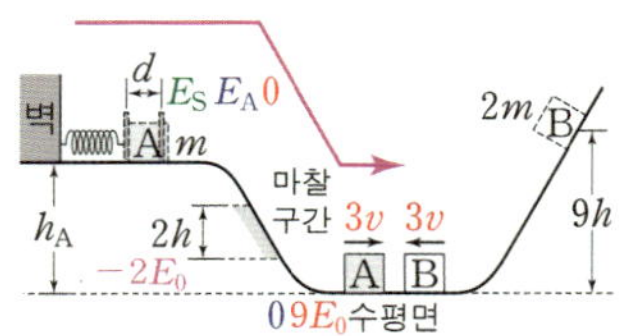

   이때 운동량 보존법칙을 적용해 보면 다음과 같다.
$$m \times (+3v) + 2m \times (-3v) = m \times (-v_A) + 2m \times (+v), \quad v_A = 5v$$

○ 문제 상황을 정리해 보면 다음과 같다.

   A가 마찰면을 지날 때 속력이 일정하므로, 마찰면에서 운동 에너지 변화량은 0이다.

   하지만 A의 중력 퍼텐셜 에너지가 $2E_P = 2E_0$만큼 감소하므로

   A의 역학적 에너지 감소량은 A의 중력 퍼텐셜 에너지 감소량과 같은 $2E_0$이다.

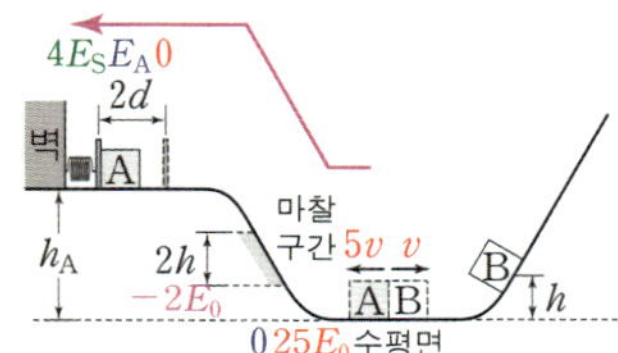

   충돌 전 용수철이 최대로 압축되었을 때

   A의 역학적 에너지와 용수철에 저장된 탄성 퍼텐셜 에너지 합에서

   마찰면에서 손실된 에너지($2E_0$)를 뺀 값이

   수평면에서의 역학적 에너지와 같아야 한다.

   따라서 다음 식이 성립된다.
$$① \quad E_S + E_A + 0 - 2E_0 = 0 + 9E_0, \quad E_S + E_A = 11E_0$$

   충돌 후

   수평면에서의 역학적 에너지에서

   마찰면에서 손실된 에너지($2E_0$)를 뺀 값이

   용수철이 최대로 압축되었을 때 A의 역학적 에너지와 용수철에 저장된 탄성퍼텐셜 에너지 합과

   같아야한다.

   따라서 다음 식이 성립된다.
$$② \quad 0 + 25E_0 - 2E_0 = E_A + 0 + 4E_S, \quad 4E_S + E_A = 23E_0$$

   ①과 ②를 연립하여 E_A를 E_0로 나타내면 다음과 같다.

$$E_A = 7E_0$$

$E_A = mgh_A$, $E_0 = \dfrac{1}{2}mv^2 = mgh$이므로 $h_A = 7h$이다.

기출 예시 62

그림과 같이 고정된 관의 위쪽 끝에 용수철 상수가 150N/m인 용수철을 매달고, 용수철의 아래쪽 끝으로부터 1m 아래인 지점에서 질량 0.5kg인 물체를 연직 위로 5m/s의 속력으로 던졌다.

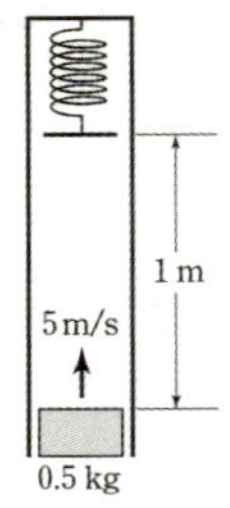

물체가 용수철을 최대로 압축시킨 순간, 이에 대한 설명으로 옳은 것만을 〈보기〉에서 있는 대로 고른 것은? (단, 중력 가속도는 $10m/s^2$이고, 물체의 크기, 용수철의 질량, 공기 저항은 무시한다.)

───〈 보 기 〉───

ㄱ. 물체의 운동 에너지는 0이다.
ㄴ. 용수철은 0.1m만큼 압축된다.
ㄷ. 물체에 작용하는 알짜힘은 0이다.

 **해설**

물체가 용수철을 최대로 압축할 때 물체의 속력이 0이 된다.
최대로 압축된 용수철의 길이를 x로 두자.

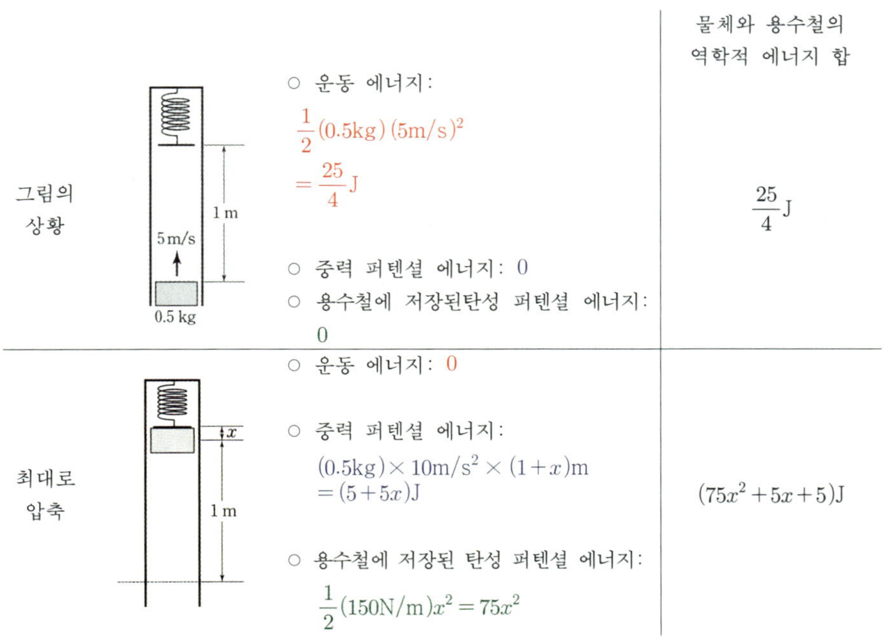

그림의 상황에서 용수철을 최대로 압축할 때까지 물체와 용수철의 역학적 에너지 합은 보존되므로 다음 식이 성립한다.

$$(75x^2+5x+5)\text{J}=\frac{25}{4}\text{J}$$

$$60x^2+4x-1=0, \quad x=0.1\text{m}$$

ㄱ. 물체가 용수철을 최대로 압축한 순간 물체의 속력이 0이다. 따라서 이 순간 물체의 운동 에너지는 0이다. (ㄱ. 참)

ㄴ. 용수철은 0.1m만큼 압축된다. (ㄴ. 참)

ㄷ. 물체가 용수철을 최대로 압축할 때, 물체에 작용하는 힘은 다음과 같다.
  물체의 중력: $0.5\text{kg}\times 10\text{m/s}^2=5\text{N}$
  용수철이 물체에 작용하는 힘(탄성력): $150\text{N/m}\times 0.1\text{m}=15\text{N}$

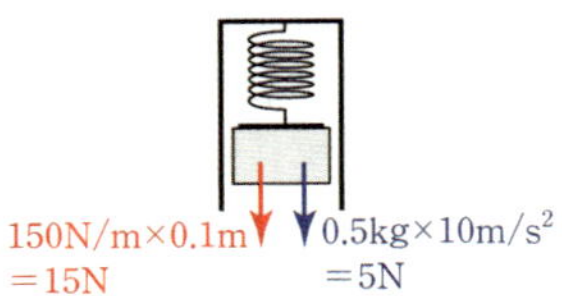

물체에 작용하는 힘은 탄성력(15N)과 중력(5N)의 합인 20N이므로 0이 아니다. (ㄷ. 거짓)

정답 ///////////

기출 예시 62
ㄱ, ㄴ

4. 단진동 유형

 **단진동 유형을 배워야 하는 이유**

※ 필자의 의견

사실 단진동을 배우지 않더라도 에너지 보존 법칙으로 전부 풀 수 있다. 이후 내용은 교과서나 EBS에 설명되어 있지 않은 내용이다. 그럼에도 불구하고 이 단진동에 대한 이론을 배우는 이유는 다음과 같은 이유 때문이다.

방금 풀어봤던 11학년도 수능 11번 문항을 보자.

11학년도 수능 11번 문항

그림과 같이 고정된 관의 위쪽 끝에 용수철 상수가 150N/m인 용수철을 매달고, 용수철의 아래쪽 끝으로부터 1m 아래인 지점에서 질량 0.5kg인 물체를 연직 위로 5m/s의 속력으로 던졌다.

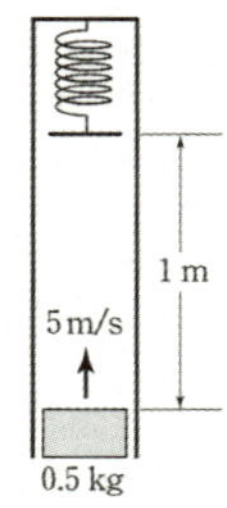

물체가 용수철을 최대로 압축시킨 순간, 이에 대한 설명으로 옳은 것만을 〈보기〉에서 있는 대로 고른 것은? (단, 중력 가속도는 $10m/s^2$이고, 물체의 크기, 용수철의 질량, 공기 저항은 무시한다.)

〈보 기〉

ㄱ. 물체의 운동 에너지는 0이다.
ㄴ. 용수철은 0.1m만큼 압축된다.
ㄷ. 물체에 작용하는 알짜힘은 0이다.

11학년도 수능 11번 문항의 ㄴ은 에너지 보존법칙으로 풀 수 있었다. 결국, 압축된 길이를 x로 두고 에너지 보존법칙을 세워보면 다음과 같은 식을 얻을 수 있었다.

$$60x^2 + 4x - 1 = 0$$

무려 수능에서 나온 문제이고, 물리1에서 2차 방정식이 나왔던 문제이다.
에너지 보존법칙을 쓰면 2차 방정식으로 풀리는 이 문제는 사실 **단진동만 안다면 2차 방정식으로 풀지 않아도 되는 문제**이다.

$$\frac{64}{3600} = A^2 \quad , \quad A - \frac{1}{30} = x$$

간단하게 말하면 $y = ax^2 + bx + c$를 푸는 문제를 단진동을 이용하여 $x^2 = a$를 푸는 문제로 바꿀 수 있다는 뜻이다.

단진동 문제를 푸는 순서는 다음과 같다.

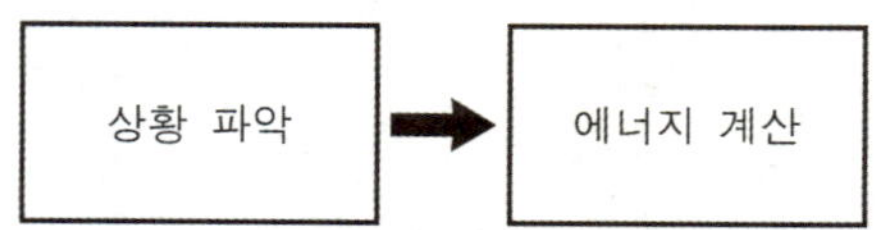

① 상황 파악은 물체가 어느 범위 내에서 단진동 하는가를 살펴보는 과정이다.
② 상황 파악이 끝났다면 이제 정확한 물리량을 계산하여 문제에서 묻고자하는 답을 낸다.

해당 파트 뒷 부분에는 '특수한 케이스'를 다룰 예정이다. 특수한 케이스에서는 '단진동과 역학적 해석'을 다루면서 아래 문제와 같은 분리되는 순간을 다룰 예정이다.

22학년도 10월 모의고사 20번 문항

그림 (가)와 같이 원래 길이가 $8d$인 용수철에 물체 A를 연결하고, 물체 B로 A를 $6d$만큼 밀어 올려 정지시켰다. 용수철을 압축시키는 동안 용수철에 저장된 탄성 퍼텐셜 에너지의 증가량은 A의 중력 퍼텐셜 에너지 증가량의 3배이다. A와 B의 질량은 각각 m이다. 그림 (나)는 (가)에서 B를 가만히 놓았더니 A가 B와 함께 연직선상에서 운동하다가 B와 분리된 후 용수철의 길이가 $9d$인 지점을 지나는 순간을 나타낸 것이다.

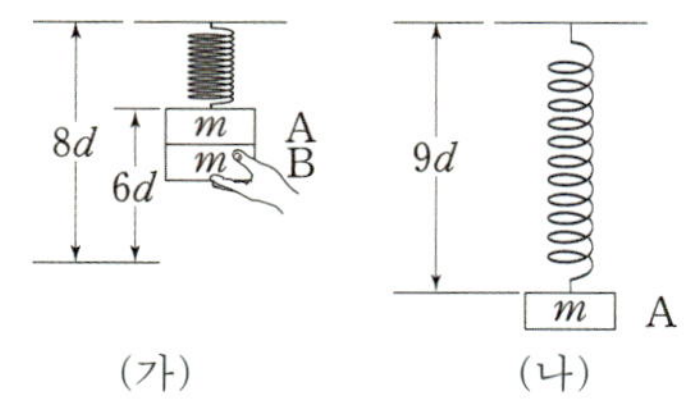

(나)에서 A의 운동 에너지는? (단, 중력 가속도는 g이고 용수철의 질량, 물체의 크기, 모든 마찰과 공기 저항은 무시한다.)

위의 그림의 상황처럼 A와 B 사이 접촉력이 0 이 되는 순간이 어느 순간인지 판단하는 과정을 소개할 것이다. 더불어 단진동하는 계 내에 작용하는 힘 분석에 대해서 다룰 예정이다.

단진동을 설명할때는 $F-x$그래프를 활용할 것이다. 하지만, 우리의 목표는 '$F-x$그래프를 활용하지 않고도 단진동 문제를 푸는 것'이다.

Mechanica 물리학1

 **용수철과 연결된 물체의 운동**

① 용수철과 연결된 물체는 '단진동' 한다. (매우 중요하다.)
② 단진동을 이해하기 위해 아래와 같은 상황을 분석해 보자.

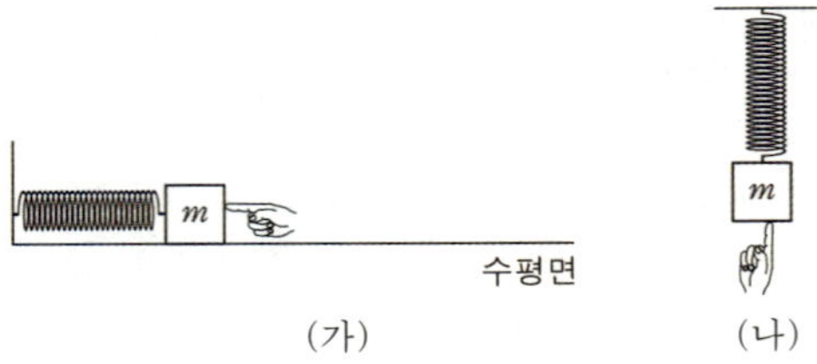

(가)와 (나)는 각각 물체를 용수철에 연결하고 용수철을 압축한 모습을 나타낸 것이다.
(가)부터 살펴보자.

○ 물체를 놓는 순간 물체의 **속력은** 0이다. 이때 물체의 **가속도와 알짜힘은 최대**이다.

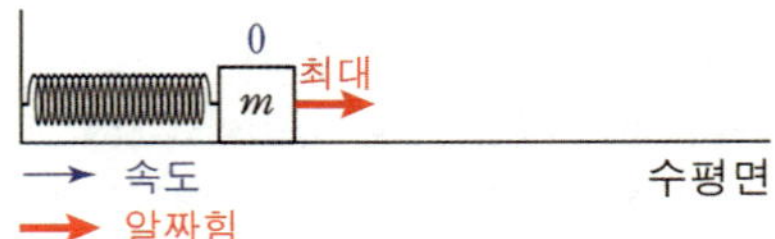

○ 물체의 알짜힘이 최대인 순간부터 물체의 알짜힘이 0이 되는 순간까지 물체의 속력은 증가한다.
왜냐하면 **물체의 알짜힘 방향(가속도 방향)과 속도의 방향**이 같기 때문이다.
물체의 알짜힘이 0이 되는 순간 물체의 **속력은 최대**가 될 것이다.
물체의 알짜힘의 크기는 점점 감소할 것이다.

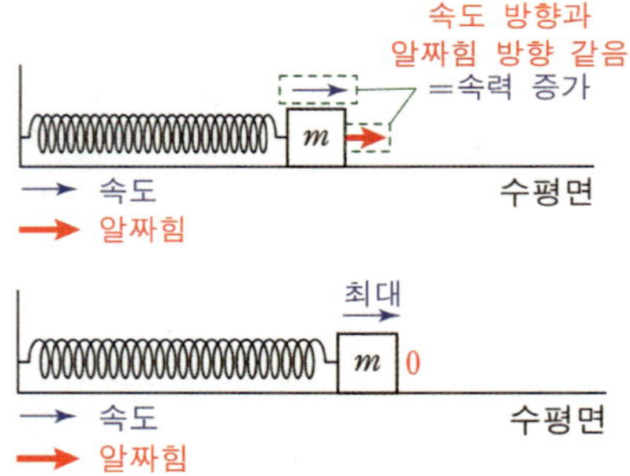

○ 물체의 알짜힘이 0이 되는 순간 이후 물체의 알짜힘의 방향이 왼쪽으로 바뀌고, 그 크기는 점점
증가할 것이다. 물체의 속도 방향과 알짜힘(가속도) 방향이 서로 반대이므로 속력이 점점
줄어들고 결국 속도가 0이 될 것이다.

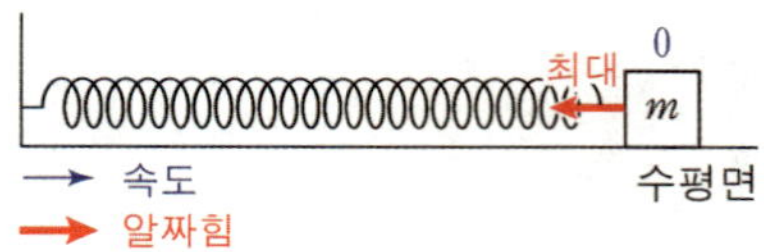

○ 이 일련의 과정을 하나의 그림으로 나타내 보면 다음과 같다.

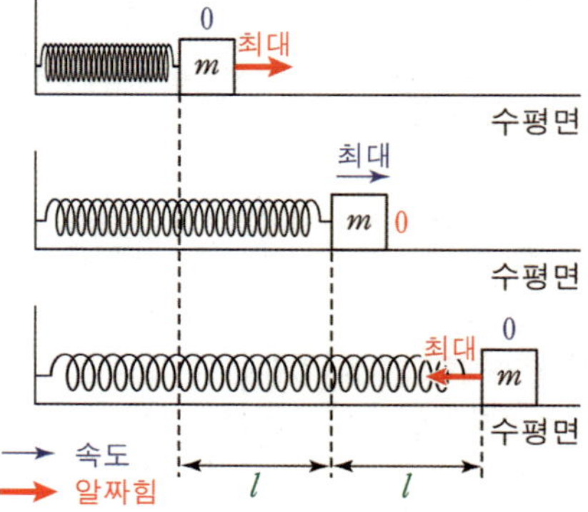

중요한 포인트!
물체는 용수철과 연결되어 있는 동안
속력이 0이 되는 **두 지점**이 존재하고, (정지점)
속력이 최대가 되는 **하나**의 지점이 존재한다. (평형점)

이를 토대로 정지점과 평형점을 정의해 보면 다음과 같다.

> ① **정지점**: 물체의 속력이 0이 되는 지점
> ② **평형점**: 물체의 알짜힘(가속도)이 0이 되는 지점

성질 ①: 물체가 용수철에 연결되어 운동하고 있다면 물체는 단진동한다.
성질 ②: 물체가 용수철에 연결되어 운동하고 있다면 물체는 **정지점**이 2개,
　　　　평형점이 1개인 운동을 한다.
성질 ③: **정지점**과 **평형점** 사이의 거리를 '**진폭**' 이라 부르고, 다음이 성립한다.

> **진폭**
> = **정지점**과 **평형점** 사이의 거리
> = **평형점**에서 또 다른 **정지점** 사이의 거리
> = 두 **정지점** 사이의 거리의 절반

성질 ④: 물체는 정지점에서 가속도가 최대이고, 평형점에서 속도가 **최대이다.**

 **정리와 약속**

정리

○ 물체가 용수철에 연결되어 운동한다면, 물체는 평형점을 중심으로 단진동하게 된다.
　(탄성력외에 다른 힘이 작용해도 평형점을 중심으로 단진동한다.)
○ 정지점 1과 평형점 사이, 평형점과 정지점 2 사이의 거리는 같고 이를 진폭이라 부른다.

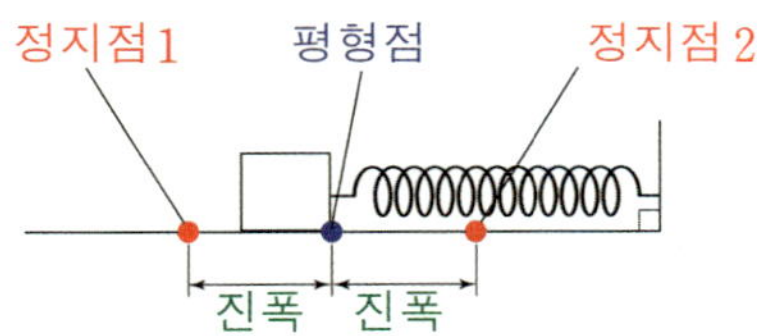

○ 정지점과 평형점에서 가속도와 속도 관계는 다음과 같다.

물리량	정지점 1	평형점	정지점 2
속도	0	최대	0
가속도	최대	0	최대

○ 즉, 평형점을 찾기 위해서는 **계의 알짜힘이 0이 되는 지점을 찾으면 된다.**
○ **정지점 1, 정지점 2에서의 가속도의 크기는 같다.**

약속

○ 문제를 풀 때에 항상 용수철 그림을 그린다면 문제푸는데 걸리는 시간이 클 것이다. 그래서
　간단한 선으로 평형점, 정지점을 표기하는게 좋다.

Mechanica 물리학1

 $F-x$ **그래프**

$F-x$ 그래프에 대해서 설명해 보겠다.

① 용수철이 늘어나는 방향을 양(+)으로 두자.

용수철의 길이에 따른 탄성력의 크기는 오른쪽 그림과 같이 기울기가 우하향하는 그래프가 그려져야 한다. (l_0는 용수철의 원래 길이)

왜냐하면 탄성력의 방향은 원래 길이보다 늘어나 있으면 늘어난 방향과 반대 방향이기 때문에 오른쪽과 같이 그래프가 그려져야하며, 용수철의 원래 길이와 용수철 상수가 같다면 길이 변화에 따라 같은 탄성력이 발생하므로 모두 동일한 형태의 그래프가 그려질 것이다.

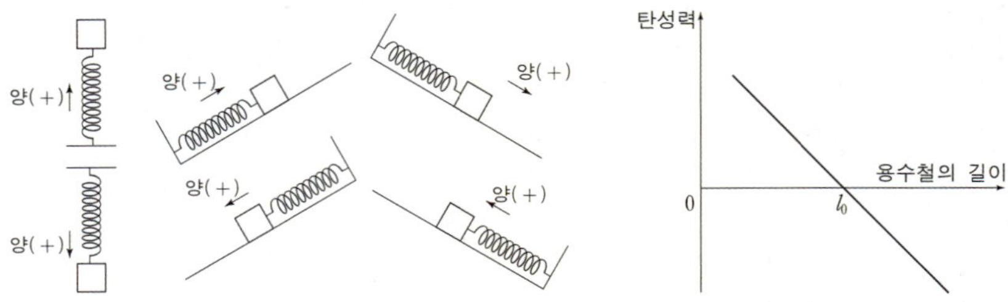

② ①의 그래프에서 탄성력 축을 오른쪽으로 밀어 l_0를 원점으로 두자.

그렇게 바꾸면 x축은 원래 길이로부터 변형된 길이로 바뀌게 된다.

x축의 양(+)의 방향은 용수철이 늘어난 길이이고

x축의 음(−)의 방향은 용수철이 압축된 길이이다.

왼쪽 그래프를 이제 '$F-x$그래프' 중 '**탄성력-위치 그래프**'로 부르겠다.

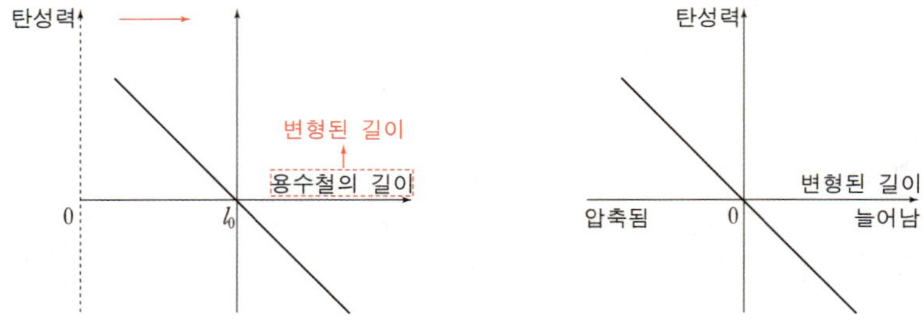

③ 그런데 물체가 수직으로 용수철에 매달려 있거나 빗면 위에서 용수철에 매달려 있다면, 물체에는 중력(mg)또는 빗면 아래로 작용하는 힘($mg\sin\theta$)이 작용할 것이다.

이 힘의 방향이 오른쪽 그림과 같이 양(+)의 방향인 경우 ②의 그래프에 그려보면 아래 그림과 같다.

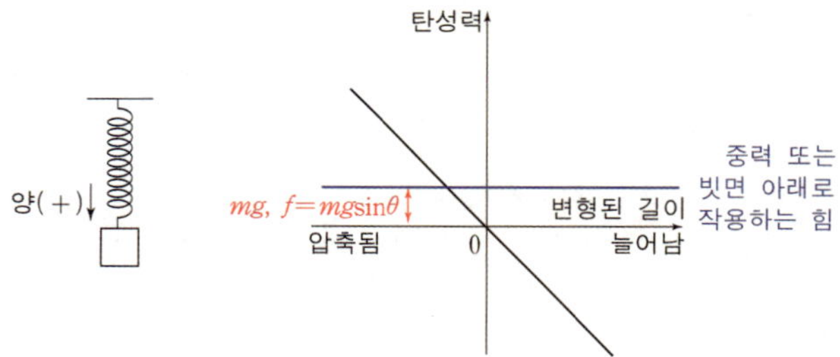

④ 기존 $F-x$그래프를 중력 또는 빗면 아래로 작용하는 힘만큼 y축 방향으로 평행이동 시키면 계에 작용하는 알짜힘을 용수철의 변형된 길이에 따라 나타낼 수 있다. 이때, 알짜힘이 0이 되는 지점은 앞선 페이지에서 설명한 **평형점**이다.

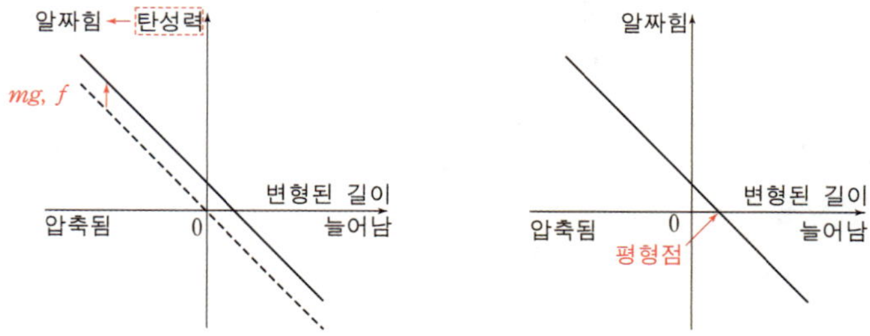

⑤ y축을 평형점이 원점이 되게 평행 이동시켜보면 용수철이 변형된 길이를 평형점으로부터 변형된 길이로 바꿀 수 있다.

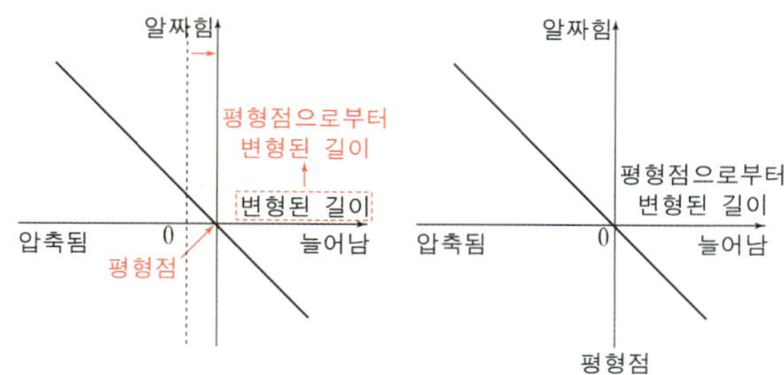

⑥ 평형점을 원점으로 하고, 물체에 작용하는 알짜힘을 위치에 따라 나타내면 오른쪽 그래프와 같으며, 오른쪽 그래프를 이제, '$F-x$그래프' 중 '알짜힘-위치 그래프'로 부르겠다.

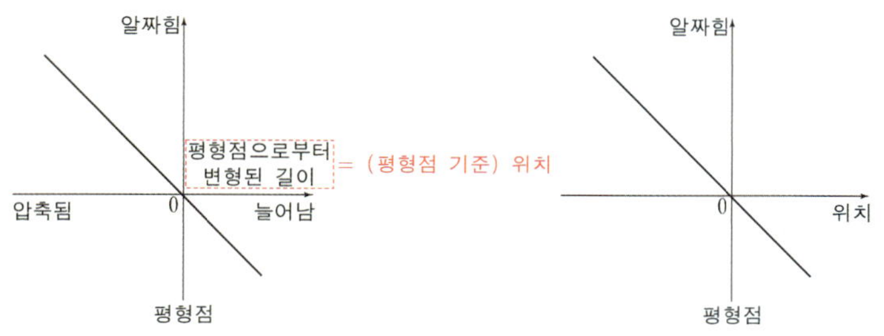

○ $F-x$그래프의 종류로 알짜힘-위치 그래프, 탄성력-위치 그래프가 있다.

⚙ $F-x$ 그래프 분석

이로서 우리는 알짜힘-위치 그래프를 그릴 수 있었고, 평형점을 기준으로 정지점 1, 2를 표기할 수 있다.

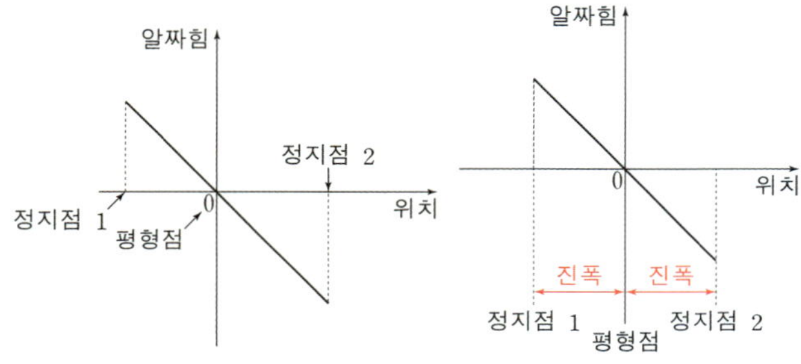

그런데, 알짜힘-위치 그래프에서 밑면적이 의미하는 것이 무엇일까? 일 에너지 정리에 의해 다음과 같다.

$$\text{알짜힘} \times \text{위치 변화(변위)} = \text{물체의 **운동 에너지 증가량/감소량**}$$

한편 물체가 정지점 1과 정지점 2에 위치해 있을 때 물체의 속력은 0이다.
즉, 정저짐 1→ 정지점 2까지 물체의 운동 에너지 변화량은 0이어야 한다.
즉, 아래 그림에서
정지점 1→ 평형점까지 운동 에너지 증가량(S_1)과
평형점 → 정지점 2까지 운동 에너지 감소량(S_2)가 같아야 한다.
따라서 $S_1 = S_2$이다.

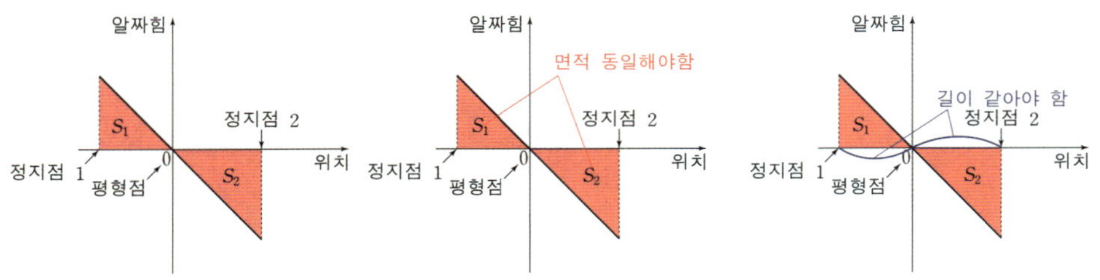

S_1과 S_2가 같기 위해서는 정지점 1과 평형점 사이 거리와 평형점과 정지점 2 사이의 거리가 같아야 한다.
정지점 1과 평형점 사이 거리, 평형점과 정지점 2 사이의 거리를 '진폭'이라 부르며, 이는 일전 페이지에서 설명한 부분과 일치한다.

○ **유의 사항**
$v-t$그래프의 경우 시간의 흐름 방향이 한쪽 방향이기 때문에 상관 없지만, $F-x$그래프의 경우 x의 변화(변위)가 오른쪽으로 될 수 있고, 왼쪽으로 될 수 있다. 예를 들면, 아래 그림과 같이 물체의 위치가 $-x_1$에서 x_2로 변하는 경우
S_1에 해당하는 면적이 운동 에너지 **증가량**,
S_2에 해당하는 면적이 운동 에너지 **감소량**이다.

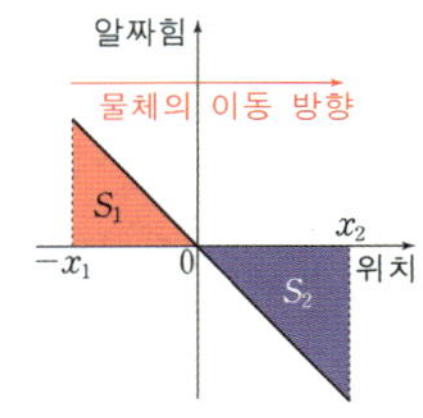

하지만 아래 그림과 같이 물체의 위치가 x_2에서 $-x_1$으로 변하는 경우
S_2에 해당하는 면적이 운동 에너지 **증가량**,
S_1에 해당하는 면적이 운동 에너지 **감소량**이다.

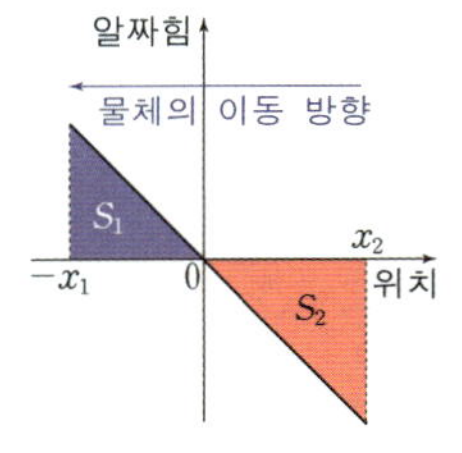

Mechanica 물리학1

1) 상황 파악

물체의 평형점이 어느 위치인지 판단해야한다. 그러나 전 페이지에서 언급했듯 매번 상황을 판단할 때마다 용수철을 그리는 것은 비효율적이다. 따라서 다음과 같은 순서로 상황을 판단할 것이다.

> **정리** | 단진동 상황 파악
>
> ① 원래 길이를 표현한다.
> ② 평형점을 표시한다.
> ③ 정지점을 표시한다.
> ④ 다른 정지점을 찾는다.

예시를 풀어가는 과정을 보면서 이해해 보자.

그림 (가)는 질량이 1kg인 물체가 용수철 상수가 100N/m인 용수철에 연결되어 정지해 있는 모습을 나타낸 것이다. 그림 (나)는 (가)에서 물체를 아래로 0.3m만큼 잡아 당겼다 가만히 놓은 모습을 나타낸 것이다. 용수철이 최대로 압축되었을 때 용수철이 압축된 길이를 계산해 보자. (단, 중력 가속도는 10m/s^2이며, 물체의 크기, 모든 마찰과 공기 저항은 무시한다.)

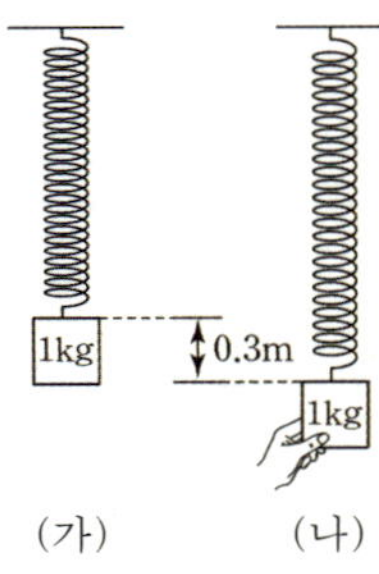

① 원래 길이를 표현한다.

○ (가)에서 용수철은 물체와 연결되어 있고, 이 순간 물체의 알짜힘이 0이다.
물체에는 중력과 탄성력이 작용하고, 이들의 합이 0이 되어야 하므로, 용수철은 원래 길이보다 늘어나 있어야한다. 따라서 원래 길이 l_0를 (가)의 길이보다 짧게 그려야 한다.

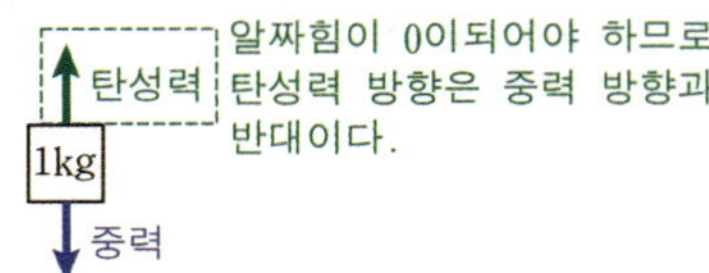

○ 용수철의 길이를 표현한다. 우선 용수철의 원래 길이(l_0)를 아래 그림과 같이 선으로 표시한다.
○ 원래 길이가 되는 아래 끝 점 오른쪽에 원래 길이라는 점을 표기하기 위해 '**원**'을 표기한다.

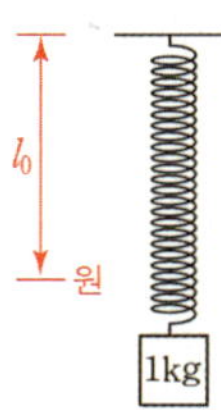

② 평형점을 표시한다.
용수철에 연결된 계의 알짜힘의 크기가 0이 되는 용수철의 변형된 길이(x)를 구한다.

$$100\text{N/m} \times x = 1\text{kg} \times 10\text{m/s}^2, \quad x = 0.1\text{m}$$

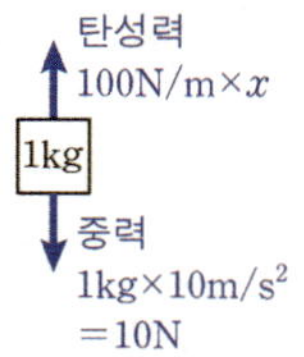

○ 결과를 토대로 원점으로부터 0.1m 지점을 아래 그림과 같이 표현한 후 평형점임을 뜻하는 '**평**'을 표기한다.

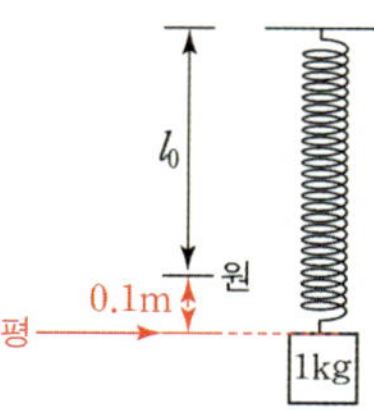

③ 정지점을 표시한다.

○ 그림 (나)에서 용수철을 0.3m만큼 잡아 당긴 후 가만히 놓는다. 이는 평형점을 기준으로 0.3m 만큼 당긴다는 의미이므로 아래 그림과 같이 평형점으로부터 0.3m 아래 지점을 표기해 둔다.

○ 물체를 잡아 당긴 후 가만히 놓으므로, **물체는 평형점으로부터 0.3m아래 지점에서 정지 상태에서 출발하여 운동할 것이다.** 따라서 해당 지점이 정지점이다.

○ 정지점임을 뜻하는 '**정**'을 표기한다.

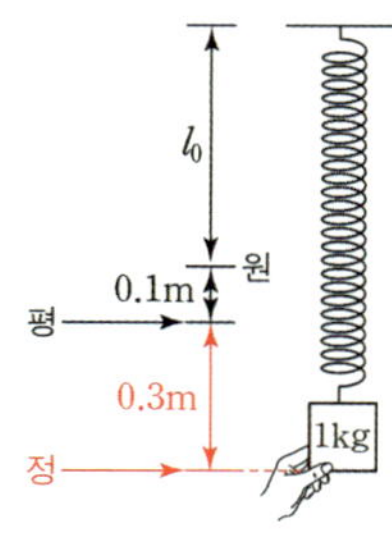

④ 다른 정지점을 찾는다.

○ 물체는 단진동 하는 동안 두 개의 정지점과 한 개의 평형점을 가진다.
정지점과 평형점 사이 거리는 또 다른 정지점과 평형점 사이의 거리와 같아야 한다.
(이를 진폭이라 부른다.)
즉, 두 정지점의 정확히 중간 지점에 평형점이 있도록 해야한다.

○ ③에서 정지점과 평형점 사이의 거리가 0.3m이므로 물체는 0.3m의 진폭으로 단진동할 것이다.
따라서 평형점을 기준으로 0.3m만큼 위의 지점이 또 다른 정지점이다. 해당 부분을 표기하고
정지점임을 뜻하는 '**정**'을 표기한다.

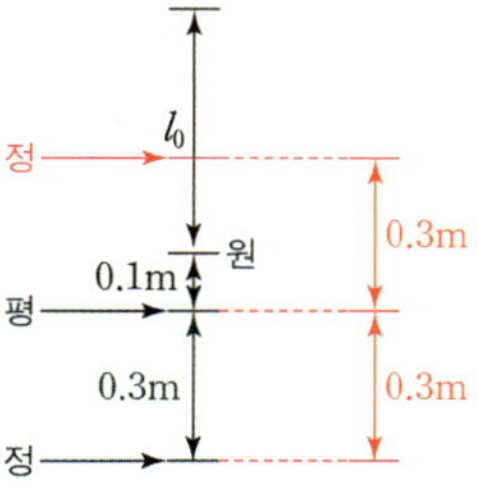

○ 결론 구하기
물체가 용수철을 최대로 압축시킨 후 물체는 정지한다.
즉, 물체가 용수철을 최대로 압축시켰을 때 용수철이 압축된 길이는
'원'으로 표기된 지점에서 위쪽의 '정'으로 표기된 부분까지의 거리를 의미한다.
그 길이는 다음과 같이 계산된다.

$$0.3m - 0.1m = 0.2m$$

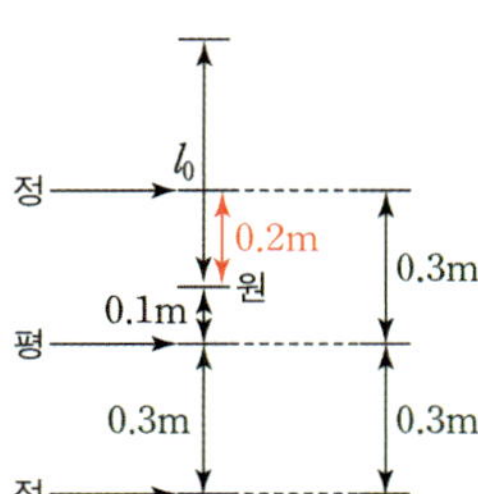

○ 문제를 풀 때는 바로 아래 길이 그림만 그릴 수 있으면 된다.

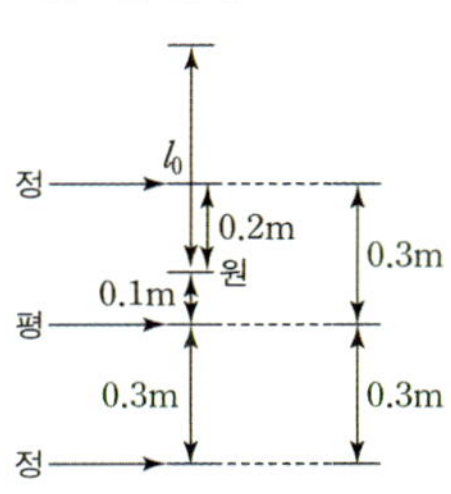

길이 그림을 그리는 연습을 해보자.

간단 예시

그림 (가)와 같이 질량이 2kg인 물체가 용수철 상수가 100N/m인 용수철에 연결되어
정지해 있다. 그림 (나)는 (가)에서 물체를 용수철의 길이가 원래 길이가 되도록 당긴
모습을 나타낸 것이다.

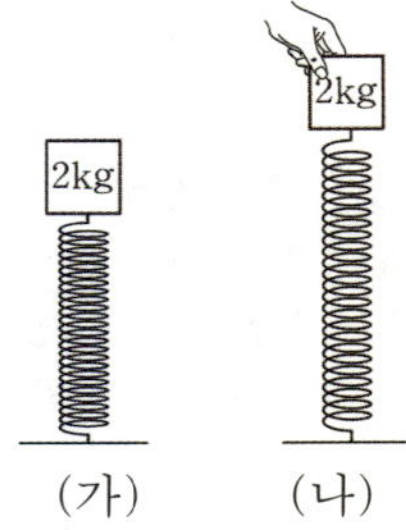

(나)에서 물체를 놓은 후, 물체가 용수철을 최대로 압축시켰을 때 용수철이 압축된 길이는?
(단, 중력 가속도는 10m/s^{2}이고, 물체의 크기, 모든 마찰과 공기 저항은 무시한다.)

우선 물체의 평형점을 찾아야 한다. 물체의 중력과 탄성력이 평형을 이루므로 다음과
같다. (압축된 길이 x)

$$2\text{kg} \times 10\text{m/s}^2 = 100\text{N/m} \times x$$
$$x = 0.2\text{m}$$

이를 토대로 평형점을 표기해 보고, 원래 길이에서 정지점임을 표기해 보면 다음과 같다.

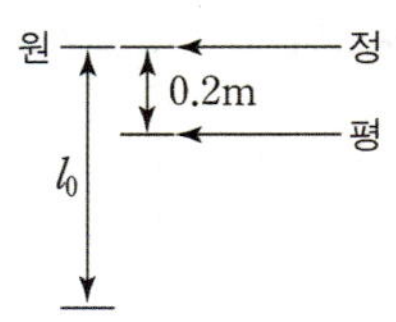

물체의 정지점과 평형점을 찾았으므로 또 다른 정지점을 찾아야 한다.
우선 정지점과 평형점 사이의 거리가 0.2m이므로,
진폭이 0.2m임을 확인할 수 있다.
두 정지점의 정확한 중간 지점에 평형점이 존재해야하므로, 평형점으로부터 진폭(0.2m)만큼
아래 지점에서 또 다른 정지점을 가질 것이다. 이를 표기해 보면 아래 그림과 같다.

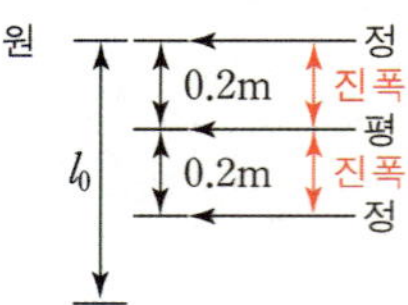

용수철이 원래 길이로부터 최대로 압축된 길이는 '원'으로부터 제일 아래의 '정'까지의
거리이다. 그 거리는 다음과 같이 계산된다.

$$0.2\text{m} + 0.2\text{m} = 0.4\text{m}$$

정답은 0.4m이다.

만약 정지점 두 개가 주어졌다면 어떻게 구할 수 있을까? 다음과 같은 예시를 풀어보자.

그림 (가)와 같이 물체를 용수철 상수가 100N/m인 용수철에 연결한 후 용수철을 손으로 압축시킨 모습을 나타낸 것이다. 이때 용수철이 압축된 길이는 0.8m이다. 그림 (나)는 (가) 이후 손을 놓았을 때 물체가 중력과 반대 방향으로 1m만큼 이동한 후 다시 정지한 모습을 나타낸 것이다.

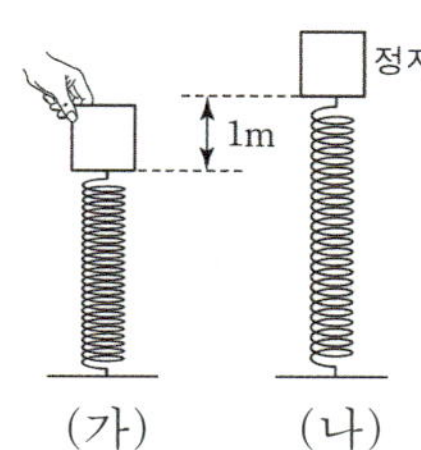

물체의 질량은? (단, 중력 가속도는 10m/s^{2}이고, 물체의 크기, 모든 마찰과 공기 저항은 무시한다.)

우선 물체의 평형점을 찾아야 한다. 물체의 중력과 탄성력이 평형을 이루므로 다음과 같다. (물체의 질량 m, 압축된 길이 x)

$$1) \quad m \times 10\text{m/s}^2 = 100\text{N/m} \times x \text{ (아직 구할 수 없음)}$$

아쉽게도 평형점을 바로 구할 수는 없다. 정지점의 위치를 그려보자.
○ 그림 (가)에서 물체는 원래 길이로부터 0.8m만큼 압축되어 있다. 해당 부분에 '정'을 표기해 두자.

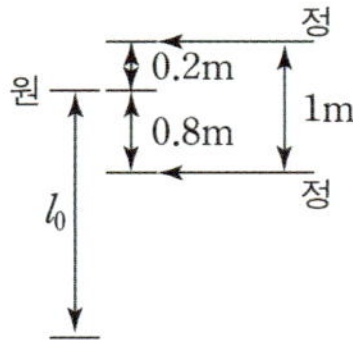

○ 그림 (나)에서 물체는 중력과 반대 방향으로 1m만큼 이동한 후 정지한다. 정지점을 그려보면 다음과 같다.

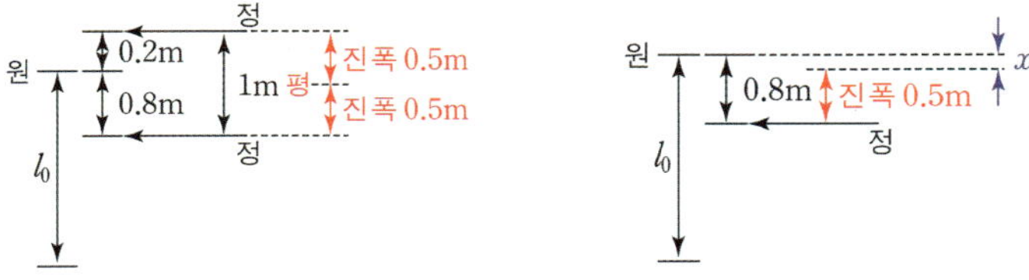

○ 그런데 두 정지점의 정확하게 중간 지점에서 물체의 평형점이 존재한다.
   따라서 진폭은 0.5m이고,
   아래의 정지점에서 0.5m만큼 떨어진 지점이 평형점임을 알 수 있다.

원래 길이로부터 x만큼 압축된 지점이 평형점이므로 다음 식이 성립한다.

$$0.8\text{m} - 0.5\text{m} = x, \quad x = 0.3\text{m}$$

위의 1)에 대입해 보면 다음과 같다.
$$m \times 10\text{m/s}^2 = 100\text{N/m} \times x, \quad x = 0.3\text{m}$$
$$m = 3\text{kg}$$

Mechanica 물리학1

기출 예시 63

그림 (가)는 물체 A와 실로 연결된 물체 B를 원래 길이가 L_0인 용수철과 수평면 위에서 연결하여 잡고 있는 모습을, (나)는 (가)에서 B를 가만히 놓은 후, 용수철의 길이가 L까지 늘어나 A의 속력이 0인 순간의 모습을 나타낸 것이다. A, B의 질량은 각각 m이고, 용수철 상수는 k이다.

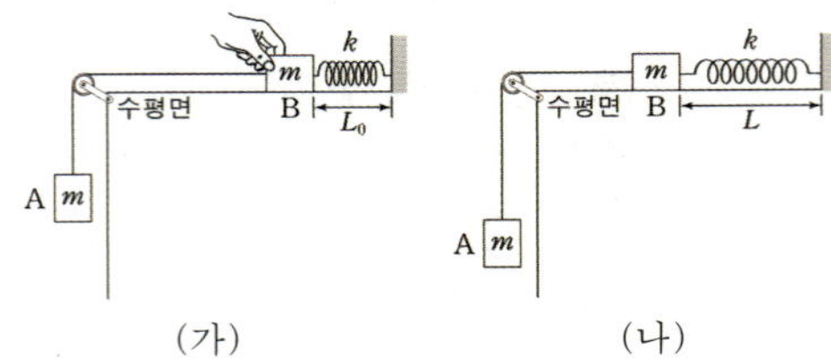

$L - L_0$는? (단, 중력 가속도는 g이고, 물체의 크기, 용수철의 질량, 공기 저항은 무시한다.)

 **해설**

$L-L_0$는 두 정지점 사이의 거리이다.

평형점은 A+B계의 알짜힘이 0이되는 지점이다.
물체가 평형점을 지날 때, 용수철이 늘어난 길이를 x로 두면 다음 식이 성립한다.

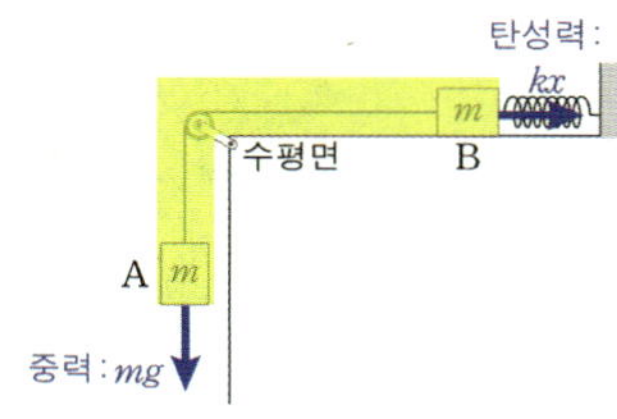

$$kx = mg, \quad x = \frac{mg}{k}$$

즉, 정지점과 평형점 사이의 거리, 즉 진폭은 $\frac{mg}{k}$임을 알 수 있다.

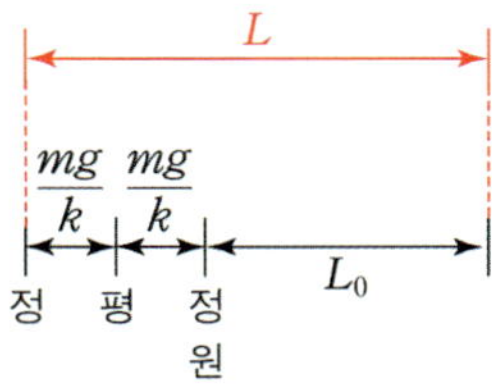

따라서 $L-L_0$는 진폭의 2배로 다음과 같이 계산될 수 있다.

$$L-L_0 = 2 \times \frac{mg}{k} = \frac{2mg}{k}$$

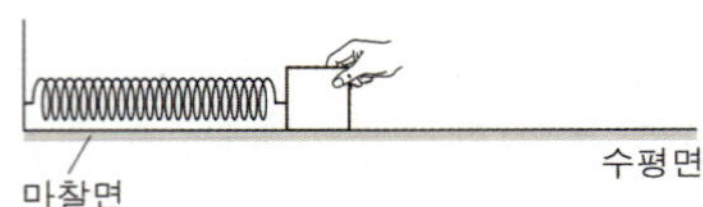

마찰이 있는 경우 단진동

○ 마찰면에서 운동하는 물체는 어떻게 운동할까?
에너지의 관점이 아닌 평형점, 정지점(힘)의 관점으로 서술해 보자.

결론부터 서술해 보면 다음과 같다.

정리   **마찰이 있는 경우 단진동**

○ 오른쪽으로 운동할 때와 왼쪽으로 운동할 때 평형점의 위치가 서로 다르다.
○ 오른쪽으로 운동할 때 정지점 1 → 평형점 1 → 정지점 2로 운동하고,
왼쪽으로 운동할 때는 정지점2 → 평형점 2 → 정지점 3로 운동한다.
정지점 하나를 공유하는 운동을 한다!

---

① 오른쪽으로 운동할 때
○ 마찰력 방향은 물체의 운동 방향과 반대이다. → **마찰력의 방향은 왼쪽**이다.
○ 평형점에서 물체의 알짜힘이 0이다.
○ 마찰력과 탄성력의 합이 0이 되는 지점에 평형점이 위치하므로, **탄성력 방향이 오른쪽인 위치**에서 평형점이 존재해야한다. 탄성력의 방향이 오른쪽인 위치는 **용수철이 압축된 위치**이다.
○ 마찰력의 크기를 f, 용수철 상수를 k로 두면 원래 길이에서 평형점 까지의 거리(x)는 다음과 같이 계산된다.

$$f = kx, \; x = \frac{f}{k}$$

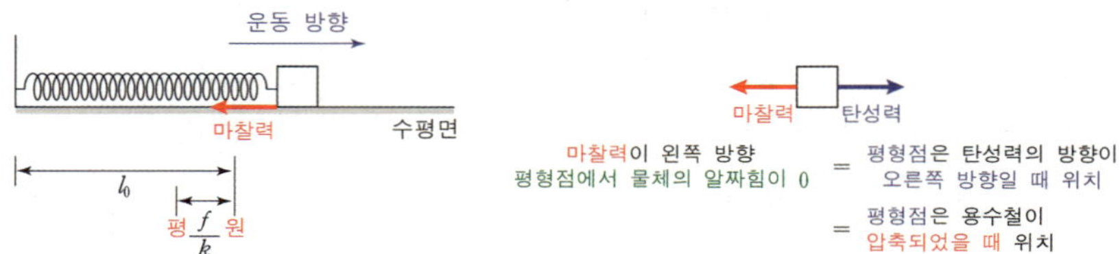

② 왼쪽으로 운동할 때
○ 마찰력 방향은 물체의 운동 방향과 반대이다. → **마찰력의 방향은 오른쪽**이다.
○ 평형점에서 물체의 알짜힘이 0이다.
○ 마찰력과 탄성력의 합이 0이 되는 지점에 평형점이 위치하므로, **탄성력 방향이 왼쪽인 위치**에서 평형점이 존재해야한다. 탄성력의 방향이 왼쪽인 위치는 **용수철이 늘어난 위치**이다.

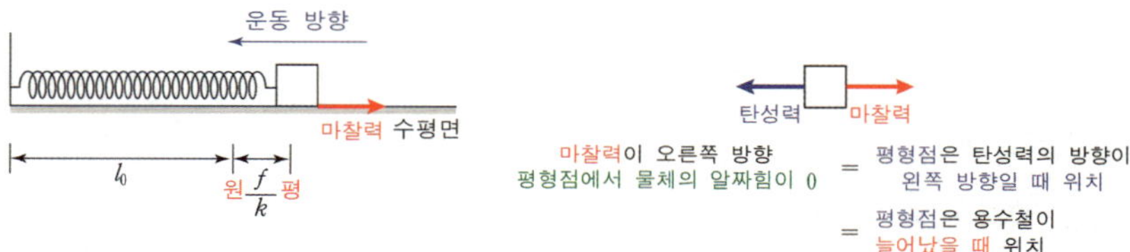

구체적인 수치를 대입하여 문항 속 상황을 분석해 보자.

간단 예시   **마찰이 있는 경우 단진동**

그림 (가)는 마찰이 있는 수평면 위의 물체를 원래 길이가 l_0이고, 용수철 상수가 100N/m인 용수철에 연결하고 물체를 손으로 1m만큼 압축시킨 후 점 O에 정지시킨 모습을 나타낸 것이다. 그림 (나)는 (가)에서 손을 놓았을 때 물체가 점 P를 지나 점 Q에서 되돌아와 P에 정지한 모습을 나타낸 것이다. 물체에 작용하는 마찰력의 크기는 10N이다.

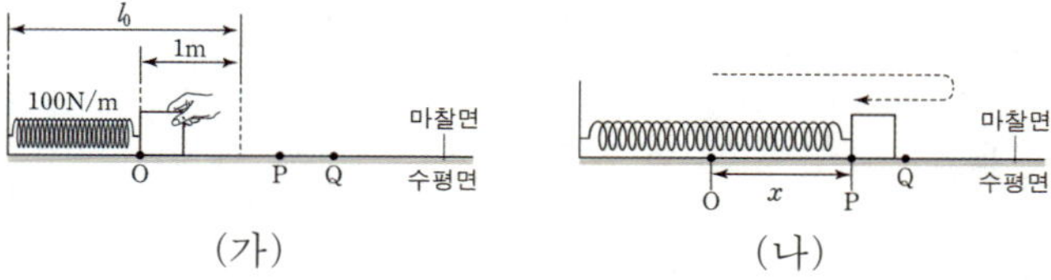

O와 P 사이의 거리(x)는? (단, 중력 가속도는 10m/s²이고, 물체의 크기, 용수철의 질량, 제시된 마찰력을 제외한 모든 마찰과 공기 저항은 무시한다.)

① 오른쪽으로 운동할 때
(가) 마찰력의 크기가 10N이고 오른쪽 방향으로 운동하므로 마찰력 방향은 왼쪽이다.
평형점에서 마찰력 방향과 탄성력 방향이 반대이어야 하므로, 압축된 위치에서 평형점을 가진다.
평형점에서 압축된 용수철의 길이를 x로 두면 다음과 같다.

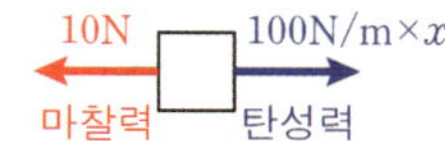

$$10N = 100N/m \times x, \quad x = 0.1m$$

정지점(O)과 평형점을 표시해보면 **아래 그림 (가)**와 같다.

(나) 정지점(O)과 평형점 사이의 거리는 진폭이다. 원래 길이 지점과 정지점 O 사이의 거리가
1m이고, 원래 길이 지점과 평형점 사이의 거리가 0.1m이므로 진폭은 다음과 같이 계산된다.
$$1m - 0.1m = 0.9m$$

진폭을 표시해 보면 **아래 그림 (나)**와 같다.

(다) 정지점(O)과 평형점 사이의 거리와 평형점과 정지점(Q) 사이의 거리가 진폭(0.9m)으로 같아야 한다.
원래 길이 지점과 정지점 Q 사이의 거리는 0.8m이다.

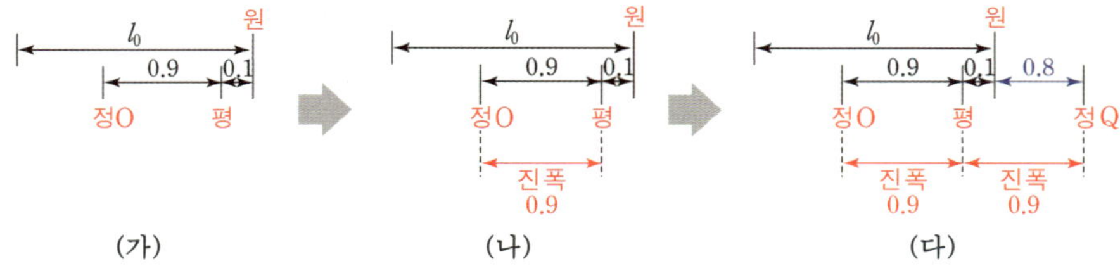

② 왼쪽으로 이동할 때
(라) 평형점이 바뀐다.
정지점은 Q이고, 마찰력 방향이 오른쪽 방향이므로,
용수철이 늘어난 위치에서 새로운 평형점을 가진다.
평형점에서 늘어난 용수철의 길이를 x로 두면 다음 식이 성립한다.

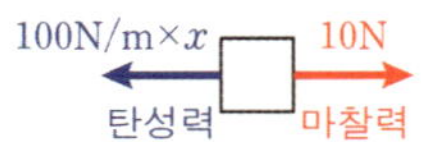

$$10N = 100N/m \times x, \quad x = 0.1m$$

정지점(Q)과 평형점을 표시해보면 **아래 그림 (라)와** 같고, 정지점(Q)과 평형점 사이의 거리는 다음과
같이 계산된다.
$$0.8m - 0.1m = 0.7m$$

(마) 정지점(P)과 평형점 사이 거리와 평형점과 정지점(Q) 사이의 거리는 진폭(0.7m)으로 같다.
정지점(P)과 평형점을 표시해보면 **아래 그림 (마)와** 같고, 원래 길이 지점과 정지점(P) 사이의 거리는
다음과 같이 계산된다.
$$0.7m - 0.1m = 0.6m$$

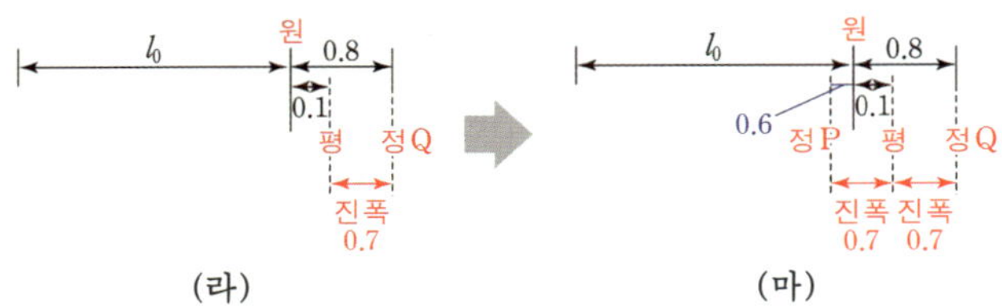

○ 결론
원래 길이 지점과 점 O 사이의 거리는 1m이고
원래 길이 지점과 점 P 사이의 거리는 0.6m이므로 x는 다음과 같이 계산된다.
$$1m - 0.6m = 0.4m$$

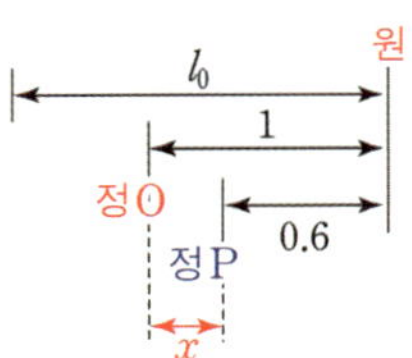

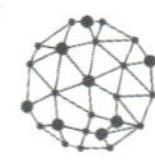

기출 예시 64

그림 (가)는 마찰이 있는 수평면에서 원래의 길이가 l_0인 용수철과 연결된 물체 A를 물체 B와 실로 연결한 후, A를 손으로 잡아 O점에 정지시킨 모습을 나타낸 것이다. 그림 (나)는 (가)에서 A를 가만히 놓았을 때, A가 P점을 지나 Q점에서 되돌아와 P점에 정지한 모습을 나타낸 것이다. P점은 용수철이 x만큼 늘어난 지점이다. A, B의 질량은 각각 4kg, 7kg이다. 용수철 상수는 100N/m이다. 마찰면에서 A에 작용하는 마찰력의 크기는 20N으로 일정하다.

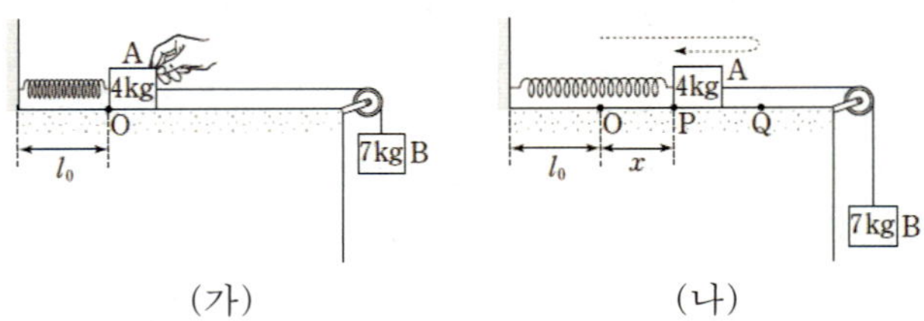

x는? (단, 중력 가속도는 10m/s^{2}이고, 물체의 크기, 용수철과 실의 질량, 도르래의 마찰, 공기 저항은 무시한다.)

 **해설**

A가 O에서 Q까지 오른쪽으로 이동할 때 정지점은 O, Q이다.
따라서 O와 Q 사이의 거리는 오른쪽 방향의 운동에서 진폭의 2배이다.

A가 O에서 Q까지 이동할 때(오른쪽으로 이동할 때) 마찰력의 방향은 왼쪽 방향이다.
이에 따라 A+B를 계로 하여 O로부터 평형점까지의 거리(x_0)는 다음과 같이 계산된다.

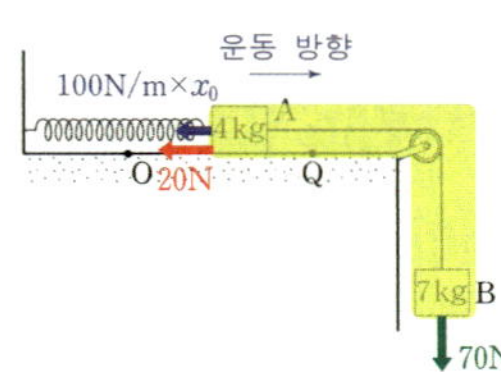

$$7\text{kg} \times 10\text{m/s}^2 = 100\text{N/m} \times x_0 + 20\text{N},\ x_0 = 0.5\text{m}$$

따라서 O와 Q 사이의 거리는 진폭(0.5m)의 2배이다.
이를 표현해 보면 다음과 같다.

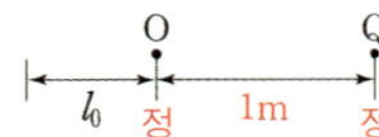

A가 Q에서 P까지 왼쪽으로 이동할 때 정지점은 P, Q이다.
따라서 P와 Q 사이의 거리는 새로운 왼쪽 방향의 운동에서 진폭의 2배이다.

A가 Q에서 P까지 이동할 때(왼쪽으로 이동할 때) 마찰력의 방향은 오른쪽 방향이다.

이에 따라 A+B를 계로 하여 O로부터 평형점까지의 거리(x_1)는 다음과 같이 계산된다.

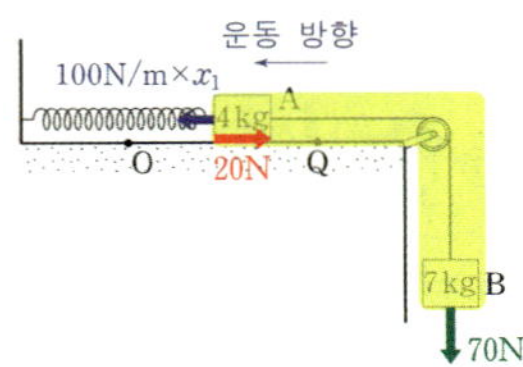

$$7\text{kg} \times 10\text{m/s}^2 + 20\text{N} = 100\text{N/m} \times x_1,\ x_1 = 0.9\text{m}$$

정지점 (Q)에서 평형점까지의 거리는 다음과 같이 계산된다.
$$1\text{m} - 0.9\text{m} = 0.1\text{m}$$

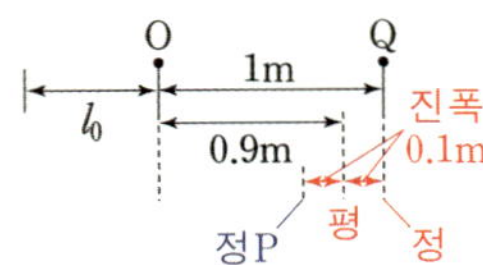

따라서 왼쪽 방향 운동에서 진폭은 0.1m이다.
P와 Q사이의 거리는 0.2m가 된다.

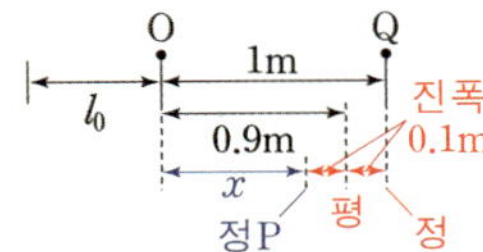

이에 따라 O와 P 사이의 거리(x)는 다음과 같이 계산된다.

$$x = 1\text{m} - 0.2\text{m} = 0.8\text{m}$$

○ 이처럼 에너지 보존법칙을 쓰지 않더라도 상황 분석만으로 x를 구할 수 있다!

Mechanica 물리학1

2) 물리량 계산

상황 파악이 끝났다면 이제 물리량을 직접 계산하는 방법을 배워보자.
상황 파악 후 구할 수 있는 물리량은 다음과 같다.

정리	구할 수 있는 물리량
○ **알짜힘** → 질량이 주어졌다면 **가속도**도 계산 가능	
○ **탄성력**	
○ **알짜힘**이 한 일의 양 → **운동 에너지 증가량/감소량**	
○ **탄성력**이 한 일의 양 → **용수철에 저장된 탄성 퍼텐셜 에너지 증가량/감소량**	

 ① 힘 계산

알짜힘과 탄성력은 다음과 같은 방법으로 계산할 수 있다.

계산법	알짜힘과 탄성력 계산
○ 물체에 작용하는 **알짜힘**의 크기 = 용수철 상수(k) × **평형점으로부터 변형된 길이**	
○ 물체에 작용하는 **탄성력**의 크기 = 용수철 상수(k) × **원래 길이로부터 변형된 길이**	

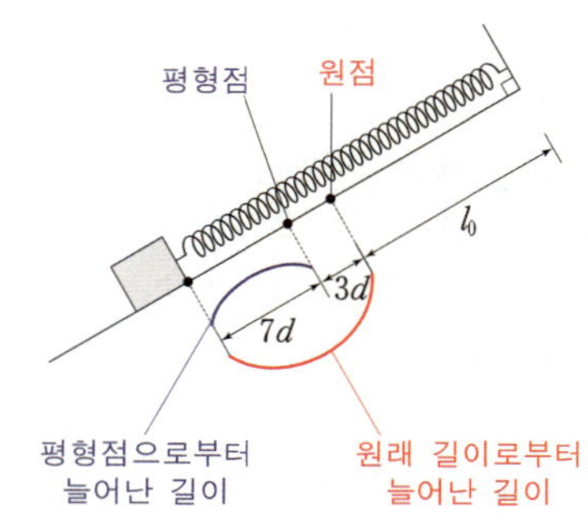

예를 들어 위에서 (용수철 상수 k)
물체에 작용하는 **알짜힘**의 크기는 $k \times 7d = 7kd$
물체에 작용하는 **탄성력**의 크기는 $k \times 10d = 10kd$

$F-x$그래프를 이용하여 설명해 보면 다음과 같다.

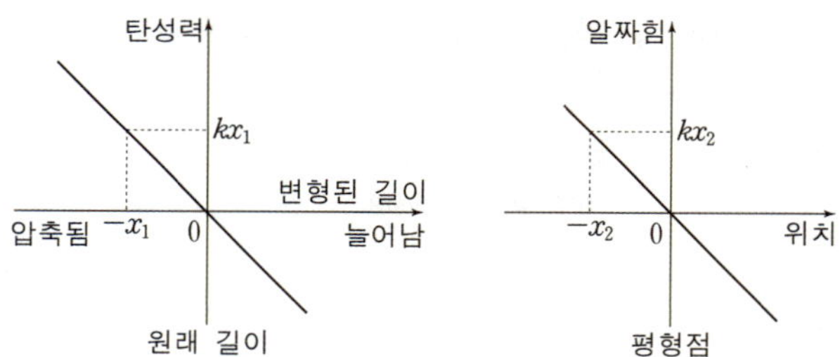

탄성력의 크기는 원래 길이로부터 변형된 길이(x_1)에 k를 곱한 값(kx_1)이고
알짜힘의 크기는 평형점으로부터 변형된 길이(x_2)에 k를 곱한 값(kx_2)이다.

1. 힘의 크기와 방향 변화

○ 알짜힘의 방향

탄성력을 받고 있는 물체의 알짜힘의 방향은 물체에서 평형점을 가리키는 방향이다.

예를 들면

(가): 물체가 **평형점보다 아래**에 위치해 있다면 물체에 작용하는 알짜힘의 방향은 **빗면 위 방향**이다.

(나): 물체가 **평형점**에 위치해 있다면 물체에 작용하는 알짜힘은 0이다.

(다): 물체가 **평형점보다 위**에 위치해 있다면 물체에 작용하는 알짜힘의 방향은 **빗면 아래 방향**이다.

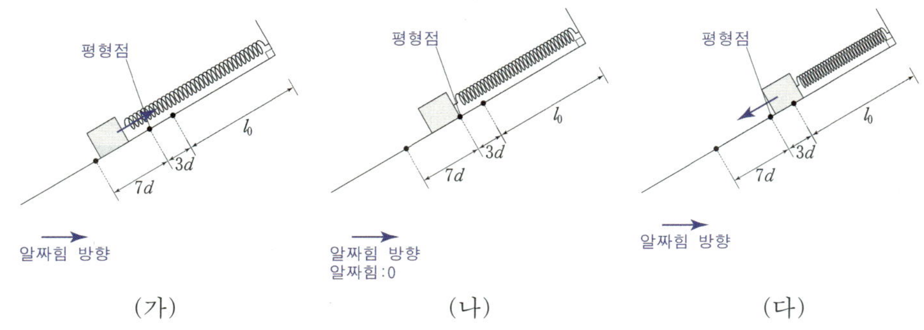

○ 알짜힘의 크기 변화

1) 물체가 물체의 알짜힘의 방향과 **같은 방향**으로 이동하고 있다면
   즉, 평형점에 가까워진다면
   물체의 알짜힘은 (용수철 상수(k) × **이동한 거리(x)**)를 **뺀 것만큼 변한다**.

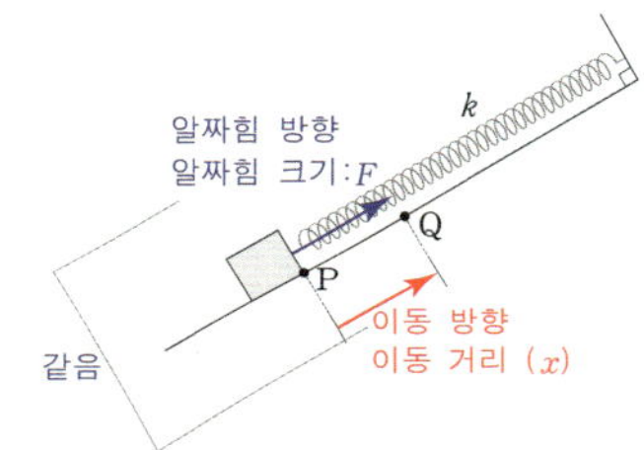

예를 들면 위의 그림에서

점 Q에서 물체에 작용하는 알짜힘을 계산할 때

점 P에서 물체의 알짜힘의 방향이 **빗변 위쪽** 방향이고

물체의 이동 방향이 P→Q(**빗변 위쪽** 방향)으로 알짜힘의 방향과 **같으므로**

Q에서의 알짜힘은 다음과 같다.

$$F - kx$$

2) 물체가 물체의 알짜힘 방향과 **반대 방향**으로 이동하고 있다면
   즉, 평형점에서 멀어진다면
   물체의 알짜힘은 (용수철 상수(k) × **이동한 거리(x)**)를 **더한만큼 변한다.**

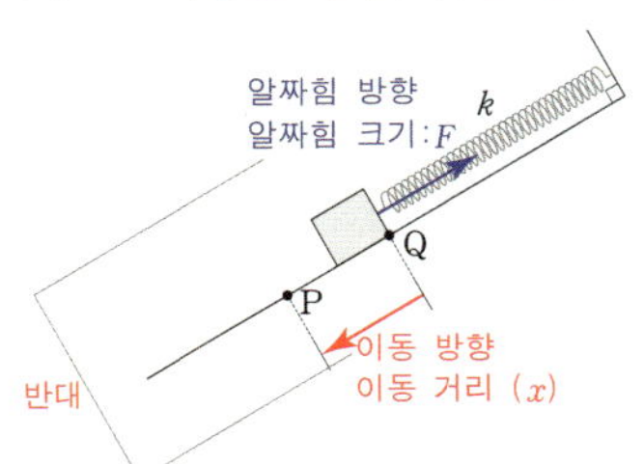

예를 들면 위의 그림에서

점 P에서 물체에 작용하는 알짜힘을 계산할 때

점 Q에서 물체의 알짜힘의 방향이 **빗변 위쪽** 방향이고

물체의 이동 방향이 Q→P(**빗변 아래** 방향)으로 알짜힘의 방향과 **반대이므로**

Q에서의 알짜힘은 다음과 같다.

$$F + kx$$

Mechanica 물리학1

그림은 마찰이 없는 빗면 위에서 물체가 용수철 상수가 200N/m인 용수철에 연결되어 있는
모습을 나타낸 것이다. 점 P에서 물체에 작용하는 알짜힘의 크기가 30N이고, 알짜힘의
방향은 빗면 위 방향이다.

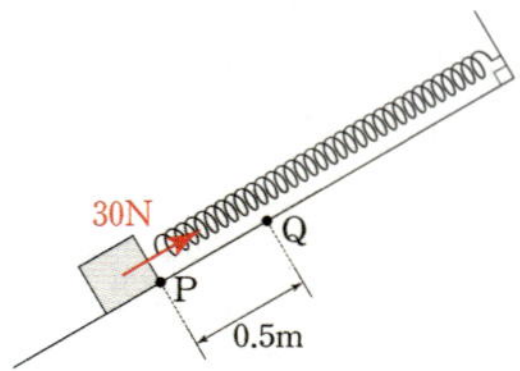

Q에서 물체의 알짜힘은? (단, 중력 가속도는 10m/s^2이고, 물체의 크기, 용수철의 질량,
모든 마찰과 공기 저항은 무시한다.)

물체의 이동 방향이 P→Q 방향(**빗면 위 방향**)이고,
P에서 물체의 알짜힘이 **빗면 위 방향**으로 물체의 이동 방향과 같으므로
Q에서 물체에 작용하는 알짜힘의 크기는 다음과 같이 계산된다.

$$30\text{N} - (200\text{N/m}) \times 0.5\,\text{m} = -70\text{N}$$

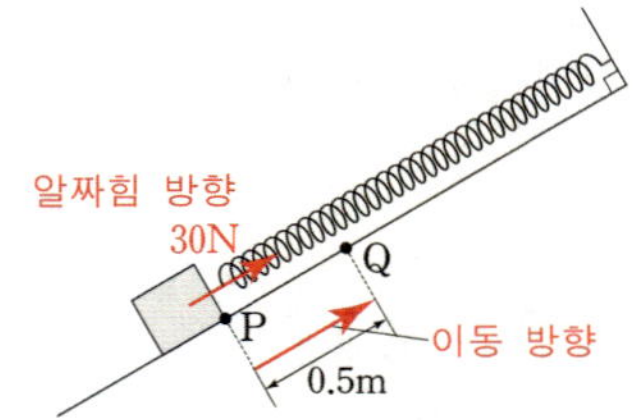

결과가 음(−)으로 나왔으므로 Q에서 물체에 작용하는 알짜힘의 방향은 **빗면 아래 방향이다.**

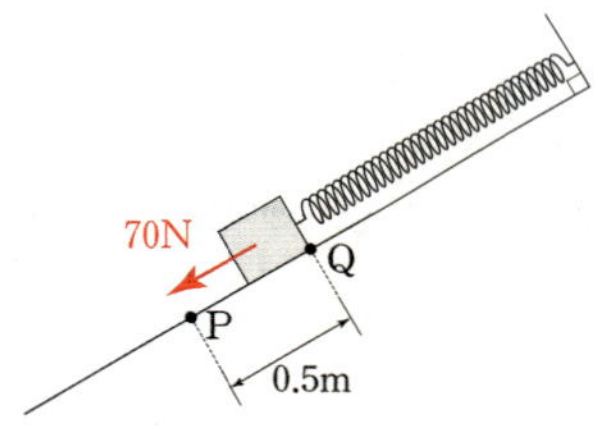

2. 알짜힘, 탄성력 변화량을 이용하여 용수철 상수 구하기

문제 상황에서 알짜힘-위치, 탄성력-위치 그래프에서 기울기는 당연히 같다.

왜냐하면 알짜힘-위치 그래프는 탄성력-위치 그래프애서 축만 평행이동 한 것 뿐이기 때문에 그래프 기울기가 변할 이유가 없다.

그렇다면 이 기울기가 의미하는 것이 무엇일까?

의미하는 바는 다음과 같다.

$$\frac{\text{알짜힘 변화}(\Delta F_{알})}{\text{위치 변화}(\Delta x)} = \frac{\text{탄성력 변화}(\Delta F_{탄})}{\text{위치 변화}(\Delta x)} = -k$$

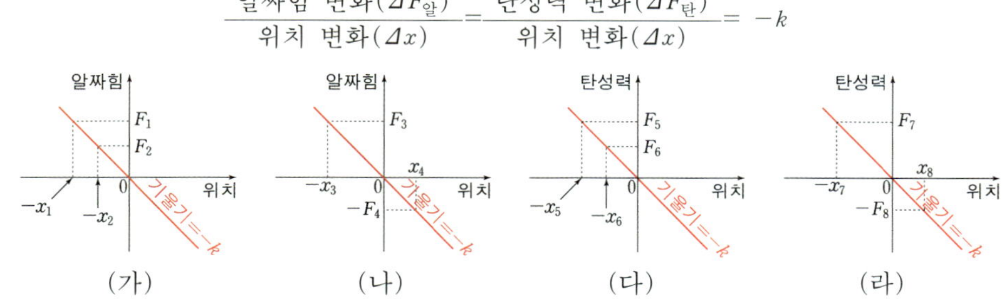

(가)   (나)   (다)   (라)

즉, 알짜힘-위치 그래프와 탄성력-위치 그래프의 기울기는 -용수철 상수($-k$)이다!

즉, 위의 그래프에서 다음이 성립한다.

$$-k = \frac{(+F_2)-(+F_1)}{(-x_2)-(-x_1)} = \frac{(-F_4)-(+F_3)}{(+x_4)-(-x_3)} = \frac{(+F_6)-(+F_5)}{(-x_6)-(-x_5)} = \frac{(-F_8)-(+F_7)}{(+x_8)-(-x_7)}$$

이를 응용해보자.

그림과 같이 물체가 점 P에서 점 Q 까지 운동하는 모습을 나타낸 것이다. P에서 물체의 알짜힘은 빗면 아래로 F_1이고, Q에서는 빗면 위 방향으로 F_2이다. P와 Q 사이의 거리는 Δx이다.

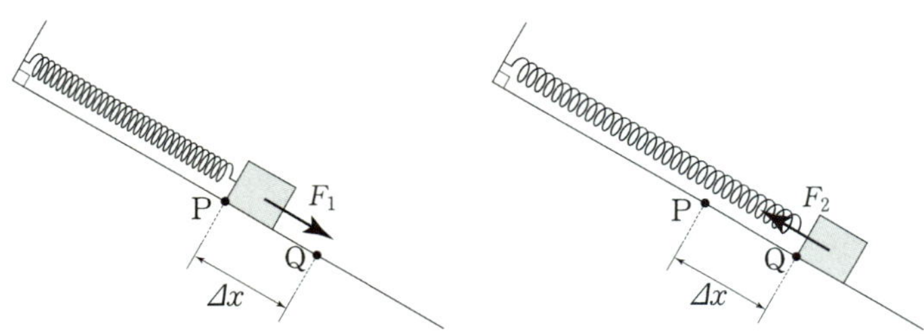

용수철 상수를 구해보자. 용수철이 늘어나는 방향인 빗면 아래 방향을 양(+)으로 두자. 알짜힘의 변화량은 다음과 같이 계산된다.

$$-F_2-(+F_1)=-F_2-F_1$$

따라서 용수철 상수는 다음과 같다.

$$\frac{-F_2-F_1}{\Delta x}=-k, \quad k=\frac{F_1+F_2}{\Delta x}$$

 기출 예시 65

13학년도 수능 19번 문항

그림 (가)와 같이 마찰이 없는 수평면에서 용수철과 연결된 물체 A를 물체 B와 실로 연결하였더니, 용수철이 원래 길이에서 d만큼 늘어나 A가 점 P에 평형 상태로 정지해 있었다. 그림 (나)는 (가)에서 B를 중력 방향으로 당겨 용수철이 원래 길이에서 $3d$만큼 늘어나도록 잡고 있는 모습을 나타낸 것이다. (나)에서 B를 가만히 놓으면 A는 P를 v의 속력으로 지난다. A와 B의 질량은 m으로 같다.

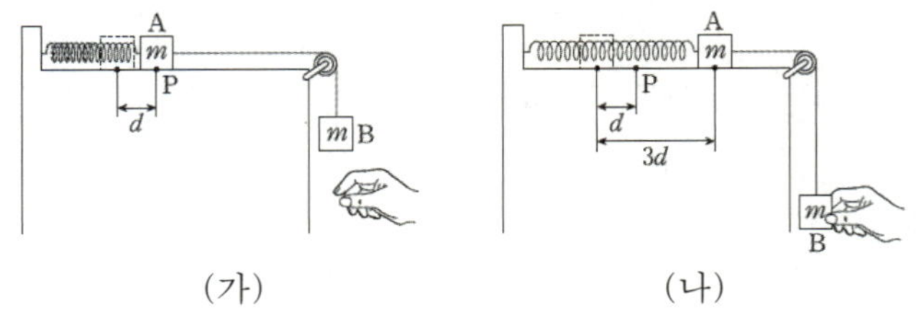

(가)   (나)

다음을 답해보자.(단, 중력 가속도는 g이고, 물체의 크기, 용수철과 실의 질량, 도르래의 마찰, 공기 저항은 무시한다.)

① (나)에서 물체를 가만히 놓는 순간 A의 가속도의 크기는?

② 용수철이 최대로 압축되었을 때 A의 가속도의 크기는?

③ (나)에서 물체를 가만히 놓는 순간 실이 B에 작용하는 힘의 크기, 용수철이 최대로 압축되었을 때 실이 B에 작용하는 힘의 크기를 각각 계산해보자.

 **해설**

(가)에서 A+B계가 평형을 유지하므로 다음 식이 성립한다.

$$kd = mg$$

점 P는 (나)의 상황에서 평형점이다.
(나)에서 용수철을 원래 길이에서 $3d$만큼 늘어난 상태로 물체를 잡고 있다.
이 순간 A+B계는 정지해 있으므로, 용수철이 $3d$만큼 늘어난 위치가 정지점이다.
정지점과 평형점 사이의 거리는 진폭이다. 진폭은 다음과 같이 계산된다.

$$3d - d = 2d$$

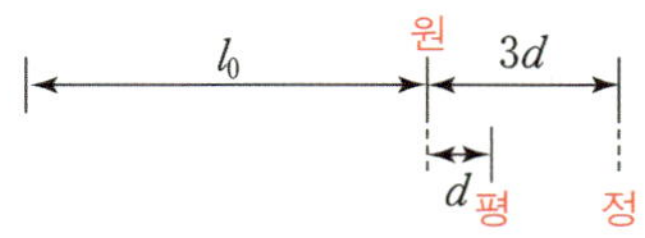 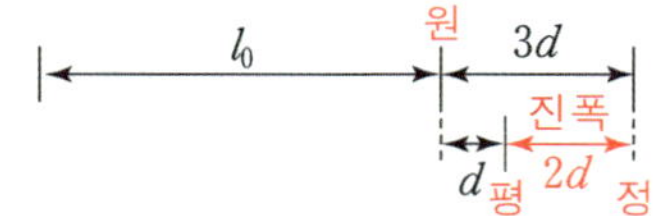

물체는 평형점을 중심으로 단진동하므로
용수철이 최대로 압축된 지점은 원래 길이 지점에서 d만큼 압축된 지점이다.

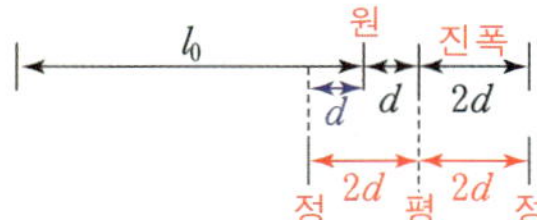

① (나)에서 물체를 가만히 놓는 순간 A+B 계에 작용하는 알짜힘의 크기는 용수철 상수(k)와
평형점에서 떨어진 거리($2d$)의 곱과 같다.

$$k \times (2d) = 2kd = 2mg$$

A+B계의 질량은 $m+m = 2m$이므로 이때 가속도의 크기(a)를 계산해 보면 다음과 같다.

$$2ma = 2mg, \ a = g$$

② 최대로 압축된 위치는 정지점이고, 물체를 가만히 놓은 정지점에서 가속도가 g이다.

두 정지점에서 가속도의 크기는 같고, 방향은 서로 반대이므로

용수철이 최대로 압축되었을 때 가속도의 크기는 g이다.

③ B의 중력 방향을 양(+)으로 두자.

1) (나)에서 물체를 가만히 놓는 순간 실이 B를 당기는 힘의 크기를 계산해보자.

우선 B의 질량은 m이고, 가속도는 $-g$이므로 B의 알짜힘은 $-mg$이다.

이때 실의 장력을 T로 하면 다음 운동 방정식이 성립된다.

$$-T + mg = -mg, \ T = 2mg$$

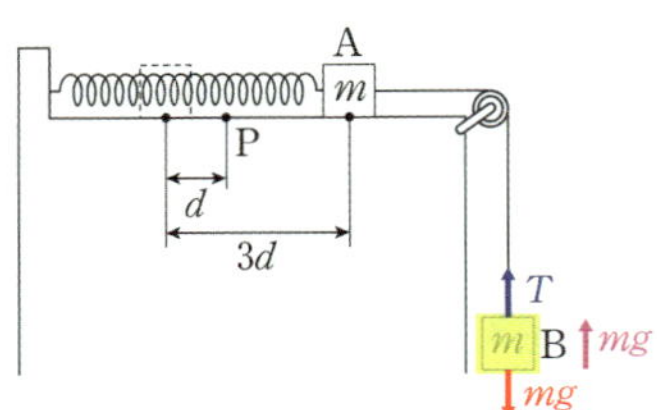

2) (나)이후 용수철이 최대로 압축되었을 때 실이 B에 작용하는 힘의 크기를 계산해보자.

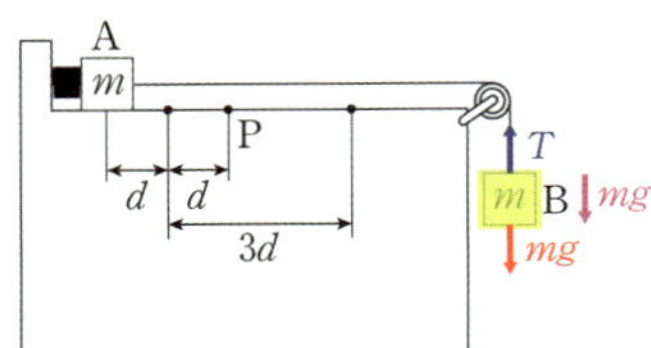

우선 B의 질량은 m이고, 가속도는 $+g$이므로 B의 알짜힘은 $+mg$이다.

이때 실의 장력을 T로 하면 다음 운동 방정식이 성립된다.

$$-T + mg = +mg, \ T = 0$$

기출 예시 66

21학년도 9월 모의고사 20번 문항

그림 (가)는 물체 A와 실로 연결된 물체 B를 원래 길이가 L_0인 용수철과 수평면 위에서 연결하여 잡고 있는 모습을, (나)는 (가)에서 B를 가만히 놓은 후, 용수철의 길이가 L까지 늘어나 A의 속력이 0인 순간의 모습을 나타낸 것이다. A, B의 질량은 각각 m이고, 용수철 상수는 k이다.

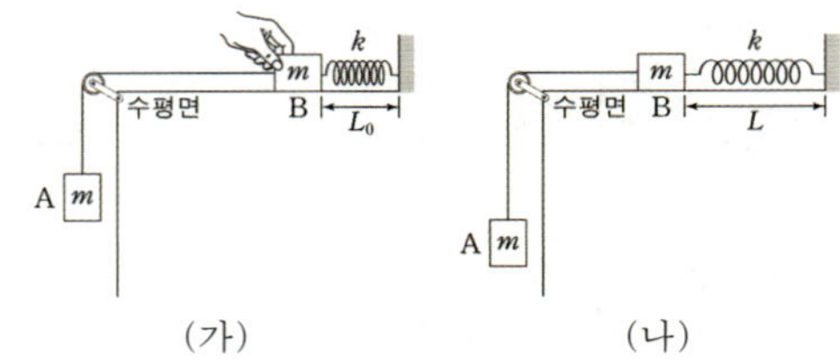

용수철의 길이가 L일 때 A에 작용하는 알짜힘의 크기는? (단, 중력 가속도는 g이고, 물체의 크기, 용수철의 질량, 모든 마찰과 공기 저항은 무시한다.)

 **해설**

일전 문제에서 평형점과 정지점을 구했다.

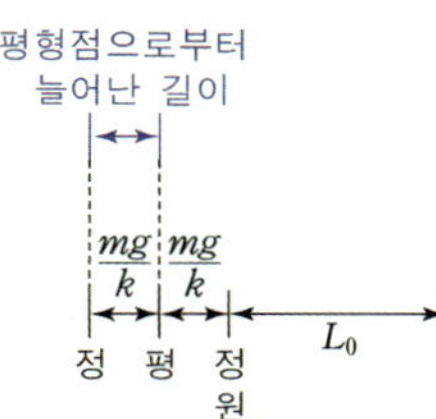

용수철의 길이가 L 일 때 용수철이 평형점으로부터 늘어난 길이가 $\frac{mg}{k}$ 이다.

따라서 이 위치에서 A+B의 계에 작용하는 알짜힘의 크기는 다음과 같다.

$$k \times \frac{mg}{k} = mg$$

A+B계의 알짜힘의 크기가 mg이고
A+B계의 가속도를 a로 두자.
A+B계의 질량은 $2m$이므로 운동 방정식을 세워보면 다음과 같다.

$$(m+m) \times a = mg, \quad a = \frac{1}{2}g$$

A에 작용하는 알짜힘은 A의 질량과 가속도를 곱해서 계산할 수 있다.

$$\text{A의 알짜힘}: \quad m \times \frac{1}{2}g = \frac{1}{2}mg$$

Mechanica 물리학1

② 에너지 계산

용수철에 저장된 탄성 퍼텐셜 에너지 문제에서의 에너지를 계산하는 방법 세 가지를 소개해 보겠다.
실제로 많은 학생이 그래프를 이용한 풀이 방법을 주로 쓰지만, 해당 파트는 등가속도
운동하는 물체의 운동을 해석하는 것과 정확하게 일치한다.
학습 목표는 다음과 같이 설정하고 시작하겠다.

단진동 문제가 나올 때 <u>그래프를 그리지 않는다.</u>

소개할 계산법은 다음과 같이 분류된다.

계산법	단진동 상황에서 에너지 계산 방법
○ 평균 힘 이용 ○ 제곱−제곱 차이 이용	

평균 힘 이용

1. 증명

유의사항!

○ 여기에서 설명할 평균 힘은 앞서 충격량 파트에서 언급한 평균 힘과 다른 힘이다.

충격량 파트에서 다룬 평균 힘은 다음 식을 만족한다.

<u>평균 힘 × 충돌 시간=충격량</u>

에너지 파트에서 다룰 평균 힘은 다음 식을 만족한다.

<u>알짜힘 평균 힘 × 이동 거리 = 운동 에너지 증가량/감소량</u>

<u>탄성력 평균 힘 × 이동 거리 = 용수철에 저장된 탄성 에너지 증가량/감소량</u>

○ 시중에서 해당 힘들을 '평균 힘'으로 혼용하고 있지만 확실하게 구분되는 물리량이다. 지금부터 설명할 '평균 힘'은 충격량과 관계 없고, 에너지와 관련된 평균 힘이다.

$F-x$그래프를 이용해서 설명해 보겠다.
물체의 위치가 $-x_1$에서 $-x_2$까지 Δx만큼 이동하는 동안 물체의 운동 에너지 증가량을
계산해 보자. 이는 위의 그래프에서 아래 사다리꼴 면적(S)을 의미한다.
x_1과 x_2의 위치에서 물체의 알짜힘은 F_1, F_2이다.

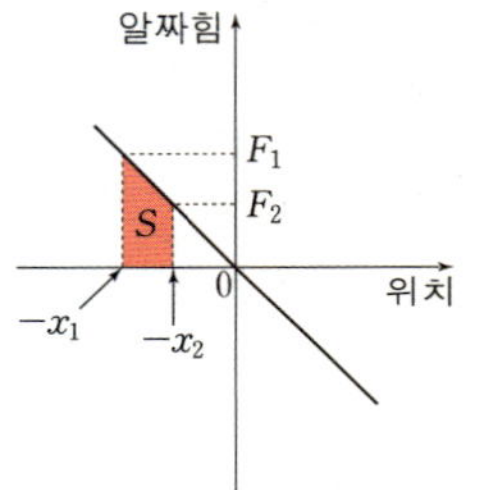

그런데, 평균 속도와 이동 시간을 곱하여 변위를 계산하듯이
평균 힘의 개념을 도입하겠다.
알짜힘−위치 그래프는 사실 일차함수기 때문에,
S를 F_1과 F_2의 중간 값과 Δx의 곱으로 구할 수 있다.
따라서 운동 에너지 증가량(ΔE_K)는 S와 같고, S는 다음과 같다.

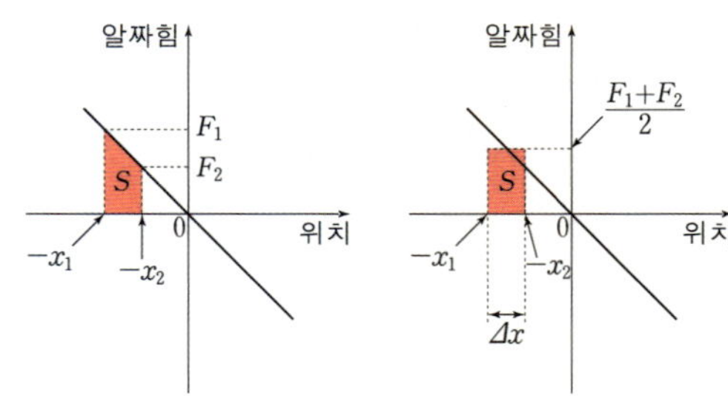

$$\Delta E_\text{K} = S = \frac{F_1 + F_2}{2} \times \Delta x$$

만약 $-x_1$에서 x_2까지 이동하는 동안 물체의 운동 에너지 변화량을 계산하려면 어떻게 해야할까?

마찬가지로 $-x_1$에서의 알짜힘(F_1)과 x_2에서의 알짜힘($-F_2$)의 평균 ($\frac{F_1 - F_2}{2}$)에 변위 (Δx)를 곱해 구할 수 있다.

따라서 물체의 운동 에너지 변화량(ΔE)은 다음과 같다.

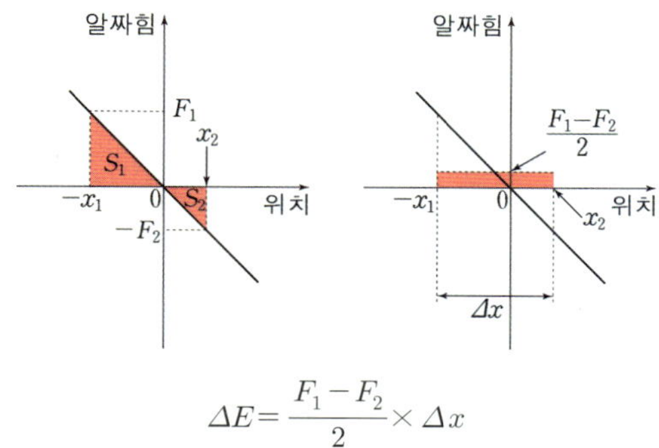

$$\Delta E = \frac{F_1 - F_2}{2} \times \Delta x$$

2. 응용 및 적용

서로 다른 두 위치에서 알짜힘을 알고 있을 때 운동 에너지 변화량은

두 위치에서의 평균 힘($\frac{F_1 + F_2}{2}$)과 변위(Δx)의 곱으로 표현된다.

$$\frac{F_1 + F_2}{2} \times \Delta x$$

예를 들어 다음과 같은 상황을 생각해 보자.

물체가 P에서 Q까지 운동하고, P, Q에서 물체의 알짜힘은 각각 빗면 위 방향으로 70N, 빗면 아래 방향으로 30N이다.

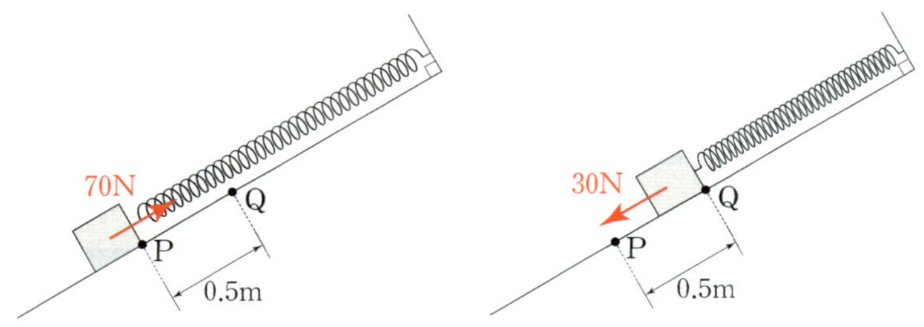

P에서 Q로 이동하는 동안 물체의 운동 에너지 변화량을 구해보자.

빗면 아래 방향을 양(+)으로 하면 평균힘은 다음과 같이 계산된다.

$$\text{P에서 알짜힘} : -70\text{N}$$
$$\text{Q에서 알짜힘} : +30\text{N}$$
$$\text{평균 힘}: \frac{-70\text{N} + 30\text{N}}{2} = -20\text{N}$$

P에서 Q까지 변위가 -0.5m이므로

운동 에너지 변화량은 다음과 같이 계산된다.

$$(-20\text{N}) \times (-0.5\text{m}) = +10\text{J}$$

결과가 양(+)이므로 물체의 운동 에너지는 증가한다.

따라서 P에서 Q로 이동하는 동안 물체의 운동 에너지는 10J만큼 증가한다.

 기출 예시 67

13학년도 수능 19번 문항

그림 (가)와 같이 마찰이 없는 수평면에서 용수철과 연결된 물체 A를 물체 B와 실로 연결하였더니, 용수철이 원래 길이에서 d만큼 늘어나 A가 점 P에 평형 상태로 정지해 있었다. 그림 (나)는 (가)에서 B를 중력 방향으로 당겨 용수철이 원래 길이에서 $3d$만큼 늘어나도록 잡고 있는 모습을 나타낸 것이다. (나)에서 B를 가만히 놓으면 A는 P를 v의 속력으로 지난다. A와 B의 질량은 m으로 같다.

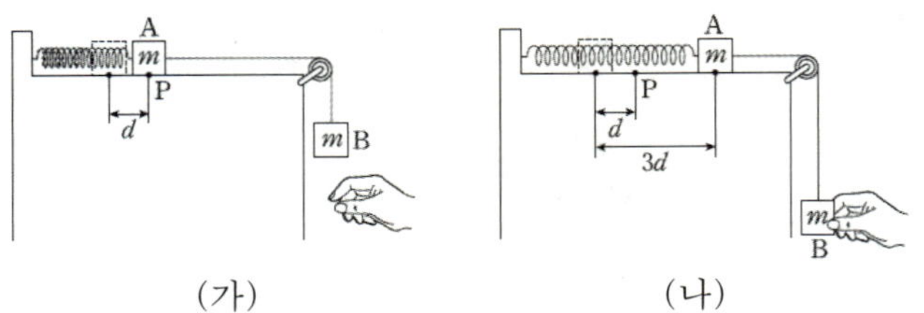

(나)에서 B를 놓은 후 용수철의 길이가 원래 길이가 되는 순간 A의 속력은? (단, 중력 가속도는 g이고, 물체의 크기, 용수철과 실의 질량, 도르래의 마찰, 공기 저항은 무시한다.)

 **해설**

A를 기준으로 오른쪽 방향을 양(+)으로 두자.

(가)에서 A+B계의 힘 평형식을 세워보면 다음과 같다.

$$mg = kd$$

용수철의 길이가 원래 길이가 되는 순간 A와 B의 속력을 v_0로 두자.

○ 앞선 문제 풀이 결과에 따라 진폭은 $2d$임을 확인할 수 있었다.

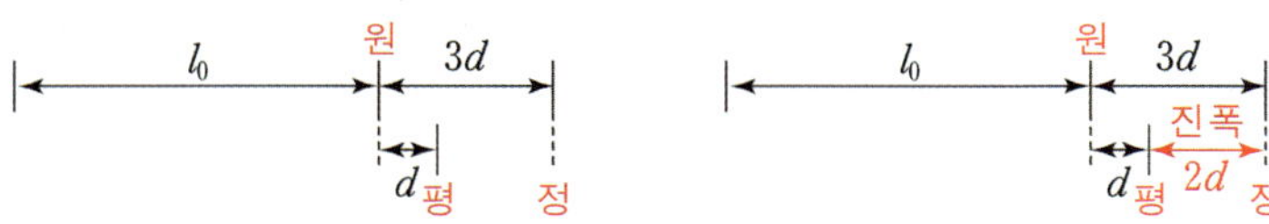

○ 원래 길이 지점은 평형점으로부터 d만큼 압축된 지점이고,
   정지점은 평형점으로부터 $2d$만큼 늘어난 지점이다.

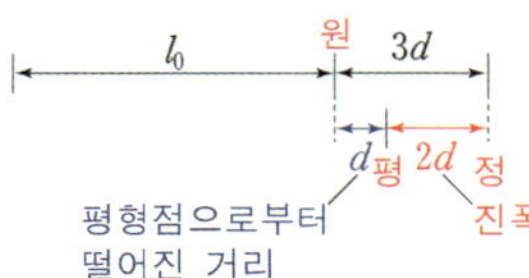

따라서 원래 길이 지점과 정지점에서 A+B계의 알짜힘은 다음과 같다.

원래 길이 지점 $: +kd$
정지점 $: -2kd$

용수철이 원래 길이가 되기까지 계의 변위는 $-3d$이다.

(나)에서 B를 놓은 후 용수철 길이가 원래 길이가 될 때 A+B계의 운동 에너지
변화량은 다음과 같다.

$$\frac{+kd-2kd}{2} \times (-3d) = \frac{3}{2}kd^2$$

A+B계는 정지점에서 운동 에너지가 0이므로

$\frac{3}{2}kd^2$이 원래 길이 지점에서 운동 에너지와 같다. 따라서 다음 식이 성립된다.

$$\frac{3}{2}mgd = \frac{1}{2}(2m)v_0{}^2 \ , \ v_0 = \sqrt{\frac{3}{2}gd}$$

Mechanica 물리학1

 제곱−제곱 차이

1. 증명

$F-x$그래프를 이용해서 설명해 보겠다.

해당 방법은 진폭(A)를 알고 있을 때 쓸 수 있는 풀이 방법이며,

A를 아는 경우 모든 위치에서 물체의 운동 에너지를 계산할 수 있다.

우선 아래와 같은 원리를 이용할 것이다.

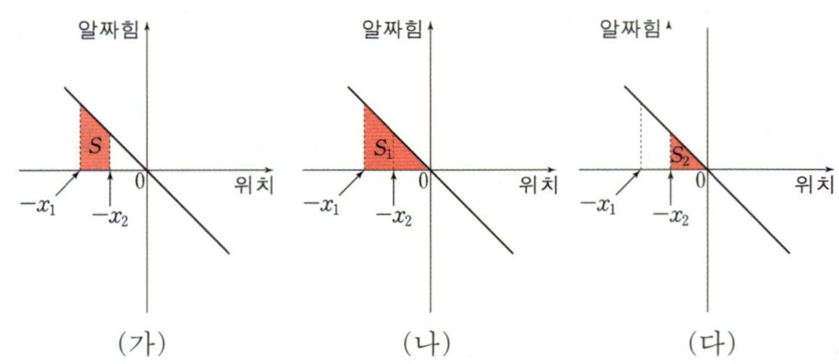

물체의 위치가 $-x_1$에서 $-x_2$로 변할 때 물체의 운동 에너지 증가량은 (가)에서 밑면적 S이다.

그런데 이 S는 그림 (나)에서 S_1과 그림 (다)에서 S_2의 차이와 같다.

$$S = S_1 - S_2$$

이를 활용할 것이다.

만약 진폭 A를 알고 있는 경우 $-x_1$에서 운동 에너지를 계산해보자.

우선 $-A$인 위치는 정지점이므로 물체의 운동 에너지는 0이다.

$-A$에서 $-x_1$까지 이동하는 동안 물체의 운동 에너지 증가량은 그림 (가)에서 S이고

이는 그림 (나)에서 밑면적($\frac{1}{2}kA^2$)과 (다)에서 밑면적($\frac{1}{2}kx_1^2$)의 차이와 같다.

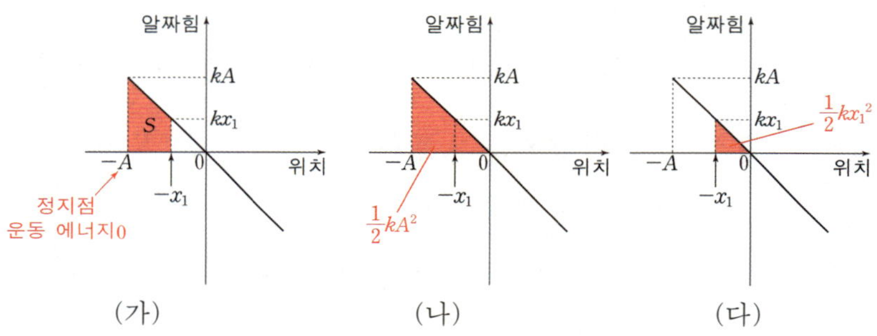

따라서 물체의 운동 에너지 증가량(ΔE)은 다음과 같다.

$$\Delta E = \frac{1}{2}kA^2 - \frac{1}{2}kx_1^2$$

$\frac{1}{2}k$로 묶어보면 다음과 같다.

$$\Delta E = \frac{1}{2}k\left(A^2 - x_1^2\right)$$

아래와 같은 경우도 이를 응용해 보면 운동 에너지 변화량(ΔE)를 계산할 수 있다.

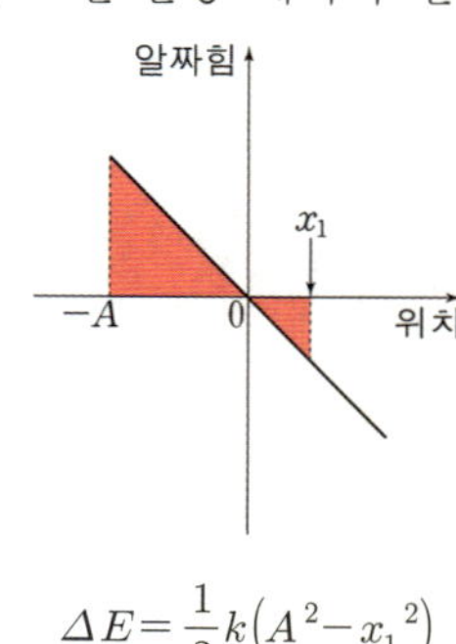

$$\Delta E = \frac{1}{2}k\left(A^2 - x_1^2\right)$$

○ 묶은 이유는 문제를 보자마자 A와 x_1의 제곱 차를 먼저 구해서 $\frac{1}{2}k$를 곱하는 것이 계산 실수를 조금 더 줄일 수 있기 때문이다. 그런데 개인이 만약 $\Delta E = \frac{1}{2}kA^2 - \frac{1}{2}kx_1^2$를 쓰는게 더 편하다면 $\Delta E = \frac{1}{2}kA^2 - \frac{1}{2}kx_1^2$를 계산해서 써도 된다.

2. 응용 및 적용

특정 위치에서 운동 에너지는 다음과 같이 계산된다.

계산법 제곱-제곱 차이 이용

$$\frac{1}{2}kA^2 - \frac{1}{2}kx^2 = \frac{1}{2}mv^2$$

A : 단진동 진폭

x : 평형점에서 물체까지의 거리

+ 물체의 최대 속력? $x=0$ (물체가 평형점을 지날 때)

$$\frac{1}{2}kA^2 = \frac{1}{2}mv^2 . \ v = A\sqrt{\frac{k}{m}}$$

예를 들어 다음과 같은 상황을 생각해 보자.

그림 (가)와 같이 빗면에서 원래 길이가 l_0이고 용수철 상수가 k인 용수철에 연결되어 있는 질량이 m인 물체가 점 Q에 정지해 있다. 그림 (나)는 (가)에서 Q에 있던 물체를 $7d$만큼 잡아 당겨 R에 위치하게 한 상태에서 손으로 잡고 있다. 이 상태에서 손을 가만히 놓았더니 물체는 빗면을 따라 운동하여 점 P를 지난다.

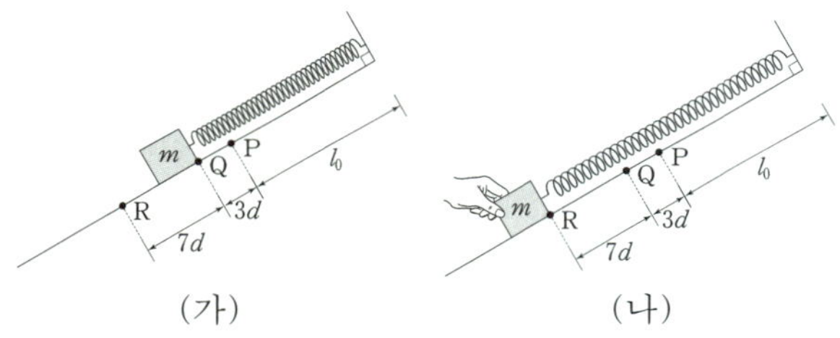

(가)　　　　　　　(나)

물체의 속력의 최댓값과 점 P를 지나는 순간 물체의 운동 에너지를 계산해 보자.

○ 물체의 속력의 최댓값

우선 물체의 정지점과 평형점 사이의 거리가 $7d$이므로 이는 진폭에 해당한다.

$v = A\sqrt{\dfrac{k}{m}}$ 에 대입하여 물체의 속력의 최댓값(v)을 계산하면 다음과 같다.

$$v = 7d\sqrt{\frac{k}{m}}$$

○ 점 P를 지나는 순간 물체의 운동 에너지

P는 평형점 Q로부터 거리가 $3d$만큼 떨어진 지점이다.

진폭은 $7d$이므로 P에서 운동 에너지는 다음과 같이 계산된다.

$$\frac{1}{2}k(7d)^2 - \frac{1}{2}k(3d)^2 = 20kd^2$$

 기출 예시 68

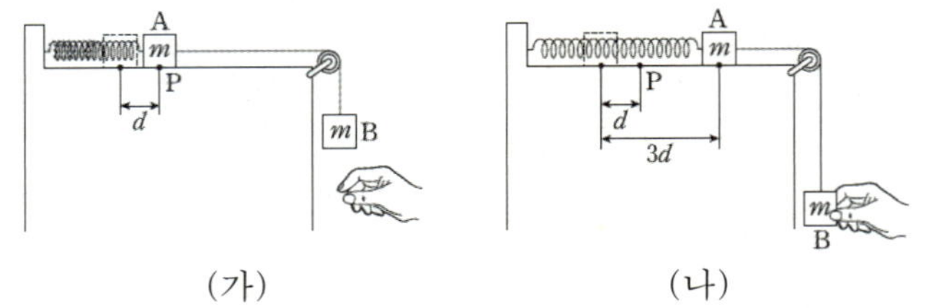

그림 (가)와 같이 마찰이 없는 수평면에서 용수철과 연결된 물체 A를 물체 B와 실로 연결하였더니, 용수철이 원래 길이에서 d만큼 늘어나 A가 점 P에 평형 상태로 정지해 있었다. 그림 (나)는 (가)에서 B를 중력 방향으로 당겨 용수철이 원래 길이에서 $3d$만큼 늘어나도록 잡고 있는 모습을 나타낸 것이다. (나)에서 B를 가만히 놓으면 A는 P를 v의 속력으로 지난다. A와 B의 질량은 m으로 같다.

다음을 구해보아라.(단, 중력 가속도는 g이고, 물체의 크기, 용수철과 실의 질량, 도르래의 마찰, 공기 저항은 무시한다.)

① v는?

② (나)에서 B를 놓은 후 용수철의 길이가 원래 길이가 되는 순간 A의 속력은?

 **해설**

(가)에서 A+B계의 힘 평형식을 세워보면 다음과 같다.

$$mg = kd$$

(가)에서 A+B의 계의 알짜힘의 크기가 0이 되므로 점 P는 평형점이라는 사실을 알 수 있다.
(나)에서 용수철은 평형점으로부터 $3d - d = 2d$만큼 늘어나 정지한다.

손을 놓으면 (나)에서 A의 위치(Q)가 정지점이고, 평형점이 P이므로 진폭은 $2d$임을 알 수 있다.
① P는 평형점이다. $v = A\sqrt{\dfrac{k}{m}}$ 를 이용하면 다음과 같다.

$$v = 2d\sqrt{\dfrac{k}{2m}}$$

$k = \dfrac{mg}{d}$이므로 위에 대입해 보면 다음과 같다.

$$v = 2d\sqrt{\dfrac{k}{2m}} = 2d\sqrt{\dfrac{mg}{2md}} = \sqrt{2gd}$$

② 용수철이 원래 길이가 되는 위치는 평형점 P로부터 d만큼 떨어진 지점이다.
　이 위치에서 A+B의 운동 에너지는 다음과 같이 계산된다.

$$\dfrac{1}{2}k(2d)^2 - \dfrac{1}{2}k(d)^2 = \dfrac{3}{2}kd^2 = \dfrac{3}{2}mgd$$

이 순간 A의 속력을 v_0로 두면, A+B 계의 운동 에너지는 $\dfrac{1}{2}(m+m)v_0{}^2 = mv_0{}^2$이므로
다음 식이 성립한다.

$$\dfrac{3}{2}mgd = mv_0^2 \ , \ v_0 = \sqrt{\dfrac{3}{2}gd}$$

정답

기출 예시 68
① $v = \sqrt{2gd}$
② $\sqrt{\dfrac{3}{2}gd}$

 **기출 예시 69**

21학년도 9월 모의고사 20번 문항

그림 (가)는 물체 A와 실로 연결된 물체 B를 원래 길이가 L_0인 용수철과 수평면 위에서 연결하여 잡고 있는 모습을, (나)는 (가)에서 B를 가만히 놓은 후, 용수철의 길이가 L까지 늘어나 A의 속력이 0인 순간의 모습을 나타낸 것이다. A, B의 질량은 각각 m이고, 용수철 상수는 k이다.

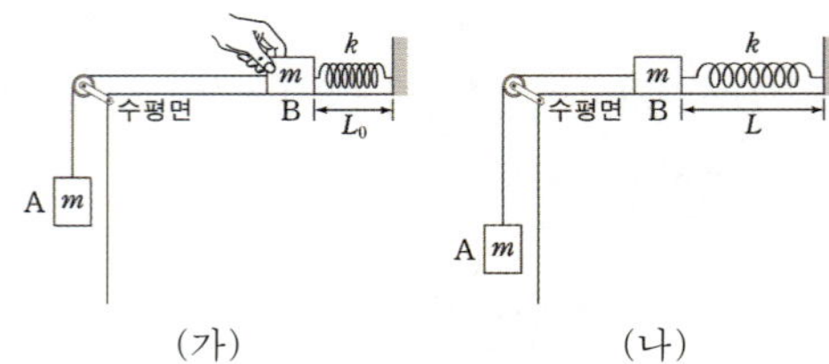

B의 최대 속력은? (단, 중력 가속도는 g이고, 물체의 크기, 실과 용수철의 질량, 공기 저항은 무시한다.)

 **해설**

○ 일전 풀이에서 진폭 $\dfrac{mg}{k}$를 계산하였다.

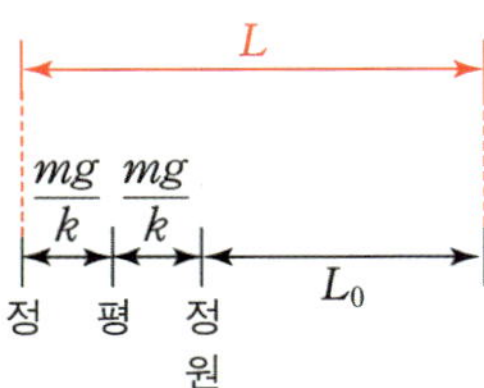

최대 속력은 $v = A\sqrt{\dfrac{k}{m}}$ 식을 이용하여 계산할 수 있다. (최대 속력 v)

$$v = \frac{mg}{k}\sqrt{\frac{k}{2m}} = \sqrt{\frac{m}{2k}}\,g$$

정답

기출 예시 69

$$\sqrt{\frac{m}{2k}}\,g$$

 **기출 예시 70**

그림 (가)는 마찰이 있는 수평면에서 원래의 길이가 l_0인 용수철과 연결된 물체 A를 물체 B와 실로 연결한 후, A를 손으로 잡아 O점에 정지시킨 모습을 나타낸 것이다. 그림 (나)는 (가)에서 A를 가만히 놓았을 때, A가 P점을 지나 Q점에서 되돌아와 P점에 정지한 모습을 나타낸 것이다. P점은 용수철이 x만큼 늘어난 지점이다. A, B의 질량은 각각 4kg, 7kg이다. 용수철 상수는 100N/m이다. 마찰면에서 A에 작용하는 마찰력의 크기는 20N으로 일정하다.

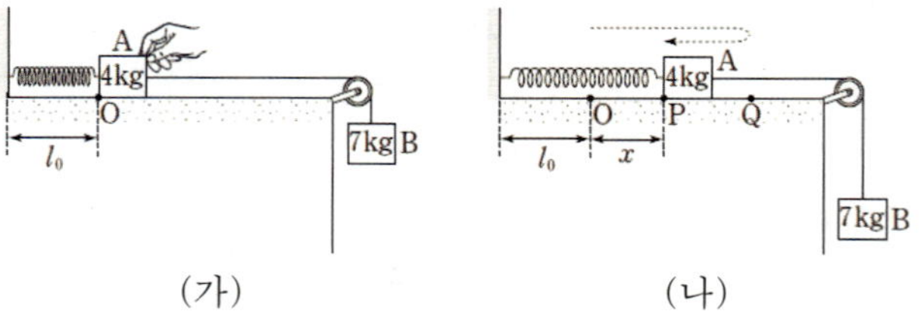

(가)   (나)

A가 O에서 Q까지 이동하는 동안 A의 속력의 최댓값 v_1, A가 Q에서 P까지 이동하는 동안 A의 속력의 최댓값 v_2는? (단, 중력 가속도는 10m/s^{2}이고, 물체의 크기, 용수철과 실의 질량, 도르래의 마찰, 공기 저항은 무시한다.)

 **해설**

○ 일전 풀이에서 A의 O에서 Q까지의 운동에서 진폭 0.5m를 계산하였다.

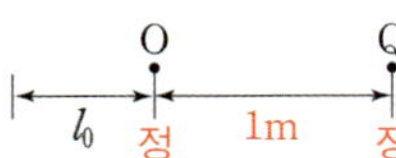

최대 속력은 $v = A\sqrt{\dfrac{k}{m}}$ 식을 이용하여 계산할 수 있다.

$$v_1 = 0.5\text{m}\sqrt{\frac{100\text{N/m}}{4\text{kg}+7\text{kg}}} = 5\sqrt{\frac{1}{11}}\ \text{m/s}$$

○ 일전 풀이에서 A의 Q에서 P까지의 운동에서 진폭 0.1m를 계산하였다.

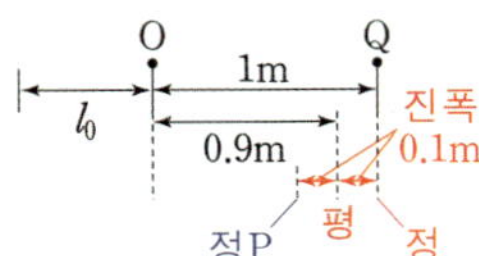

최대 속력은 $v = A\sqrt{\dfrac{k}{m}}$ 식을 이용하여 계산할 수 있다.

$$v_2 = 0.1\text{m}\sqrt{\frac{100\text{N/m}}{4\text{kg}+7\text{kg}}} = \sqrt{\frac{1}{11}}\ \text{m/s}$$

 기출 예시 71

그림 (가)와 같이 질량이 각각 2kg, 3kg, 1kg인 물체 A, B, C가 용수철 상수가 200N/m인 용수철과 실로 연결되어 정지해 있다. 수평면에 연직으로 연결된 용수철은 원래 길이에서 0.1m만큼 늘어나 있다. 그림 (나)는 (가)의 C에 연결된 실이 끊어진 후, A가 연직선상에서 운동하여 용수철이 원래 길이에서 0.05m만큼 늘어난 순간의 모습을 나타낸 것이다.

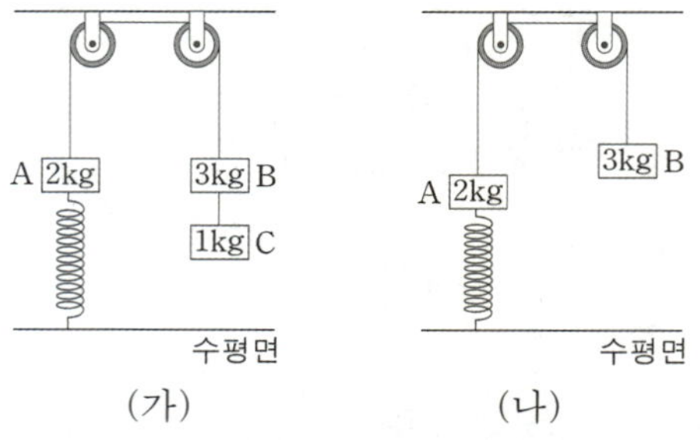

(나)에서 A의 운동 에너지는 용수철에 저장된 탄성 퍼텐셜 에너지의 몇 배인가? (단, 중력 가속도는 10m/s^2이고, 실과 용수철의 질량, 모든 마찰과 공기 저항은 무시한다.)

 **해설**

(가)에서 원래 길이를 기준으로 용수철이 늘어난 길이를 x_1, (나)에서 A+B계가 평형점에 있을 때 용수철이 늘어난 길이를 x_2로 두자.

A, B, C의 중력은 다음과 같이 계산된다.

A : $2\text{kg} \times 10\text{m/s}^2 = 20\text{N}$

B : $3\text{kg} \times 10\text{m/s}^2 = 30\text{N}$

C : $1\text{kg} \times 10\text{m/s}^2 = 10\text{N}$

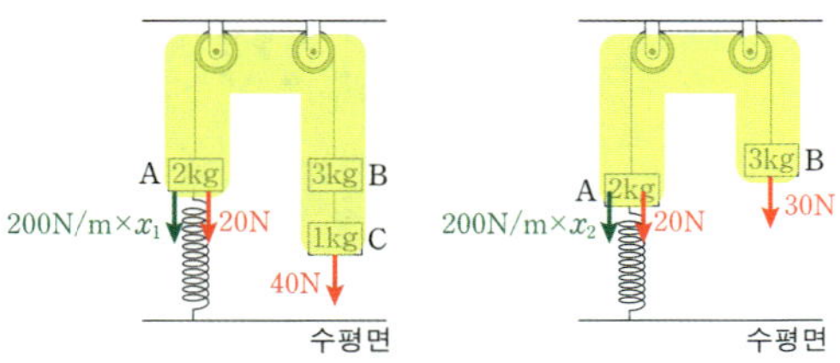

(가)에서 A+B+C계가 정지해 있다. 이때 A+B+C계의 알짜힘이 0이므로 다음 식이 성립한다.

$$40\text{N} - 20\text{N} - 200\text{N/m} \times x_1 = 0, \ x_1 = 0.1\text{m}$$

따라서 (가)에서 용수철이 원래 길이로부터 늘어난 길이는 0.1m이다.

(나)에서 평형점을 찾기 위해 x_2를 구해보자.

평형점에서 A+B계의 알짜힘이 0이 되어야 하므로 다음 식이 성립한다.

$$30\text{N} - 20\text{N} - 200\text{N/m} \times x_2 = 0, \ x_2 = 0.05\text{m}$$

따라서 (나)에서 평형점은 원래 길이로부터 0.05m만큼 떨어진 위치에 있다.

○ 수직선상에 정리해 보면 아래 그림과 같다.

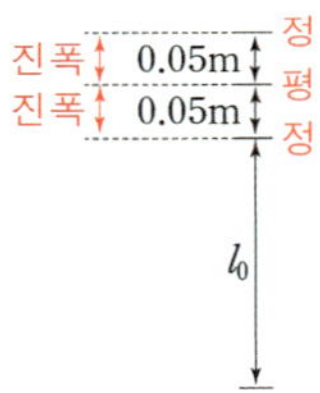

정지점은 원래 길이에서 0.1m만큼 늘어난 위치이고,
평형점은 원래 길이에서 0.05m만큼 늘어난 위치이므로
A+B계의 진폭은 0.05m이다.

문제에서 0.05m만큼 늘어난 위치, 즉 평형점에서 A의 운동 에너지를 묻고 있다.
이는 A+B계의 운동 에너지의 최댓값이고 이는 다음과 같이 계산된다.

$$\frac{1}{2}(200\text{N/m}) \times (0.05\text{m})^2$$

A의 운동 에너지는 이의 $\dfrac{2\text{kg}}{2\text{kg} + 3\text{kg}} = \dfrac{2}{5}$ 배이다.

이때 용수철에 저장된 탄성 퍼텐셜 에너지는 $\dfrac{1}{2}(200\text{N/m}) \times (0.05\text{m})^2$ 이므로

(나)에서 A의 운동 에너지는 용수철에 저장된 탄성 퍼텐셜 에너지의 $\dfrac{2}{5}$ 배이다.

정답 ////////

기출 예시 71

$\dfrac{2}{5}$ 배

○ 사실 x_1은 문제에서 주어졌으나, 주어지지 않아도 알아낼 수 있어야한다.

Mechanica 물리학1

 **연결되어 있다고 가정**

그렇다면 아래 문제는 어떻게 단진동으로 해석할 수 있을까?
간단한 발상 하나를 소개하고자 한다.

11학년도 수능 11번 문항

그림과 같이 고정된 관의 위쪽 끝에 용수철 상수가 150N/m인 용수철을 매달고, 용수철의 아래쪽 끝으로부터 1m아래인 지점에서 질량 0.5kg인 물체를 연직 위로 5m/s의 속력으로 던졌다.

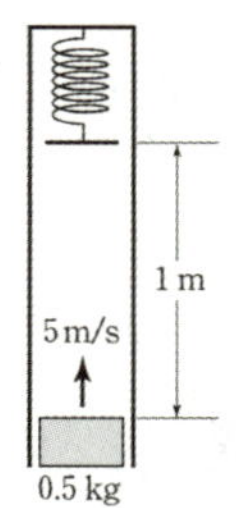

물체가 용수철을 최대로 압축시킨 순간, 이에 대한 설명으로 옳은 것만을 〈보기〉에서 있는 대로 고른 것은? (단, 중력 가속도는 10m/s^{2}이고, 물체의 크기, 용수철의 질량, 공기 저항은 무시한다.)

ㄴ. 용수철은 0.1m만큼 압축된다.

만약 그림과 같이 질량이 같은 물체 A, B가 용수철 상수가 동일한 용수철을 압축하는 상황을 생각해 보자. 용수철이 원래 길이일 때 두 물체의 속력은 v로 같다.
두 상황에서 유일한 차이점은
(가)는 용수철과 A가 연결되어 있고,
(나)는 11학년도 수능 11번처럼 용수철과 B가 분리되어 있다.

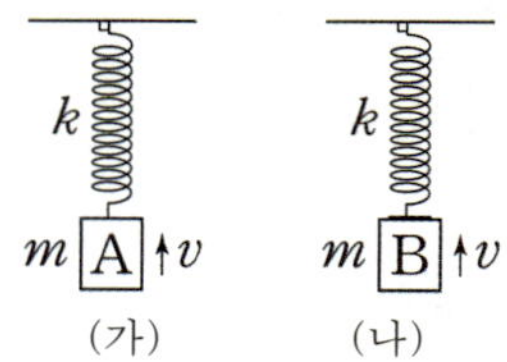

A와 B가 용수철을 최대로 각각 x_1과 x_2만큼 압축한 후 정지할 때, x_1과 x_2의 관계가 어떻게 될까?
당연히 x_1과 x_2는 정확하게 같다.
용수철이 물체와 연결 상태와 관계없이 용수철을 압축한 길이는 서로 같다. (에너지 보존법칙 때문이다.)

그렇다면 (나)의 상황을 (가)와 같이 연결되어 있다고 가정하고 평형점과 정지점을 각각 구해보면 최대로 압축된 길이를 계산할 수 있을 것이다.

순서는 다음과 같다.

계산법　　**제곱-제곱 차이 이용**

① 진폭을 미지수 A로 잡는다.
① 평형점과 원래 길이 지점 사이의 거리(L)을 계산한다.
③ 용수철이 원래 길이가 되는 순간 운동 에너지(E)를 구한다.
④ 제곱-제곱 차를 이용하여 다음 식이 성립된다.

$$\frac{1}{2}kA^2 - \frac{1}{2}kL^2 = E$$

이를 이용하여 11학년도 수능 11번 문제의 ㄴ 선택지만 다시 풀어보자.

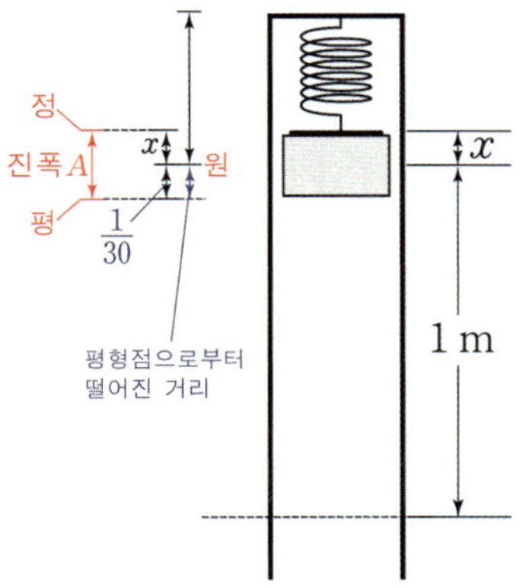

① 진폭을 미지수 A로 잡고, 최대로 압축된 길이를 x로 두자.

① 용수철과 물체가 연결되어 있다고 가정한 경우, 평형점과 원래 길이 지점 사이의 거리(L)을 계산해 보면 다음과 같다. (평형점 계산)

$$150\text{N/m} \times L = 0.5\text{kg} \times 10\text{m/s}^2, \ L = \frac{1}{30}\text{m}$$

이에 따라 다음 관계식이 성립한다.

$$L + x = A, \ \frac{1}{30} + x = A$$

③ 용수철이 원래 길이가 되는 순간 운동 에너지(E)를 구한다.
물체의 높이가 1m만큼 증가하는 동안 물체의 역학적 에너지가 보존되므로 다음 식이 성립된다. (위 그림에서 점선에서 물체의 중력 퍼텐셜 에너지를 0으로 잡자.)

$$\frac{1}{2}(0.5\text{kg}) \times (5\text{m/s})^2 + 0 = E + 0.5\text{kg} \times 10\text{m/s}^2 \times 1\text{m}$$

$$E = \frac{5}{4}\text{J}$$

④ 제곱-제곱 차를 이용하여 다음 식이 성립된다.

$$\frac{1}{2}150\text{N/m}\left(A^2 - \left(\frac{1}{30}\text{m}\right)^2\right) = \frac{5}{4}\text{J}, \ A = \frac{2}{15}\text{m}$$

$A = \dfrac{2}{15}\text{m}$를 $\dfrac{1}{30} + x = A$에 대입하여 x를 구해보면 다음과 같다.

$$\frac{1}{30} + x = \frac{2}{15}, \ x = 0.1\text{m}$$

이렇게 하면 이차 방정식을 풀지 않고도 단진동 상황을 이용하여 단순 제곱근만을 이용하여 문제를 풀 수 있다. 이는 최대로 압축된 길이가 주어져 있을 경우에서도 활용될 수 있는데, 다음 페이지의 21학년도 6월 모의고사 20번 문제를 풀어보면서 익혀보자.

 기출 예시 72

21학년도 6월 모의고사 20번 문항

그림 (가)와 같이 동일한 용수철 A, B가 연직선상에 x만큼 떨어져있다. 그림 (나)는 (가)의 A를 d만큼 압축시키고 질량이 m인 물체를 올려놓았더니 물체가 힘의 평형을 이루며 정지해 있는 모습을, (다)는 (나)의 A를 $2d$만큼 더 압축시켰다가 가만히 놓는 순간의 모습을, (라)는 (다)의 물체가 A와 분리된 후 B를 압축시킨 모습을 나타낸 것이다. B가 $\frac{1}{2}d$만큼 압축되었을 때 물체의 속력은 0이다.

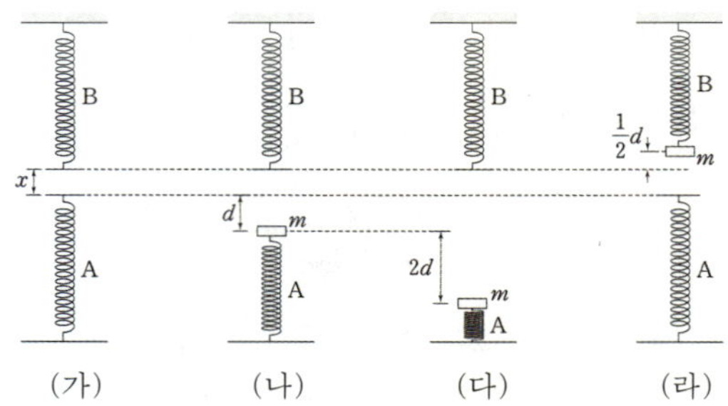

x는? (단, 중력 가속도는 g이고, 물체의 크기, 용수철의 질량, 공기 저항은 무시한다.)

 **해설**

A와 B가 원래 길이일 때 물체의 운동 에너지를 찾아서 빼주면, 물체가 x만큼 올라가는 동안 물체의 중력 퍼텐셜 에너지 증가량을 계산할 수 있다.

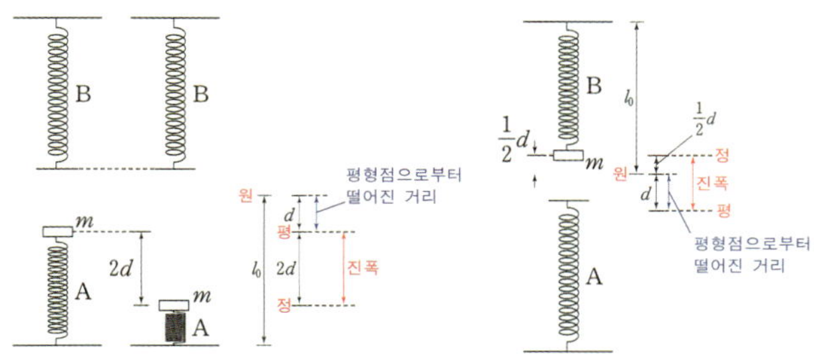

○ (나)에서 A가 d만큼 압축되었을 때 물체가 평형을 유지하므로 A가 d만큼 압축된 위치가 **평형점**임을 알 수 있다. ($mg = kd$)
(다)에서 평형점으로부터 $2d$만큼 압축된 위치에서 물체가 정지 상태에서 출발하므로 A가 $3d$만큼 압축된 위치가 **정지점**이다.
정지점과 평형점 사이의 거리인 진폭은 $2d$이고,
물체가 A의 **원래 길이에서 분리된다.**
A의 원래 길이는 **평형점**으로부터 d만큼 늘어난 위치이다.
제곱-제곱차를 이용하여
A의 원래 길이에서 물체의 운동 에너지를 계산해 보면 다음과 같다.

$$\frac{1}{2}k((2d)^2 - d^2) = \frac{3}{2}kd^2$$

○ (라)에서 만약 물체가 B에 연결되어 있었다면,
평형점은 원래 길이로부터 d만큼 늘어난 위치에 있을 것이다.

그리고 B가 $\frac{1}{2}d$만큼 압축된 위치가 **정지점**이다.

따라서 **정지점**과 **평형점** 사이의 거리(진폭)는 $\frac{3}{2}d$이고,

B의 원래 길이는 **평형점**으로부터 d만큼 압축된 위치이다.
따라서 제곱-제곱 차를 이용하여
B의 원래 길이에서 물체의 운동 에너지를 계산해 보면 다음과 같다.

$$\frac{1}{2}k\left(\left(\frac{3}{2}d\right)^2 - d^2\right) = \frac{5}{8}kd^2$$

○ A, B의 원래 길이에서 운동 에너지를 표현해 보면 아래 그림과 같다.

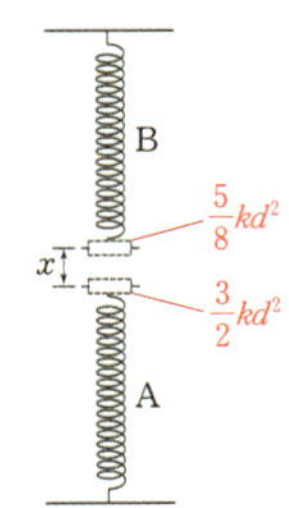

A의 원래 길이에서 물체의 운동 에너지는 $\frac{3}{2}kd^2$

B의 원래 길이에서 물체의 운동 에너지는 $\frac{5}{8}kd^2$이므로

물체가 x만큼 올라가는 동안 중력 퍼텐셜 에너지 증가량은
운동 에너지 감소량과 같다.
따라서 다음 식이 성립한다.

$$\frac{3}{2}kd^2 - \frac{5}{8}kd^2 = mgx, \quad \frac{7}{8}kd^2 = mgx$$

그런데 $mg = kd$이므로, $x = \frac{7}{8}d$이다.

3) 단진동의 다섯 가지 정보

단진동 문제 풀이는
등가속도 직선 운동 하는 물체의 운동 문제 풀이와
정확하게 일치한다.
즉, 속도 가속도의 다섯 가지 정보는
용수철에 저장된 탄성 퍼텐셜 에너지의 다섯 가지 정보와 대응된다.

○ 다섯 가지 정보가 전부 여러 가지 운동과 전부 대응된다. 필자의 생각은 여러 가지 운동 문항을 풀 때 $v-t$ 그래프를 잘 쓰지 않듯 단진동 유형도 $F-x$그래프를 굳이 그릴 필요가 없다고 판단한다.

다섯 가지 정보 (여러 가지 운동)	다섯 가지 정보(단진동)
1) 가속도(a)	1) 용수철 상수 $(-k)$ 〔 $-$를 **붙여야한다!**〕
2) 첫 번째 시각에서의 속도(v_1)	2) 첫 번째 지점에서 힘(F_1)
3) 두 번째 시각에서의 속도(v_2)	3) 두 번째 지점에서 힘(F_2)
4) 변위 (s)	4) 에너지 변화량 (ΔE)
5) 두 시각 사이 간격〔시간〕(t_0)	5) 두 지점 사이의 거리 (x)

물론, 공식도 모두 대응된다.

다섯 가지 정보 (여러 가지 운동)	다섯 가지 정보(단진동)
1) $v = v_0 + at$	1) $F = F_0 - kx$
2) $s = v_0 t + \dfrac{1}{2}at^2$	2) $\Delta E = F_0 x - \dfrac{1}{2}kx^2$
3) $2as = v_1^2 - v_0^2$ (나중에서 처음을 빼줌)	3) $2k\Delta E = F_0^2 - F_1^2$ (처음에서 나중을 빼줌)

※ 에너지를 이용할 때 유의 사항은 F와 ΔE의 대응이다.
사용하고 있는 'F' 가 **알짜힘**이면 'ΔE' 는 **운동 에너지**
사용하고 있는 'F' 가 **탄성력**이면 'ΔE' 는 **용수철에 저장된 탄성 퍼텐셜 에너지**

F_0, F_1, F와 같은 힘에 대한 정보는 '평형점' 또는 '원래 길이 지점'으로부터 변형된 길이와 용수철 상수의 곱을 통해 계산할 수 있다.

이도 마찬가지로, 10가지를 풀이가 비슷한 것끼리 묶어보자.

다섯 가지 정보	다섯 가지 중 세 가지 정보
1) 용수철 상수 $(-k)$	ⓐ**123**
2) 첫 번째 지점에서 힘(F_1)	ⓑ**124** **134** **234**ⓒ
3) 두 번째 지점에서 힘(F_2)	ⓓ**125** **135** **235**ⓔ
4) 에너지 변화량 (ΔE)	ⓕ**145** **245**ⓖ
5) 두 지점 사이의 거리 (x)	**345**

※ 예를 들어 235는 F_1, F_2 x가 주어진 경우를 말하는 것이다.

중요한 특징!
ⓑ의 경우 두 번째 지점에서의 힘(F_2)의 방향을 특정할 수 없다!
해당 경우의 수가 해결 되기 위해서는 F_2에 대한 방향 정보를 문제에서 추가로 제시해야한다.

사실 공식을 자주 활용하지는 않는 편이다. 여러 가지 운동에서 $s = v_0 t + \dfrac{1}{2}at^2$와 $2as = v_1^2 - v_0^2$를 자주 안쓰듯이, $\Delta E = F_0 x - \dfrac{1}{2}kx^2$와 $2k\Delta E = F_0^2 - F_1^2$를 자주 쓰지는 않는다. 하지만 그 분석은 공부해 볼 가치가 있다.

 ⓐ형

그림과 같이 물체가 용수철 상수가 100N/m인 용수철과 연결되어 점 P에서 Q까지 운동한다. P, Q에서 물체의 알짜힘 방향은 화살표 방향이고, 알짜힘의 크기는 각각 30N, 20N이다.

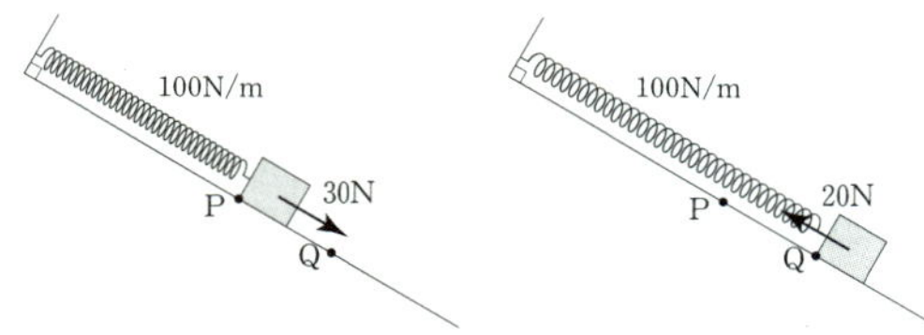

P와 Q 사이의 거리, 물체가 P에서 Q까지 이동하는 동안 물체의 운동 에너지 변화량은?

 해설

빗면 아래 방향을 양(+)으로 두자.
P에서 Q까지 거리를 x로 두자.
P에서 Q까지 물체의 운동 에너지 변화량을 E로 두자.

물체가 P에서 Q까지 이동하는 동안 물체에 작용하는 알짜힘의 변화량은 다음과 같다.
$$-20N - (+30N) = -50N$$

이는 $-$용수철 상수 $(-100N/m)$에 변위 $+x$를 곱한 값과 같다. 따라서 다음 식이 성립된다.
$$-100N/m \times +x = -50N, \quad x = 0.5m$$

P에서 Q까지 물체에 작용하는 알짜힘의 평균 힘은 다음과 같이 계산된다.
$$\frac{+30N + (-20N)}{2} = +5N$$

알짜힘이 한 일은 물체의 운동 에너지 변화량이다. 물체의 운동 에너지 변화량은 다음과 같다.
$$E = +5N \times +0.5m = 2.5J$$

알짜힘이 양(+)의 일을 하므로, 물체의 운동 에너지는 2.5J만큼 증가한다.

따라서
P와 Q 사이의 거리는 0.5m
물체의 운동 에너지 증가량은 2.5J이다.

Mechanica 물리학1

ⓑ형

그림과 같이 물체가 용수철 상수가 100N/m인 용수철과 연결되어 점 P에서 Q까지 운동한다. P에서 물체의 알짜힘 방향은 화살표 방향이고, 알짜힘의 크기는 30N이다. P에서 Q까지 이동하는 동안 물체의 운동 에너지 증가량은 2.5J이다.

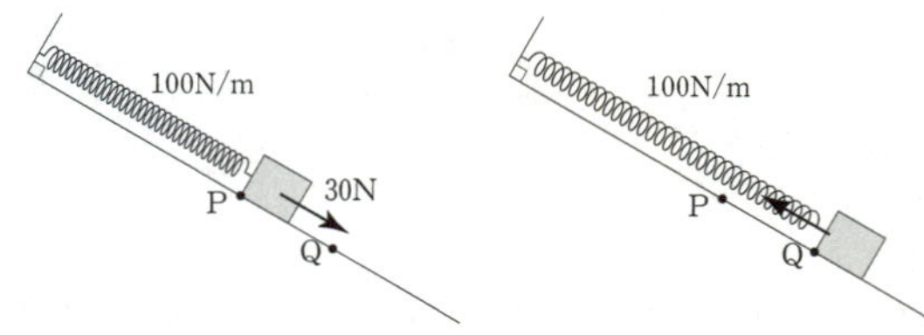

Q에서의 알짜힘의 방향이 빗면 위 방향일 때, Q에서 알짜힘의 크기와 P와 Q 사이의 거리는?

해설

※ 조심하자!

$2as = v_1^2 - v_0^2$은 나중에서 처음 속도 제곱을 빼준것이고 $2kE = F_0^2 - F_1^2$는 처음에서 나중 알짜힘의 제곱을 빼주는 것이다!

빗면 아래 방향을 양$(+)$으로 두자.
P에서 Q까지 거리를 x로 두자.
Q에서 물체에 작용하는 알짜힘의 크기를 F_1라 하자.
$2kE = F_0^2 - F_1^2$식을 이용하면 다음과 같이 계산할 수 있다.

$$2 \times (100\text{N/m}) \times 2.5\text{J} = (30\text{N})^2 - F_1^2, \quad F_1 = 20\text{N}$$

물체가 P에서 Q까지 이동하는 동안 물체에 작용하는 알짜힘의 변화량은 다음과 같다.
$$-20\text{N} - (+30\text{N}) = -50\text{N}$$

이는 −용수철 상수 (-100N/m)에 변위 $+x$를 곱한 값과 같다. 따라서 다음 식이 성립된다.
$$-100\text{N/m} \times +x = -50\text{N}, \quad x = 0.5\text{m}$$

따라서 Q에서 알짜힘의 크기는 20N,
P와 Q 사이의 거리는 0.5m이다.

 **ⓒ형**

그림과 같이 물체가 용수철과 연결되어 점 P에서 Q까지 운동한다. P, Q에서 물체의 알짜힘
방향은 화살표 방향이고, 알짜힘의 크기는 각각 30N, 20N이다. P에서 Q까지 물체가 이동하는
동안 물체의 운동 에너지 증가량은 2.5J이다.

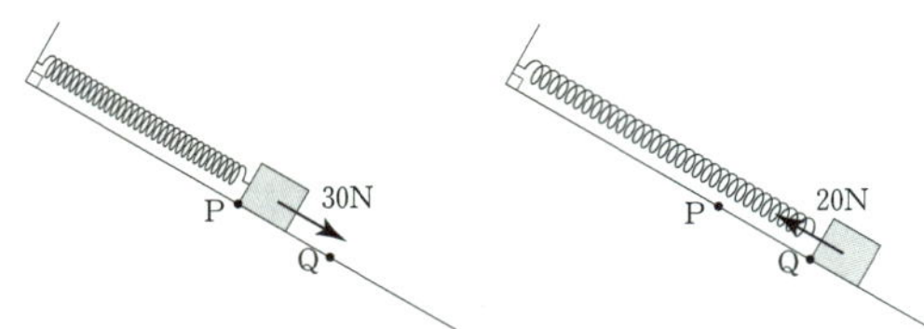

용수철 상수, P와 Q 사이의 거리는?

 **해설**

빗면 아래 방향을 양(+)으로 두자.
P에서 Q까지 거리를 x로 두자.
용수철 상수를 k로 두자.

P에서 Q까지 물체에 작용하는 알짜힘의 평균 힘은 다음과 같이 계산된다.

$$\frac{+30N + (-20N)}{2} = +5N$$

알짜힘이 한 일은 운동 에너지 변화량과 같다. 따라서 다음 식이 성립된다.

$$+5N \times +x = 2.5J, \ x = 0.5m$$

$-$용수철 상수$(-k)$는 알짜힘의 크기 변화를 변위로 나누어서 계산이 가능하다. 따라서 다음
식이 성립한다.

$$-k = \frac{-20N - (+30N)}{+0.5m} = -100N/m$$

따라서 용수철 상수는 100N/m
P와 Q 사이의 거리는 0.5m이다.

ⓓ형

그림과 같이 물체가 용수철 상수가 100N/m인 용수철과 연결되어 점 P에서 Q까지 운동한다. P, Q에서 물체의 알짜힘 방향은 화살표 방향이고, 알짜힘의 크기는 각각 30N, 20N이다. P와 Q 사이의 거리는 0.5m이다.

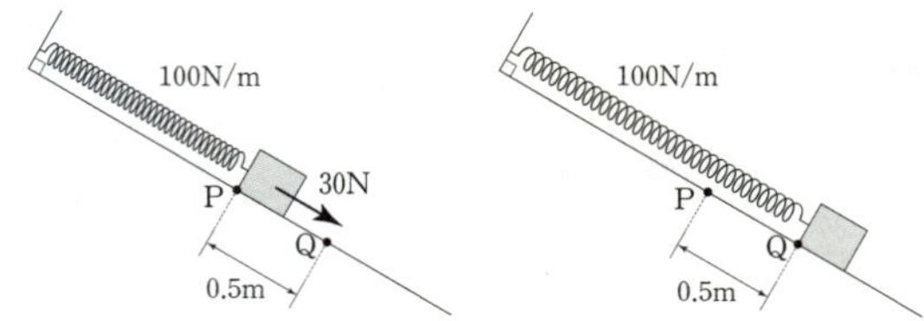

Q에서 물체에 작용하는 알짜힘과 P에서 Q까지 이동하는 동안 물체의 운동 에너지 증가량은?

해설

빗면 아래 방향을 양(+)으로 하자.
Q에서 물체에 작용하는 알짜힘의 크기를 F로 두자.
P에서 Q까지 이동하는 동안 물체의 운동 에너지 증가량을 E로 두자.

Q에서 알짜힘을 용수철 상수와 30N을 이용하여 계산해야한다. $F = F_0 - kx$에 의해 다음 식이 성립한다.

$$F = +30\text{N} - 100\text{N/m} \times (+0.5\text{m}), \ F = -20\text{N}$$

따라서 Q에서 물체의 알짜힘의 방향은 빗면 위 방향으로 20N이다.

P에서 Q까지 물체에 작용하는 알짜힘의 평균 힘은 다음과 같이 계산된다.

$$\frac{+30\text{N} + (-20\text{N})}{2} = +5\text{N}$$

알짜힘이 한 일은 물체의 운동 에너지 변화량이다. 물체의 운동 에너지 변화량은 다음과 같다.

$$E = +5\text{N} \times +0.5\text{m} = 2.5\text{J}$$

알짜힘이 양(+)의 일을 하므로, 물체의 운동 에너지는 2.5J만큼 증가한다.

따라서 Q에서 물체에 작용하는 알짜힘은 빗면 위 방향으로 20N이고,
P에서 Q까지 이동하는 동안 물체의 운동 에너지 증가량은 2.5J이다.

 ⓔ형

그림과 같이 물체가 용수철과 연결되어 점 P에서 Q까지 운동한다. P, Q에서 물체의 알짜힘 방향은 화살표 방향이고, 알짜힘의 크기는 각각 30N, 20N이다. P와 Q 사이의 거리는 0.5m이다.

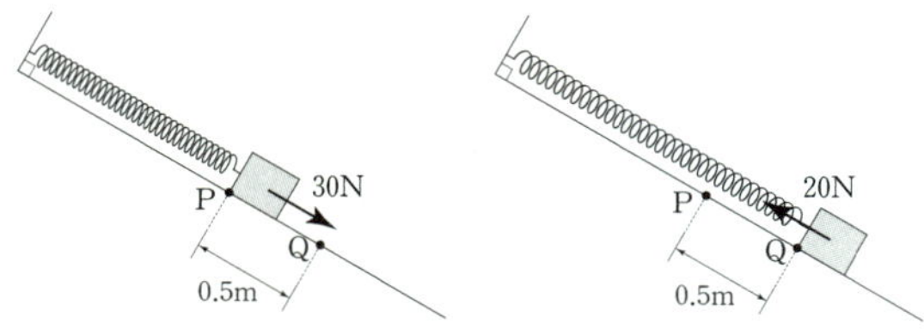

용수철 상수, P에서 Q까지 이동하는 동안 물체의 운동 에너지 증가량은?

 해설

빗면 아래 방향을 양(+)으로 두자.
용수철 상수를 k로 두자.

$-$용수철 상수$(-k)$는 P에서 Q까지 알짜힘의 변화량을 P에서 Q까지 변위로 나누어주면 계산할 수 있다. 따라서 다음 식이 성립한다.

$$-k = \frac{-20\text{N} - (+30\text{N})}{+0.5\text{m}} = -100\text{N/m}$$

따라서 용수철 상수는 100N/m이다.

P에서 Q까지 물체에 작용하는 알짜힘의 평균 힘은 다음과 같이 계산된다.

$$\frac{+30\text{N} + (-20\text{N})}{2} = +5\text{N}$$

알짜힘이 한 일은 물체의 운동 에너지 변화량이다. 물체의 운동 에너지 변화량은 다음과 같다.

$$+5\text{N} \times +0.5\text{m} = 2.5\text{J}$$

알짜힘이 양(+)의 일을 하므로, 물체의 운동 에너지는 2.5J만큼 증가한다.

따라서 용수철 상수는 100N/m이고,
P에서 Q까지 이동하는 동안 물체의 운동 에너지 증가량은 2.5J이다.

Mechanica 물리학1

ⓕ형

그림과 같이 물체가 용수철 상수가 100N/m인 용수철과 연결되어 점 P에서 Q까지 운동한다. P와 Q 사이의 거리는 0.5m이고, P에서 Q까지 이동하는 동안 물체의 운동 에너지 증가량은 2.5J이다.

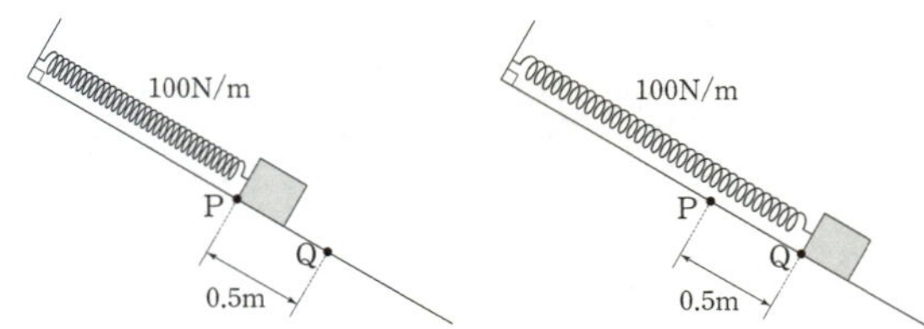

P와 Q에서 물체에 작용하는 알짜힘은?

해설

빗면 아래 방향을 양(+)으로 두자.
P에서 물체에 작용하는 알짜힘을 F_1,
Q에서 물체에 작용하는 알짜힘을 F_2로 두자.

P에서 Q까지 물체에 작용하는 알짜힘의 평균 힘은 다음과 같이 계산된다.
$$\frac{F_1 + F_2}{2}$$

알짜힘이 한 일은 물체의 운동 에너지 변화량이다. 물체의 운동 에너지 변화량은 다음과 같다.
$$\frac{F_1 + F_2}{2} \times +0.5\text{m} = \frac{F_1 + F_2}{4} = 2.5\text{J}, \ F_1 + F_2 = 10\text{N}$$

한편 $-$용수철 상수$(-k)$는 알짜힘의 변화량을 변위로 나누어준 값과 같다. 따라서 다음 식이 성립된다.
$$\frac{F_2 - F_1}{+0.5\text{m}} = -100\text{N/m}, \ F_2 - F_1 = -50\text{N}$$

$F_1 + F_2 = 10$N과 $F_2 - F_1 = -50$N를 연립해 보면

$F_1 = +30$N, $F_2 = -20$N이다.

따라서
P에서 물체에 작용하는 알짜힘은 빗면 아래 방향으로 30N,
Q에서 물체에 작용하는 알짜힘은 빗면 위 방향으로 20N이다.

※ 별해
평균힘과 운동 에너지 변화량의 관계는 다음과 같다.

평균힘×변위= 운동 에너지 변화량

운동 에너지 변화량을 변위로 나누어 주면 평균 힘을 계산할 수 있다.

$$\text{평균힘} = \frac{\text{운동 에너지 변화량}}{\text{변위}}$$

오른쪽 예시에 적용해 보면 다음과 같다.
$$\frac{+2.5\text{J}}{+0.5\text{m}} = +5\text{N}$$

평균 힘은 물체가 P와 Q의 중간지점을 지날 때 물체에 작용하는 알짜힘과 같다.

$F = F_0 - kx$에 의해 P와 Q에서의 알짜힘을 계산해 보면 다음과 같다.
P :
$+5\text{N} + (100\text{N/m}) \times 0.25\text{m}$
$= +30\text{N}$
Q :
$+5\text{N} - (100\text{N/m}) \times 0.25\text{m}$
$= -20\text{N}$

ⓖ형

그림과 같이 물체가 용수철과 연결되어 점 P에서 Q까지 운동한다. P와 Q 사이의 거리는 0.5m이고, P에서 Q까지 이동하는 동안 물체의 운동 에너지 증가량은 2.5J이다. P에서 물체에 작용하는 알짜힘의 방향은 화살표 방향이고, 알짜힘의 크기는 30N이다.

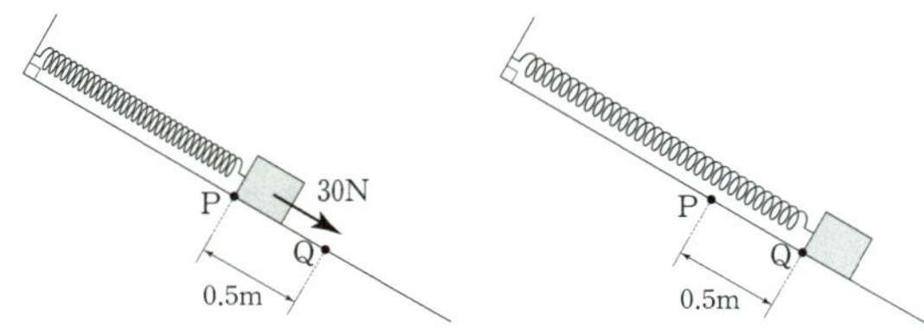

Q에서 물체에 작용하는 알짜힘, 용수철 상수는?

해설

빗면 아래 방향을 양($+$)으로 두자.
Q에서 물체에 작용하는 알짜힘을 F_2,
용수철 상수를 k로 두자.

Q에서 알짜힘을 용수철 상수와 30N을 이용하여 계산해야한다. $F = F_0 - kx$에 의해 다음 식이 성립한다.

$$F_2 = +30\text{N} - 100\text{N/m} \times (+0.5\text{m}), \ F_2 = -20\text{N}$$

따라서 Q에서 물체의 알짜힘의 방향은 빗변 위 방향으로 20N이다.

$-$용수철 상수($-k$)는 알짜힘의 변화량을 변위로 나누어준 값과 같다. 따라서 다음 식이 성립된다.

$$\frac{-20\text{N} - (+30\text{N})}{+0.5\text{m}} = -k, \ k = 100\text{N/m}$$

따라서
Q에서 물체에 작용하는 알짜힘은 빗변 위 방향으로 20N
용수철 상수는 100N/m이다.

Mechanica 물리학1

 **정리**

단진동 문제도 등가속도 직선 운동 문제와 마찬가지로 아래와 같이 정리 할 수 있다. 일전 여러 가지 운동에서의 정리 페이지와 비교해 보면서 공부해 보는 것을 추천한다.

10가지 상황을 전부 외우라는 뜻이 아니다. 해당 상황을 분석하여 문제를 푸는데 주로 쓰이는 부분들을 정리해서 체화시키는게 중요하다. 아래 정보는 꼭 알고 있자.

(k가 아니라 $-k$를 넣어야 한다! 이 부분에서 실수를 유발할 수 있으므로, 조심해야한다.)

알고 있는 정보	계산 방법		찾을 수 있는 정보
평균 힘 이용			
F_1, F_2	$\dfrac{F_1+F_2}{2}$	$=$	평균 힘 $\qquad \dfrac{x}{2}$에서의 힘
ΔE, x	$\dfrac{\Delta E}{x}$	$=$	평균 힘 $\qquad \dfrac{x}{2}$에서의 힘
평균 힘, x	평균 힘 $\times\ x$	$=$	ΔE
ΔE, 평균 힘	$\dfrac{\Delta E}{평균\ 힘}$	$=$	x
용수철 상수 관계			
F_1, F_2, x	$\dfrac{F_2-F_1}{x}$	$=$	$-k$ (부호 조심!)
F_1, F_2, k	$\dfrac{F_2-F_1}{-k}$	$=$	x (부호 조심!)
k, x	$-k \times x$	$=$	F_2-F_1 (ΔF)
F_1, k, x	$F_1 - k \times x$	$=$	F_2
F_2, k, x	$F_1 + k \times x$	$=$	F_1

중요   평균 힘

평균 힘은 중간 지점에서의 알짜힘과 같으며, 평균 힘은 두 가지 방식으로 계산할 수 있다.

① $\dfrac{F_2+F_1}{2}$

② $\dfrac{\Delta E}{x}$

그리고 두 값은 같아야 한다.

$$\frac{F_2+F_1}{2}=\frac{\Delta E}{x}$$

문제 푸는 방법 순서는 다음과 같이 두는게 좋다.

문제 푸는 방법

① 평형점의 위치, 진폭을 상황 분석으로 파악이 가능한 경우
→ 제곱-제곱 차를 적극적으로 활용한다!
② 알짜힘, 가속도와 질량 정보가 직접적으로 주어져 있는 경우
→ 평균 힘을 적극적으로 활용한다!

공식 활용 예시

그래도 공식을 활용해서 풀고 싶다면 아래 예시를 참고해 보자.

간단 예시

물체가 P에서 Q까지 운동하고, P, Q에서 물체의 알짜힘은 빗면 위 방향으로 70N, 빗면 아래 방향으로 30N이다.

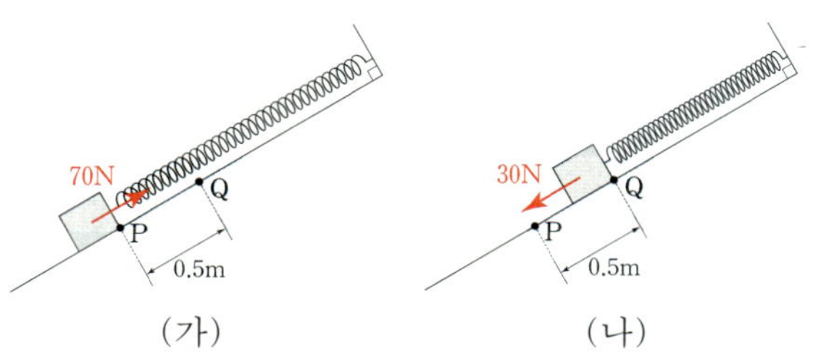

P에서 Q로 이동하는 동안 물체의 운동 에너지 증가량을 계산해보자.

빗면 아래 방향을 양($+$)으로 두자.

① $2k\Delta E = F_1^2 - F_0^2$ 이용

우선 $F = F_0 - kx$에 의해 k를 계산해 보면 다음과 같다.

$$-70\text{N} - k(-0.5\text{m}) = +30\text{N}, \ k = 200\text{N/m}$$

$2k\Delta E = F_1^2 - F_0^2$를 이용하면 다음과 같이 계산된다.

$$2(200\text{N/m})\Delta E = (-70\text{N})^2 - (-30\text{N})^2, \ \Delta E = +10\text{J}$$

따라서 물체의 운동 에너지 증가량은 10J이다.

② $\Delta E = F_0 x - \dfrac{1}{2}kx^2$ 이용

우선 $F = F_0 - kx$에 의해 k를 계산해 보면 다음과 같다.
$$-70\text{N} - k(-0.5\text{m}) = +30\text{N}, \ k = 200\text{N/m}$$

$\Delta E = F_0 x - \dfrac{1}{2}kx^2$를 이용하면 다음과 같이 계산된다.
$$\Delta E = (-70\text{N})(-0.5\text{m}) - \dfrac{1}{2}(200\text{N/m})(0.5\text{m})^2 = +10\text{J}$$

5. 특별한 케이스

 **분리되는 순간**

이번에는 그림과 같은 상황을 다룰 예정이다.

그림 (가)는 수평면에 연결된 용수철 상수가 k인 용수철에 B를 연결하고 A를 B와 접촉한 후 용수철을 L만큼 압축시킨 모습을 나타낸 것이다. 그림 (나)는 (가)에서 A를 놓았더니 용수철이 x만큼 압축된 순간 A와 B가 분리되는 모습을 나타낸 것이다. A와 B의 질량은 각각 M, m이다. x를 구해보자. (단, 중력 가속도는 g이고, 물체의 크기, 용수철의 질량, 모든 마찰과 공기 저항은 무시한다.)

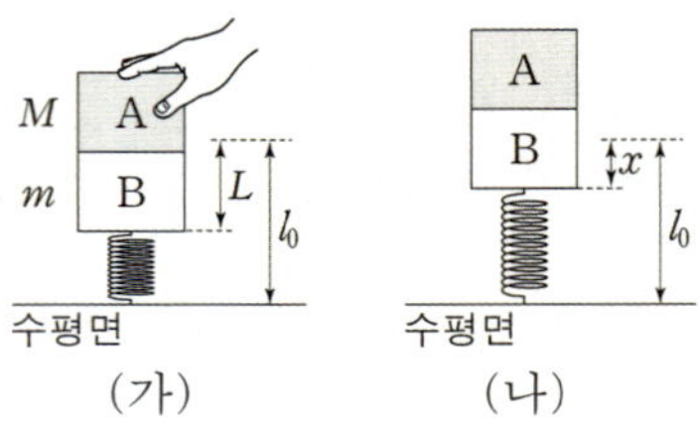

A와 B는 언제 분리될까?

우선 분리되는 순간을 찾기 위해서 다음 식을 세울 것이다.

접근 방법

① A와 B가 분리되는 순간 B가 A에 작용하는 힘(수직 항력)은 0이된다.
② A와 B가 분리되는 순간 A와 B의 가속도의 크기는 같다.
→ A, B를 각각 계로 하여 가속도를 구한 후 같다고 두면 된다.

A, B의 운동 방정식을 각각 구해보자.

우선 B가 A에 작용하는 힘의 크기를 N으로 두자.

A를 계로 한 운동 방정식

중력 반대 방향을 양$(+)$으로 두고, 가속도를 a로 두자.

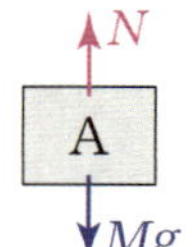

① 계의 질량과 가속도의 곱:
$$M \times a = Ma$$
② 계에 작용하는 모든 외부힘의 합력:
$$+N+(-Mg) \ = \ +N-Mg$$
③ ①과 ②가 같다.
$$Ma = +N-Mg, \quad a = +\frac{N}{M}-g$$

B를 계로 한 운동 방정식

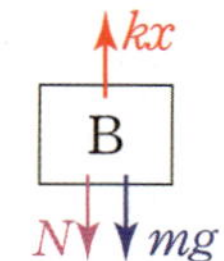

① 계의 질량과 가속도의 곱:
$$m \times a = ma$$
② 계에 작용하는 모든 외부힘의 합력:
$$+kx+(-mg)+(-N) \ = \ +kx-mg-N$$
③ ①과 ②가 같다.
$$ma = +kx-mg-N, \quad a = +\frac{kx-N}{m}-g$$

A를 계로 했을 때 가속도와 B를 계로 했을 때 가속도는 같아야 한다. 따라서 다음 식이 성립된다.

$$a = +\frac{N}{M}-g = +\frac{kx-N}{m}-g$$

결론적으로 식을 풀어보면 다음과 같은 식이 나오게 된다.

$$N = \frac{M}{m+M}kx$$

위의 식을 통해서 알 수 있는 것은
압축된 길이(x)와 B가 A에 작용하는 힘의 크기(N)의 관계를 알 수 있다.
예를 들면 $x = \frac{L}{2}$일 경우 B가 A에 작용하는 힘의 크기는 $N = \frac{kLM}{2(m+M)}$이다.

A와 B가 분리되는 순간 B가 A에 작용하는 힘(N)은 0이 된다. 따라서 다음 식이 성립된다.

$$0 = \frac{M}{m+M}kx$$

그런데 A와 B의 질량$(M,\ m)$은 0이 될 수 없고, 용수철 상수(k)또한 0이 될 수 없다.
따라서 $x = 0$이다.

이를 해석해 보면, 용수철의 압축된 길이가 0일 때 A와 B가 분리된다!

$a = +\dfrac{N}{M} - g = +\dfrac{kx-N}{m} - g$ 식을 다시 한번 확인해 보자.

$$a = +\boxed{\frac{N}{M}}\ \cancel{-g} = +\boxed{\frac{kx-N}{m}}\ \cancel{-g}$$

$-g$는 서로 상쇄되어 없어지는 것을 확인할 수 있다.

그렇다면 파란색 부분$\left(\dfrac{N}{M},\ \dfrac{kx-N}{m}\right)$ 만 남는다.
그런데, 파란색 부분은 '물체에 작용하는 중력 가속도와는 전혀 관계 없는 값이다.'
만약 두 물체가 빗면에서 운동 한다면,
g대신 빗면 가속도(a_0)가 들어갔을 것이다.

즉, 아래 그림과 같은 모든 상황에서도 용수철의 압축된 길이가 0일 때 A와 B가 분리됨을 알 수 있다.

위의 예시 모두 A와 B는 용수철이 원래 길이일 때 분리된다!

※ 유의 사항
위의 상황에는 전제조건이 있다. 바로 손을 놓은 이후 A에 추가적인 외부 힘이
작용하지 않는다는 것이다.
**아래 그림처럼 A에 추가적인 외부힘이 작용하는 경우 용수철의 원래 길이에서 분리되지
않는다.**

위의 그림처럼 A에 추가적인 힘이 작용하면 분리되는 위치가 달라진다!
해당 부분은 예시를 통해 익혀 보도록 하자.

기출 예시 73

그림 (가)와 같이 원래 길이가 $8d$인 용수철에 물체 A를 연결하고, 물체 B로 A를 $6d$만큼 밀어 올려 정지시켰다. 용수철을 압축시키는 동안 용수철에 저장된 탄성 퍼텐셜 에너지의 증가량은 A의 중력 퍼텐셜 에너지 증가량의 3배이다. A와 B의 질량은 각각 m이다. 그림 (나)는 (가)에서 B를 가만히 놓았더니 A가 B와 함께 연직선상에서 운동하다가 B와 분리된 후 용수철의 길이가 $9d$인 지점을 지나는 순간을 나타낸 것이다.

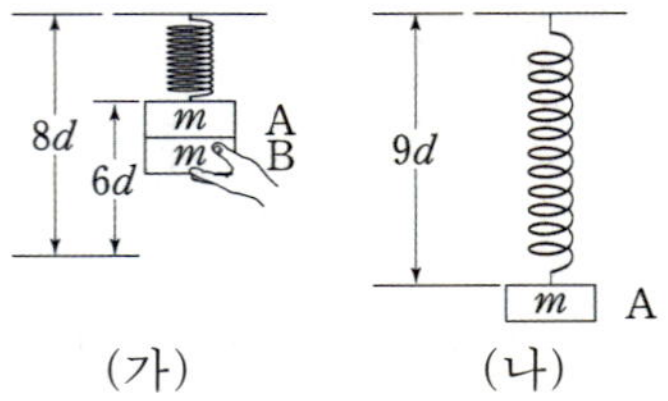

(나)에서 A의 운동 에너지는? (단, 중력 가속도는 g이고 용수철의 질량, 물체의 크기, 모든 마찰과 공기 저항은 무시한다.)

 **해설**

원래 길이에서 분리된다는 점을 배웠음에도 불구하고 해당 문제가 어렵게 느껴질 것이다.
우선 일전에 11학년도 수능 11번 문항의 발상처럼 A와 B가 붙어 있다고 가정 하에 평형점을
찾고, 분리되는 순간 운동 에너지를 구해보자.

① 평형점 찾기
용수철 상수를 k로 두자.
용수철을 압축시키는 동안 용수철에 저장된 탄성 퍼텐셜 에너지의 증가량은 A의 중력
퍼텐셜 에너지 증가량의 3배이므로 다음 식이 성립한다.

$$\frac{1}{2}k(6d)^2 = mg(6d) \times 3, \ kd = mg$$

A와 B가 연결되어 있을 때 평형점에서 용수철이 늘어난 길이를 x로 두면 다음 식이 성립한다.
(평형점에서 A+B계의 알짜힘의 크기가 0이어야 한다!)

$$kx = 2mg, \ x = \frac{2mg}{k} = 2d$$

즉, 분리되기 직전까지 A+B계의 운동은 진폭이 $8d$인 단진동 하다가, 용수철 길이가 원래 길이일 때 분리된다.

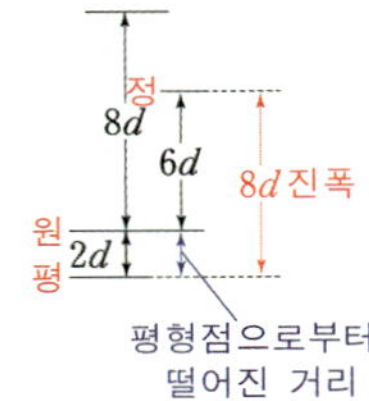

원래 길이 지점은 평형점으로부터 $2d$만큼 떨어진 지점이다.
원래 길이 지점에서 A+B계의 운동 에너지는 다음과 같이 계산된다.
(원래 길이 지점에서 A와 B의 속력을 v로 두고, $kd = mg$를 대입해 보자.)

$$\frac{1}{2}(m+m)v^2 = \frac{1}{2}k(8d)^2 - \frac{1}{2}k(2d)^2 = 30kd^2 = 30mgd$$

원래 길이 지점 이후에는 A와 B가 분리된다. A에만 따로 용수철에 의한 탄성력이 작용하여 단진동한다.
이때 A의 운동 에너지는 다음과 같다.

$$\frac{1}{2}mv^2 = \frac{30mgd}{2} = 15mgd$$

한편 용수철 길이가 $9d$일 때 A의 운동 에너지를 계산하기 위해서는 용수철 길이가 $8d$에서 $9d$로
변하는 동안 A의 운동 에너지 변화량을 계산하면 된다.

중력 방향을 양(+)의 방향으로 두자.
A의 운동 에너지 변화량은 A의 원래 길이 지점에서의 알짜힘과
d만큼 더 내려와 용수철 길이가 $9d$일 때 A에 작용하는 알짜힘을 계산하여
평균 힘을 계산 한 후, 변위($+d$)를 곱해주어 계산할 수 있다.

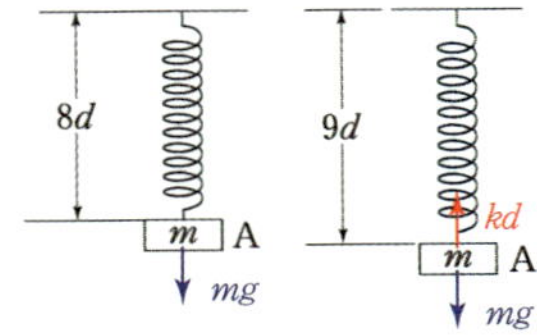

용수철 길이가 $8d$일 때 A의 알짜힘: mg
용수철 길이가 $9d$일 때 A의 알짜힘: $mg - kd = 0$

평균 힘: $\dfrac{mg+0}{2} = \dfrac{1}{2}mg$

따라서 일 에너지 정리에 의해 용수철이 $8d$에서 $9d$로 변하는 동안 A의 운동 에너지 변화량($\varDelta E$)는 알짜
힘이 한 일과 같으므로 다음과 같다.

$$\varDelta E = \frac{1}{2}mg \times d = \frac{1}{2}mgd$$

따라서 (나)에서 A의 운동 에너지는 $15mgd + \dfrac{1}{2}mgd = \dfrac{31}{2}mgd$이다.

예제 27

그림 (가)는 수평면에 연결된 용수철 상수가 k인 용수철에 B를 연결하여 A를 B와 접촉하고 용수철을 L만큼 압축시켜 정지시킨 후, A에 연직 위 방향으로 $4mg$의 일정한 힘을 작용한 모습을 나타낸 것이다. A와 B는 정지 상태에서 출발하여 함께 운동하다가 그림 (나)와 같이 용수철이 x만큼 압축된 순간 분리된다. A와 B의 질량은 각각 $3m$, m이다.

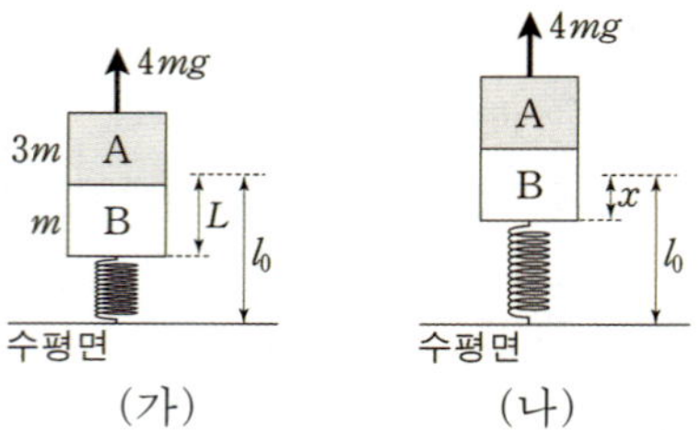

x는? (단, 중력 가속도는 g이고, 물체의 크기, 용수철의 질량, 모든 마찰과 공기 저항은 무시한다.)

 **해설**

이 상황의 경우 A와 B는 용수철이 원래 길이일 때 분리되지 않는다.

A, B를 각각 계로 하여 운동 방정식을 세워보면 다음과 같다.

A를 계로 한 운동 방정식
중력 반대 방향을 양(+)으로 두고, 가속도를 a로 두자.

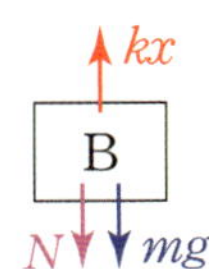

① 계의 질량과 가속도의 곱:
$$3m \times a = 3ma$$
② 계에 작용하는 모든 외부힘의 합력:
$$+N+4mg+(-3mg) \ = \ +N+mg$$
③ ①과 ②가 같다.
$$3ma = +N+mg, \quad a = +\frac{N+mg}{3m}$$

B를 계로 한 운동 방정식

① 계의 질량과 가속도의 곱:
$$m \times a = ma$$
② 계에 작용하는 모든 외부힘의 합력:
$$+kx+(-mg)+(-N) \ = \ +kx-mg-N$$
③ ①과 ②가 같다.
$$ma = +kx-mg-N, \quad a = +\frac{kx-N-mg}{m}$$

A를 계로 했을 때 가속도와 B를 계로 했을 때 가속도는 같아야 한다. 따라서 다음 식이 성립된다.
$$a = +\frac{N+mg}{3m} = +\frac{kx-N-mg}{m}$$
$$4N+4mg = 3kx$$

그런데 분리되는 순간 $N=0$이므로 다음 식이 성립한다.
$$4mg = 3kx, \quad x = \frac{4mg}{3k}$$

결과에서 알 수 있듯 $x=0$에서 분리되지 않는다!

정답

예제 27

$$x = \frac{4mg}{3k}$$

Mechanica 물리학1

 **양쪽이 물체와 모두 연결된 용수철**

용수철과 연결되어 있는 문제의 대부분은 **벽과 용수철이 연결되어 있는 상황**을 다루었다.
두 물체 사이에 용수철을 끼우는 문제도 있었지만, 해당 상황은 용수철과 분리되어 따로
운동하는 상황이었다.

이번에 다룰 상황은 **물체 두 개가 용수철 양쪽에 모두 연결되어 있는 상황**에 대해서 다룰 예정이다.
예를 들면 아래 그림과 같은 상황이다.

그림과 같이 마찰이 없는 수평면에서 원래 길이가 L인 용수철과 연결된 A와 B의 속력이 v로 같고
속도의 방향이 서로 반대일 때 용수철의 길이가 $L+v\sqrt{\dfrac{m}{k}}$ 인 모습을 나타낸 것이다.

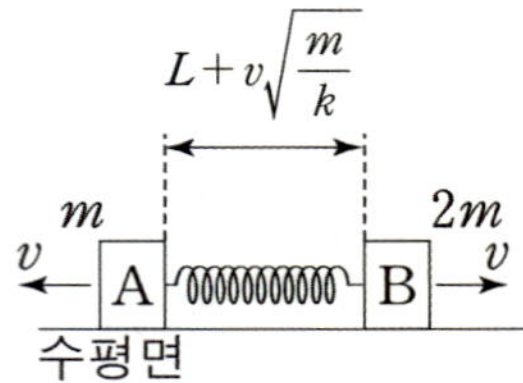

이때 용수철이 늘어난 최대 길이를 구해보자.

꽤나 복잡한 운동을 할 것이지만, 자세히 살펴보면 재미있는 성질이 있다.

① 운동량 보존
우선 용수철이 A와 B에 작용하는 힘의 크기가 매 순간 동일하다.

따라서 A와 B 사이에 용수철이 끼워진 상황처럼, A와 B의 운동량의 합은 보존됨을 알 수 있다.

② 에너지 보존
마찰이 없는 수평면에서 운동하고, 물체에는 탄성력만 작용하므로
A와 B의 운동 에너지 합과 용수철에 저장된 탄성 퍼텐셜 에너지 합은 보존된다!

③ A와 B 사이의 거리
A와 B 사이의 거리를 결정짓는 요소는 무엇일까? 바로 **상대 속도**이다.
즉,
A와 B 사이의 상대 속도가 멀어지는 방향에서 가까워지는 방향으로 변하는 순간
용수철의 길이가 최대가 되고

A와 B 사이의 상대 속도가 가까워지는 방향에서 멀어지는 방향으로 변하는 순간
용수철의 길이가 최소가 될 것이다.

이해하기 쉽게 다음 페이지의 상황 분석을 살펴보자.

오른쪽 방향을 양(+)으로 두자.
① 초기 상황

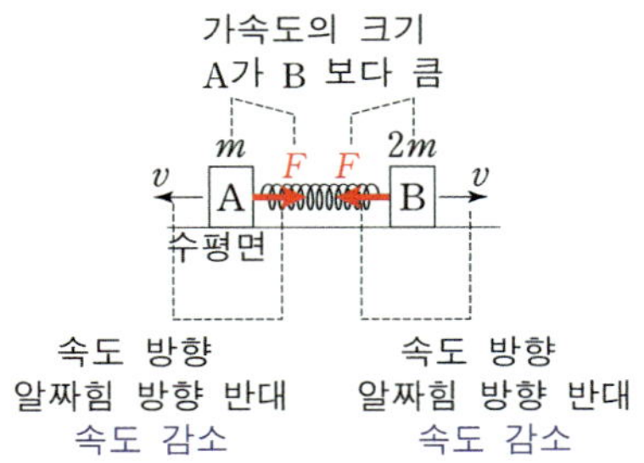

1) A와 B 사이의 거리

A와 B의 속도는 각각 $-v$, $+v$이므로 A와 B 사이의 거리는 이 순간 **증가하고 있다.**
(A에 대한 B의 상대 속도가 멀어지는 방향이기 때문에 용수철 길이는 증가하고 있다.)
이 순간 A와 B의 운동량의 합은 다음과 같이 계산된다.

$$2m(+v)+m(-v)=+mv$$

2) A와 B의 가속도 방향과 속도

○ A와 B의 운동 방향은 각각 음($-$), 양($+$)이고,
A와 B의 알짜힘의 방향이 각각 양($+$), 음($-$)으로 서로 반대임을 확인할 수 있을 것이다.
따라서 이 순간 직후 A와 B는 **속도의 크기가 감소**할 것이다.
○A와 B에 작용하는 알짜힘의 크기는 F로 같고, 질량비가 1:2이므로 가속도 비가
2:1임을 알 수 있다. 즉 가속도의 크기는 A가 B보다 크다.
→ 즉, A와 B의 속도의 크기가 감소하는데, 속도 감소량이 A가 B보다 크므로,
A가 먼저 정지할 것이다.

② A가 정지할 때

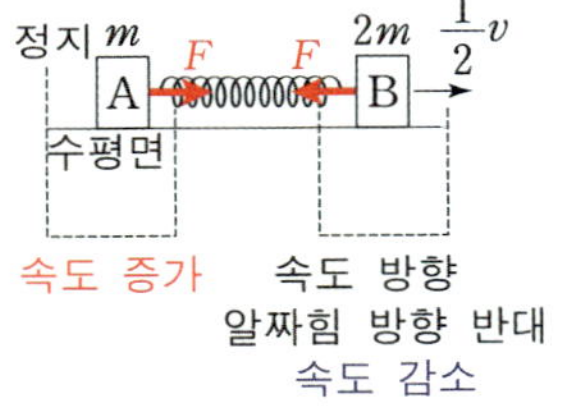

1) A와 B 사이의 거리

A가 정지하는 순간 B의 속력을 v_B로 두면 운동량 보존법칙에 의해 다음이 성립한다.

$$m \times 0 + 2mv_B = +mv, \quad v_B = +\frac{1}{2}v$$

A와 B의 속도는 각각 0, $+\frac{1}{2}v$이므로 A와 B 사이의 거리는 이 순간 **증가하고 있다.**

(A에 대한 B의 상대 속도가 멀어지는 방향이기 때문에 용수철 길이는 증가하고 있다.)

2) A와 B의 가속도 방향과 속도

○ A는 정지하고, B의 운동 방향은 양($+$)이고,
A와 B의 알짜힘의 방향은 각각 양($+$), 음($-$)이다.
따라서 이 순간 이후 A는 **속도의 크기가 증가**, B는 **속도의 크기가 감소**할 것이다.

→ A는 **속도의 크기가 증가**, B는 **속도의 크기가 감소**하여 결국 A와 B의 속도의
크기가 같아질 것이다.

③ A와 B의 속도가 같아질 때

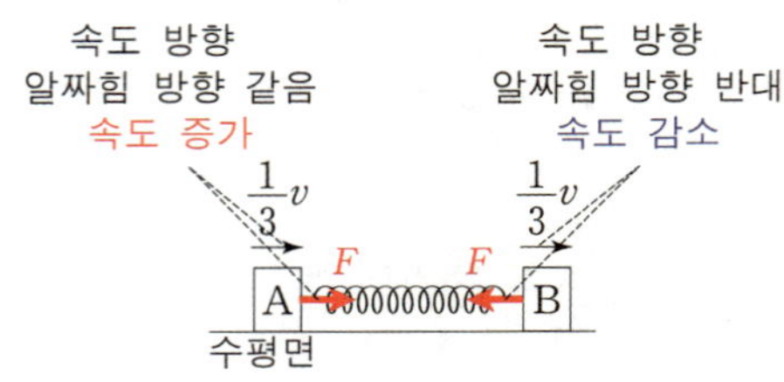

1) **A와 B 사이의 거리**

A와 B의 속도의 크기가 같아지는 순간 속도의 크기를 V로 두면 운동량 보존법칙에 의해 다음이 성립한다.

$$(m+2m) \times V = +mv, \quad V = +\frac{1}{3}v$$

A와 B의 속도는 각각 $+\frac{1}{3}v$, $+\frac{1}{3}v$이므로 A와 B 사이의 거리는 이 순간

증가하거나 감소하지 않는다!

(A에 대한 B의 상대 속도 0이기 때문에 용수철 길이는 증가하거나 감소하지 않는다!)

2) **A와 B의 가속도 방향과 속도**

○ A, B의 운동 방향은 양(+)으로 같고
A와 B의 알짜힘의 방향은 각각 양(+), 음(−)이다.
따라서 이 순간 이후 A는 **속도의 크기가 증가**, B는 **속도의 크기가 감소**할 것이다.

그런데, 이 순간 직후

A의 속력은 $\frac{1}{3}v$보다 **클 것이고**

B의 속력은 $\frac{1}{3}v$보다 **작을 것이다.**

이에 따라 속도의 크기는 A가 B보다 클 것이므로
A에 대한 B의 상대 속도의 크기가 가까워지는 방향이 될 것이다.

따라서 A에 대한 B의 상대 속도의 크기가 0이 되는 순간 A와 B사이의 거리가
최대일 것이다.

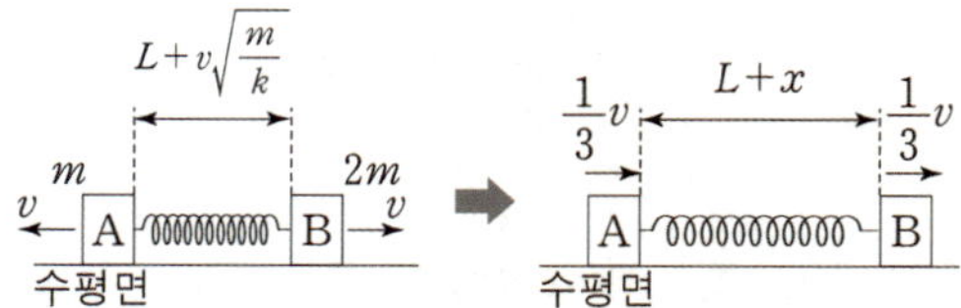

에너지 보존법칙을 생각해 보면 다음식이 성립한다.

$$\frac{1}{2}(3m)v^2 + \frac{1}{2}k\left(v\sqrt{\frac{m}{k}}\right)^2 = \frac{1}{2}(3m)\left(\frac{1}{3}v\right)^2 + \frac{1}{2}kx^2$$

$$\frac{11}{6}mv^2 = \frac{1}{2}kx^2 \rightarrow x = v\sqrt{\frac{11m}{3k}}$$

A와 B 사이의 거리가 최대가 되는 순간 용수철의 길이는 $L+v\sqrt{\dfrac{11m}{3k}}$ 이다.

정리하자면 다음과 같다.

정리	양쪽이 모두 물체와 연결된 용수철

① 양쪽의 물체의 운동량의 합은 보존된다!
② 양쪽 물체의 운동 에너지와 용수철에 저장된 탄성 퍼텐셜 에너지의 합은 보존된다!
③ 용수철의 길이가 최대가 되는 순간, A에 대한 B의 상대 속도가 0이다.
→ A와 B의 속도는 같다.

그렇다면 용수철의 길이가 최소가 되는 순간은 언제일까?

마찬가지로 A에 대한 B의 속도가 0이 되는 순간 용수철의 길이가 최소가 될 것이다.
왜냐하면, 아래 그림의 상황인 용수철 길이가 최대가 되는 순간 이후
A와 B가 가까워지다가 A와 B 사이의 거리가 최소가 된 후 다시 멀어진다.
상대 속도가 가까워지는 방향에서 멀어지는 방향으로 바뀌는 순간, A와 B의 속도가 같을 수밖에 없다.

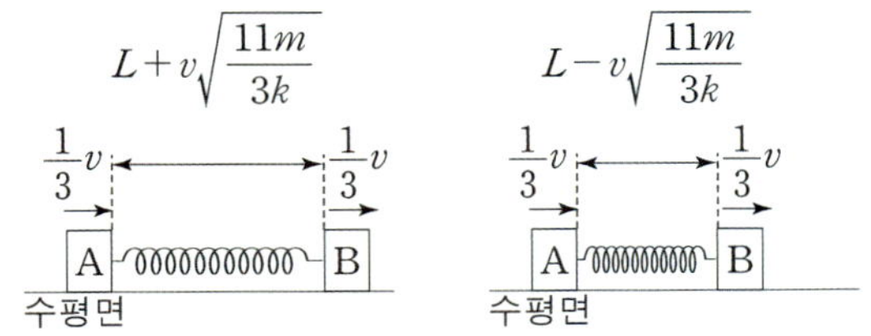

에너지 보존법칙에 따라, A와 B사이의 거리가 최소가 되는 순간 용수철의 길이는 $L - v\sqrt{\dfrac{11m}{3k}}$ 이다.

용수철 길이가 최대, 최소가 되는 순간의 상황을 정리해 보면 아래 그림과 같다.

기출 예시 74

[PEET]16학년도 10번 문항

그림 (가)는 마찰이 없는 수평면에서 용수철에 연결되어 있는 물체 A와 B에 물체 C를 접촉시켜 용수철이 압축되도록 A와 C를 잡고 있는 모습을 나타낸 것이다. 용수철은 용수철의 원래 길이 L로부터 d만큼 압축되었다. 그림 (나)는 A와 C를 동시에 가만히 놓았더니 A, B, C가 수평면을 따라 운동을 하다가 C가 B로부터 분리되는 순간의 모습을 나타낸 것이다. 이때 용수철의 길이는 L이고 B와 C의 속력은 같다. A, B, C는 분리 전후 동일 직선 상에 있다. A, B, C의 질량은 m으로 같고, 용수철 상수는 k이다.

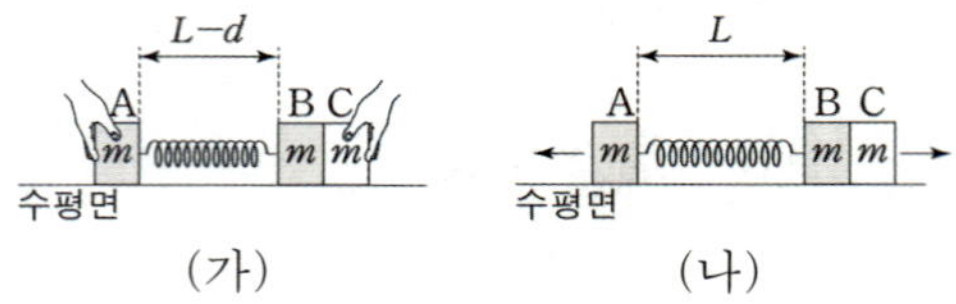

(가)   (나)

C가 B로부터 분리된 후 용수철이 L로부터 최대 x만큼 늘어났을 때 x는? (단, 용수철의 질량과 공기 저항은 무시한다.)

 **해설**

오른쪽 방향을 양(+)으로두자.

① 원래 길이가 되는 순간 까지 A, B, C의 운동량의 합이 보존된다.

(가)에서 A, B, C는 모두 정지해 있으므로, 운동량의 합은 0이다.

(나)에서 A의 속력을 v_A, B, C의 속력을 v_B 로 두면 운동량의 합은 다음과 같이 계산된다.

$$(m+m) \times (+v_B) + m(-v_A) = 0, \quad 2v_B = v_A$$

$v_A = 2v$, $v_B = v$로 두자.

(가)→(나)로 변하는 동안 A+B+C의 운동 에너지의 합과 용수철에 저장된 탄성 퍼텐셜 에너지 합은 보존된다. 따라서 다음 식이 성립된다.

$$\frac{1}{2}kd^2 = \frac{1}{2}m(2v)^2 + \frac{1}{2}(m+m)v^2 = 3mv^2, \quad \frac{1}{2}kd^2 = 3mv^2 \cdots ①$$

B와 C가 분리된 후 모습은 다음과 같다.

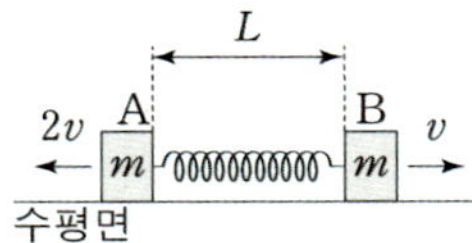

A와 B의 운동량의 합은 다음과 같다.

$$m \times (+v) + m \times (-2v) = -mv$$

C가 B로부터 분리된 후 용수철이 L로부터 최대 x만큼 늘어났을 때, A에 대한 B의 상대 속도가 0이어야 한다. 즉, A와 B의 속도가 같아야한다. 이때 A와 B의 속도를 V로 두면 다음 식이 성립된다.

$$(m+m)V = -mv, \quad V = -\frac{1}{2}v$$

즉, 용수철 길이가 최대가 되는 순간을 그려보면 다음과 같다.

용수철 길이가 L인 순간과 $L+x$인 순간 A+B의 운동 에너지의 합과 용수철에 저장된 탄성 퍼텐셜 에너지 합이 보존되므로 다음 식이 성립된다.

$$\frac{1}{2}m(2v)^2 + \frac{1}{2}mv^2 = \frac{1}{2}kx^2 + \frac{1}{2}(m+m)\left(\frac{1}{2}v\right)^2, \quad \frac{1}{2}kx^2 = \frac{9}{4}mv^2 \cdots ②$$

①식을 ②식으로 나누면 다음과 같다.

$$\frac{d^2}{x^2} = \frac{4}{3}, \quad x = \frac{\sqrt{3}}{2}d$$

정답

기출 예시 74

$$x = \frac{\sqrt{3}}{2}d$$